数字素养与技能

微课视频版

胡　荣　施一飞　姚明菊 ◎ 主编

羊雪玲　陈立飞　张　静　王小丽 ◎ 副主编

清华大学出版社

北京

内 容 简 介

本书根据编者多年讲授公共计算机课程的经验，同时征求开设"数字素养与技能"这门课程的部分院校的意见和建议，并参考国内相关教材，结合自身教学科研实践编写而成。本书力求做到体系完整、通俗易懂、简明扼要。本书基于 Windows 10＋Office 2021，讲解操作系统和 Office 办公软件的使用技巧；基于 PyCharm 3.10，讲解 Python 程序开发的流程和计算机中问题求解的过程；基于各类多媒体软件，讲解图像、音频、视频的编辑过程。全书共 9 章，主要内容包括计算机信息技术基础、计算机系统的构成、计算机网络与信息安全、文字处理软件 Word 2021、电子表格软件 Excel 2021、演示文稿软件 PowerPoint 2021、程序设计与问题求解、多媒体技术及应用、计算机发展前沿技术。

本书内容的设计以培养和提升学生的信息技能和信息素养为目标，使学生通过本书的学习，进一步培养分析问题和解决问题的能力，为继续学习其他的计算机课程和把计算机应用到其他课程的学习中做好准备。

本书适合作为高等院校及各类培训学校计算机基础课程的教材，也可作为高等学历继续教育和全国计算机等级考试 MS Office 应用科目的参考用书，还可作为国家机关、企事业单位办公人员提升计算机办公应用水平的自学参考用书。

版权所有，侵权必究。举报：010-62782989，beiqinquan@tup.tsinghua.edu.cn。

图书在版编目（CIP）数据

数字素养与技能 ：微课视频版 / 胡荣，施一飞，姚明菊主编. -- 北京 ：清华大学出版社，2025.1.
（计算机新形态实用教材）. -- ISBN 978-7-302-68104-5

Ⅰ. TP3

中国国家版本馆 CIP 数据核字第 2025C6F578 号

责任编辑： 赵佳霓
封面设计： 吴 刚
责任校对： 申晓焕
责任印制： 宋 林

出版发行： 清华大学出版社
网 址： https://www.tup.com.cn，https://www.wqxuetang.com
地 址： 北京清华大学学研大厦 A 座 **邮 编：** 100084
社 总 机： 010-83470000 **邮 购：** 010-62786544
投稿与读者服务： 010-62776969，c-service@tup.tsinghua.edu.cn
质量反馈： 010-62772015，zhiliang@tup.tsinghua.edu.cn
课件下载： https://www.tup.com.cn，010-83470236
印 装 者： 三河市龙大印装有限公司
经 销： 全国新华书店
开 本： 186mm×240mm **印 张：** 27 **字 数：** 609 千字
版 次： 2025 年 2 月第 1 版 **印 次：** 2025 年 2 月第1 次印刷
印 数： 1～1500
定 价： 89.00 元

产品编号：107252-01

序

FOREWORD

在信息化飞速发展的今天，教育领域迎来了前所未有的变革，在这个变革过程中，为什么有的人工作效率高、有的人学习能力强、有的人擅长解决复杂问题？究其原因，数字素养及其应用能力是重要因素。

胡荣老师长期致力于计算机教学与研究工作，在多年的教学生涯中，始终致力于探索和创新教学方法，努力提高学生的数字素养和实践能力。她主持的"数字素养与技能"课程被评为省级一流课程，深受学生和同行赞誉。在《数字素养与技能（微课视频版）》教材编写过程中，胡荣老师及其团队倾注了大量心血，力求将最新的计算机前沿知识和技术融入教材，使学生能够在掌握基础知识的同时，更好地适应社会数字化转型的需求。编者们的执着与努力，无疑为教材的编写注入了深厚的内涵和价值。

胡荣老师及其团队编写的《数字素养与技能（微课视频版）》教材，涵盖了计算机基础知识和操作技能，融入了计算思维、数据处理、网络与信息安全及计算机发展前沿技术等内容，旨在帮助学生构建全面的数字素养体系，提升计算思维能力和信息素养，满足和适应信息化社会对大学生基本素质的要求，为学生后续的专业知识学习和专业能力培养奠定基础。

该教材不仅为学生提供了关于数字技术的深入讲解，还结合了大量的实际案例和实用技巧，帮助学生更好地理解和应用数字技术。该书主要具有 4 个特点：一是内容新颖，紧跟前沿步伐，反映了计算机技术的最新发展；二是结构清晰，逻辑严密，便于学生系统学习和掌握；三是注重实践，通过"任务导入""注意"小栏目提供情景教学和实用方法，引导学生高效解决问题，提升任务完成效率，培养创新思维；四是资源丰富，不仅配有丰富的微课视频，还附有大量实践案例，通过多媒体、案例分析等多元化内容，强化学生数字素养能力的培养，使学习过程更加生动、有趣、高效。这些特点充分地体现了胡荣老师严谨、认真、仔细、务实的教学风格与理念。

信息时代，需要信息素养，更需要数字化应用能力。面临海量的信息和不断更新的科技产品，拥有数字素养成为必备的工作和生存技能。我相信，胡荣老师的《数字素养与技能（微课视频版）》，能够帮助读者系统地掌握数字时代的必备技能，提升信息素养。我衷心期待该教材的出版，相信它将为广大读者提供宝贵的学习资源和指导，助力我们在数字时代中乘风破浪，实现个人价值与社会价值的共同提升。

四川师范大学郭涛教授

2024 年 10 月

前言

PREFACE

随着经济和科技的不断发展，计算机在人们的工作和生活中发挥着越来越重要的作用，甚至成为一种必不可少的工具。如今，计算机技术已被广泛应用到军事、科研、经济和文化等领域，其作用和意义已超出了科学和技术层面，达到了社会文化的层面。

“数字素养与技能”是一门公共基础课，涉及的学生人数多，专业面广、影响力大。随着基础教育全面实施以培养创新精神和实践能力为核心的素质教育，掌握必要的计算机应用知识和技能已成为现代大学生必备的素质要求。根据教育部的新精神和要求，从计算机技术发展趋势和教学改革与对人才培养的需求出发，课程内容着重讲解计算机基础知识、基本概念和基本操作技能，兼顾实用软件的使用和计算机应用领域的前沿知识，力求以有效知识为主体，构建支持学生终身学习的知识基础和能力，培养学生的数字化能力和数字化思维，使学生在以后的学习、工作中具备应用计算机解决实际问题的综合能力。

为了方便学生学习，本书以微课版的形式出版，针对本书各章节的难点和重点内容制作了大量的教学微视频。学生可利用碎片时间，通过扫描知识点对应的二维码随时、随地地进行学习，这是在目前各高校压缩学时的情况下对课堂教学组织非常必要的补充，并且学生可以根据自己在课堂上的掌握情况对视频的内容进行选择性学习，这也在很大程度上提高了本书的适应性。

本书特色

本书主要具有以下特色。

(1) 任务驱动，目标明确。每章都以“任务导入”的形式，结合情景式教学模式给出任务要求，便于学生了解实际工作需求并明确学习目的，然后指出完成任务所需要具备的相关知识，最后将操作实施过程分为几个具体的操作阶段来介绍。

(2) 讲解深入浅出，内容通俗易懂。本书在注重系统性和科学性的基础上，突出实用性及可操作性，对重点概念和操作技能进行详细讲解，语言流畅，深入浅出，符合计算机基础教学的规律，并可以满足社会人才培养的要求。本书在讲解过程中，还通过“注意”小栏目为学生提供更多解决问题的方法和更为全面的知识，引导学生更好、更快地完成当前工作任务及类似工作任务。

(3) 配有微课视频，方便易用。本书所有讲解内容均已录制成视频，读者只需扫描书中的二维码，便可以随时观看，轻松掌握相关知识。尤其是针对 MS Office 操作部分和多媒体技术应用部分,准备了大量实践案例,以加强学生实际应用技能的培养。

本书主要内容

第1章主要介绍计算机信息技术基础:计算机的发展历史、计算机中的数据与编码、程序与程序设计、计算思维等。

第2章主要介绍计算机系统的构成:计算机系统的组成、微型计算机硬件系统、汽车软件和智能座舱等。重点介绍微型计算机的硬件系统、信息编码和数据表示,其中信息编码和数据表示是难点。

第3章主要介绍计算机网络与信息安全:计算机网络的发展和特点、计算机网络的分类、数据在计算机网络中的传输方式、计算机网络软件系统和体系结构、计算机网络基础、数据在网络中的处理方法、数据在计算机网络中的传输安全及如何配置计算机网络。重点介绍互联网提供的信息服务和信息安全,尤其是对计算机病毒的防范。

第4章主要介绍 Word 2021 文档编辑:文档的创建和编辑、格式设置、表格编辑、插入对象及长文档排版。重点和难点是格式设置和长文档排版,尤其是邮件合并、自动生成目录。

第5章主要介绍 Excel 2021 表格处理:深入讲解电子表格的基本操作、数据筛选、分类汇总及图表制作。难点是公式与函数的应用。

第6章主要介绍 PowerPoint 2021 演示文稿制作:演示文稿制作的基本流程,从设置版面插入对象、设置动画、设置幻灯片切换方式,到最后的演示文稿放映、打包、保存等。

第7章主要介绍程序设计与问题求解:算法与程序、Windows 平台下 PyCharm 的安装、Python 程序设计基础、程序的控制结构、Python 函数等。

第8章主要介绍多媒体技术及应用:多媒体关键技术、Photoshop 工具及案例实现、Audition 工具及案例实现、Premiere 工具及案例实现等工具的使用。讲解音频处理、图像处理、动画制作、视频处理和虚拟现实等技术,突出声音、图像和视频等处理软件应用技能的学习与掌握,有利于培养学生的数字媒体素养与技能。

第9章主要介绍计算机发展的前沿技术:虚拟现实和增强现实技术、云计算、物联网技术、大数据技术、人工智能等前沿技术的应用场景、研究领域及发展趋势。

此外,课程还会强调理论与实践并行,使学生理解计算机系统的组成和基本工作原理,掌握常用办公软件等工具的使用技能,建立计算思维与互联网思维,帮助学生提高学习能力、实践能力和创新能力,培养学生信息化应用素养、使用信息工具解决实际问题的能力和专注踏实、认真细致、实践创新的学习作风。

资源下载提示

素材(源码)等资源:扫描目录上方的二维码下载。

视频等资源：扫描封底的文泉云盘防盗码，再扫描书中相应章节的二维码，可以在线学习。

编者的阅历有限，书中难免存在疏漏，希望读者热心指正，在此表示感谢。

胡　荣

2024 年 12 月

目录

CONTENTS

教学资源(PPT、电子教案等)

本书源码

计算机信息技术基础

第1章

CHAPTER 1

2min

1.1 任务导入

计算机是人类20世纪最重要的发明之一，自从有了计算机，人类的生活发生了翻天覆地的变化，随着计算机技术的飞速发展，计算机已经被广泛地应用到社会各个领域。计算机把人类带入了信息化时代，例如浏览网页、网上购物、聊天、发送电子邮件、网上银行等，计算机技术正在影响着人们的学习、生产、工作、生活方式，可以说人们的生活已经离不开计算机了，因此，掌握计算机基础知识和基本操作技能显得非常重要。

想一想：什么地方、哪些行业的人员会用到计算机呢？你能说一说他们使用计算机可以完成哪些任务吗？

1.2 计算机基础概述

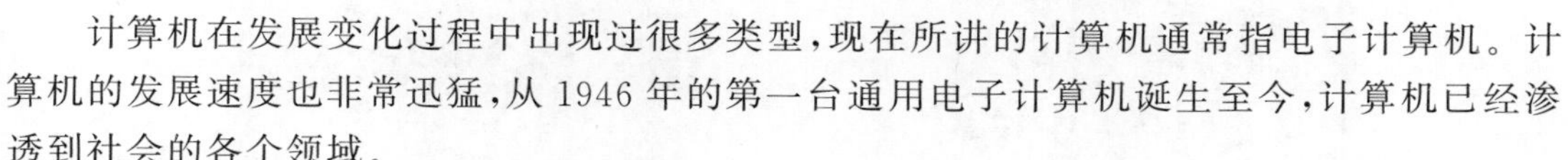

计算机在发展变化过程中出现过很多类型，现在所讲的计算机通常指电子计算机。计算机的发展速度也非常迅猛，从1946年的第一台通用电子计算机诞生至今，计算机已经渗透到社会的各个领域。

本节主要学习计算机的发展历史、分类、应用领域及发展趋势。

1.2.1 计算工具发展历史

8min

1. 古代中外计算工具

计算工具是计算时所用的器具或辅助计算的实物。人们从数学产生之日起便不断寻求能方便进行和加速度计算的工具，因此，计算和计算工具是息息相关的。在漫长的历史长河中，随着社会的发展和科技的进步，人类进行运算时所运用的工具，也经历了由简单到复杂，由低级向高级的发展变化。这一演变过程，反映了人类认识世界、改造世界的艰辛历程和广阔前景。

1）结绳

中国古代的数学是一种计算数学，当时的人创造了许多独特的计算工具及与工具有关的计算方法。远古时代，人类在捕鱼、狩猎和采集果实的劳动中，产生了记数的需要。人们就用手指、石子、结绳或在木棒上刻痕来计数。如用小石子检查放牧归来的羊的只数；用在木头上刻痕的方法记录捕鱼的数量；用结绳的方法统计猎物的个数等。结绳如图 1-1 所示。

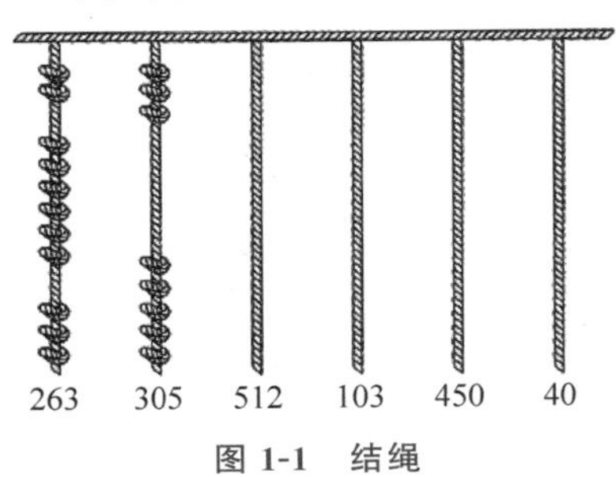

图 1-1 结绳

2）算筹

算筹是我国古代的计算工具。“筹”即小竹棍或小木棍(也有用骨或金属材料制成的)，古人用它进行计算，称为筹算。用算筹来记数和进行四则运算很可能始于西周时期，一直沿用至元代末年。当时的人还能把十进制值制贯穿于筹算之中，凭借十进制值制，把算筹纵横布置，这样就可以表示出任意自然数，同时还懂得用空位表示零，使位值完备。算筹如图 1-2 所示。

3）算盘

算盘是我国古代的发明，是我国的传统计算工具，曾经在生产和生活中广泛应用，至今仍然发挥着它独特的作用，即使现代最先进的电子计算器也不能完全取代它。算盘是从算筹发展而来的，最早产生于元代，到元末明初，算盘已经非常普及了，珠算方法也发展得更加完善，并逐渐确定了流传至今的型制。作为一种计算工具，算盘在阿拉伯数字出现之前就被广为使用，可以把它看作最简单的数字计算机。明代以后，算盘分别通过陆路和海路流传到了朝鲜、日本和东南亚，不久又传到了欧洲，现在的中国和俄罗斯仍有一些商人使用它。算盘如图 1-3 所示。

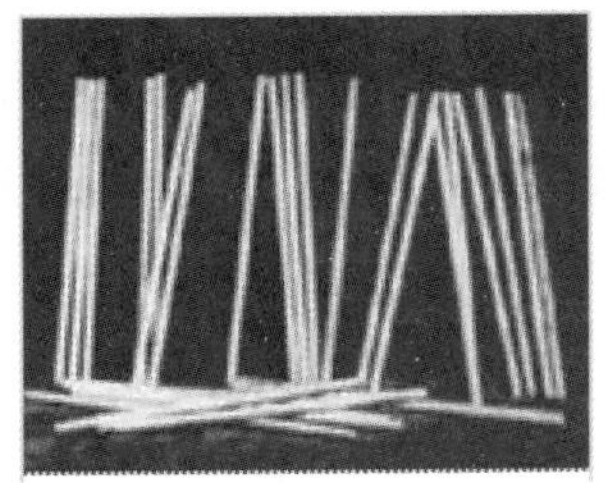

图 1-2 算筹

图 1-3 算盘

4）计算尺

17 世纪初，英国人发明了计算尺。计算尺的出现开创了模拟计算的先河。后来，人们发明了多种类型的计算尺。直到 20 世纪中叶，计算尺才逐渐被袖珍计算器取代。计算尺通常由 3 个互相锁定的有刻度的长条和一个滑动窗口(称为游标)组成，使用比较多的是对数计算尺。计算尺在 20 世纪 70 年代之前使用广泛，在相当长的一段时期里，是科技人员必备的计算工具，之后被电子计算器所取代。计算尺如图 1-4 所示。

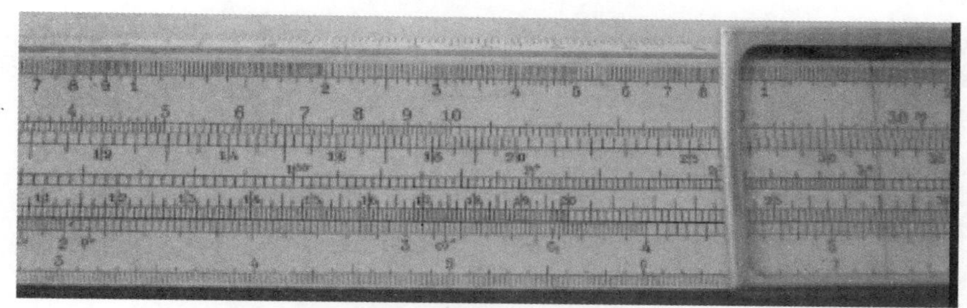

图 1-4　计算尺

5）机械式加法器

1642 年，法国数学家布莱士·帕斯卡研制成功了一种齿轮式计算机器，如图 1-5 所示，它具有能自动进位的加减法计算装置，全名为滚轮式加法器。其外观上有 6 个轮子，分别代表个、十、百、千、万、十万等。顺时针拨动轮子可以进行加法运算，而逆时针拨动轮子则进行减法运算。它被称为世界上第一台数字计算器，为以后的计算机设计提供了基本原理。

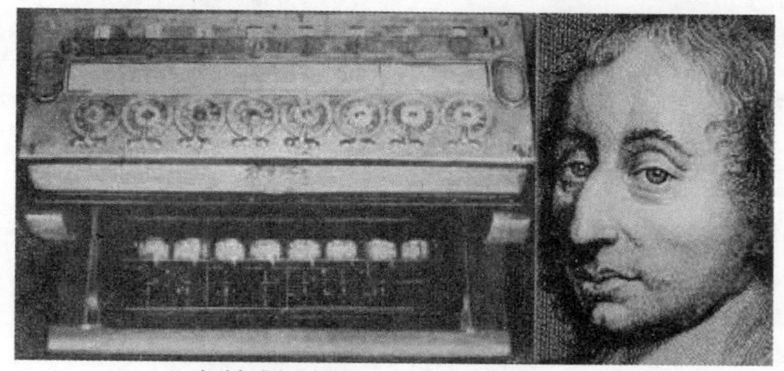

机械式加法器　　布莱士·帕斯卡

图 1-5　机械式加法器

6）机械式计算器

17 世纪后期至 18 世纪初期，布莱士·帕斯卡和戈特弗里德·莱布尼茨分别发明了早期的机械式计算器，如图 1-6 所示。这些计算器使用齿轮和滑动规则等机械结构，可以执行基本的加法和减法运算，然而，由于技术限制，这些机械计算器只能进行简单运算，并不适用于复杂的科学计算。

图 1-6　机械式计算器

7）差分机和分析机

1822 年，英国剑桥大学的查尔斯·巴贝奇研制出了差分机，如图 1-7 所示，同样可以进行加减计算和简单的函数运算，这是一种能够执行更复杂计算任务的机械装置。差分机利用齿轮和摆杆等结构实现了多位数的加法和减法运算。尽管差分机没有商业化生产，但它为后来的计算器技术奠定了基础，并引领了机械计算器的发展方向。十余年后，他又完成了一项新的计算装置——分析机的构想模型，可惜碍于当时的机械技术限制而没有制成，但已包含了现代计算的基本思想和主要的组成部分，被称为现代通用计算机的雏形，如图 1-8 所示。

图 1-7 差分机

图 1-8 分析机

一百年后，美国哈佛大学的艾肯博士在图书馆发现了巴贝奇的论文，他在 IBM 公司的资助下于 1944 年研制成功了 MARK I 机器，将巴贝奇的梦想变成了现实，如图 1-9 所示。

图 1-9 MARK I 机器

2. 电子计算器

20 世纪初，电子管的发明使制造电子计算器成为可能。早期的电子计算器使用电子管作为开关器件，能够进行更快速和复杂的计算，然而，电子管的体积庞大、功耗高等问题限制了电子计算器的发展和应用。

随着半导体技术的进步，20 世纪 50 年代末到 60 年代初，集成电路的出现使电子计算器变得更小、更便携且价格更低。当时的集成电路将数百甚至数千个电子元器件集成到一个芯片上，大大地提高了计算器的性能和功能。这一时期出现了许多商用和家用电子计算器品牌，如惠普和德州仪器。早期的电子计算器如图 1-10 所示。

20 世纪以来，电子技术与数学得到充分的发展，电子技术的进步，为计算器提供了物质上的基础，而数学的发展对设计及研制新型的计算器有很大的帮助。现代电子计算器如图 1-11 所示。

图 1-10 早期的电子计算器

图 1-11 现代电子计算器

3. 个人计算机

计算机的最初应用就是进行科学计算，随着计算机技术的飞速发展，个人计算机的性能越来越高，同时采用计算机进行计算的方法也越来越多，例如可以通过 Windows 操作系统自带的“计算器”程序进行计算，也可以通过专用的电子表格软件（如 Excel）进行计算，甚至还可以自己编程来完成特定的计算任务。个人计算机具备了更强大的计算能力，并且集成了计算器的功能，使人们可以在同一设备上完成更复杂的任务。计算器逐渐从日常生活中消失，被个人计算机所取代。

1.2.2 计算机发展简史

人类的计算工具从算盘到计算器，从计算器到计算机，是一个质的飞越。那么什么是计算机呢？电子计算机（Computer）是一种由电子元器件构成的可进行自动、精确、高速运算并具有内部存储和逻辑判断功能的电子设备，其工作方式可以模仿人的大脑活动，因此，计算机也称“电脑”。

1. 计算机的产生

1946 年 2 月 14 日，美国宾夕法尼亚大学研制出了世界上第一台通用电子数字计算机“埃尼阿克”（ENIAC），如图 1-12 所示。“埃尼阿克”的研制成功，是计算机发展史上的一座纪念碑，使人类在发展计算技术的历程中到达了一个新起点。

ENIAC 的主要元器件为电子管，它由 18 000 个电子管、10 000 个电容、1500 个继电器及其他元器件组成，重 30t，占地 170m^2，耗电量为 150kW，每秒能进行 5000 次加法运算、56 次乘法运算。

1944 年 7 月，美籍匈牙利科学家冯·诺依曼在莫尔电气工程学院参观了正在组装的

ENIAC,当时他正在美国参加第一颗原子弹的研究,带着在研制的过程中遇到的问题提出了"程序存储",奠定了存储程序式计算机的理论基础,确立了现代计算机的基本结构,如图 1-13 所示。

图 1-12　第一台计算机 ENIAC

图 1-13　冯·诺依曼

2. 计算机的发展

从 1946 年第一台电子计算机诞生至今,按电子计算机所采用的电子元器件进行划分,计算机主要经历了以下几个发展阶段。

(1) 第 1 代计算机(1946—1957 年),电子管计算机时代。1946—1957 年为计算机发展的初级阶段,在硬件方面,计算机采用的电子元器件为电子管,主存储器采用磁鼓或延迟线;外存采用纸带、卡片、磁带;软件方面采用机器语言或汇编语言编写程序,尚无操作系统。第 1 代计算机体积庞大,耗电量大,价格高,可靠性差,外设有限,存储容量小,运算速度为每秒几千次至几万次,主要应用于科学计算和军事领域。电子管计算机如图 1-14 所示。

(2) 第 2 代计算机(1958—1964 年),晶体管计算机时代。1958—1964 年为计算机发展的第二阶段,在硬件方面,计算机采用的电子元器件为晶体管,主存储器采用磁芯;外存采用磁盘、磁带;软件方面出现了高级程序设计语言和操作系统,成本降低,可靠性提高;运算速度为每秒几万次至几十万次,应用领域从科学计算、科学研究扩大到数据处理、实务管理与过程控制等。晶体管计算机如图 1-15 所示。

图 1-14　电子管计算机

图 1-15　晶体管计算机

(3) 第 3 代计算机(1965—1970 年),中、小规模集成电路计算机时代。1965—1970 年为计算机发展的第三阶段,在硬件方面,计算机采用的电子元器件为中、小规模集成电路,主存储器采用半导体存储器,存储容量和存储速度大大提高;计算机体积大大缩小,耗电量减少,可靠性与运算速度进一步提高,软件方面出现了结构化、模块化高级程序设计语言和分时操作系统,成本降低,可靠性提高;运算速度为每秒几十万次至几百万次,应用领域越来越广泛,计算机得到了普及。中、小规模集成电路计算机如图 1-16 所示。

(4) 第 4 代计算机(1971 年至今),大规模、超大规模集成电路计算机时代。1971 年至今为计算机发展的第四阶段,在硬件方面,计算机采用的电子元器件为大规模和超大规模集成电路,出现了中央处理器。计算机的软硬件得到日益完善,计算机的性能得到大幅度提高,运算速度达到几千万次到千百亿次,如图 1-17 所示。具有纪念意义的年份是 1981 年,美国的 IBM 公司开发出了世界上第一台个人计算机 IBM 5150,如图 1-18 所示,其体积更小、功能更强、价格更低。之后,计算机朝着巨型化和微型化两极发展,出现了微型计算机,微型计算机的出现使计算机的应用进入了飞速发展时期,计算机开始进入办公室和家庭,应用领域越来越广泛。

图 1-16 中、小规模集成电路计算机

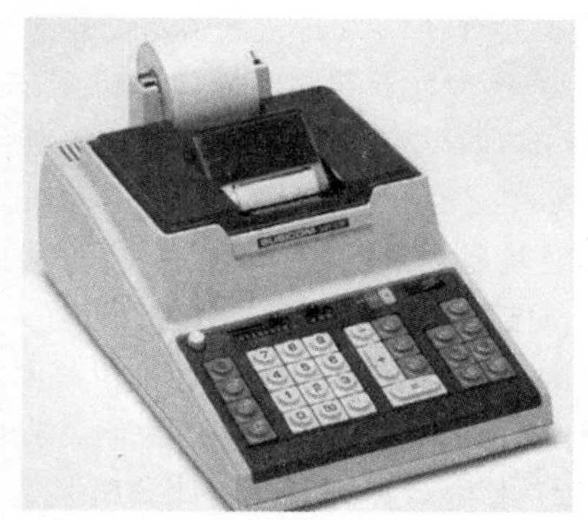

图 1-17 大规模集成电路计算机

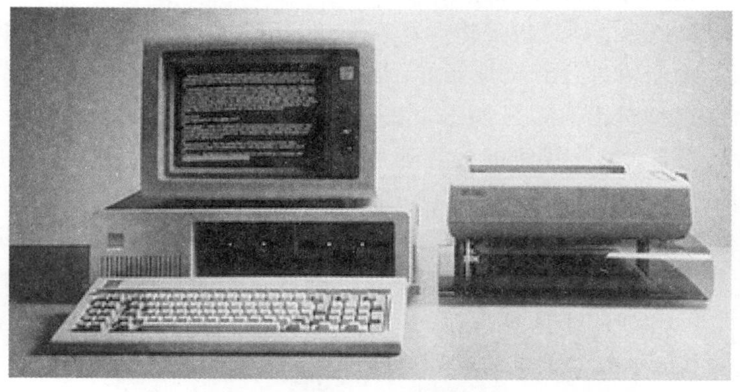

图 1-18 IBM 5150

现代计算机正逐步进入人工智能计算机(第5代计算机)时代。目前,计算机正朝着人工智能方向发展,现代计算机可以帮助人们完成许多人类难以完成的工作,在一定程度上替代了人类的部分脑力劳动,具备了一定的“智能”,但是不能真正听懂人类的语言,不具备真正的人类思维活动,如推理、情感、分析、决策等。

第5代计算机的发展与人工智能、专家系统等的研制密切相连,将突破传统的冯·诺依曼体系结构,把信息采集、存储、处理、通信和人工智能结合起来,具有形式推理、联想、学习和解释能力。

10min

1.2.3 计算机的分类

计算机的分类方式很多,通常可以按照计算机对信息的表示形式和处理方式、用途、规模和性能等角度进行分类。

1. 按信息的表示形式和处理方式分类

(1) 数字计算机:数字计算机是用来对离散数字信号进行处理的计算机,所处理的信号是离散的,计算机内部采用二进制数据,二进制数据只有0和1两个符号,0对应低电平,1对应高电平。

(2) 模拟计算机:模拟计算机是用来对连续的信号进行处理的计算机,所处理的信号是连续的,如电流、电压、声音等都是连续的信号。

(3) 混合式电子计算机:混合式电子计算机结合了数字计算机和模拟计算机的相关技术,同时具备处理数字信号和模拟信号的功能。

2. 按照计算机的用途进行分类

(1) 通用计算机:通用计算机是具有广泛的用途和使用范围且可以完成不同性质的工作的计算机。它的功能很多,我们日常用的计算机都属于通用计算机。

(2) 专用计算机:专用计算机是为解决某一特定问题、适用于某一特殊领域而专门设计的计算机,例如为军事系统而专门设计的计算机。

3. 按照计算机的规模和性能进行分类

(1) 巨型计算机:巨型计算机是指运算速度快、精度高、功能强大、存储容量大、价格高的高性能计算机。由于巨型计算机性能好,因此其主要用于尖端的科学领域,如军事、天气预报等。我国首台巨型机银河-1号如图1-19所示。

(2) 大型计算机:大型计算机的运算速度可达到每秒几千万次,没有巨型计算机运行速度快,一般应用在大中型企事业单位,由于大型计算机的功能强大,通常可以连接多个终端,可以支持远程终端上的上百个用户同时使用。IBM大型机如图1-20所示。

(3) 中型计算机:中型计算机与大型计算机的区别不是很明显,主要用于一些重点的科研院所、重点大学,主要用于信息管理、事务管理等。

(4) 小型计算机:小型计算机的运算速度可达到每秒几百万次,比大、中型计算机性能稍差,主要用于一些中小型企事业单位,也可以同时连接多个终端,一般高校的计算机中心可以使用小型计算机作为主机。

图 1-19　我国首台巨型机银河-1 号

图 1-20　IBM 大型机

（5）工作站：工作站是介于小型计算机和微型计算机之间的一种高档的、功能强大的台式计算机。工作站通常配有高档的中央处理器（Central Processing Unit，CPU）、高分辨率的大屏幕显示器、大容量的存储器，具有较强的数据处理能力和高性能的图像处理功能，常用于图像处理或局域网的服务器。

（6）微型计算机：由于大规模和超大规模集成电路的出现，计算机集成度越来越高，出现了微型计算机(Micro Computer),简称微机,又称个人计算机(Personal Computer,PC),如图 1-21 所示。它出现于 20 世纪 70 年代,相对于传统的计算机而言,具有体积小、质量轻、功耗低、可靠性高、环境要求低、易学易用等一系列优点,因此得到了极广泛的应用和发展。按照性能和外形,微型计算机可分为台式计算机、笔记本电脑、掌上计算机。

图 1-21　个人计算机

1.2.4　计算机应用系统的计算模式

计算机应用系统的计算模式分为 4 种:单主机计算模式、分布式客户/服务器计算模式(Client/Server,C/S)、浏览器/服务器计算模式(Browser/Server,B/S)和云计算模式。

(1) 单主机计算模式:在这种模式中,计算机的所有功能都在同一台物理机器上执行。这是一种早期的计算模式,比较原始,无法实现资源共享,因此效率较低。这种模式主要应用于早期的计算机系统中,适用于一些较为简单的应用场景,如小型企业的办公自动化系统、家庭计算机等。单主机计算模式如图 1-22 所示。

(2) 分布式客户/服务器计算模式:这是一种分层的计算模式,其中客户端应用程序和服务器组件在不同的机器上运行。客户端发送请求,服务器响应请求并提供服务。这种模式被广泛地应用于局域网和广域网中,如企业内部的业务处理系统、互联网上的在线游戏等。分布式客户/服务器计算模式如图 1-23 所示。

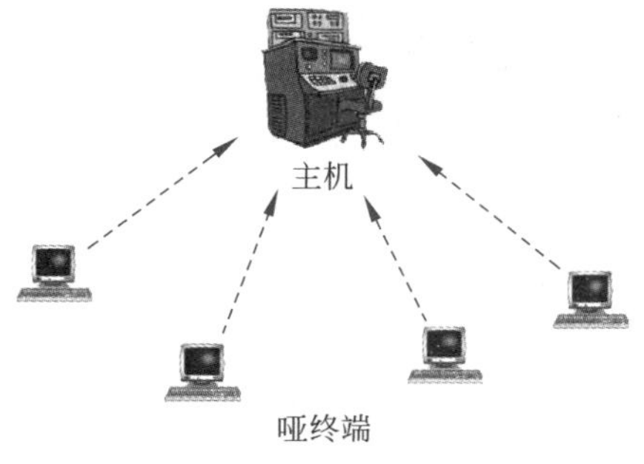

图 1-22　单主机计算模式

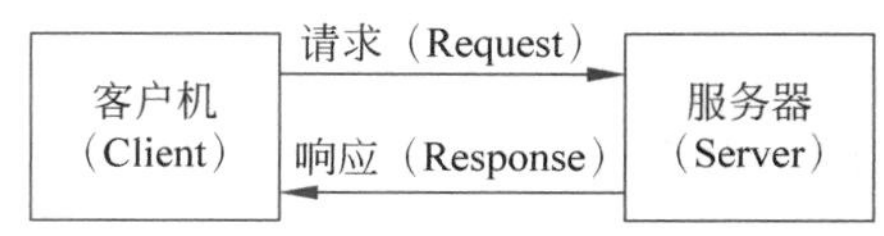

图 1-23　单主机计算模式

(3) 浏览器/服务器计算模式：在浏览器/服务器计算模式中，客户端通过 Web 浏览器访问服务器上的资源。服务器接受请求，处理请求并返回 HTML 页面或其他类型的文件(如图像、视频等)。这种模式也被称为瘦客户端计算模式，因为客户端不需要安装任何额外的软件，只需使用 Web 浏览器便可访问服务器上的应用程序。这种模式适用于 Web 应用程序，如网上购物、在线银行、在线教育等。用户可以使用各种设备上的浏览器访问服务器上的应用程序，无须在本地安装软件。浏览器/服务器计算模式如图 1-24 所示。

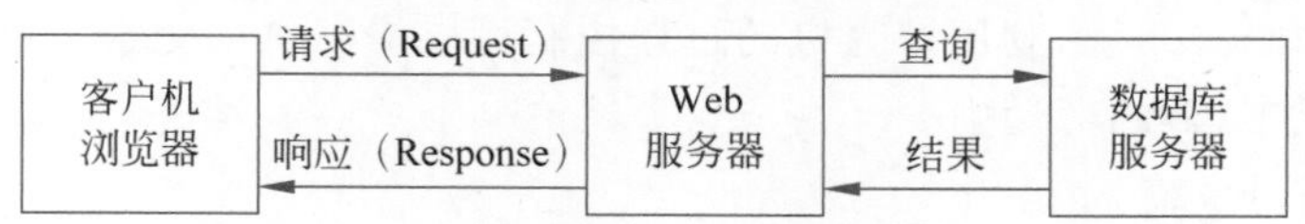

图 1-24 浏览器/服务器计算模式

(4) 云计算模式：云计算是一种将计算资源作为服务通过互联网提供给用户使用的技术。它实现了资源的共享、按需使用和弹性可扩展性，具有高可用性、高灵活性和低成本等特点。在云计算模式中，计算任务在远程的云端执行，用户可以通过各种设备(如计算机、手机等)随时随地地访问云服务，如图 1-25 所示。这种模式适用于需要大规模计算和存储的任务，如大数据分析、视频处理、科学计算等。此外，云计算模式还被广泛地应用于企业应用程序、在线零售、社交网络等领域。

图 1-25 云计算模式

这些计算模式各有优缺点，有各自的应用场景，需要根据具体的需求和条件进行评估和选择。

1.2.5 计算机的应用领域

1. 科学计算

科学计算又称数值计算，科学计算是计算机最早的应用领域，利用计算机速度快、精度高、存储量大和可连续工作的特性，完成一些复杂的数学计算问题，解决人力或其他计算工具难以或者无法解决的复杂计算问题。例如，卫星、航天飞机发射中的轨道计算、天气预报、地震预测等，过去往往需要几个月甚至几年才可以将结果计算出来，现在利用计算机可能只需几分钟就可以得到精确的结果。

2. 数据处理

数据处理又称信息处理，是对数值信息和字符、多媒体等大量非数值信息的收集、整理、分类、排序、统计、选择、存储、制表、检索、输出等就地加工处理的过程。特点是数据量大、计算方法简单，例如，火车订票、银行业务、人口统计、职工工资管理、仓库库存管理、交通管理、情报检索等。

3. 过程控制

过程控制也称实时控制或自动控制，是指计算机及时从被控对象搜集检测数据进行处理和分析，按最佳值对事物进程进行自动调节控制的过程，如生产自动化。过程控制最突出的特点是实时性强，主要用于机械、冶金、石油、化工、电力等部门，例如，炼钢过程的计算机控制、高射炮自动瞄准系统，利用计算机的过程控制可以提高自动化水平，保证生产质量，提高生产率，降低成本，节约劳动力。

4. 计算机辅助系统

计算机辅助系统包括计算机辅助设计(Computer Aided Design，CAD)、计算机辅助制造(Computer Aided Manufacturing，CAM)、计算机辅助教学(Computer Aided Instruction，CAI)、计算机辅助测试(Computer Aided Testing，CAT)、计算机辅助翻译(Computer Aided Translation，CAT)、计算机辅助工程(Computer Aided Engineering，CAE)等。

(1) 计算机辅助设计指利用计算机帮助设计人员进行产品和工程设计工作，使设计过程自动化、科学化、合理化，大大缩短了设计周期。

(2) 计算机辅助制造指利用计算机进行生产规划、管理和控制产品制造的过程，自动完成离散产品的加工、装配、检测和包装等制造过程。

(3) 计算机辅助教学指在计算机的帮助下进行各种教学活动，以对话的方式与学生讨论教学内容、安排教学进程、进行教学训练的方法与技术。

(4) 计算机辅助测试指利用计算机对学生的学习情况进行测试和评估。

(5) 计算机辅助翻译指利用计算机帮助翻译者优质、高效、轻松地完成翻译工作。

(6) 计算机辅助工程指利用计算机技术实现工程的各个环节的有机结合。

5. 人工智能

人工智能也称智能模拟，利用计算机"模仿"人类的某些智力行为，以替代人类完成部分工作，使计算机具有一定学习、推理、分析、判断、联想等功能。例如，计算机辅助诊断就是模拟医生看病。人工智能主要应用在机器人、专家系统、模式识别等领域。

(1) 机器人：机器人主要有工业机器人和智能机器人两类。前者用于完成重复的动作，通常代替人类进入某些领域中进行作业，这些领域人类通常难以到达，如深海作业、井下作业、高空作业等；后者具有人类的某些智能行为，代替人类完成部分工作，具有感知和识别能力，具有人类高级思维活动的理论、技术、应用，能"说话"和"回答"问题。

(2) 专家系统：专家系统是一种智能计算机程序系统，其内部含有大量的某个领域专家水平的知识和经验，能够利用专家的知识和经验去解决某个领域的问题，是一种模拟人类专家解决特定领域问题的计算机程序系统。近年来专家系统得到了广泛应用，主要在工程、科学、医疗、军事、商业等方面，如医疗专家系统能模拟医生分析病情、开出药方和假条。

(3) 模式识别：模式识别是对事物特征或现象的各种形式(数值、文字和逻辑关系)的信息进行处理和分析，以对事物或现象进行描述、辨认、识别、分类和解释的过程。例如，机器人的视觉器官和听觉器官、指纹锁、指纹打卡机及手机的语音拨号功能都是模式识别的应用。

1.2.6 计算机的发展趋势

1. 计算机发展的5个方向

从第一台电子计算机诞生到现在，计算机体积越来越小、功能越来越丰富、成本越来越低、性能越来越高、价格越来越低。计算机的飞速发展推动了教育、医疗、航天、农业等行业的发展，随着计算机应用越来越广泛，又向计算机技术提出了更高、更新的要求。当前，计算机正朝着巨型化、微型化、网络化、多媒体化、智能化方向发展。

(1) 巨型化：巨型化是指运算速度更快、存储容量更大、功能更强大的计算机。巨型计算机采用多处理器结构和并行处理技术，主要用于尖端科学技术和军事国防领域的研究开发。

例如，我们对地震的预测、宇宙飞船的发射、天气预报的预测等都需要高精度、高速度的计算机。“神威·太湖之光”超级计算机是由国家并行计算机工程技术研究中心研制的安装在国家超级计算无锡中心的超级计算机，如图1-26所示。“神威·太湖之光”超级计算机安装了40 960个中国自主研发的申威26010众核处理器，该众核处理器采用64位自主神威指令系统，峰值性能为12.5亿亿次每秒，持续性能为9.3亿亿次每秒，核心工作频率为1.5GHz。2020年7月，中国科学技术大学在“神威·太湖之光”上首次实现了千万核心并行第一性原理计算模拟。2023年，最新的全球超级计算机500强榜单公布，中国超级计算机“神威·太湖之光”本次排名第7位。

图1-26 “神威·太湖之光”超级计算机

(2) 微型化：随着大规模和超大规模集成电路技术的快速发展，集成度越来越高，计算机的体积变得越来越小，功能越来越丰富，价格越来越低，出现了笔记本电脑、掌上计算机、台式计算机等微型计算机，分别如图1-27、图1-28、图1-29所示。

图1-27 笔记本电脑

图1-28 掌上计算机

图1-29 台式计算机

(3) 网络化：网络化指的是计算机网络将分布在不同地理位置的计算机和各种通信设备用通信线路连接起来，组成一个规模更大、功能更丰富的网络系统，实现资源共享和相互通信。计算机网络是计算机技术和通信技术相结合的产物，现在，计算机网络在交通、金融、企业管理、教育、邮电、商务等行业中得到了广泛应用。例如，可以上网浏览网页、在线看电影或听音乐、网上购物等。

(4) 多媒体化：多媒体计算机就是把计算机、电视机、录音机等媒体结合起来，多媒体技术是一门跨学科的技术，采用多媒体技术使计算机能够处理文字、图形、声音、动画等多种形式的信息。现代远程教育、医疗、娱乐都与多媒体技术的发展密切相关。

(5) 智能化：智能化指让计算机具备人类的某些智能行为，使计算机具备“视觉”“听觉”“语言”“分析”“推理”等能力，其中最有代表性的领域是专家系统和机器人。美国研究的无人机，不需要人为远程控制，它会按照事先安排好的任务自动飞行。

2. 未来的新型计算机

许多科学家认为以半导体材料为基础的集成技术日益走向它的物理极限，要解决这个问题，必须开发新的材料，采用新的技术。于是，人们努力探索新的计算材料和计算技术，致力于研制新一代的计算机，如高速计算机、生物计算机、光计算机和量子计算机等。

1) 高速计算机

美国发明了一种利用空气的绝缘性能来成倍提高计算机运行速度的新技术。纽约斯雷尔保利技术公司的科学家已经生产出一套新型计算机微电路，该电路的芯片或晶体管之间由被胶滞体包裹的导线连接，这种胶滞体 90%的物质是空气，而空气是不导电的，是一种非常优良的绝缘体。

研究表明，计算机运行速度的快慢与芯片之间信号传输的速度直接相关，然而，目前普遍使用的硅二氧化物在传输信号的过程中会吸收一部分信号，从而延长了信息传输的时间。保利技术公司研制的“空气胶滞体”导线几乎不吸收任何信号，因而能够更迅速地传输各种信息。此外，它还可以降低电耗，而且不需要对计算机的芯片进行任何改造，只需换上“空气胶滞体”导线，就可以成倍地提高计算机的运行速度。

不过，这种“空气胶滞体”导线也有不足之处，主要是其散热效果较差，不能及时地将计算机中电路产生的热量散发出去。为了解决这个问题，保利技术公司的科研小组研究出计算机芯片冷却技术，它在计算机电路里内置了许多装着液体的微型小管，用来吸收电路散发出的热量。当电路发热时，热量将微型管内的液体汽化，当这些汽化物扩散到管子的另一端之后，又重新凝结，流到管子的底部。据悉，美国宇航局(NASA)将对该项技术进行太空失重状态下的实验，如果实验成功，则这种新技术将被广泛地应用于未来的计算机中，使计算机的运算速度得以大大提高。

不久前，美国 IBM 公司为美国国家超级计算机应用中心制造了两台 IBM Linux 集群计算机，每秒可执行 2 万亿次浮点运算，是迄今为止运算速度最快的 Linux 超级计算机。1997 年 IBM“深蓝”计算机因战胜国际象棋世界冠军卡斯帕罗夫而声名大噪，之后 IBM 性能强大的超级计算机便开始为世人所瞩目，而运算性能更出色的“更深的蓝”和 ASCI White 也相继问世。

2) 生物计算机

生物计算机在 20 世纪 80 年代中期开始研制，其最大的特点是采用了生物芯片，生物芯片由生物工程技术产生的蛋白质分子构成。在这种芯片中，信息以波的形式传播，运算速度比当今最新一代的计算机快 10 万倍，能量消耗仅相当于普通计算机的 1/10，并且拥有巨大的存储能力。由于蛋白分子能够自我组合，再生新的微型电路，使生物计算机具有生物体的一些特点，如能发挥生物本身的调节机能自动修复芯片发生的故障，还能模仿人脑的思考机制。

国内首次公之于世的生物计算机被用来模拟电子计算机的逻辑运算，解决虚构的 7 个城市间最佳路径问题。不久前，200 多名各国计算机学者齐聚普林斯顿大学，联名呼吁向生物计算机领域进军。

科学家在生物计算机研究领域已经有了新的进展，预计在不久的将来，就能制造出分子元器件，即通过在分子水平上的物理化学作用对信息进行检测、处理、传输和存储。目前，科学家已经在超微技术领域取得了某些突破，制造出了微型机器人。科学家的长远目标是让这种微型机器人成为一部微小的生物计算机，它们不仅小巧玲珑，而且可以像微生物那样自我复制和繁殖，可以钻进人体里杀死病毒，修复血管、心脏、肾脏等内部器官的损伤，或者使引起癌变的 DNA 突变发生逆转，从而使人们延年益寿。

3）光学计算机

所谓光学计算机，就是利用光作为信息的传输媒体。与电子相比，光子具有许多独特的优点：它的速度永远等于光速、具有电子所不具备的频率及偏振特征，从而大大地提高了传载信息的能力。此外，光信号传输根本不需要导线，即使在光线交汇时也不会互相干扰、互相影响。一块直径仅 2cm 的光棱镜可通过的信息比特率可以超过全世界现在全部电缆总和的 300 多倍。光学计算机的智能水平也将远远超过电子计算机的智能水平，是人们梦寐以求的理想计算机。

我们将利用光的传播速度比电子速度快的原理制成的这种更加先进的计算机称为“光脑”。20 世纪 90 年代中期，光脑的研究成果像雨后春笋般不断涌现，各国科研机构、大学都投入了大量的人力、物力从事此项技术的研究，其中最显著的研究成果是由法国、德国、英国、意大利等国 60 多名科学家联合研发成功的世界上第一台光脑。该台光脑的运算速度是目前速度最快的超级计算机的 1000 多倍，并且准确性极高。

此外，光脑的并行处理能力非常强，具有超高速的运算速度，在这方面计算机真是望尘莫及。在工作环境要求方面，超高速的计算机只能在低温条件下工作，而光脑在室温下就能正常工作。另外，光脑的信息存储量大，抗干扰能力非常强，在任何恶劣环境条件下都可以开展工作。光脑还具有与人脑相似的容错性，当系统中某一元器件遭到损坏或运算出现局部错误时，并不影响最终的计算结果。目前光脑的许多关键技术，如光存储技术、光存储器、光电子集成电器等都已取得重大突破。

4）量子计算机

进入 21 世纪，量子力学花开二度，科学家根据量子力学理论，在研制量子计算机的道路上取得了新的突破。美国科学家宣布，他们已经成功地实现了 4 量子位逻辑门，取得了 4 个锂离子的量子缠结状态。2021 年 2 月 8 日，中国科学院量子信息重点实验室的科技成果转化平台合肥本源量子科技公司，发布具有自主知识产权的量子计算机操作系统“本源司南”。2022 年 8 月 25 日，百度发布集量子硬件、量子软件、量子应用于一体的产业级超导量子计算机“乾始”。

1.3 计算机中的数据与编码

我们平时需要使用数字、汉字、字母、各种标点符号,还会使用计算机听音乐、看电影等,那么这些数据是如何在计算机中表示的呢? 又是如何处理的呢?

1.3.1 信息与数据

在信息时代,数据和信息是我们经常使用的两个概念。数据是指未经过处理的原始材料,而信息则是从数据中提炼出来的有用的内容。数据和信息之间存在着密不可分的关系,下面将从不同的角度来探讨数据和信息的关系。

1. 数据是信息的基础

数据是信息的基础,没有数据就没有信息。数据是一种无序的、杂乱的事物,需要经过加工处理才能变成有用的信息。例如,我们要了解某个城市的人口数量,就需要收集大量的数据,包括人口普查数据、户籍数据、流动人口数据等。这些数据需要经过加工处理,才能得出有用的信息,例如该城市的总人口数量、男女比例、年龄结构等,因此,数据是信息的基础,没有数据就没有信息。

2. 信息是数据的升华

信息是数据的升华,是数据经过加工处理后的有用内容。信息是有序的、有结构的、有意义的,可以帮助人们更好地理解和认识事物。例如,可以通过收集和分析股票数据,得出某只股票的走势趋势、涨跌幅度、市值等信息。这些信息可以帮助投资者做出更明智的投资决策,从而获得更高的收益,因此,信息是数据的升华,是数据经过加工处理后的有用内容。

3. 数据和信息的互动

数据和信息是互动的,数据是信息的基础,信息又可以反过来影响数据。例如,可以通过分析人口普查数据,得出某个城市人口的年龄结构、教育水平、就业状况等信息。这些信息可以帮助城市规划者更好地了解城市的人口情况,从而制定更合理的城市规划方案。同时,这些信息也会影响人们的行为,例如就业机会多的城市会吸引更多的人才前来发展,从而增加该城市的人口数量,因此,数据和信息是互动的,数据可以帮助我们得出有用的信息,而信息又可以反过来影响数据。

1.3.2 数据的单位

1. 位

位(bit,b)是计算机信息的最小数据单位和存储单位,它是二进制的一个数位,简称位。n 个二进制位可以表示 2^n 种状态。位既可以表示 0,也可以表示 1。例如,二进制数 10111010 中的每个数符就是位,该二进制数共有 8 位。

2. 字节

字节(Byte,B)是表示存储空间大小最基本的存储单位或数量单位,也是计算机中最小的信息单位。

8 个二进制位为 1 字节,即 1B=8 位。

字节可以表示数字或字符。1B 所表示的信息由所使用的编码方案决定。后面会学到一个字符占用 1B,一个汉字占用 2B。

常用的度量单位及换算关系为

$1KB = 2^{10}B$

$1MB = 2^{10}KB = 2^{20}B$

$1GB = 2^{10}MB = 2^{20}KB = 2^{30}B$

$1TB = 2^{10}GB = 2^{20}MB = 2^{30}KB = 2^{40}B$

3. 字

字(Word)是计算机存储、传输、处理数据的信息单位,在计算机中一串二进制数码作为一个整体来处理,通常一组二进制数位称为一个字。

字可以是一条指令,也可以是一个数字。字的组合：1Word=n B。CPU 在单位时间内一次处理的二进制数的位数称为字长。

字长越长,在相同时间内就能传送越多的信息,从而使计算机运算速度更快；字长越长,数值运算的精度越高；字长越长,计算机就有越大的寻址空间,从而使计算机的内存储器容量更大；字长越长,计算机系统支持的指令数量越多,功能越强。不同档次的计算机字长不同。例如,对 32 位微机来讲它可动态管理的内存为 4GB。

1.3.3　数制及其转换

计算机最基本的功能是对数据进行运算和处理。在日常生活中,我们经常使用十进制数,其实还有二进制(两只袜子为一双)、七进制(一周有七天)、八进制、十二进制(一年有 12 个月)、十六进制、二十四进制(一天有 24h)、六十进制(时间采用六十进制)等,但在计算机内部使用的数据只有 0 和 1,即采用二进制数据,但是二进制难以记忆,不容易理解,因此可以使用八进制和十六进制对其进行简化。

1. 在计算机内部采用二进制编码的原因

(1) 易于用元器件实现。计算机主要由电子元器件构成,如果采用十进制就需要 10 种状态,实现起来比较复杂,二进制只有 0 和 1 两种状态,电子元器件就可以用对立的两种状态来表示,这样实现起来比较容易。例如,开关的断开与闭合,氖灯的亮和灭,一种状态用 1 表示,另一种状态用 0 表示。

(2) 二进制数运算简便。二进制数的运算法则比其他进制简单。例如,加法：0+0=0,1+0=1,0+1=1；乘法：0×0=0,0×1=0,1×0=0,1×1=1,而十进制进行加法运算和乘法运算有几十种情况,用电路来实现很困难。

(3) 易于实现逻辑运算。计算机除了要做算术运算,还要进行逻辑运算。由逻辑代数可知,基本逻辑运算有与、或、非 3 种情况,而逻辑值只有“真”和“假”两种情况,可以利用二进制中的数码 0 和 1 表示。这样,利用二进制很容易实现逻辑运算。

(4) 可靠性好。二进制只有两种状态,元器件实现起来简单,不容易产生混乱。

2. 进位计数制

把一组特定的符号按先后顺序排列起来,用这些符号的组合表示一个数,由低位向高位进位计数的方法,称为进位计数制,即逢几进位的问题。

(1) 数位:数码在一个数中的位置,如十进制数中的个位、十位、百位等。

(2) 基数:在某种进制数中允许使用的基本符号的个数,一般 R 进制数其基数就是 R。例如,十进制数的基数为 10,数符分别为 0、1、2、3、4、5、6、7、8、9,共有 10 个数符。

(3) 位权:位权又称权,是和数位有关的概念,即每个数位上的数码所表示数值的大小等于该数码本身乘以一个常数,该常数即权。任何一个进制数均可以按位权展开,从而成为多项式,各位的位权是以基数为底的幂,例如,十进制、二进制、八进制和十六进制的权分别为 10^i、2^i、8^i、16^i,其中 $i=\cdots,3,2,1,0,-1,-2,-3,\cdots$。

【例 1-1】 十进制数 1980.88 可表示为权的形式。

$1980.88=1\times\underline{10^3}+9\times\underline{10^2}+8\times\underline{10^1}+0\times\underline{10^0}+8\times\underline{10^{-1}}+8\times\underline{10^{-2}}$(其中带下画线部分为权)

按位权展开多项式(加权系数和):任何一个进制数都可以按位权展开以多项式的形式表示,按权展开多项式又称为"加权系数和",如图 1-30 所示。

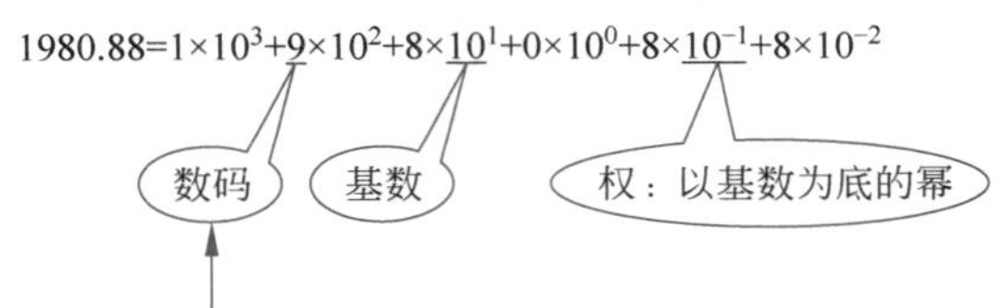

图 1-30 按位权展开多项式

3. 计算机中常用的进位计数制

1) 十进制(Decimal Notation,用 D 表示)

由 0、1、2、3、4、5、6、7、8、9 这 10 个基本符号构成,基数为 10,数符为 0~9 的计数系统,称为十进制。

十进制计数规则如下。

(1) 基数:10,因为所使用的基本符号有 10 个。

(2) 数符:由 0、1、2、3、4、5、6、7、8、9 这 10 个基本符号构成。

(3) 运算规则:逢十进一。

(4) 位权:10^i。

十进制数各数位的权是以 10 为底数的幂,整数部分的位权从最低位开始到高位依次是 10^0、10^1、10^2、10^3……小数部分的位权从最高位开始到低位依次是 10^{-1}、10^{-2}、10^{-3}、……

【例 1-2】 十进制数 1234.56 可以写成如下加权展开多项式:

$1234.56=1\times10^3+2\times10^2+3\times10^1+4\times10^0+5\times10^{-1}+6\times10^{-2}$

【提示】 系统默认对十进制数不加下标。

2）二进制(Binary Notation,用 B 表示)

由两个基本符号 0 和 1 构成,基数为 2,数符为 0、1 的计数系统,称为“二进制”。

二进制计数规则如下。

(1) 基数:2,因为所使用的基本符号有 2 个。

(2) 数符:由 0、1 这两个基本符号构成。

(3) 运算规则:逢二进一。

(4) 位权:2^i。

二进制数各数位的权是以 2 为底数的幂,整数部分的位权从最低位开始到高位依次是 2^0、2^1、2^2……小数部分的位权从最高位开始至最低位依次是 2^{-1}、2^{-2}、2^{-3}……

【例 1-3】 二进制数$(110110.011)_2$可以写成如下多项式:

$$(110110.011)_2=1\times2^5+1\times2^4+0\times2^3+1\times2^2+1\times2^1+0\times2^0+0\times2^{-1}+1\times2^{-2}+1\times2^{-3}$$

十进制与二进制之间的换算关系为

$2^7=128,2^6=64,2^5=32,2^4=16,2^3=8,2^2=4,2^1=2,2^0=1,\cdots\cdots$

二进制数位权与十进制数值的对应关系见表 1-1。

表 1-1 二进制数位权与十进制数值的对应关系

二进制数	…	2^4	2^3	2^2	2^1	2^0	2^{-1}	2^{-2}	2^{-3}	…
十进制数	…	16	8	4	2	1	1/2	1/4	1/8	…

【提示】 二进制数必须加下标,如$(110110.011)_2$,或加数制符,如 110110.011B。

3）八进制(Octal Notation,用 O 表示)

由 0、1、2、3、4、5、6、7 这 8 个基本符号构成,基数为 8,数符为 0～7 的计数系统,称为八进制。

八进制计数规则如下。

(1) 基数:8,因为所使用的基本符号有 8 个。

(2) 数符:由 0、1、2、3、4、5、6、7 这 8 个基本符号构成。

(3) 运算规则:逢八进一。

(4) 位权:8^i。

八进制数各数位的权是以 8 为底数的幂,整数部分的位权从最低位开始到高位依次是 8^0、8^1、8^2……小数部分的位权从最高位开始到低位依次是 8^{-1}、8^{-2}、8^{-3}……

【例 1-4】 八进制数$(34752.157)_8$,按位权相加展开式。

$$(34752.157)_8=3\times8^4+4\times8^3+7\times8^2+5\times8^1+2\times8^0+1\times8^{-1}+5\times8^{-2}+7\times8^{-3}$$

【提示】 八进制数必须加下标,如$(34752.157)_8$,或加数制符,如 34752.157O。

4）十六进制(Hexadecimal Notation,用 H 表示)

由 0、1、2、3、4、5、6、7、8、9、A、B、C、D、E、F 构成,基数为 16,数符为 0～9 及 A～F 的计数系统,称为十六进制。

十六进制计数规则如下。

(1) 基数：16，因为所使用的基本符号有16个。

(2) 数符：由0～9、A～F或a～f(不区分大小写)这16个基本符号构成。

(3) 运算规则：逢十六进一。

(4) 位权：16^i。

十六进制数各数位的权是以16为底数的幂，整数部分的位权从最低位开始到高位依次是16^0、16^1、16^2……小数部分的位权从最高位开始到低位依次是16^{-1}、16^{-2}、16^{-3}……

在十六进制数中，A、B、C、D、E、F表示的数值与十进制数对应关系见表1-2。

表1-2 十六进制数与十进制数的对应关系

十六进制数	A	B	C	D	E	F
十进制数	10	11	12	13	14	15

【例1-5】 十六进制数$(58FCA.89)_{16}$，按位权相加展开式。

$(58FCA.89)_{16}=5\times16^4+8\times16^3+15\times16^2+12\times16^1+10\times16^0+8\times16^{-1}+9\times16^{-2}$

【提示】 十六进制数必须加下标，如$(58FCA.89)_{16}$，或加数制符，如58FCA.89H。

5) 计算机中常用的几种进位计数制

几种进位计数制归纳见表1-3。

表1-3 几种进位计数制归纳

进位制	二进制	八进制	十进制	十六进制
规则	逢二进一	逢八进一	逢十进一	逢十六进一
基数	$r=2$	$r=8$	$r=10$	$r=16$
数符	0,1	0,1,…,7	0,1,…,9	0,1,…,9,A,B,…,F
权	2^i	8^i	10^i	16^i
形式表示	B	O	D	H

6) 不同进位计数制之间的对应关系

十进制、二进制、八进制、十六进制之间的对应关系见表1-4。

表1-4 十进制、二进制、八进制、十六进制之间的对应关系

十进制	二进制	八进制	十六进制	十进制	二进制	八进制	十六进制
0	0000	0	0	8	1000	10	8
1	0001	1	1	9	1001	11	9
2	0010	2	2	10	1010	12	A
3	0011	3	3	11	1011	13	B
4	0100	4	4	12	1100	14	C
5	0101	5	5	13	1101	15	D
6	0110	6	6	14	1110	16	E
7	0111	7	7	15	1111	17	F

1.3.4 不同进制数的相互转换

11min

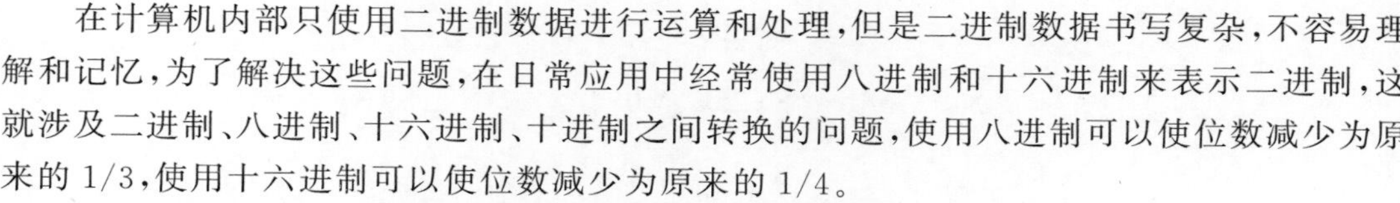

在计算机内部只使用二进制数据进行运算和处理，但是二进制数据书写复杂，不容易理解和记忆，为了解决这些问题，在日常应用中经常使用八进制和十六进制来表示二进制，这就涉及二进制、八进制、十六进制、十进制之间转换的问题，使用八进制可以使位数减少为原来的 1/3，使用十六进制可以使位数减少为原来的 1/4。

1. 非十进制(二进制、八进制、十六进制)数与十进制数之间的转换

一个非十进制数转换为十进制数的方法是按位权展开多项式后求和即可，即加权系数和就是该非十进制数所对应的十进制数，也称“按权展开法”。

【例 1-6】 将$(101011.011)_2$、$(756.28)_8$ 和$(F3AC4.D2)_{16}$ 转换为十进制数。

$$
\begin{aligned}
(101011.011)_2 &= 1\times2^5+0\times2^4+1\times2^3+0\times2^2+1\times2^1+1\times2^0+0\times2^{-1}+\\
&\quad 1\times2^{-2}+1\times2^{-3}\\
&=32+0+8+0+2+1+0+0.25+0.125\\
&=43.375
\end{aligned}
$$

$$
\begin{aligned}
(756.28)_8 &= 7\times8^2+5\times8^1+6\times8^0+2\times8^{-1}+8\times8^{-2}\\
&=448+40+6+0.25+0.125\\
&=494.375
\end{aligned}
$$

$$
\begin{aligned}
(F3AC4.D2)_{16} &= F\times16^4+3\times16^3+A\times16^2+C\times16^1+4\times16^0+D\times16^{-1}+2\times16^{-2}\\
&=15\times16^4+3\times16^3+10\times16^2+12\times16^1+\\
&\quad 4\times16^0+13\times16^{-1}+2\times16^{-2}\\
&=983040+12288+2560+192+4+0.8125+0.0078125\\
&=998084.8203125
\end{aligned}
$$

2. 十进制数与非十进制(二进制、八进制、十六进制)数之间的转换

(1) 整数部分：除以基数，取余数，倒序排列。

(2) 小数部分：乘以基数，取整数，顺序排列。

【例 1-7】 把十进制数 52.425 转换为二进制数。

整数部分	余数	小数部分	整数
2 | 52		0.425	
2 | 26	0	× 2	
2 | 13	0	0.850	0
2 | 6	1	× 2	
2 | 3	0	1.700	1
2 | 1	1	× 2	
0	1	1.400	1

所以，$52.425=(110100.011)_2$。

【例 1-8】 把十进制数 200 转换成八进制数。

$$\begin{array}{r|ll} 8 & 200 & \\ \hline 8 & 25 & 0 \\ \hline 8 & 3 & 1 \\ \hline & 0 & 3 \end{array}$$

所以，$200=(310)_8$。

【例 1-9】 把十进制数 200 转换成十六进制数。

$$\begin{array}{r|ll} 16 & 200 & \\ \hline 16 & 12 & 8 \\ \hline & 0 & 12 \end{array}$$

所以，$200=(C8)_{16}$。

3. 二进制、八进制、十六进制数间的相互转换

1）八进制数转换为二进制数

把每位八进制数转换为三位二进制数，即一位八进制数对应三位二进制数，每位八进制数转换为三位二进制数可以用十进制数转换为二进制数的方法求解。

【例 1-10】 把八进制数$(342)_8$转换为二进制数。

$$(342)_8=(\underset{3}{\underline{011}}\ \underset{4}{\underline{100}}\ \underset{2}{\underline{010}})_2$$

2）十六进制数转换为二进制数

把每位十六进制数转换为四位二进制数，即一位十六进制数对应四位二进制数，每位十六进制数转换为四位二进制数可以用十进制数转换为二进制数的方法求解。

【例 1-11】 把十六进制数$(75B)_{16}$转换为二进制数。

$$(74B)_{16}=(\underset{7}{\underline{0111}}\ \underset{4}{\underline{0100}}\ \underset{B}{\underline{1011}})_2$$

3）二进制数转换为八进制数

以小数点为分界线，整数部分从低位到高位按每三位划分为一组，不够三位的左端补零，小数部分从高位到低位按每三位划分为一组，不够三位的右端补零，把每组二进制数按位权展开多项式求和即可。

【例 1-12】 把二进制数$(1110100101.1101)_2$转换为八进制数。

$$(\underset{1}{\underline{001}}\ \underset{6}{\underline{110}}\ \underset{4}{\underline{100}}\ \underset{5}{\underline{101}}.\underset{6}{\underline{110}}\ \underset{4}{\underline{100}})_2=(1645.64)_8$$

4）二进制数转换为十六进制数

以小数点为分界线，整数部分从低位到高位按每四位划分为一组，不够四位的左端补零，小数部分从高位到低位按每四位划分为一组，不够四位的右端补零。

【例 1-13】 把二进制数$(11001111011.1101011)_2$转换为十六进制数。

$$(\underset{6}{\underline{0110}}\ \underset{7}{\underline{0111}}\ \underset{B}{\underline{1011}}.\underset{D}{\underline{1101}}\ \underset{6}{\underline{0110}})_2=(67B.D6)_{16}$$

1.3.5 二进制数的运算

电子计算机具有强大的运算能力，它可以进行两种运算：算术运算和逻辑运算。

1. 二进制数的算术运算

二进制数的算术运算包括加、减、乘、除四则运算，下面分别予以介绍。

1）二进制数的加法

根据“逢二进一”规则，二进制数加法的法则为

0+0=0

0+1=1

1+0=1

1+1=0 （进位为 1）

例如 1110 和 1011 相加的过程如下：

$$\begin{array}{r} 1\ 1\ 1\ 0 \\ +\quad 1\ 0\ 1\ 1 \\ \hline 1\ 1\ 0\ 0\ 1 \end{array}$$

2）二进制数的减法

根据“借一有二”的规则，二进制数减法的法则为

0−0=0

1−1=0

1−0=1

0−1=1（借位为 1）

例如 1101 减去 1011 的过程如下：

$$\begin{array}{r} 1\ 1\ 0\ 1 \\ -\ 1\ 0\ 1\ 1 \\ \hline 0\ 0\ 1\ 0 \end{array}$$

3）二进制数的乘法

二进制数乘法过程可仿照十进制数乘法进行，但由于二进制数只有 0 和 1 两种可能的乘数位，所以导致二进制乘法更简单。二进制数乘法的法则为

0 × 0=0

0 × 1=0

1 × 0=0

1 × 1=1

例如 1001 和 1010 相乘的过程如下：

```
          1 0 0 1
  ×       1 0 1 0
-----------------
          0 0 0 0
        1 0 0 1
      0 0 0 0
    1 0 0 1
-----------------
    1 0 1 1 0 1 0
```

由低位到高位，用乘数的每一位去乘以另一个乘数，若乘数的某一位为 1，则该次部分积为另一个乘数；若乘数的某一位为 0，则该次部分积为 0。某次部分积的最低位必须和本位乘数对齐，所有部分积相加的结果则为相乘得到的乘积。

4）二进制数的除法

二进制数除法与十进制数除法类似。可先从被除数的最高位开始，将被除数（或中间余数）与除数相比较，若被除数（或中间余数）大于除数，则用被除数（或中间余数）减去除数，商为 1，并得相减之后的中间余数，否则商为 0。再将被除数的下一位移下补充到中间余数的末位，重复以上过程，就可得到所要求的各位商数和最终的余数。

例如 100110÷110 的过程如下：

```
       000110
     ________
110 / 100110
      110
      ------
      0111
       110
      ------
        10
```

所以，100110÷110＝110 余 10。

2. 二进制数的逻辑运算

二进制数的逻辑运算包括逻辑加法（“或”运算）、逻辑乘法（“与”运算）、逻辑否定（“非”运算）和逻辑“异或”运算。

1）逻辑“或”运算

逻辑“或”运算又称为逻辑加，可用符号“＋”或“∨”来表示。逻辑“或”运算的规则如下：

0＋0＝0 或 0∨0＝0

0＋1＝1 或 0∨1＝1

1＋0＝1 或 1∨0＝1

1＋1＝1 或 1∨1＝1

可见，在两个相“或”的逻辑变量中，只要有一个为 1，“或”运算的结果就为 1。仅当两个变量都为 0 时，或运算的结果才为 0。计算时，要特别注意和算术运算的加法的区别。

2）逻辑“与”运算

逻辑“与”运算又称为逻辑乘，常用符号“×”“·”或“∧”表示。“与”运算遵循如下运算规则：

0×0=0 或 0·0=0 或 0∧0=0

0×1=0 或 0·1=0 或 0∧1=0

1×0=0 或 1·0=0 或 1∧0=0

1×1=1 或 1·1=1 或 1∧1=1

可见，在两个相“与”的逻辑变量中，只要有一个为 0，“与”运算的结果就为 0。仅当两个变量都为 1 时，“与”运算的结果才为 1。

3）逻辑“非”运算

逻辑“非”运算又称为逻辑否定，实际上就是对原逻辑变量的状态求反，其运算规则如下：

$\overline{0}=1$

$\overline{1}=0$

可见，在变量的上方加一横线表示“非”。当逻辑变量为 0 时，“非”运算的结果为 1。当逻辑变量为 1 时，“非”运算的结果为 0。

4）逻辑“异或”运算

逻辑“异或”运算，常用符号“⊕”或“∀”来表示，其运算规则为

0⊕0=0 或 0∀0=0

0⊕1=1 或 0∀1=1

1⊕0=1 或 1∀0=1

1⊕1=0 或 1∀1=0

可见：对于两个相异或的逻辑运算，当变量取值相同时，异或的结果为 0。当变量取值相异时，异或的结果为 1。

以上仅就逻辑变量只有一位的情况得到了逻辑或、与、非、异或运算的运算规则。当逻辑变量为多位时，可在两个逻辑变量对应位之间按上述规则进行运算。需要特别注意，所有的逻辑运算都是按位进行的，位与位之间没有任何联系，即不存在算术运算过程中的进位或借位关系。

1.3.6　计算机中数值数据的编码

10min

人们习惯使用十进制数。我们在计算机屏幕上看到的都是能够识别的文字、字符、数字、图形、图像等，但是在计算机中，所有的数据都是以二进制形式进行存储的，所有的数据存储在计算机中必须转换为二进制数的编码形式。计算机在处理信息时，首先将输入的数据转换为计算机能够识别的二进制代码。

在计算机中常用的信息编码有数的编码、字符的编码（ASCII）和汉字的编码等。

数的编码即数在计算机中的表示方法。当在计算机中表示一个数值型的数据时，需要

指定数的长度、指定数的符号和约定小数点位置的表示形式。

1. 数的长度

数的长度指一个数值型数据所占的实际长度，通常用十进制数表示。例如，12345 的长度为 5。由于在计算机中存储容量是用字节来度量的，所以数的长度也常用字节来度量。

2. 数的符号

数据有正数和负数，日常生活中我们用“＋”和“－”表示，在计算机中通常把一个数的最高位定义为符号位，用 0 表示正，用 1 表示负，称为数符。例如 00000001 代表正 1，10000001 代表负 1。

3. 小数点的表示

当表示一个数值型数据时，通常要先约定小数点的位置。如果小数点的位置放在某个数符的后面，则表示定点小数，如果在最后一位数符之后，则表示定点整数。

例如，123.45 表示定点小数，12345 表示定点整数。

4. 数的编码

二进制数在计算机中的表示形式称为机器数，即符号位用 0、1 表示的二进制数。例如，十进制数 10 的机器数为 00001010。

把计算机外部用正(＋)、负(－)号表示的数称为真值数。例如，＋10 和－10。机器数的特点如下：

(1) 机器数的位数固定，所能表示的数值范围受计算机字长的限制。

(2) 机器数的最高位标示符号位，用 0 表示正数，用 1 表示负数。

例如，一般计算机字长为 8 位、16 位、32 位、64 位、128 位等，某种字长为 8 位的计算机，能表示的有符号整数的范围为－128～127。

5. 常见的符号数的编码方案：原码、反码、补码

在计算机中数值被符号化以后，为了更方便地进行算术运算，提高运算的速度，人为地规定了几种编码方案。常见的几种编码有原码、反码、补码。

假定一个机器数 X 在计算机中占用 8 位。

1) 原码

最高位用来表示数值的符号位，正数用 0 表示，负数用 1 表示，其余的各位表示数值的绝对值。

在原码表示中，0 有两种表示[＋0]＝00000000，[－0]＝10000000。8 位字长的原码表示范围为－127(11111111)～＋127(01111111)。

2) 反码

对一个数求反，正数的反码与原码相同，负数的反码为在原码的基础上除符号位外其余位按位取反，符号位不求反。

机器数最高位为符号位，0 代表正号，1 代表负号。

在反码表示中，0 有两种表示形式：[＋0]＝00000000，[－0]＝11111111。

8 位字长的反码表示范围为－127(10000000)～＋127(01111111)。

3）补码

正数的补码与原码、反码相同，负数的补码等于它的反码加 1。

机器数最高位是符号位，0 代表正号，1 代表负号。

在补码表示中，0 有唯一的编码：$[+0]_{补}=[-0]_{补}=00000000$。

在补码表示中，$[+127]_{补}=01111111$，$[-127]_{补}=10000001$。

8 位字长的补码表示范围为 −128(10000000)～+127(01111111)，−128 原码无法表示。编码的对比举例见表 1-5。

表 1-5 编码的对比举例

编　　码	108(sbyte)	−108(sbyte)
原码	01101100	11101100
反码	01101100	10010011
补码	01101100	10010100

1.3.7 计算机中非数值数据的编码

在计算机中只能存储和处理二进制数据，字符、标点符号、声音、图形、图像、视频等非数值型数据不能表示大小，如果要在计算机中进行存储和处理，则需要把它们转换为二进制形式的数据。

1. 计算机中字符的编码

ASCII 码，即美国标准信息交换(American Standard Code for Information Interchange)码是目前国际上广泛使用的编码，是国际上通用的统一编码，主要用于对英文字符进行编码。ASCII 码分为基本 ASCII 码和扩展 ASCII 码。

1）基本 ASCII 码

ASCII 码基本字符集包括 128 个字符，用一字节的低 7 位(或者说最高位为 0 的 8 位二进制数)表示字符，最高位作为奇偶校验位，用来检查信息在传递过程中是否有错误。能表示的范围为 00000000～01111111，包括 10 个阿拉伯数字 0～9，相应的十进制数为 48～57；52 个大小写英文字母，大写字母 A～Z，相应的十进制数为 65～90，小写字母 a～z，相应的十进制数为 97～122；33 个通用控制字符，十进制数为 0～31，十进制数 127 表示其内容为不可显示、不可打印；32 个专用字符(各种标点符号和运算符号)。

ASCII 码对照表见表 1-6。

表 1-6 ASCII 码对照表

低 4 位	高 3 位							
	000	001	010	011	100	101	110	111
0000	NULL	DLE	SP	0	@	P	`	p
0001	SOH	DC1	!	1	A	Q	a	q

续表

低4位	高3位							
	000	001	010	011	100	101	110	111
0010	STX	DC2	”	2	B	R	b	r
0011	ETX	DC3	#	3	C	S	c	s
0100	EOT	DC4	$	4	D	T	d	t
0101	ENQ	NAK	%	5	E	U	e	u
0110	ACK	SYN	&	6	F	V	f	v
0111	BEL	ETB	·	7	G	W	g	w
1000	BS	CAN	(	8	H	X	h	x
1001	HT	EM	)	9	I	Y	i	y
1010	LF	SUB	*	:	J	Z	j	z
1011	VT	ESC	+	;	K	[	k	{
1100	FF	FS	,	<	L	\	l	|
1101	CR	GS	-	=	M	]	m	}
1110	SO	RS	.	>	N	A	n	~
1111	SI	US	/	?	O	_	o	DEL

根据表1-6可以看出，利用ASCII码值可以比较字符的大小。

根据ASCII码值表，各类字符的ASCII码值的大小比较有以下规律：

空格 < 标点符号 < 数字 < 大写字母 < 小写字母

【提示】 十进制数字符号的ASCII码值与它的二进制值是有区别的。例如，十进制数6的7位二进制数为$(0000110)_2$，而十进制数字字符“6”的ASCII码为$(0110110)_2$。

2）扩展ASCII码（EASCII码）

EASCII码（Extended ASCII码，即扩展美国标准信息交换码）是将基本ASCII码由7位扩展为8位，能表示的字符和图形符号共有256个，其中包括基本的ASCII码字符128个和扩展的ASCII码128个。扩展ASCII码采用8位二进制数表示一个字符，最高位为1，扩展部分编码范围为10000000～11111111，相应的十进制数为128～255。

日常中所使用的文本文件都是由ASCII码组成的，称为文本文件，其扩展名为.txt。

2. 计算机中汉字的编码

计算机中只能存储和处理二进制数据，那么在计算机中处理汉字时，也需要将汉字转换为二进制编码。在计算机中汉字编码分为输入码、国标码、机内码和字形码。

1）汉字输入码

汉字输入码又称外码，是用户通过键盘把汉字输入计算机内所使用的代码，我们习惯将其称为输入法。汉字的输入码的种类很多，主要分为以下4类。

（1）拼音码输入：以汉字的汉语拼音为基础，按照汉语拼音的发音规则及一些缩写规则来对汉字进行编码，即拼音输入法。由于汉字系统中相同的发音很多，所以其重码率较高。常用的输入法有搜狗、全拼、智能ABC、微软拼音等。

(2) 字形码输入：根据汉字字形的各部分特征和它们之间的结构特征及书写顺序进行编码。常用的输入法有五笔字型等。

(3) 音形码输入：结合了拼音码和字形码编码规则，兼顾了汉字的拼音和形状。常用的输入法有自然码输入法、智能ABC输入法等。

(4) 数字码输入：用一串数字表示一个汉字，采用《信息交换用汉字编码字符集基本集》(GB 2312—1980)对汉字和符号进行编码，使用4个数字键(0～9)的组合输入汉字、字符、数字、图形符号等。例如，区位码、国标码、机内码。数字码是唯一的，但是难以记忆。

对于同一个汉字来讲由于输入法有很多，所以它的输入码不唯一。

2) 汉字国标码

1980年，我国颁布了第1个汉字编码的国家标准：《信息交换用汉字编码字符集基本集》(GB 2312—1980)，是目前国内所有汉字系统的统一标准，简称汉字国标码，是具有汉字处理功能的不同计算机系统间交换汉字信息时使用的编码。其目的是为了使每个汉字都有一个全国统一的代码，因而颁布了汉字编码的国家标准。它用两字节来表示一个汉字，每字节的最高位均为0，因此可以表示的汉字数为16 384个，每个汉字的国标码是唯一的。例如，“中”字的国标码为$(0101011001010000)_2$。在《信息交换用汉字编码字符集基本集》中有6763个常用汉字规定了二进制编码。

《信息交换用汉字编码字符集基本集》共收录一级汉字3755个，二级汉字3008个，其他字符682个，共计7445个。它将整个字符集分为94个区，对应第一字节；每个区94位，对应第二字节，两字节的值分别为区号值和位号值加32(20H)。

3) 汉字机内码

汉字国标码两字节最高位为0，把汉字国标码两字节的最高位由0变为1，称为汉字机内码，又称汉字内码、汉字存储码、内码。汉字机内码是计算机内部使用的编码，作为微机汉字系统机器内部存储、处理和传输汉字信息时使用的编码。将汉字输入计算机中以后，由于输入码不唯一，所以必须把汉字输入码转换为汉字机内码，使汉字有唯一的编码，一个汉字的机内码唯一。我国采用变形国标码作为机内码，最高位置为1，以区别西文字符ASCII码。例如，“中”字的机内码为$(11010110\ 11010000)_2$。因为汉字处理系统要保证中西文兼容，当系统中同时存在ASCII码和汉字国标码时，将会产生二义性。例如有两字节的内容为30H和21H，它既可表示汉字“啊”的国标码，又可表示西文“0”和“1”的ASCII码。为此，汉字机内码应对国标码加以适当处理和变换。汉字的机内码为二字节长的代码，它是在相应国标码的每字节的最高位上加“1”，即汉字机内码＝汉字国标码＋8080H。

4) 汉字字形码

汉字字形码是对汉字的形状进行二进制编码，主要用来显示或打印汉字，是表示汉字字形的字模数据，因此也称为字模码，是汉字的输出形式，通常用点阵形式来表示。

一个汉字可以看作一个二维图形，把一个汉字离散成若干个网格，每个网格用一个二进制位来表示，从而构成了该汉字的一个点阵。目前普遍使用的点阵有16×16点阵、24×24点阵、48×48点阵。如果一个汉字采用16×16点阵来表示，则每行16位(2B)，共16÷8＝

2B。点阵越大,显示的汉字越清晰。

8min

 1.4 计算思维

本节主要认识什么是计算思维、了解计算思维的特征、培养计算思维,以期利用计算思维更好地解决问题。

1.4.1 计算思维的定义

计算机的发展离不开思维方式的变革,正是由于思维方式的变革使计算机科学不断地向前发展。计算思维作为人类科学思维的基本方法之一,应属于思维科学的一个专门领域。

如果从人类认识世界和改造世界的思维方式出发,则科学思维又可分为理论思维、实验思维和计算思维3种。一般来讲,理论思维、实验思维和计算思维分别对应于理论科学、实验科学和计算科学。

(1) 理论思维(Theoretical Thinking)又称逻辑思维,是指通过抽象概括以建立描述事物本质的概念且应用科学的方法探寻概念之间联系的一种思维方法。它以推理和演绎为特征,以数学学科为代表。理论源于数学,理论思维支撑着所有的学科领域。正如数学一样,定义是理论思维的灵魂,定理和证明是它的精髓,公理化方法是最重要的理论思维方法。

(2) 实验思维(Experimental Thinking)又称实证思维,是通过观察和实验获取自然规律法则的一种思维方法。它以观察和归纳自然规律为特征,以物理学科为代表。实验思维的先驱是意大利科学家伽利略,他被人们誉为"近代科学之父"。与理论思维不同,实验思维往往需要借助某种特定的设备,使用它们来获取数据以便进行分析。

(3) 计算思维(Computational Thinking)又称构造思维,是指从具体的算法设计规范入手,通过算法过程的构造与实施来解决给定问题的一种思维方法。它以设计和构造为特征,以计算机学科为代表。计算思维就是思维过程或功能的计算模型方法,其研究的目的是提供适当的方法,使人们能借助现代和将来的计算机,逐步实现人工智能的较高目标。诸如模式识别、决策、优化和自控等算法都属于计算思维范畴。

2006年3月,时任美国卡内基·梅隆大学计算机科学系主任的周以真教授在美国计算机权威期刊 *Communications of the ACM* 上发表了 *Computational Thinking* 一文,首次给出了计算思维的定义,2010年11月陈国良院士在第六届大学计算机课程报告论坛上所做的报告中第1次正式提出了将"计算思维能力培养"作为计算机基础课程教学改革切入点的倡议。在国内从事计算机基础教学的专家和学者开始重视培养计算思维在计算机基础教学中的重要作用。

周以真教授认为计算思维是运用计算机科学的基础概念去求解问题、设计系统和理解人类的行为,它包括了涵盖计算机科学广度的一系列思维活动。计算思维代表着一种普遍的认识和一类普适的技能,不仅是计算机科学家,所有人都应热心于它的学习和运用。通过分析可以发现它的深刻内涵。

1. 计算思维是最基本的思维模式之一

计算思维是人类科学思维活动的重要组成部分，计算思维将会像数学和物理那样成为人类学习知识和应用知识的基本组成部分与基本技能，必将渗透到每个人的生活中，我们利用启发式推理来寻求问题的解答，将其作为认识世界和理解世界的重要基本工具。计算机基础教学应贴近现实生活，这样在从事教学的过程中，我们便会无意识地运用计算思维解决问题，培养学生运用计算思维解决现实生活中的问题。

2. 计算思维能力的培养是大学通识教育的重要组成部分

计算思维应融入每个专业，不只是计算机专业，让学生刚进入大学接触计算方法和模型，激起学生对计算机领域科学探索的兴趣，把学习作为一种兴趣。每个专业和领域都需要发现问题、解决问题，计算思维就是用来培养学生理解和解决现实中问题的能力的。

3. 运用计算思维解决问题的能力

计算思维是运用计算机科学的基础概念去求解问题、设计系统和理解人类的行为，是计算机技术在具体现实中的应用。例如，现在可以利用网站购买火车票，医院的挂号窗口可以用医院的系统来实现挂号和交费，这些都是计算思维解决问题的目的。

1.4.2 计算思维的特征

计算思维有六大特征，理解这六大特征有利于我们更好地理解计算思维的内涵。

1. 概念化

计算思维强调对问题进行深入理解和概念化，而不仅是程序化或编程。它要求能够在抽象的多个层次上进行思维，超越物理中的时空观，用符号来描述问题，从而找到问题的解决方案。

2. 根本性

计算思维是一种基本的、根本的技能，而不是刻板的技能。计算思维的根本性在于它不是机械地重复，而是每个人在现代社会中发挥职能所必须掌握的技能。

3. 人性化

计算思维是人的思维，而不是计算机的思维。尽管计算机科学在形式化的基础上建筑于数学之上，但计算思维并不是要求计算机代替人类思考，也不是要求人类像计算机那样“思考”。相反，它是人类求解问题的一条途径，它充分利用了人类的聪颖和想象力。

4. 互补与融合

计算思维是数学和工程思维的互补与融合。计算机科学在本质上源自数学思维，因为所有科学的形式化的基础都建筑于数学之上。同时，计算机科学又从本质上源自工程思维，因为建造的是能够与实际世界互动的系统，这迫使计算机科学家必须计算性地思考，因此，可以说计算机科学在本质上既源于数学思维也源于工程思维，而计算思维则体现了这两种思维方式的完美结合。

5. 思想性

计算思维是一种思维的方式，而不是人造物理实体。它看不见、摸不着，却以一种概念的形式影响着人们求解问题、交流互动、管理日常生活的方式。

6. 普遍性

计算思维不仅是软件和硬件等人造物的存在，更重要的是它还包含了用以接近和求解问题、管理日常生活、与他人交流和互动的计算概念，这些概念面向所有的人，所有地方，因此，计算思维面向所有人，适用于所有领域。无论是数学家、工程师，还是艺术家都可以利用计算思维来解决问题。

总体来讲，计算思维是一种理解问题、求解问题的思维方式，它充分利用了数学、计算机科学和工程等领域的知识和工具，使人们能够更有效地解决各种复杂问题。

1.4.3 计算思维的本质

计算思维的本质是抽象(Abstract)和自动化(Automation)。它反映了计算的根本问题，即什么能被有效地自动进行。计算是抽象的自动执行，自动化需要某种计算机去解释抽象。从操作层面上讲，计算就是如何寻找一台计算机去求解问题，隐含地说就是要确定合适的抽象，选择合适的计算机去解释执行该抽象后就是自动化。

计算思维中的抽象完全超越了物理的时空观，可以完全用符号来表示，其中数学抽象只是一类特例。与数学相比，计算思维中的抽象显得更丰富，也更复杂。数学抽象的特点是抛开现实事物的物理、化学和生物等特性，仅保留其量的关系和空间的形式，而计算思维中的抽象却不仅如此。堆栈是计算学科中常见的一种抽象数据类型，这种数据类型就不可能像数学中的整数那样简单地进行加法运算。算法也是一种抽象，也不能将两种算法简单地放在一起构建一种并行算学。

抽象层次是计算思维中的一个重要概念，它使人们可以根据不同的抽象层次，进而有选择地忽视某些细节，最终控制系统的复杂性。在分析问题时，计算思维要求将注意力集中在感兴趣的抽象层次或其上下层，还应当了解各抽象层次之间的关系。

计算思维中的抽象最终是要能够机械地一步一步地自动执行的。为了确保机械的自动化，就需要在抽象过程中进行精确、严格的符号标记和建模，同时也要求按照相应方式进行计算机系统或者软件系统的构建和生产。

1.4.4 计算思维与程序设计的关系

程序设计是一门和计算机硬件与软件息息相关的学科，是计算机诞生以来一直蓬勃发展的新兴科学，它是计算机专业人员为了解决某个问题、完成某项任务而进行的程序编制活动，面向多个应用领域的高级程序设计语言类型多样，不断迭代，凸显了模块化、简明化和形式化的发展趋势。程序设计能力不再是计算机、通信、信息等相关理工科专业的学子必备的能力，而是新一代人才都必须具备的基本能力。程序设计的本质是数学，或者更直接地说是数学的应用。过去，程序设计非常看重计算能力，随着信息与网络科技的高速发展，计算能力不再是唯一的目标，在程序设计课程中着重加强学生计算思维的培养和训练。

计算思维虽然具有计算机的许多特征，但是计算思维本身并不是计算机的专属。实际上，即使没有计算机，计算思维也会逐步发展，甚至有些内容与计算机没有关联，但是，正是由于计算机的出现，给计算思维的研究和发展带来了根本性的变化。在日常生活中，无论是处理大事还是小事都是在解决问题，任何只要牵涉解决问题的议题都可以运用计算思维来解决。读书与学习就是为了培养我们在生活中解决问题的能力，计算思维是一种利用计算机的逻辑来解决问题的思维，就是一种能够将问题抽象化与具体化的能力，也是新一代人才都应该具备的素质。

可以这样说："学习程序设计不等于学习计算思维，但程序设计的过程是一种计算思维的表现，而要学好计算思维，通过程序设计来学绝对是最佳的途径。"程序设计语言本身只是工具，没有最好的程序设计语言，只有合适的程序设计语言。学习程序设计的目标绝对不是要把每位学习者都培养成专业的程序设计人员，而是要帮助每个人建立系统化的逻辑思维模式。

1.4.5 计算思维的应用领域

计算思维代表着一种普遍的认识和一类普适的技能，它应该像"读、写、算"一样成为每个人的基本技能，而不仅限于计算机科学家，因此，每个人都应该热衷于计算思维的学习和应用。计算思维这一领域提出的新思想、新方法将会促进自然科学、工程技术和社会经济等领域产生革命性的研究成果，计算思维也是创新人才的基本要求和专业素质。下面讨论计算思维在各个不同学科研究领域的影响和应用。

1. 生物学领域

在生物学领域，近年来，计算机科学家对生物学越来越感兴趣，因为他们坚信生物学家能够从计算思维中获益。生物学的"数据爆炸"为计算机科学带来了巨大的挑战和机遇。通常，传统的计算机科学处理的数据量要远远小于这一规模，如何处理、存储、检索和查询这一巨大的数据并非易事。更为重要的是，生物系统比一般的工程系统复杂得多，如何从各类数据中发现复杂的生物规律和机制，进而建立有效的计算模型就更加困难了。计算思维渗透到生物信息学中的应用研究，如从各种生物的 DNA 数据中挖掘 DNA 序列自身规律和 DNA 序列进化规律，可以帮助人们从分子层次上认识生命的本质及其进化规律，其中，DNA 序列实际上是一种用四种字母表达的"语言"。

2. 医疗领域

计算思维在医疗领域也有广泛的应用。在医学诊断和治疗过程中，计算思维可以帮助医生分析大量的医疗数据，找到潜在的疾病模式和规律。通过计算思维，医生可以更准确地诊断疾病，并制定个性化的治疗方案。此外，计算思维还可以应用于药物研发、基因组学和生物信息学等领域，推动医学科学的发展。

3. 经济领域

通过计算思维，经济学家可以分析市场数据、预测经济走势和评估政策的影响。计算思维可以帮助经济学家构建经济模型，模拟不同的经济情景，并提供决策支持。此外，计算思维还可以应用于金融风险管理、股票交易算法和市场预测等领域，提高经济活动的效率和稳定性。

4. 工程领域

工程师可以通过计算思维来设计和优化复杂的系统和结构。例如,在建筑工程中,计算思维可以帮助工程师模拟和分析建筑的受力和承载能力,从而确保建筑的安全性和可靠性。此外,计算思维还可以应用于电子工程、机械工程和航空航天等领域,推动技术的创新和发展。

5. 艺术领域

计算机艺术是科学与艺术相结合的一门新兴的交叉学科,包括绘画、音乐、舞蹈、影视、广告、书法模拟、服装设计、图案设计及电子出版物等众多领域,是计算思维的重要体现。

6. 决策领域

计算思维在决策领域也有重要的应用。通过计算思维,决策者可以分析大量的数据和信息,评估不同的决策方案,并预测其结果和影响。计算思维可以帮助决策者制定合理的决策策略,并优化决策过程。此外,计算思维还可以应用于风险管理、项目管理和供应链管理等领域,提高组织和个人的决策能力。

除了上述领域,计算思维涉及生活和工作的方方面面。正如周以真教授强调的:计算生物学正在改变着经济学家的思考方式,量子计算正在改变着物理学家的思考方式。通过培养和应用计算思维,可以更好地理解和解决问题,推动各个领域的发展和创新。随着技术的不断进步和应用的不断扩大,计算思维的重要性将会得到进一步提升,为我们带来更多的机遇和挑战,因此,我们应该不断地学习和发展计算思维,以适应现代社会的需求。

人物介绍

金怡濂

金怡濂(1929 年 9 月 5 日—),天津人,中国高性能计算机领域著名专家,中国巨型计算机事业开拓者,“神威”超级计算机总设计师,有“中国巨型计算机之父”的美誉。

1951 年,金怡濂毕业于清华大学电机系,1994 年当选为中国工程院首批院士,1956—1958 年在苏联科学院精密机械与计算机技术研究所进修电子计算机技术,是 2003 年第三届“国家最高科学技术奖”唯一获奖者,荣获 2002 年度国家最高科学技术奖。2010 年 5 月,国际永久编号“100434”小行星以金怡濂的名字命名。

20 世纪 50 年代到 60 年代末,金怡濂作为技术骨干、运控部分技术负责人,相继参加了中国第一台大型电子计算机和多种通用机、专用机的研制。70 年代初,金怡濂敏锐地认识到双机并行在性能、可靠性、可用性和可维性上比单机将有较大提高,提出了双机并行计算设计思想和实现方案。70 年代后期,金怡濂与其他科学家一起,主持完成了多机并行计算机系统的研制,取得了中国计算机技术的突破。他运用马尔可夫链随机过程方法,分析主存供数矛盾,提出了混合互连网络方案,解决了多机系统中互逢拓扑结构的难题；运用叠堆原理，分析、解决了小信号高速传输问题；提出系统重新组合，运行、维护两个系统并行互不干扰的思路，提高了机器的可用性。80 年代中期，随着微处理机芯片迅速发展，金怡濂预见到大规模并行处理计算机将成为国际巨型机发展的主流，提出了基于通用 CPU 芯片的大规模并行计算机设计思想、实现方案和多种技术相结合的混合网络结构，解决了 240 个处理机互连的难题，从而研制出运算速度达到当时国内领先水平的并行计算机系统，实现了中国巨型计算机向大规模并行处理方向的发展，中国巨型计算机研制进入与国际同步发展的时代。90 年代，他撰写了"大规模并行计算机的发展和我们的对策"等专论，倡议抓住机遇，发展大规模并行计算机，使中国赶上世界巨型机技术先进水平。

金怡濂作为中国计算机事业的开拓者之一，他主持完成了中国多台大型、巨型计算机的研制，系统和创造性地提出了巨型机体系结构、设计思想和实现方案，为中国计算机事业特别是巨型计算机的跨越式发展做出了重大贡献。五十多年来，金怡濂和他的研究集体在发展民族计算机事业的道路上取得很多重大的创新成果，他是一个具有很强的事业心、责任感和严谨求实作风的科学家。

习题

1. 选择题

(1) 世界上第一台电子计算机的名称是(　　)。

A. ENIAC　　B. APPLE　　C. UNIVAC-1　　D. IBM-7000

(2) CAM 表示(　　)。

A. 计算机辅助设计　　B. 计算机辅助制造

C. 计算机辅助教学　　D. 计算机辅助测试

(3) 与十进制数 1023 等值的十六进制数为(　　)。

A. 3FDH　　B. 3FEH　　C. 2FDH　　D. 3FFH

(4) 16 个二进制位可表示整数的范围是(　　)。

A. 0～65 535　　B. −32 768～32 767

C. −32 768～32 768　　D. −32 768～32 767 或 0～65 535

(5) 我们日常使用的计算属于(　　)计算机。

A. 巨型机　　B. 大型机　　C. 小型机　　D. 微型机

(6) 下列字符中，其 ASCII 码值最大的是(　　)。

A. 9　　B. D　　C. a　　D. y

(7) 某汉字的机内码是 B0A1H，它的国标码是(　　)。

A. 3121H　　B. 3021H　　C. 2131H　　D. 2130H

(8) 1946 年首台电子数字计算机 ENIAC 问世后，冯・诺依曼在研制 EDVAC 计算机时，提出两个重要的改进，它们是(　　)。

A. 引入 CPU 和内存储器的概念　　B. 采用机器语言和十六进制
C. 采用二进制和存储程序控制的概念　　D. 采用 ASCII 编码系统

(9) 假设某台式计算机的内存储器容量为 128MB,硬盘容量为 10GB。硬盘的容量是内容量的(　　)。
A. 40 倍　　B. 60 倍　　C. 80 倍　　D. 100 倍

(10) 在一个非零无符号二进制整数之后添加一个 0,则此数的值为原数的(　　)。
A. 4 倍　　B. 2 倍　　C. 1/2　　D. 1/4

(11) 下列关于 ASCII 码的叙述中,正确的是(　　)。
A. 一个字符的标准 ASCII 码占一字节,其最高二进制位总为 1
B. 所有大写英文字母的 ASCII 码值都小于小写英文字母 a 的 ASCII 码值
C. 所有大写英文字母的 ASCII 码值都大于小写英文字母 a 的 ASCII 码值
D. 标准 ASCII 码表有 256 个不同的字符编码

(12) 一个字长为 5 位的无符号二进制数能表示的十进制数值范围是(　　)。
A. 1～32　　B. 0～31　　C. 1～31　　D. 0～32

(13) 十进制数 100 转换成二进制数是(　　)。
A. 00110101　　B. 01101000　　C. 01100100　　D. 01100110

(14) 第 3 代计算机采用的电子元件是(　　)。
A. 晶体管　　B. 中、小规模集成电路
C. 大规模集成电路　　D. 电子管

(15) 在计算机中,西文字符所采用的编码是(　　)。
A. EBCDIC 码　　B. ASCII 码　　C. 国标码　　D. BCD 码

(16) 存储一个 24×24 点阵的汉字字形码需要(　　)。
A. 32 字节　　B. 48 字节　　C. 64 字节　　D. 72 字节

(17) 下列选项中不属于计算机的特点的是(　　)。
A. 运算速度高　　B. 精度高
C. 存储能力强　　D. 自动化程度不高

(18) 下列 4 种不同数制表示的数中,数值最大的一个是(　　)。
A. 八进制数 110　　B. 十进制数 71
C. 十六进制数 4A　　D. 二进制数 01001001

(19) 计算机用来表示存储空间大小的最基本单位是(　　)。
A. Baud　　B. bit　　C. Byte　　D. Word

(20) 二进制数 111+1=(　　)。
A. 111　　B. 100　　C. 1000　　D. 1111

2. 填空题

(1) 第 2 代计算机的电子元件是________。

(2) 1GB 的准确值是________ KB。

(3) 标准 ASCII 码用 7 位二进制位表示一个字符的编码，其不同的编码共有________。

(4) 在计算机中汉字编码分为输入码、国标码、机内码和________。

(5) 计算思维的本质是抽象和________。

(6) 根据汉字国标 GB 2312—1980 的规定，二级常用汉字个数是________。

(7) 二进制数(001011100110)转化成十六进制数为________。

(8) 计算机能直接识别和执行的语言是________语言。

(9) ________是计算机内部使用的编码，作为微机汉字系统机器内部存储、处理和传输汉字信息时使用的编码。

(10) CPU 在单位时间内一次处理的二进制数的位数称为________。

3. 简答题

(1) 计算机在发展过程中经历了哪几个阶段？

(2) 如何理解计算思维？其特征有哪些？如何培养及提高计算思维能力？

第2章 计算机系统的构成

CHAPTER 2

2.1 任务导入

经过激烈的高考，小强如愿考上了名牌大学。开学前，他打算购买一台计算机放在大学寝室，以备学习娱乐之需。经过上网查询，小强发现计算机的分类、品牌众多，不同品牌、不同配置之间价格差异也较大。来到计算机城，各式各样的计算机品牌应有尽有，有许多柜台服务员向小强推荐自家的计算机品牌，一时间，小强不知道如何抉择。

本章学习任务包括配置一台微型计算机、定制个性化 Windows 10 工作环境、管理计算机的软、硬件资源。

2.2 知识学习

本节将介绍计算机系统构成的相关知识，包括计算机系统的组成、工作原理，以及硬件系统和软件系统，最后介绍微型计算机的主要硬件。为配置一台微型计算机打下理论基础。

2.2.1 计算机系统的组成

计算机系统由计算机硬件和软件两部分组成，是计算机硬件系统和计算机软件系统的有机结合整体。计算机系统的硬件部分和软件部分是相辅相成的，它们互为依托，缺一不可。计算机系统的组成如图 2-1 所示。

硬件系统是指计算机的物理实体，包括中央处理器、存储器及必要的输入/输出设备，其中输入设备有键盘和鼠标、手写板等，输出设备有硬盘、显示器、打印机等。这些硬件承载着计算机的物理实体，是计算机系统能够运行的实体保证。仅有硬件系统的计算机称为裸机，这样的计算机只是一堆机械器件，不能正常工作。

软件系统是看不见、摸不着的部分，软件代表着计算机程序设计人员的智慧，是程序设计思维在硬件上的体现。计算机软件系统包含两大部分，系统软件和应用软件，系统软件是计算机运行必不可少的程序，如操作系统软件、语言处理系统、系统服务程序、数据库管理系

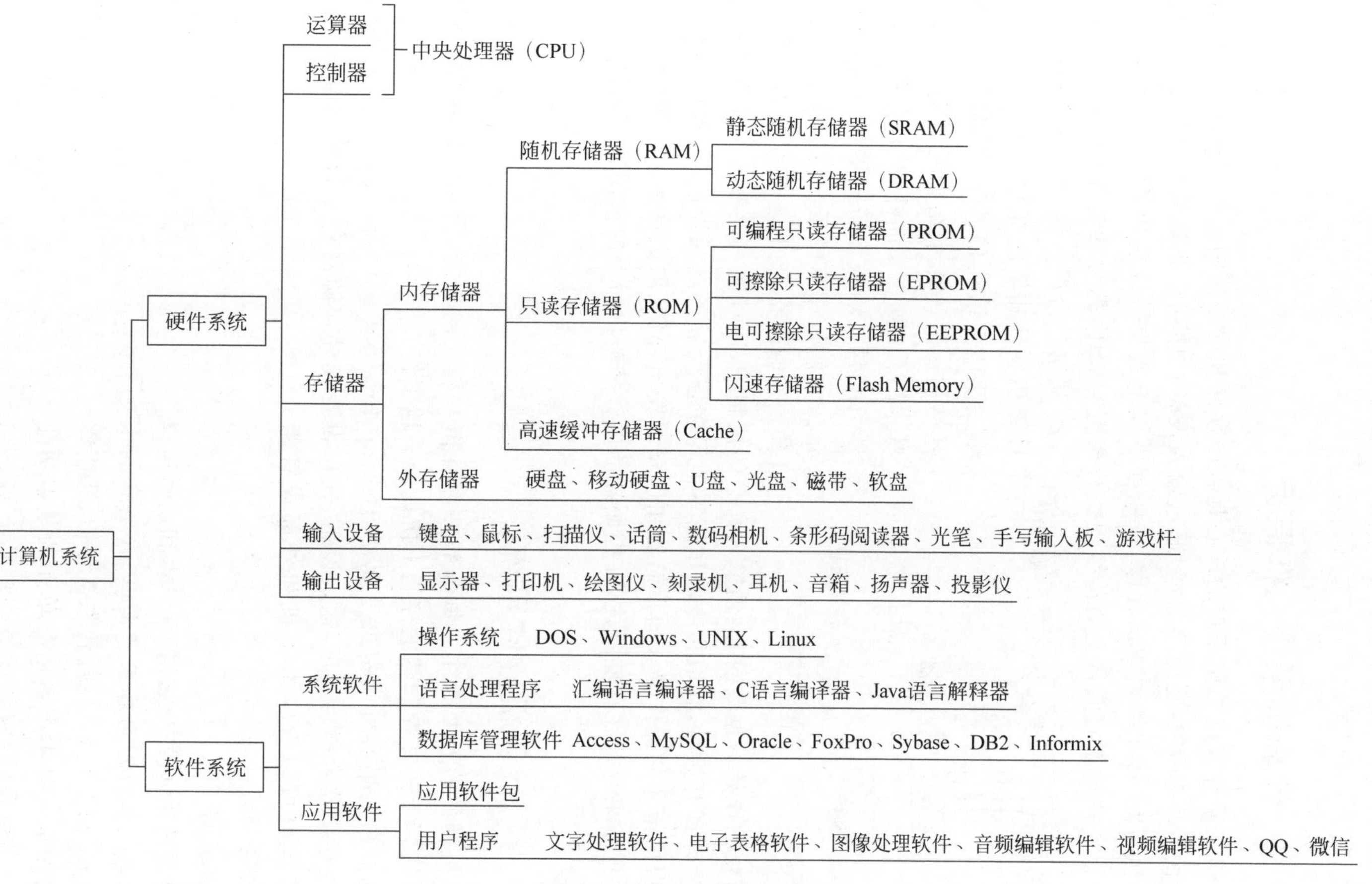

图 2-1 计算机系统的组成

统等。应用软件是按需求编写的各种程序，例如文字处理软件、辅助设计软件、各种即时通信软件等。

2.2.2 计算机系统工作原理

冯·诺依曼计算机工作原理的核心是程序存储和程序控制。程序存储是指将程序设计语言编写的程序和需要处理的数据，通过输入设备存储到计算机的存储器中；程序控制是指在程序执行时，由控制器取出程序，按照程序规定的步骤或用户的要求，向计算机的相关部件发出指令并控制它们自主地持续地执行相应的操作，执行的过程中不需要人工干预。

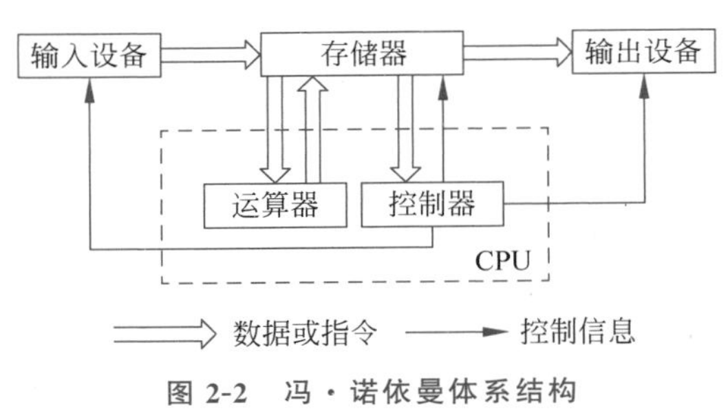

图 2-2 冯·诺依曼体系结构

从第一台冯·诺依曼计算机诞生到今天，计算机硬件和软件都发生了巨大的变化，但整个主流体系结构依然采用的是冯·诺依曼体系结构。这种体系结构的计算机具有相同的基本结构，即5大部件，具体包括运算器、控制器、存储器、输入设备和输出设备，如图2-2所示。它们是计算机系统得以运行的物质基础，其工作原理是，首先把表示计算步骤的程序和计算中需要的原始数据，在控制器输入命令的控制下，通过输入设备送入计算机的存储器存储，其次当计算开始时，在取指令的作用下把程序指令逐条送入控制器，控制器对指令进行译码，并根据指令的操作要求向存储器和运算器发出存储、取数命令和运算命令，经过运算器计算并把结果存放在存储器内，在控制器的取数和输出命令的作用下，通过输出设备输出计算结果。

2.2.3 计算机硬件系统

计算机硬件的五大部件中每个部件都有相对独立的功能，分别完成各自不同的工作。五大部件实际上是在控制器的控制下协调统一地工作。

运算器和控制器组成中央处理器(Central Processing Unit，CPU)，也称为微处理器，CPU和内存储器合称为主机，输入设备、输出设备和外存储器合称为外部设备，因此，计算机硬件系统也可以看成由主机和外部设备组成，如图2-3所示。

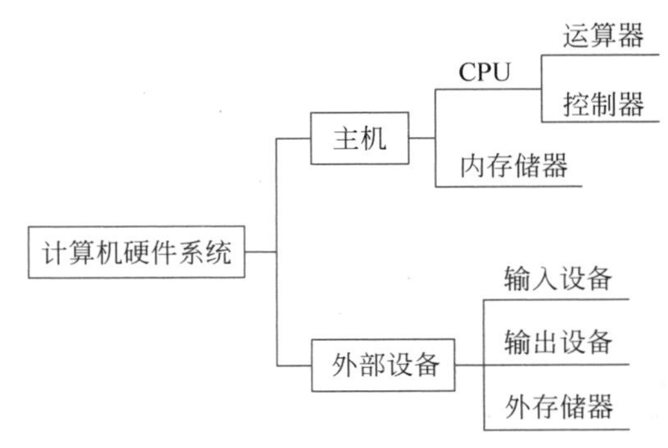

图 2-3 计算机硬件系统

1. 运算器

运算器是计算机中执行各种算术和逻辑运算操作的部件。运算器由算术逻辑单元(Arithmetic Logic Unit，ALU)、累加器、状态寄存器、通用寄存器组等组成。算术逻辑运算单元的基本功能为进行加、减、乘、除四则运算，进行与、或、非、异或等逻辑操作，以及进行移位、求补等操作。

计算机运行时，运算器的操作和操作种类由控制器决定。运算器处理的数据来自存储器；处理后的结果数据通常会被送回存储器，或暂时寄存在运算器中，因此，实现对数据的算术与逻辑运算是运算器的核心功能。

2. 控制器

控制器是计算机的指挥中心，它对输入的指令进行分析，并统一控制计算机的各个部件，使各部件协调工作，完成相应的任务。控制器通常由指令寄存器、状态寄存器、指令译码器、时序电路和控制电路组成，负责从存储器中取出指令，并对指令进行译码，根据指令的要求，按照时间的先后顺序，负责向其他各部件发出控制信号，保证各部件协调工作，从而完成各种操作。

运算器和控制器是计算机的核心部件，现代计算机通常把运算器、控制器和若干个寄存器集成在同一个芯片上，这块芯片就是中央处理器。

3. 存储器

存储器是计算机存储程序和数据的部件，它由大量的记忆单元组成，这些记忆单元是由半导体器件或者磁性材料等构成的物理器件，这些物理器件的状态都十分稳定。存储器可以分为内存储器（又称主存）、外存储器（又称辅存或外存）和高速缓冲存储器（又称高速缓存）。

1）内存

内存储器简称内存，也叫主存储器（Main Memory），是计算机硬件的一个重要部件，其作用是存放将要执行的程序和运算数据，这些程序和运算数据从外存调入内存中，由 CPU 直接访问。当 CPU 执行程序时，就从内存中读取指令，并且在内存中存取数据。内存的优点是存取速度快、容量小、价格高。

2）外存

外存储器也是计算机中重要的外部设备，也叫辅存，主要存放不经常使用的程序和数据。CPU 不能直接访问外存中的程序和数据，当 CPU 需要访问存放在外存中的数据或者程序时，需要通过输入/输出部件先将程序和数据传输到内存中。这是因为外存属于外部设备，是为了弥补内存容量不足而配置的。外存的优点是容量大、价格低，并且能长期保存信息，但是存取速度相对主存较慢。它既可以作为输入设备，也可以作为输出设备。

3）高速缓冲存储器

现代计算机为了既能提高性能，又能兼顾合理的造价，往往采用多级存储体系，即既有存储容量小，存取速度快的高速缓冲存储器（Cache），又有存储容量和存取速度适中的主存。

因为中央处理器工作的速度比随机存储器（Random Access Memory，RAM）的读写速度快，所以中央处理器读写随机存储器时需要花费时间等待，这样就使中央处理器的工作速度下降。人们为了提高中央处理器读写程序和数据的速度，在中央处理器和随机存储器之间增加了高速缓存部件。高速缓存的内容是随机存储器中部分存储单元内容的副本，它由静态存储芯片（Static Random Access Memory，SRAM）组成，其存取速度比随机存储器更快，接近于中央处理器的运行速度，但是容量更小、价格更高。高速缓存可以解决 CPU 与内存之间速度不匹配的问题，提高整个计算机系统的运行速度。

目前计算机的存储器系统,往往包含多个不同容量、不同访问速度的存储设备。存储器层次越高,其运行速度越快,价格也越高,如图 2-4 所示。

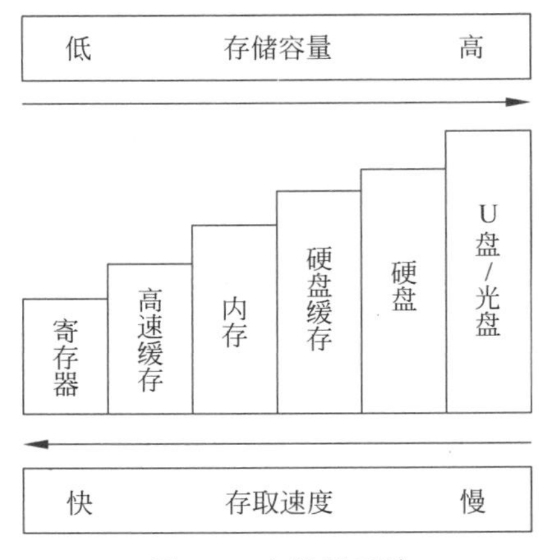

图 2-4 存储器系统

4. 输入设备

输入设备指用来接收用户输入的程序和数据的设备,它将人们熟悉的自然世界中的信息形式转变成计算机能够接收并识别的二进制信息形式,并将其输入计算机主存中。常见的输入设备有键盘、鼠标、扫描仪、话筒、数码相机、条形码阅读器、光笔、手写输入板、游戏杆等。

5. 输出设备

输出设备是指输出计算机运算结果的设备,它将计算机主存中的二进制信息转换成人类熟悉的形式。例如显示器和打印机都是接收计算机中的信息并识别出来的设备。常见的输出设备还有绘图仪、刻录机、耳机、音箱、扬声器、投影仪等。

2.2.4 计算机软件系统

计算机的软件系统由系统软件和应用软件组成,其中系统软件包括操作系统、语言处理系统、数据库管理系统、服务性程序等,常用的应用软件有文字处理软件、辅助设计软件、图形图像处理软件、网页制作软件、网络通信软件、各种应用软件包、套装软件等。

1. 系统软件

1)操作系统

操作系统(Operating System,OS)是微型计算机最基本、最重要的系统软件。它负责管理计算机系统的各种硬件资源(如 CPU、内存空间、磁盘空间、外部设备等),并负责将用户对机器的管理命令转换为机器内部的实际操作。目前主流的微型计算机操作系统包括以下 4 种。

(1) Windows 操作系统:Windows 操作系统是当今使用用户最多的操作系统。1985 年 11 月,微软公司发布了第 1 代窗口式多任务系统,它使 PC 开始进入了所谓的图形用户界面时代。这种界面方式为用户提供了很大的方便,并把计算机的使用提高到了一个新的阶段。本章介绍的 Windows 10 就是一种常见的操作系统。

(2) macOS 操作系统:macOS 操作系统是苹果公司为其 Macintosh 计算机设计的操作系统,该机型于 1984 年推出,率先采用了一些至今仍为人们称道的技术,如图形用户界面、多媒体应用、鼠标等,Macintosh 计算机在出版、印刷、影视制作和教育等领域有着广泛的应用。

(3) UNIX 系统:UNIX 系统于 1969 年在贝尔实验室诞生,最初被应用于中小型计算机。UNIX 为用户提供一个分时系统,以控制计算机的活动和资源,并为用户提供一个灵活的交互式操作界面。UNIX 被设计成能够同时运行多个进程,并支持用户之间的数据共享。同时,UNIX 支持模块化结构,安装 UNIX 系统时,用户可以只选择需要的部分。UNIX 有多种不同的版本,许多公司有自己的版本,如 Sun、HP 等。

(4) Linux系统：Linux系统的功能可与UNIX系统和Windows系统相媲美，它具有完备的网络功能，其用法与UNIX系统非常相似。Linux系统最初由芬兰人Linus Torvalds开发，其源程序在互联网上公开发布，由此引发了全球计算机爱好者的开发热情，许多人下载该源程序并按自己的意愿完善某一方面的功能，再发回互联网，Linux系统也因此被雕琢成为一个稳定、有发展前景的操作系统。

2）语言处理系统

计算机语言按发展过程可以分为机器语言、汇编语言和高级语言。机器语言和汇编语言都是面向机器的低级语言，而高级语言采用面向问题的自然语言，与机器语言和汇编语言相比，高级语言具有更好的通用性和可移植性。目前微型计算机常用的高级语言有BASIC语言、FORTRAN语言、PASCAL语言、C语言、Java语言、Python语言等。

3）数据库管理系统

数据库(Database)是按照数据结构组织、存储和管理数据并建立在计算机存储设备上的仓库。数据库管理系统是一种操纵和管理数据库的大型软件，用于建立、使用和维护数据库。传统的数据库管理系统可分为3种类型：关系、层次和网络。目前使用较多的是关系数据库管理系统。常用的中小型数据库管理系统有Visual FoxPro、Access等，常用的大型数据库管理系统有Oracle、Sybase、SQL Server等。

4）服务性程序

服务性程序是指为了帮助用户使用与维护计算机，提供服务性手段并支持其他软件开发而编制的一类程序。服务性程序是一类辅助性的程序，它提供各种运行所需的服务，既可以在操作系统的控制下运行，也可以在没有操作系统的情况下独立运行，一般包括诊断程序、调试程序等。

2. 应用软件

1）计算机安全防护软件

计算机安全是计算机稳定运行的基础，如果计算机中毒，则有可能造成数据泄露或丢失，账户信息被盗，出现蓝屏及卡顿等问题，将导致计算机无法正常使用，严重的情况还可能造成巨大的经济损失。现在新配置的计算机安装的Windows 10系统都内置了杀毒软件，但对于新用户，可以在此基础上继续安装计算机管家或360杀毒软件来进一步保护计算机的安全。

2）MS Office套装软件

MS Office是微软公司开发的一套基于Windows操作系统的办公软件套装。常用组件有Word、Excel、Access、PowerPoint、FrontPage等，其中，字处理软件Word主要用于对文件进行编辑、排版、存储、打印；电子表格软件Excel是目前最流行的个人计算机数据处理软件，拥有直观的界面、出色的计算功能和图表工具；演示文稿PowerPoint已成为人们工作生活的重要组成部分，在工作汇报、企业宣传、产品推介、婚礼庆典、项目竞标、管理咨询、教育培训等领域占据着举足轻重的地位。

3）浏览器

浏览器是用来检索、展示及传递Web信息资源的应用程序。浏览器的种类有很多，但是主流的内核只有4种：①Trident内核，代表产品为Internet Explorer；②Gecko内核，例如著名的Firefox；③WebKit内核，代表产品有Safari、Chrome；④Presto内核，代表产品Opera浏览器。

目前主流的浏览器有以下4款：

(1) 谷歌浏览器(Chrome浏览器)：谷歌浏览器一直深受大家的喜爱。它的特点就是高稳定性和高兼容性，虽然设计简洁，但是功能不少，可以非常快速地打开大部分网站，基本上其他浏览器无法稳定运行的网站、网页应用，它都可以正常运行。

(2) Microsoft Edge浏览器：Microsoft Edge浏览器作为Windows 10的默认浏览器，现在的拓展协同功能强大，国内可以随意在它的拓展商店找自己想要的各种拓展插件。Microsoft Edge数据可以多设备同步，多端同步，不管是手机、平板、公司的计算机、自己的计算机都可以实现同步。

(3) 火狐浏览器(Firefox)：火狐浏览器与谷歌浏览器一样简约，是一款反应很快的浏览器。火狐浏览器同时也是比较小巧的，占用资源方面较小，所以运行起来很顺畅。火狐浏览器的安全性也高，其自身集成了安全组件，对一般的病毒具有一定的防御能力，并且其版本更新也很及时。其还具有拓展性能，支持插件拓展。

(4) 360极速浏览器：360极速浏览器是一款基于Chromium开源项目的浏览器，界面设计很符合国人的审美，既简单又全面，既有新闻也有搜索框，还有常访问的网址栏。其运行速度符合它的名称特点：极速。其浏览有无痕模式、极速模式、兼容模式，可以满足各种访问网页的需求。

4) 辅助设计软件

目前计算机辅助设计已被广泛地应用于机械、电子、建筑等行业。常用的辅助设计软件有AutoCAD、Protel等。

5) 图形图像、动画制作软件

图形图像、动画制作软件是制作多媒体素材不可缺少的工具，目前常用的图形图像软件有Photoshop、PageMaker、Freehand、CorelDraw等，常用的动画制作软件有3D Studio MAX、Softimage 3D、Maya等。

6) 音频、视频制作软件

音频编辑软件是一款功能强大的音频编辑工具，使用它，用户可对WAV、MP3、MP2、MPEG、OGG、AVI、G721、G723、G726、VOX、RAM、PCM、WMA、CDA等格式的音频文件进行格式处理。可使用的音频编辑软件有很多，常见且较为典型的有Adobe Audition、Sonar、Vegas。视频制作软件是将图片、背景音乐、视频等素材经过编辑后生成新视频的软件，除了可以简单地将各种素材合成视频，视频制作软件通常还具有添加转场特效、MTV字幕特效、添加文字注释的功能，常见的视频制作软件有会声会影、数码大师、Premiere、Effects等。

7) 网页制作软件

目前微型计算机上流行的网页制作软件有FrontPage、Dreamweaver等。

8) 工具软件

微型计算机中常用的工具软件有很多，例如，压缩/解压缩软件(如WinZip、7-Zip)、聊天工具(微信、QQ)、翻译软件(如有道词典、金山词霸)、视频会议软件(钉钉、腾讯会议)等。还有一些软件,虽然在系统中自带了,但是用户可以有更好的选择,例如,用户可以自行选择好用的输入法进行安装,例如搜狗、讯飞等;Notepads是一款简单轻量并且美观的文本编辑器,可以完美替代记事本;Snipaste是一款免费的桌面截图软件,主要功能是截图和贴图,以及取色,它虽然完全免费,但是功能却非常强大,而且体积很小,并且无广告;ToDesk是一款免费安全不限速的远程控制软件,可支持设备上百台,用户可以通过ToDesk随时随地访问家里或公司设备,并且支持文件传输、高清画质、隐私屏、键盘及鼠标映射等功能。日常娱乐生活当然缺少不了音乐和视频,Windows 10操作系统支持许多音乐播放器和视频播放器,例如,听音乐可以选择网易云音乐、QQ音乐、酷狗音乐等音频软件,观看视频可以选择爱奇艺、腾讯等视频软件。

2.2.5 微型计算机硬件系统

11min

微型计算机简称微机,俗称计算机,也叫个人计算机或者PC,也就是我们家庭和学校中常见的计算机。微型计算机是以中央处理器为核心,配以内存储器及输入/输出(I/O)接口电路和相应的辅助电路而构成的计算机,如图2-5所示。由于微型计算机具有体积小、价格低、使用方便、可靠性高等优点,因此广泛用于国防、工农业生产和商业管理等领域。随着中央处理器等硬件的高速度发展,微型计算机应用已渗透到人类生活的各个领域,从而给人们的生活带来深刻的变革。随着硬件的不断发展,微型计算机逐渐呈现产品形态多样化、功能个性化等特点。

图2-5 微机系统的构成

1. 微型计算机的分类

(1)台式机,相对于笔记本来讲体积较大。主机、显示器等设备相对独立,一般需要放置在计算机桌或者专门的工作台上,因此命名为台式机,如图2-6所示。台式机具有以下特点:①散热性好,台式机的机箱具有空间大、通风条件好等优势,因此一直被人们广泛使用;②扩展性好,台式机的机箱方便用户升级硬件,如硬盘;③保护性好,台式机全方面保护硬件不受灰尘的侵害,而且防水性不错;④操作性

图2-6 台式机

好,台式机机箱的开关键、重启键、USB 接口、音频接口都在机箱前置面板上,方便用户使用。

(2) 计算机一体机,是由一台显示器、一个计算机键盘和一个鼠标组成的计算机,如图 2-7 所示。它的芯片、主板与显示器集成在一起,显示器就是一台计算机,因此只要将键盘和鼠标连接到显示器上,机器就能使用。随着无线技术的发展,计算机一体机的键盘、鼠标与显示器可实现无线连接,只有一根电源线。这就解决了一直为人诟病的台式机线缆多而杂的问题。有的计算机一体机还具有电视接收功能。

(3) 笔记本电脑,也称手提计算机,是一种小型、可携带的个人计算机,质量通常为 1～3 千克。它和台式机架构类似,但是体积更小、质量更小、便携性更好,如图 2-8 所示。笔记本电脑除了键盘外,还提供了触控板或触控点,提供了更好的定位和功能。笔记本电脑可以分为 6 类:商务型、时尚型、多媒体应用型、上网型、学习型、特殊用途型。商务型笔记本电脑移动性强、电池续航时间长、商务软件多。时尚型主要针对时尚女性。多媒体应用型笔记本电脑则有较强的图形、图像处理能力和多媒体的能力,尤其是播放能力,并且多拥有性能较为强劲的独立显卡、声卡和较大的屏幕。上网型笔记本电脑就是轻便和低配置的笔记本电脑,具备上网、收发邮件及即时通信功能,并可以实现流畅播放流媒体和音乐。上网型笔记本电脑比较强调便携性,多用于在出差、旅游途中上网。学习型笔记本电脑采用标准计算机操作,全面整合学习机、电子词典、点读机、学生计算机等多种机器功能。特殊用途型笔记本电脑服务于专业人士,可以在酷暑严寒、低气压、战争等恶劣环境下使用。

图 2-7 计算机一体机

图 2-8 笔记本电脑

(4) 平板电脑,是一款无须翻盖、没有键盘、大小不等、形状各异却功能完整的计算机,其构成组件与笔记本电脑基本相同,但它是利用触笔在屏幕上书写,而不是使用键盘和鼠标输入。平板电脑的优点是小巧、轻便、易带、实用、价格便宜,可以帮助我们完成在移动中工作、学习、娱乐等。平板电脑除了拥有笔记本电脑的有功能外,还支持手写输入或语音输入,移动性和便携性更胜一筹。由于它具备常用的办公、娱乐、移动通信等强大功能,因此,平板电脑完全可以称作一个移动办公室,如图 2-9 所示。

图 2-9 平板电脑

2. 微型计算机的硬件

微型计算机的硬件是一些实际设备，从外观看，微型计算机是由显示器、主机箱、键盘和鼠标等组成的。主机箱背面有许多接口和插孔，用于接通电源、连接键盘和鼠标等硬件。取下主机箱侧面的盖子，可以看到主机箱内包含主机电源、硬盘、主板、CPU、内存储器、显卡等硬件，如图 2-10 所示。

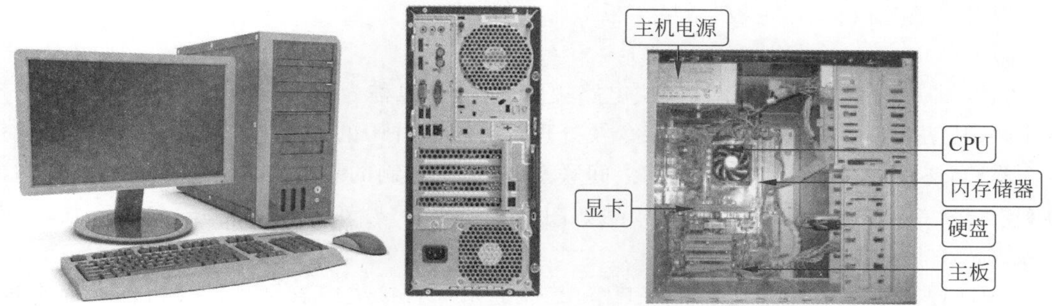

图 2-10　台式机的外观和主机箱内部

1）主板

主板，又叫主机板、系统板或母板，是计算机最基本的最重要的部件之一，安装在机箱内。主板一般为矩形电路板，上面安装了组成计算机的主要电路系统，有芯片组、I/O 控制芯片、扩展插槽、扩展接口电源插座等。各个部件通过主板进行数据传输，为计算机运行发挥了联通和纽带作用。主板的类型有很多，但每块主板都包含以下元器件，其构成如图 2-11 所示。

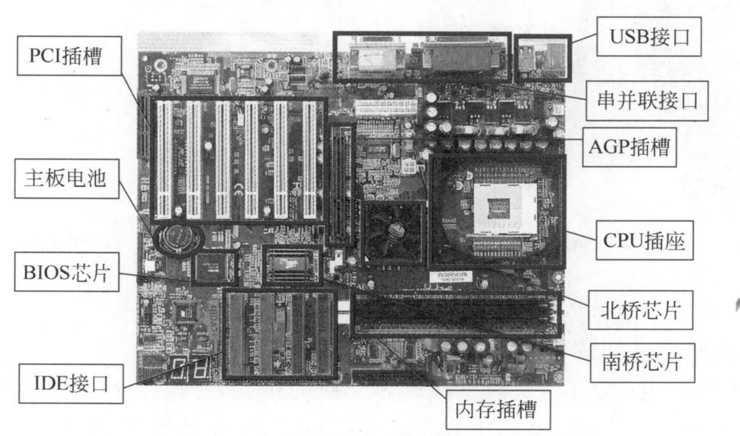

图 2-11　主板的构成

(1) 芯片组。芯片组是主板的核心，它决定了主板的规格、性能和大致功能。按照在主板上的排列位置的不同，通常分为北桥芯片和南桥芯片。

(2) CPU 插槽。CPU 插槽是用于安装 CPU 的插座，主要分为 Socket、Slot 和 LGA。

(3) 内存插槽。内存插槽用来安装内存条，主板所支持的内存条和容量主要由内存插槽来决定。

(4) 扩展插槽。扩展插槽用于插入所需要的功能扩展卡,例如显卡、网卡、声卡等。

(5) 输入/输出接口。主要有并行接口、串行接口、USB 接口等,并行接口用于连接打印机、扫描仪,串行接口用于连接外置调制解调器,USB 接口支持众多设备,例如鼠标、键盘、打印机、可移动设备等。

随着计算机硬件的不断发展,主板的结构和集成的各种接口也在不断变更。我国常见的主板有华硕主板、技嘉主板、微星主板等。

2) CPU

CPU 即中央处理器,制作在一块电路集成芯片上,也称为微处理器,是计算机机器的核心配件,其功能主要是解释计算机指令及处理计算机软件中的数据。中央处理器由控制器、运算器、高速缓冲存储器及实现它们之间联系的数据、控制的总线构成。目前世界上的两大 CPU 生产厂家是 Intel 和 AMD,其产品如图 2-12 所示。另外,还有“龙芯”系列芯片,以及上海兆芯和上海申威等。

CPU 控制着整个计算机系统的工作,其性能指标直接决定着微型计算机的性能指标。CPU 的性能指标只要包括主频、字长、高速缓存、工作电压、制造工艺等。一般来讲,各参数数值越大,性能指标越高,如图 2-13 所示。

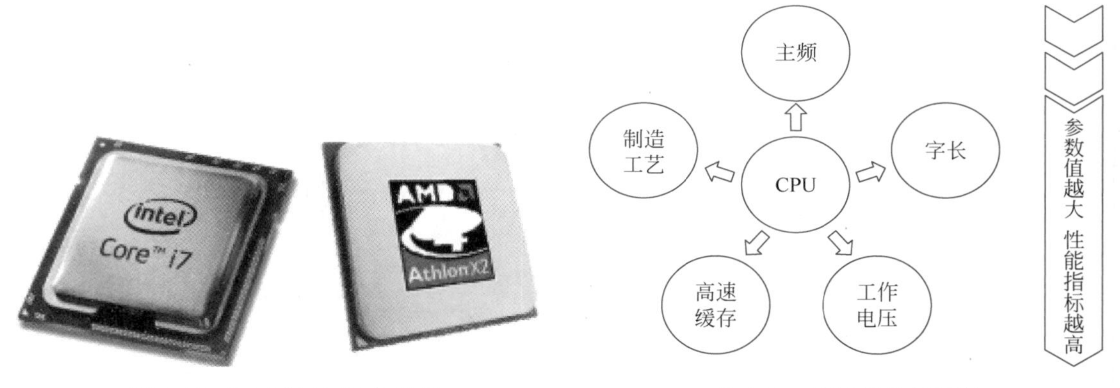

图 2-12 Intel 和 AMD 处理器

图 2-13 CPU 的性能指标

3) 存储器

存储器是存储程序和数据的部件,分为内存和外存两类。

(1) 内存:内存也叫主存,是信息存放和交换的中心,主板上的存储部件用来存储当前正在运行的程序和数据,并能和 CPU 直接交换信息。按存储器的读写功能分,内存可分为随机存储器、只读存储器(Read-Only Memory,ROM)和高速缓存。

随机存储器是构成内存的主要部分,其内容可以根据需要随时按地址读出或写入,只能用于暂时存放信息,断电后信息无法保存。当机器关闭时,存于其中的数据将会丢失。随机存储器又可分为动态随机存储器(Dynamic Random Access Memory,DRAM)和静态随机存储器两种。一般所讲的内存容量为随机存储器的容量。一般选配容量在 2～16GB,例如金士顿 DDR4 为 16GB、金士顿 Fury 系列为 16GB、复仇者 RGB 为 8GB,如图 2-14～图 2-16 所示。

图 2-14　金士顿 DDR4　　图 2-15　金士顿 Fury 系列　　图 2-16　复仇者 RGB

只读存储器中的程序和数据是在出厂时存入并永久保存的，一般用于存放计算机的基本程序和数据，例如 BIOS ROM。这些信息只能读出，一般不能写入，即使计算机断电，这些数据也不会丢失，又可分为 PROM、EPROM、EEPROM 和 Flash Memory。ROM 主要用来存放固定不变的数据和程序，例如开机自检程序、初始化程序，基本输入/输出设备的驱动程序等。

PROM 是可编程 ROM，只能进行一次写入操作（与 ROM 相同），但是可以在出厂后由用户使用特殊电子设备进行写入。

EPROM 是可擦除的 PROM，既可以读出，也可以写入，但是在一次写操作之前必须用紫外线照射，以擦除所有信息，然后用 EPROM 编程器写入，可以写多次。

EEPROM 是电可擦除 PROM，与 EPROM 相似，既可以读出，也可写入，而且在写操作之前，不需要把以前内容先擦去，能够直接对寻址的字节或块进行修改。

Flash Memory 是闪速存储器，其特性介于 EPROM 与 EEPROM 之间。闪速存储器也可使用电信号进行快速删除操作，速度远快于 EEPROM，但不能进行字节级别的删除操作，其集成度高于 EEPROM。

由于 RAM 的速度远远低于 CPU 的速度，当 RAM 直接与 CPU 交换数据时会出现速度不匹配的情况，所以在内存与 CPU 之间放置高速缓冲存储器 Cache，Cache 用于存放频繁被访问的数据。当 CPU 读写程序时，先访问 Cache，如果 Cache 中没有目标数据，则去访问 RAM，如图 2-17 所示。

(2) 外存：外存也叫辅存，用来存放暂时不需要使用的程序和数据，存储容量大，信息能永久保存，相对内存其存储速度慢，是内存的后备和补充，常见的外存有硬盘、固态硬盘、光盘和可移动外存。

硬盘由磁盘片、读/写控制电路和驱动机构组成，用于存放计算机操作系统、各种应用程序和数据文件，如图 2-18 所示。

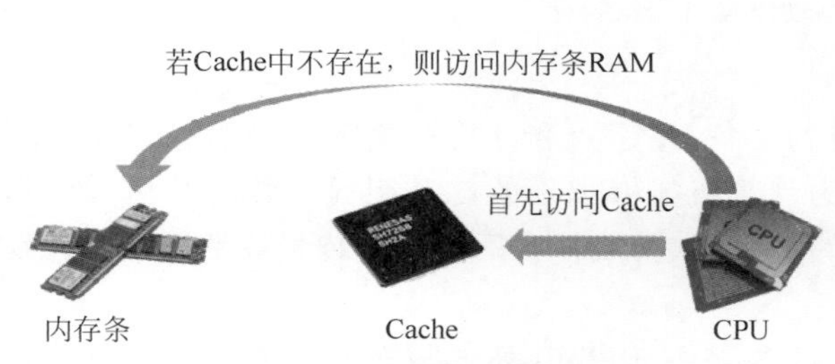

图 2-17　CPU 进行数据访问

图 2-18　硬盘

图 2-19 固态硬盘

固态硬盘是由固态电子存储芯片阵列制成的硬盘，其芯片的工作温度范围宽，读写速度远高于硬盘，但是成本较高，正在普及中，如图 2-19 所示。

光盘指的是利用光学方式读取信息的圆盘，它的特点是存储容量大、可靠性高、寿命长、读取速度快、价格低、携带方便。光盘按照读写限制，可分为只读型光盘（CD-ROM、DVD-ROM）和可记录型光盘（CD-R、CD-RW、DVD-R）。图 2-20 所示为 CD 和 DVD 光盘。光驱是光盘驱动器，是用来读写光盘内容的机器，其目的是向光盘读取或写入数据，如图 2-21 所示。随着多媒体的应用越来越广泛，使光驱在计算机诸多配件中已经成为标准配置。

图 2-20 CD 和 DVD 光盘

图 2-21 光盘驱动器

常见的可移动外存包括移动硬盘、U 盘和闪存卡，如图 2-22 所示。可移动外存强调便携性，通常是一个 USB 接口的无须物理驱动器的微型高容量移动存储产品，可以通过 USB 接口和计算机连接，跟计算机之间实现大量数据交换，实现即插即用，其中闪存卡，则需要配合一个 USB 读卡器作为中间媒介才能使用。

图 2-22 移动硬盘、U 盘、闪存

4）输入设备

输入设备是向计算机输入数据和信息的设备，是用户和计算机之间进行信息交换的主要装置，用于将数据、文本和图形等转换为计算机能够识别的二进制代码并将其输入计算机。键盘、鼠标、摄像头、扫描仪、光笔、手写输入板、游戏杆和语音输入装置等都属于输入设备。下面介绍常用的 4 种输入设备。

（1）鼠标。鼠标是计算机的主要输入设备之一，因为其外形与老鼠类似，所以得此名。根据鼠标按键的数量可以将鼠标分为三键鼠标和两键鼠标；根据鼠标的工作原理可以将其分为机械鼠标和光电鼠标。另外，还有无线鼠标和轨迹球鼠标等。有线鼠标和无线鼠标如图 2-23 所示。

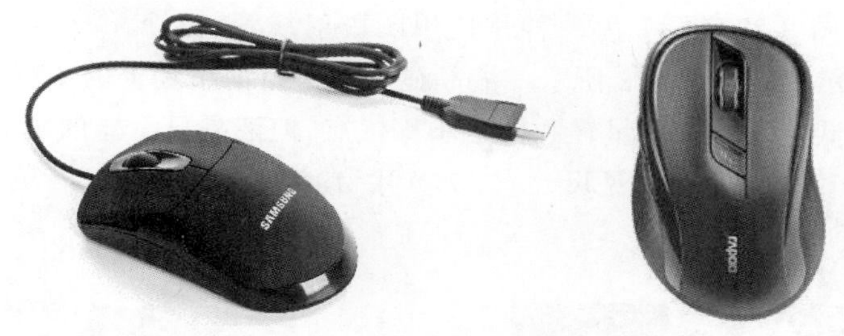

图 2-23　有线鼠标和无线鼠标

(2) 键盘。键盘是计算机的另一种主要输入设备，是用户和计算机进行交流的工具，用户可以通过键盘直接向计算机输入各种字符和命令。不同生产厂商生产的键盘型号不同，目前常用的键盘有 108 个键位。标准键盘如图 2-24 所示。

(3) 扫描仪。扫描仪是利用光电技术和数字处理技术，以扫描的方式将图形或图像信息转换为数字信号的设备，如图 2-25 所示。

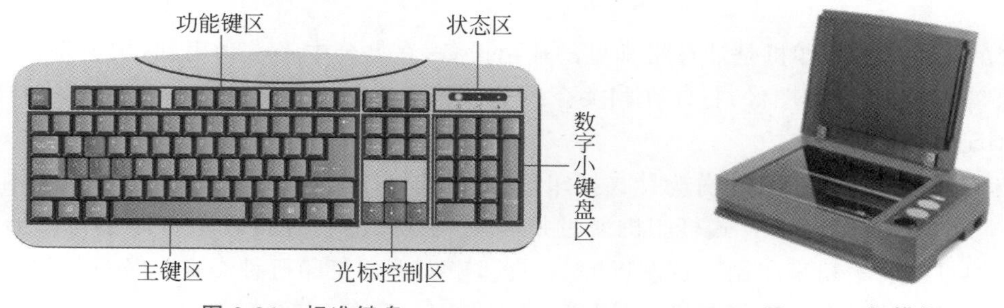

图 2-24　标准键盘

图 2-25　扫描仪

(4) 触摸屏。触摸屏又被称为触控屏或触控面板，是一种可接收触头等输入信号的感应式液晶显示装置，当用户触摸屏幕上的图形按钮时，屏幕上的触觉反馈系统可根据预先编好的程序驱动各种连接装置，并通过液晶显示画面显示出生动的效果，如图 2-26 所示。触摸屏作为一种新型的计算机输入设备，能提供简单、方便、自然的人机交互方式，主要应用于查询公共信息、工业控制、军事指挥、电子游戏、点歌、点菜和多媒体教学等方面。

图 2-26　触摸屏

5) 输出设备

输出设备是计算机硬件系统的终端设备，用于将各种计算结果的数据或信息转换成用户能够识别的数字、字符、图像和声音等形式。常见的输出设备有显示器、打印机、绘图仪、音箱等。下面介绍常用的 3 种输出设备。

(1) 显示器。显示器是计算机的主要输出设备之一，其作用是将显卡输出的信号以用户能够识别的形式表现出来。主要有两种显示器，一种是液晶显示器(Liquid Crystal Display，LCD)，如图 2-27 所示；另一种是使用阴极射线管(Cathode Ray Tube，CRT)的显示器，也叫纯平显示器，如图 2-28 所示。液晶显示器是目前市场上的主流显示器，具有辐射危害小、工作电压低、功耗小、质量轻和体积小等优点，但液晶显示器的画面颜色逼真度一般不及 CRT 显示器。显示器的常见尺寸有 17 英寸、19 英寸、20 英寸、22 英寸、24 英寸、26 英寸、29 英寸等。

图 2-27 液晶显示器(LCD)

图 2-28 纯平显示器(CRT)

(2) 打印机。打印机是计算机常见的输出设备，在办公中经常会用到，用于将计算机处理结果(通常是文字和图像)打印在相关介质上。衡量打印机性能的指标有三项：打印分辨率、打印速度和噪声。

按工作方式，可将打印机分为针式打印机、喷墨式打印机、激光打印机等，分别如图 2-29、图 2-30 和图 2-31 所示。针式打印机通过打印机和纸张的物理接触来打印字符图形，而后两种是通过喷射墨粉来印刷字符图形的。目前，市面上的打印机种类齐全，适用于各种办公场景，有通用打印机、商用打印机、家用打印机、专用打印机、蓝牙打印机、便携式打印机、网络打印机等。

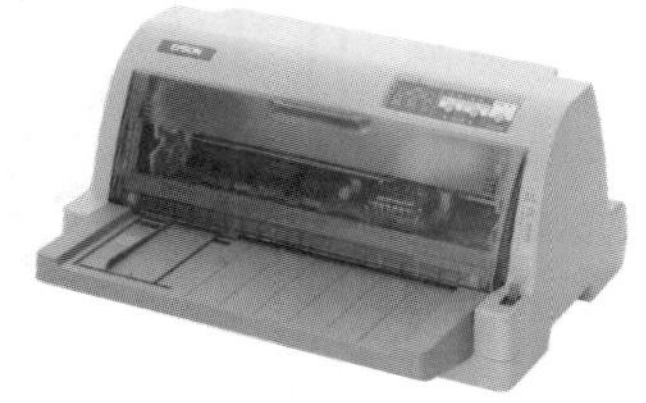

图 2-29 针式打印机

图 2-30 喷墨打印机

(3) 投影仪。投影仪又称投影机，是一种可以将图像或视频投射到幕布上的设备。投影仪可以通过特定的接口与计算机相连接并播放相应的视频，是一种负责输出的计算机周边设备，如图 2-32 所示。

6) 适配器

为了简化主机的硬件设计，增加主机的通用性和灵活性，使用适配器将主机和外部设备相连接，适配器是对微机系统中驱动某一外部设备而设计的功能模块电路的统称。一般做成一块电路板，插在扩展槽内，适配器必须包括两个接口，一个与主机相连，另一个与外部设备相连，常见的适配器有声卡、显卡、网卡。

图 2-31　激光打印机

图 2-32　投影仪

(1) 声卡，也叫音频卡，有集成声卡和独立声卡，是多媒体系统必不可少的组成部分，是实现声波与数字信号相互转换的硬件设备，其功能是把来自外界的模拟声音信号转换成数字声音信号，并传送给计算机内部进行处理，还可以把数字声音信号还原成真实的模拟信号输出，如图 2-33 所示。

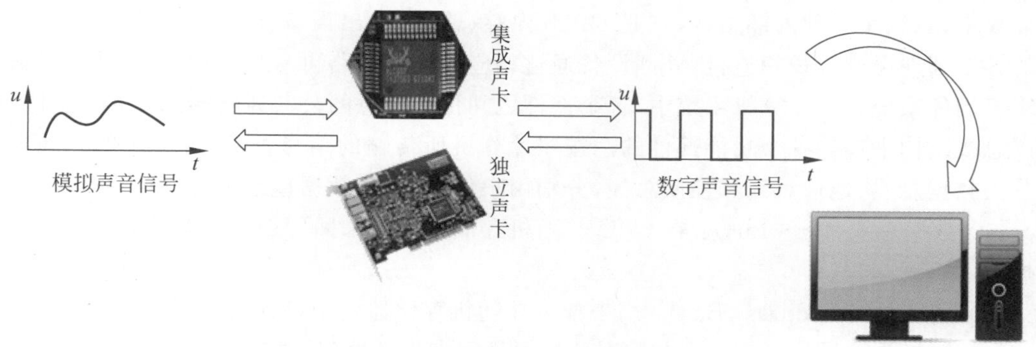

图 2-33　声波与数字信号相互转换

(2) 显卡，又称显示适配器(有集成显卡和独立显卡)，是连接显示器和主板的重要部件，其作用是将计算机系统所需显示的信息进行数模信号转换，并向显示器提供行扫描信号，控制显示器正确显示，如图 2-34 所示。

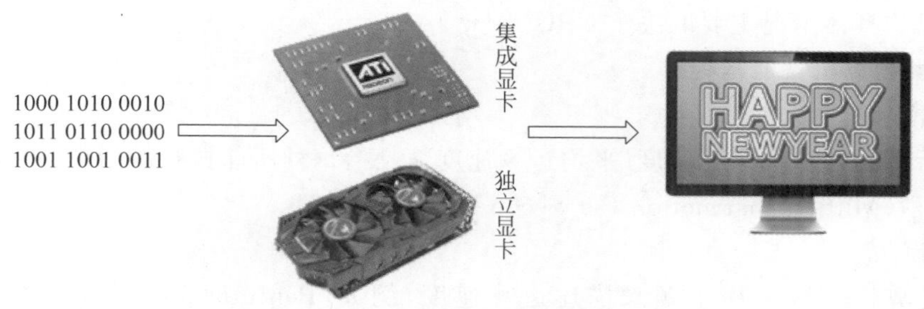

图 2-34　数字信号转换成模拟信号

(3) 网卡,又称网络适配器,有集成网卡和独立网卡之分,分别如图 2-35 和图 2-36 所示。网卡工作在数据链路层,是连接计算机和传输介质的接口,是建立局域网并连接到 Internet 的重要设备之一,网卡不仅能实现与局域网传输介质之间的物理连接和电信号匹配,还涉及帧的发送与接收,帧的封装与拆封,介质访问控制,数据的编码与解码及数据缓存功能等。

图 2-35 集成网卡

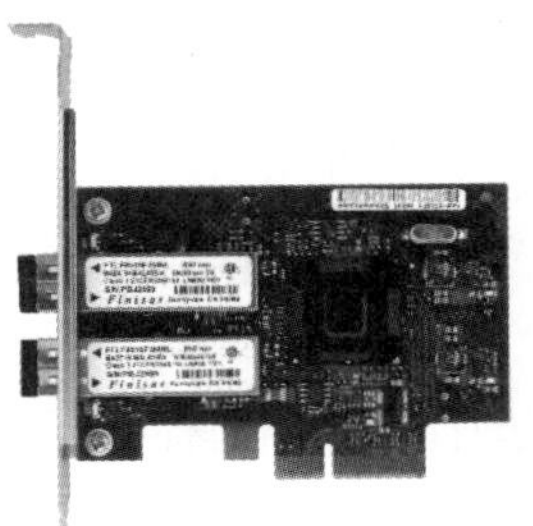

图 2-36 独立网卡

7) 总线

总线(Bus)是计算机各种功能部件之间传送信息的公共通信干线,它是由导线组成的传输线束,总线是一种内部结构,它是 CPU、内存、输入、输出设备传递信息的公用通道,主机的各个部件通过总线相连接,外部设备通过相应的接口电路再与总线相连接,从而形成了计算机硬件系统。在计算机系统中,各个部件之间传送信息的公共通路叫总线,微型计算机是以总线结构来连接各个功能部件的。按照计算机所传输的信息种类,计算机的总线可以划分为数据总线、地址总线和控制总线,分别用来传输数据、数据地址和控制信号。

(1) 数据总线(Data Bus):在 CPU 与随机存储器之间来回传送需要处理或需要储存的数据。

(2) 地址总线(Address Bus):用来指定在随机存储器之中储存的数据的地址。

(3) 控制总线(Control Bus):控制总线主要用来将微处理器控制单元的控制信号和时序信号传送给周边设备。在控制信号中,有的是微处理器送往存储器和输入/输出设备接口电路的,例如读/写信号、片选信号、中断响应信号等;也有的是其他部件反馈给 CPU 的,例如中断申请信号、复位信号、总线请求信号、设备就绪信号等,因此,控制总线的传送方向由具体控制信号而定,一般是双向的,控制总线的位数要根据系统的实际控制需要而定。实际上控制总线的具体情况主要取决于 CPU。

3. 微型计算机性能指标

1) 运算速度

通常所讲的计算机运算速度(平均运算速度),是指每秒所能执行的指令条数,一般用百万条指令/秒(Million Instruction Per Second,MIPS)描述。

2) 主频

微型计算机一般采用主频来描述运算速度,例如,Pentium/133 的主频为 133MHz,Pentium 4 1.5G 的主频为 1.5GHz。一般来说,主频越高,运算速度就越快。

3）字长

字长是指计算机运算部件一次能同时处理的二进制数据的位数。字长越长，如果用作存储数据，则计算机的运算精度就越高；如果用作存储指令，则计算机的处理能力就越强。通常字长是8的整数倍，如8、16、32、64位等。在其他指标相同时，字长越长，计算机处理数据的速度就越快，精度越高。

4）内存的容量

内存储器，也简称主存，是CPU可以直接访问的存储器，需要执行的程序与需要处理的数据就是存放在主存中的。内存储器容量的大小反映了计算机即时存储信息的能力。内存容量越大，系统功能就越强大，能处理的数据量就越庞大。

5）外存的容量

外存储器容量通常是指硬盘容量(包括内置硬盘和移动硬盘)。外存储器容量越大，可存储的信息就越多，可安装的应用软件就越丰富。

6）存取周期

把信息代码存入存储器，称为写，把信息代码从存储器中取出，称为读。存储器进行一次读或写操作所需的时间称为存储器的访问时间(或读写时间)，而连续启动两次独立的读或写操作(如连续的两次读操作)所需的最短时间，称为存取周期。

7）I/O的速度

主机I/O的速度取决于I/O总线的设计。这对于慢速设备(例如键盘、打印机)影响不大，但对于高速设备的影响十分明显。

8）性价比

性价比全称是性能价格比，公式为性价比=性能/价格。性价比应该建立在个人对产品性能要求的基础上，应先满足性能需求，再看价格是否合适。

4. 微型计算机使用常识

随着微型计算机的普及，使用的计算机设备也越来越多，操作起来也越来越复杂，只要遵守相应的步骤和方法进行就可得心应手。

1）按规范步骤操作

在使用计算机时，按照一定的步骤正确进行操作，可以大大降低计算机的故障率，延长计算机的使用寿命。计算机设备的使用步骤如下：

(1) 开机时，应先开外部设备再开主机。

(2) 关机时，应先关主机再关外部设备。

(3) 若有外部设备无法正常使用，则可考虑打开主机后再开外部设备。

2）运行时的保养和维护

计算机在使用过程中发生一些故障是不可避免的，重要的是当发生故障时应采用有效的措施，防止故障扩大。计算机由各种设备连接组成，应避免设备间的冲突和接触不良等故障。要注意遵守如下防护原则：

(1) 开机时，不要移动主机和显示器。必须移动时首先关机并把电源插头拔下。

(2) 发现系统有火星、异味、冒烟时应立即切断系统电源,故障排除后方可启动计算机。

(3) 发现计算机有异常响声、过热等现象时,应设法找到原因,排除后方可使用。

3) 其他维护注意事项

除计算机基本硬件外,通常还会用到打印机、扫描仪、传真机、Modem 等其他与计算机相连的外设,这些设备的维护和使用注意事项如下:

(1) 计算机的外设不应该接得太多,否则将影响计算机运行的速度。

(2) 打印机、扫描仪、Modem 等计算机外设不使用时,不要将其电源打开。

(3) 注意各种外设的连接路线,避免插错而引起故障。

(4) 注意防尘,不使用时最好用专用的遮罩将其盖好。

2.3 任务实施

本节在 2.2 节的基础上,学习如何配置一台微型计算机、定制 Windows 10 工作环境及管理计算机资源。

2.3.1 配置一台微型计算机

1. 选购 CPU 及主板

市场上的 CPU 主要有 Intel 和 AMD 两个品牌,Intel 产品的主要优势是单核强、主频高、稳定成熟、内置核心显卡。相比 Intel 同级别处理器,AMD 产品主要有性价比高、多核的优势。相同主频的 AMD 和 Intel 产品,AMD 产品的价格只有 Intel 产品的一半。

1) Intel

目前,Intel 最新的 CPU 是第 12 代的酷睿系列,i3、i5、i7、i9 分别对应低端、中端、中高端、高端的定位,如 i7-12700H 中,-12 表示第 12 代,代后面的 700 是 SKU 值,编码越大,性能越高。后缀字母对应处理器的等级,常见移动端 CPU 后缀详情见表 2-1。

表 2-1 Intel 后缀字母含义

后缀字母	处理器等级	应用范围	备注
M	早期移动版处理器	"史前"笔记本	不建议购买
U	低压处理器	办公级笔记本	办公用
H	标压处理器	游戏本标配,高性能	游戏必备
HK	可解锁超频处理器	高级游戏本配置、可手动超频	高级玩家必备

Intel 处理器对应 Intel 主板,Intel 主板上有专门的 CPU 插槽,它采用的是金属阵脚,按性能主要分为 H、B、Z、X 4 个系列。

(1) H 系列:入门级,不支持超频,价格比较便宜,适合一般家用计算机。

(2) B 系列:主流级,不支持超频,可扩展能力强大,性价比很高。

(3) Z 系列:中高端,支持超频,搭配的 CPU 一般带有 K 字母后缀。

(4) X 系列:最高级,用来搭配高端 CPU,型号后缀有 X 字母。

2）AMD

AMD最新的CPU是锐龙6000系，采用Zen3＋架构。命名按R3、R5、R7、R9分别对应低端、中端、中高端、高端的定位，如R9-6980HX中，-6表示代数，第2位代表同一代里的级别，值越大就代表级别越高。第3位除了slim和高性能的slim之外都为0，第4位都是0，见表2-2。

表2-2　AMD后缀字母含义

后缀字母	处理器等级	应用范围	备　注
带U	低功耗处理器	轻办公、轻薄本	办公用
带H	高性能处理器	游戏本	游戏必备
带HS	高性能处理器，功耗低	电商	服务器配置
带HX	未锁频率，可超频	高配置、可超频	高级玩家必备

AMD处理器对应AMD主板。AMD主板上有专门的CPU插槽，其CPU插槽是一堆小孔，按性能主要分为X、B、A三个系列。

(1) A系列：入门级，不支持超频，普通办公用户使用，价格非常便宜。

(2) B系列：主流级，可以超频，性价比高，一般不支持动态扩频超频。

(3) X系列：最高级，支持自适应动态扩频超频，主要搭配高端CPU。

2. 选购存储器

1）选购内存条

在选购内存条时，除了考虑价格以外，还可以根据以下原则确定内存条的选购标准：

(1) 确定主板支持的内存条规格。查看主板说明书或主板内存条插槽旁的标识，确定主板支持的是DDR3内存条还是DDR4内存条。

(2) 根据需求选择内存条容量。内存容量直接决定了软件运行的效率，越大的内存可以支持更多的程序运行。对于娱乐办公用户来讲，一条8GB内存条即可带来良好的体验，而且后续可再加一根8GB内存条，从而组成双通道，如果计算机拥有非独立显卡，则建议购买两条相同规格的内存条组成双通道以辅助提升核显性能。对于大型单机网游游戏玩家来讲，两根8GB内存条组成双通道共16GB内存是标配，同时也是适合大部分用户的容量。

(3) 根据CPU和主板选择频率。选择内存条的频率需考虑主板和CPU各支持多大频率的内存条，只有主板和CPU共同支持，内存条才能以标定的频率运行。

(4) 选择主流品牌，低时序内存。选择内存条需避开小厂山寨产品，应选择主流品牌产品。同一频率内存，时序越低性能越好。通常，厂商以【C16】【C14】等标识时序，【C】后的数字越小表示时序越低。

目前主流的内存条品牌有金士顿、芝奇、英睿达等。

2）选购硬盘

对于台式机来讲，硬盘分为机械硬盘和固态硬盘两种。

(1) 机械硬盘：机械硬盘是传统普通硬盘，主要由盘片、磁头、盘片转轴及控制电机、磁头控制器、数据转换器、接口、缓存等几部分组成。机械硬盘读写次数多，在同样容量的情况下,价格比固态硬盘更低,缺点是盘片旋转会有声音,优点是功耗比固态硬盘低。

(2) 固态硬盘:固态硬盘由控制单元和存储单元(FLASH 芯片、DRAM 芯片)组成。固态硬盘中芯片的工作温度范围很宽,可以在比机械硬盘所能适应的更加恶劣的环境下工作,商规产品的工作温度范围是 0~70℃,工规产品的工作温度范围是 -40~85℃。它的读写速度远远高于机械硬盘,不过由于使用寿命和容量的原因,它的性价比不如机械硬盘高。

购买硬盘以后,应合理地使用硬盘,这样可以有效地延长硬盘的使用寿命,主要需要注意以下事项:

(1) 正在读写硬盘时,切忌断电。

(2) 不要让机械硬盘总是受到震动。

(3) 硬盘工作时间不能过长,最好不要超过 10h。

(4) 不要长时间进行相同的操作,例如长时间运行同一程序,磁头会长时间频繁地读写同一个硬盘位置,从而容易使硬盘产生坏道。

(5) 为计算机加装内存条,这样可以减少大量文件交换时在硬盘上进行的读写操作,从而延长硬盘的使用寿命。

(6) 按正常步骤卸载软件,不能直接将其所在目录删除。

(7) 定期进行磁盘碎片整理。

(8) 硬盘应远离磁场,避免里面的数据因磁化而受到破坏。

(9) 使用稳定的电源,电源供电不足会导致资料丢失甚至硬盘损坏。

3. 配置输入/输出设备

1) 选购键盘

(1) 手感:当大家在选择键盘时,要先用双手在键盘上敲打试试手感,因为每个人的喜好会有所不同,有的人喜欢弹性软一点的键盘,有的人喜欢弹性大一点的键盘,所以只有在键盘上多试几下,才知道自己是不是对这个键盘满意,还要注意键盘在新买的时候弹性可能会更强,使用多次后就会减弱。

(2) 按键数目:标准 108 键键盘在目前市面上是最多的,高档点的键盘能够增加很多媒体功能键,设计一整排在键盘的上方,很多品牌的键盘把 Enter 键和空格键设计得很大,这些是平时经常用到的按键。

(3) 键帽:看键帽好不好首先要看按键上的字迹,激光雕刻的字迹是非常耐磨的,而印刷的字迹就非常容易脱落。可以将键盘放到眼前平视,印刷的按键字符是有凸凹感的,而激光雕刻的键符一般会更平整。

(4) 键程:对于键程长短,每个人都有自己的衡量标准。

(5) 键盘接口:键盘接口有 PS2 接口和 USB 接口。USB 接口键盘最大的特点就是支持即插即用,但 USB 接口键盘的价格较高。

(6) 性价比:综合考虑品牌和价格,同等质量的情况下,对比价格。

2) 选购鼠标

(1) 尺寸:首先要根据自己手掌的长度来挑选合适尺寸的鼠标,一般依从中指指尖到手掌根部的距离，如果长度大于 18.5cm，则建议选择 120～127mm 的鼠标，反之，建议选择 115～120mm 的鼠标，关于鼠标的尺寸，在产品规格中都会有标识。

（2）姿势：鼠标也会根据手握鼠标的姿势来设计。握鼠标的姿势一般有趴握，即整个手与鼠标接触；抓握，即手指抓着鼠标，手掌部分不与鼠标接触；捏握，即指捏着鼠标，手掌部分不与鼠标接触。对于习惯于捏握或者抓握的人，建议选购左右对称的鼠标。如果习惯于将整个手放松地贴在鼠标上，则建议选择右手工程学鼠标。

（3）材质：镜面材质的好处在于外观比较好，比较容易清洁，但是缺点是手掌容易出汗，会很容易沾染到鼠标上，不推荐手容易出汗的人使用。类肤材质：这种材质的鼠标不仅外观好看，而且手感也比较好，缺点就是鼠标表面容易刮伤，也容易沾染汗水。塑料磨砂：这种材质的鼠标外观和手感都比较一般，但是使用起来比较干爽，价格也会便宜一些，适合预算偏低的人使用。

（4）配重模块：一般游戏鼠标都会增加配重模块，这也是为了提高操作手感而设计的，如果喜欢重一点的鼠标，则可以考虑选购。

（5）鼠标接口：鼠标接口有 PS2 接口和 USB 接口。可根据自己计算机的接口类型进行选择，如果是无线鼠标则不需要考虑这个问题。

3）选购显示器

（1）屏幕尺寸：由于每个人的用眼习惯不同，以及用户使用目的的不同，这也决定了选购的显示器屏幕尺寸大小也不尽相同。如果平时主要用于文字处理、上网、办公、学习等，则 15 英寸的液晶显示器应该比较合适。如果平时用于游戏、影音娱乐、图形处理等，则 17 英寸液晶显示器的表现就更为突出一些。如果平时想用计算机来感受 DVD 影片，则 19 英寸液晶显示器可满足这一需求。

（2）响应时间：响应时间决定了显示器每秒所能显示的画面帧数，通常当画面显示速度超过每秒 25 帧时，人眼会将快速变换的画面视为连续画面。在播放 DVD 影片，玩 CS 等游戏时，如果要达到最佳的显示效果，则需要画面显示速度在每秒 60 帧以上，响应时间为 16ms 以上才能满足要求，也就是说，响应时间越短，快速变化的画面所显示的效果越完美。

（3）亮度/对比度：对于经常用计算机玩游戏或做图形处理的消费者来讲，应该选择对比度较高的液晶显示器。对 DVD 影片情有独钟的用户，高亮度/高对比度的液晶显示器是最合适的选择。当然也并不是亮度、对比度越高就越好，长时间观看高亮度的液晶屏，眼睛同样很容易疲劳，高亮度的液晶显示器还会造成灯管的过度损耗，影响使用寿命。

（4）面板：液晶面板上不可修复的物理像素就是坏点，而坏点又分为亮点和暗点两种。亮点指屏幕显示黑色时仍然发光的像素，暗点则指不显示颜色的像素。由于它们的存在会影响到画面的显示效果，所以坏点越少越好。在挑选液晶显示器时，不要选择超过 3 个坏点且在屏幕中央的产品。

以上是微型计算机台式机必备的输入/输出设备，以后还可以根据用户的学习和生活需求，添置其他外部设备。购置好台式机的所有硬件之后，工作人员会进行硬件的组装，并根据用户的具体需求，安装操作系统和常用软件。

2.3.2 定制 Windows 10 工作环境

每个用户都想体现自己与众不同的个性魅力，对工作环境的个性化设置则是不可忽视的课题。在 Windows 10 操作系统中，用户可以根据需求设置符合自身操作习惯和喜爱的系统环境。为了使操作更加方便快捷、提高效率，小强准备对 Windows 10 操作系统的工作环境进行个性化定制。

1. 更新桌面系统图标

安装好 Windows 10 操作系统之后，桌面上默认只有一个“回收站”图标，使用户查看和管理计算机资源都很不方便，此时可以通过“个性化”设置来添加和更改桌面系统图标，具体操作步骤如下。

第 1 步：在桌面上的空白处右击，在弹出的快捷菜单中选择“个性化”选项，如图 2-37 所示。

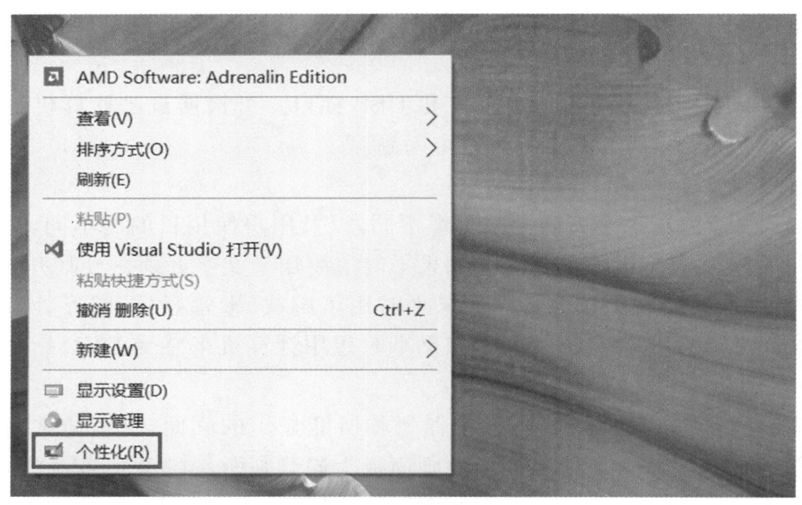

图 2-37　个性化设置

第 2 步：打开“个性化”设置对话框后选择左侧列表的“主题”选项，单击右侧窗格的“桌面图标设置”，如图 2-38 所示。

第 3 步：在打开的“桌面图标设置”窗口的“桌面图标”区域，选中需要在桌面显示的图标，如选择“计算机”项，然后单击“确定”按钮或“应用”按钮，如图 2-39 所示，即可在桌面显示计算机的图标。

第 4 步：在图 2-39 中，单击“更改图标”按钮能改变桌面上图标，单击“还原默认值”按钮能将桌面上的图标设置为默认。

2. 创建快捷方式

快捷方式提供了一个快捷进入某个文件夹或者打开某个文件和软件的通道，无论文件夹、文件、程序位于计算机中的什么位置，只要为它创建桌面快捷方式，就能直接在桌面双击运行，而不用每次都到存放它们的具体位置去双击打开。

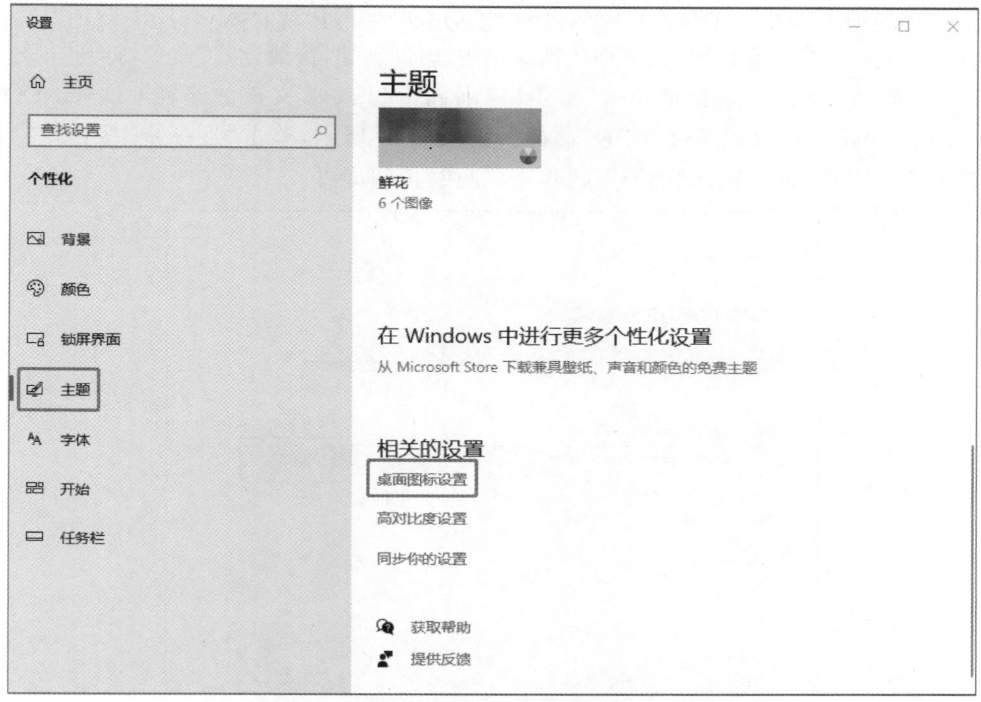

图 2-38　桌面图标设置选项

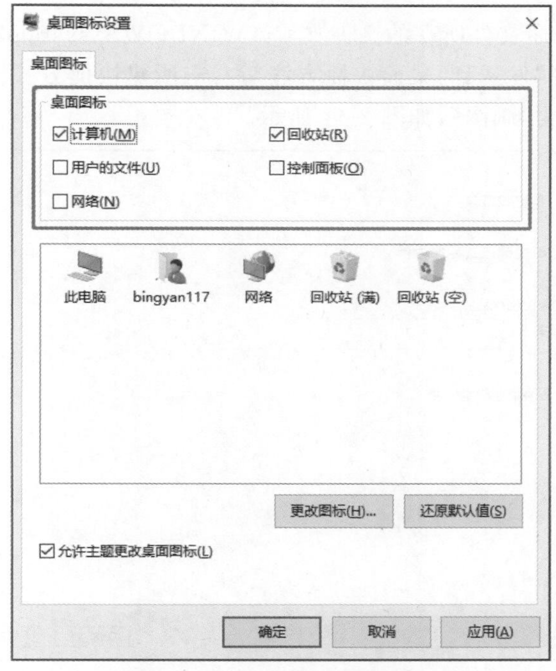

图 2-39　“桌面图标设置”窗口

例如在桌面上创建一个指向画图程序(mspaint.exe)的快捷方式,有以下两种方法。

方法一:右击桌面空白处,在桌面快捷菜单中选择“新建|快捷方式”命令,打开“创建快捷方式”对话框,在“请键入对象的位置”框中,键入 mspaint.exe 文件的路径 C:\WINDOWS\system32\mspaint.exe(或通过“浏览”选择),如图 2-40 所示,单击“下一步”按钮,在“键入该快捷方式的名称”框中输入“画图”,再单击“完成”按钮即可。

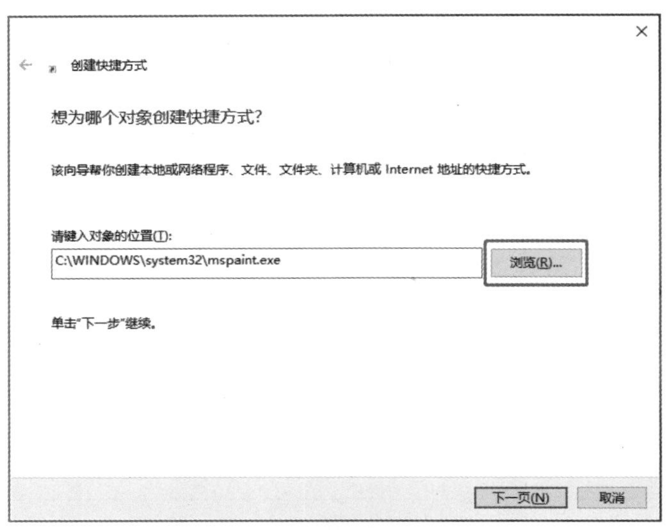

图 2-40 “创建快捷方式”对话框

方法二:定位到程序文件所在的文件夹 C:\WINDOWS\system32,选中 mspaint.exe,在右键快捷菜单中选择“发送到|桌面快捷方法”,右击所建快捷方式图标,选择“重命名”命令,将快捷方式名称改为“画图”,如图 2-41 所示。

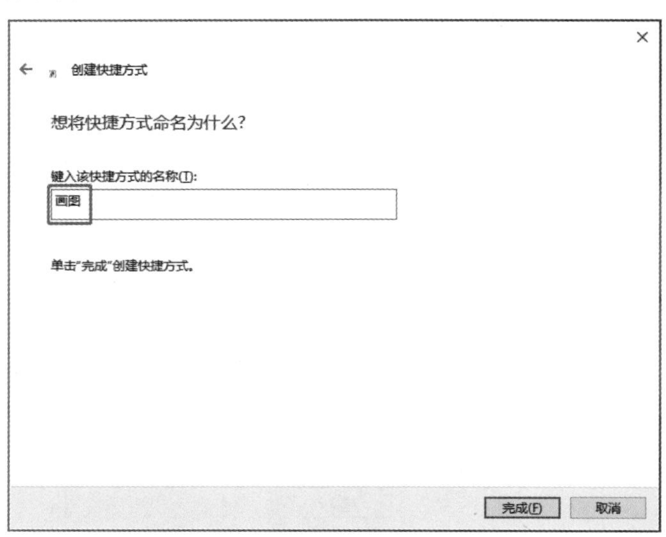

图 2-41 为快捷图标命名

为画图程序创建好的快捷方式如图 2-42 所示。

图 2-42 画图程序的快捷图标

3. 设置桌面背景

在 Windows 10 系统中，如果希望更改桌面的背景，则可以通过桌面右击“个性化”选项进行设置，具体操作步骤如下。

第 1 步：打开“个性化”设置对话框左侧列表中选择“背景”选项，在右侧主窗格中的“背景”列表框选择“图片”，如图 2-43 所示。如果在“背景”列表框中选择“纯色”，则可以在显示的纯色块中选择一种作为背景色。当用户不喜欢静态的桌面背景时，可以选择“幻灯片放映”，单击“浏览”按钮指定保存多张图片的文件夹，然后在“更改图片的频率”列表框设置图片的切换时间，如图 2-44 所示，这种设置方式每隔一段时间，桌面图片就会发生变化。

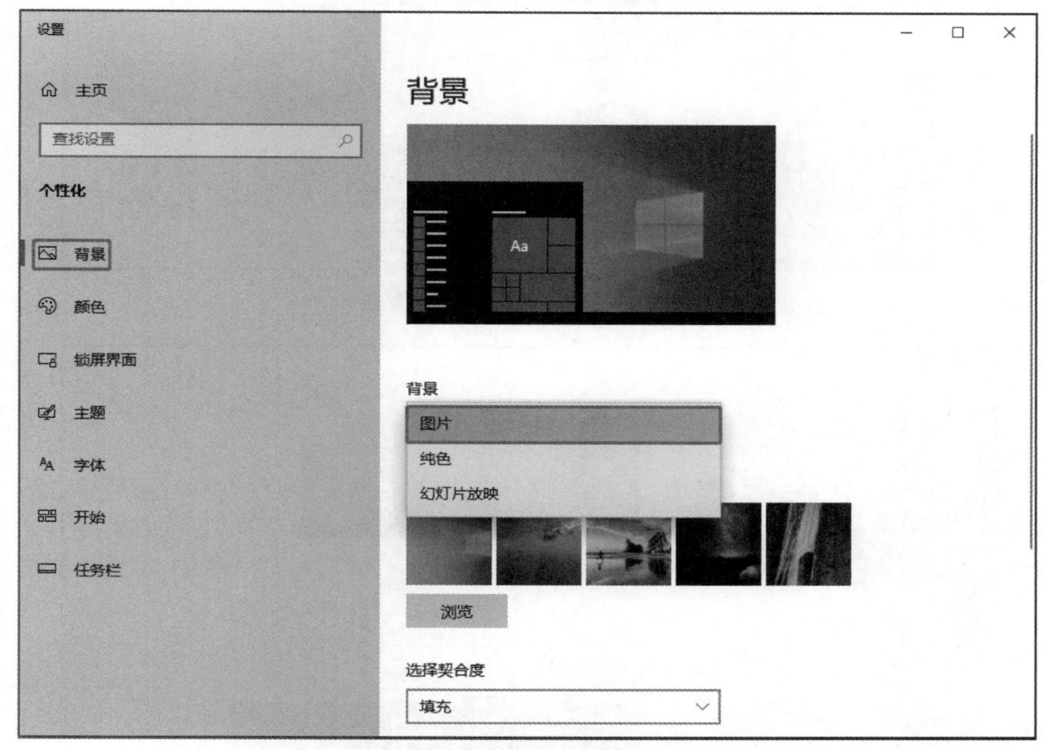

图 2-43 选择“图片”背景

第 2 步：在“选择图片”区域单击需要作为背景的图片，如果没有喜爱的图片，则可以单击“浏览”按钮打开浏览对话框，选定计算机中的某张图片，如图 2-45 所示。

第 3 步：在“选择契合度”列表框中指定图片的显示方式，其中“填充”指当背景图片小于屏幕时，图片在横向和纵向方向进行等比例扩展以填充整个桌面屏幕；“适应”指图片等比例扩大或缩小，以便与桌面屏幕大小相匹配；“拉伸”类似于填充，但当指定的背景图片较小时，将会出现严重变形；“平铺”是指如果一张图片无法铺满屏幕，就用多张选定的图片以

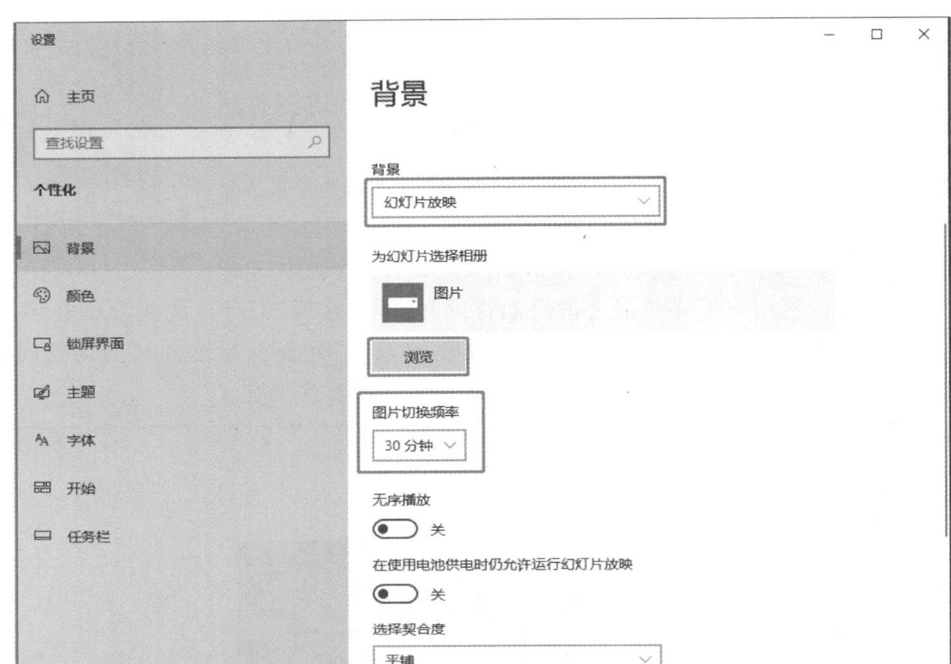

图 2-44 选择“幻灯片放映”背景

图 2-45 指定背景图片

铺满整个桌面屏幕；“居中”指图片位于屏幕中间；“跨区”是指图片分开显示在两个屏幕上，如图 2-46 所示。

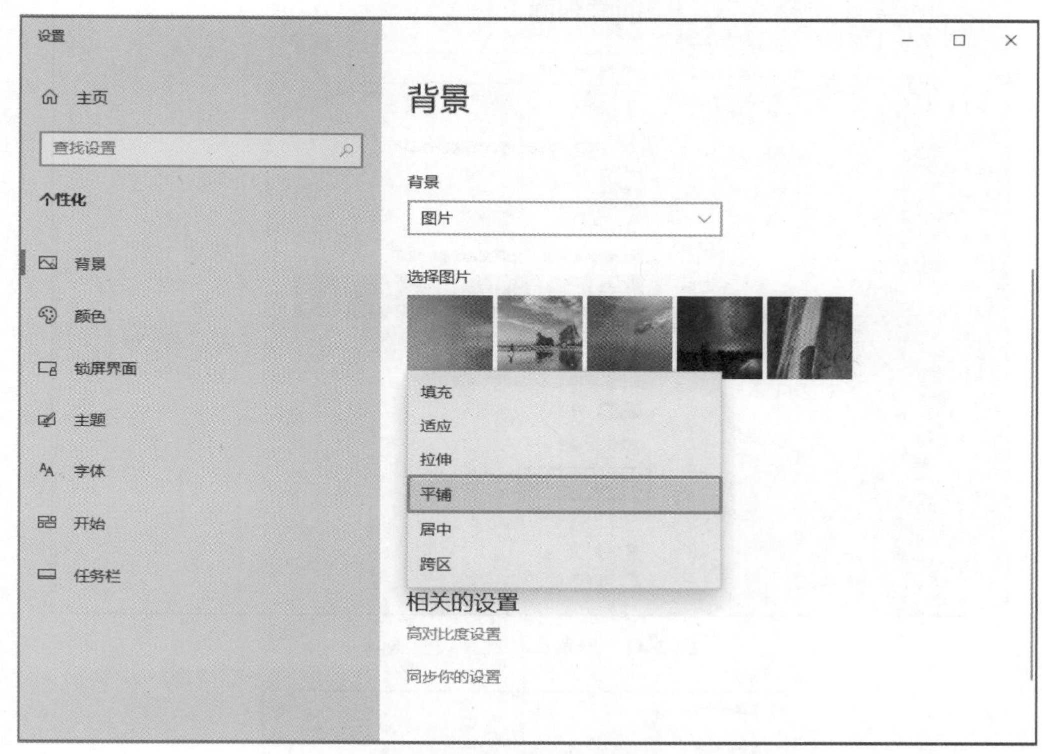

图 2-46 指定图片显示方式

4. 设置屏幕保护程序

当用户长时间不操作计算机时，计算机屏幕将一直显示同一画面，这样会对显示器造成一定的损害。Windows 系统为用户提供了屏幕保护功能，在一段时间用户没有操作的前提下会启动屏幕保护程序，以较暗的或者活动的画面显示。屏幕保护程序不仅可以延长显示器的使用寿命，还能在用户暂时离开计算机时，防范别人偷窥自己计算机上的隐私。设置屏幕保护程序的操作步骤如下。

第 1 步：在“个性化”设置窗口的左侧列表中选择“锁屏界面”，单击右侧窗格下方的“屏幕保护程序设置”链接，如图 2-47 所示。

第 2 步：在打开的“屏幕保护程序设置”对话框中，将屏幕保护程序设置为彩带，并单击“设置”按钮进行详细设置，将屏幕保护等待时间设置为 2min，如果要为屏幕保护设置密码，则在“在恢复时显示登录屏幕”复选框中打“√”，如图 2-48 所示。

第 3 步：单击“确定”按钮或“应用”按钮，屏幕保护程序设置完成。

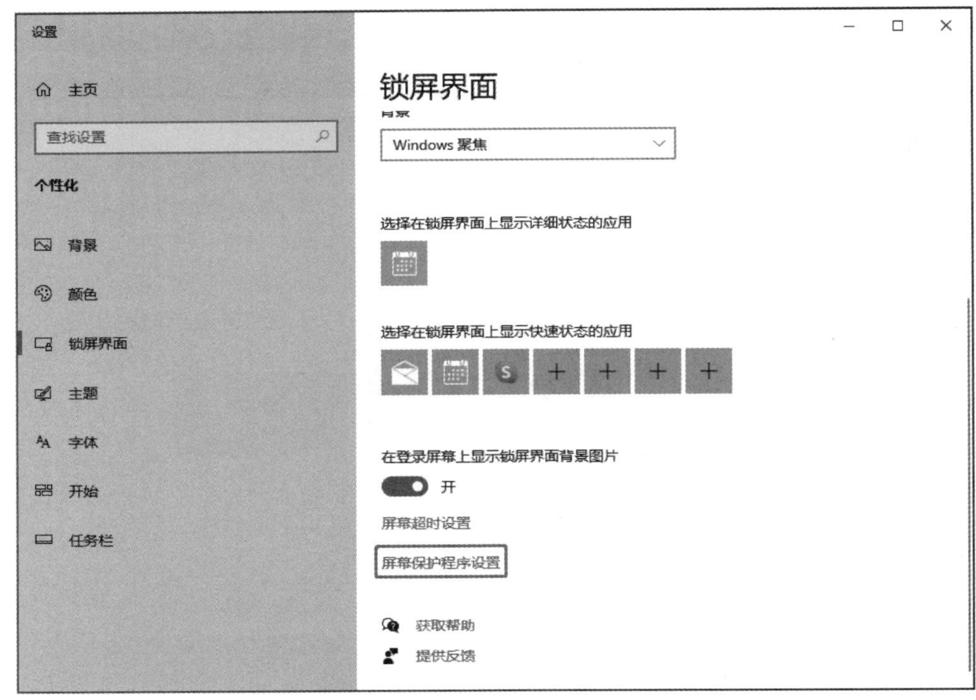

图 2-47　屏幕保护程序设置选项

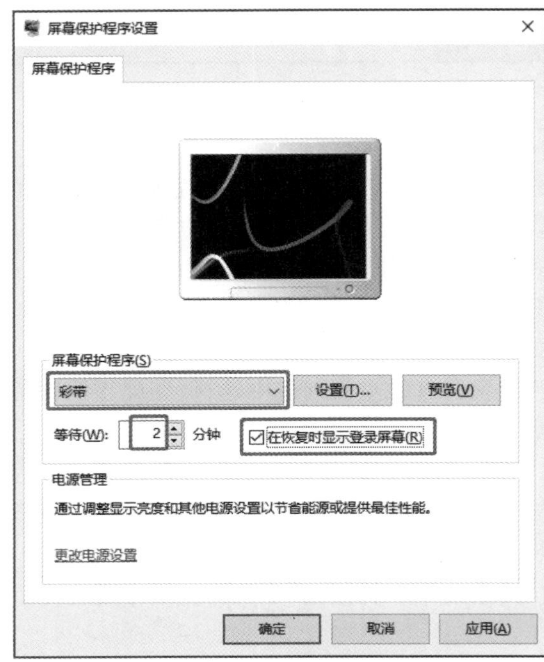

图 2-48　屏幕保护程序设置

注意：如果用户设置了系统登录密码，则此处可选中“在恢复时显示登录屏幕”复选框。完成设置后，当退出屏幕保护程序时会弹出“密码”对话框，必须输入正确的密码才能退出屏幕保护程序。利用这种技术用户可以保护个人隐私，当用户临时离开计算机时，屏幕保护程序会自动启动，不知密码的用户则无法使用计算机。

---

5. 设置显示器分辨率及调整文本大小

显示器分辨率是指显示器上显示的像素数量，分辨率越高，显示器显示的像素就越多，屏幕区域就越大，可以显示的内容就越多，反之则越少。显示颜色是指显示器可以显示的颜色数量，颜色数量越多，显示的图像就越逼真，颜色越少，显示的图像色彩就越走样。设置显示分辨率的操作步骤如下。

第 1 步：在桌面的空白处右击，在弹出的快捷菜单中选择“显示设置”选项，如图 2-49 所示。

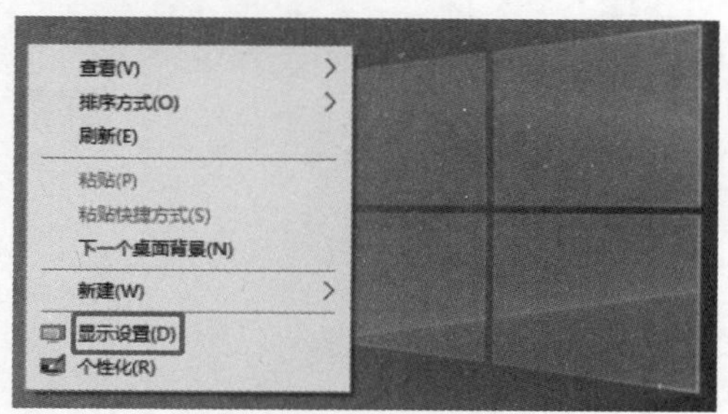

图 2-49 显示设置

第 2 步：选择“设置”界面左侧列表的“屏幕”选项，找到右侧窗格下方的“显示器分辨率”，如图 2-50 所示。

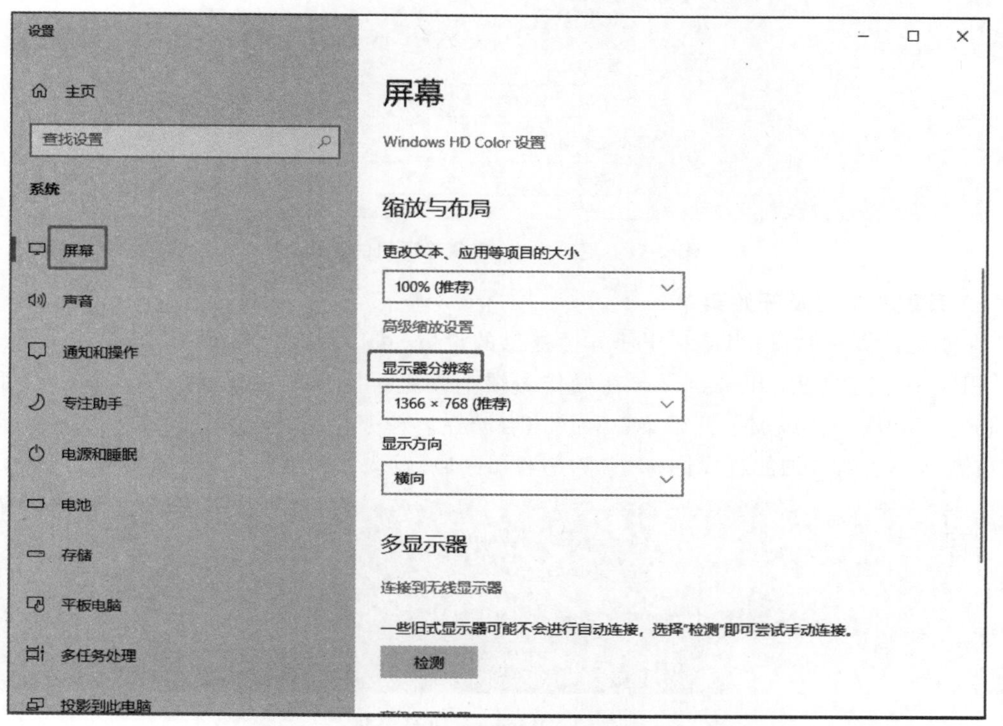

图 2-50 设置显示器分辨率

第 3 步：在“分辨率”列表项中选择合适的分辨率。

在高分辨率的情况下，系统文本、图标都变得非常细腻，尺寸看起来也比低分辨率情况下更小，为此可能给用户带来不便。例如当显示出来的字体非常小时，不易于阅读，但如果因此降低屏幕分辨率，则会因此出现显示模糊、字体不清晰的问题。在 Windows 10 中，在不必降低显示器分辨率的情况下，用户可以设置屏幕字体大小，使屏幕上的文本或其他项目以比标准更大的尺寸显示，这不仅可以保持最佳显示器分辨率的显示效果，还能调整文本或其他项目的字体大小，如图 2-51 所示。

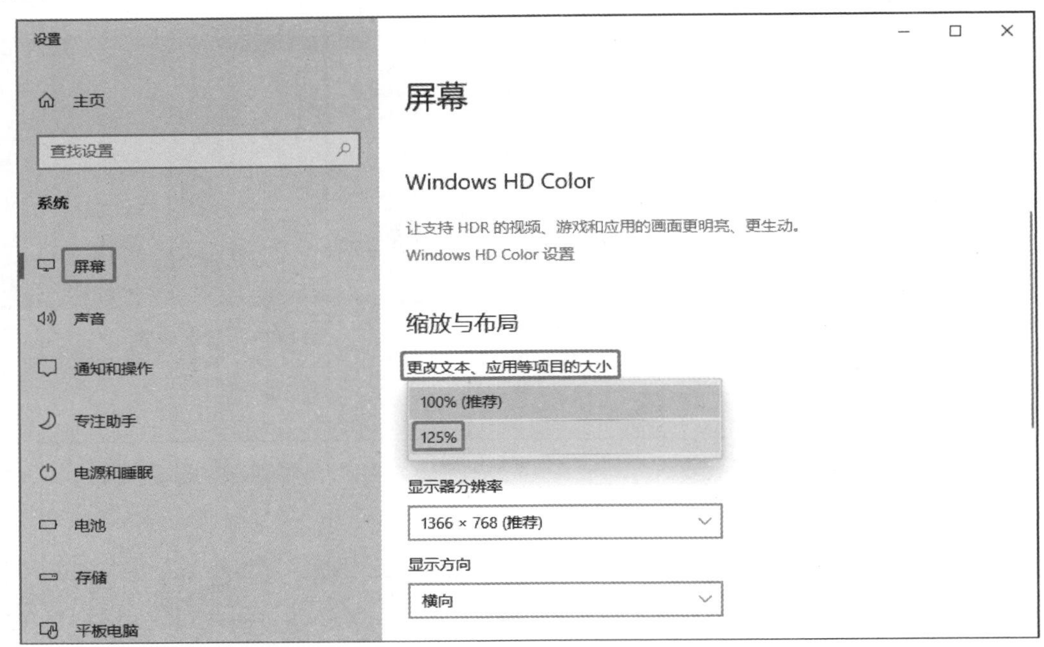

图 2-51 更改文本、应用等项目的大小

6. 管理任务栏及开始菜单

在使用计算机时，适当地利用任务栏提供的设置，可以提高操作效率。Windows 10 任务栏相较于之前的 Windows 版本，在操作习惯上发生了巨大的变化，跟 Windows 8 相比，Windows 10 任务栏添加了开始菜单和快速启动栏。任务栏就是桌面下方的一个长条形区域，左侧是一系列添加的程序图标，右侧是通知区域、输入法时间指示器，如图 2-52 所示。

图 2-52 Windows 10 任务栏

1）在任务栏中固定程序图标

除了可以将常用的程序图标放置到桌面外，还可以将程序图标添加到程序栏中来方便启动程序，对于桌面上的应用程序图标或开始菜单中的应用程序图标，主要有以下几种方法。

方法一：采用鼠标拖曳的方法添加到任务栏中，当拖曳到任务栏中的图标出现“链接”字样时，松开鼠标就可以把应用程序固定到任务栏，如图 2-53 所示。

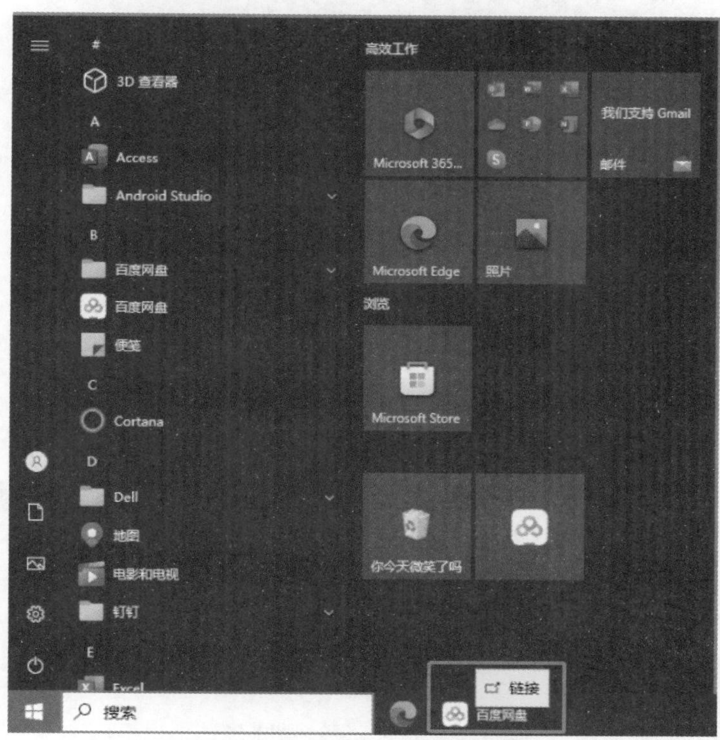

图 2-53　将应用程序图标拖曳到任务栏

方法二：开始菜单中的应用程序图标也可以采用右击的方法将其固定到任务栏中，右击应用程序图标，在弹出的快捷菜单中选择“固定到任务栏”选项即可，如图 2-54 所示。

方法三：开始菜单中没有的应用程序图标也可以将其添加到任务栏，首先找到应用程序所在的文件夹，然后右击应用程序图标，在弹出的快捷菜单中选择“固定到任务栏”选项，如图 2-55 所示。

在任务栏添加多个应用程序图标以后，需要启动程序时就可以直接单击任务栏中的图标。若需要删除任务栏中的图标，则可右击任务栏中的应用程序图标，在弹出的快捷菜单中选择“从任务栏取消固定”此程序，如图 2-56 所示，这样就可以把该图标从任务栏中删除。除了可以将应用程序的图标固定到任务栏，新打开的文件夹、文件、应用程序的图标都可以显示在任务栏中，这些图标的位置也可以任意拖曳。

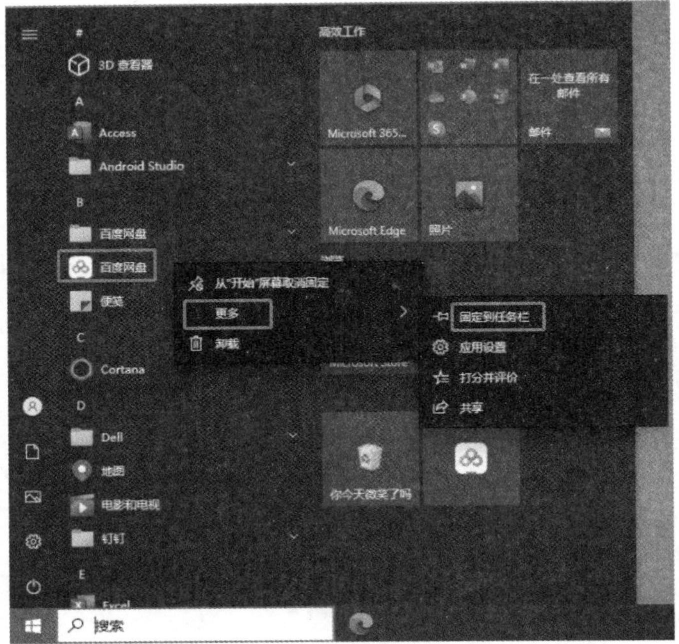

图 2-54 右击应用程序图标，将其固定到任务栏

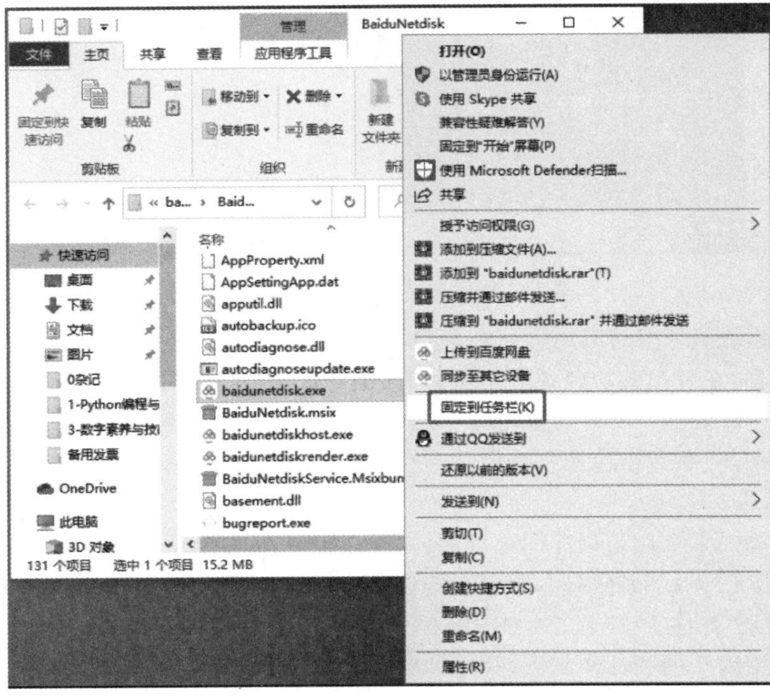

图 2-55 将应用程序图标固定到任务栏

2）锁定任务栏

任务栏的位置默认为停靠在桌面屏幕的下方，锁定任务栏能使任务栏固定下来，此时计算机不允许更改任务栏的设置，包括移动、放大、缩小任务栏，锁定任务栏的方法是右击任务栏的空白处，在弹出的快捷菜单中选择“锁定任务栏”选项即可，如图 2-57 所示。如果想更改任务栏，就需要先取消锁定任务栏。

图 2-56　从任务栏取消固定图标

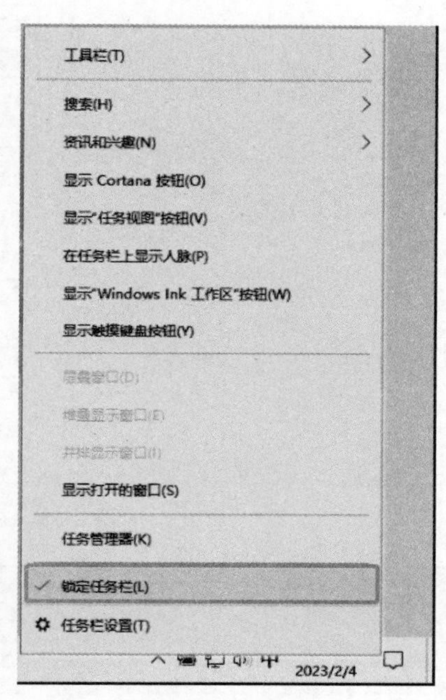

图 2-57　锁定任务栏

3）自动隐藏任务栏

在任务栏的空白处右击，在弹出的快捷菜单中选择“任务栏设置”命令，选择“设置”界面左侧列表的“任务栏”选项，找到右侧窗格的“在桌面模式下自动隐藏任务栏”，打开开关，如图 2-58 所示。

选中此项后，任务栏会自动隐藏，桌面屏幕的可视面积将会增大，当用鼠标指向屏幕下方时，任务栏会自动出现，当鼠标移开后，任务栏又会自动隐藏。

任务栏在屏幕上的位置，此列表框可以选择靠左、底部、靠右、顶部。

合并任务栏按钮，此列表框中有“始终合并按钮”“任务栏已满时”“从不”3 个选项，当任务栏中的标签较多时，可以通过这些设置改变标签的显示方式。

4）改变任务栏位置

任务栏在默认情况下位于屏幕的底部，实际上也可以放置在屏幕的左侧、右侧及上部，用户可根据个人的操作习惯设置任务栏的位置，可以在图 2-59 中进行设置，更快速的设置方法是在任务栏没有被锁定时，通过鼠标拖曳来改变任务栏的位置，例如将任务栏拖曳到屏幕的右侧，如图 2-60 所示。

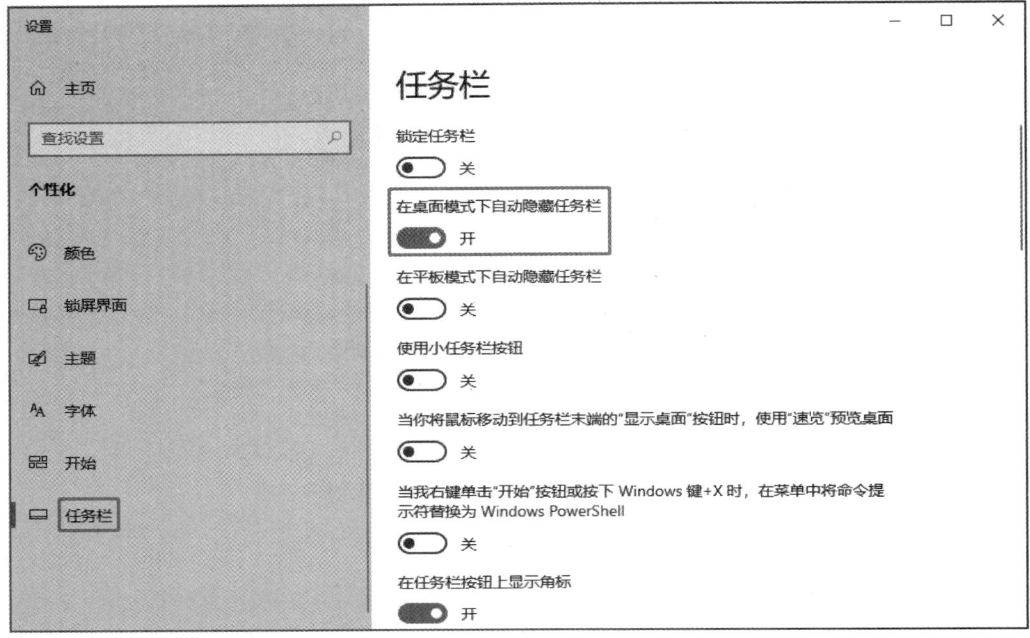

图 2-58 在桌面模式下自动隐藏任务栏

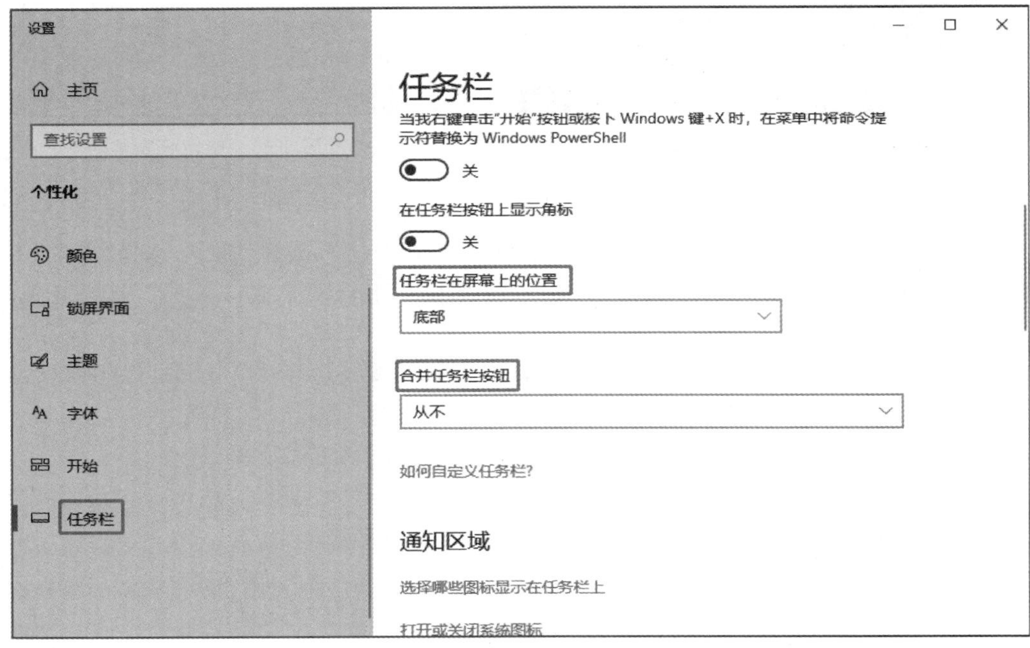

图 2-59 任务栏其他设置

图 2-60　使用鼠标将任务栏拖曳到屏幕右侧

5）设置通知区域

通知区域是用来显示系统启动时加载的程序，用户可以自定义设置显示或隐藏某些程序图标，在"任务栏设置"对话框的"任务栏"中的"通知区域"中单击"选择哪些图标显示在任务栏"按钮和"打开或关闭系统图标"，如图 2-61 所示。

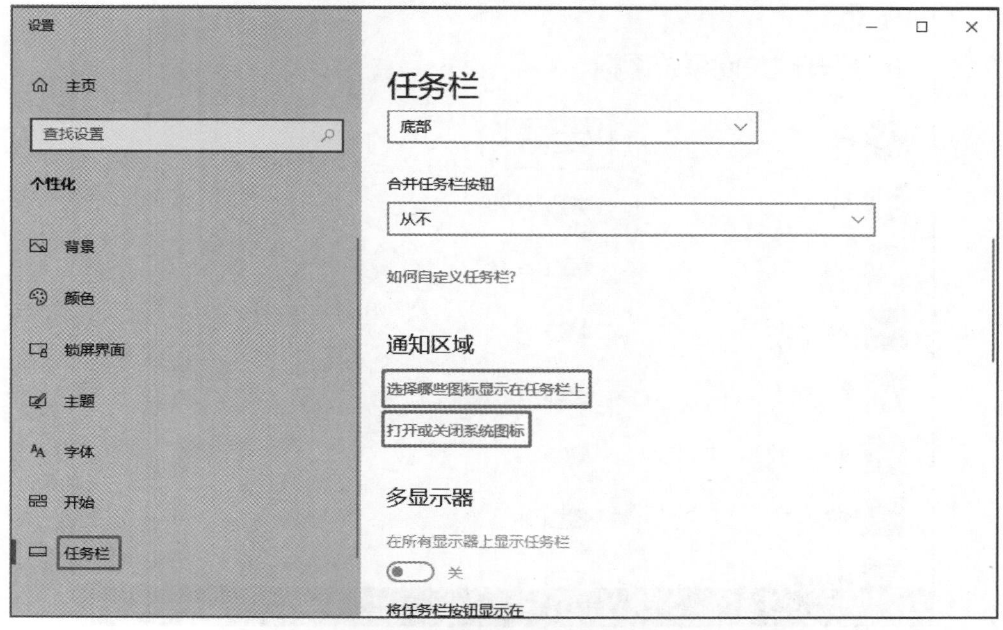

图 2-61　设置任务栏通知区域

单击“选择哪些图标显示在任务栏上”,用户可以根据需要选择图标,以便显示在任务栏上,例如“电源”“网络”“音量”的开关默认都是打开的,如图 2-62 所示。

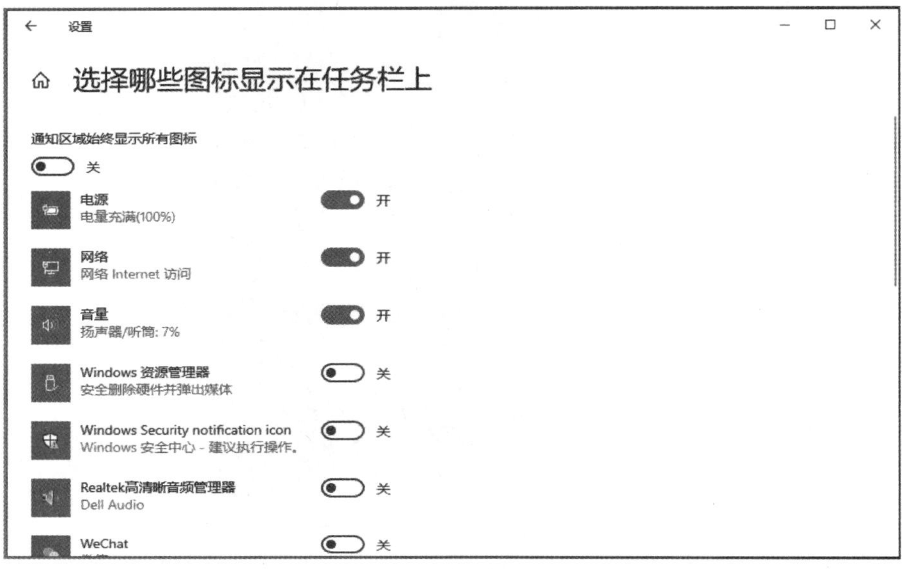

图 2-62　选择图标显示在任务栏上

单击“打开或关闭系统图标”按钮,用户可以根据需要打开或者关闭系统图标,例如,当关闭时钟的系统图标时,通知区域将不会出现时钟,如图 2-63 所示。

图 2-63　打开或关闭系统图标

7. 管理用户账户

Windows 10 是多用户操作系统。在 Windows 10 操作系统中，允许多个用户使用同一台计算机，只需为每个用户建立一个独立的账户，可以创建两种类别的账户，分别是本地账户和 Microsoft 账户。

1）添加本地账户

第 1 步：单击“开始”菜单，输入“控制面板”，找到“用户账户”，单击“更改账户类型”，如图 2-64 所示。

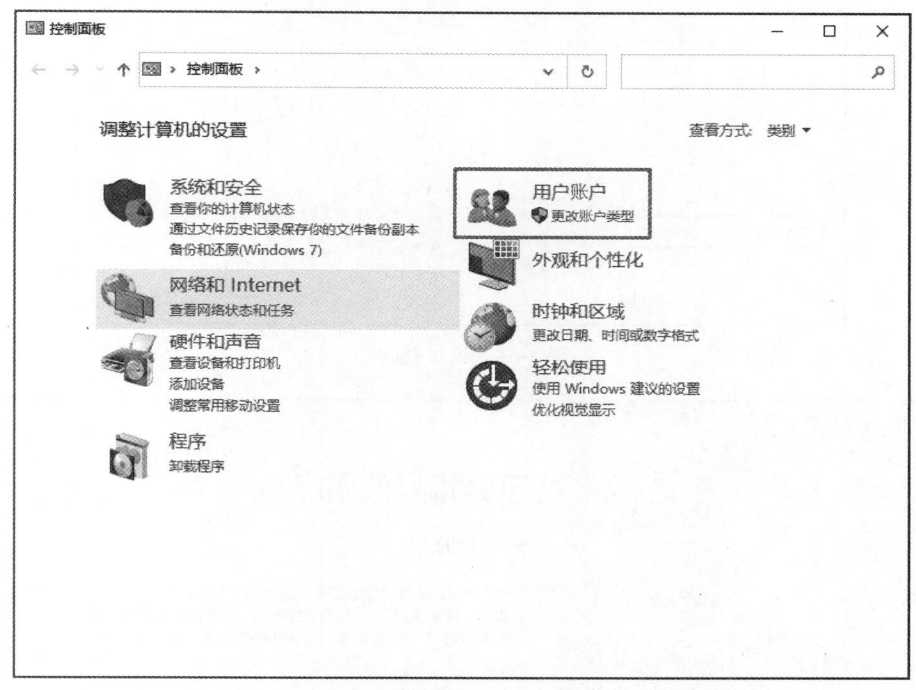

图 2-64　更改用户账户

第 2 步：进入“管理账户”窗口，如图 2-65 所示，单击“在计算机设置中添加新用户”，进入添加新用户界面。

第 3 步：在家庭和其他用户设置页面，单击“将其他人添加到这台计算机”按钮，如图 2-66 所示。

第 4 步：输入新用户的电子邮箱或电话号码，如图 2-67 所示，如果没有新用户的上述信息，则可以单击“我没有这个人的登录信息”。

第 5 步：输入用户名、密码和安全问题回答，单击“下一步”按钮，如图 2-68 所示。

至此，本地账户添加完成，如图 2-69 所示。

2）添加 Microsoft 账户

使用 Microsoft 账户，所有内容都可以在一个位置中进行管理，可以在设备上同步所需的一切内容，既能高效地完成工作，又可以享受到更多乐趣。

图 2-65　添加新用户

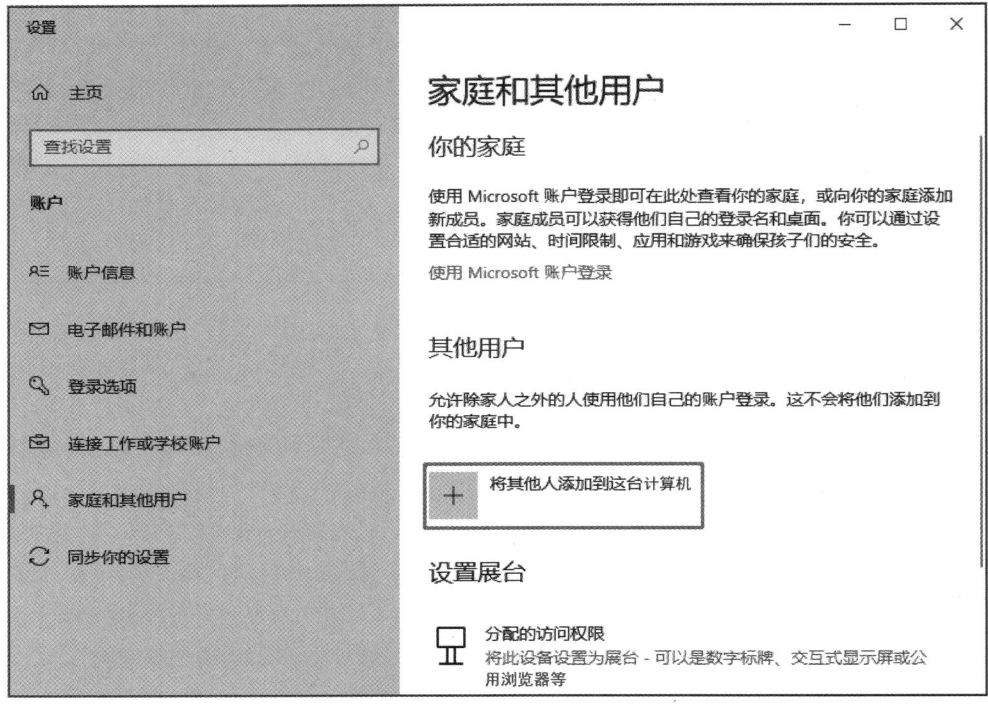

图 2-66　“将其他人添加到这台计算机”按钮

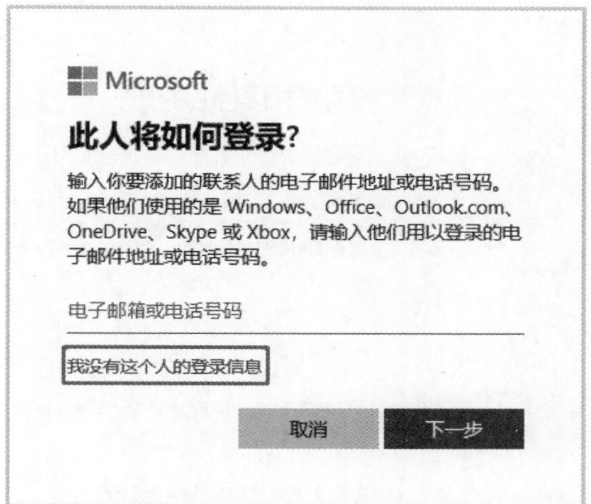

图 2-67　输入添加的联系人的电子邮箱或电话号码

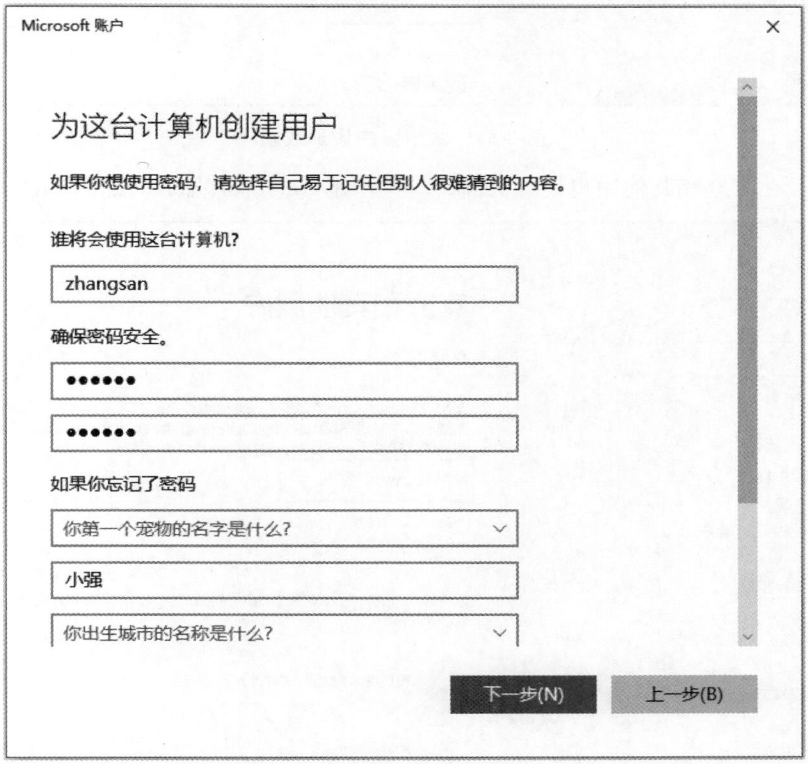

Microsoft 账户

为这台计算机创建用户

如果你想使用密码，请选择自己易于记住但别人很难猜到的内容。

谁将会使用这台计算机?

zhangsan

确保密码安全。

••••••

••••••

如果你忘记了密码

你第一个宠物的名字是什么?

小强

你出生城市的名称是什么?

下一步(N)　上一步(B)

图 2-68　为这台计算机创建用户

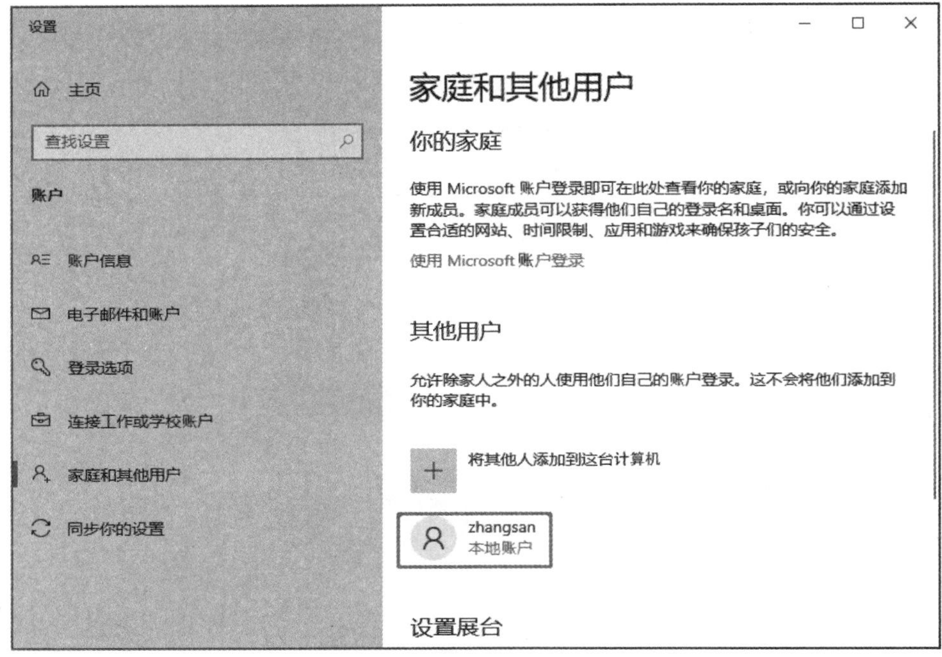

图 2-69　本地账户添加成功

第 1 步：在家庭和其他用户设置页面，单击“使用 Microsoft 账户”按钮，如图 2-70 所示。

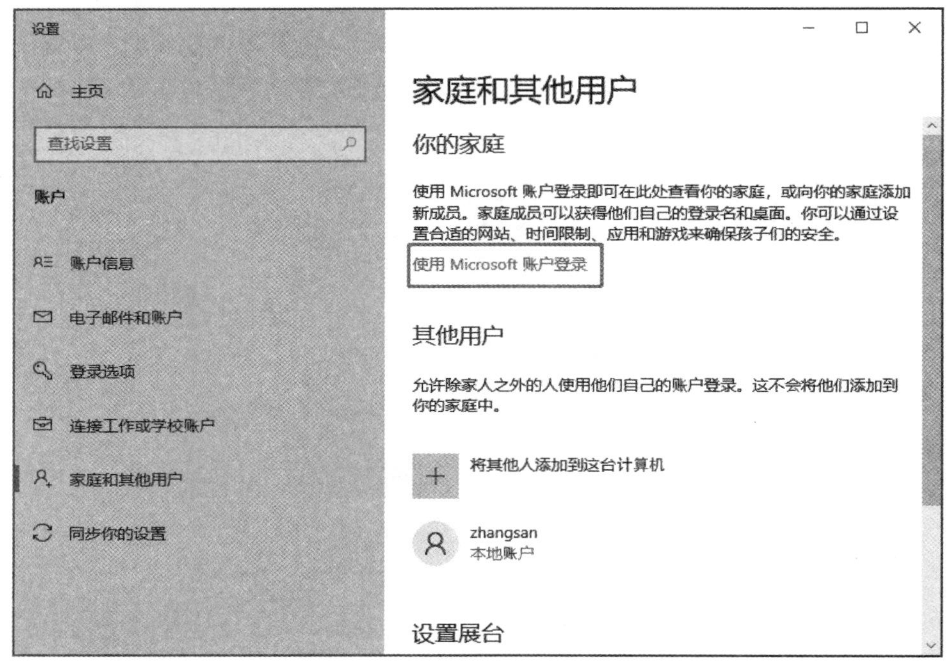

图 2-70　“使用 Microsoft 账户”按钮

第 2 步：在 Microsoft 账户登录界面，单击“没有账户？创建一个！”按钮，如图 2-71 所示。

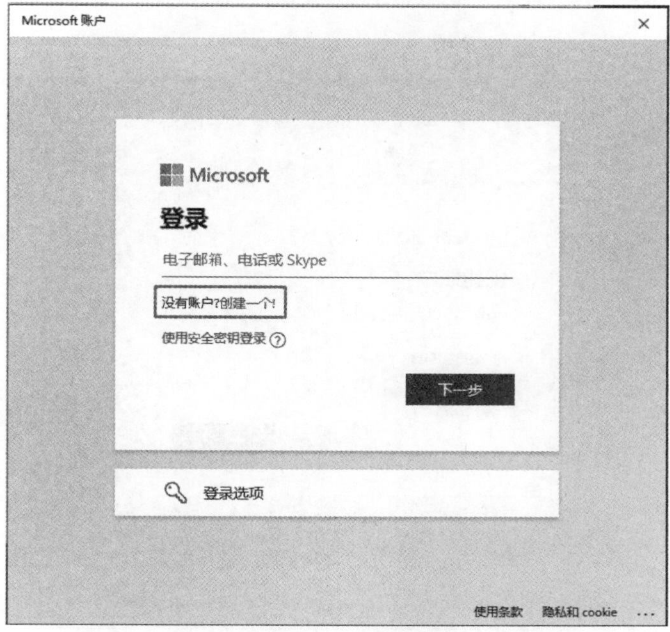

图 2-71 创建账户

第 3 步：在个人数据导出许可界面，单击“同意并继续”按钮，如图 2-72 所示。

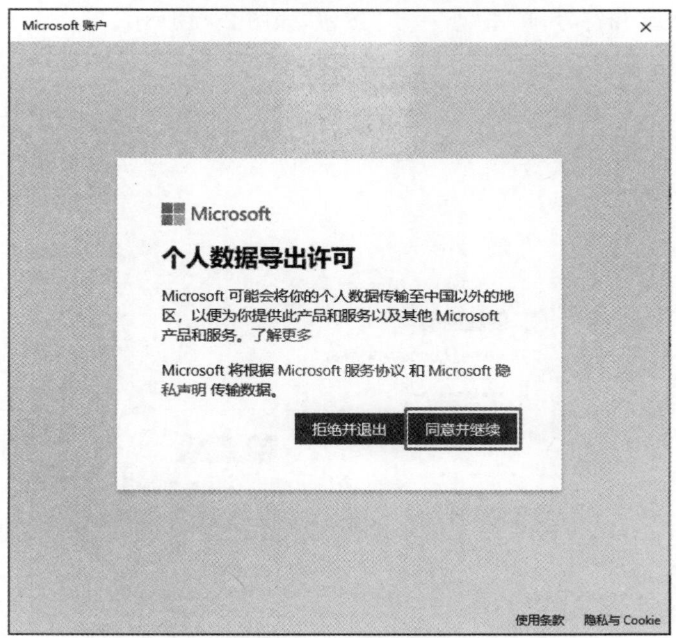

图 2-72 个人数据导出许可

第 4 步：填写邮箱账户，账户可以是电子邮箱，也可以是电话号码，单击“下一步”按钮，如图 2-73 所示。

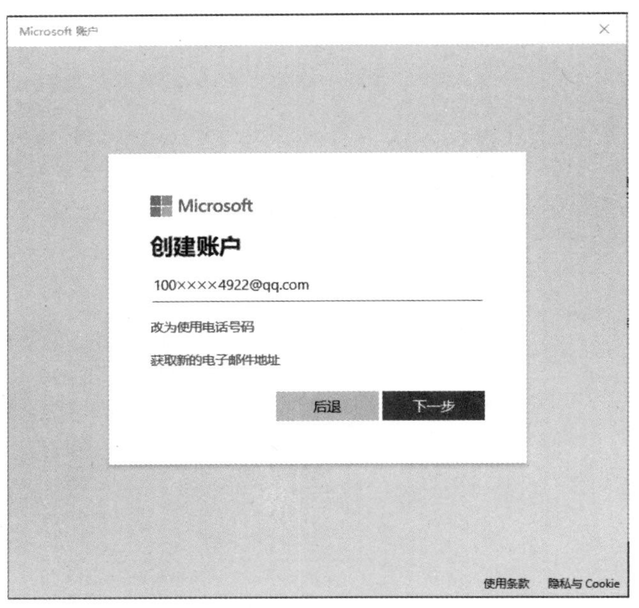

图 2-73　输入账户

第 5 步：输入 Microsoft 账户和密码，密码要求必须至少包含 8 个字符，其中包括大写字母/小写字母/数字和符号，单击“下一步”按钮，如图 2-74 所示。

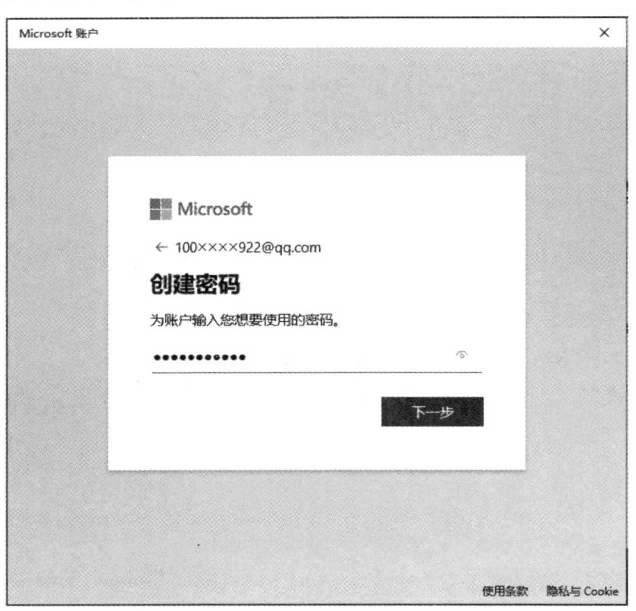

图 2-74　创建密码

第 6 步：输入账户的“姓”和“名”，单击“下一步”按钮，如图 2-75 所示。

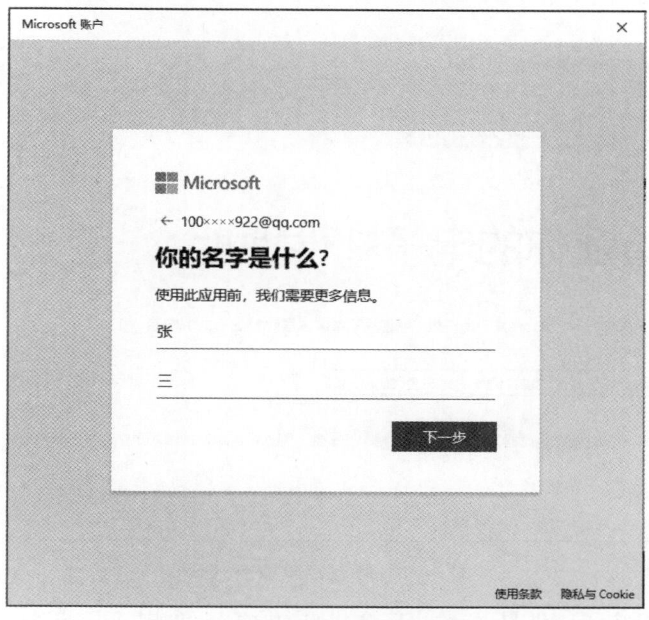

图 2-75 输入姓名

第 7 步：输入国家/地区及出生日期信息，注册账户时选择出生日期，如果小于 14 岁，则登录时需要家长账户管控审核。输入完成后单击“下一步”按钮，如图 2-76 所示。

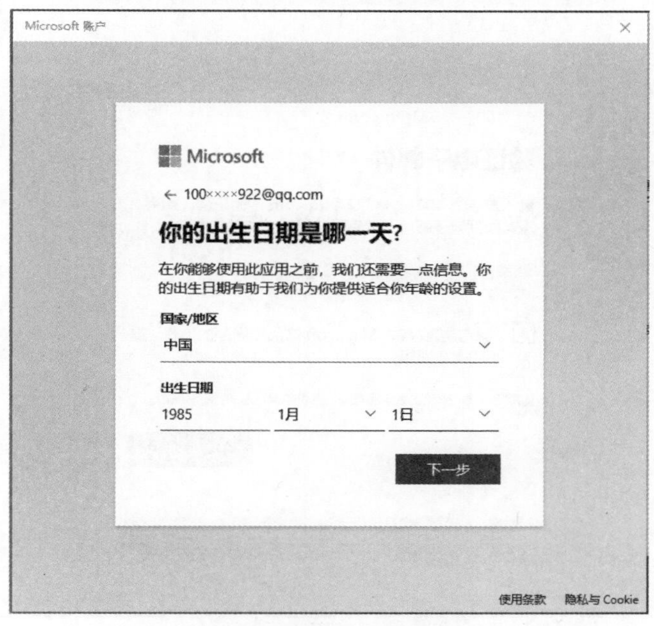

图 2-76 选择出生日期

第 8 步：用于创建账户的邮箱会收到一个验证邮件，打开邮件，查看安全代码，如图 2-77 所示。

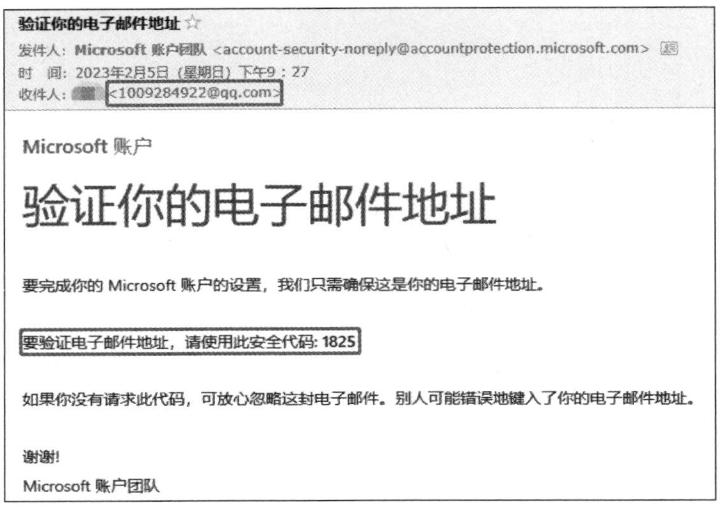

图 2-77 邮箱接收安全代码

第 9 步：在验证电子邮件界面，输入安全代码，并填入，单击“下一步”按钮，如图 2-78 所示。

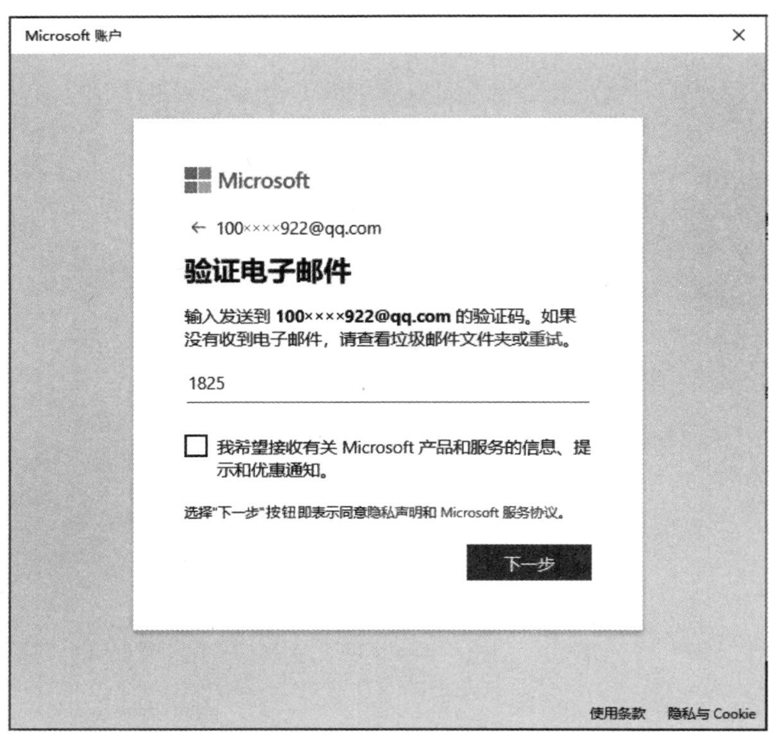

图 2-78 验证电子邮件

至此，Microsoft 账户添加完成，如图 2-79 所示。

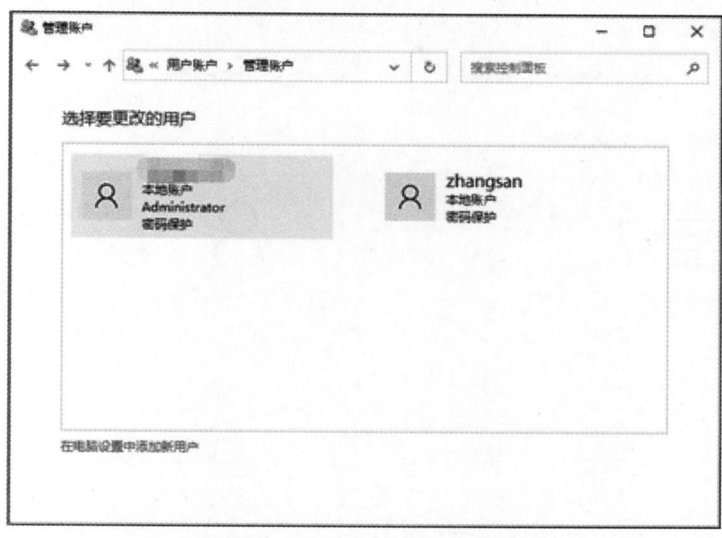

图 2-79　Microsoft 账户添加成功

3）更改账户类型

创建账户后，用户还可以更改账户的类型。例如，可以将标准账户更改为管理员账户，也可以将管理员账户更改为标准账户。

第 1 步：打开控制面板|用户账户，在管理账户界面，可以看到先前创建的本地账户，如图 2-80 所示。

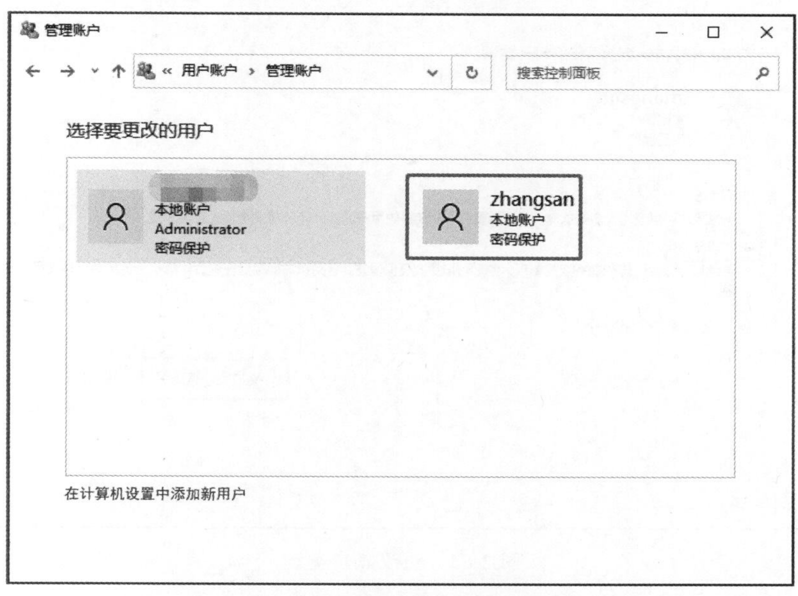

图 2-80　管理账户

第 2 步：单击要更改的账户，进入“更改账户”窗口，单击“更改账户类型”，如图 2-81 所示。

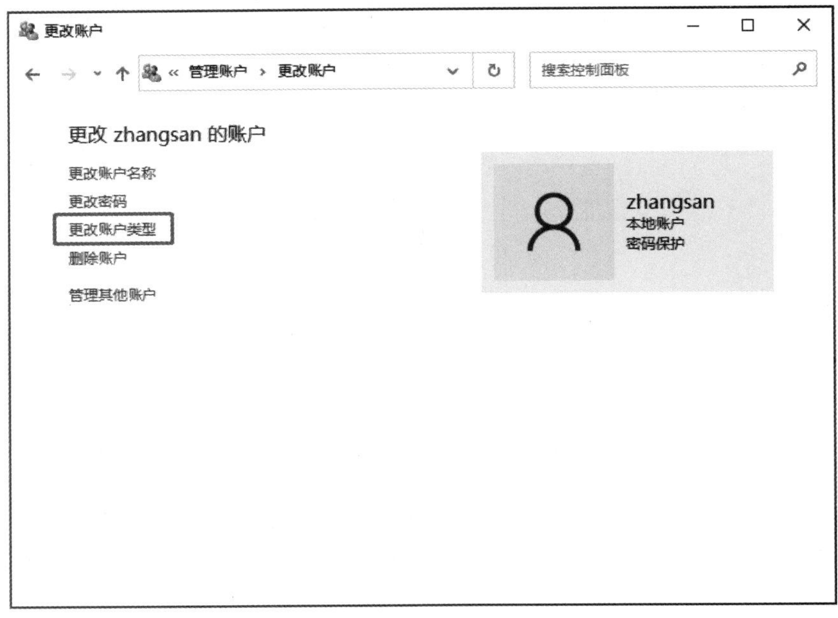

图 2-81 “更改账户类型”按钮

第 3 步：把账户类型从“标准”改为“管理员”，单击“更改账户类型”按钮，如图 2-82 所示。

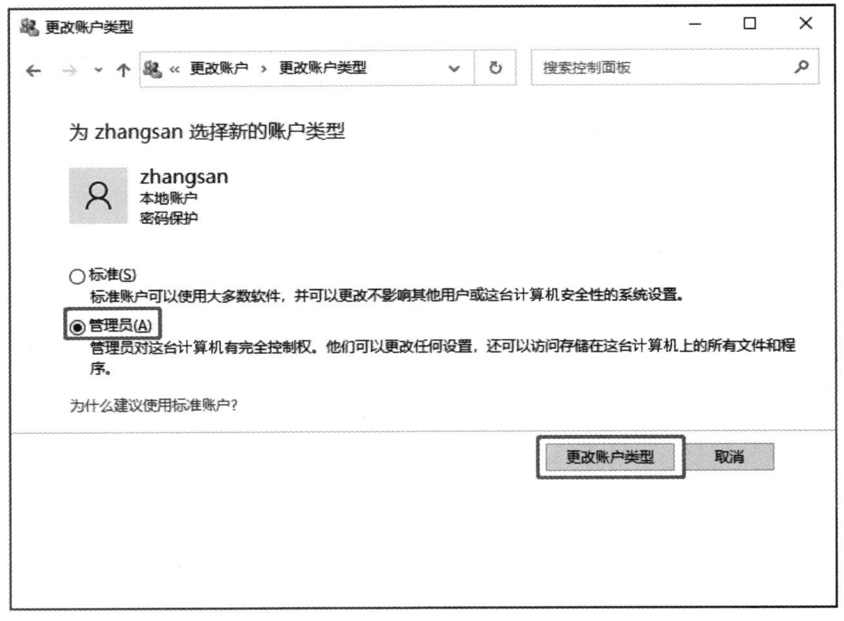

图 2-82 更改账户类型

至此，账户类型更改成功，如图 2-83 所示。

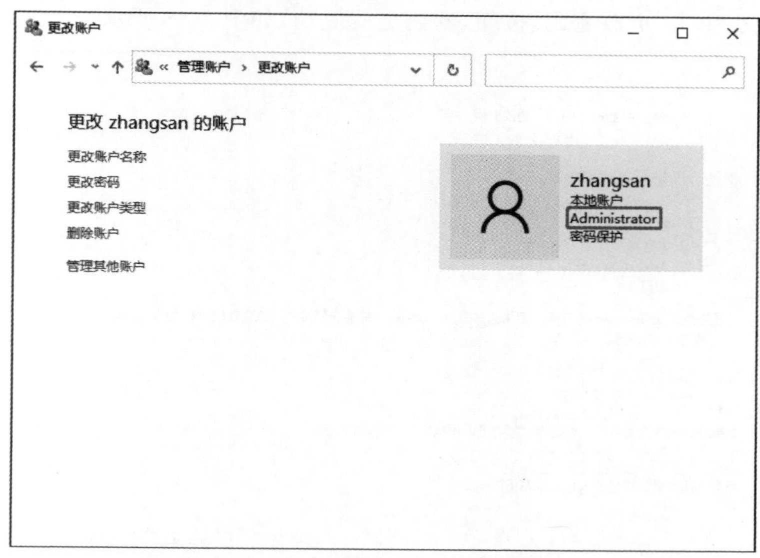

图 2-83 账户类型更改成功

4）添加或更改账户的密码

创建账户后，可以为账户添加密码。如果已经添加了密码，则为了保证账户安全，还要经常更改密码。下面以更改密码为例，添加密码的方法类似，操作步骤如下。

第 1 步：在“管理账户”窗口，选择要更改密码的账户。

第 2 步：在“更改账户”窗口，单击左侧的“更改密码”按钮，如图 2-84 所示。

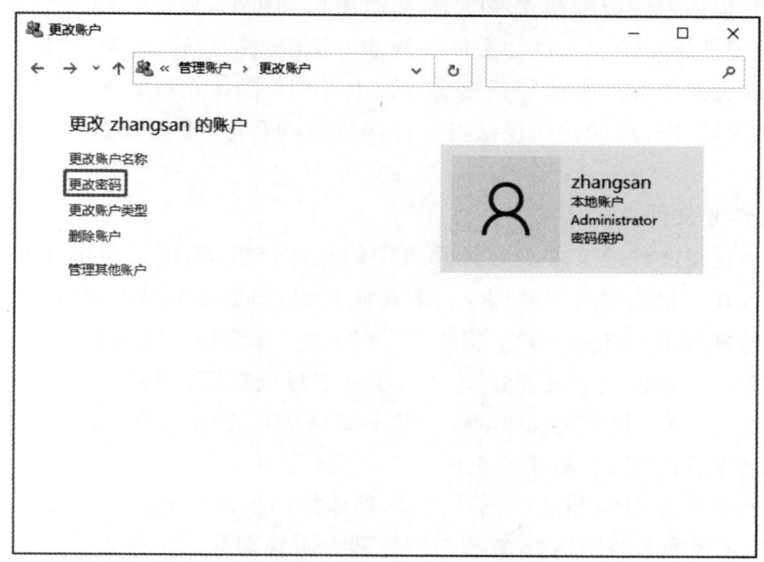

图 2-84 “更改密码”按钮

第 3 步：在“更改密码”窗口，在文本框中为该账户设置密码，然后在下方的文本框中输入密码提示，最后单击“更改密码”按钮，密码更改成功，如图 2-85 所示。

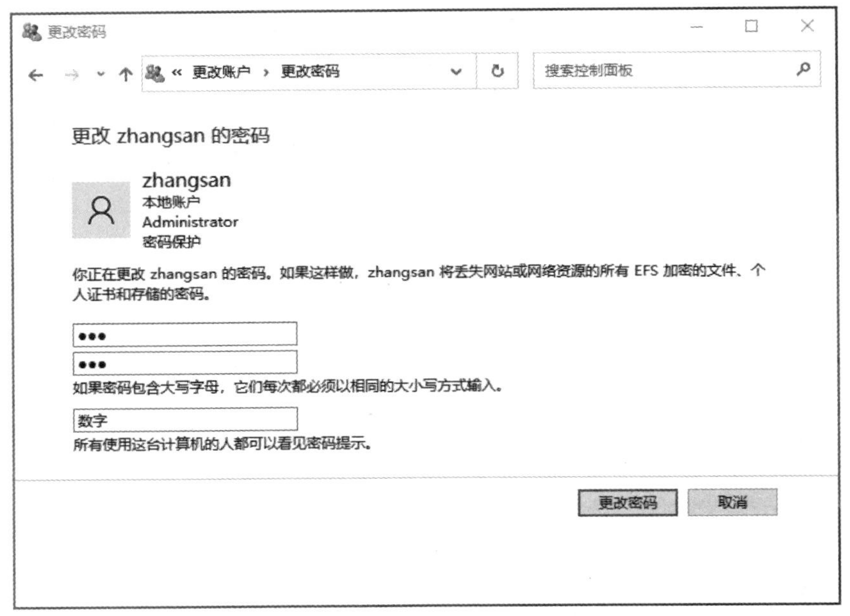

图 2-85　更改密码

2.3.3　管理计算机资源

计算机资源包括硬件资源和软件资源，在使用计算机的过程中，经常会操作文件、文件夹、应用程序和硬件等资源。文件和文件夹的基本操作包括新建、复制、剪切、重命名、删除、搜索等。对软件资源的管理主要包括熟悉 Windows 10 操作系统自带的附件程序、安装和卸载软件，而常用硬件资源的使用包括安装打印机驱动程序、连接投影仪、设置鼠标和键盘的参数等。

1. 搜索文件或文件夹

如果用户不记得文件或文件夹在计算机中的具体位置，则可以使用 Windows 10 提供的搜索功能来查找。搜索时可以利用文件名精确查找，如果搜索时不记得文件名，则可以利用通配符进行模糊搜索，Windows 10 提供了“*”和“?”作为搜索时的通配符，“*”可以替代任意数量的字符，“?”可以代表任意位置上的任意字母或数字，例如“*.txt”表示搜索当前位置下所有类型为 TXT 格式的文件，而“李?.txt”则表示搜索当前位置下以汉字“李”开头且第 2 位是任意字符的 TXT 格式的文件。

搜索计算机中所有 JPG 格式的图片文件，具体操作步骤如下：

第 1 步：双击桌面系统图标“计算机”，即打开资源管理器。任务要求是在整个计算机中搜索，如果需要在某个磁盘分区或文件夹中查找，则可打开具体的磁盘分区或文件夹窗口。

第 2 步：在搜索框中输入“*.jpg”，Windows 系统会在此计算机中搜索所有符合搜索条件的文件对象，并在文件显示区内显示搜索结果，如图 2-86 所示。

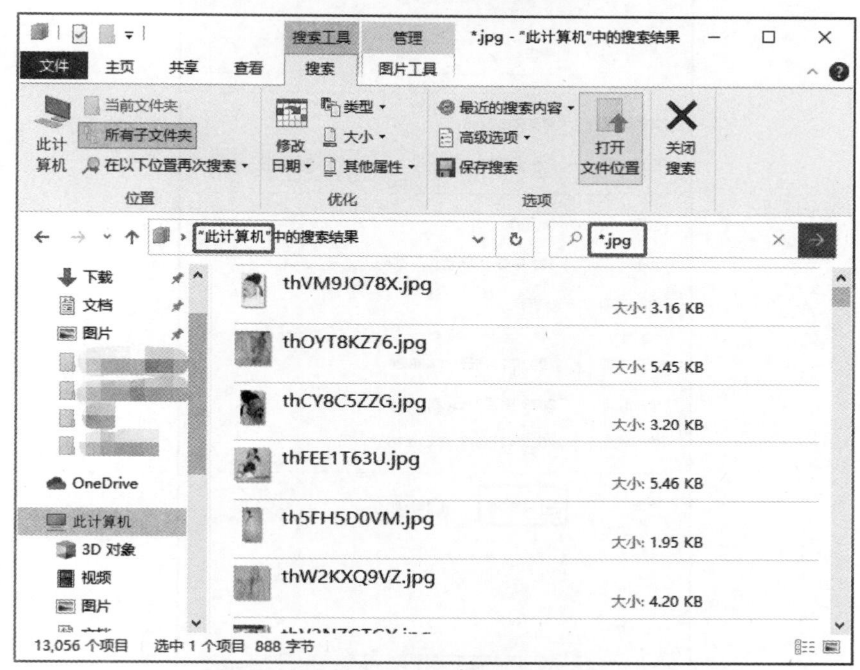

图 2-86　搜索图片文件

根据需要，可在“添加搜索筛选器”中选择“修改日期”或“大小”选项来设置搜索条件，以此缩小搜索范围，更快地得到搜索结果。

2. 设置文件夹属性

文件属性包括只读属性和隐藏属性。用户在查看磁盘文件的名称时，系统一般不会显示具有隐藏属性的文件名，具有隐藏属性的文件不能被删除、复制和更名，以对其起到保护作用。对于具有只读属性的文件，用户可以查看和复制它，不会影响它的正常使用，但不能修改和删除文件。

下面更改“李白.txt”文件的属性，具体操作步骤如下。

第 1 步：双击打开“计算机”窗口，再依次打开“D:\工作”目录，右击文件“李白.txt”，在弹出的快捷菜单中选择“属性”命令，打开文件对应的“属性”对话框。

第 2 步：在“常规”选项卡下的“属性”栏中勾选“只读”复选框，如图 2-87 所示。

第 3 步：单击“应用”或“确定”按钮，文件“只读”属性设置完成。对于文件夹属性的修改，在设置之后，系统还会进一步确认，确认文件夹和子文件夹、文件都将设成只读属性，这样才能最终完成对文件夹属性的设置，如图 2-88 所示。

把文件的属性设置成只读以后，表示这个文件只能被打开，以便进行查看，既不能修改，也不能存储。如果把文件“李白.txt”的属性设置成隐藏，则该如何把看不见的文件取消隐

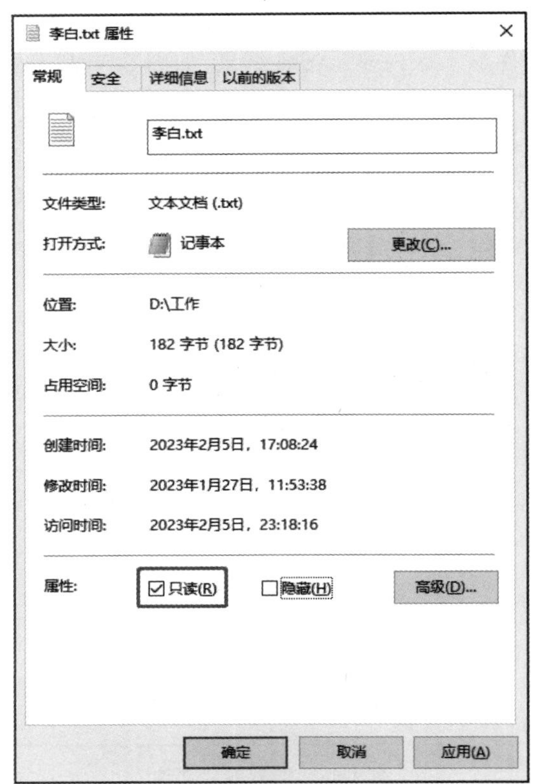

图 2-87 勾选“只读”复选框

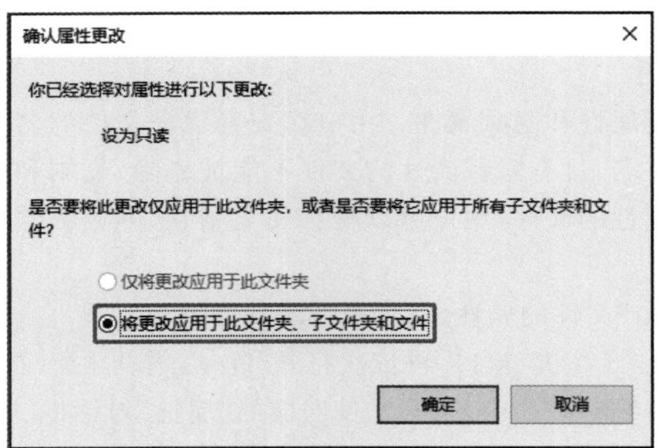

图 2-88 勾选“将更改应用于此文件夹、子文件夹和文件”

藏呢？具体操作步骤如下。

第 1 步：在文件所在目录窗口单击选项卡“查看”，把“隐藏的项目”前的复选框勾上。此时，当前位置下的所有隐藏文件或文件夹的图标都会以半透明图标的形式显现出来，如图 2-89 所示。

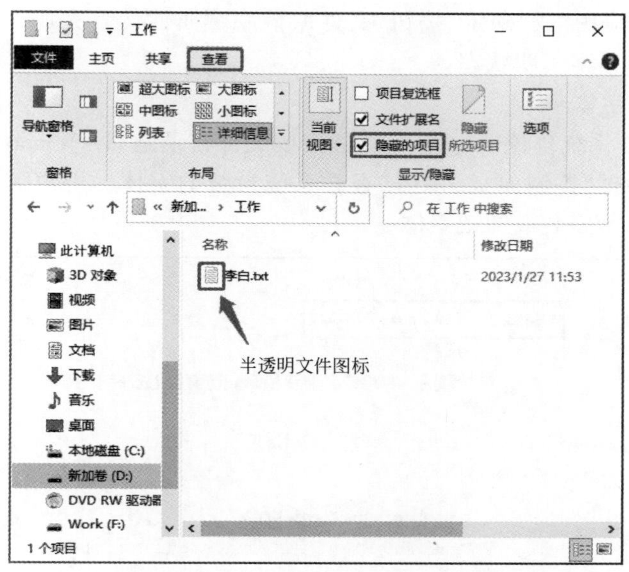

图 2-89　显示"隐藏"文件

第 2 步：右击文件"李白. txt",在弹出的快捷菜单中选择"属性"命令,打开文件对应的"属性"对话框。

第 3 步：在"常规"选项卡下的"属性"栏中单击取消勾选"隐藏"复选框,如图 2-90 所示。

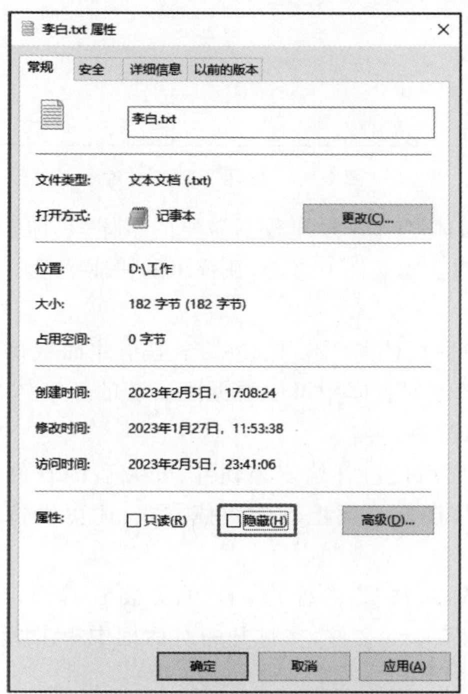

图 2-90　取消勾选"隐藏"

第 4 步：单击“应用”或“确定”按钮，文件取消隐藏属性设置完成。当前文件能够正常显示，文档图标不再是半透明状态。

3. 添加和删除字体

Windows10 操作系统自带了一些字体，其安装文件目录是 C:\Windows\Fonts，如图 2-91 所示，用户也可以通过“控制面板|字体”查看系统自带的字体。用户除了可以使用这些字体，还能根据需要自行安装或卸载字体。

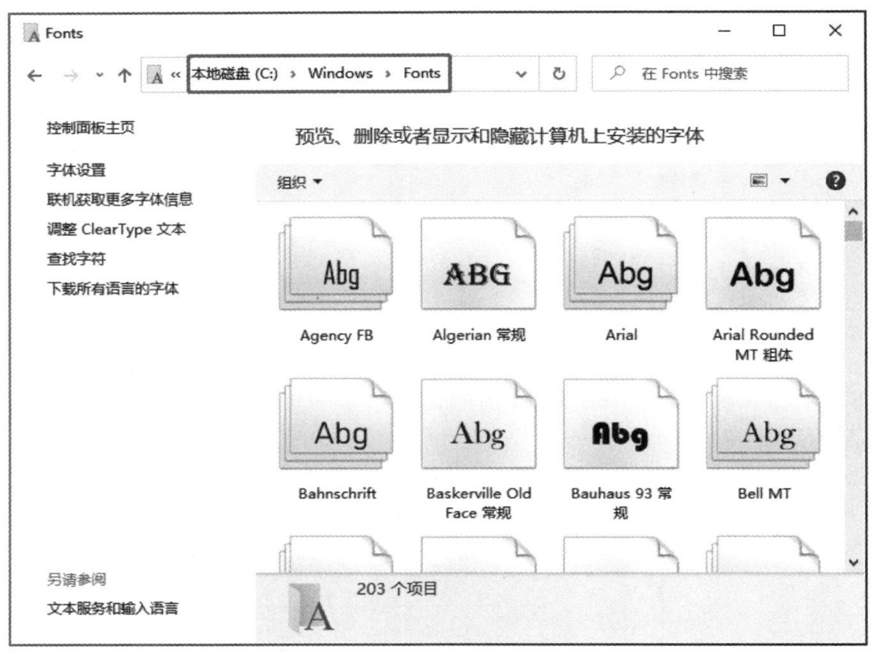

图 2-91　显示“隐藏”文件

可以安装“李国夫手写体”字体，并卸载不需要的字体，具体操作步骤如下。

第 1 步：在准备删除的字体文件上右击，在弹出的快捷菜单中选择“删除”命令，如图 2-92 所示。

第 2 步：下载“李国夫手写体”字体，把该字体拖至此面板即可完成安装，如图 2-93 所示。打开字处理软件，在字体列表框中可以看见刚安装的新字体，如图 2-94 所示。

4. 安装和卸载计算机软件

准备好软件的安装程序后便可开始安装软件，安装后的软件将默认显示在“开始”菜单中列表中，部分软件还会自动在桌面上创建快捷方式，还可以把应用程序图标固定在任务栏中。

第 1 步：下载百度输入法安装程序，打开安装程序所在的文件夹，找到并双击 BaiduPinyinSetup_5.8.8.25.exe 文件，在打开的对话框中单击“运行”按钮。

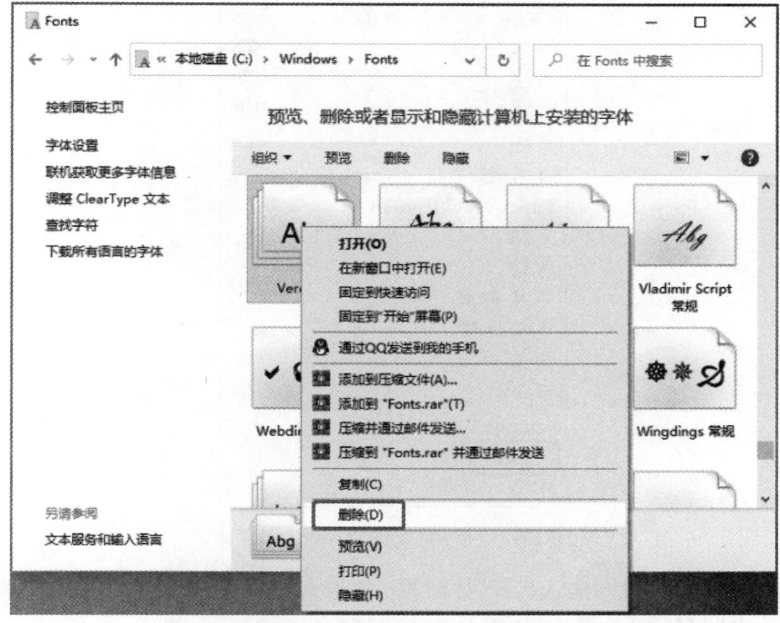

图 2-92　取消勾选“隐藏”

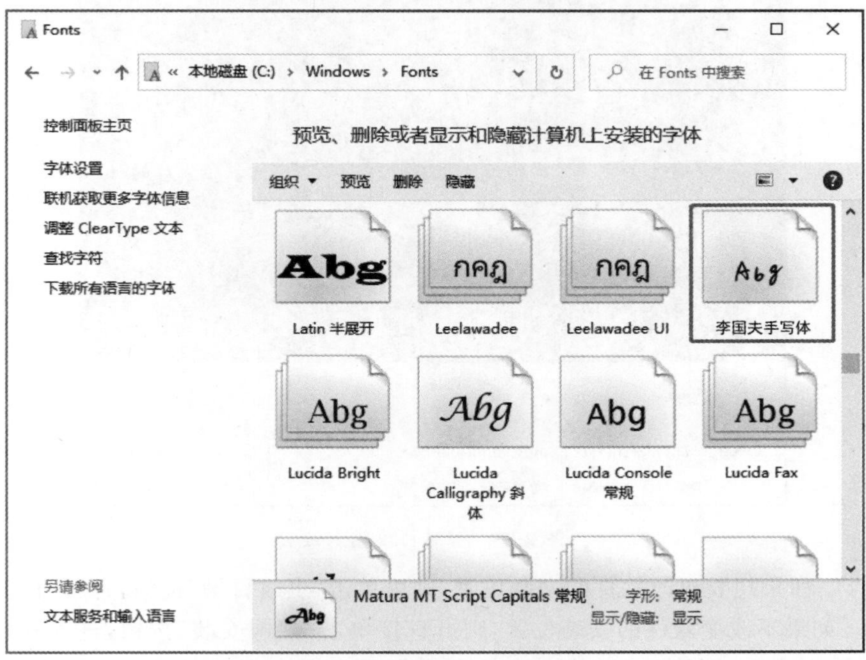

图 2-93　安装“李国夫手写体”字体

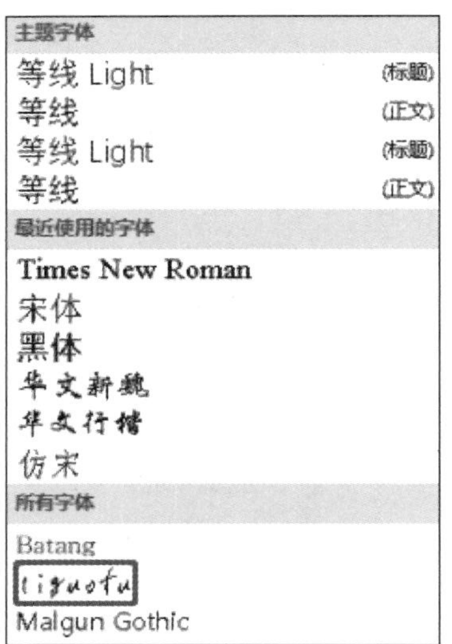

图 2-94 使用“李国夫手写体”字体

第 2 步：打开“百度输入法 V5.8”对话框，单击对话框底部的“自定义安装”按钮，对话框底部将显示“安装目录”文本框，以及所需空间和可用空间，如图 2-95 所示。

图 2-95 安装百度输入法

第 3 步：如果想要更改软件的安装位置，则可单击“更改目录”按钮，选择百度输入法的安装位置。如果不改变软件的安装位置，则可直接单击“立即安装”按钮，进入安装界面，如图 2-96 所示。稍后，百度输入法就成功安装到 Windows 10 系统中了。

第 4 步：打开“控制面板”窗口，在分类视图下单击“程序”选项下的“卸载程序”超链接，如图 2-97 所示。

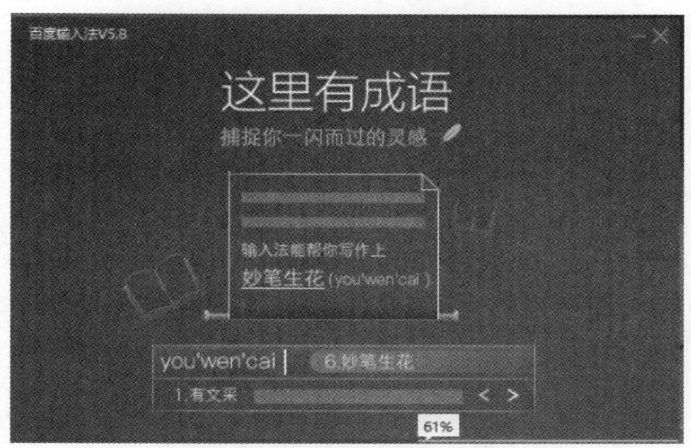

图 2-96 百度输入法安装进度

图 2-97 单击"卸载程序"超链接

第 5 步：在打开窗口的"卸载或更改程序"列表框中可查看当前计算机中已安装的所有程序，如图 2-98 所示。在列表中右击选择要卸载的程序，单击"卸载"命令，此时会弹出确认是否卸载程序的提示对话框，单击"是"按钮即可确认并开始卸载程序。

5. 添加打印机

在添加打印机前应该先把打印机与计算机主机相连，再安装打印机的驱动程序，其他外部设备的安装也可参考安装打印机的步骤来安装，具体步骤如下。

第 1 步：每种类型的打印机的端口不同，常见的有 USB、COM 和 LPT 端口，现在的打

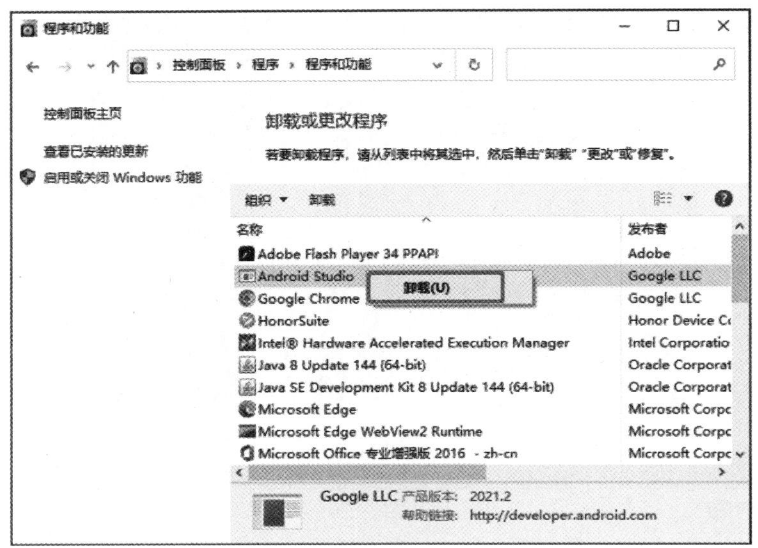

图 2-98　查看计算机中已安装的所有程序

印机基本是 USB 接口。打印机设备自带的数据线一端与打印机接口相连,另一端插入计算机主机后面的 USB 口。

第 2 步：接通打印机的电源。

第 3 步：打开“控制面板”窗口,单击“硬件和声音”下方的“查看设备和打印机”超链接,如图 2-99 所示。

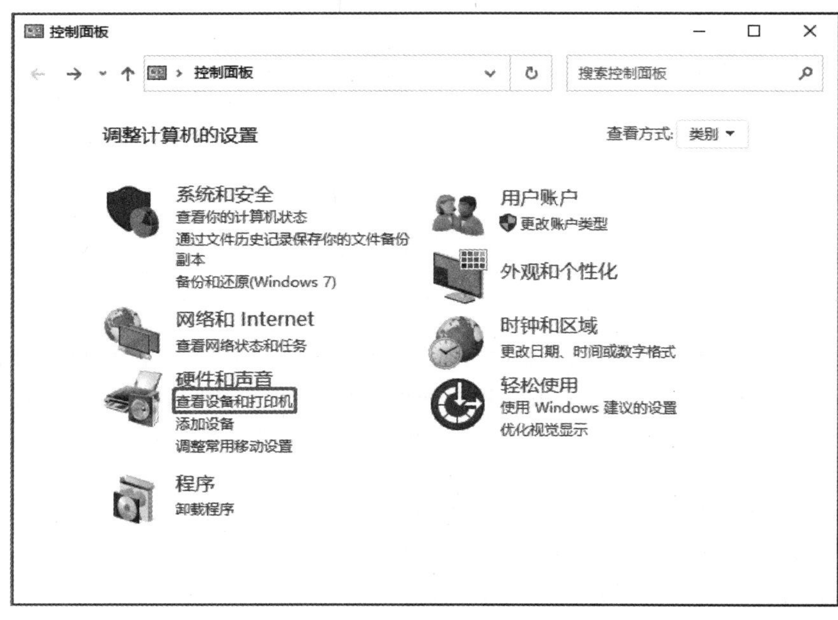

图 2-99　单击“查看设备和打印机”超链接

第 4 步：打开“设备和打印机”窗口，此处罗列了已经添加的打印机和设备，单击“添加打印机”超链接，如图 2-100 所示。

图 2-100　单击“添加打印机”超链接

第 5 步：若搜到需要添加的打印机，则选择下一页。如果不能搜到，则可单击复选框“我所需的打印机未列出”，如图 2-101 所示。

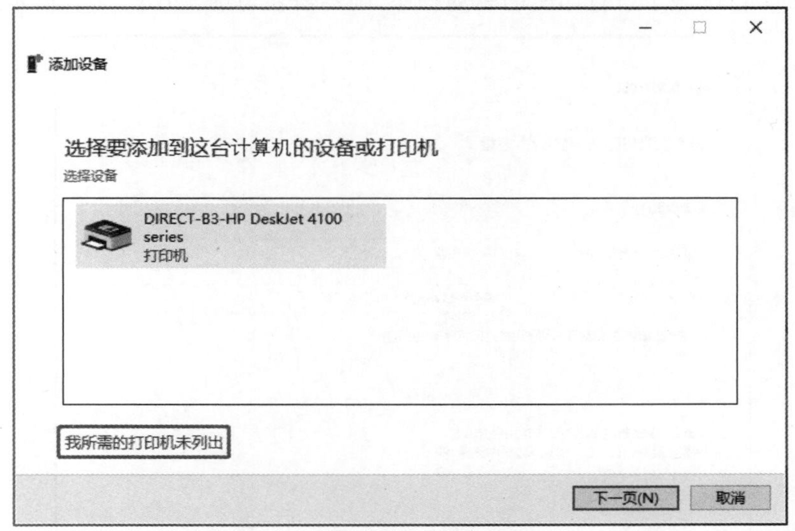

图 2-101　添加设备对话框

第 6 步：单击单选按钮“使用 IP 地址或主机名添加打印机”，单击“下一步”按钮，如图 2-102 所示。

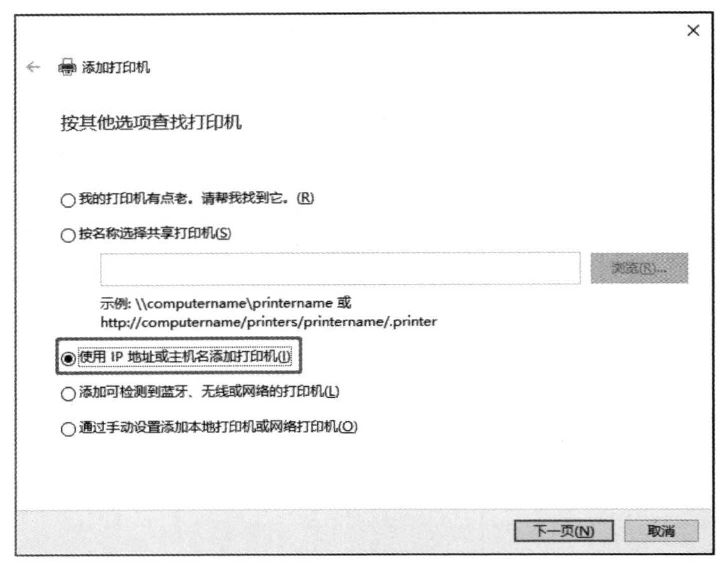

图 2-102　使用 IP 地址或主机名添加打印机

第 7 步：填写主机名或 IP 地址，填写端口。IP 地址在设备不重启的情况下，不会发生改变，当网络波动时会导致 IP 地址变动，重新获取 IP 即可。端口名称可随意填写。若希望从网络下载打印机驱动程序，则可勾选“查询打印机并自动选择要使用的打印机驱动程序”复选框，如果已下载了该打印机的驱动程序，则不需要勾选，如图 2-103 所示。

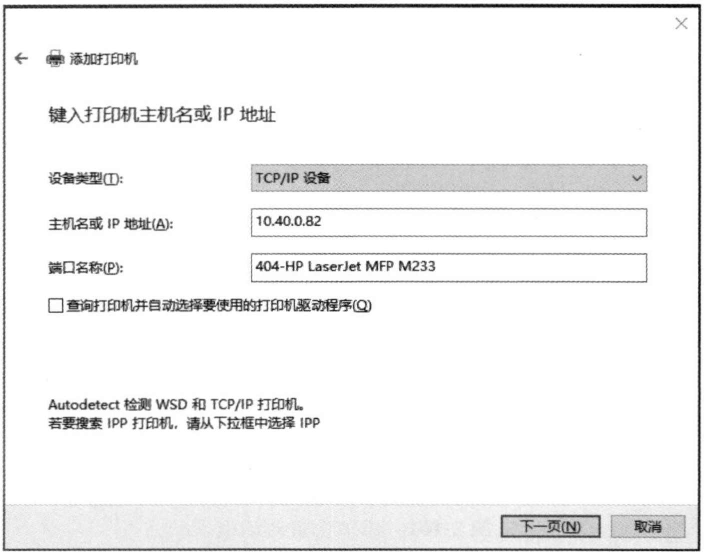

图 2-103　输入打印机主机名或 IP 地址

第 8 步：系统检测 TCP/IP 端口，如图 2-104 所示。如果不需要额外端口信息，则不需要做任何变动，单击“下一页”按钮，如图 2-105 所示。

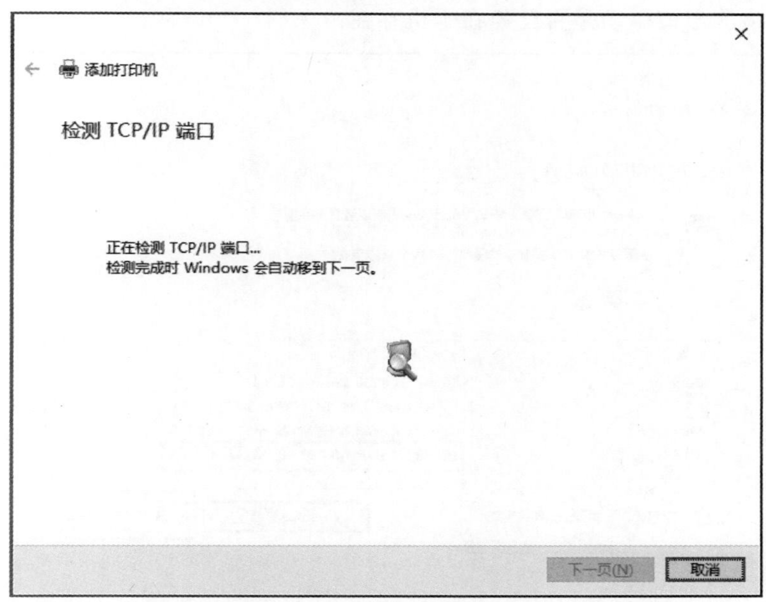

图 2-104　检测 TCP/IP 端口

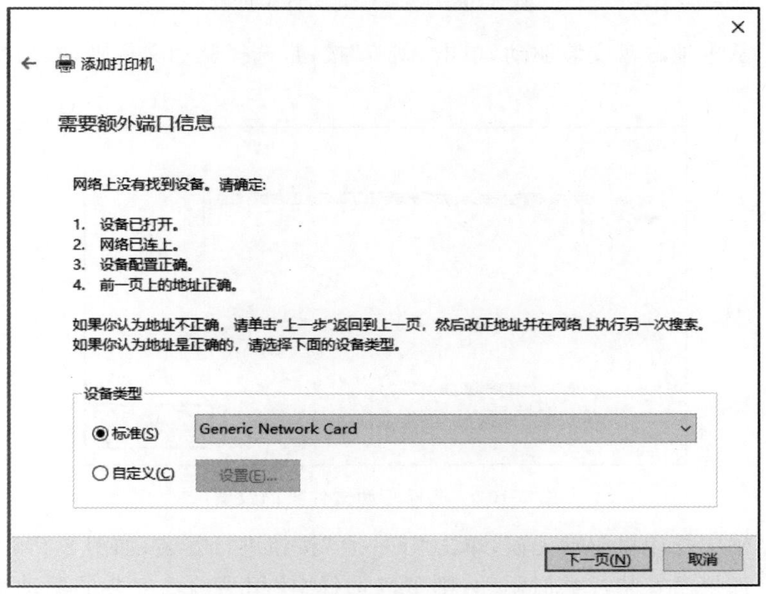

图 2-105　不需要额外端口信息

第9步：如果是首次安装该打印机驱动，则需要安装打印机驱动，单击“从磁盘安装”按钮；如果不确定是否安装过该驱动，则可选择“厂商”和“打印机”，如图2-106所示，单击“下一页”按钮，可检测出该驱动是否已经在本机存在。

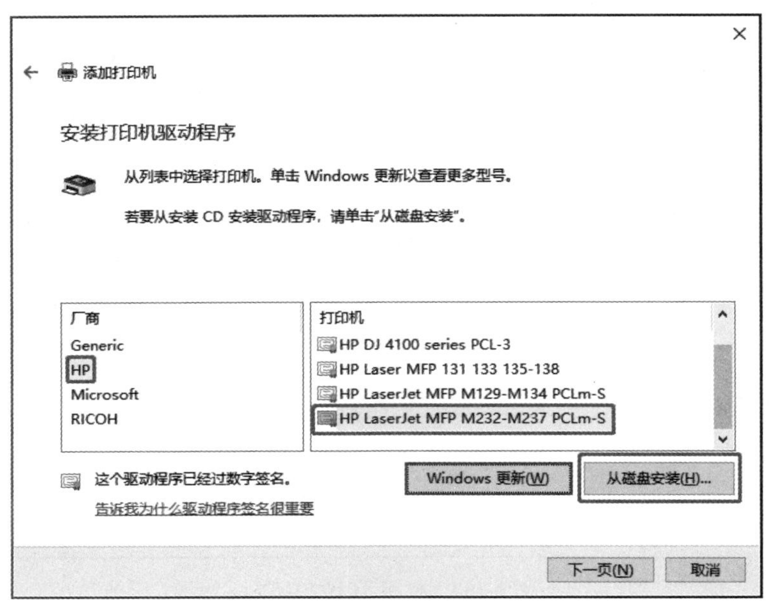

图 2-106 选择厂商和打印机

第10步：从本地磁盘安装驱动，单击“浏览”按钮，选择驱动文件夹，然后单击“确定”按钮，如图2-107所示。

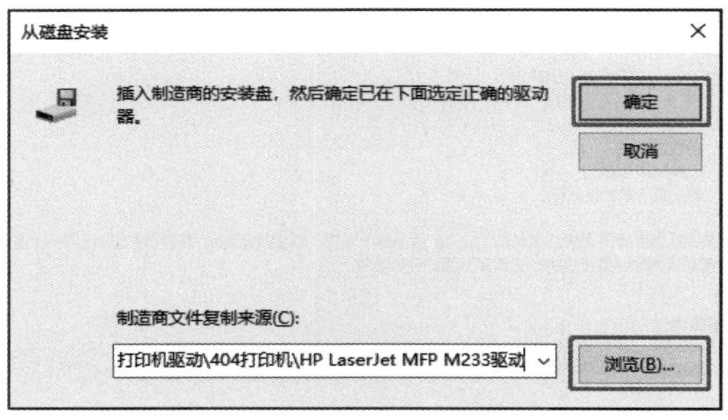

图 2-107 选择驱动文件夹的位置

第11步：确定打印机驱动无误，单击“下一页”按钮进行安装，如图2-108所示。

第12步：如果已安装过类似驱动，则可以选择“使用当前已安装的驱动程序(推荐)”，也可以选择“替换当前的驱动程序”，重新安装打印机驱动，如图2-109所示，然后单击“下一页”按钮。

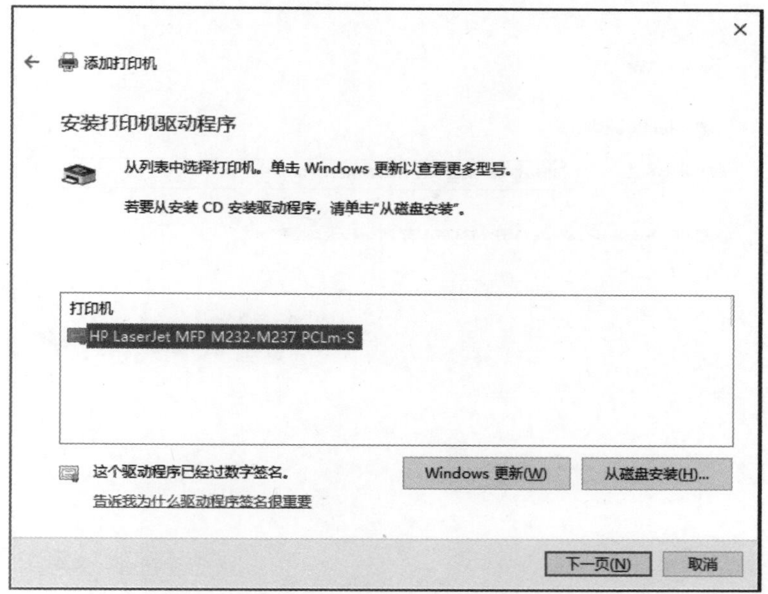

图 2-108　确认打印机驱动

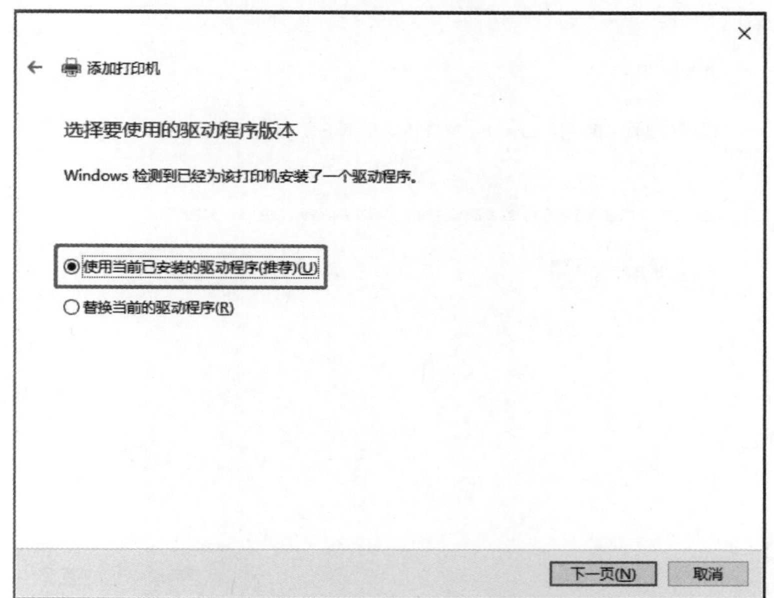

图 2-109　使用已存在的驱动

第 13 步：在"打印机名称"文本框中输入打印机名称，也可以使用默认命名，如图 2-110 所示。

第 14 步：添加打印机成功，如图 2-111 所示，单击"完成"按钮。

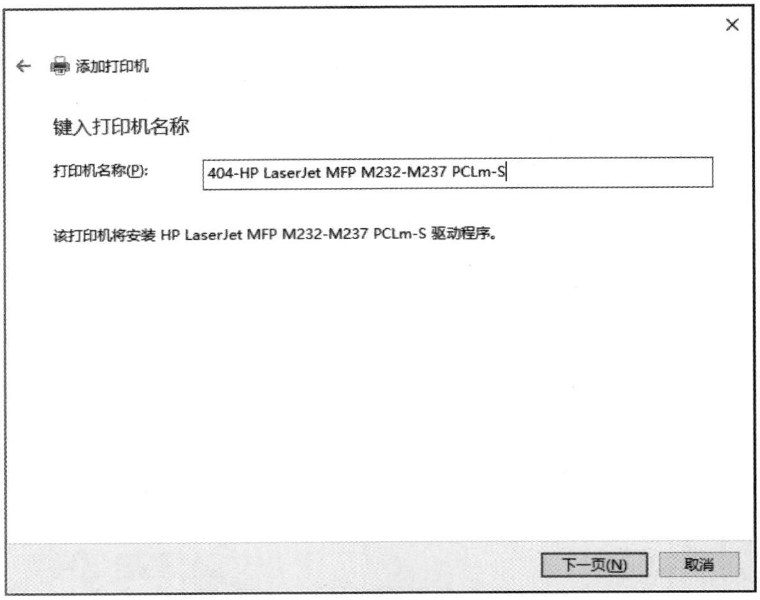

添加打印机
键入打印机名称
打印机名称(P):
404-HP LaserJet MFP M232-M237 PCLm-S
该打印机将安装 HP LaserJet MFP M232-M237 PCLm-S 驱动程序。
下一页(N)
取消

图 2-110 输入打印机名称

添加打印机
已成功添加 404-HP LaserJet MFP M232-M237 PCLm-S
若要检查打印机是否正常工作，或者要查看打印机的疑难解答信息，请打印一张测试页。
打印测试页(P)
完成(F)
取消

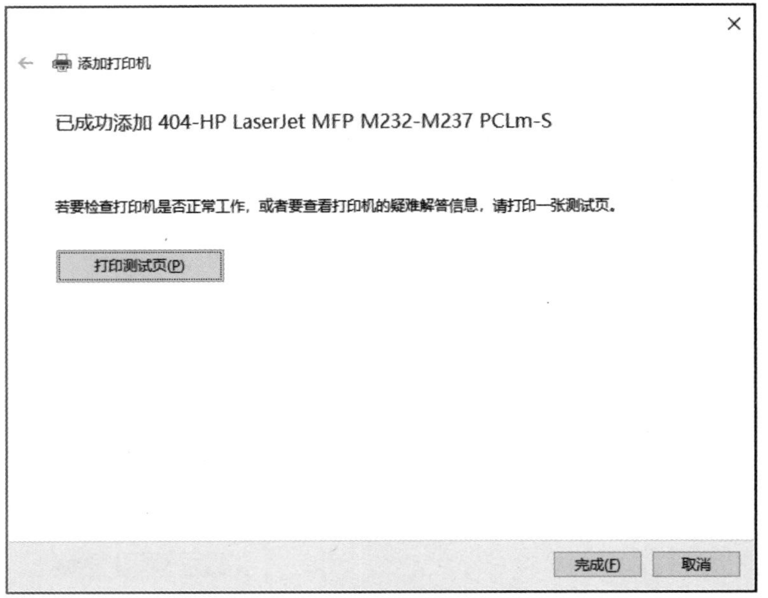

图 2-111 添加打印机成功

打印机添加成功以后，在打印文档时，可以选择新添加的打印机，如图 2-112 所示。

6. 使用附件程序

Windows 10 操作系统提供了许多工具程序，包括画图程序、计算器和截图工具等。下面简单介绍这些附件程序的使用方法。

1）使用画图程序

在 Windows 10 系统桌面，依次单击“开始/Windows 附件/画图”菜单项，即可启动画图程序。它可以编辑、处理图片，为图片加上文字说明，对图片进行挖、补、裁剪，还支持翻转、拉伸、反色等操作，能够完成一些常见的图片编辑器的基本操作，使用画图程序来处理图片，方便实用。画图程序的界面如图 2-113 所示。

它的工具箱包括画笔、点、线框及橡皮擦、喷枪、刷子等一系列工具。

图 2-112　使用打印机

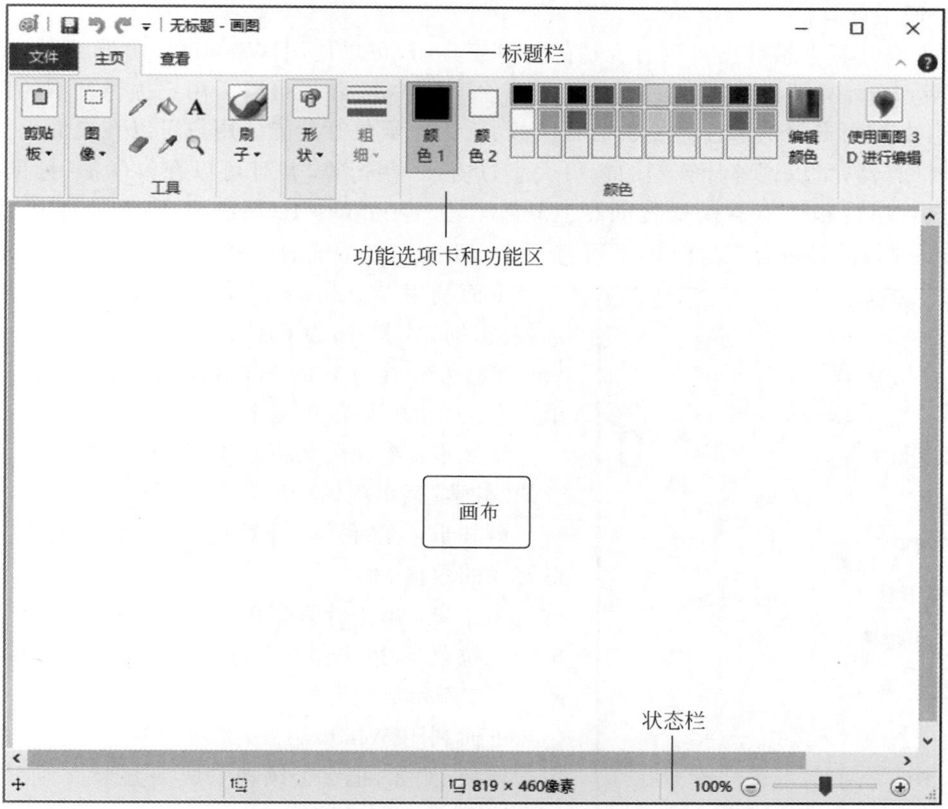

图 2-113　画图程序

（1）编辑图像文件：启动画图程序，单击“文件”选项卡，在打开的下拉列表中选择“打开”选项，在打开的“打开”对话框中找到并选择图像，单击“打开”按钮打开图像。除此之外，也可以把截取或者复制过来的图片直接粘贴在画布中。位于画布中的图像，可以通过功能选项卡和功能区，对图像进行编辑、拖曳、旋转、裁剪、拉伸、反色等操作。

(2) 绘制图形：单击“形状”工具栏中的各个按钮，然后在“颜色”工具栏中选择一种颜色，将鼠标指针移动到绘图区，按住鼠标左键并拖曳鼠标，便可以绘制出相应形状的图形。绘制图形后单击“工具”工具栏中的“用颜色填充”按钮，然后在“颜色”工具栏中选择一种颜色，单击绘制的图形，即可填充图形。

(3) 转换图形格式：Windows 系统中默认的图形文件是位图格式，而且是一种无损的图形格式，但一般情况下，其体积比较大，而且人的眼睛无法分辨出 32 位真彩色、24 位真彩色和 16 位真彩色的区别。这样就可以利用“画图”打开这些高颜色的位图文件，然后通过“另存为”命令把它们保存为 16 位位图文件。如果要保存为 GIF 和 JPG 网页图像格式，则可以通过“画图”直接来转换。不但不需要其他软件，而且用“画图”将位图文件转换为以上两种格式时的图像的质量几乎不会有损失，从而实现“无损转换”。

2) 使用计算器

当需要计算大量数据且没有合适的计算工具时，可以使用 Windows 10 自带的计算器。Windows 10 计算器集合了目前所有需要的计算模式，它除了可以为用户提供基本的计算功能之外，也为用户提供了计算复杂的幂函数、反三角函数等功能。用户可以在桌面上同时打开多个计算器，可以调整计算器的窗口大小，进行一些运算，并且可以在科学型、标准型、日期计算、程序员和转换器模式之间相互切换。在 Windows 10 系统桌面，依次单击“开始/Windows 附件/计算器”菜单项，即可打开 Windows 10 系统的计算器，如图 2-114 所示。

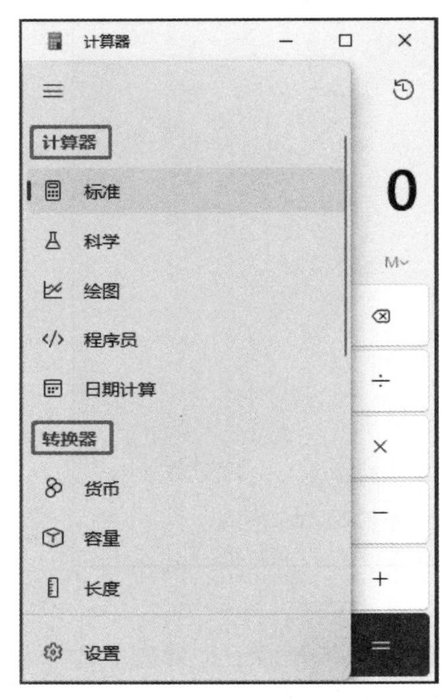

图 2-114　计算器程序

下面利用 Windows 10 系统自带的计算器求三角函数值，例如，求 sin30°的值。

第 1 步：在打开的 Windows 10 计算器窗口中，单击左上角的“主菜单”按钮。

第 2 步：在弹出的下拉菜单中，单击“计算器”下方的“科学”菜单项，打开“科学”计算窗口。

第 3 步：在“科学”计算窗口，在数字面板上输入待转换的数值 30。

第 4 步：单击计算器的“三角学”下拉标签，在弹出的下拉菜单中，单击 sin，即可求出三角函数值，如图 2-115 所示。

下面利用 Windows 10 系统自带的计算器进行面积的转换，例如，把 2 公顷换算成平方米。

第 1 步：在打开的 Windows 10 计算器窗口中，单击左上角的“主菜单”按钮。

第 2 步：在弹出的下拉菜单中，单击“转换器”下方的“面积”菜单项，打开“面积”窗口。

第 3 步：在“面积”窗口，选择待转换的单位，此处在弹出的下拉菜单中，选择“公顷”。

第 4 步：单击下方目标单位，在弹出的下拉菜单中，选择“平方米”。

第 5 步：在数字面板上输入待转换的数字 2，即可得出转换后的面积，如图 2-116 所示。

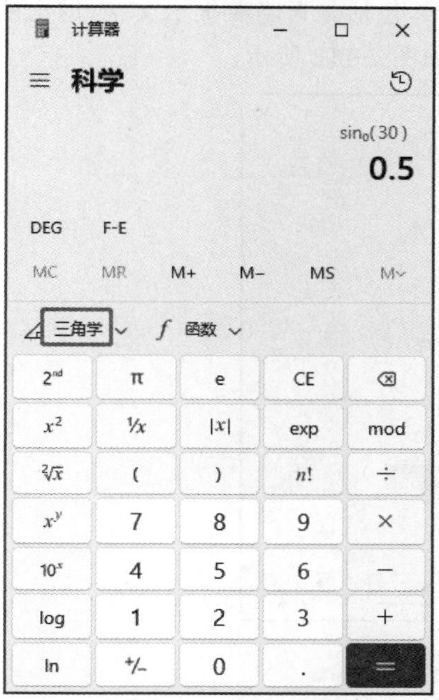

图 2-115　利用计算器求三角函数值

图 2-116　利用计算器换算面积

3）使用截图工具

Windows 10 附件自带的截图工具支持窗口截图、任意形状截图、矩形截图、全屏截图；截图完成以后默认自动保存至剪贴板，也可以单击自动弹出的弹窗进行编辑处理。在 Windows 10 系统桌面，依次单击“开始/Windows 附件/截图工具”菜单项，即可打开 Windows 10 系统的截图工具，如图 2-117 所示。

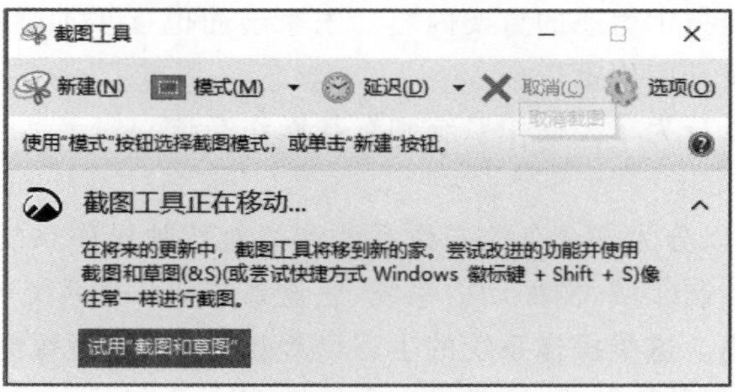

图 2-117　截图工具

截图窗口中的“模式”下拉列表可以选择截图形状，例如任意格式截图，矩形截图，窗口截图，全屏幕截图。默认模式是矩形截图。

在“延迟”下拉列表中可以选择响应截图的延迟时间，可选择延迟 1～5s，默认为无延迟。

在“选项”下拉列表中可以预设截图时的可选项，包括是否隐藏提示文字、退出前是否提示保存截图、是否总是将截图复制到“剪贴板”等，如图 2-118 所示。

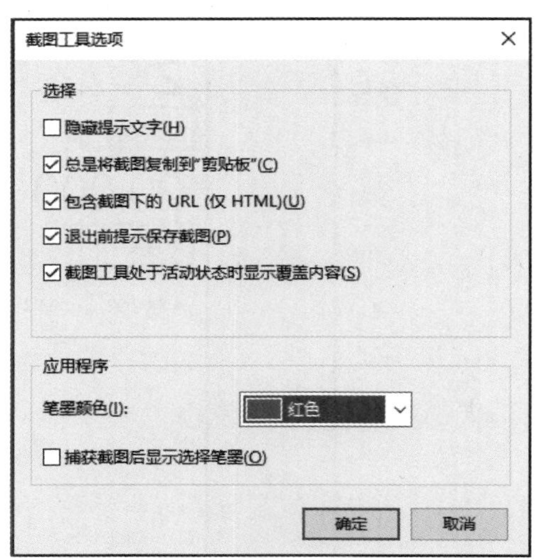

图 2-118　截图工具选项

单击图 2-117 中的“新建”进行截图，用鼠标选择需要截图的范围，选好以后松开，截取的图片将进入“剪贴板”中，之后就可以进一步把截图粘贴至画图程序、文档或聊天工具中。

2.4　走进汽车软件新时代

随着电动化、网联化、智能化技术应用和跨链式融合发展，汽车产业核心技术转向动力电池、驱动电机、电机控制器“大三电”，并向软硬解耦的电子电气架构技术延伸，其中安全可控的操作系统成为全新技术生态的重要内容。国家层面也逐步加强政策引导和支持，推动车用操作系统自主研发和应用推广。

汽车操作系统可以分为车控操作系统和车载操作系统。

1. 车控操作系统

车控操作系统，可以分为安全车控操作系统和智能驾驶操作系统，其中，安全车控操作系统主要是面向车辆控制领域，例如动力系统、底盘系统和车身系统等。这类操作系统对实时性和安全性要求极高。这类操作系统的生态已经比较成熟，而智能驾驶操作系统主要面向驾驶域，应用于智能驾驶控制器，这类操作系统对安全性和可靠性要求较高，同时对性能和运算能力要求也较高。

2. 车载操作系统

车载操作系统，主要面向信息娱乐系统和智能座舱，而应用在车机中的中控系统对安全性和可靠性要求一般。近几年，中控娱乐系统逐步演化为智能座舱系统，对底层车载操作系统的要求也在逐步提升。

车载操作系统与车控操作系统同属于汽车操作系统，但并不管理车辆动力、底盘、车身等基础硬件，而是一个管理和控制车载软件、硬件资源的程序系统，支撑了汽车的上层软件开发、数据连接等。车载操作系统具体可以实现的功能包括：①管理车载系统的数据资源、硬件、软件，并且控制应用程序的运行；②提供多形式的人机界面，支持上层软件的运行。

2.4.1 主流汽车操作系统

从全球来看，目前汽车操作系统市场占有率较为稳定，形成三国鼎立的局面，分别为Blackberry公司的QNX、开源基金会的Linux和谷歌公司的Android，见表2-3。

对于有较高安全性和实时性要求的自动驾驶控制器，目前一般基于Linux/QNX进行开发，而对于座舱域这类对功能安全和信息安全要求较低的控制器，国内多基于Android/AliOS进行开发，国外多基于Linux进行开发。

表2-3 各大汽车品牌使用的操作系统一览表

汽车品牌	操作系统
Geely	Microsoft、Linux
Audi	QNX
BMW	QNX
Chery	Microsoft、Linux、QNX
Ford	Microsoft
GM	Microsoft、QNX、VxWorks、MontaVista、Linux、Microltron
Honda	Microsoft、Microltron
Hyundai	QNX
Mercedes-Benz	Microsoft、QNX
Nissan	Microltron、VxWorks
PSA	Microsoft
SAIC Roewe	Microsoft、QNX、Android
Toyota	Microltron
VW	Microsoft、QNX、VxWorks、MontaVista

1. QNX

QNX是一款微内核、嵌入式、非开源、安全实时的操作系统。QNX内核小巧，运行速度极快，具有独特的微内核架构，安全和稳定性很高，是全球首款通过ISO 26262 ASIL-D安全认证的实时操作系统，常用于对安全稳定性要求较高的数字仪表中。QNX市场份额超过50%，通用、奥迪、宝马、保时捷等国际大厂都在使用QNX。

2. Linux

Linux是一款开源、功能更强大的操作系统。Linux具有内核紧凑高效等特点，可以充分发挥硬件的性能。Linux与QNX相比最大的优势在于开源，具有很强的定制开发灵活度。我们通常说的“基于 Linux 开发新的操作系统”是指基于 Linux Kernel(内核)进一步集成中间件、桌面环境和部分应用软件。Linux 功能较 QNX 更强大,组件也更复杂,因此 Linux 常用于支持更多应用和接口的信息娱乐系统中。

3. Android 操作系统

Android 是由谷歌公司和开放手机联盟基于 Linux 开发的操作系统,被称为基于 Linux 开发的最成功的产品之一。Linux 应用生态最为丰富,主要应用于移动设备。Android 手机上的 App 不需要经过大的修改就可以应用在车机上,有利于国内互联网厂商切入汽车领域,快速建立起车载软件生态。尤其是各大互联网巨头、自主品牌、造车新势力纷纷基于 Android 进行定制化改造,推出了自己的汽车操作系统,如阿里巴巴 AliOS、百度小度车载 OS、比亚迪 DiLink、蔚来 NIO OS、小鹏 Xmart OS 等。常用汽车操作系统见表 2-4。

表 2-4　常用汽车操作系统

操作系统	份额	优　势	劣　势	合作厂商与供应商
QNX	约 50%	安全性和稳定性极高,符合车规级要求	商业软件,需要授权费用,只应用在较高端车型上	通用、克莱斯勒、凯迪拉克、雪佛兰、雷克萨斯、路虎、保时捷、奥迪、宝马、大陆、博世等
Linux	约 20%	免费+灵活	应用生态不完善,技术支持差	丰田、日产、特斯拉
Android	目前较低	开源,有强大的移动生态环境	安全性较差,无法适配仪表盘等安全要求高的部件	奥迪、通用、蔚来、小鹏、吉利、比亚迪、英伟达等

2.4.2　汽车软件的发展前景

汽车软件是指用于控制车辆行驶、监测车辆状态、提供驾驶辅助和娱乐功能等的计算机程序。随着汽车电子技术的不断发展,汽车软件在现代汽车中变得越来越重要,其应用范围也越来越广泛。以下是一些常见的汽车软件及其功能。

(1) 引擎控制单元(ECU)软件:用于控制发动机的运行,监测发动机状态和调节燃油和空气混合比等参数,以优化燃油经济性和性能。

(2) 制动控制系统软件:用于控制车辆的制动系统,包括制动器、防抱死制动系统(ABS)和车身稳定性控制系统(ESP)等,以确保车辆安全。

(3) 座舱娱乐系统软件:用于提供音频、视频、导航和通信等娱乐和信息服务,如车载娱乐系统、导航系统和电话接口等。

(4) 自动驾驶软件:用于控制车辆的自动驾驶功能,包括自动驾驶辅助系统(ADAS)、自动驾驶控制单元(AVCU)和自主驾驶系统(ADS)等。

(5) 车辆诊断软件:用于检测和解决车辆故障,包括诊断仪器软件和故障代码解读软件等。

(6) 车联网软件:用于车辆和外部环境的数据交换和通信,包括车辆远程控制、车辆状态监测和车辆数据分析等。

汽车软件在现代汽车中扮演着越来越重要的角色，为驾驶者提供更加安全、舒适和便捷的驾驶体验。随着科技的飞速进步，汽车行业的变革也日益加速，特别是汽车软件的发展，正成为推动汽车行业创新的核心力量。以下是汽车软件的发展前景。

1. 智能化：自动驾驶技术的崛起

汽车软件的发展，使自动驾驶技术逐渐成为现实。自动驾驶汽车通过复杂的软件系统，实现了对道路、车辆、行人等环境信息的感知、分析和决策。这不仅提高了驾驶的安全性和舒适性，还为未来的智能交通系统奠定了基础。随着软件技术的不断进步，自动驾驶汽车将逐步实现商业化落地，成为未来出行的主流选择。

2. 互联化：车联网技术的普及

汽车软件的发展还推动了车联网技术的普及。车联网技术将汽车与互联网、移动设备等紧密连接，实现了车与车、车与路、车与人的全面互联。通过车联网技术，驾驶员可以实时获取交通信息、路况预测、车辆维护提醒等，提高驾驶的便捷性和安全性。同时，车联网技术也为汽车制造商提供了丰富的数据资源，帮助他们更好地了解用户需求，优化产品设计和服务。

3. 绿色化：新能源汽车的智能化升级

随着环保意识的日益增强，新能源汽车已成为汽车行业的发展趋势，而汽车软件的发展，则为新能源汽车的智能化升级提供了有力支持。通过软件技术，新能源汽车可以实现对电池、电机、电控等核心部件的智能管理，提高能源利用效率，延长电池寿命。同时，汽车软件还可以与充电设施、电网等实现智能互动，为未来的智能电网和智能交通系统打下基础。

4. 个性化：定制化服务的兴起

随着消费者对汽车需求的多样化，定制化服务已成为汽车行业的新趋势。汽车软件的发展使汽车制造商能够更灵活地满足消费者的个性化需求。通过软件系统，汽车可以实现多种功能和配置的灵活组合，为消费者提供定制化的驾驶体验。同时，汽车软件还可以收集和分析用户数据，为消费者提供个性化的服务建议和维护提醒，提升用户体验。

5. 跨界融合：汽车产业的创新变革

汽车软件的发展不仅推动了汽车行业的变革，还促进了跨界融合。随着软件技术的不断进步，汽车产业正与其他产业（如IT、通信、能源等）实现深度融合。这种跨界融合为汽车行业带来了更多的创新机遇和发展空间。例如，汽车与IT产业的融合催生了智能驾驶、智能座舱等新技术；汽车与通信产业的融合推动了车联网、V2X等新技术的发展；汽车与能源产业的融合则推动了新能源汽车和智能电网的创新发展。

总之，汽车软件的发展前景广阔，它将引领汽车行业迈向智能化、互联化、绿色化的新篇章。随着技术的不断进步和市场的不断拓展，汽车软件将成为推动汽车行业创新的核心力量，为人类创造更加美好的未来。

2.4.3 智能座舱的发展趋势

智能座舱是指应用人工智能、大数据和物联网等技术对汽车座舱进行升级和改造，实现车内环境、驾驶辅助、信息娱乐等方面的智能化,提高驾驶者的舒适性、安全性和便捷性。智能座舱通常包括以下功能。

(1) 人机交互界面:智能座舱采用先进的人机交互技术,如语音识别、手势控制、触摸屏等,使驾驶者能够轻松地与车内系统进行交互。

(2) 驾驶辅助系统:智能座舱通过各种传感器和相应的算法,对驾驶者的行为和车辆状态进行实时监测和预测,并提供自适应巡航、车道保持、智能制动等驾驶辅助功能,大大地提高了驾驶的安全性和舒适性。

(3) 车内环境控制:智能座舱采用智能温度控制、气味控制、空气净化等技术,使车内环境更加舒适,减少驾驶者疲劳。

(4) 信息娱乐系统:智能座舱集成了高清晰度显示屏、音响系统、互联网连接等功能,可以提供多媒体播放、在线音乐、互联网应用等多种信息娱乐服务。

(5) 数据分析服务:智能座舱通过对车内外数据的收集和分析,提供驾驶数据分析、交通流量分析、智能路线推荐等服务,帮助驾驶者更好地规划行程。

智能座舱是未来汽车发展的方向之一,它不仅可以提升驾驶体验,还可以帮助驾驶者更好地管理行程、保障安全、享受便捷。随着汽车智能化和电气化的不断推进,智能座舱的发展趋势也愈发明显。以下是智能座舱的发展趋势。

(1) 多媒体和信息娱乐系统的升级:随着互联网技术的发展,智能座舱将逐渐实现与外部世界的高度连接,用户可以在车内享受到与家庭、办公室相同的互联网服务和体验。未来的智能座舱将会更加注重多媒体和信息娱乐系统的升级,实现更丰富、更便捷的娱乐体验。

(2) 人工智能技术的应用:智能座舱未来将应用人工智能技术,包括语音识别、自然语言处理、图像识别、深度学习等。通过这些技术的应用,智能座舱可以更加智能、更加个性化地满足用户的需求。

(3) 安全性的提升:未来的智能座舱将注重安全性的提升,通过智能传感器、数据分析等技术实现更加精准、智能的安全保障。例如,智能座舱可以监测驾驶员的疲劳程度和情绪,预测可能的驾驶风险,提醒驾驶员及时采取措施。

(4) 舒适性和健康性的提升:智能座舱未来还将注重舒适性和健康性的提升,通过智能空调、智能按摩、智能光照等技术提升座舱的舒适性,同时通过智能监测和分析驾驶员的健康状况,提醒驾驶员及时休息和保持良好的健康状况。

总之,智能座舱的未来发展趋势是更加注重用户需求的智能化和个性化,同时注重安全性、舒适性和健康性的提升。随着新技术的不断涌现和市场的不断扩大,智能座舱将会成为汽车行业的一大亮点和未来的发展方向。

人物介绍

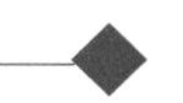

约翰·冯·诺依曼

约翰·冯·诺依曼(John von Neumann,1903—1957),美籍匈牙利人,1903 年 12 月 28

日出生在匈牙利的布达佩斯。冯·诺依曼从小聪颖过人，兴趣广泛，读书过目不忘，一生掌握了7种语言。

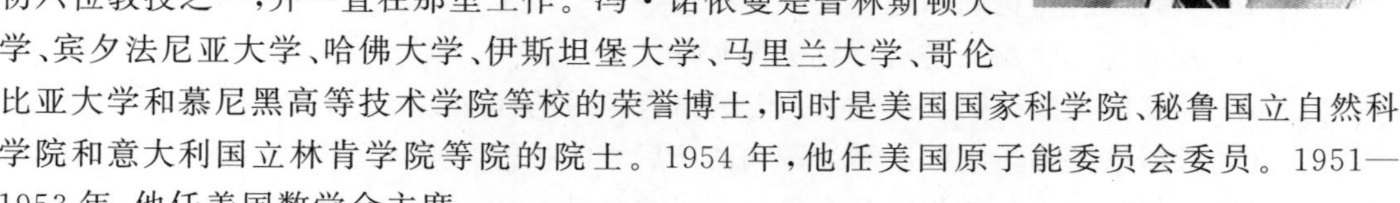

冯·诺依曼还不到18岁时，就跟指导老师合作发表了第一篇数学论文。1921—1923年，冯·诺依曼在苏黎世大学学习。1926年，他以优异的成绩获得了布达佩斯大学数学博士学位。1927—1929年，冯·诺依曼相继在柏林大学和汉堡大学担任数学讲师。1931年，他成为美国普林斯顿大学的第一批终身教授，那时，他还不到30岁。1933年，他转到该校的高级研究所，成为最初六位教授之一，并一直在那里工作。冯·诺依曼是普林斯顿大学、宾夕法尼亚大学、哈佛大学、伊斯坦堡大学、马里兰大学、哥伦比亚大学和慕尼黑高等技术学院等校的荣誉博士，同时是美国国家科学院、秘鲁国立自然科学院和意大利国立林肯学院等院的院士。1954年，他任美国原子能委员会委员。1951—1953年，他任美国数学会主席。

冯·诺依曼在数学的诸多领域进行了开创性工作，并做出了重大贡献。他的公理化体系奠定了公理集合论的基础，解决了希尔伯特第5问题，还创立了博弈论这一现代数学的又一重要分支，1944年发表了奠基性的重要论文"博弈论与经济行为"。冯·诺依曼在格论、连续几何、理论物理、动力学、连续介质力学、气象计算、原子能和经济学等领域都做过重要的工作。

鉴于冯·诺依曼在发明电子计算机中所起到关键性作用，他被西方人誉为"计算机之父"，而在经济学方面，他也有突破性成就，被誉为"博弈论之父"。在物理领域，冯·诺依曼在20世纪30年代撰写的《量子力学的数学基础》已经被证明对原子物理学的发展有极其重要的价值。在化学方面也有相当的造诣，曾获苏黎世高等技术学院化学系大学学位。与哈耶克一样，他无愧是20世纪最伟大的全才之一。

冯·诺依曼在计算机方面的成就是提出了计算机制造的3个基本原则，即采用二进制逻辑、程序存储执行及计算机由运算器、控制器、存储器、输入设备、输出设备五部分构成，这套理论被称为冯·诺依曼体系结构。现代计算机发展所遵循的基本结构形式始终是冯·诺依曼机结构。这种结构的特点是"程序存储，共享数据，顺序执行"需要CPU从存储器取出指令和数据进行相应计算。

1955年的夏天，冯·诺依曼检查出癌症，但他还是不停地工作，病势扩展后，他被安置在轮椅上，仍继续思考、演说及参加会议。长期而无情的疾病折磨着他，慢慢地终止了他的所有活动。1956年4月，他进入华盛顿的沃尔特·里德医院，1957年2月8日在医院逝世，享年53岁。

习题

1. 选择题

(1) RAM具有的特点是(　　)。

A. 海量存储
B. 存储在其中的信息可以永久保存
C. 一旦断电,存储在其上的信息将全部消失且无法恢复
D. 存储在其中的数据不能改写

(2) (　　)是一种符号化的机器语言。
A. C语言　　B. 汇编语言　　C. 机器语言　　D. 计算机语言

(3) Word字处理软件属于(　　)。
A. 管理软件　　B. 网络软件　　C. 应用软件　　D. 系统软件

(4) 在下列叙述中,正确的选项是(　　)。
A. 用高级语言编写的程序称为源程序
B. 计算机直接识别并执行的是汇编语言编写的程序
C. 机器语言编写的程序需编译和链接后才能执行
D. 机器语言编写的程序具有良好的可移植性

(5) 奔腾(Pentium)是(　　)公司生产的一种CPU的型号。
A. IBM　　B. Microsoft　　C. Intel　　D. AMD

(6) 微机中访问速度最快的存储器是(　　)。
A. CD-ROM　　B. 硬盘　　C. U盘　　D. 内存

(7) 将高级语言编写的程序翻译成机器语言程序,采用的两种翻译方法是(　　)。
A. 编译和解释　　B. 编译和汇编
C. 编译和连接　　D. 解释和汇编

(8) 通常用MIPS为单位来衡量计算机的性能,它指的是计算机的(　　)。
A. 传输速率　　B. 存储容量　　C. 字长　　D. 运算速度

(9) DRAM存储器的中文含义是(　　)。
A. 静态随机存储器　　B. 动态随机存储器
C. 动态只读存储器　　D. 静态只读存储器

(10) 下列关于存储的叙述中,正确的是(　　)。
A. CPU既能直接访问存储在内存中的数据,也能直接访问存储在外存中的数据
B. CPU不能直接访问存储在内存中的数据,能直接访问存储在外存中的数据
C. CPU只能直接访问存储在内存中的数据,不能直接访问存储在外存中的数据
D. CPU不能直接访问存储在内存中的数据,也不能直接访问存储在外存中的数据

(11) 通常所讲的I/O设备是指(　　)。
A. 输入/输出设备　　B. 通信设备　　C. 网络设备　　D. 控制设备

(12) 下列各组设备中,全部属于输入设备的一组是(　　)。
A. 键盘、磁盘和打印机　　B. 键盘、扫描仪和鼠标
C. 键盘、鼠标和显示器　　D. 计算机音响、绘图仪和键盘

(13) 下列关于硬盘的说法错误的是(　　)。

A. 硬盘中的数据断电后不会丢失

B. 每个计算机主机有且只能有一块硬盘

C. 硬盘可以进行格式化处理

D. CPU不能直接访问硬盘中的数据

(14) 半导体只读存储器与半导体随机存取存储器的主要区别在于(　　)。

A. ROM可以永久保存信息,RAM在断电后信息会丢失

B. ROM断电后,信息会丢失,RAM则不会

C. ROM是内存储器,RAM是外存储器

D. RAM是内存储器,ROM是外存储器

(15) 计算机系统采用总线结构对存储器和外设进行协调。总线主要由(　　)3部分组成。

A. 数据总线、地址总线和控制总线　　B. 输入总线、输出总线和控制总线

C. 外部总线、内部总线和中枢总线　　D. 通信总线、接收总线和发送总线

(16) 计算机软件系统包括(　　)。

A. 系统软件和应用软件　　B. 程序及其相关数据

C. 数据库及其管理软件　　D. 编译系统和应用软件

(17) 下列术语中,属于显示器性能指标的是(　　)。

A. 速度　　B. 可靠性　　C. 分辨率　　D. 精度

(18) 微型计算机的主机包括(　　)。

A. 运算器和控制器　　B. CPU和内存储器

C. CPU和UPS　　D. UPS和内存储器

(19) 微型计算机,控制器的基本功能是(　　)。

A. 进行算术运算和逻辑运算

B. 存储各种控制信息

C. 保持各种控制状态

D. 控制机器各个部件协调一致地工作

(20) 在现代的CPU芯片中又集成了高速缓冲存储器,其作用是(　　)。

A. 扩大内存储器的容量

B. 解决CPU与RAM之间的速度不匹配问题

C. 解决CPU与打印机的速度不匹配问题

D. 保存当前的状态信息

(21) 在计算机的硬件技术中,构成存储器的最小单位是(　　)。

A. 字节(Byte)　　B. 二进制位(bit)

C. 字(Word)　　D. 双字(Double Word)

(22) 下列叙述中,错误的是(　　)。

A. 内存储器 RAM 中主要存储当前正在运行的程序和数据

B. 高速缓冲存储器(Cache)一般采用 DRAM 构成

C. 外部存储器(如硬盘)用来存储必须永久保存的程序和数据

D. 存储在 RAM 中的信息会因断电而全部丢失

(23) 现代计算机中采用二进制数字系统是因为它(　　)。

A. 代码表示简短,易读

B. 物理上容易表示和实现、运算规则简单、可节省设备且便于设计

C. 容易阅读,不易出错

D. 只有 0 和 1 两个数字符号,容易书写

(24) 计算机主要技术指标通常是指(　　)。

A. 所配备的系统软件的版本

B. CPU 的时钟频率、运算速度、字长和存储容量

C. 显示器的分辨率、打印机的配置

D. 硬盘容量的大小

(25) 下列各组软件中,完全属于应用软件的一组是(　　)。

A. UNIX、WPS Office 2010、MS DOS

B. AutoCAD、Photoshop、PowerPoint 2000

C. Oracle、FORTRAN 编译系统、系统诊断程序

D. 物流管理程序、Sybase、Windows 2000

(26) 对 CD-ROM 可以进行的操作是(　　)。

A. 读或写　　B. 只能读不能写

C. 只能写不能读　　D. 能存不能取

(27) 在计算机中,每个存储单元都有一个连续的编号,此编号称为(　　)。

A. 地址　　B. 位置号　　C. 门牌号　　D. 房号

(28) 下列设备组中,完全属于外部设备的一组是(　　)。

A. CD-ROM 驱动器、CPU、键盘、显示器

B. 激光打印机、键盘、CD-ROM 驱动器、鼠标

C. 内存储器、CD-ROM 驱动器、扫描仪、显示器

D. 打印机、CPU、内存储器、硬盘

(29) 假设某台式计算机的内存储器容量为 128MB,硬盘容量为 10GB。硬盘的容量是内存容量的(　　)。

A. 40 倍　　B. 60 倍　　C. 80 倍　　D. 100 倍

(30) 一个计算机操作系统通常应具有的功能模块是(　　)。

A. CPU 的管理、显示器管理、键盘管理、打印机和鼠标管理等五大功能

B. 硬盘管理、软盘驱动器管理、CPU 的管理、显示器管理和键盘管理等五大功能

C. 处理器管理、存储管理、文件管理、输入/输出管理和任务管理五大功能

D. 计算机启动、打印、显示、文件存取和关机等五大功能

(31) 若一台计算机的字长为4字节，这意味着它(　　)。

A. 能处理的数值最大为4位十进制数9999

B. 能处理的字符串最多由4个英文字母组成

C. 在CPU中作为一个整体加以传送处理的代码为32位

D. 在CPU中运行的结果最大为2的32次方

(32) 下列关于存储器读写速度的排列，正确的是(　　)。

A. RAM＞Cache＞硬盘＞U盘　　B. Cache＞RAM＞硬盘＞U盘

C. Cache＞硬盘＞RAM＞U盘　　D. RAM＞硬盘＞U盘＞Cache

(33) 以下不是主流汽车操作系统的是(　　)。

A. QNX　　B. Linux　　C. Android　　D. iOS

(34) 下面不是操作系统的软件是(　　)。

A. Windows　　B. macOS

C. Microsoft Edge浏览器　　D. Android

(35) 计算机的总线中，用来控制信号的是(　　)。

A. 数据总线　　B. 地址总线　　C. 控制总线　　D. 信号总线

(36) 以下是音频文件格式的是(　　)。

A. MP3　　B. EXE　　C. DOCX　　D. GIF

(37) 任何程序都必须加载到(　　)中才能被CPU执行。

A. 磁盘　　B. 硬盘　　C. 外存　　D. 内存

(38) 计算机之所以能做到运算速度快、自动化程度高是由于(　　)。

A. 设计先进、元器件质量高

B. CPU速度快、功能强

C. 采用数字化方式表示数据

D. 采取由程序控制计算机运行的工作方式

(39) 下列有关当前计算机主板和内存的叙述中，正确的是(　　)。

A. 主板上的芯片是一种只读存储器，其内容不可在线改写

B. 绝大多数主板上仅有一个内存插座，因此计算机只能安装一根内存条

C. 内存条上的存储器芯片属于SRAM(静态随机存取存储器)

D. 目前内存的存取时间大多在几个到十几个纳秒之间

(40) 新能源汽车的“大三电”不包括(　　)。

A. 驱动电机(电机)　　B. 电机控制器(电控)

C. 转向动力电池(电池)　　D. 高压配电盒(电盒)

2. 填空题

(1) CPU是计算机的核心部件，该部件主要由控制器和________组成。

(2) 计算机可以执行的语言是________。

(3) 计算机中系统软件的核心是________，主要用来控制和管理计算机的所有软件、硬件资源。

(4) 用来存储当前正在运行的应用程序及相应数据的存储器是________。

(5) ________是系统部件之间传送信息的公共通道，各部件由总线连接并通过它传递数据和控制信号。

(6) SRAM 的中文译名是________。

(7) 用 GHz 来衡量计算机的性能，它指的是计算机 CPU 的________。

(8) 运算器的功能是进行算术运算和________运算。

(9) 目前打印质量较好、常见的打印机是喷墨打印机和________。

(10) 把存储在硬盘上的程序传送到指定的内存区域中，这种操作称为________。

(11) CPU 通过________与外围设备交换信息。

(12) 对于台式机来讲，硬盘分为机械硬盘和________两种。

(13) 随机存储器(RAM)一般分为________和静态随机存储器(SRAM)两种。

(14) ________是微型计算机中最大的一块集成电路板，是微型计算机中各种设备的连接载体。

(15) 小张有一部标配为 8GB RAM 的手机，因存储空间不够，他将一张 128GB 的 MicroSD 卡插到了手机上。此时，这部手机上的 8GB 和 128GB 参数分别代表的指标是________和________。

(16) USB 3.0 接口的理论最快传输速率为________ Gb/s。

(17) 计算机操作系统通常具有的功能包括处理器(CPU)管理、________、文件管理、设备管理和作业管理等。

(18) 一个完整的计算机系统应该包括硬件系统和________。

(19) Intel 处理器 i9-12700H 其中-12 表示的是处理器的________。

(20) 内存空间地址段为 2001H～7000H 则其存储空间为________ KB。

3. 简答题

(1) 组装一台个人计算机需要哪些部件？简述这些部件的具体参数及功能。

(2) 简述中央处理器(CPU)的性能指标。

(3) 冯·诺依曼体系结构中计算机硬件部件是指哪五个？

(4) 汽车操作系统主要分为哪两个系统？

计算机网络与信息安全

第3章

CHAPTER 3

3.1 任务导入

小强大学即将毕业，经过重重选拔，他如愿进入了自己心仪的企业实习，实习第 1 天部门就给小强分配了一台新的台式计算机，小强激动地领到了自己的新计算机。根据自己所学的知识，小强快速地完成了电源、显示器、鼠标、键盘、网线等硬件设备的安装，开机发现新计算机里已经安装了很多常用软件，但打开 QQ、微信都不能登录，网页也无法正常打开，原来是这台计算机的网络没有正常连接。平时小强都是使用笔记本电脑或者手机连接无线网络，但这台台式机却没有安装无线网卡，找不到连接无线网的地方。此时小强不能接收企业导师发送的学习资料，也不能进入公司的资源库获取企业的内部资料，一时间小强有点不知所措。

另外，小强实习的这家公司高度重视企业信息安全，除了要求员工的计算机必须按要求安装杀毒软件和配置防火墙之外，公司的重要资料文件也仅限内部流通，对于刚进入职场的小强来讲，如何在工作中高效地完成工作并遵守公司的信息安全要求呢？

本章旨在向小强普及计算机网络和信息安全的相关知识，包括计算机网络的组成、网络结构、网络安全知识和计算机病毒、木马和数据安全防护等，培养信息安全意识，让小强根据企业和自己的工作学习需求配置工作计算机的 IP 地址、网关等网络信息，配置防火墙并使用杀毒软件进行检测，并学会简单的互联网日常办公应用，例如通过网络搜索和本地搜索获取所需的资源，有效发送电子邮件，使用 FTP 上传和下载资源等。

3.2 知识学习

10min

3.2.1 计算机网络的概念

21 世纪是信息化、数字化、智能化高速发展和广泛应用的时代，但无论是智能化、数字化还是信息化都离不开一个最基本的网络化，没有网络化它们都不可能实现。谈到网络化，类似蜘蛛网一样的网状结构必然在脑海中浮现,大家熟悉的高速公路网、高铁交通网、地铁交通网都是网络,都是通过不同的线路连接各个地点,运送人员或者物资。

与交通网络类似,计算机网络则是将地理位置不同的具有独立功能的多台计算机及其外部设备,通过通信线路连接起来,在网络操作系统、网络管理软件和网络通信协议的管理和协调下,实现资源共享和信息传递为目标的计算机系统。

计算机通信与计算机网络有着密切的联系,又有各自的特点。计算机通信主要是计算机与计算机之间的数据传输和数据处理,不一定形成一个网络,而计算机网络则是强调在网络范围内计算机资源的共享和传递,但计算机网络必定需要以计算机通信为基础才能实现其功能,是计算机系统发展和通信系统发展相结合的产物,是一个非常复杂的结构。

3.2.2 计算机网络的发展史

1. 第1代计算机网络

第1代计算机网络是以单个主机为中心面向终端的联机网络。在20世纪60年代早期,基本采用的是一台计算机主机,通过线缆连接多台终端。此时的终端只有键盘和显示器,没有运算器和存储器,不能单独进行数据处理,也没有任何数据可共享。该系统中只有主机拥有数据的处理能力和存储能力,用户通过终端进行数据输入和显示。当时的通信网络也只有固定电话网络,主机和终端也可以通过调制解调器接入公共固定电话网络,实现与异地终端的数据传输和分享。第1代计算机网络主机是网络的中心和控制者,只提供终端和主机之间的通信,子网之间无法通信。典型的代表是1954年美国军方建立的半自动地面防空系统。第1代计算机网络的组成如图3-1所示。

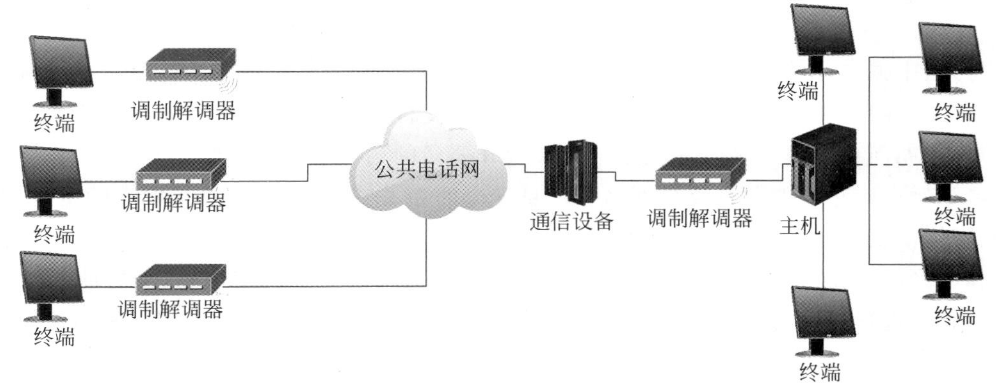

图3-1 第1代远程终端联机系统

2. 第2代计算机网络

20世纪60年代中后期,随着通信交换技术的发展,第2代计算机网络迎来了突破性的发展,在第1代计算机网络的基础上,不再仅使用功能简单的终端,而是实现了多个主机通过通信线路互联,通过实现主机互联资源共享,并以分组交换为主,可以实现负载均衡,从而大大提高了单机的响应速度。典型代表是美国国防部高级研究计划局协助开发的

ARPANET。第 2 代计算机网络的组成如图 3-2 所示。

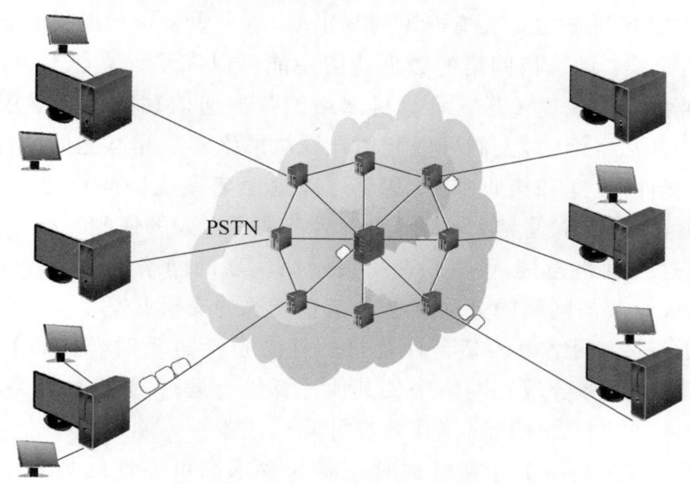

图 3-2 第 2 代计算机网络系统

3. 第 3 代计算机网络

第 2 代计算机网络存在不同硬件和软件厂家的网络之间,不能实现互联互通,世界标准化组织成立并制定了全球统一的网络体系结构,这就是 20 世纪 80 年代早期出现的开放系统互连参考模型(Open Systems Interconnection,OSI)参考模型。因为第 3 代计算机网络基于 OSI 模型,实现了不同厂家生产的计算机之间的互联互通,可以说第 3 代计算机网络进入了计算机网络的成熟阶段。第 3 代计算机网络主要具有以下几个特点:

(1) 网络体系结构的形成和网络协议的标准化。

(2) 建立了全网统一的通信规则。

(3) 使计算机网络对用户提供透明的服务。

4. 第 4 代计算机网络

随着计算机处理数据能力的增强和多媒体数据量的增多,对网络传输和数据处理能力也有了更高的要求,公共电话网已经不能满足网络发展的需求。1993 年,美国提出了建设信息高速公路的概念,加快信息基础设施的建设。1995 年,多国签署了共同建设国际互联网的协议,将世界各地分散的网络连接起来,实现更大范围内的资源共享和信息交换。除了快速以太网、光纤分布式数字接口(FDDI)、快速分组交换技术(包括帧中继、ATM)、千兆以太网、B-ISDN 等一系列新型网络技术相继出现之外,计算机网络进入了高速和综合化发展阶段。互联网是第 4 代计算机网络的典型代表,目前已经成为人类最重要的、最大的知识宝库。

3.2.3 计算机网络的特点

计算机网络主要具有资源共享、高效数据交换、扩展性、分布式处理、高可靠性等特点。

(1) 资源共享:资源共享是计算机网络最突出的特点。在计算机网络中,用户可以共享网络中的主机、外设硬件和软件等资源，实现资源的无地域共享。用户之间可以分工合作，共同完成任务，这有利于提高系统资源的利用率，减少重复资源的投资，并节约成本。

(2) 高效数据交换：计算机网络的数据通信功能可以满足计算机与终端之间或计算机与计算机之间各种信息的快速传送。计算机网络的数据通信功能拉近了用户之间的距离，克服了地域限制。日常生活中，人们可以利用计算机网络实现相互之间的远距离联系，交换语音、视频信息和文件，发送和接收邮件，甚至可以远距离完成协同作业。改变了传统的通信手段，如电报、电话、传真和写信，为人们的生活带来了极大的便利。

(3) 扩展性：通过网络连接，可以快速扩展网络。新的网络只要接入互联网，即刻成为互联网的一部分，从而参与网络的互联互通和信息资源的交换共享。

(4) 分布式处理：当网络中的某台计算机的任务负荷过重时，可以通过网络和应用程序进行控制和管理，将任务分散到网络中的其他计算机上运行，或者由网络中比较空闲的计算机分担负荷，这样可以大大地提高工作效率并降低成本。

(5) 高可靠性：在一些用于计算机实时控制和要求高可靠性的场景中，通过计算机网络实现备份技术可以提高计算机系统的可靠性。网络中的每台计算机都可相互成为后备机，一旦某台计算机出现故障，它的任务就可由备份计算机代为完成，可以避免在单机情况下，一台计算机发生故障而引起整个系统瘫痪，提高系统的可靠性。

4min

3.2.4 计算机网络的分类

计算机网络的类型划分标准有很多种，例如可以按照网络的覆盖范围划分、按照网络的通信介质划分、按照网络的通信方式划分、按照网络的拓扑结构划分等，其中最常见的是根据网络的覆盖范围划分，计算机网络可分为局域网、城域网、广域网和互联网。

(1) 局域网(Local Area Network，LAN)是最常见、应用最广的一种计算机网络。局域网是指在局部范围内的网络，其覆盖的地区范围较小。随着计算机网络技术的发展和提高，局域网得到了充分应用和普及，大部分单位和家庭拥有自己的局域网。局域网的规模可以从只有两台计算机到几百台不等，其配置上没有太多的限制。局域网的覆盖范围可以从几米到 10 千米以内。局域网只能在内部互相通信，信息共享度较低，但实现了物理隔离，因此信息安全性较高。

(2) 城域网(Metropolitan Area Network，MAN)是指在一座城市范围内的计算机网络，属于宽带局域网。城域网采用具有有源交换元器件的局域网技术，具有较低的传输时延，其传输媒介主要采用光缆，传输速率在 100 兆比特/秒以上。城域网的一个重要用途是作为骨干网，将位于同一城市内不同地点的主机、数据库及局域网等相互连接起来。城域网相对比较安全，可以进行适度共享。

(3) 广域网(Wide Area Network，WAN)，又称为外网、公网，通常跨越很大的物理范围，覆盖的范围从几十千米到几千千米不等。它能连接多个地区、城市和国家，甚至可以横跨几个洲，并提供远距离通信，形成国际性的远程网络。广域网是连接不同地区的局域网或城域网的远程网络，但广域网并不等同于互联网。例如某企业在众多城市拥有分公司，甚至有海外分公司,可以通过广域网以专线的方式将这些分公司连接起来,这就被称为“广域网”。因为广域网采用专线,所以价格比较昂贵,但安全性较高。

(4) 互联网(Internet),又称为国际互联网络,指的是将多个网络相互连接而形成的庞大网络。这些网络以一组通用的TCP/IP协议相连,形成逻辑上的单一巨大国际网络。互联网实现了全球信息的高度共享,但也存在着很大的安全隐患。

另外,计算机网络按照网络拓扑结构分类也是比较常见的。根据不同的网络拓扑结构,可以将计算机网络分为星状、树状、总线型、环状和网状等。

3.2.5 数据在计算机网络中的传输

11min

数据本来存储在计算机网络中的一个设备的硬盘或者存储设备中。那么数据是如何从这个网络设备的存储设备中传输或共享给另外的网络设备的呢?

例如在日常生活中,用户通过QQ、WeChat等即时聊天工具,手指轻轻单击一下,文字、图片、语音或者视频等数据就发送到另外一用户端了,给人感觉是一种极其简单的操作,但事实上,数据传输过程是非常复杂的过程。应用数据需要加上TCP头、IP头、MAC地址等层层包裹后,通过传输介质发送到交换机。交换机根据MAC地址表匹配MAC地址与接口的对应关系,确定发送的接口将数据发送给路由器,路由器通过路由表查询到IP对应的下一跳地址,将数据发送到对应的目标设备上。

如果要想真正理解这个复杂而专业的过程,则必须充分理解计算机网络的组成和工作原理。下面将从计算机网络的组成、拓扑结构等方面进行介绍。

3.2.6 计算机网络组成

计算机网络由硬件系统和软件系统组成。

1. 计算机网络的硬件系统

计算机网络的硬件系统具体包括计算机终端设备、网络设备和传输介质。

1) 计算机终端设备

计算机网络中的计算机终端设备可能是PC、笔记本、智能手机,还可能是摄像头、电冰箱、智能电视等,可以是存在于网络节点中的物理主机,也可以是虚拟主机或云主机。根据终端设备的功能还可以分为服务器端和客户端,服务器端是整个网络的核心,为网络用户提供服务并管理整个网络,客户端是用户与网络进行信息交换和资源共享的接口设备。常见的计算机终端设备如图3-3所示。

2) 网络设备

网络设备是计算机网络的骨架,是搭建计算机网络系统的拓扑结构所用到的设备,常见的网络设备有网卡、交换机、路由器、硬件防火墙等。

(1) 网卡:网卡又称为网络适配器或者网络接口卡,是计算机连接到网络通信介质上进行数据传输的硬件设备。每张网卡都有处理器和存储器,每张网卡都有一个独一无二的MAC地址作为标识,两张网卡不可能拥有相同的MAC地址。

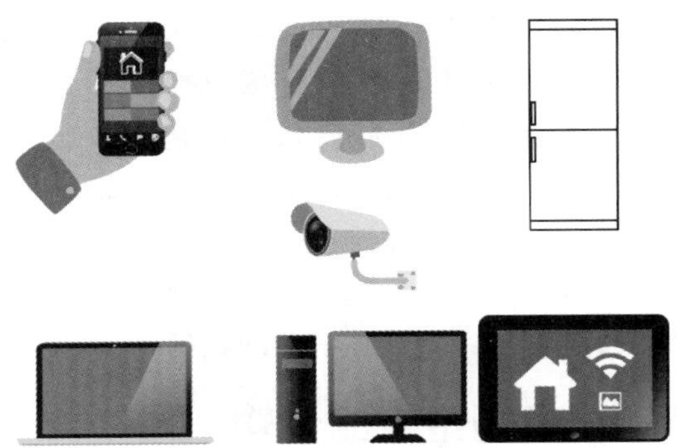

图 3-3 常见计算机终端设备

(2) 交换机：交换机又叫交换式集线器，是电/光信号转发的网络设备。交换机主要用于连接局域网中的设备，通过交换机连接的每台设备都有自己的 IP 地址。交换机除了能够连接相同类型的网络之外，还可以连接不同类型的网络，例如连接以太网和快速以太网。

交换机的主要功能包括物理编址、网络拓扑结构、错误校验、帧序列和流控等。随着交换机的发展，新一代交换机还具备支持虚拟局域网、支持链路汇聚功能，有些甚至还具有防火墙功能。

交换机从传输介质和传输速度上可分为以太网交换机、快速以太网交换机、千兆以太网交换机、FDDI 交换机、ATM 交换机和令牌环交换机等。目前为止，普及率最高的短距离二层计算机网络是以太网，而以太网的核心部件就是以太网交换机。

普通的交换机是工作在 OSI 参考模型的第 2 层数据链路层的，这类交换机又叫层二交换机，层二交换机不具备路由转发功能。随着交换机的发展，出现了具备路由转发功能的三层交换机，三层交换机工作在 OSI 的网络层。2010 年之前全球交换机市场占比最高的是思科公司出品的交换机，但目前几乎已经被我国的华为公司出品的交换机替代。交换机如图 3-4 所示。

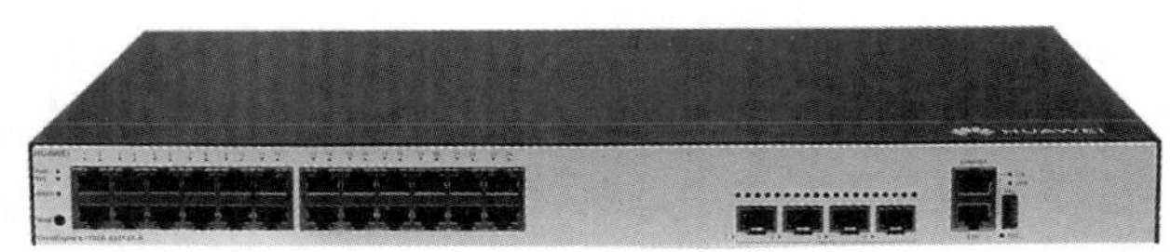

图 3-4 交换机

(3) 路由器：路由器是连接两个或多个网络的硬件设备，是互联网的主要节点网关设备，是专用智能的网络设备，路由器系统构成了基于 TCP/IP 的国际互联网络 Internet 的骨架。路由器能够理解不同的协议，是不同网络之间进行连接的枢纽，起到网关的作用，读取每个数据包中的地址，然后决定如何传送。

路由器工作在 OSI 模型的第 3 层，即网络层，它的功能就是在 OSI 模型中完成网络层的中继任务，对不同的网络之间的数据包进行存储、分组转发。

路由器作为网关设备，可以用来划分公网和局域网，也可以通过局域网端口将局域网划分为多个子网。公网端口是单独的网卡，具有公网 IP 和 MAC 地址，局域网子网每个端口也有单独的网卡，也有该子网网段的 IP 和 MAC 地址。

无线路由器是供小范围或者家庭使用的路由器，带有无线覆盖功能，可看作一个网络信号转发器。目前市场上常用的无线路由器一般支持多种接入方式，还具备一些网络管理功能，如 DHCP 服务、NAT 防火墙、MAC 地址过滤、动态域名管理等功能。常见路由器如图 3-5 所示。

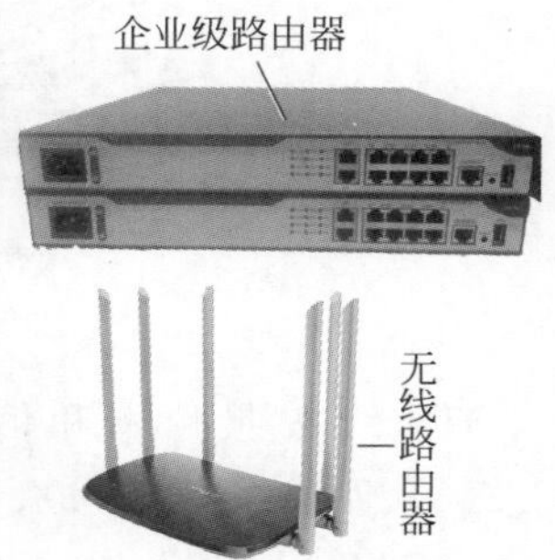

图 3-5 常见路由器

(4) 硬件防火墙：硬件防火墙是一种物理网络设备，类似于计算机流量的过滤服务器。将网线连接到防火墙，将防火墙定位在上行链路和计算机之间。防火墙采用强大的网络软硬件组件，使用可配置的规则集强制检查所有通过该设备的流量，相应地授予或拒绝访问。

硬件防火墙是一种物理网络设备，类似于计算机流量的过滤服务器。将网线连接到防火墙，将防火墙定位在上行链路和计算机之间。防火墙采用强大的网络软硬件组件，使用可配置的规则集强制检查所有通过该设备的流量，相应地授予或拒绝访问。

硬件防火墙充当了计算机网络和互联网之间的过滤器。它监视数据包并确定在传输过程中是否阻止或传输它们。硬件防火墙用于保护整个网络及传入和传出流量，使网络管理员能够控制网络的使用方式，无须在每台设备上单独安装，节省了大量时间和资源。常见硬件防火墙如图 3-6 所示。

图 3-6 硬件防火墙

3）传输介质

传输介质也就是通信线路，是数据信息在网络通信中的路径，传输介质可以是有线的，也可以是无线的。常见的有线介质有双绞线、铜轴电缆、光纤等。

(1) 双绞线：双绞线是常用的传输介质，可以传输模拟或者数字信号，一般可以传输几千米到十几千米的距离。双绞线是由两根相同的绝缘铜导线相互缠绕而形成的一对信号线，其中一根是信号线，另一根是地线，两条线缠绕可以减少相互之间的信号干扰。

根据有无屏蔽层，双绞线可以分为屏蔽式双绞线和非屏蔽式双绞线。非屏蔽式双绞线由 4 对不同颜色的传输线所组成，被广泛地用于以太网和电话线中。屏蔽式双绞线在双绞线与外层绝缘封套之间有一层金属屏蔽层，屏蔽层可减少辐射，防止信息被窃听，也可阻止外部电磁干扰的进入，使屏蔽式双绞线比同类的非屏蔽式双绞线具有更高的传输速率，然而，在实际施工时，很难完美地接地，屏蔽层本身成为最大的干扰源，导致性能远不如同类非屏蔽式双绞线，因此，除非有特殊需要，在综合布线系统中通常采用非屏蔽式双绞线。双绞线如图 3-7 所示。

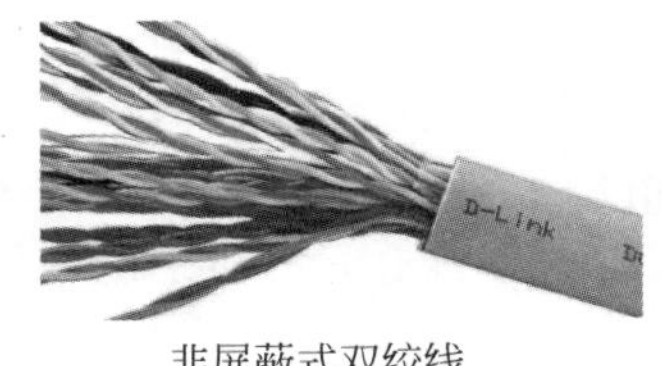

非屏蔽式双绞线

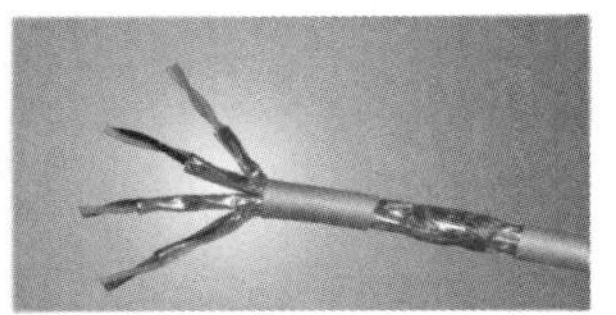
屏蔽式双绞线

图 3-7 双绞线

双绞线按照频率和信噪比还可以分为一类线(CAT1)、二类线(CAT2)、三类线(CAT3)、四类线(CAT4)、五类线(CAT5)、超五类线(CAT5e)、六类线(CAT6)、超六类或6A 线(CAT6A)和七类线(CAT7),而最常见的是三类线、五类线、超五类线和六类线。

(2) 同轴电缆:同轴电缆一般由 5 层组成:最内层铜芯导体是一根导电铜线,铜线的外面有一层绝缘体塑料,绝缘塑料外又有一层薄的铝箔,再外层是铜或合金的网状导电体,导电体外面是最外层的绝缘外皮。同轴电缆及其组成如图 3-8 所示。

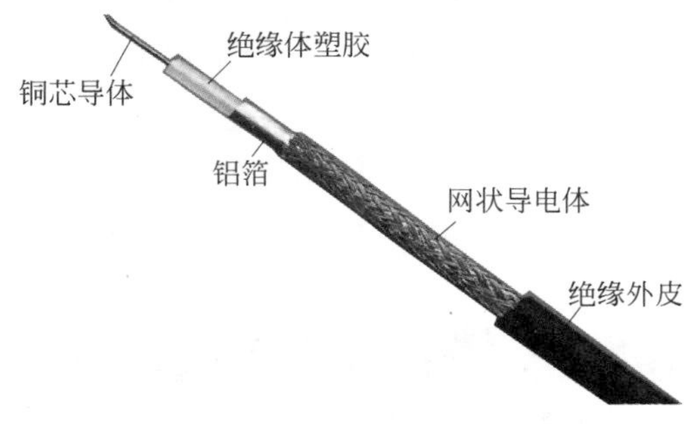

图 3-8 同轴电缆及其组成

同轴电缆可用于模拟信号和数字信号的传输,适用于有线电视传播、长途电话传输、计算机系统之间的短距离连接及局域网传输等。在过去固网的时代,同轴电缆曾是长途电话网的重要组成部分,但如今大多被光纤、微波和卫星替代。

(3) 光纤:光纤是光导纤维的简写,是一种由玻璃、塑料或者硅制成的直径为 50~100μm 的纤维,是一种根据“光的全反射”原理能传播光波的介质。光纤主要由纤芯和包层构成双层同心圆柱体,纤芯由玻璃、塑料或者硅拉丝而成,它是光波的通道,是光纤的核心。光纤如图 3-9 所示。

光纤

纤芯

图 3-9 光纤

光纤按传输点的模数可以分为单模光纤和多模光纤，当光纤的直径非常小且小到只有一个光的波长时，可以使光一直向前沿着一条路径传播，不会产生多次反射，这样的光纤称为单模光纤，而光纤直径相对较大，在一条光纤中光波会有多条路径传播，称为多模光纤。多模光纤适用于距离比较短的传输，一般不超过 500m，目前市场上基本不再使用多模光纤，而单模光纤的传输距离非常远，现在大量网络铺设的是单模光纤。单模光纤和多模光纤的传输如图 3-10 所示。

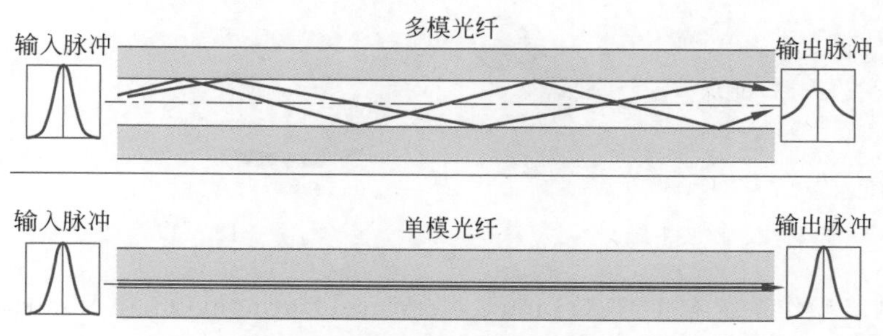

图 3-10 单模光纤和多模光纤的传输

光纤以光脉冲进行通信，传输带宽远超其他介质，以光速进行数据传输，传输速度非常快，并且光纤传输损耗小，中继距离长，抗雷电和电磁干扰性能也很好，体积小，质量轻，价格也便宜，因此目前光纤在通信网络中被广泛地应用，几乎替代了同轴电缆。不过光纤质地非常脆弱，机械强度差，容易受损，并且具有怕水等缺点。光纤作为国家的通信基础设施，各个单位和个人在施工和作业的过程中都需要注意光纤标识，保护好它们。

(4) 无线传输介质：常见的无线传输介质包括无线通信、微波通信，是一种无形的、看不见的传输介质。

无线通信即无线短波通信，通过基站或者路由器进行信号的转发，例如目前大部分家庭有 WiFi，人手必备的手机采用的是无线通信。无线通信的特点是覆盖范围广，不受地理环境影响，成本低，使用非常方便，但是也有传输速度慢、抗干扰能力和安全性差的缺点。

微波通信包括地面微波和卫星通信两类，地面微波接力靠的是直线可见的微波站进行中继接力，每隔 50 千米左右就需要设置一个中继站。微波接力如图 3-11 所示。

卫星通信靠同步卫星作为中继，实现微波信号的远距离通信，例如使用 3 颗卫星就可以实现全球覆盖，容量大，通信质量较好，但是延时较长。例如中国北斗卫星导航系统、美国全球 GPS 定位系统都是非常成功的卫星通信案例。卫星通信如图 3-12 所示。

2. 计算机网络的软件系统

计算机网络除了必备的硬件外，还离不开软件的配合，计算机网络的软件系统包含网络操作系统、网络协议和网络设备软件。

1）网络操作系统

网络操作系统指的是能使网络上各个计算机方便有效地共享网络资源，为用户提供所需的各种服务的操作系统，是网络的心脏和灵魂。网络操作系统不仅具备普通操作系统的功能，还必须提供网络安全性管理和服务功能，如远程管理、文件传输、数据库服务、电子邮件、远程打印等网络服务功能。网络操作系统负责管理和控制计算机的软硬件资源，是网络用户和计算机网络的接口。

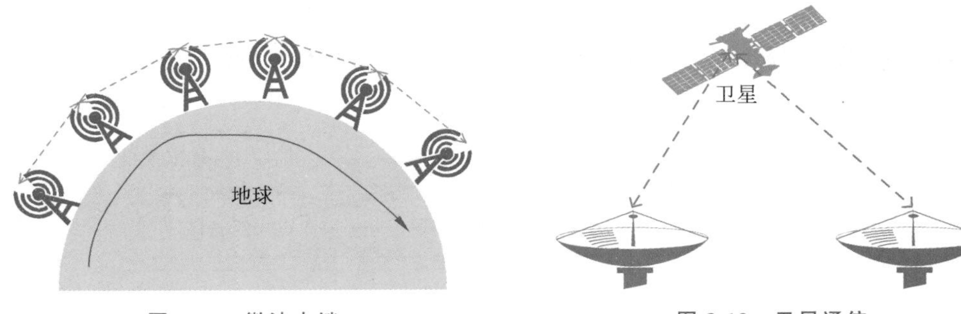

图 3-11 微波中继

图 3-12 卫星通信

常见的网络操作系统有 UNIX、Linux、NetWare、HarmonyOS 和 Windows 等，用户可以根据实际需求选择合适的网络操作系统。

UNIX 网络操作系统由 AT&T 和 SCO 公司推出，常用的版本主要有 UNIX System V Release 4.0、HP-UX 11.0、SUN 的 Solaris 8.0 等。UNIX 网络操作系统支持网络文件系统服务，提供数据等应用，功能强大，稳定性和安全性能非常好，但多以命令方式进行操作，初级用户不容易掌握，一般用于大型的网站或大型的企事业的网络中。

Linux 网络操作系统跟 UNIX 一样在安全性和稳定性方面都很好，Linux 最大的特点就是代码开源，中文版本的 Linux 像红帽、红旗等，在国内市场得到了用户充分的肯定。目前绝大部分中、高端服务器使用的是 Linux 网络操作系统。

NetWare 操作系统兼容 DOS 命令，是最早使用的网络操作系统，曾经雄霸一方，目前市场应用已经不多，NetWare 服务器对无盘站和游戏的支持较好，在教学网和游戏厅偶尔还有一些应用。

HarmonyOS 鸿蒙操作系统是我国华为公司自主研发的操作系统，该系统可以用于网络操作系统的服务器端和客户端，是万物互联的全场景分布式操作系统，提供应用开发、设备开发的一站式服务平台，目前已经有较广泛的应用。

Windows 也有网络操作系统，但由于 Windows 对服务器的硬件要求较高，并且稳定性不是很高，一般用在中低档服务器中。常用的 Windows 网络操作系统版本主要有 Windows NT、Windows Server、Windows ME/XP 等。Windows 网络操作系统因为继承了 Windows 家族统一的界面，用户学习、使用起来更加容易，功能基本上也能满足中、小型企业的各项网络需求，所以在市场上仍占有一定的份额。

2）网络协议

类似汽车载货物或者人在高速公路上行驶需要遵守交通规则一样，数据在计算机网络中发送、传输、转发、接收等也都需要按照一定的规则，这个规则就是网络协议。网络协议是一种特殊的软件系统，是实现计算机网络功能的基本组成部分之一，随着互联的发展，网络协议也在不断发展和更新。

计算机网络协议中的OSI参考模型和TCP/IP协议是大家最熟悉的基本协议模型，基于OSI和TCP/IP协议模型，各层又有负责各层功能的协议，网络协议遍布协议模型的各个层次。例如HTTP、FTP、TCP、UDP、以太网等。

3）网络设备软件

网络设备软件主要包括网络管理软件和网络应用软件等，用于对网络资源进行管理和维护，是一种为网络用户提供服务的软件。

通过网络管理软件对网络进行管理和维护，例如性能管理、配置管理、故障管理、计费管理、安全管理、网络运行状态监视与统计等。网络应用软件最重要的特点是它研究的重点不是网络中各个独立的计算机本身的功能，而是如何实现网络特有的功能，为网络用户提供服务。

3.2.7　计算机网络拓扑结构

计算机网络拓扑是指组成计算机网络的设备的分布情况及连接状态，它反映的是网络中各实体间的结构关系。拓扑设计对网络性能、系统可靠性与通信费用都有重大影响，一般主要是指通信子网的拓扑结构。常见的计算机网络拓扑结构有总线型、树状、星状、网状及环状等。计算机网络拓扑结构如图3-13所示。

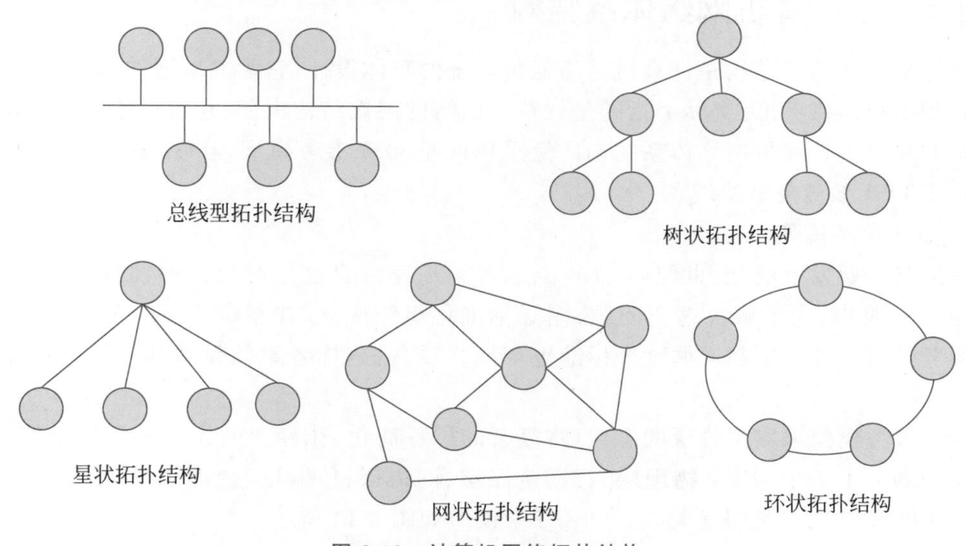

图3-13　计算机网络拓扑结构

1）总线型拓扑结构

总线型拓扑将网络中的各个节点设备用一根总线挂接起来，实现计算机网络功能。总线型结构简单灵活，成本较低，易于扩展，传输速度快，但是节点个数有限。

2）树状拓扑结构

树状拓扑可以看作总线型拓扑结构或星状拓扑结构的扩展，可以包含分支，每个分支又可以包含多个节点，是一种分层的结构，适用于分级管理和控制系统，非常适用于网络主干的构建。

3）星状拓扑结构

星状拓扑采用集中式通信控制策略，所有的通信均由中央节点控制，中央节点必须建立和维持许多并行数据通路。星状结构结构简单，是最古老的一种连接方式，部署与维护相对比较容易，目前是在局域网中应用得最为普遍的一种结构，在企业网络中大部分采用这一方式，但是网络资源共享能力较差且中央节点负荷较重。

4）网状拓扑结构

网状拓扑指各个节点通过传输线路互相连接起来，并且每个节点都至少与其他两个节点相连接。这种网络可靠性较高，但是结构复杂，成本高，并且不易维护和管理。

5）环状拓扑结构

环状拓扑是使用公共电缆组成一个封闭的环，各节点直接连接到环上，信息沿着环按一定方向从一个节点传送到另一个节点。环路是封闭的，不利于扩展，并且信息传输要通过环路上的每个节点，某个节点发生故障将会导致全网故障。

在实际应用中应根据实际需求选择合适的拓扑结构组网，更多时候也会采取两种或两种以上的网络拓扑结构混合的方式进行组网，集合多种网络拓扑结构的优点。

3.2.8 计算机网络体系结构

计算机网络体系结构是计算机网络通信系统的整体设计，它为网络硬件、软件、协议、存取控制和拓扑提供标准，实际上指的是计算机网络的层次结构模型，它包括各层的协议及层次之间的接口。计算机网络体系结构广泛采用的是 OSI 参考模型，互联网的 TCP/IP 模型也是基于 OSI 参考模型的理念。

1. OSI 参考模型

在网络开始发展的 20 世纪 60、70 年代，各个厂家都自己生产自己的设备，生产的网络设备相互不兼容，为了解决这个问题，国际标准化组织成立，并制定了一个公共的标准，即 OSI 参考模型。各厂家都遵循这个标准生产网络设备，这样各家的设备和系统就都能够相互通信。

OSI 参考模型采取了分层的思想，将复杂的过程简化，让专业的人做专业的事情。OSI 参考模型划分了 7 个层级：物理层、数据链路层、网络层、传输层、会话层、表示层、应用层，每个层级既相互独立又相互关联。OSI 参考模型如图 3-14 所示。

(1) 物理层：位于 OSI 模型的最底层，利用传输介质为数据链路层提供物理连接，所传送数据的单位是位。物理层包括网口、传输介质、集线器或者中继器、电压、电流等。

(2) 数据链路层：位于物理层之上，为网络层提供服务，解决两个相邻节点之间的通信问题，进行硬件物理地址寻址，也就是 MAC 地址寻址、差错校验、流量控制和重发等，传送的协议数据单元是数据帧。

(3) 网络层：网络层是为传输层提供服务的，该层的主要作用是进行逻辑地址寻址，也就是 IP 地址寻址，进行路由和交换节点选择，使数据包通过各节点传送到目的地，网络层传

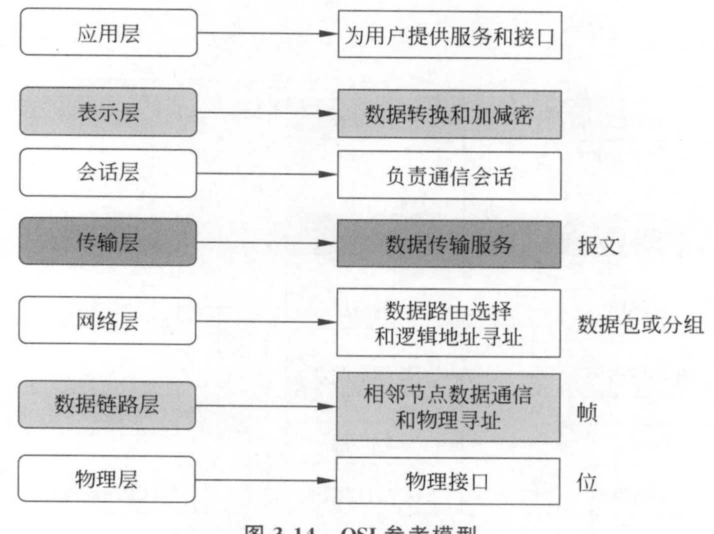

图 3-14 OSI 参考模型

送的协议数据单元是数据包或分组。

(4) 传输层：为上层协议提供端到端的可靠、透明的数据传输服务，即分割与重组数据、按端口号寻址、连接管理、差错控制和流量控制。传输层传送的协议数据单位是报文，当报文较长时将其分割成若干分组，然后交给网络层进行传输。传输层是高低层之间衔接的接口层，该层以上各层将不再管理数据传输问题。

(5) 会话层：该层负责会话连接的管理、对话管理、同步管理、活动管理。

(6) 表示层：该层的主要任务是把所传送的数据的抽象语法转换为传送语法，即转换成网络通信中的标准表示形式。还负责对传送的数据进行加密或解密、数据的压缩和解压缩等。

(7) 应用层：该层是 OSI 中的最高层，直接面向客户，主要任务是为用户提供应用的接口，即提供不同计算机间的文件传输、访问与管理，电子邮件的内容处理，不同计算机通过网络交互访问的虚拟终端功能等。

2. TCP/IP 模型

OSI 模型的提出是网络突破性发展的基础，但由于 OSI 协议发展较慢，而且 OSI 模型层次过多，设计冗余而复杂，编程实现困难。随着国际互联网的快速发展，TCP/IP 协议模型随之出现，并很快被各个互联网厂商广泛采用，TCP/IP 是目前 Internet 使用最广泛的协议模型。

TCP/IP 模型不是单个协议，而是很多个互联网协议的集合，如 IP、ICMP、TCP 及 HTTP、FTP、POP3 等协议，以 TCP 和 IP 为主，因此被称为 TCP/IP 协议。TCP/IP 基于 OSI 模型的分层思想，将 OSI 模型的几个相似功能层划分到同一层，减少了冗余。该协议实际上划分为 4 个或 5 个层次，区别在于四层协议将物理层与数据链路层划分在同一层。在实际应用中，较多采用 4 个层次的 TCP/IP 模型。TCP/IP 和 OSI 模型的层次对应关系如图 3-15 所示。

(1) 应用层：对应 OSI 模型的应用层、表示层和会话层。该层包含所有的高层协议，例

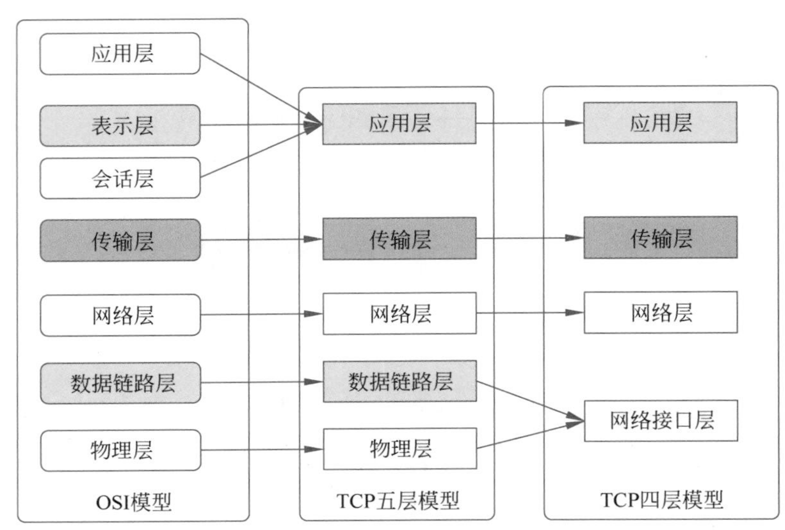

图 3-15 TCP/IP 和 OSI 模型的层次对应关系

如常用的远程登录协议 Telnet、文件传输协议 FTP、邮件传输协议 SMTP、域名服务 DNS、网络新闻传输协议 NNTP 和超文本传输协议 HTTP 等。

(2) 传输层：位于应用层之下，这层有著名的 TCP 和 UDP 协议。TCP 是面向连接的协议，提供可靠的报文传输和对上层应用的连接服务。TCP 还具备可靠性保证、流量控制、多路复用、优先权和安全性控制等功能。UDP 是面向无连接的不可靠传输协议，主要用于不需要排序和流量控制等功能的应用程序使用。

(3) 网络层：位于传输层的下一层，是 TCP/IP 体系结构的关键部分，使主机把数据报或者分组发送到任何网络，独立地传输到目标，网络层使用的协议主要是 IP 协议。

(4) 网络接口层：位于模型最底层的网络接口层，是整个体系结构的基础部分，是主机与网络的实际连接接口。负责接收网络层的 IP 数据报，通过网络向外发送，或接收从网络上传来的物理帧，提取 IP 数据报后发送给网络层。该层主要对应的协议就是著名的以太网协议等。

计算机网络系统结构有协议模型，模型的各层也有相应的协议规范。各层使用的协议如图 3-16 所示。

3.2.9 数据在计算机网络中的处理

学习了计算机网络的组成和体系结构后，大家清楚了数据经过分层处理后，通过传输介质发送到交换机和路由器，经过交换机或者路由器进行路径选择和寻址后，正确地传输到目标设备用户，但是数据在计算机网络的每层又是如何逐层封装的呢？交换机和路由器又是如何进行路径选择和寻址的呢？带着这些问题，我们进一步学习计算机网络的工作原理。

7min

1. 计算机网络基础知识

在学习计算机网络的工作原理之前，先来了解一下计算机网络的几个基础知识和概念。

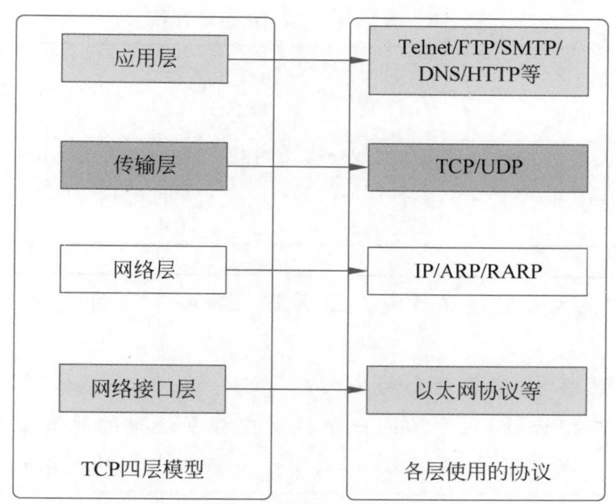

图 3-16 TCP/IP 各层协议

在计算机网络中通信时，网际协议地址（Internet Protocol Address，IP 地址）描述的是数据传输的起点和终点，即从源主机到目的主机，所以必须知道对方的 IP 地址。实际上，数据包中已经附带了 IP 地址，将数据包发送给路由器后，路由器会根据 IP 地址找到对方的地理位置，完成一次数据的传递。路由器具有高效和智能的算法，能够快速地找到目标计算机。那么，IP 地址是由什么组成的呢？

1）IP 地址

在计算机网络中用 IP 地址来标识网络中唯一的一台主机，也就是每台计算机可以使用一个独立的 IP 地址。IP 地址的资源是非常有限的，在实际应用中通常是一个局域网才拥有一个 IP 地址。

IP 地址是一个 32 位的二进制数，通常用点分十进制来表示，即用 a. b. c. d 的形式表示（a、b、c、d 为 0～255 的数）。那么它是如何定位一台主机的呢？

IP 地址 ＝ 网络号 ＋ 主机号。

网络号：用来标识网段，保证相互连接的两个网段具有不同标识。

主机号：用来标识主机，包括网络上的工作站、服务器和路由器等，同一网段内不同的主机可以有相同的网络号，但是主机号必须不同。

Internet 委员会将 IP 地址分为 A～E 类五大类，适用于不同容量的网络，其中 A、B、C 三类由 Internet 委员会在全球范围内统一分配，D、E 类为特殊地址。IP 地址的分类如图 3-17 所示。

A、B、C 三类 IP 地址的具体范围和容量见表 3-1。

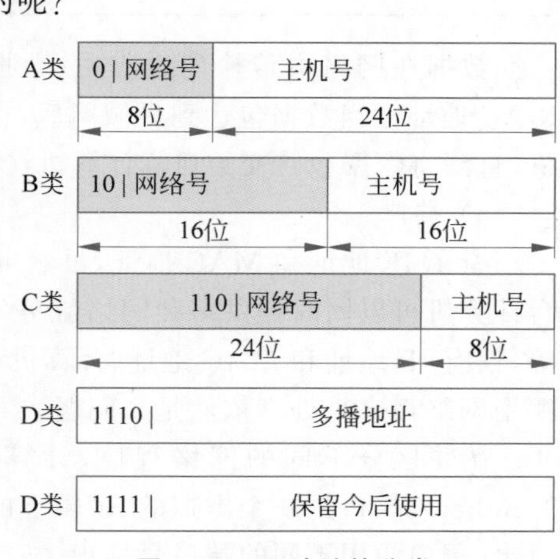

图 3-17 IP 地址的分类

表 3-1 A、B、C 三类 IP 地址详情

类别	最大网络数	IP 地址范围	单个网段最大主机数	私有 IP 地址范围
A	126(2^{7-2})	1.0.0.1～127.255.255.254	16 777 214	10.0.0.0～10.255.255.255
B	16 384(2^{14})	128.0.0.1～191.255.255.254	65 534	172.16.0.0～172.31.255.255
C	2 097 152(2^{21})	192.0.0.1～223.255.255.254	254	192.168.0.0～192.168.255.255

注意：A 类中最大主机连接数减去 2，是因为减去了全为 0 和全为 1 的两个特殊的 IP 地址。

IP 地址全为 0：网络号，代表这个局域网；

IP 地址全为 1：广播地址，用于给同一个链路中相互连接的所有主机发送数据报。

另外 127.0.0.1 一般用于本机环回测试，用于本机到本机的网络通信。

2）MAC 地址

在网络数据传输中，实际上是网络硬件设备将数据发送到网卡上，以网卡来接收数据，那么数据如何能正确地发送到目标网卡上呢？网卡具有唯一的硬件标识，即 MAC 地址。MAC 地址描述的是网络路径中每个节点的起点和终点，即每跳的起点和终点。

MAC 地址(Media Access Control Address)是用于标识网络硬件设备的物理地址，主机具有一个或多个网卡，交换机或路由器具有两个或多个网卡，每个网卡都有唯一的 MAC 地址。网卡出厂时，MAC 地址就已经固定了，不能修改，并且是全球唯一的。

MAC 地址的格式：长度为 48 位的串行号，写在网卡的存储器 ROM 中，一般用十六进制数字加冒号的形式表示，如 07:00:27:03:FC:1E。

注意：FF:FF:FF:FF:FF:FF 为特殊的 MAC 地址，表示对同网段所有主机发送数据报。

数据在网络中传输的过程中，数据包中除了会附带对方的 IP 地址，还会附带对方的 MAC 地址。当数据包达到局域网后，交换机会根据数据包中的 MAC 地址找到对应的计算机，直到将数据包转交给目标计算机，这样就完成了数据的传递。

3）端口

有了 IP 地址和 MAC 地址，虽然可以找到目标计算机，但仍然不能进行通信。因为一台计算机可以同时提供多种网络服务，如 Web 服务、FTP 文件传输服务、SMTP 邮箱服务等，仅有 IP 地址和 MAC 地址，计算机虽然可以正确地接收到数据包，但是要将数据包交给哪个网络程序来处理依然是个问题。

为了区分不同的网络程序，计算机为每个网络程序分配一个唯一的端口号(Port Number)，端口是一个虚拟的、逻辑上的概念。可以理解为一扇门，数据经过这扇门流入或流出，每扇门用不同的端口号标识，端口号是一个整数，是可以进行修改的，但通常为了在互

联网上统一地进行数据交换,对常用的一些网络程序的端口号进行了约定。例如常用的 Web 服务的端口号是 80,FTP 服务的端口号是 21,SMTP 服务的端口号是 25。

4）域名系统

就像很难记住每个人的身份证号码或护照号码一样,要记住要访问的主机的 IP 地址也非常困难,因此,将 IP 地址和域名关联起来,只需记住域名就可以了,但是计算机只能识别 IP 地址并通过 IP 地址定位,所以需要进行域名解析,对域名和 IP 地址进行相互转换。

域名系统(Domain Name System,DNS)是 TCP/IP 网络中负责域名解析的系统。简单来讲,当在浏览器网址栏中输入某个 Web 服务器的域名时,用户主机会向网络中的某台 DNS 服务器查询。DNS 服务器中有域名和 IP 地址的映射关系数据库。当 DNS 服务器收到 DNS 查询报文后,在其数据库中进行查询,然后将查询结果发送给用户主机。

5）地址解析协议

地址解析协议(Address Resolution Protocol,ARP)是在计算机网络中根据 IP 地址获取 MAC 地址的协议。主机和路由器中都保存了一张 ARP 缓存表,通过 IP 地址可以找到 MAC 地址。如果找不到 MAC 地址,则广播发送 ARP 数据报,询问下一跳设备 IP 地址对应的 MAC 地址。如果跨越局域网,则还需要路由器的帮助。ARP 寻址过程如图 3-18 所示。

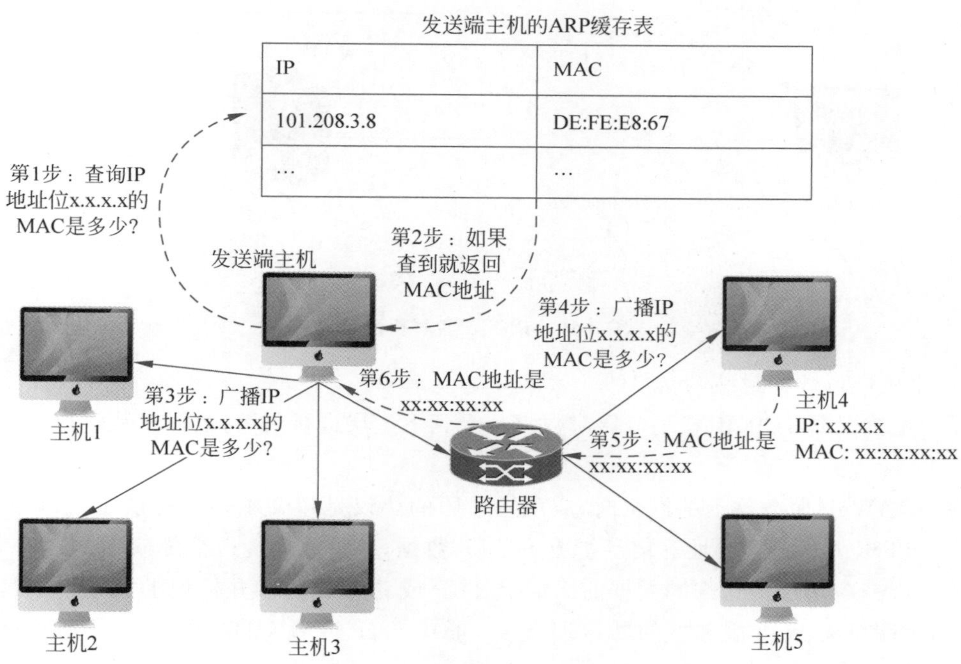

图 3-18　ARP 寻址过程

2. 数据在计算机网络的处理流程

在学习了计算机网络的组成和体系结构后,再来看数据在网络中是如何处理和传输的

就比较容易理解了。在日常生活中,用户打开浏览器,输入网址 www.taobao.com,按 Enter 键后就能访问网页。那么在这个过程中,数据又是如何处理和传输的呢?

这里以在浏览器网址栏输入 www.taobao.com 后,数据在 Internet 网络中的处理和传输流程为例,主要分成以下步骤介绍,以便大家更好地理解。

1) 域名解析获得 IP 地址

将域名 www.taobao.com 转换为 IP 地址。在实际过程中,首先用户主机会在自己的高速缓存中查找是否有该域名对应的 IP 地址。如果之前访问过且仍保存在缓存中,就可以直接查询到域名对应的 IP 地址,否则用户主机会向网络中的某台 DNS 服务器查询。DNS 服务器在其数据库中查询之后,将查询结果发送给用户主机,从而得到 www.taobao.com 域名对应的 Web 服务器的 IP 地址,如图 3-19 所示。

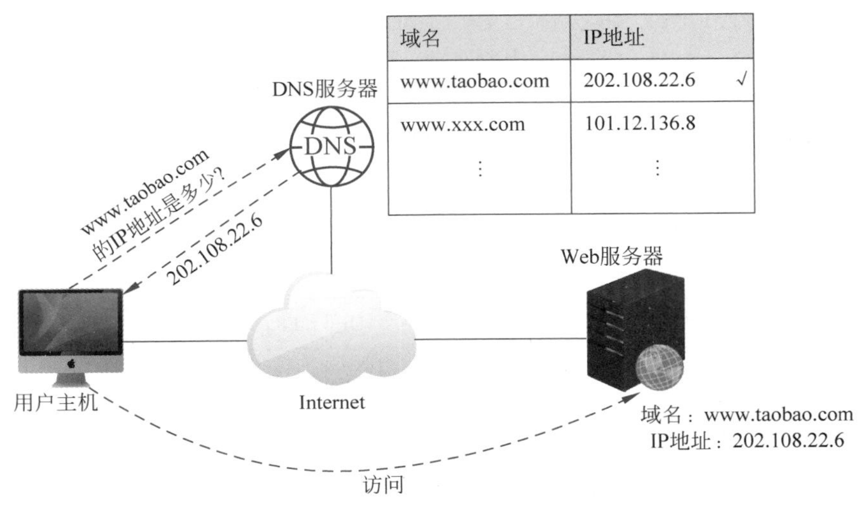

图 3-19 DNS 域名解析过程

2) 主机进行数据封装

用户主机根据 TCP/IP 模型分层对数据从上到下逐层进行封装,数据封装过程如图 3-20 所示。

在访问 Web 服务器上的网页时,应用层采用的协议是超文本传输协议 HTTP 或者加密的 HTTPS,浏览器将网址等信息组成 HTTP 数据,并将数据传送给传输层。

传输层在应用层传送来的数据前面加上 TCP 或者 UDP 头,并标记上源端口和目的端口,这两个端口为 Web 服务器的默认端口 80,形成 TCP 或者 UDP 报文段,然后将这个报文段传给网络层。

网络层收到传输层的数据段后会继续在数据段前面加上自己机器的 IP 地址和目的 IP 地址,形成 IP 数据报,然后将 IP 数据报传给数据链路层。

数据链路层收到 IP 数据报后,先在 IP 数据报的前面加上自己机器的 MAC 地址及目

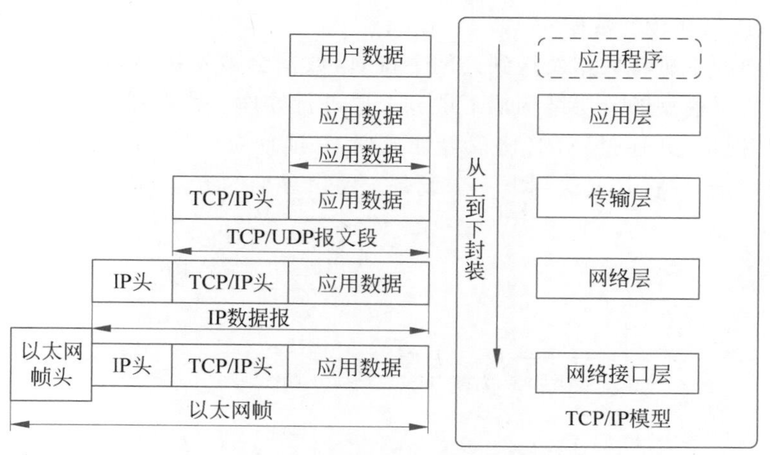

图 3-20　主机进行数据封装过程

的 MAC 地址，形成数据帧，然后通过物理网卡把数据帧以比特流的方式发送到网络上。

3）判断下一跳设备

首先通过子网掩码计算源主机和目的主机是否在同一个网段，如果在同一个网段，直接通过 ARP 寻址就可以找到局域网内的任意一台主机，下一跳设备就是目的主机，否则发送端主机无法知道目的主机的 MAC 地址，必须设置下一跳网关设备，即路由器。

4）交换机接收和转发数据

如果网络中存在交换机，则交换机接收到数据后会根据内部维护的 MAC 地址转发表找到目的 MAC 地址对应的端口，如果在转发表中找到目的 MAC 地址对应端口，就将数据转发到对应端口，否则交换机就发送广播数据帧，等待目的主机响应后记录并转发到目的 MAC 地址对应端口。交换机接收和转发数据的过程如图 3-21 所示。

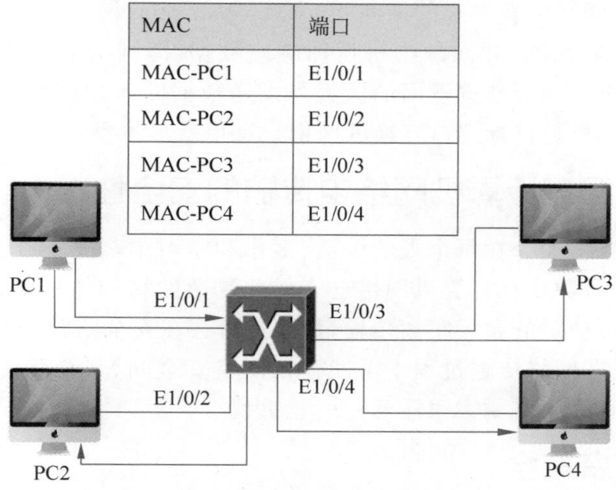

MAC	端口
MAC-PC1	E1/0/1
MAC-PC2	E1/0/2
MAC-PC3	E1/0/3
MAC-PC4	E1/0/4

图 3-21　交换机接收和转发数据的过程

5）路由器接收和转发数据

当局域网内的主机将数据发送到公网主机时，数据会被发送给路由器。路由器接收到数据后会根据协议模型的分层结构从下层到上层进行处理。路由器会基于路由选择获取下一跳设备的 IP 地址，并通过 ARP 协议寻址找到 IP 地址对应的 MAC 地址，然后路由器会自上而下封装数据，并将其发送到下一个设备。路由寻址的流程如图 3-22 所示。

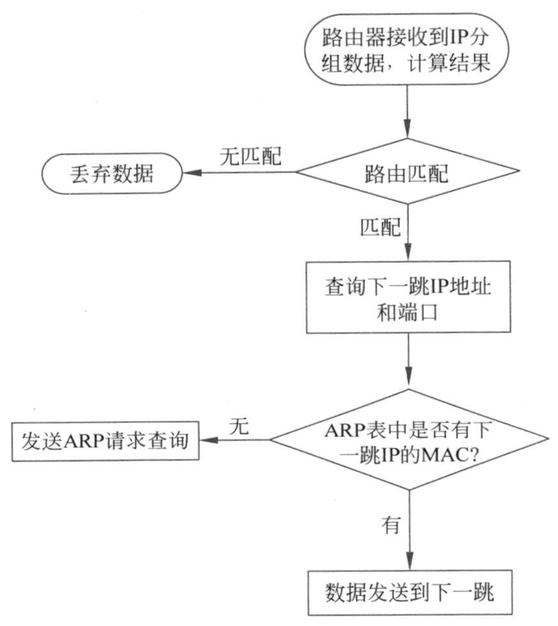

图 3-22　ARP 寻址的流程

6）目的主机接收和处理数据

目标主机接收到网络中发送来的访问 www.taobao.com 网页的数据，也是根据协议分层模型从下到上进行处理的，并向源主机返回响应数据，即网页的内容。当响应数据返回后，用户就能看到网页。响应数据返回的流程与发送数据的流程相同，只是源 IP 地址与目标 IP 地址互换及源端口与目标端口互换的区别。这里就不再重复说明了。

8min

3.2.10　数据在计算机网络中传输的安全性

随着互联网的发展，如今在每个人的生活、工作和学习中都离不开互联网了，每天有各种数据在网络中传输。数据在计算机网络这个如此复杂的结构体系中传输，可能经过成千上万台设备，经过不可估量的超远距离传输，数据是否存在安全问题呢？答案是肯定的。不仅发送和接收的数据在网络传输过程中可能存在网络安全问题，在互联网的使用过程中也存在着各种信息安全问题，需要大家注意并引起重视。

3.2.11　信息安全

信息安全是指信息系统（包括硬件、软件、数据、人、物理环境及其基础设施等）受到保护，不因为偶然的或者恶意的原因而遭到破坏、更改、泄露，系统可以连续可靠地正常运行，信息服务不中断，最终实现业务连续性。

信息安全问题体现出的显著特点有广泛性、灾难性、高智能性、隐蔽性、机动性、来源的多样性和防范对象的不确定性等。

随着全球互联和全球数字化的发展，在全民网络的时代，信息安全问题日益突出，各种网络攻击、敲诈勒索、数据窃取等全球范围内的信息安全重大事件频发。信息安全越来越受到各国政府的重视，近年来我国也非常重视信息安全工作。

1. 信息安全的目标

信息安全的目标是要保护信息系统的安全，保证信息的保密性、完整性、可用性，要从这些方面来管理、防范及降低安全风险。

(1) 保密性：是要防范信息泄漏给非授权用户的特性，强调有用信息只被授权个人或组织之间共享使用的特征。可以通过身份认证、信息加密、访问控制、安全通信协议等技术实现，其中信息加密是防范信息泄露的最基本手段。

(2) 完整性：是指信息在传输、交换、存储和处理的过程中保持信息真实、完整（不被破坏或篡改）、不丢失和信息未经授权不能改变的特性，是最基本的安全特征。

(3) 可用性：指信息资源可被授权人或组织按要求访问、正常使用，在异常情况下能恢复使用的特性。是网络信息系统面向用户的一种安全性能，保障系统为用户提供正常服务。

2. 信息安全分类

根据信息安全涉及的内容通常将信息安全分为物理安全、网络安全、系统安全、应用安全、管理安全等 5 个方面。

1) 物理安全

物理安全是指保护计算机设备、设施（网络及通信线路）免遭地震、水灾、火灾等自然灾害和环境事故（如电磁污染等），以及人为操作失误及计算机犯罪行为导致的破坏。保证计算机信息系统各种设备的物理安全，是整个计算机信息系统安全的前提。物理安全主要包括以下 3 个方面。

(1) 环境安全：对系统所有环境的安全保护，如区域保护（电子监控）和灾难保护（灾难的预警、应急处理、恢复等）。

(2) 设备安全：主要包括设备的防盗、防毁（接地保护）、防电磁信息辐射泄漏、防止线路截获、抗电磁干扰及电源保护等。

(3) 媒体安全：包括媒体数据的安全及媒体本身的安全。

物理安全是非常容易被忽视的，尤其是在一些小的单位和家庭中。一旦被黑客入侵，短短几分钟就会受到安全的威胁。

2) 网络安全

网络安全指网络上信息的安全，即网络中传输和保存的数据等信息的安全，保障网络安全使用的典型技术包括密码技术、设置防火墙、入侵检测技术、访问控制技术、认证技术、备份、虚拟专用网络技术等。

在局域网与公网之间，可以设置防火墙来实现内外网的隔离和访问控制，是保护内部网安全的主要措施之一，也是最有效、最经济的措施之一。

网络安全检测工具通常是一个网络安全性的评估分析软件或硬件，使用此类工具可以检测出系统的漏洞或潜在的威胁，增强网络安全性。

备份是为了尽可能快速地全面恢复运行计算机系统所需的数据和信息。备份可以在网络系统硬件出现故障或人为操作失误时起到保护作用，也可以在入侵者非授权访问或对网络进行攻击并破坏数据完整性时起到保护作用，同时也是系统灾难恢复的前提之一。

3）系统安全

系统安全包含操作系统安全和数据系统安全，数据库的安全往往被忽视，其实数据库系统也是一种非常重要的系统软件，与其他软件一样需要保护。系统安全可以通过操作系统加固、数据库加固、系统安全检测、审计分析等手段来保障。

4）应用安全

应用安全建立在系统平台之上，是应用程序在使用过程中的安全，是应用层的安全，包括 Web 安全、电子邮件安全等。

5）管理安全

安全是一个整体，完整的安全解决方案不仅包括物理安全、网络安全、系统安全和应用安全等技术手段，还需要以人为核心的策略和管理支持。信息安全至关重要的往往不是技术手段，而是对人的管理。无论采用了多么先进的技术设备，只要安全管理上有漏洞，那么这个系统的安全就没有保障。专家们一致认为“30％的技术，70％的管理”，而且信息安全是一个动态的过程，必须通过一个动态的管理来保证安全。

3. 计算机病毒

计算机病毒会严重地破坏计算机信息系统，是信息安全重点防范对象之一。计算机病毒是指编制者在计算机程序中插入的能够自我复制的一组计算机指令或程序代码，用于破坏计算机功能或者破坏数据，从而影响计算机正常使用。

计算机病毒具有传染性、隐蔽性、感染性、潜伏性、可激发性、表现性和破坏性等典型的特点。

4. 常见的计算机病毒

随着计算机和互联网的快速发展，计算机病毒不断地推陈出新，变形速度和破坏力不断提高，呈现新的发展趋势。目前常见的计算机病毒主要有系统病毒、蠕虫病毒、木马病毒、脚本病毒、宏病毒等。

1）系统病毒

系统病毒的前缀为 Win32、PE、Win95、W32、W95 等，这些病毒一般可以感染 Windows 操作系统的 *.exe 和 *.dll 文件，并通过这些文件进行传播，例如 CIH 病毒。

2）蠕虫病毒

蠕虫病毒的前缀是 Worm，这种病毒是通过网络或系统漏洞进行传播，很大部分的蠕虫病毒有向外发送带毒邮件、阻塞网络的特性。例如感染型的蠕虫病毒有熊猫烧香、小邮差（发带毒邮件）等。

3）木马病毒

木马病毒的前缀是 Trojan，黑客病毒的前缀名一般为 Hack。木马病毒是通过网络或系统漏洞进入用户的系统并隐藏，然后向外界泄露用户的信息，而黑客病毒则有一个可视的界面，能对用户的计算机进行远程控制。木马、黑客病毒往往是成对出现的，即木马病毒负责侵入用户的计算机，而黑客病毒则会通过该木马病毒来进行控制。现在这两种类型的病毒越来越趋向于整合了。

4）脚本病毒

脚本病毒的前缀是 Script、VBS 和 JS 等，脚本病毒是使用脚本语言编写的并通过网页进行传播的病毒，例如红色代码（Script. Redlof）、欢乐时光（VBS. Happytime）、十四日（Js. Fortnight. c. s）等。

5）宏病毒

宏病毒的前缀是 Macro，第二前缀是 Word、Word97、Excel、Excel97 中的一个。该类病毒的共同特点是能感染 Office 系列文档，然后通过 Office 通用模板进行传播，例如著名的美丽莎（Macro. Melissa）、Macro. Word97。

6）后门病毒

后门病毒的前缀是 Backdoor，是通过网络传播的，给系统开后门，给用户的计算机带来安全隐患。例如 IRC 后门 Backdoor. IRCBot。

7）病毒植入程序

病毒植入程序是在运行时会从内部向系统目录释放出一个或多个新的病毒，由释放出来的新病毒造成破坏。例如冰河播种者（Dropper. BingHe2. 2C）、MSN 射手（Dropper. Worm. Smibag）等。

8）破坏性程序病毒

破坏性程序病毒的前缀是 Harm，本身具有诱人单击的图标来引诱用户单击，当用户单击这类病毒时，病毒就会直接对用户计算机造成破坏。例如格式化 C 盘（Harm. formatC. f）、杀手令（Harm. Command. Killer）等。

9）玩笑病毒

玩笑病毒的前缀是 Joke，也称为恶作剧病毒。这类病毒本身具有诱人单击的图标来引诱用户单击，当用户单击这类病毒时，病毒会做出各种破坏操作来吓唬用户，但实际上病毒并没有对用户计算机进行任何破坏。例如女鬼（Joke. Girlghost）病毒。

10）捆绑机病毒

捆绑机病毒的前缀是 Binder。这类病毒的作者会使用特定的捆绑程序将病毒与一些应用程序（如 QQ、IE）捆绑起来，表面上看是一个正常的文件，当用户运行这些捆绑病毒时会正常运行这些应用程序，然后隐藏运行捆绑在一起的病毒，从而给用户造成危害。例如捆绑 QQ（Binder. QQPass. QQBin）、系统杀手（Binder. killsys）等。

5. 常用防范计算机病毒的技术

计算机病毒无时无刻不在关注并时刻准备攻击，但计算机病毒也不是完全不可控的，通常用户可以从安装杀毒软件、提升信息安全意识、培养良好的上网习惯等方面防范。

(1) 安装最新的杀毒软件：及时升级杀毒软件病毒库，定期扫描查杀病毒，上网时开启杀毒软件的监控，不要执行未经杀毒处理的软件，另外打开 Windows 更新功能，以及时打全系统补丁。

(2) 提升信息安全意识：不贪图小便宜，使用移动存储设备时，尽可能不要共享设备，防止移动存储设备成为病毒传播的途径和攻击的目标，在对信息安全要求较高的场所和设备，不经授权不能随意使用 USB 接口、使用相机拍摄或安装即时通信工具，尽量专机专用。

(3) 培养良好的上网习惯：不访问来源不明或可能带有病毒的网站，对不明邮件及附件慎重打开，不接收可疑红包陷阱等，密码设置不要太常用和简单，猜测简单密码是许多网络病毒攻击系统的一种新方式。

(4) 另外一旦发现异常或计算机受到病毒侵害，应该及时中断网络，将异常计算机隔离，以免病毒在网络中传播。

对于专业研发人员，在产品研发过程中，可以通过加密技术、身份认证、数字证书技术、配置防火墙等方面来对产品进行完善，增强产品的安全性能，防范和减少病毒带来的破坏。

(1) 加密：加密技术是利用一定的加密算法，将明文转换成无意义的密文，阻止非法用户获取和理解原始明文数据，确保数据的安全性，是一种主动的信息安全防护措施。目标用户收到后再通过解密还原原始数据。密码技术的工作原理如图 3-23 所示。

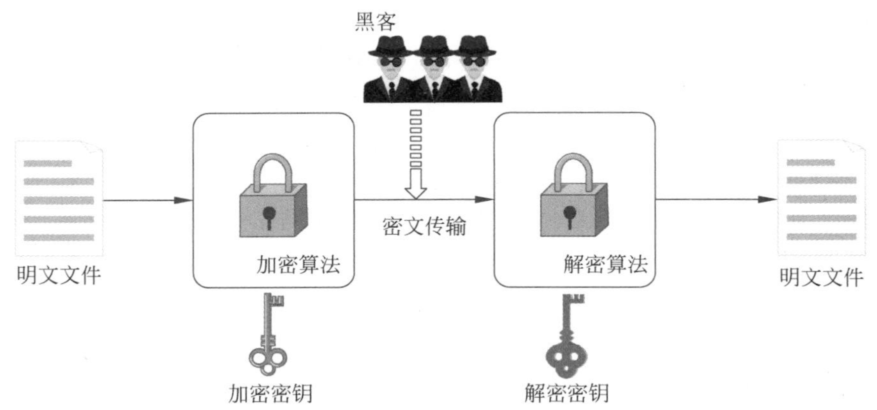

图 3-23 密码技术工作原理

常见的加密方式有 MD5、SHA1、AES、DES、RSA、ECC 加密等，其中 MD5、SHA1 采用的是哈希算法进行加密，一般是不可逆的，加密简单，速度很快。通常不用于加密，而是被应用在检查文件完整性和数字签名等场景。AES、DES 是典型的对称加密算法，RSA、ECC 加密则是非对称加密算法，对称加密算法的优点是速度快，但同时安全性较低，而非对称加密算法则非常安全，但速度相对较慢。用户需要根据实际应用场景选择合适的加密方式，在实际网络应用中一般混合使用。

(2) 身份认证：是证实实体对象的数字身份与物理身份是否一致的过程，身份认证具有唯一性、非描述性、权威签发等几个特性，身份认证的凭证一般有账户口令、令牌或者生物特征等，其中基于口令的身份认证是应用最广泛的一种，也就是常用的用户名和密码的方式，口令设置一定要遵循易记、难猜、抗分析的原则。令牌指常用的U盾、智能卡等，而生物特征就是常用的指纹、虹膜、签名、语音等认证方式。

(3) 数字证书：是标识网络用户身份信息的一系列数据，用于在网络通信中识别通信各方的身份。数字证书是由权威认证机构数字签名的数字文件，一般包含用户的身份信息、用户的密钥信息、身份验证机构及数字签名等数据。数字证书主要在网上银行、电子商务的交易、在线支付及电子病历管理中广泛应用。

(4) 防火墙：借鉴了古时候用于防火的防火墙的喻义，防火墙是隔离企业内部网络与互联网之间或与其他外部网络之间的一道防御系统，是由硬件和软件组成的系统，可以通过限制网络互访来保护内部网络。防火墙根据工作方式的不同分为个人防火墙和网络防火墙。目前防火墙的应用非常广泛，无论是个人计算机还是企业网络都配置了防火墙。网络防火墙架构如图3-24所示。

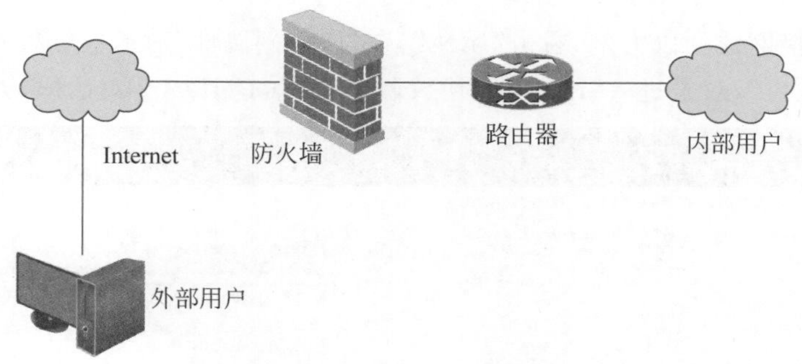

图3-24 网络防火墙的架构

3.3 任务实施

通过普及知识，小强对计算机网络的软硬件组成、计算机网络体系结构及计算机网络的工作原理都有了清楚的认识，也认识到信息安全的重要性和基本的安全防范意识，开始配置计算机网络接入公司的企业网络，并安装更新杀毒软件，配置个人防火墙，开始日常的工作。

3.3.1 配置计算机网络

小强从公司IT管理员那里获得了自己计算机的指定专用IP地址为192.168.3.132，公司局域网的网关地址为192.168.3.1，DNS服务器地址为101.198.128.68。接下来开始操作，配置的步骤如下。

1. 配置网络

(1) 按快捷键Win+R，在“运行”对话框中输入control，按Enter键，打开控制面板，选择“网络和Internet”→“网络和共享中心”→“更改适配器设置”，进入网络连接，如图3-25所示。

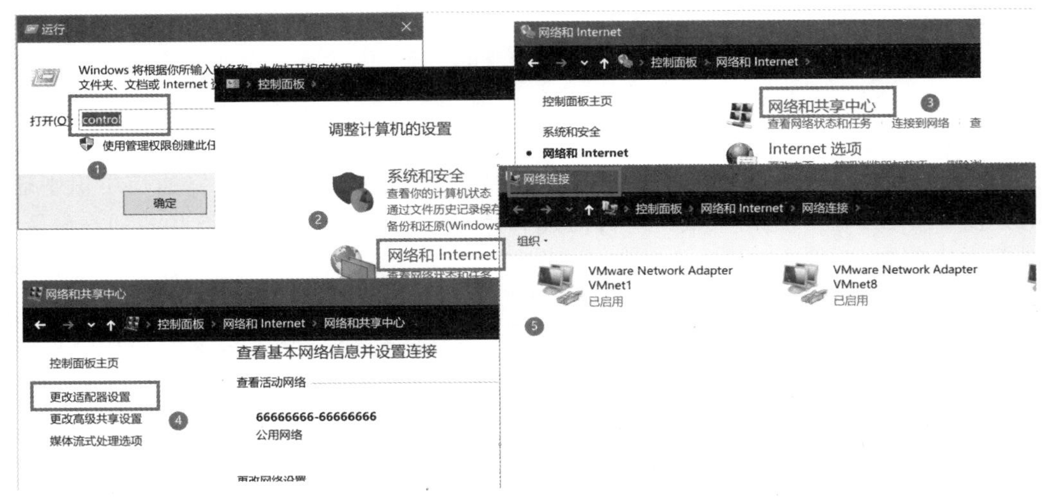

图 3-25　网络连接窗口

（2）找到连接网线的以太网，右击“属性”，在“以太网属性”对话框中找到“Internet 协议版本 4（TCP/IPv4）”，双击进入“Internet 协议版本 4（TCP/IPv4）”对话框，如图 3-26 所示。

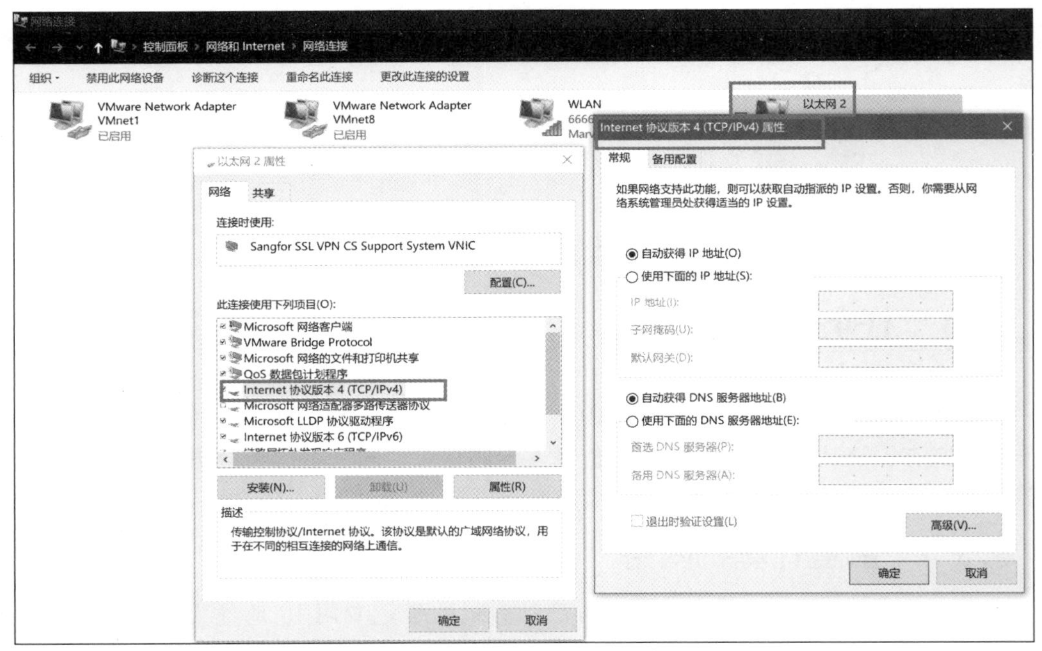

图 3-26　Internet 协议版本 4（TCP/IPv4）属性对话框

（3）根据 IT 管理员给的网络信息进行设置，IP 地址设置如图 3-27 所示。

平常通过无线网络 WiFi 进行网络连接的时候，一般选择自动获得 IP 地址，无须自己设置具体的 IP 地址等信息，但这里是通过网线接入公司的企业网络，就需要选择使用下面的 IP 地址。

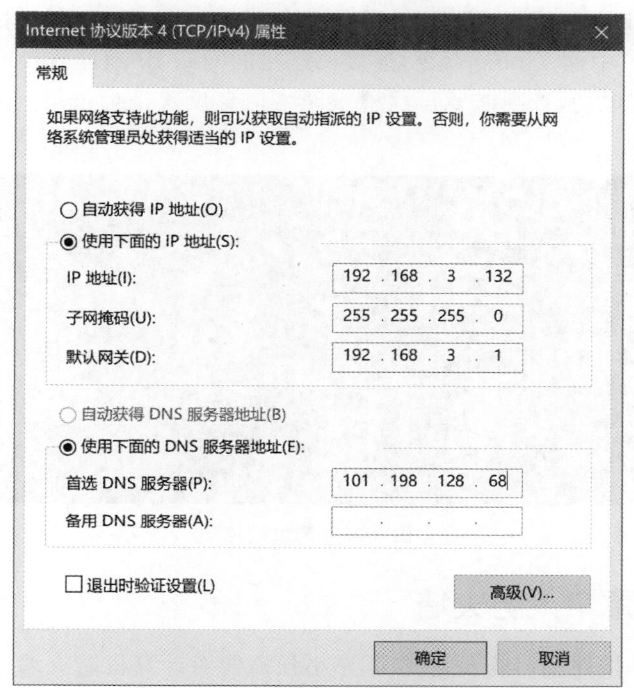

图 3-27　IP 地址设置

设置自己专用的 IP 地址在“IP 地址”一栏，这里需要注意，很多企业的网络 IT 管理员在路由器中设置了 IP 地址与计算机 MAC 地址绑定，也就是说计算机只有使用分配的专用 IP 地址才能正常接入。

在子网掩码一栏中，将子网掩码设置为 255.255.255.0，表示在同一子网中可以有 254 台机器，一般是够用的，IT 管理员在设置子网时也会考虑同一网段的用户数问题。

默认网关一栏，填入 IT 管理员给的公司局域网的网关地址，只有通过此地址才能正常接入公司网络并通过此网关与外网进行通信。

因为需要手动设置 DNS 服务器地址，所以选择使用下面的 DNS 服务器地址，并在首选 DNS 服务器栏中设置 IT 管理员给的 DNS 服务器地址即可，如果某些大型企业的网络有多个 DNS 服务器地址，则可以填上备用 DNS 服务器地址，一般只填一个。

设置完成之后，单击“确定”按钮关闭弹窗，网络就设置好了。

2. 测试网络连接

设置好的网络是否可以正常使用呢？下面来测试一下。

如果公司网络允许连接 Internet，则可直接打开浏览器，进入 www.baidu.com 或其他可用的外网地址，如果公司网络已经解除对 Internet 的限制，则浏览器连接公司的内部网站访问即可验证。通常也可以使用命令 ping 要访问的 IP 地址，查看是否有响应。命令行的使用方式如下：

(1) 按快捷键 Win+R,在“运行”对话框中输入 cmd,按 Enter 键,打开命令行窗口。

(2) 在“命令行”中输入 ping 命令,连接要连接的网站 IP 地址或者网关地址,如果有响应,则表示网络设置成功,否则需要再次检查网络信息设置是否正确。使用 ping 命令测试网络如图 3-28 所示。

```
C:\Users\lzyi_>ping www.taobao.com -t

正在 Ping www.taobao.com.danuoyi.tbcache.com [2409:8c62:e10:4:303::3fc] 具有 32 字节的数据:
来自 2409:8c62:e10:4:303::3fc 的回复: 时间=26ms
来自 2409:8c62:e10:4:303::3fc 的回复: 时间=39ms
来自 2409:8c62:e10:4:303::3fc 的回复: 时间=24ms
来自 2409:8c62:e10:4:303::3fc 的回复: 时间=31ms
来自 2409:8c62:e10:4:303::3fc 的回复: 时间=28ms
来自 2409:8c62:e10:4:303::3fc 的回复: 时间=19ms
来自 2409:8c62:e10:4:303::3fc 的回复: 时间=17ms
来自 2409:8c62:e10:4:303::3fc 的回复: 时间=35ms
来自 2409:8c62:e10:4:303::3fc 的回复: 时间=29ms
来自 2409:8c62:e10:4:303::3fc 的回复: 时间=18ms
来自 2409:8c62:e10:4:303::3fc 的回复: 时间=20ms
来自 2409:8c62:e10:4:303::3fc 的回复: 时间=18ms
来自 2409:8c62:e10:4:303::3fc 的回复: 时间=37ms
来自 2409:8c62:e10:4:303::3fc 的回复: 时间=19ms
来自 2409:8c62:e10:4:303::3fc 的回复: 时间=19ms
来自 2409:8c62:e10:4:303::3fc 的回复: 时间=25ms
来自 2409:8c62:e10:4:303::3fc 的回复: 时间=23ms
```

图 3-28 测试网络

3.3.2 配置个人防火墙

网络配置好后,按照公司的规定,接下来小强需要对计算机防火墙进行配置,配置的操作步骤如下:

(1) 按快捷键 Win+R,在“运行”对话框中输入 control,按 Enter 键,打开控制面板,选择“系统和安全”→“Windows Defender 防火墙”,进入 Windows Defender 防火墙对话框,左侧是设置防火墙的“功能列表”,右侧是计算机的 Windows Defender 防火墙状态、传入连接、活动的公用网络和通知状态等防火墙的“设置状态”,如图 3-29 所示。

图 3-29 Windows Defender 防火墙对话框

（2）在“Windows Defender 防火墙”对话框，单击“允许应用或功能通过 Windows Defender 防火墙”，对允许的应用和功能进行选择设置。在需要应用的应用或者功能后面勾选“专用”或“公用”，不同的应用可以选择不同的方式，选择好了以后，单击“确定”按钮即可，注意仅选择专用的应用和功能，将不能与公用外网连接。配置允许的应用和功能如图 3-30 所示。

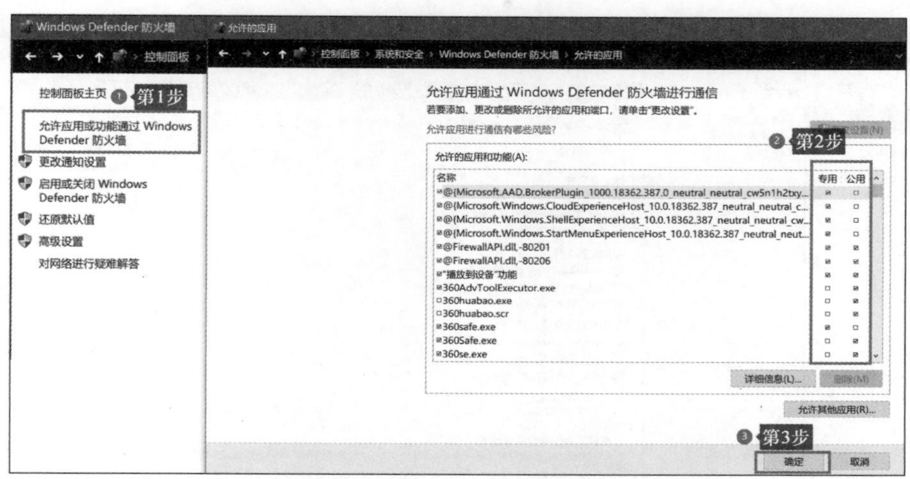

图 3-30　配置允许的应用和功能

（3）在“Windows Defender 防火墙”面板的功能列表中，单击“启用或关闭 Windows Defender 防火墙”，可以自定义设置专用网络和公用网络中是否启用 Windows Defender 防火墙的设置，如果设置“启用 Windows Defender 防火墙”，则计算机在接入专用网络或者公用网络时将使用防火墙的配置。设置好以后，单击“确定”按钮。如果设置错误或者希望回到计算机防火墙的默认设置，则可以单击面板功能列表中的“还原默认值”，如图 3-31 所示。

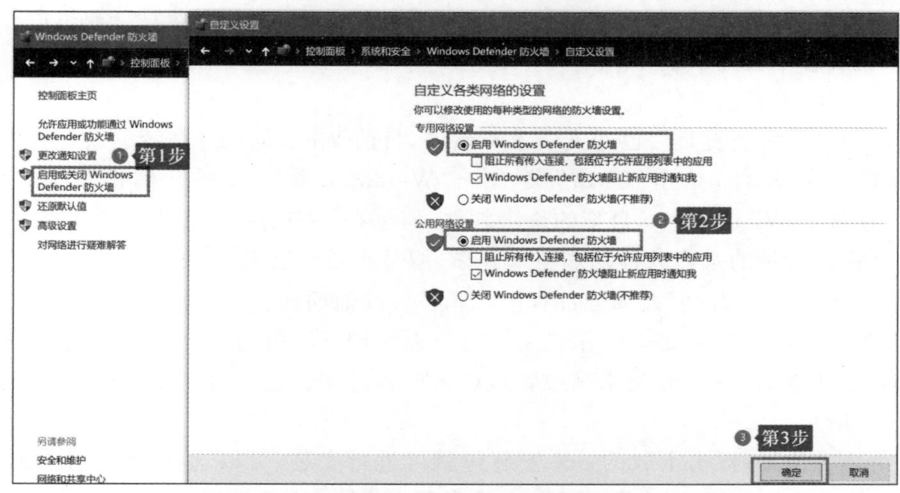

图 3-31　设置启用 Windows Defender 防火墙

(4) 对于普通的用户,防火墙设置到这里就可以了,但对安全有更高要求的用户,可以单击防火墙面板的功能列表中的“高级设置”,进入“高级安全 Windows Defender 防火墙”面板,进一步设置防火墙。高级安全 Windows Defender 防火墙提供基于主机的双向网络流量筛选,阻止流入或流出本地设备的未经授权的网络流量。还可以使用 Internet 协议安全性(IPsec)保护在网络间传送的流量的连接安全规则,如图 3-32 所示。

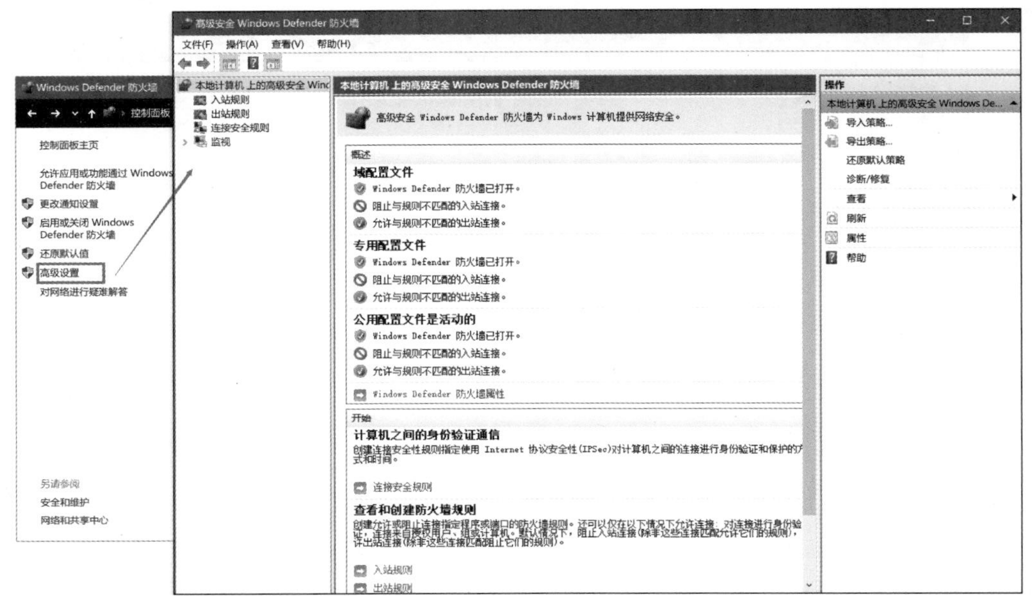

图 3-32 高级安全 Windows Defender 防火墙设置面板

3.3.3 安装或者更新杀毒软件

防火墙安装好了,小强继续检查计算机上杀毒软件的情况,并定期对计算机进行安全扫描和检测,操作步骤如下:

1. 安装或者更新杀毒软件

(1) 在“开始”中查看是否已经安装杀毒软件,目前 Windows 10 系统的新计算机一般安装了内置的杀毒软件,单击“开始”菜单→“Windows 系统”,展开后能看到 Windows Defender,这就是 Windows 10 自带的杀毒软件,但也有一些系统没有内置杀毒软件。

(2) 计算机自带的杀毒软件功能更加纯净,但是查杀力度不够,第三方的杀毒软件扫描更加全面,杀毒更加强力,但大部分带有广告和各种其他插件。一般用户计算机可以继续安装计算机管家、360 安全卫士、360 杀毒来全方位地保护计算机的安全,安装时最好在产品的官方网站进行下载,防止下载到木马或者被植入广告的安装包,例如 360 安全卫士的官网下载如图 3-33 所示。

(3) 下载完成后,双击下载的 exe 安装包就可进行安装,可以选择“下一步”默认安装,直到完成,在 360 安全卫士中,除了可以查杀病毒木马外,还有系统修复、软件管家等功能,

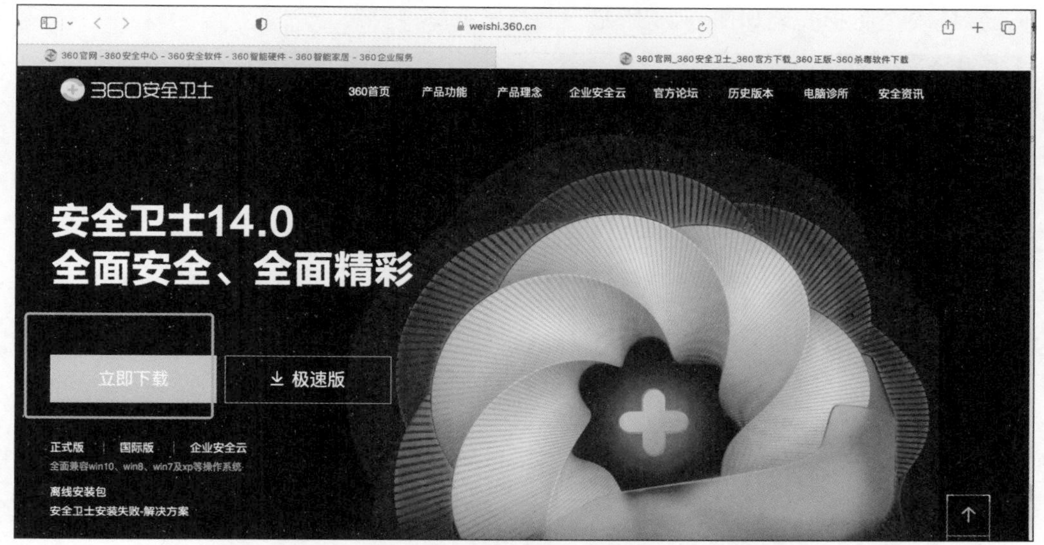

图 3-33　360 安全卫士官方下载

安装完成后 360 安全卫士的界面如图 3-34 所示。

图 3-34　360 安全卫士主界面

2. 开启 360 安全卫士防护

(1) 打开 360 安全卫士软件，单击主页面顶部的“功能大全”→“全部工具”→“计算机安全”→“系统安全防护”，进行系统安全防护安装，如果之前已经安装过，再单击就是进行修补。系统安全防护安装如图 3-35 所示。

图 3-35 系统安全防护安装

(2) 系统安全防护安装完成后，再次单击“系统安全防护”，打开 360 系统安全防护弹窗面板，在面板中将“开启 360 系统防黑安全防护服务”右边的开关打开，使其变成绿色，360 安全卫士的防护功能就开启了。360 安全卫士的系统防护功能开启如图 3-36 所示。

图 3-36 开启 360 安全卫士的系统防护功能

3. 扫描和病毒检测

360 安全卫士的系统防护功能开启后，就可以正常对系统进行防护和安全检测了，接下来扫描和检测一下计算机的安全情况。

单击 360 系统安全防护页面底部的“立即检测”按钮，开始进行扫描，扫描完成后，如果检测到漏洞和问题，则可单击右上角的“立即处理”按钮，完成处理，最后单击“确定”按钮完成扫描和检测，这个安全检测过程后期需要定期做。360 系统安全防护检测过程如图 3-37 所示。

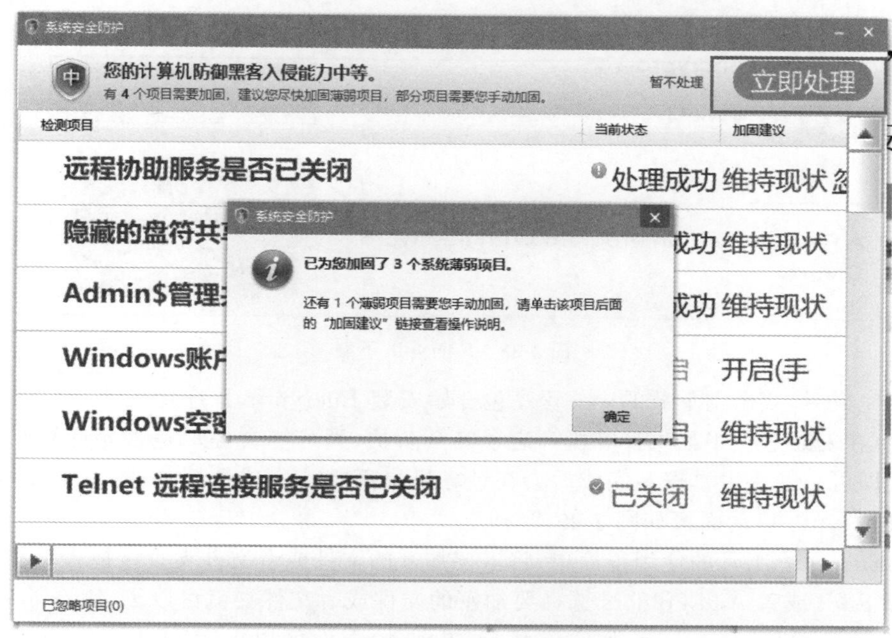

图 3-37 360 系统安全防护检测过程

3.3.4 使用加密工具对文件进行加密和完整性校验

小强完成了防火墙和杀毒软件等安全设置后，开始了正常有序的工作，有一天他又遇到了新问题。小强的同事在外地出差，他需要小强将一个与工作相关的技术文件发给他，小强在请示了领导之后，需要对该文件先进行加密，再通过邮件发送给同事，操作步骤如下。

1. 对技术文件进行加密

(1) 对文件进行加密，小强首先要找一款合适的文件加密工具，目前市场上有非常多的文件和文件夹加密工具，如打开 360 软件管家，在搜索框输入加密，就能找到很多的加密工具，小强选择了一款公司很多同事在使用的小巧方便的加密工具 Encrypto。

Encrypto 是一个免费的、极简的、跨平台的文件和文件夹加密工具，不仅支持 Windows 系统，还支持 Mac 系统。Encrypto 应用程序使用 AES-256 加密，使用该工具可以轻松地对文件和文件夹进行加密，生成一个加密后的文件，对方获取加密文件后，使用对应的加密密码即可对文件进行解密，查看原文件的内容。

(2) 下载 Encrypto 加密工具，在百度搜索框中输入 Encrypto，进入官网进行下载，如图 3-38 所示。

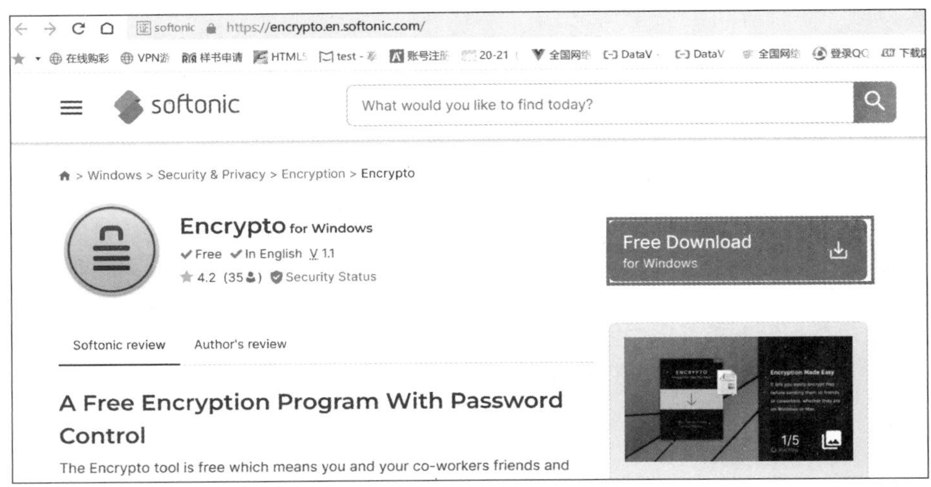

图 3-38 Encrypto 下载

下载完成后，双击刚下载的 exe 程序包开始安装 Encrypto，程序比较小，可以快速完成安装，注意在安装过程中如果计算机开启了安全防护，则可能会提示是否允许修改注册表，选择允许即可。加密工具安装完成后会在计算机桌面默认生成快捷方式，双击即可启动加密工具，Encrypto 启动面板如图 3-39 所示。

(3) Encrypto 工具的使用很简单，将需要加密的文件或者文件夹直接拖入，或者通过程序的 Add Files 或者 Add Folders 选择要加密的文件或者文件夹就可以了，Encrypto 可以加密任何类型的文件，Encrypto 加密完成后，生成的文件可以保存到计算机的任意位置。Encrypto 加密生成的文件如图 3-40 所示。

图 3-39 Encrypto 启动页面

图 3-40 Encrypto 加密生成的文件

2. 规范编写电子邮件并发送

电子邮件是一种用电子手段提供信息交换的通信方式，是互联网应用最广泛的服务之一。通过电子邮件系统，用户可以以非常低廉的价格、非常快速的方式与世界上任何一个角落的网络用户进行联系。电子邮件可以是文字、图像、声音等多种形式，极大地方便了人与人之间的沟通与交流，促进了社会的发展。编写电子邮件并发送包括以下步骤：

（1）启动浏览器，在网址栏中输入 QQ 邮箱的登录网址，进入登录界面，通过自己的邮箱账户和密码登录邮箱。

（2）登录邮箱后，单击“写信”按钮，进入编辑新邮件页面，如图 3-41 所示。

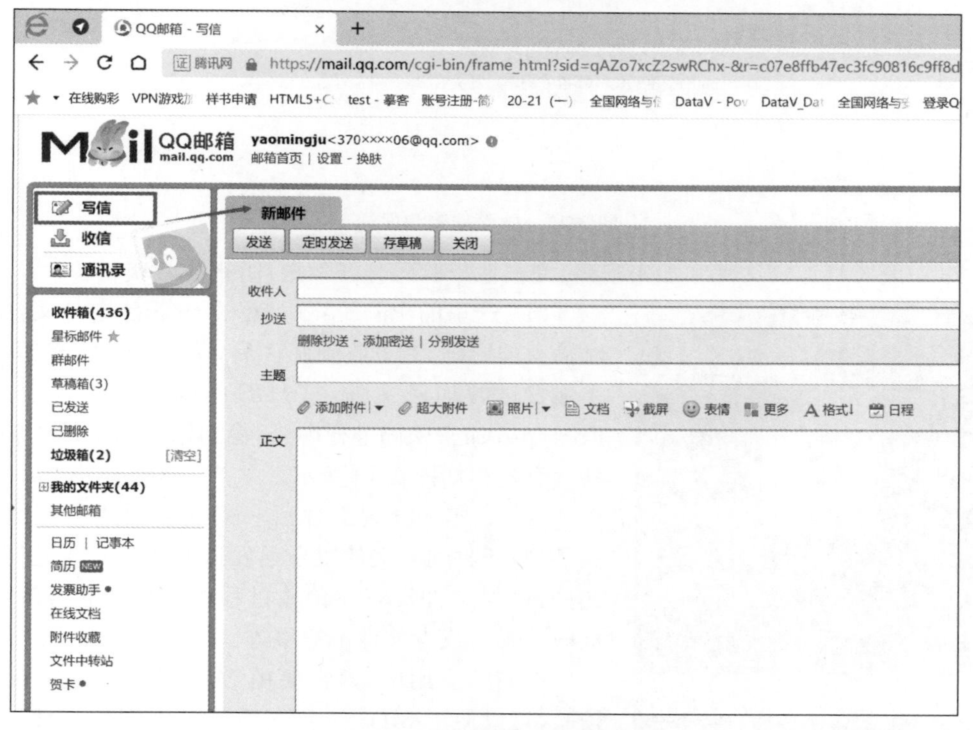

图 3-41　编辑新邮件页面

（3）“收件人”为对方的邮箱地址，“抄送”为与此事相关需要知晓的人的邮箱地址，一般领导和其他需要知晓此事的人都在抄送人之列。“主题”为简明扼要描述邮件的主要内容和目的，让人一目了然，看主题就知道邮件的内容。“正文”一般以纸质信件的格式进行编写，有称谓、主要内容和落款等信息，需要注意在编写邮件的主要内容时，可以通过字体、颜色和格式等突出重点信息。

（4）单击“添加附件”，将已经加密的文件以附件的形式上传到邮件中，跟随邮件一起发送，编辑完成后，单击“发送”按钮进行发送，如图 3-42 所示。

3. 对文件进行完整性检查

加密文件跟随电子邮件在计算机网络中其实有被截获或者破坏的可能，根据信息安全

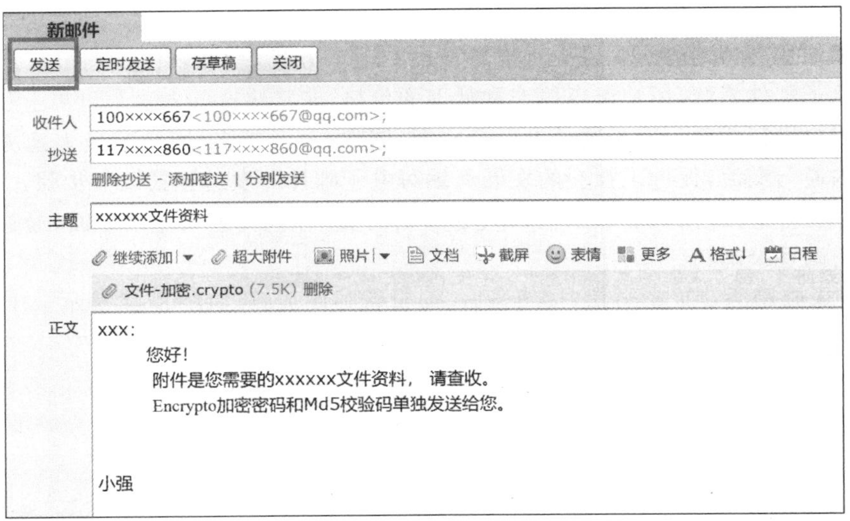

图 3-42 邮件编辑和发送

的要求，一般要将加密文件和加密密码、完整性校验码分开发送，防止被截获和破解。

图 3-43 Encrypto 解密过程

(1) 这里的 Encrypto 加密密码就是进行文件加密时输入的密码，对方收到邮件后，单击“下载”按钮，获得小强发送的加密文件，打开 Encrypto 应用程序，输入 Encrypto 加密密码进行解密，得到原始的文件资料。文件解密过程如图 3-43 所示。

(2) 事实上收到文件后一般还需要进行完整性校验，以验证收到的文件跟小强发送的文件是否是同一个文件，确保文件没有在传输过程中被截获和修改，以及被嵌入木马或者文件不完整等。

在实际应用中，通常使用 MD5 工具来进行完整性校验，可以使用 MD5 工具查看已经加密的文件信息和 MD5 值。MD5 工具有很多，可以在 360 软件管家直接安装，如图 3-44 所示。

(3) 这里下载的 MD5 工具是一个免安装的，下载解压后，双击可执行文件便可进入 MD5 工具使用面板，“计算类型”选择 MD5，单击“计算文件哈希值”，选择之前加密的文件，在“哈希值”和“字符串”栏中显示该加密文件的 MD5 哈希值和文件的详细信息。MD5 校验过程如图 3-45 所示。

(4) 小强的同事收到文件后会使用跟上一步完全一样的操作过程，验证他收到的这个加密文件的 MD5 哈希值，对比小强给的 MD5 哈希值，如果是一样的，则表明文件是完整且与发送的文件一致，否则就是存在安全问题的文件，需要丢弃处理。

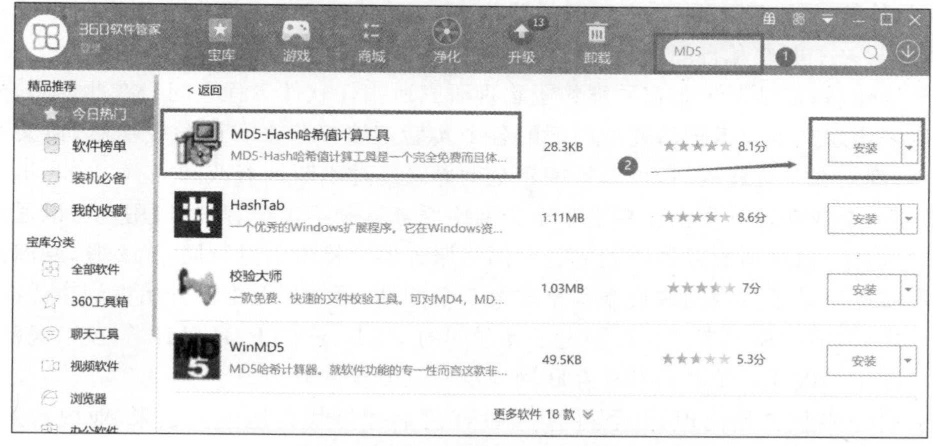

图 3-44　360 软件管家安装 MD5 工具

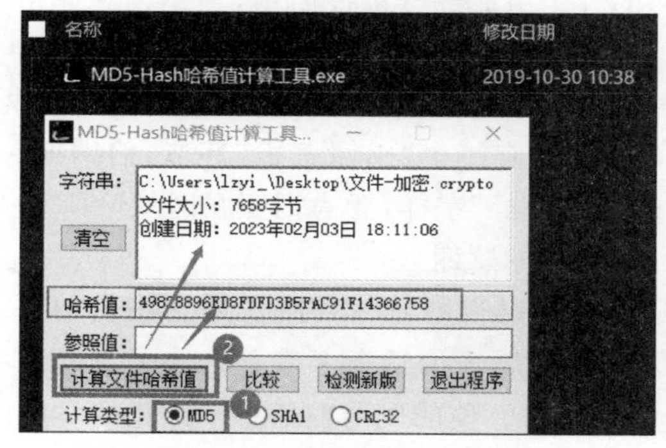

图 3-45　MD5 校验过程

人物介绍

蒂姆·伯纳斯·李

蒂姆·伯纳斯·李(Tim Berners-Lee),1955 年 6 月 8 日生于英格兰伦敦西南部,英国计算机科学家,1973 年,他中学毕业,进入牛津大学王后学院深造,最后以一级荣誉获得物理学士学位。2017 年,他因“发明万维网、第 1 个浏览器和使万维网得以扩展的基本协议和算法”而获得 2016 年度的图灵奖。历来也荣获 20 世纪最重要的 100 个人物,BBC 最伟大的 100 名英国人等诸多荣誉,也是公认的世界“互联网之父”。

1973 年,伯纳斯·李中学毕业,进入牛津大学王后学院深造。伯纳斯·李打小就是一个“不安分”的孩子,大学时代他用电烙铁、晶体管-晶体管逻辑门、一块摩托罗拉6800微处理器和一台旧电视机制作了一台计算机，还因与一个朋友私自闯入其他计算机系统而被禁止使用大学的计算机。

大学毕业后，伯纳斯·李在欧洲粒子物理研究所担任软件工程顾问。在此期间，他一直构想可以采用超文本技术把研究所内部的各个实验室连接起来。试验成功后，他又不断修改立项书，规划在系统建成后，可以扩展到全世界。经过不断地修改和完善，1989年仲夏之夜，伯纳斯·李成功地开发出世界上第1个网络服务器和第1个客户机，用户可以通过超文本传输协议从一台网络服务器转到另一台网络服务器上检索信息。同年12月，欧洲粒子物理研究所首次启动了万维网并成立了全球第1个网站，第二年万维网开始得到广泛应用。

在此之后，伯纳斯·李又相继制定了互联网的URIs、HTTP、HTML等技术规范，并在美国麻省理工学院成立了非营利性互联网组织——万维网联盟。

1960年互联网开始出现，但是到了1989年之后才爆炸式地繁荣起来，业内普遍认为，伯纳斯·李发明的万维网起了决定性的作用，1989年是互联网史上划时代的分水岭。

可能最初构成万维网的各个组成部分都很简单，伯纳斯·李的功绩在于将它们有效地组合在一起，使它们发挥出最大的效用。不过，他并未为“WWW”申请专利或者限制人们使用，从这个方面来讲，他最大的贡献是无偿地将他的主意提供出来供人们使用。

2012年伦敦奥运会开幕式上有一个“感谢蒂姆”环节，伯纳斯·李坐在他熟悉的“计算机”前，打出了“This is for Everyone”字样，意为把互联网献给所有人。他是英国人的骄傲，并在那一刻接收到了来自全世界的感谢。

伯纳斯·李并没有靠万维网谋得财富。《时代》周刊将伯纳斯·李评为世纪最杰出的100位科学家之一，并称万维网只属于伯纳斯·李一个人，“与所有推动人类进程的发明不同，这是一件纯粹个人的劳动成果。他的发明在信息全球化的发展中的意义，可以比肩古印刷术。”

习题

1. 选择题

(1) 第1代计算机网络的特点是(　　)。

A. 没有主机　　B. 没有终端

C. 只有主机有运算和存储能力　　D. 具备分组交换能力

(2) 以下属于物理层的设备是(　　)。

A. 网卡　　B. 路由器　　C. 交换机　　D. 以上都是

(3) TCP和UDP的相同点是(　　)。

A. 都是面向连接的协议　　B. 都是传输层协议

C. 都是面向非连接的协议　　D. 以上都不是

(4) DNS是(　　)。

A. 域名解析服务器　　B. 地址解析协议

C. 一个网络中 DNS 只能有一个　　D. 以上描述都正确

(5) 光纤的纤芯是(　　)。

A. 塑料　　B. 铜　　C. 玻璃　　D. 合金

(6) 传输速度最快的是(　　)。

A. 双绞线　　B. 同轴电缆　　C. 网线　　D. 光纤

(7) IP 地址中全 1 的 IP 地址用于(　　)。

A. 广播　　B. 本机地址　　C. 网络号　　D. 主机号

(8) 信息安全的目标是要保证信息的保密性、完整性和(　　)。

A. 安全性　　B. 可用性　　C. 广泛性　　D. 灾难性

(9) 安全性最好的加密方式是(　　)。

A. MD5　　B. SHA1　　C. AES　　D. RSA

(10) 以下不是 MAC 地址的特点是(　　)。

A. 48 位串行号

B. 出厂就确定了,不能修改

C. 可以给每台计算机设置一个 MAC 地址

D. 每个网卡有一个唯一的 MAC 地址

2. 填空题

(1) 计算机网络中是根据________来区分不同的设备的。

(2) 计算机网络中________又叫地址解析协议,是可以根据 IP 地址获取 MAC 地址的协议。

(3) 第 1 代计算机网络的典型代表是________。

(4) TCP/IP 协议模型四层结构分为应用层、________、________、网络接口层。

(5) 计算机网络主要有________、高效数据交换、________、分布式处理、高可靠性等的特点。

(6) 计算机网络按覆盖范围划分,可分为 ________、城域网、广域网和________。

(7) 路由器的功能是在 OSI 模型中,完成________及第 3 层中继任务。

(8) 计算机网络操作系统按工作的模式可以分为集中模式、________和对等模式几种。

(9) 在计算机网络中著名的 TCP 和 UDP 协议在 TCP/IP 模型的________层。

(10) 在信息安全中,常用的安全技术身份认证是证实实体对象的数字身份与物理身份是否一致的过程,身份认证具有________、非描述性、________几个特性。

3. 简答题

(1) 请描述计算机网络 TCP/IP 四层模型与 OSI 模型,以及两个模型的对应关系。

(2) 简述信息安全定义及如何防范信息安全。

第4章 文字处理软件Word 2021

CHAPTER 4

8min

9min

8min

4.1 任务导入

某大学要进行暑期三下乡志愿支教服务活动，需要招募两名宣传委员，主要负责活动的策划及文案编辑宣传工作，要求参选的学生能熟练利用文档编辑软件制作活动策划、证书制作、表格制作、论文排版等文档，以及熟练地使用邮件合并等功能，部分效果图如图 4-1、图 4-2、图 4-3 所示。

图 4-1　证书制作

排名	生产厂商	本月销量	同期销量	同比增长%
1	比亚迪汽车	217624	96686	125.1
2	吉利汽车	126437	122804	3
3	一汽大众	116622	133229	-12.5
4	长安汽车	101458	89060	13.9
5	上汽大众	92803	113001	-17.9
6	广汽丰田	78392	75759	3.5

图 4-2　车企销量排名表

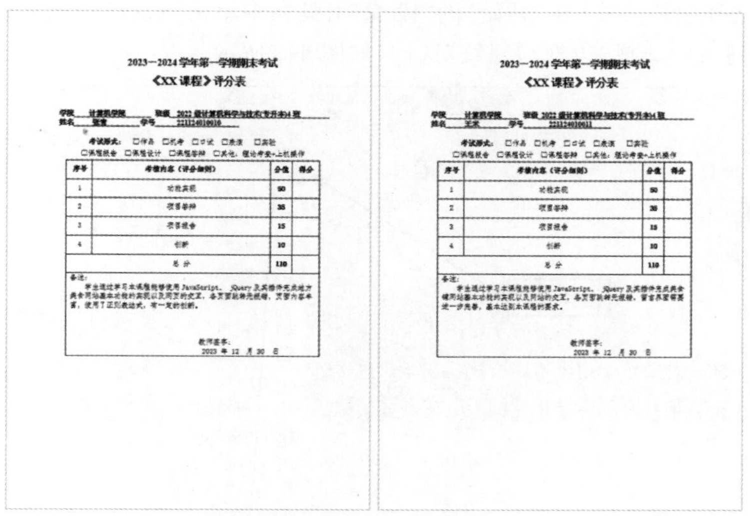
2023—2024学年第一学期期末考试
《XX课程》评分表

2023—2024学年第一学期期末考试
《XX课程》评分表

图 4-3　邮件合并

对于刚刚进入大学一年级的杨乐乐同学来讲，虽然在高中的时候学习了一些 Word 的基本操作，但还没有独立完成过一个完整的有特殊要求的文档，这对自己来讲有一定的挑战。由于自己对计算机比较感兴趣，考虑到日后参加工作计算机技能也是必须掌握的，于是他决定接受这项挑战，从 Word 2021 基础知识学起，包括文本编辑、表格制作、图文混排、页面格式设置、打印预览及邮件合并等。

4.2　知识学习

4.2.1　边框与底纹

在 Word 文档中设置边框与底纹可以提升文档的美观度，突出文档的重要内容。

1. 为字符设置边框与底纹

在“开始”的“字体”工具栏中单击“字符边框”按钮，即可为选中的文本设置字符边框；在“字体”工具栏中单击“字符底纹”按钮，即可为选中的文本设置字符底纹，如图 4-4 所示。

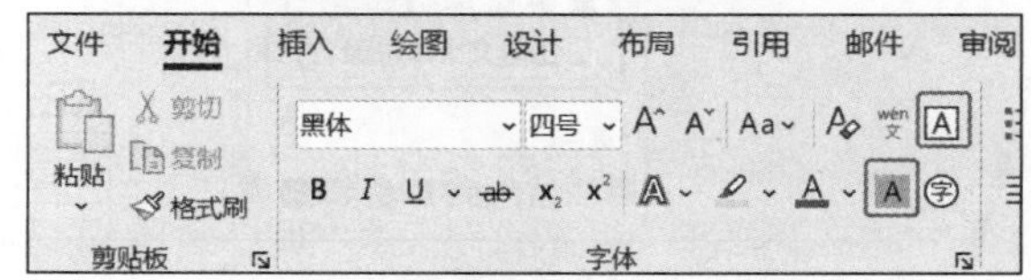

图 4-4　为字符设置边框与底纹

2. 为段落设置边框与底纹

为段落设置边框与“白色，背景 1，深色 25%”底纹。

第 1 步：选择整段文本，在“开始”的“段落”工具栏中单击“边框”按钮右侧的下拉按钮，在打开的下拉列表中选择“边框与底纹”选项，如图 4-5 所示。

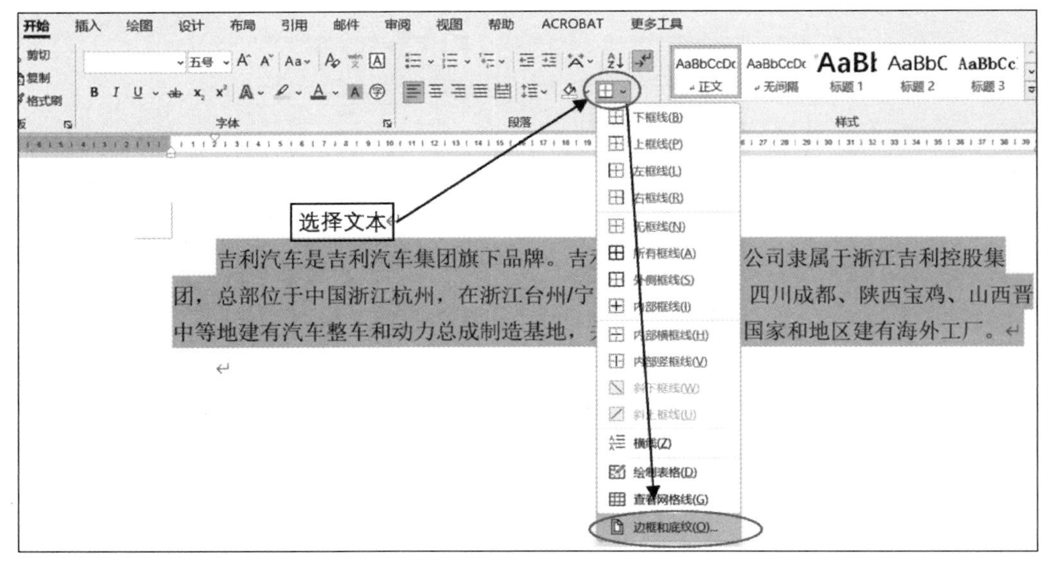

图 4-5　为段落设置边框与底纹

第 2 步：在打开的“边框与底纹”对话框单击“边框”选项卡，在“设置”栏中选择“方框”选项，在“样式”列表框中选择“…………”选项，将“颜色”设置为自动，将“宽度”设置为 0.75 磅。单击“底纹”选项卡，在“填充”下拉列表中选择“白色，背景 1，深色 25%”选项，单击“确定”按钮。通过对话框设置段落边框与底纹文档效果如图 4-6 所示。

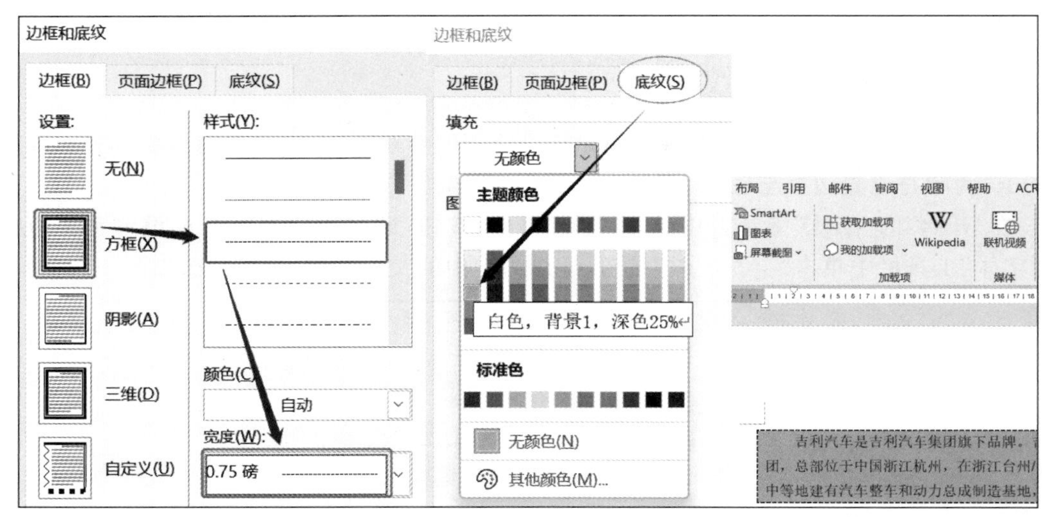

图 4-6　通过对话框为段落设置边框与底纹

4.2.2　项目符号和编号设置

项目符号可以为属于并列关系的段落添加●、◆、■等统一的项目符号，而项目编号是指为具有层次区分的段落添加的号码，编号通常是连续的，如“1. 2. 3. ”或“A. B. C. ”。在各段落前添加适当的项目符号或编号，使文档更有条理性，层次更分明。

1. 添加项目符号

选择需要添加项目符号的段落，在“开始”的“段落”工具栏中单击“项目符号”按钮右侧的下拉列表，在打开的下拉列表中选择一种项目符号样式即可。具体的操作如图 4-7 所示。

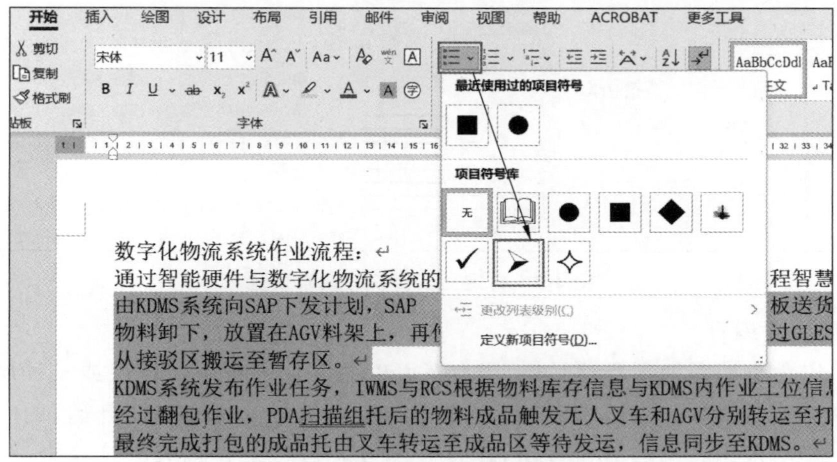

图 4-7　添加项目符号

2. 自定义项目符号

Word 2021 中默认的项目样式共 8 种，根据实际需要还可以为给定的段落设置自定义项目符号。

第 1 步：选择需要添加自定义项目符号的段落，在“开始”的“段落”工具栏中单击“项目符号”按钮右侧的下拉按钮，在打开的下拉列表中选择“定义新项目符号”选项，如图 4-8 所示。操作完成后进入“定义新项目符号”对话框。

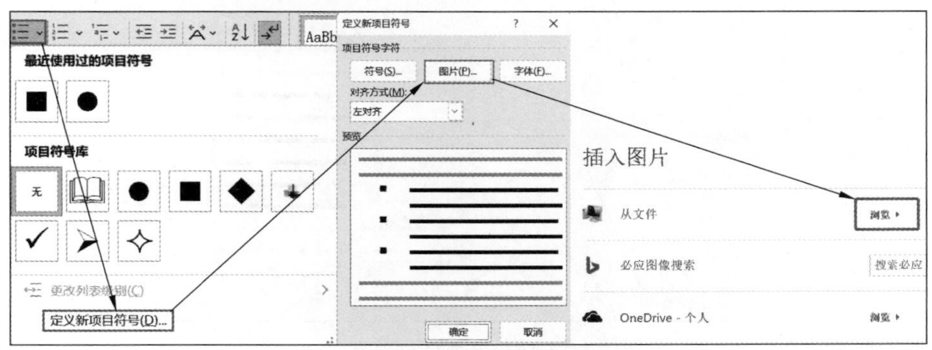

图 4-8　定义新项目符号

第 2 步：在“项目符号字符”中单击“图片”按钮，打开“插入图片”界面，此界面提供了 3 种不同的图片选择方式，单击“从文件”中的“预览”按钮，在打开的“插入图片”对话框中选择要插入的图片，操作完成后单击“插入”按钮。

第 3 步：返回“定义新项目符号”对话框，在“对齐方式”下拉列表中选择项目符号的对齐方式，这里选择“左对齐”，最后单击“确定”按钮。设置自定义项目符号效果预览如图 4-9 所示。

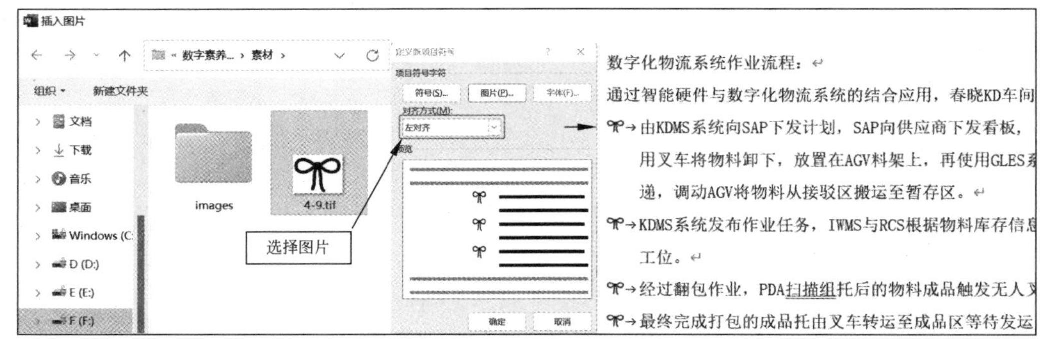

图 4-9 自定义项目符号效果预览

3. 添加项目编号

除了可以为文档添加项目符号外，用户还可以为文档中按一定顺序或某种层级结构排列的文本添加项目编号。操作步骤：选择要添加项目编号的文本，在“开始”的“段落”工具栏中单击“编号”按钮右侧的下拉按钮，在打开的“编号库”下拉列表中选择合适的编号，如图 4-10 所示。

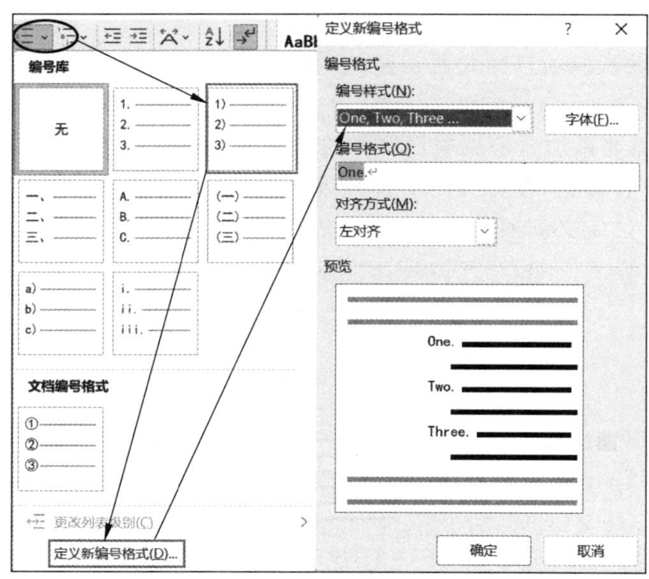

图 4-10 设置项目编号

另外，在“编号库”下拉列表中还可以通过选择“定义新编号格式”选项自定义编号格式，设置的方式与自定义项目符号相同。

4.2.3　样式与模板

样式与模板是 Word 2021 中最重要的排版工具之一。应用样式可以直接将文字和段落设置为事先定义好的格式；应用模板可以快速地制作出精美的信函、公文、会议文件等。

1. 样式

样式是用样式名命名的一组特定格式的集合，它规定了文档中标题、题注及正文等各个文本的格式。段落样式可以应用于整个文档，例如字体、行间距、对齐方式、缩进方式、编号、边框等。字符样式可以应用于任何文字，例如字体、字号、字形等。样式的相关操作包括新建、应用、修改和删除。

1）新建样式

选择文本，在“开始”的“样式”工具栏中单击“样式”列表框右侧的下拉按钮，在打开的下拉列表中选择“创建样式”选项，打开“根据格式化创建新样式”对话框，在“名称”文本框中输入样式名称，单击“确定”按钮，如图 4-11 所示。

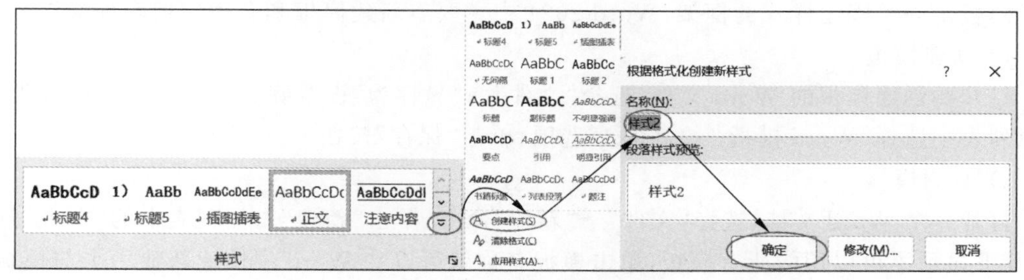

图 4-11　新建样式过程

2）应用样式

样式创建好后，即可将其应用到文档中的段落或字符中。将文本插入点定位到要设置样式的段落或字符，在“开始”的“样式”工具栏中单击“样式”列表框右侧的下拉按钮，在打开的列表中选择需要应用的样式。

3）修改样式

样式创建好之后，可根据实际需要对样式进行修改。在“开始”的“样式”工具栏中单击“样式”列表框右侧的下拉按钮，在打开的下拉列表中，右击需要修改的样式选项，在弹出的菜单中选择“修改”，进入“修改样式”对话框，可对样式的名称和格式进行修改，修改完成后单击“确定”按钮即可，如图 4-12 所示。

4）删除样式

对不需要的样式可进行删除。在“开始”的“样式”工具栏中单击“样式”列表框右侧的下拉按钮，右击需要删除的样式名，在弹出的快捷菜单中选择“从样式库中删除”命令，即可删除该样式。

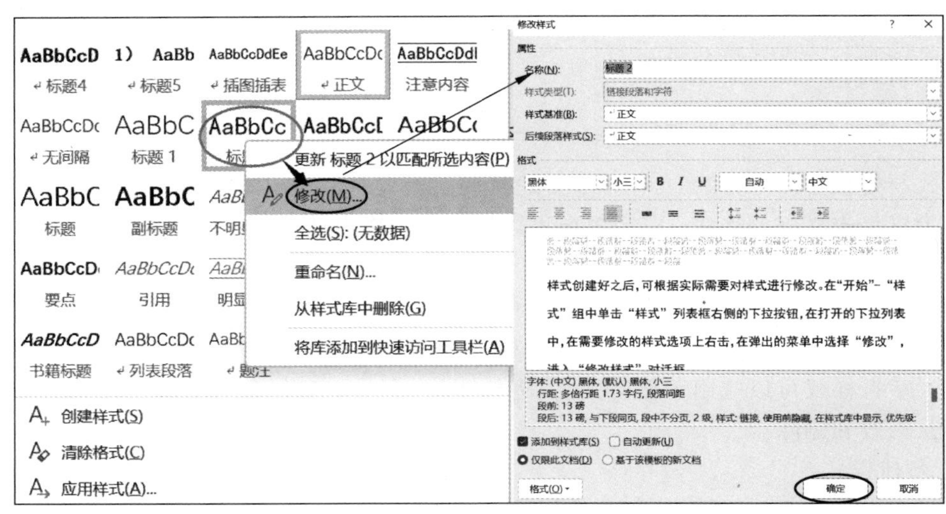

图 4-12 修改样式过程

2. 模板

模板是一个固定样式的框架，Word 2021 中主要有新建模板和套用模板两种操作。

1）新建模板

打开要创建模板的 Word 文档，选择“文件”→“另存为”设置好文件名后，在“保存类型”下拉列表中选择“Word 模板（*.dotx）”选项，单击“保存”按钮。

2）套用模板

打开一个 Word 文档，选择“文件”→“新建”命令，单击“新建”右侧列表中的“个人”选项卡，其下显示了可以用的所有模板，单击模板名称就可以在 Word 中快速新建一个与模板样式相同的文档。

4.2.4 应用主题

主题是一套拥有统一设计的格式选项，包括颜色、字体和效果，为文档应用主题后，所有文档都具有统一的格式。

1. 应用内置主题

在“设计”的“文档格式”工具栏中单击“主题”按钮，在弹出的下拉列表中罗列了“Office”“环保”“画廊”“离子”等 33 种内置的主题样式，如果选择了其中的一种主题，则可以为文档中的文本和图形应用该主题样式。

2. 自定义主题

自定义主题主要是对主题的颜色、字体和效果进行设置。

1）颜色

在“设计”的“文档格式”工具栏中单击“颜色”下拉按钮，在弹出的下拉列表中显示了所有内置的主题颜色样式，选择“自定义颜色”选项，打开“新建主题颜色”对话框，在“主题颜色”中单击需要设置的项目右侧的下拉按钮，在弹出的下拉列表中选择一种颜色，最后在“名称”文本框中输入新名称，单击“保存”按钮，如图 4-13 所示。

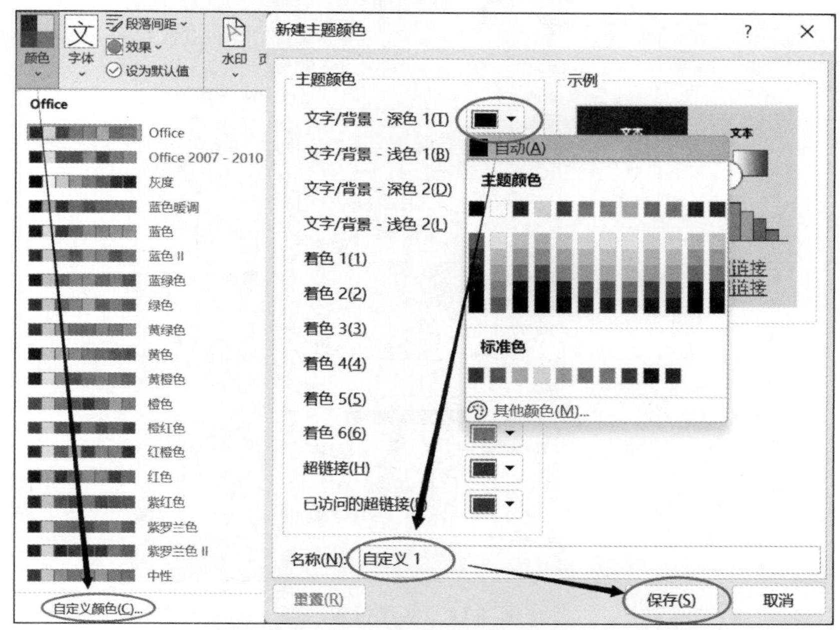

图 4-13　自定义主题颜色

2）字体

在“设计”的“文档格式”工具栏中单击“字体”下拉按钮，在弹出的下拉列表中显示了所有内置的主题字体样式，选择“自定义字体”选项，打开“新建主题字体”对话框，在其中设置标题、正文样式，最后在“名称”文本框中输入新名称，单击“保存”按钮。

3）效果

在“设计”的“文档格式”工具栏中单击“效果”下拉按钮，在弹出的列表中选择一种主题效果样式。

4.2.5　创建目录

目录为读者阅读文档提供了便利，可以帮助读者快速地了解文档的组织结构，引导读者阅读所需要的内容。

目录一般在长文档编排中被采用，Word 可以将具有大纲级别或者标题样式的段落内容通过自动生成目录操作形成目录，因此，在生成目录之前，首先要将正文中相关的章或小节的标题内容，按照用户生成目录的层次要求设置成大纲级别或者标题样式，再进行目录的自动生成操作。

第 1 步：将插入点定位于希望放置目录的位置。

第 2 步：在“引用”功能区的“目录”工具栏中单击“目录”下的下拉按钮，在打开的下拉列表中可以选择内置的手动目录和自动目录，也可以选择“自定义目录”选项，打开“目录”对话框，如图 4-14 所示。

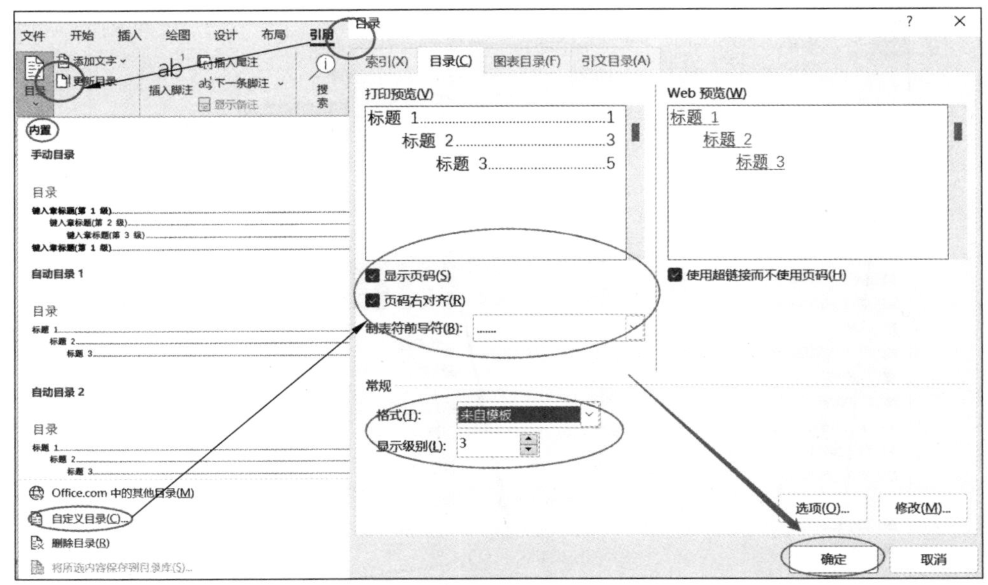

图 4-14　创建目录

4.2.6　创建表格

表格是数据管理的重要工具，在文档中应用表格可以将文本内容以模块化的可视方式展现出来，增强文本内容的条理性和可读性。

1. 插入表格

1）快速插入表格

在“插入”→“表格”工具栏中单击“表格”下拉按钮，在打开的下拉列表中将鼠标移动到“插入表格”栏的某个单元格上，根据具体的需求选择表格的行列数，此时呈黄色边框显示的单元格为将要插入的单元格，如图 4-15 所示。

2）通过对话框插入表格

在“插入”→“表格”工具栏中单击“表格”下拉按钮，在打开的下拉列表中选择“插入表格”选项，打开“插入表格”对话框，在其中设置表格的行数和列数及“自动调整”选项，最后单击“确定”按钮，如图 4-16 所示。

2. 绘制表格

对于结构不规则的表格，可以通过绘制表格的方式创建。在“插入”→“表格”工具栏中单击“表格”下拉按钮，在打开的下拉列表中选择“绘制表格”选项，这时鼠标指针变为铅笔形状，在文档编辑区内拖曳绘制表格外边框，然后在外边框内拖曳鼠标绘制行线和列线，绘制完成后，按 Esc 键退出表格绘制。

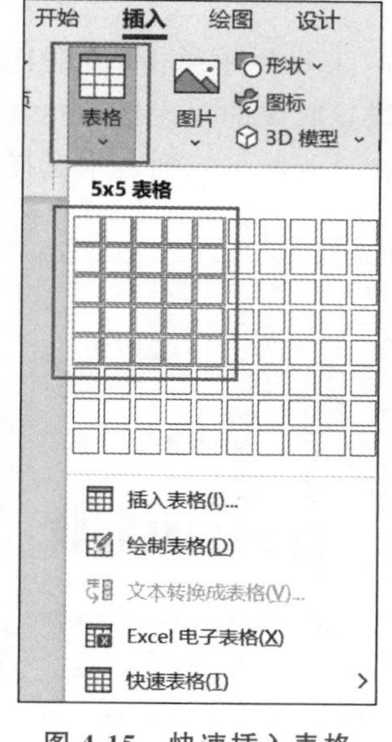

图 4-15 快速插入表格

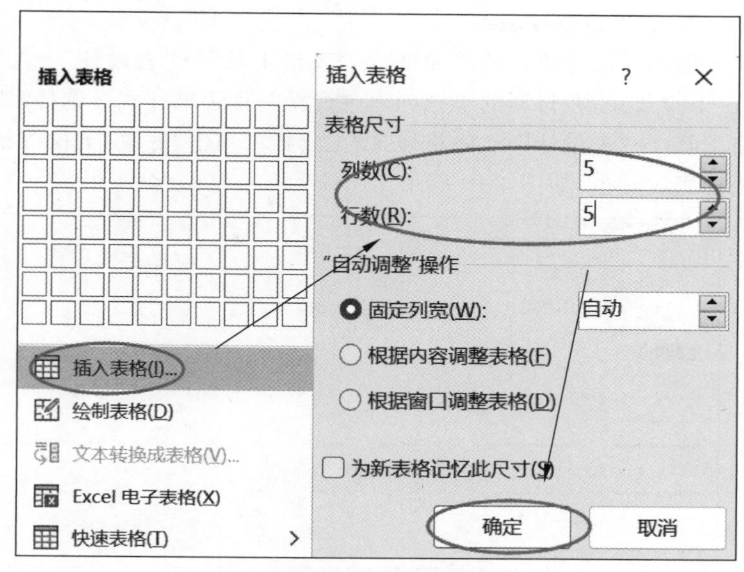

图 4-16 通过对话框插入表格

4.2.7 设置表格

7min

对表格的设置主要是对表格中的文本、单元格对齐方式、表格的边框和底纹、表格样式、表格的行高和列宽等的设置。

1. 设置单元格对齐方式

单元格对齐方式指的是单元格中文本的对齐方式，首先选择需要设置对齐方式的单元格，在"表格工具"→"布局"→"对齐方式"工具栏中单击对应按钮，如图 4-17 所示。若想改变单元格中的文字方向，则单击"文字方向"按钮，单击"单元格边距"可以打开"表格选项"对话框，在这里可以调整单元格中文字的上、下、左、右边距，如图 4-18 所示。

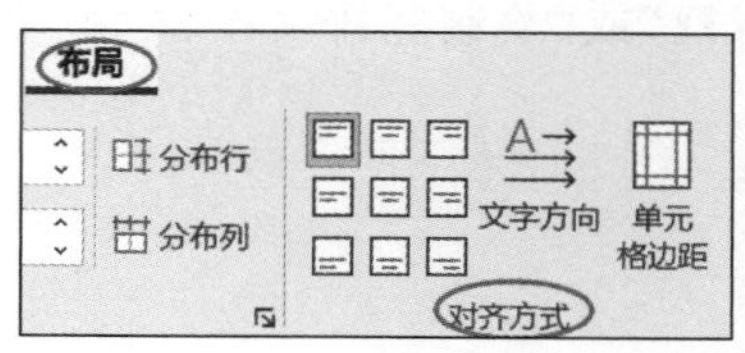

图 4-17 单元格对齐方式组

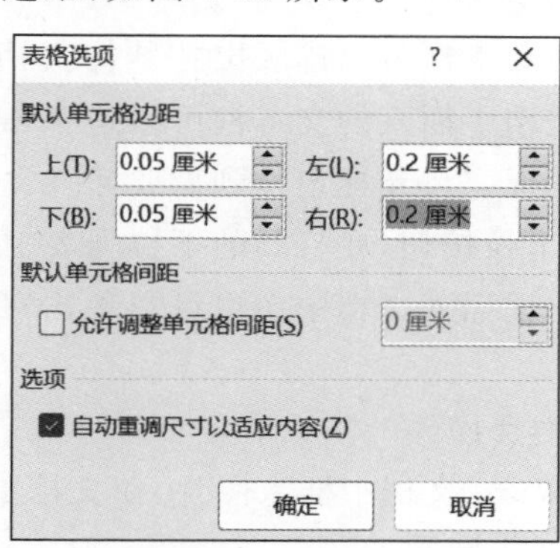

图 4-18 单元格边距设置

2. 设置边框和底纹

选择需设置边框的单元格，在“表格工具”→“表设计”→“边框”工具栏中单击“边框样式”下拉按钮，在打开的下拉列表中选择一种边框样式。选择需要设置底纹的单元格，在“表格工具”→“表设计”→“表格样式”工具栏中单击“底纹”下拉按钮，在打开的下拉列表中选择一种底纹颜色，如图 4-19 所示。

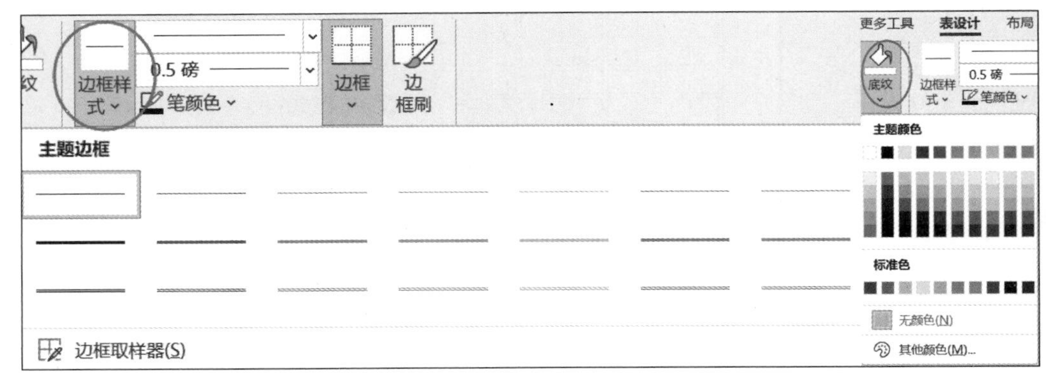

图 4-19 设置单元格边框和底纹

3. 套用表格样式

使用 Word 2021 提供的表格样式，可以快速地完成表格的设置和美化操作。选中表格，选择“表格工具”→“设计”，在“表格样式”选项工具栏中单击右下方的下拉按钮，在打开的下拉列表中选择一种表格样式，这样就可以将其应用到该表格中。

4.2.8 图文混排

图文混排是指图片和文字混合排列，用文本框、图片、形状或艺术字修饰文字，可以更生动地展示文档表达的内容，增加用户的阅读兴趣。

1. 文本框

利用文本框可以排版出特殊的文档版式，在文本框中既可以输入文本，也可以插入图片。在文档中插入的文本框可以是 Word 2021 内置的文本框，也可以是手动绘制的横排或竖排文本框。将光标定位到需要插入文本框的位置，在“插入”→“文本”工具栏中单击“文本框”下的下拉按钮，在打开的下拉列表中提供了内置的文本框样式，选择其中的一种样式即可将文本框插入文档中。也可以单击“绘制横排文本框”或“绘制竖排文本框”手动插入文本框。

2. 图片操作

在 Word 文档中插入图片，使文档更有可读性。

1) 插入图片

将光标定位到文本插入点，在“插入”→“插图”工具栏中单击“图片”按钮，选择“此设备”选项，选择需要插入的图片后，单击“插入”按钮。

2）调整图片

选中插入的图片，利用图片周围出现的控制点可以实现对图片的调整。

（1）调整大小：将鼠标指针移动到图片周围的8个控制点之一，当鼠标指针变为 时，按下鼠标左键并拖曳鼠标即可等比例调整图片大小，图片不变形。拖曳图片4条边中间的控制点可以单独调整图片的高度或宽度，图片可能会变形。

（2）调整位置：选择图片后，将鼠标光标定位到图片上，按住鼠标左键不放并拖曳到文档中的其他位置，释放鼠标即可调整图片位置。

（3）调整角度：调整图片角度即旋转图片，选择图片，将鼠标定位到图片上方出现的 控制点上，当鼠标指针变为 时，按住鼠标左键并拖曳鼠标即可调整图片角度。

3）裁剪与排列图片

用户可以根据实际需要裁剪与排列图片。

（1）裁剪图片：选中图片，在"图片格式"→"大小"工具栏中单击"裁剪"按钮，将鼠标指针移动到图片四周出现的裁剪边框线上，按住鼠标左键并拖曳鼠标至合适大小，释放鼠标左键按Enter键或单击文档任意位置完成裁剪。

（2）排列图片：排列图片指设置图片四周文本的环绕方式。选中图片，在"图片格式"→"排列"工具栏中单击"环绕文字"按钮，在打开的下拉列表中选择适合的环绕方式，插入图片默认的环绕方式是"嵌入型"环绕方式，如图4-20所示。

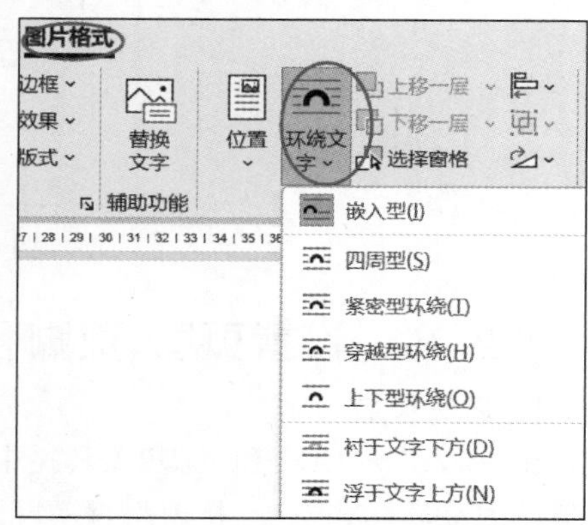

图4-20　排列图片

4.2.9　设置页面大小、页面方向和页边距

Word页面默认的大小为A4(21cm×29.7cm)，页面方向为纵向，页边距为普通，在"布局"的"页面设置"工具栏中单击相应的按钮可以进行相关设置。

1. 设置页面大小

在"布局"的"页面设置"工具栏中单击"纸张大小"下拉按钮，在下拉列表中选择合适的选项，或者选择"其他纸张大小"选项，在打开的"页面设置"对话框中输入文档的宽度和高度。

2. 设置页面方向

在"布局"的"页面设置"工具栏中单击"纸张方向"下拉按钮，在打开的下拉列表中可以将页面设置为"横向"或"纵向"。

3. 设置页边距

在"布局"的"页面设置"工具栏中单击"页边距"下拉按钮，在打开的下拉列表中选择合适的页边距选项，或者单击"自定义页边距"选项，在打开的"页面设置"对话框中设置具体的上、下、左、右页边距的值，如图4-21所示。

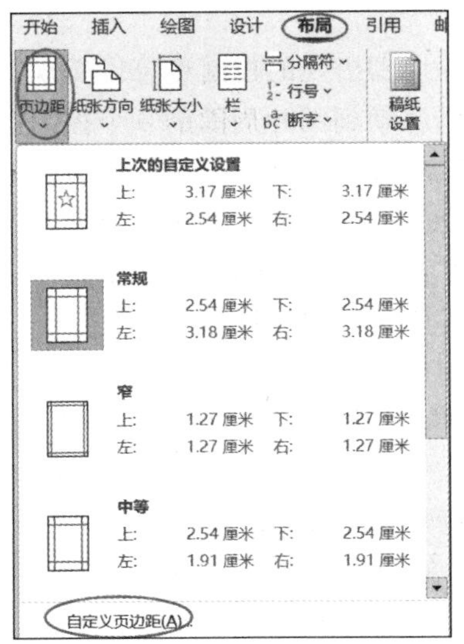

图 4-21　页边距设置

4.2.10　设置页眉、页脚和页码

1. 创建页眉

在“插入”→“页眉和页脚”工具栏中单击“页眉”下拉按钮，在打开的下拉列表中选择一种预设的页眉样式选项，接着根据实际需求输入内容。

2. 编辑页眉

如果想修改页眉的内容和格式，则可在“插入”→“页眉和页脚”工具栏中单击“页眉”下拉按钮，在打开的下拉列表中单击“编辑页眉”选项，进入页眉编辑状态，利用功能区的“页眉和页脚”选项卡进行页眉编辑，如图 4-22 所示。

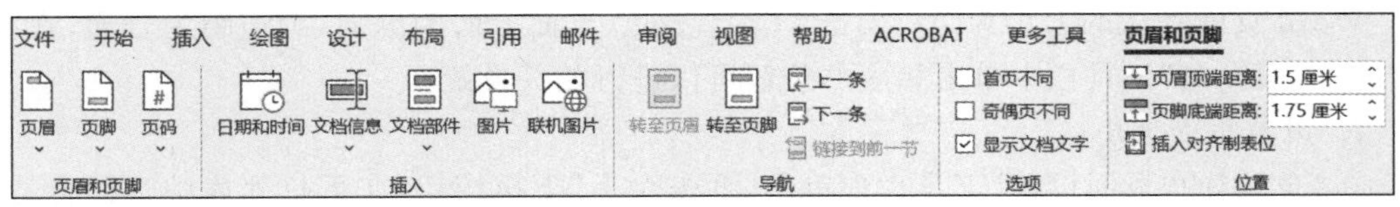

图 4-22　页眉编辑

(1) “首页不同”复选框：如果选中该复选框，则文档第 1 页不显示页眉。例如毕业论文的封面不需要页眉。

(2) “奇偶页不同”复选框：如果选中该复选框，则可以分别设置奇数页和偶数页的页眉。

3. 创建与编辑页脚

页脚一般位于文档的底部，用得最多的是在页脚中显示页码。在“插入”的“页眉和页脚”工具栏中单击“页脚”下拉按钮，在打开的下拉列表中单击预设的页脚样式选项，然后根据实际需求输入内容，操作步骤与创建和编辑页眉一致。

4. 插入页码

第 1 步：打开文档，在“插入”→“页眉和页脚”工具栏中单击“页码”下拉按钮，在打开的下拉列表中选择“设置页码格式”选项，打开“页码格式”对话框。

第 2 步：选择一种编号格式，在“页码编号”栏中将“起始页码”设置为 1，单击“确定”按钮。

第 3 步：双击页脚编辑区，激活“页眉和页脚工具”选项卡，在“页眉和页脚”→“选项”工具栏中选中“首页不同”。

第 4 步：在“页眉和页脚工具”→“页眉和页脚”工具栏中单击“页码”下拉按钮，在打开的下拉列表中选择“页面底端”，选择一种合适的样式即可完成页码的插入，如图 4-23 所示。

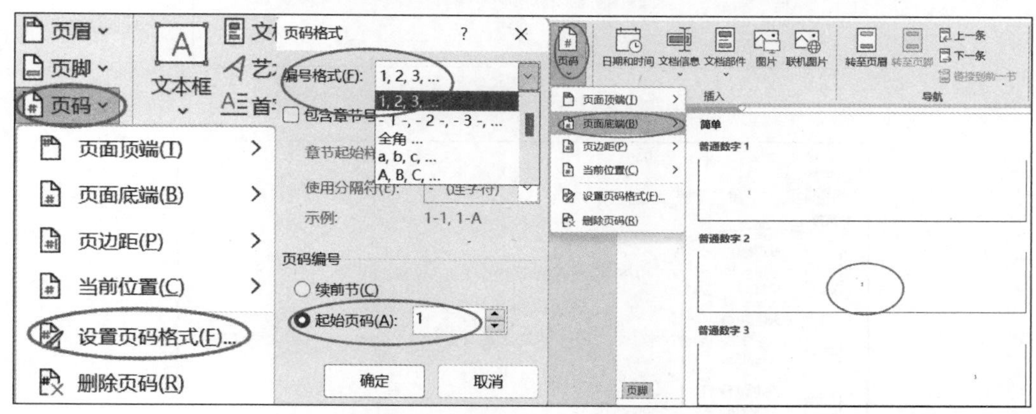

图 4-23 插入页码

4.2.11 设置分栏、分页和分节

1. 设置分栏

在“布局”的“页面设置”工具栏中单击“栏”下拉按钮，在打开的下拉列表中选择需要分栏的数目，或者在打开的下拉列表中选择“更多栏”选项，打开“栏”对话框，在“栏数”数值框中输入需要设置的栏数，如果需要分割线，则将“分割线”复选框选中，在“宽度和间距”部分可以设置具体的宽度值和间距值，操作如图 4-24 所示。

2. 设置分页和分节

分页和分节都可以将上下文本分为两部分，两者的区别是分页后上下文本的页面显示效果只能保持一致，但分节后上下文本可以应用不同的页面显示效果。

第 1 步：打开文档，将光标定位到“海外工厂”之后，在“布局”→“页面设置”工具栏中单击“分隔符”下拉按钮，在打开的下拉列表中选择“分页符”栏中的“分页符”选项。此时“海外工厂”之后的内容将显示在下一页，如图 4-25 所示。

第 2 步：将光标定位到文本“造车时代”之后，在“布局”→“页面设置”工具栏中单击“分隔符”下拉按钮，在打开的下拉列表中选择“分节符”栏中的“下一页”选项，如图 4-26 所示。

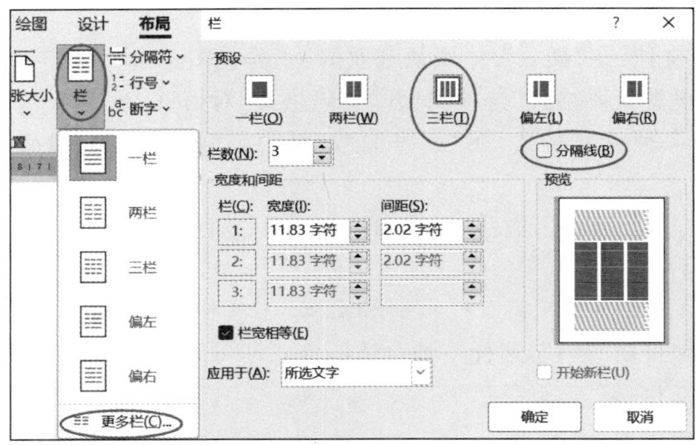

图 4-24 设置分栏

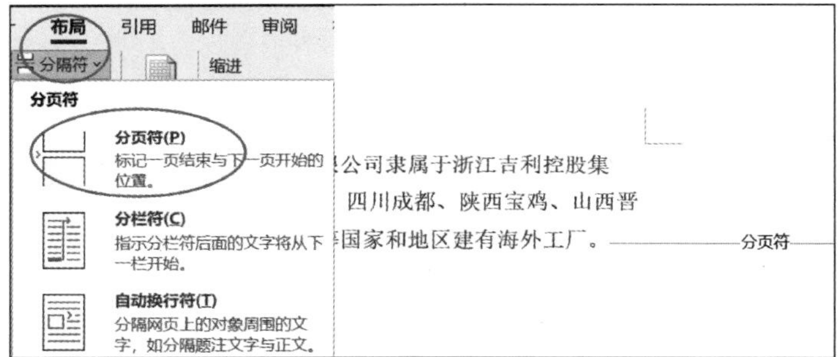

图 4-25 插入分页符

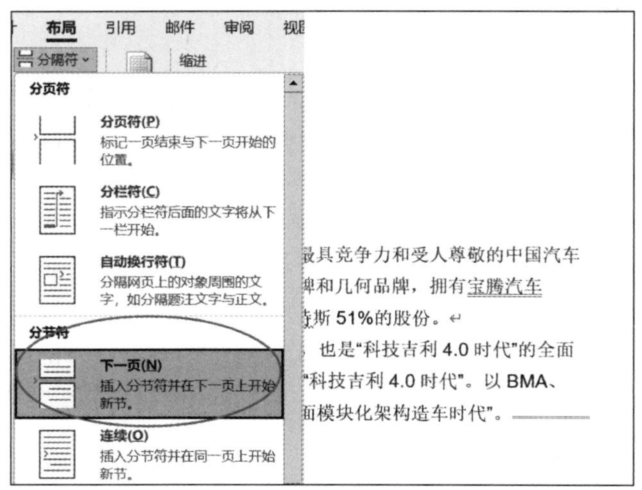

图 4-26 插入分节符

4.2.12　打印预览与打印

打印文档之前，要先预览文档内容，通过预览对文档中存在的问题进行调整，直到预览效果符合要求之后才执行打印操作。

1. 打印预览

选择“文件”→“打印”命令，在右侧可以查看文档的打印效果。如果文档不止一页，则可以通过界面底部的“页数”栏调整查看的具体页数，也可以通过“显示比例”栏查看文档的预览比例。

2. 打印文档

文档预览没有问题之后，便可进行打印。首先打开需要打印的文档，选择“文件”→“打印”命令，在右侧的“份数”栏中输入打印的份数，在“设置”栏中可以设置打印的方向、打印纸张大小、单面或者双面打印、打印顺序及打印页数等参数，如果想更详细地进行设置，则可以单击“页面设置”，在打开的“页面设置”对话框中对相应参数进行设置，如图 4-27 所示。

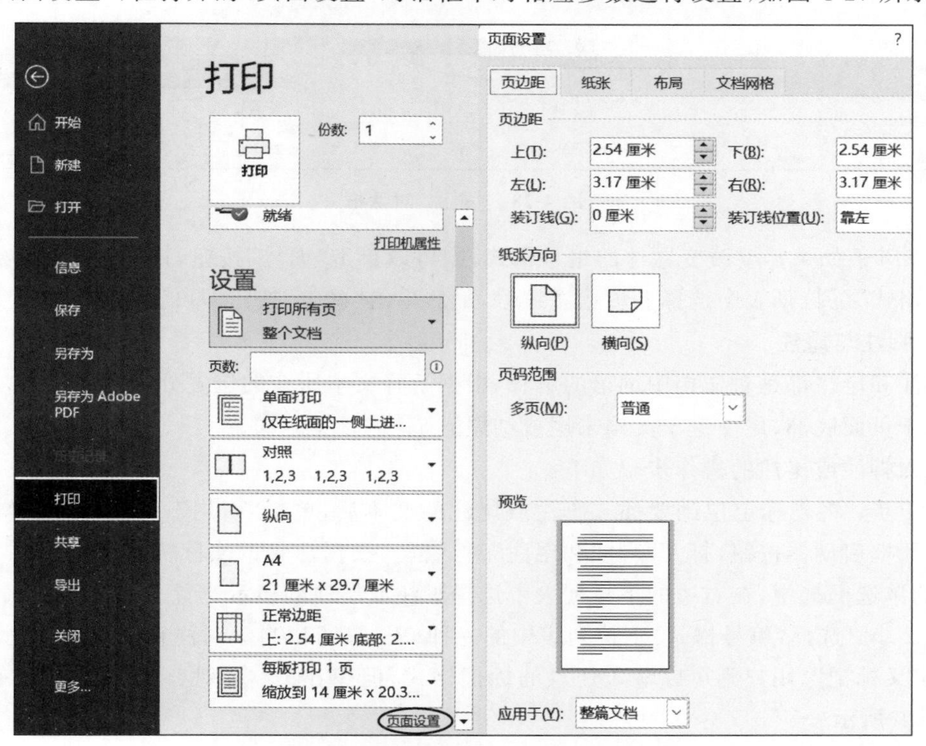

图 4-27　打印文档

4.2.13　插入题注、脚注与尾注

1. 题注

Word 2021 中通过添加题注可以给表格、图形、文本等对象添加一种带编号的说明。

给某一对象添加题注的操作步骤如下。

第 1 步：将光标定位到要添加题注的位置。通常图形对象的题注添加在图形的下方，表格对象的题注添加在表格的上方。

第 2 步：在“引用”→“题注”工具栏中，选择“插入题注”命令，打开“题注”对话框，“题注”文本框显示了默认的题注内容，包括题注标签和题注编号，用户如果需要修改标签，则可以在“标签”下拉列表中进行选择。在“标签”下拉列表中提供了图形、表格和公式选项，如果需要其他标签，则可以通过“新建标签”创建。在“位置”下拉列表中，用户可以设置插入的题注是放在“所选项目上方”还是“所选项目下方”，如图 4-28 所示。

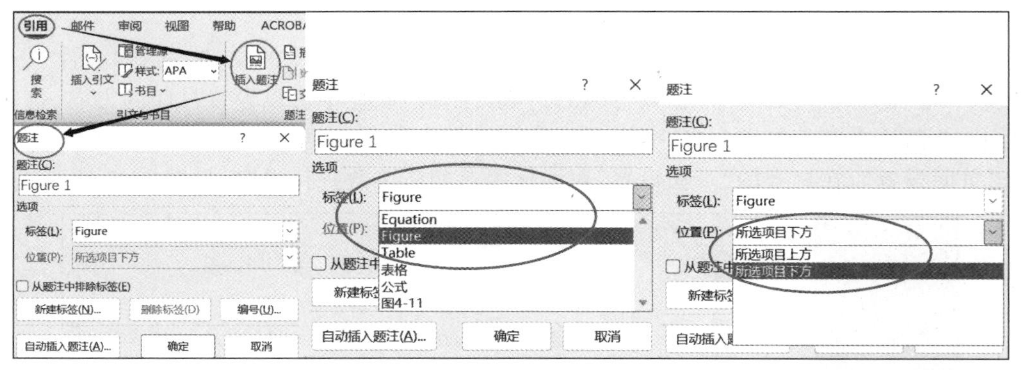

图 4-28 “题注”对话框

第 3 步：如果需要改变题注的编号格式，则可以单击“编号”按钮，打开“题注编号”对话框，在“格式”下拉列表中选择一种题注编号，最后单击“确定”按钮即可。

2. 脚注与尾注

脚注和尾注都是对文档中词语的解释，根据解释文本所在的位置分为“脚注”和“尾注”。脚注位于页面底部，尾注位于文档末尾或结尾。

插入脚注或尾注的操作步骤如下。

第 1 步：将光标定位到要插入脚注或尾注的文本后，单击“引用”→“脚注”工具栏右下角的对话框启动器按钮，打开“脚注和尾注”对话框。根据注释的实际需求，将“脚注”或“尾注”前的单选框选中，在右边的下拉列表中选择脚注或尾注的显示位置。

第 2 步：选择“编号格式”下拉列表中的一种，Word 可以自动对注释进行编号。如果选择“自定义标记”，用户则可以输入任意的标记格式，但 Word 不会对自定义标记重新编号，如图 4-29 所示。

4.2.14 邮件合并

邮件合并涉及主文档、数据源和合并文档 3 部分，邮件合并的过程就是将一个主文档与一个数据源进行结合，最终生成一系列输出文档的过程。

邮件合并的过程主要包括创建主文档→选择数据源→插入域→合并生成结果 4 个步骤。

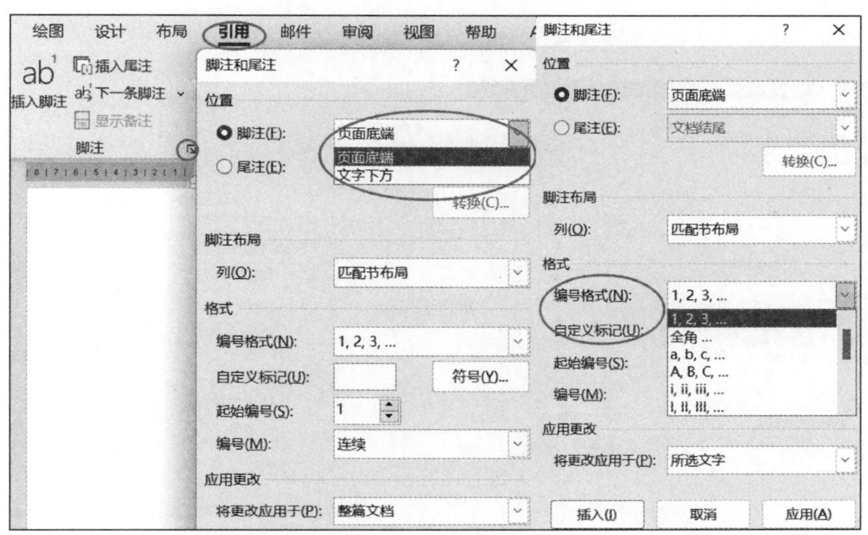

图 4-29 插入脚注和尾注

第 1 步：打开主文档，选择“邮件”的“开始邮件合并”工具栏中的“选择收件人”下拉按钮，在打开的下拉列表中选择“使用现有列表”，打开“选取数据源”对话框，选择数据源文件，单击“打开”，在弹出的选择表格页面，单击“确定”按钮。

第 2 步：将光标定位在第 1 个需要填入的字段之后，在“邮件”的“编写和插入域”工具栏中，单击“插入合并域”下拉按钮，在弹出的下拉列表中选择对应的字段，再将光标定位到下一个需要填入的字段之后，在“邮件”的“编写和插入域”工具栏中，单击“插入合并域”下拉按钮，在弹出的下拉列表中选择相应的字段，以此类推，直到所有的字段填充完毕。

第 3 步：在“邮件”的“完成”工具栏中单击“完成并合并”下拉按钮，在弹出的下拉列表中选择“编辑单个文档”，打开“合并到新文档”对话框，根据实际情况选择需要的合并记录，单击“确定”按钮后，生成信函文件，如图 4-30 所示。

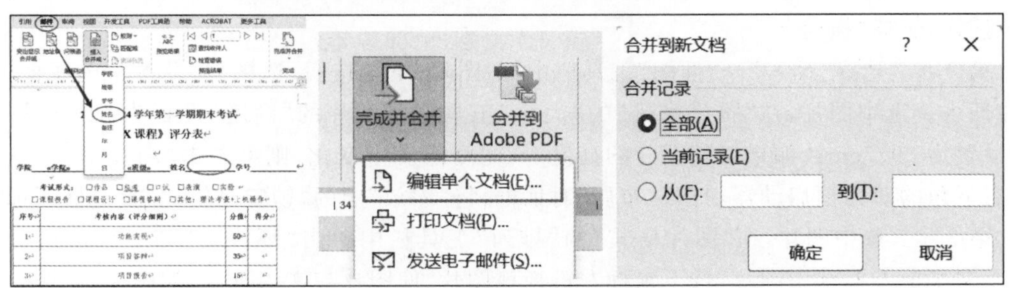

图 4-30 邮件合并过程

第 4 步：在“完成并合并”下拉列表中如果选择“打印文档”，则可以直接打印生成的文档，还可以另存为 PDF。如果选择“发送电子邮件”，则进入“合并到电子邮件”对话框，输入收件人后可以直接将生成的文档通过邮件发给收件人，如图 4-31 所示。

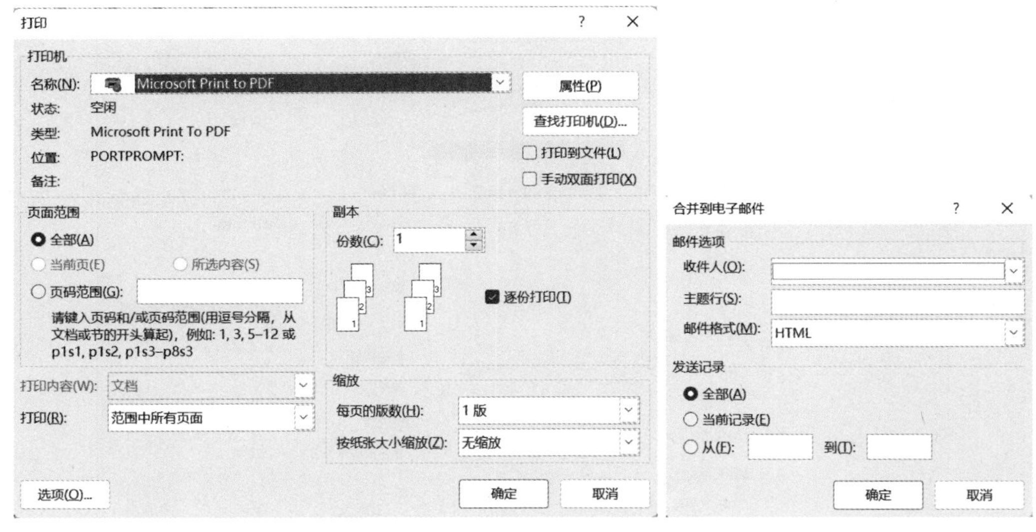

图 4-31　打印或邮件发送邮件合并生成的文档

第 5 步：返回信函文件，查看页面格式是否满意，如果有不满意的地方，则可以回到主文档调整页面格式，调整完成后在“邮件”→“完成”工具栏中单击“完成并合并”生成新的信函文件，保存到本地。

6min

4.3　任务实施

4.3.1　学生社团荣誉证书制作

要求：根据给出的图片素材制作荣誉证书。

第 1 步：启动 Word 2021，新建文档，选择“布局”→“页面设置”工具栏中的“纸张方向”下拉按钮，选择“横向”。

第 2 步：选择“插入”→“插图”工具栏中的“图片”下拉按钮，选择“此设备”，选择合适的图片插入。选中图片，在“图片格式”的“大小”工具栏将图片的“高度”设置为 21cm，将“宽度”设置为 29.7cm。如果调整图片的高度后，宽度值发生变化，则可单击“图片格式”→“大小”右下角的对话框启动器，打开“布局”对话框，将“缩放”中的“锁定纵横比”复选框不选中。

第 3 步：选中图片，在“图片格式”的“排列”工具栏中单击“环绕文字”下拉按钮，选择“衬于文字下方”，选中图片，按下鼠标左键拖曳图片，使图片与文档重合，如图 4-32 所示。

第 4 步：选择“插入”→“文本”工具栏中的“文本框”下拉按钮，选择“绘制横排文本框”后，鼠标变成十字形状，在需要输入文本的位置单击鼠标左键，此时会出现可以输入文本的文本框，输入“荣誉证书”，选中文本框，选择“形状格式”→“形状样式”工具栏中的“形状填充”下拉按钮，选择“无填充”，在“形状轮廓”按钮下拉选项中选择“无轮廓”。

图 4-32　插入图片

第 5 步：选中文本框，将字体设置为“楷体”，将字号设置为 48 号，加粗，将字体颜色设置为红色。

第 6 步：以同样的方式插入下面的文本框，将字体设置为“黑体”，加粗，字号为 16 号，“优秀社团工作者”字体的颜色为红色，字号为 26 号，将所有文本调整到合适的位置，荣誉证书制作完成，如图 4-33 所示。

图 4-33　荣誉证书效果图

3min

4.3.2 车企销量排名表格制作

要求：根据给出的表格及数据，按要求设置表格的行高、列宽，设置表格的对齐方式及表格边框的设置。

第 1 步：打开“车企销量排名.docx”文档，选中单元格，在“表格工具”→“布局”工具栏的“对齐方式”中，选择 ▤，使所有文本居中显示。

第 2 步：选中单元格的第 1 行，在“表格工具”→“布局”工具栏的“单元格大小”中，单元格“高度”设置为 1cm，“宽度”为 3cm。单击“开始”→“字体”，将字体设置为宋体，字号为 10.5 号，加粗。选择第 2 行到第 7 行单元格，在“表格工具”→“布局”工具栏的“单元格大小”中，将单元格“高度”设置为 0.6cm，“宽度”为 3cm。选中单元格的第 1 列，在“表格工具”→“布局”工具栏的“单元格大小”中，将单元格“宽度”设置为 2.5cm。

第 3 步：选中全部单元格，在“表格工具”→“表设计”→“边框”右下角的对话框启动器打开“边框和底纹”对话框，将表格“样式”设置为“单实线”，颜色自动，“宽度”为 1.5 磅，然后在右侧的表格视图中单击鼠标，将所选的边框样式应用于表格外边框；接着将表格“样式”设置为“单实线”，颜色自动，“宽度”为 0.5 磅，然后在右侧的表格视图中单击鼠标，将所选的边框样式应用于表格内边框，如图 4-34 所示。

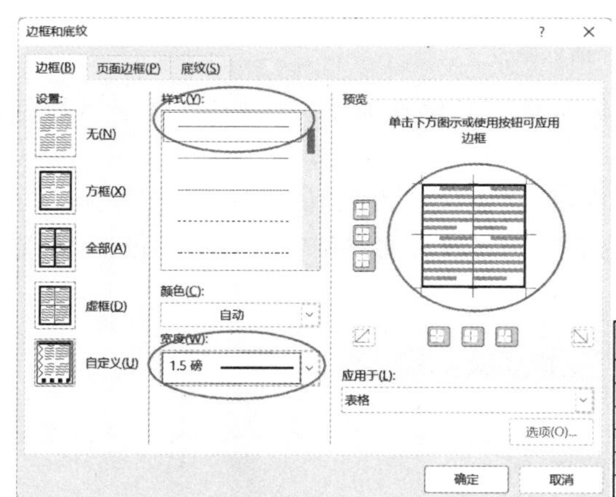

排名	生产厂商	本月销量	同期销量	同比增长%
1	比亚迪汽车	217624	96686	125.1
2	吉利汽车	126437	122804	3
3	一汽大众	116622	133229	-12.5
4	长安汽车	101458	89060	13.9
5	上汽大众	92803	113001	-17.9
6	广汽丰田	78392	75759	3.5

图 4-34　设置表格边框

第 4 步：选中单元格的第 1 行，选择“表格工具”→“表设计”→“边框”右下角的对话框启动器，打开“边框和底纹”对话框，将表格“样式”设置为“双实线”，将颜色设置为自动，将“宽度”设置为 1.5 磅，然后在右侧的表格视图中单击鼠标，将所选的边框样式应用于表格下边框，如图 4-35 所示。

7min

4.3.3 毕业论文排版

要求：根据给定的论文素材，按照毕业论文的格式要求进行排版。

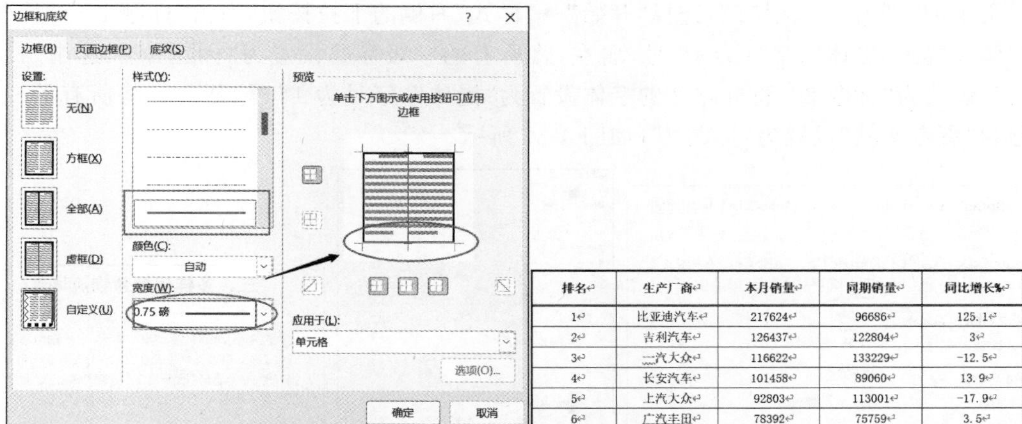

排名	生产厂商	本月销量	同期销量	同比增长%
1	比亚迪汽车	217624	96686	125.1
2	吉利汽车	126437	122804	3
3	一汽大众	116622	133229	-12.5
4	长安汽车	101458	89060	13.9
5	上汽大众	92803	113001	-17.9
6	广汽丰田	78392	75759	3.5

图 4-35　设置表格内边框

第 1 步：打开“毕业论文.docx”文档，选中标题，在“开始”的“字体”工具栏中将标题设置为宋体，字号为 40 号，加粗，在“开始”的“段落”工具栏中选择“居中”。选中题目“吉利汽车的物流数智化转型实践”和“姓名，学号，专业”，将字体设置为宋体，字号为 14 号，居中。

第 2 步：选中“内容摘要”，将字体设置为“黑体”，字号为 18 号，加粗，居中。选中内容摘要正文，将字体设置为“宋体”，字号为 12 号。在“开始”的“段落”工具栏中单击右下角的对话框启动器，进入“段落”对话框，将“对齐方式”设置为两端对齐，将“缩进”设置为首行，将“缩进值”设置为 2 字符，在“间距”工具栏中将“行距”设置为 1.5 倍行距，单击“确定”按钮，如图 4-36 所示。

图 4-36　设置段落格式

第 3 步：选中“关键词”，将字体设置为“黑体”，字号为 14 号，加粗。选中关键词内容，将字体设置为“宋体”，字号为 12 号。

第 4 步：选中“一、引言”，选择“开始”→“样式”右侧的下拉按钮，右击“标题 1”→“修改”将字体设置为“黑体”，字号为 16 号，居左，将所有的一级标题设置为“标题 1”。选中“1. 货到人”，设置为“标题 2”，将标题 2 的字体设置为“黑体”，字号为 14 号，居左。将所有的二级标题和“参考文献”设置为“标题 2”，如图 4-37 所示。

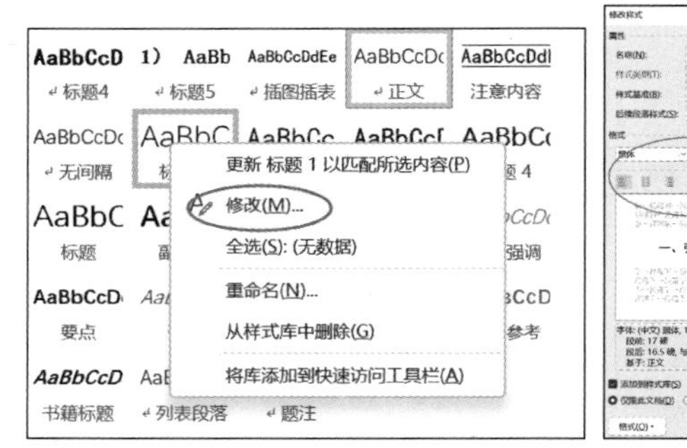

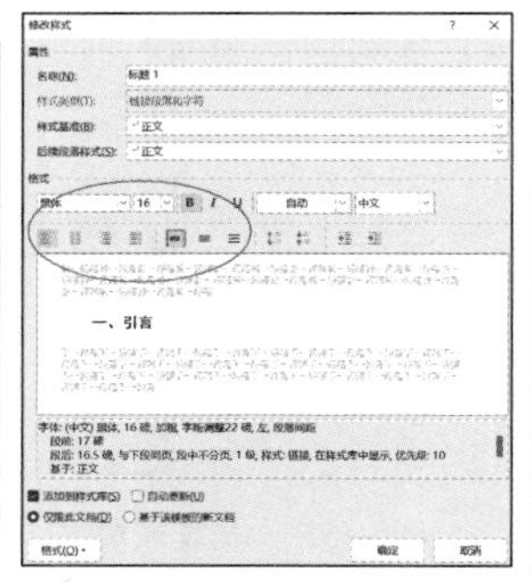

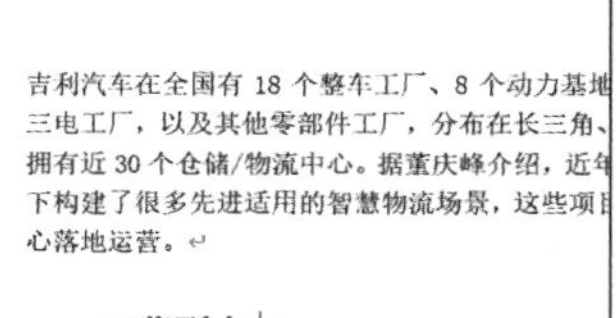

图 4-37　设置标题

第 5 步：选中“浙江吉利控股”所在的段落，在“开始”的“编辑”工具栏中单击“选择”右侧的下拉按钮，在弹出的下拉列表中选择“选定所有格式类似的文本”，这样所有的段落文本被选中，将所有的字体设置为“宋体”，字号为 12 号。在“开始”的“段落”工具栏中单击右下角的对话框启动器，打开“段落”对话框，将对齐方式设置为“两端对齐”，首行缩进 2 字符，1.5 倍行距，如图 4-38 所示。

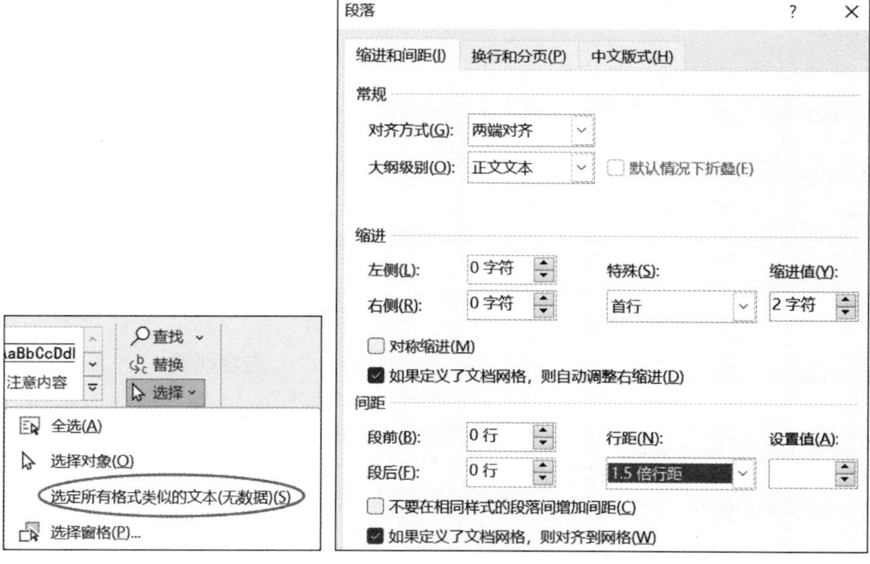

图 4-38　正文文本格式设置

第 6 步：将光标定位到关键词“吉利汽车”后面，如果在“插入”→“页面”工具栏中单击“分页”，则后面的部分另起一页。输入“目录”，将字体设置为“黑体”，字号为 18 号，加粗，居中。按 Enter 键。在“引用”→“目录”工具栏中单击“目录”下拉按钮，在下拉列表中选择“自定义目录”，打开“目录”对话框，选择“显示页码”“页码右对齐”，设置“制表符前导符”，在“常规”工具栏中将显示级别设置为 2。如果设置了 3 级标题，这里则可选择 3，单击“确定”按钮，即可自动生成目录，如图 4-39 所示。单击“插入”→“分页”，使目录单独一页显示。

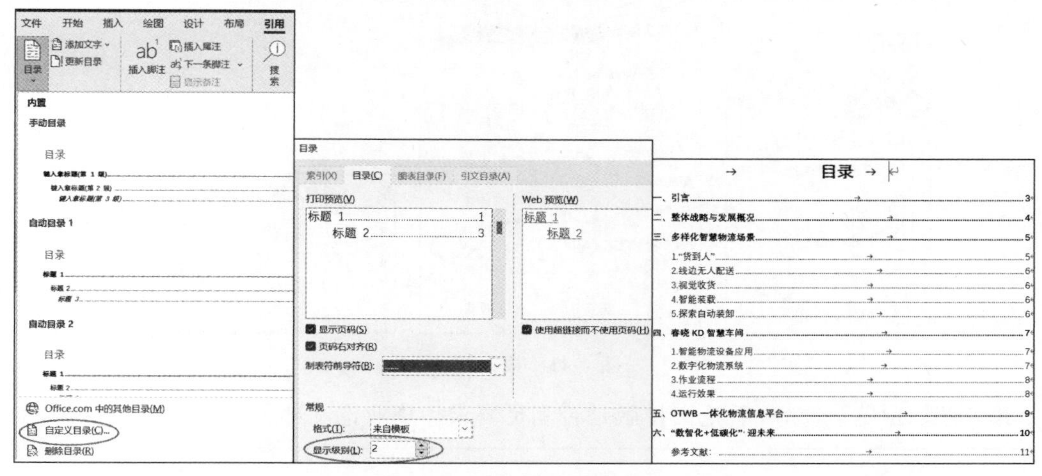

图 4-39　自动生成目录

第 7 步：在“插入”→“页眉和页脚”工具栏中选择“页眉”下拉按钮，在打开的下拉列表中选择一种内置的页眉样式，输入“吉利汽车的物流数智化转型实践”，在“页眉和页脚工具”→“选项”工具栏中单击“首页不同”，然后单击关闭“页眉和页脚”，如图 4-40 所示。

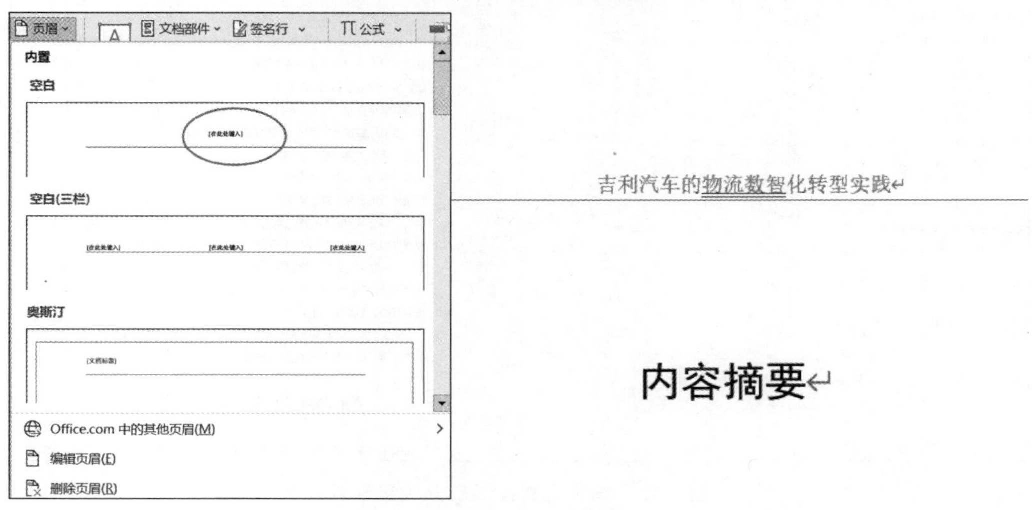

图 4-40　插入页眉

第 8 步：在“插入”→“页眉和页脚”工具栏中选择“页码”右侧的下拉按钮，在下拉列表中选择“设置页码格式”，选择需要的“编号格式”，将起始页码设置为“1”，单击“确定”按钮。

双击“页码”，在“页眉和页脚”→“工具”的“选项”工具栏中将“首页不同”选中，这时页码从第2页开始编号，如图4-41所示。

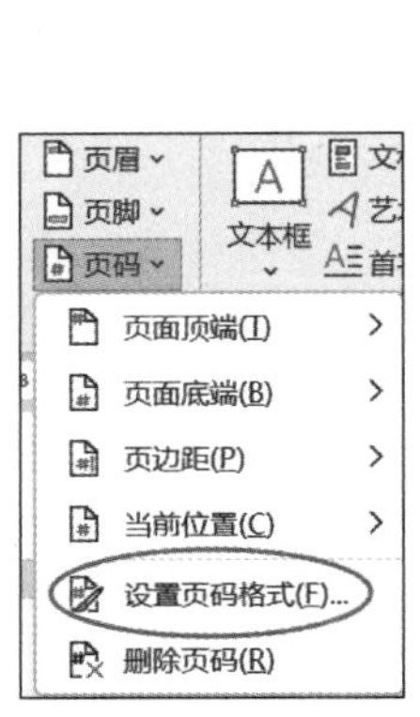

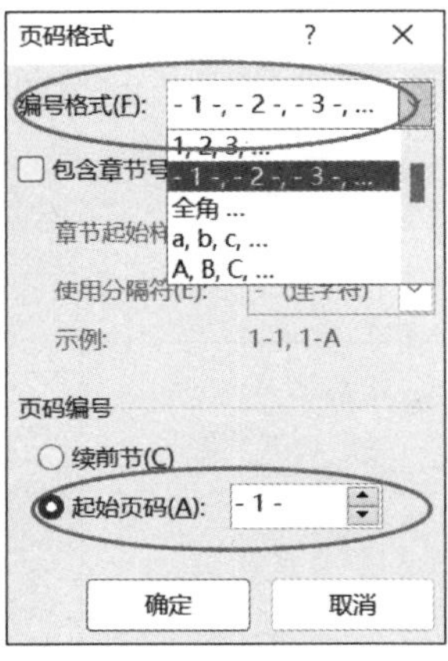

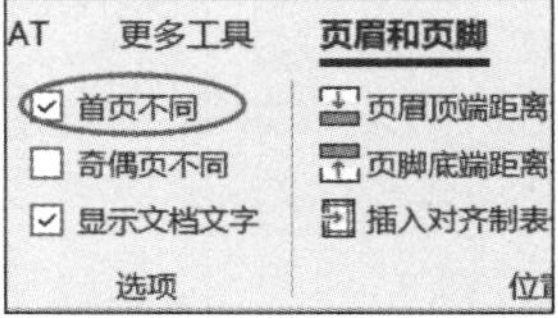

图 4-41　插入页码

第9步：预览全文，查看论文排版是否满足要求。毕业论文部分效果如图4-42所示。

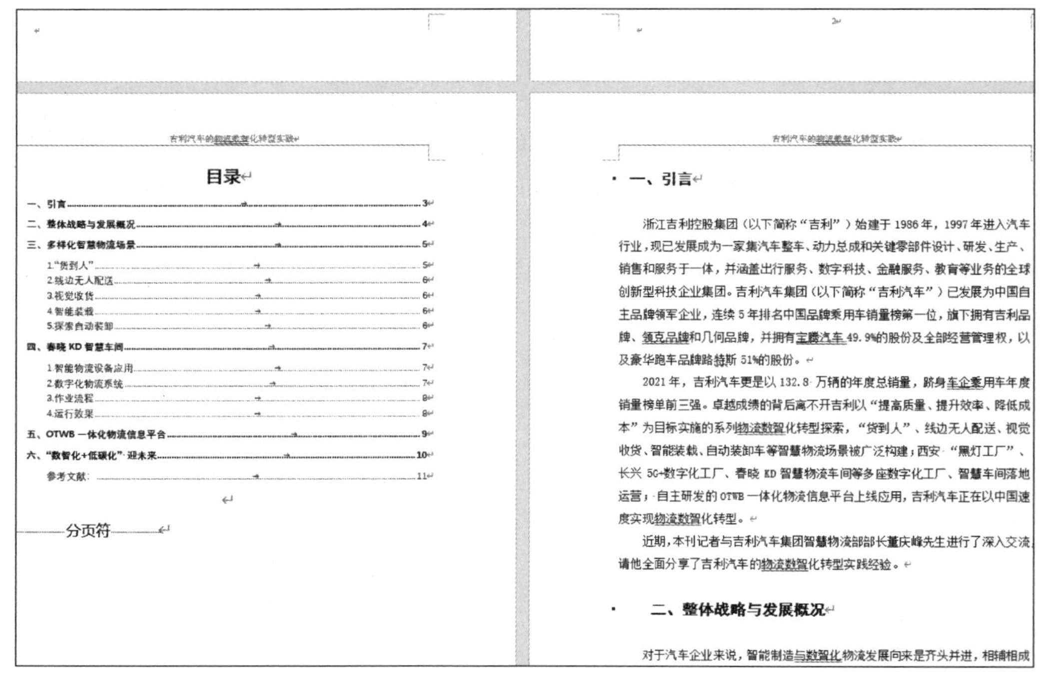

吉利汽车的物流数智化转型实践

目录

一、引言 3
二、整体战略与发展概况 4
三、多样化智慧物流场景 5
1.“货到人” 5
2.线边无人配送 6
3.视觉收货 6
4.智能装载 6
5.探索自动装卸 6
四、春晓 KD 智慧车间 7
1.智能物流设备应用 7
2.数字化物流系统 7
3.作业流程 8
4.运行效果 8
五、OTWB 一体化物流信息平台 9
六、“数智化+低碳化”迎未来 10
参考文献： 11

分页符

吉利汽车的物流数智化转型实践

一、引言

浙江吉利控股集团（以下简称“吉利”）始建于1986年，1997年进入汽车行业，现已发展成为一家集汽车整车、动力总成和关键零部件设计、研发、生产、销售和服务于一体，并涵盖出行服务、数字科技、金融服务、教育等业务的全球创新型科技企业集团。吉利汽车集团（以下简称“吉利汽车”）已发展为中国自主品牌领军企业，连续5年排名中国品牌乘用车销量榜第一位，旗下拥有吉利品牌、领克品牌和几何品牌，并拥有宝腾汽车49.9%的股份及全部经营管理权，以及豪华跑车品牌路特斯51%的股份。

2021年，吉利汽车更是以132.8万辆的年度总销量，跻身车企乘用车年度销量榜单前三强。卓越成绩的背后离不开吉利以“提高质量、提升效率、降低成本”为目标实施的系列物流数智化转型探索，“货到人”、线边无人配送、视觉收货、智能装载、自动装卸车等智慧物流场景被广泛构建；西安“黑灯工厂”、长兴5G+数字化工厂、春晓KD智慧物流车间等多座数字化工厂、智慧车间落地运营；自主研发的OTWB一体化物流信息平台上线应用，吉利汽车正在以中国速度实现物流数智化转型。

近期，本刊记者与吉利汽车集团智慧物流部部长董庆峰先生进行了深入交流，请他全面分享了吉利汽车的物流数智化转型实践经验。

二、整体战略与发展概况

对于汽车企业来说，智能制造与数智化物流发展向来是齐头并进，相辅相成

图 4-42　毕业论文排版部分效果预览

4.3.4　利用邮件合并自动生成某课程评分表

要求：根据给出的主文档“邮件合并-评分表主文档.docx”和数据源“邮件合并-评分

表源数据.xlsx”，将数据源中的学院、班级、学号、姓名、备注、年、月、日插入主文档中对应的位置，生成的最终文档应包括评分表数据源中姓名列中所有人的评分表，如图 4-43 所示。

2023—2024 学年第一学期期末考试

《XX 课程》评分表

学院　　班级　　姓名　　学号

考试形式：□作品　□机考　□口试　□表演　□实验

□课程报告　□课程设计　□课程答辩　□其他：理论考查+上机操作

序号	考核内容（评分细则）	分值	得分
1	功能实现	50	
2	项目答辩	35	
3	项目报告	15	
4	创新	10	
	总　分	110	

备注：

教师签字：

年　月　日

学院	班级	学号	姓名	备注	年	月	日
计算机学院	2022级计算机科学与技术(专升本)4班	221124010010	张青	学生通过学习本课程能够使用JavaScript、jQuery及其插件完成地方美食网站基本功能的实现以及网页的交互，各页面跳转无报错，页面内容丰富，使用了正则表达式，有一定的创新。	2023	12	30
计算机学院	2022级计算机科学与技术(专升本)4班	221124010011	王米	学生通过学习本课程能够使用JavaScript、jQuery及其插件完成美食铺网站基本功能的实现以及网站的交互，各页面跳转无报错，留言界面需要进一步完善，基本达到本课程的要求。	2023	12	30
计算机学院	2022级计算机科学与技术(专升本)4班	221124010012	张乐乐	学生通过学习本课程能够使用JavaScript、jQuery及其插件完成小米商城网站基本功能的实现以及网站的交互、各页面跳转无报错，页面内容较丰富，基本达到本课程的要求。	2023	12	30
计算机学院	2022级计算机科学与技术(专升本)4班	221124010013	杨洋	学生通过学习本课程能够使用JavaScript、jQuery及其插件完成旅游网站基本功能的实现以及网站的交互，各页面跳转无报错，注册登录页面登录不了，没有留言板，需要进一步完善。	2023	12	30
计算机学院	2022级计算机科学与技术(专升本)4班	221124010014	赵磊	学生通过学习本课程能够使用JavaScript、jQuery及其插件完成个人博客网站基本功能的实现以及网站的交互、各页面跳转无报错，登录页面没有校验，需进一步完善。	2023	12	30
计算机学院	2022级计算机科学与技术(专升本)4班	221124010015	刘龙	学生通过学习本课程能够使用JavaScript、jQuery及其插件完成美食推荐网站基本功能的实现以及网站的交互，各页面跳转无报错，使用功能和工具较丰富，有一定的创新。	2023	12	30
计算机学院	2022级计算机科学与技术(专升本)4班	221124010016	王小小	学生通过学习本课程能够使用JavaScript、jQuery及其插件完成个人博客网站基本功能的实现以及网站的交互，各页面跳转无报错，使用功能和工具较丰富，用到了正则表达式，有一定的创新。	2023	12	30

图 4-43　主文档与数据源

第 1 步：打开主文档“邮件合并-评分表主文档.docx”，选择“邮件”的“开始邮件合并”工具栏中的“选择收件人”下拉按钮，在打开的下拉列表中选择“使用现有列表”，打开“选取数据源”对话框，选择数据源“邮件合并-评分表源数据.xlsx”，单击“打开”，在弹出的选择表格页面，单击“确定”按钮，如图 4-44 所示。

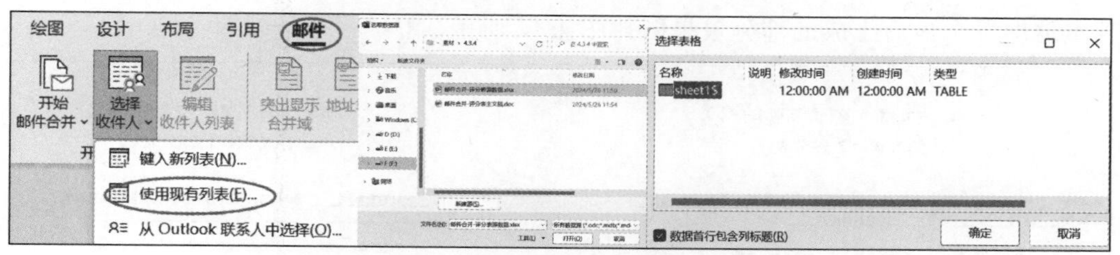

图 4-44　选择数据源

第 2 步：将光标定位在“学院”之后，在“邮件”→“编写和插入域”工具栏中，单击“插入合并域”下拉按钮，在弹出的下拉列表中选择“学院”，再将光标定位到“班级”之后，在“邮件”→“编写和插入域”工具栏中，单击“插入合并域”下拉按钮，在弹出的下拉列表中选择“班级”，依次选择后面的“学号”“姓名”“备注”“年”“月”“日”。插入之后对应的区域出现《学院》等符号，如图 4-45 所示。

第 3 步：在“邮件”的“完成”工具栏中单击“完成并合并”下拉按钮，在弹出的下拉列表中选择“编辑单个文档”，打开“合并到新文档”对话框，根据实际情况选择需要的合并记录，这里选“全部”，单击“确定”按钮后，生成信函文件，如图 4-46 所示。

第 4 步：返回信函文件，查看页面格式，如果有不满意的地方，则可以回到主文档调整页面格式，调整完成后在“邮件”→“完成”工具栏中单击“完成并合并”生成新的信函文件，保

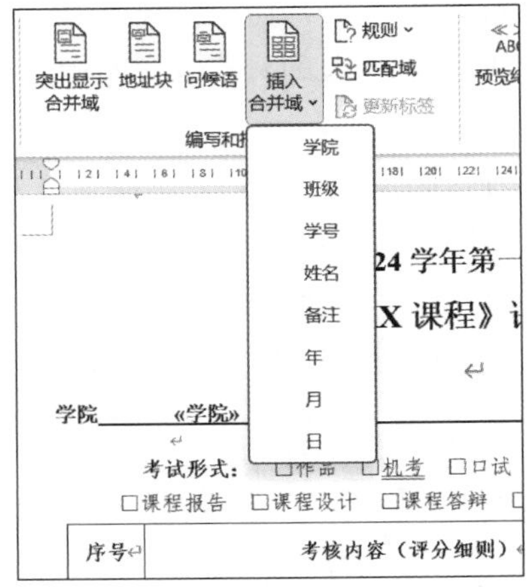
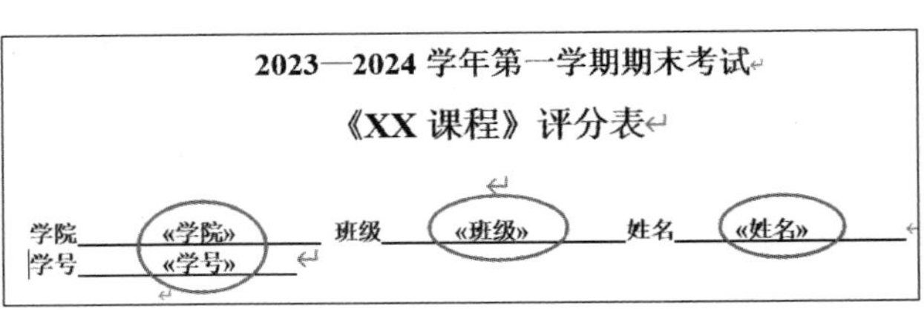

图 4-45 插入域

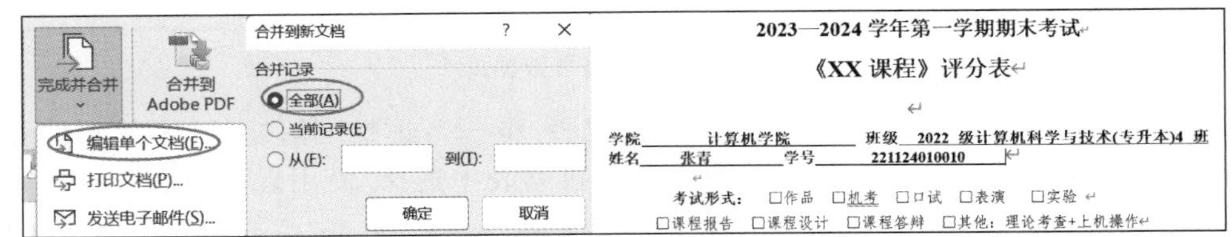

图 4-46 生成信函文件

存到本地即可。最后生成的部分效果图如图 4-47 所示。

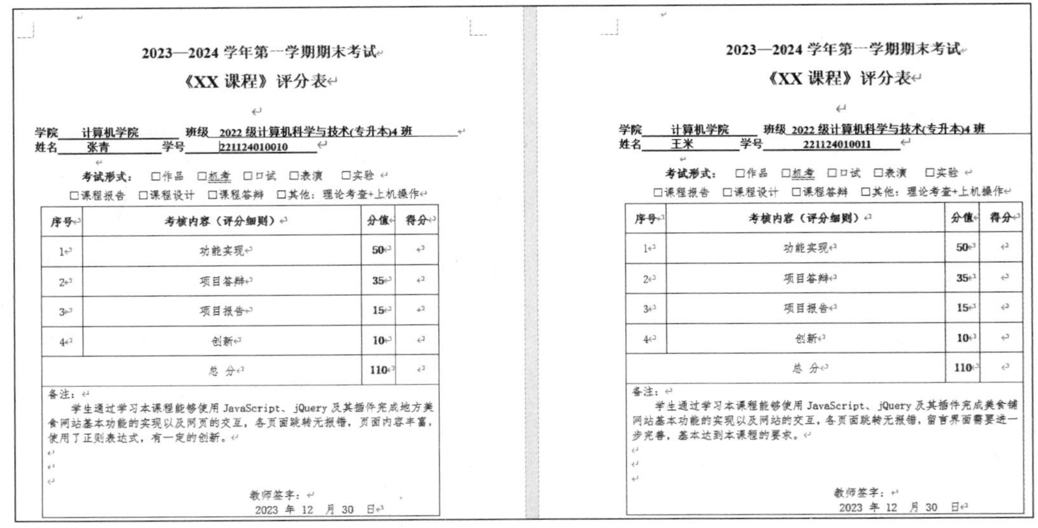

图 4-47 邮件合并生成部分效果图

4.4　计算机等级考试二级综合实训：Word 2021

全国计算机等级二级考试总分100分，其中Word操作部分占30分，可以看出Word占的比重还是很大的，因此要想顺利通过计算机二级考试，需要熟练操作Word。下面从历年真题中选取一个典型题目进行展示，以便同学们了解二级的考点。

1. 试题名称

柏林-德国旅游业务文档编辑

2. 试题要求

在某旅行社就职的小许为了开发德国旅游业务，在Word中整理了介绍德国主要城市的文档，按照以下要求帮助他对这篇文档进行完善。

(1) 打开考生文件夹下的素材文件Word.docx(".docx"为文件扩展名)，后续操作均基于此文件，否则不得分。

(2) 修改文档的页边距，上、下为2.5cm，左、右为3cm。

(3) 将文档标题"德国主要城市"设置为如下格式：

字体	微软雅黑，加粗
字号	小初
对齐方式	居中
文本效果	填充：橄榄色，主题色3；锋利棱台
字符间距	加宽，6磅
段落间距	段前间距：1行；段后间距：1.5行

(4) 将文档第1页中的绿色文字内容转换为2列4行的表格，并进行如下设置(效果可参考考生文件夹下的"表格效果.png"示例)：

① 设置表格居中对齐，表格宽度为页面的80%，并取消所有的框线；

② 使用考生文件夹中图片"项目符号.png"作为表格中文字的项目符号，并将项目符号的字号设置为小一号；

③ 将表格中的文字颜色设置为黑色，字体为方正姚体，字号为二号，其在单元格内"中部两端对齐"，并左缩进2.5字符；

④ 修改表格中内容段落中的中文版式，将文本对齐方式调整为居中对齐；

⑤ 在表格的上、下方插入恰当的横线作为修饰；

⑥ 在表格下方的横线后插入分页符，使正文内容从新的页面开始。

(5) 为文档中所有红色文字内容应用新建的样式，要求如下(效果可参考考生文件夹中的"城市名称.png"示例)：

样式名称	城市名称
字体	微软雅黑,加粗
字号	三号
字体颜色	深蓝,文字 2
段落格式	段前、段后间距为 0.5 行,行距为固定值 18 磅,并取消相对于文档网格的对齐;设置与下段同页,大纲级别为 1 级
边框	边框类型为方框,颜色为"深蓝,文字 2",左框线宽度为 4.5 磅,下框线宽度为 1 磅,框线紧贴文字(到文字间距磅值为 0),取消上方和右侧框线
底纹	填充颜色为"蓝色,个性色 1,淡色 80%",图案样式为 5%,颜色为自动

(6) 为文档正文中除了蓝色的所有文本应用新建立的样式,要求如下:

样式名称	城市介绍
字号	小四号
段落格式	两端对齐,首行缩进 2 字符,段前、段后间距为 0.5 行,并取消相对于文档网格的对齐

(7) 取消标题"柏林"下方蓝色文本段落中的所有超链接,并按以下要求设置格式(效果可参考考生文件夹中的"柏林一览.png"示例):

设置并应用段落制表位	8 字符,左对齐,第 5 个前导符样式 18 字符,左对齐,无前导符 28 字符,左对齐,第 5 个前导符样式
设置文字宽度	将第 1 列文字宽度设置为 5 字符 将第 3 列文字宽度设置为 4 字符

(8) 将标题"慕尼黑"下方的文本 Muenchen 修改为 München。

(9) 为文档设置"阴影"型页面边框,以及恰当的页面颜色;保存 Word.docx 文件。

(10) 将 Word.docx 文件另存为"笔画顺序.docx"并保存到考生文件夹;在"笔画顺序.docx"文件中,将所有的城市名称标题(包含下方的介绍文字)按照笔画顺序升序排列,并删除该文档第 1 页中的表格对象。

3. 试题分析

试题考点、难点、难度系数如图 4-48 所示。

试题关键词	考点分析
柏林-德国旅游业务	◎基础考点:2.页面设置 10.页面边框、颜色 ◎中等考点:3.字体段落 4.表格设置、图片项目符号、横线 5.样式、边框、底纹设置 6.新建样式 7.取消超链接,制表位,字符宽度 8.符号 9.显示隐藏图片 11.排序 ◎重难考点:无 ◎试题总体难度:★★★☆☆

图 4-48 试题分析图解

4. 试题实现

打开素材，完成素材中的所有操作。

(1) 双击打开素材\实训一素材\考生文件夹下的"Word.docx"文件。

(2) 单击"布局"的"页面设置"工具栏右下角的对话框启动器，此时会弹出"页面设置"对话框，将"上""下"页边距设置为2.5cm，将"左""右"页边距设置为3cm，单击"确定"按钮。

(3) 文本设置。

第1步：选中文档中的标题文字"德国主要城市"。

第2步：单击"开始"的"字体"工具栏右下角的对话框启动器按钮，此时会弹出"字体"对话框，在"字体"选项卡中，将"中文字体"设置为"微软雅黑"；将"字形"设置为"加粗"；将"字号"设置为"小初"。切换到"高级"选项卡，将"间距"选择为"加宽"，将"磅值"设置为"6磅"，单击"确定"按钮。

第3步：继续选中标题段文字，单击"开始"的"字体"工具栏中的"文本特效"下拉按钮，在下拉列表中选择文本效果"填充→橄榄色，主题色3，锋利棱台"。单击"段落"工具栏中的"居中"按钮，将标题段落设置为居中显示。

第4步：选择标题段文字，单击"段落"工具栏右下角的对话框启动器按钮，此时会弹出"段落"对话框，将"段前"调整为"1行"；将"段后"调整为"1.5行"，单击"确定"按钮。

(4) 表格设置。

第1步：选中文档中第1页的绿色文字。

第2步：单击"插入"→"表格"工具栏中的"表格"下拉按钮，在下拉列表中选择"文本转化成表格"命令，此时会弹出"将文字转换成表格"对话框，保持默认设置，单击"确定"按钮。

第3步：选中表格对象，单击"开始"的"段落"工具栏中的"居中"按钮，然后单击"表格工具"→"布局"选项卡下"单元格大小"工具栏右下角的对话框启动器按钮，此时会弹出"表格属性"对话框，在"表格"选项卡下勾选"指定宽度"，将比例调整为80%，单击"确定"按钮。继续单击"表格工具"→"设计"选项卡下"边框"工具栏中的"边框"下拉按钮，在下拉列表中选择"无框线"。

第4步：选中整个表格，单击"开始"的"段落"工具栏中的"项目符号"下拉按钮，在下拉列表中选择"定义新项目符号"，此时会弹出"定义新项目符号"对话框，单击"字体"按钮，此时会弹出"字体"对话框，将"字号"设置为"小一"，单击"确定"按钮。返回"定义新项目符号"对话框，继续单击"图片"按钮，打开"插入图片"对话框，选择"从文件→浏览"，选中考生文件夹下的"项目符号.png"文件，单击"插入"，最后单击"确定"按钮关闭所有对话框。

第5步：选中整个表格，单击"开始"的"字体"工具栏右下角的对话框启动器按钮，此时会弹出"字体"对话框，在"字体"选项卡中将"中文字体"设置为"方正姚体"；将"字号"设置为"二号"；将"字体颜色"设置为"黑色"，单击"确定"按钮；单击"表格工具"→"布局"的"对齐方式"工具栏中的"中部左对齐"按钮；切换到"开始"选项卡，单击"段落"工具栏右下角的对话框启动器按钮，此时会弹出"段落"对话框，在"缩进和间距"中将"缩进"工具栏中的"左侧"设置为"2.5字符"，单击"确定"按钮。

第 6 步：选中整个表格，单击“开始”的“段落”工具栏右下角的对话框启动器按钮，此时会弹出“段落”对话框，切换到“中文版式”选项卡，将“文本对齐方式”设置为“居中”，单击“确定”按钮。

第 7 步：将光标置于标题段之后，按 Enter 键，新建段落，然后在字体功能工具栏中将该段落清除格式。单击“开始”的“段落”工具栏中的“边框”下拉按钮，选择“横线”命令。

第 8 步：用鼠标左键双击插入的横线对象，此时会弹出“设置横线格式”对话框，将“颜色”设置为“标准色/蓝色”，按照同样的方法，在表格下方插入横线。

第 9 步：将光标置于表格下方段落之前，单击“布局”→“页面设置”工具栏中的“分隔符”下拉按钮，在下拉列表中选择“分页符”命令，效果图如图 4-49 所示。

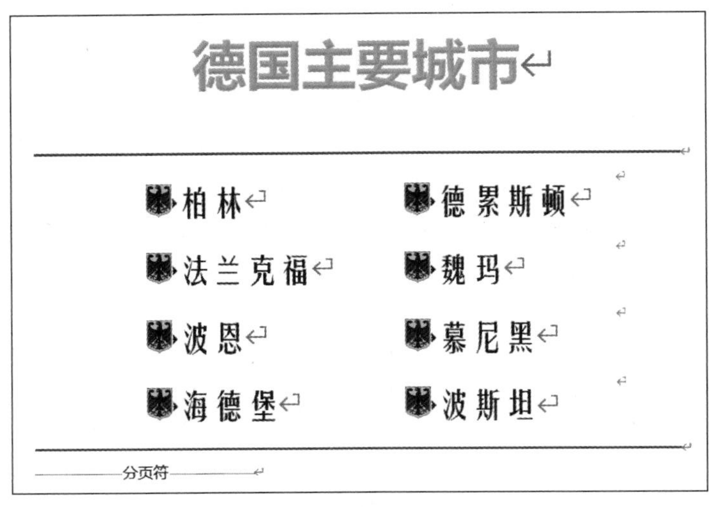

图 4-49 表格效果图

(5) 边框与底纹设置。

第 1 步：单击“开始”的“样式”工具栏右下角的对话框启动器按钮，此时会弹出“样式”任务窗格，在窗格最底部位置单击“新建样式”按钮，此时会弹出“根据格式化创建新样式”对话框，在“属性”工具栏名称中输入“城市名称”；在“格式”工具栏中选择字体为“微软雅黑”，字号为“三号”，字形为“加粗”，颜色为“深蓝，文字 2”。

第 2 步：继续单击“根据格式化创建新样式”对话框底部的“格式”按钮，在下拉列表中选择“段落”，此时会弹出“段落”对话框，在“缩进和间距”选项卡中将“大纲级别”调整为“一级”；将“段前”和“段后”间距调整为 0.5 行，单击“行距”下拉按钮，在下拉列表中选择“固定值”，将值设置为“18 磅”；取消勾选下方“如果定义了文档网格，则对齐到网格”复选框。切换到“换行和分页”选项卡，勾选“分页”工具栏中的“与下段同页”复选框。单击“确定”按钮。

第 3 步：①继续单击“根据格式化创新样式”对话框底部的“格式”按钮，在下拉列表中选择“边框”，此时会弹出“边框与底纹”对话框，在“边框”选项卡下，单击左侧的“方框”，将“颜色”设置为“深蓝，文字 2”，“宽度”选择为“1.0 磅”，然后单击右侧预览中的下框线，将下框线宽度应用为“1.0 磅”；将“宽度”设置为“4.5 磅”，然后单击右侧预览中的左框线，将左框线宽度应用为“4.5 磅”，单击预览中的上方和右侧边框线，将其取消（注意：上方和右侧边框线需要单击两次），最后只保留左侧和下方边框线，然后单击底部的“选项”按钮，此时会弹出“边框和底纹选项”对话框，将“下”“左”边距全部设置为 0，单击“确定”按钮；②切换到“边框和底纹”对话框的“底纹”选项卡，在“填充”工具栏中选择“主题颜色”→“蓝色，个性色 1，淡色 80%”，在“图案”工具栏中的样式中选择 5%，将颜色设置为“自动”，设置完成后单击“确定”按钮。最后单击“根据格式化创建新样式”对话框中的“确定”按钮，关闭对话框。

第 4 步：选中文中所有红色的文字，单击“开始”的“样式”工具栏中新建的“城市名称”样式，将所有红色城市名称应用该样式。

第 5 步：设置完成后，将光标置于第 1 页横线处，单击“开始”的“字体”中“清除所有格式”按钮，清除多设置的格式。

（6）样式设置。

第 1 步：单击“开始”的“样式”工具栏右下角的对话框启动器按钮，此时会弹出“样式”任务窗格，在窗格最底部位置单击“新建样式”按钮，此时会弹出“根据格式化创建新样式”对话框，在“属性”工具栏名称中输入“城市介绍”，在“格式”工具栏中选择字号为“小四”号。

第 2 步：继续单击“根据格式化创建新样式”对话框底部的“格式”按钮，在下拉列表中选择“段落”，此时会弹出“段落”对话框，在“缩进和间距”选项卡中将对齐方式设置为“两端对齐”；将特殊格式设置为“首行”，将对应的磅值调整为“2 字符”；调整“段前”“段后”间距为“0.5 行”；取消勾选下方“如果定义了文档网格，则对齐到网格”复选框。设置完成后单击“确定”按钮。最后单击“根据格式化创建新样式”对话框中的“确定”按钮，关闭对话框。

第 3 步：选中文档正文中除了蓝色的所有文本，单击“开始”→“样式”工具栏中新建的“城市介绍”样式，将文档正文中除了蓝色的所有文本应用“城市介绍”样式。

（7）制表位设置

第 1 步：选中标题“柏林”下方蓝色文本段落中的所有文本内容，使用键盘上的快捷键 Ctrl＋Shift＋F9 取消所有超链接。

第 2 步：单击“开始”的“段落”工具栏右下角的对话框启动器按钮，此时会弹出“段落”设置对话框，单击对话框底部的“制表位”按钮，此时会弹出“制表位”对话框，在“制表位位置”中输入“8 字符”，将对齐方式设置为“左对齐”，将前导符设置为“5……(5)”，单击“设置”按钮；按照同样的方法，在制表位位置中输入“18 字符”，将对齐方式设置为“左对齐”，将前导符设置为“1 无(1)”，单击“设置”按钮；继续在制表位位置中输入“28 字符”，将对齐方式设置为“左对齐”，将前导符设置为“5……(5)”，单击“设置”按钮，最后单击“确定”按钮，关闭对话框，如图 4-50 所示。

第 3 步：参考“柏林一览.png”示例文件，将光标放置于第 1 段“中文名称”文本之后，按一下键盘上的 Tab 键，再将光标置于“柏林”之后，按一下键盘上的 Tab 键，继续将光标置于“气候条件”之后，按一下键盘上的 Tab 键，按同样的方法设置后续段落。

第 4 步：选中第 1 列第 1 行文本“中文名称”，单击“开始”的“段落”工具栏中的“中文版

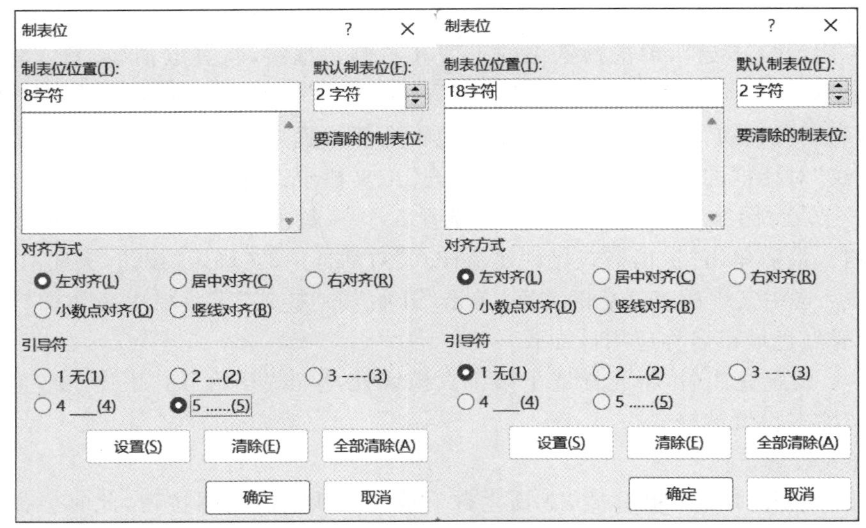

图 4-50 制表位设置

式”下拉按钮,在下拉列表中选择“调整宽度”,此时会弹出“调整宽度”对话框,在“新文字宽度”中输入“5 字符”,单击“确定”按钮。设置完成后,单击“开始”的“剪贴板”工具栏中的“格式刷”按钮,然后逐个选中第 1 列中的其他内容,将该样式应用到第 1 列其他行的文本中,再次单击“格式刷”按钮,取消格式刷的选中状态。

第 5 步:选中第 3 列第 1 行文本“气候条件”,单击“开始”的“段落”工具栏中的“中文版式”下拉按钮,在下拉列表中选择“调整宽度”,此时会弹出“调整宽度”对话框,在“新文字宽度”中输入“4 字符”,单击“确定”按钮。设置完成后,单击“开始”的“剪贴板”工具栏中的“格式刷”按钮,然后逐个选中第 3 列中的其他内容,将该样式应用到第 3 列其他行的文本中,再次单击“格式刷”按钮,取消格式刷的选中状态,效果图如图 4-51 所示。

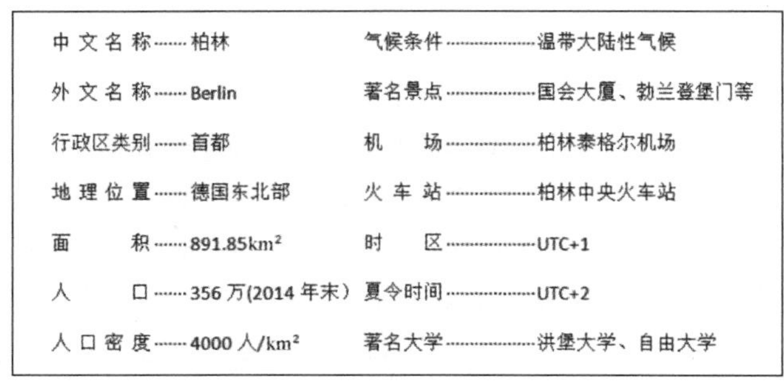

图 4-51 效果图

(8) 特殊符号设置。

步骤:将文本 Muenchen 中的 ue 字符删除,单击“插入”选项卡下“符号”工具栏中“符号”右边的下拉按钮,在下拉列表中选择“其他符号”,打开“符号对话框”,在“字体”下拉列表中选择“(普通文本)”,在子集下拉列表中选择“拉丁语-1 增补”,找到字符 ü,单击“插入”按钮,关闭符号对话框,如图 4-52 所示。

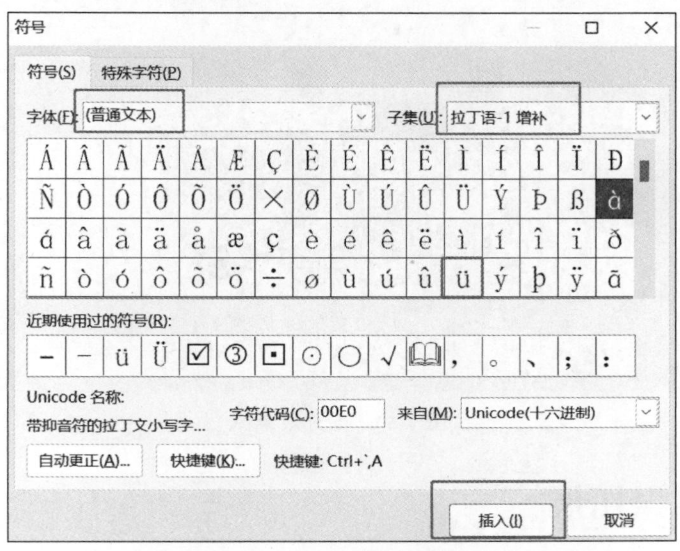

图 4-52 符号插入

(9) 页面边框与颜色设置。

考点提示:本题主要考核如何设置页面边框、颜色。

第 1 步:单击“设计”→“页面背景”工具栏中的“页面边框”按钮,此时会弹出“边框和底纹”对话框,在“页面边框”选项卡下选择左侧“设置”中的“阴影”,单击“确定”按钮。

第 2 步:单击“布局”→“页面背景”工具栏中的“页面颜色”下拉按钮,在下拉列表中选择一种“主题颜色”(本例选择“茶色,背景 2,深色 25%”)。

第 3 步:单击快捷访问工具栏上的“保存”按钮保存文档。

(10) 排序。

第 1 步:单击“文件”选项卡中的“另存为”命令,选择浏览,将其保存于考生文件夹下,在弹出的“另存为”对话框中将文件名设为“笔画顺序.docx”。

第 2 步:单击“视图”的“视图”工具栏中的“大纲视图”按钮,将文档切换为“大纲视图”,在“大纲视图”下,单击“大纲”→“大纲工具”工具栏中的“显示级别”下拉按钮,将“显示级别”设置为“1 级”。

第 3 步:单击“开始”的“段落”工具栏中的“排序”按钮,此时会弹出“排序文字”对话框,在“主要关键字”中选择“段落数”,将“类型”设置为“笔画”,选择“升序”单选按钮,单击“确定”按钮。在“大纲”选项卡中单击“关闭大纲视图”按钮,选中第 1 页中的表格对象,单击键盘上的 Backspace 键进行删除。

第 4 步:单击快速访问工具栏上的“保存”按钮并关闭文档。部分效果图如图 4-53 所示。

慕尼黑
慕尼黑（德文：München），是德国巴伐利亚州的首府。慕尼黑分为老城与新城两部分，总面积达 310 平方公里。2010 年人口为 130 万，是德国南部第一大城，全德国第三大城市（仅次于柏林和汉堡）。

图 4-53 部分效果图

4.5 知识拓展

4.5.1 Word 2021 的交叉引用

交叉引用是指在文档的某一位置引用文档中的某个可引用项。例如，如果文档正文中的表格添加了题注“表格 1”，则正文将会引导读者去关注这个表格，一般有这样的表述：“具体的数据如表格 1 所示”，这就是对表格题注的交叉引用。

交叉引用的条目类型可以是题注，也可以是标题、书签、编号项、表格、脚注、尾注、公式和图表等。引用的内容可以是题注、页码和段落编号等。

创建交叉引用的步骤如下：

第 1 步：将插入点定位在要建立交叉引用的位置。

第 2 步：在“引用”→“题注”工具栏中单击“交叉引用”命令，打开“交叉引用”对话框。

第 3 步：在“引用类型”下拉列表中选择引用项类型。选择“标题”，这时列表中将列出所有的标题，在“引用内容”下拉列表中选择要显示的信息，如“标题文字”。

第 4 步：单击“插入”按钮，完成一个交叉引用的插入，如图 4-54 所示。

交叉引用的优点是当引用项发生变化时，Word 会自动更新。用户如果想及时查看更新结果，则可通过以下操作完成交叉引用的更新。

(1) 选定全部文档，按 F9 键，这样全部的交叉引用都会更新。

(2) 将插入点移动到要更新的交叉引用处，按 F9 键。

(3) 将鼠标指针指向要更新的交叉引用处，同时右击，在打开的快捷菜单中选择“更新域”命令即可。

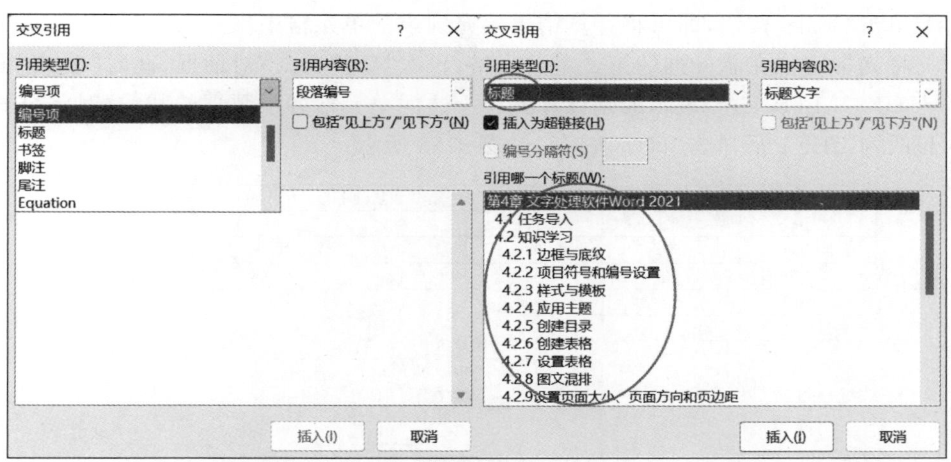

图 4-54　"交叉引用"对话框

4.5.2　Word 中表格数据的计算和排序

1. 表格数据的计算

Word 2021 提供的表格计算功能可以对表格中的数据进行一些简单运算，例如求和、求平均值、求最大值和求最小值等，从而能方便、快捷地得到计算结果。如果要进行复杂的表格数据计算，则应使用 Excel 2021 电子表格来实现。

下面对学生成绩表格中的数据计算为例进行说明。

1）求和

若需要在"总分"列填充每名学生的总成绩，则操作步骤如下：

（1）将光标定位在总分列的第 1 个单元格中。

（2）单击"表格工具"→"布局"的"数据"工具栏中的"fx 公式"按钮，打开"公式"对话框。

（3）在"公式"对话框中，"公式"框用于设置计算数据所用的公式，"编号格式"用于设置计算结果的数字格式，"粘贴函数"下拉列表中列出了 Word 2021 中提供的函数。在"公式"框中的"＝SUM(LEFT)"表示对光标左边单元格中的各项数据进行求和，如图 4-55 所示。

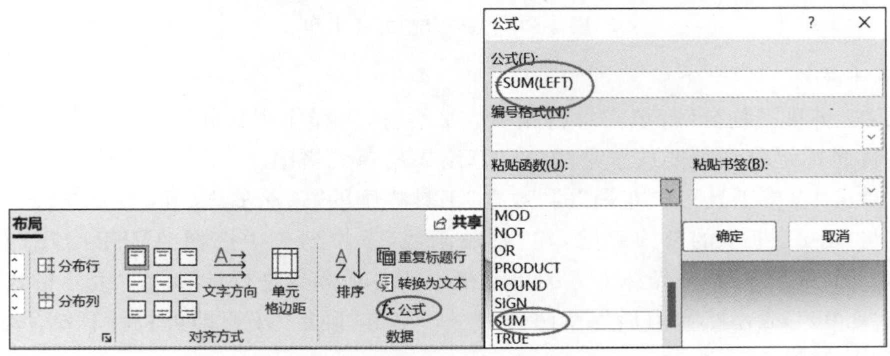

图 4-55　"公式"对话框

(4) 单击“确定”按钮,即可将计算结果填充到当前单元格中。

(5) 将光标定位在总分列的第 2 个单元格,再次打开“公式”对话框,此时“公式”框中显示为“=SUM(ABOVE)”,表示的是计算光标上边的单元格各项数据的和,这时将公式中的 ABOVE 改为 LEFT 后单击“确定”按钮,如图 4-56 所示。

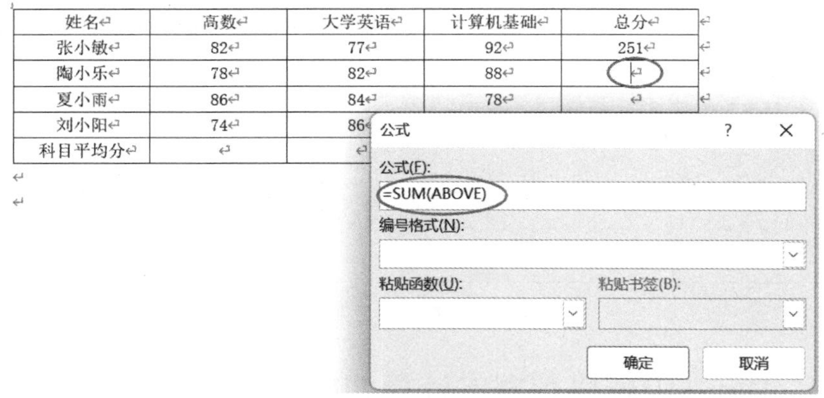

图 4-56 计算第 2 行数据的和

(6) 上一步的计算也可以直接将第 1 行计算得到的总分复制到第 2 行,单击复制的总分,当单击总分出现灰色阴影时,右击总分,在弹出的对话框中单击“更新域”,这时,就会显示第 2 行分数左边所有单元格实际的总和。依次操作下面的总分行,得到所有学生的总分,如图 4-57 所示。

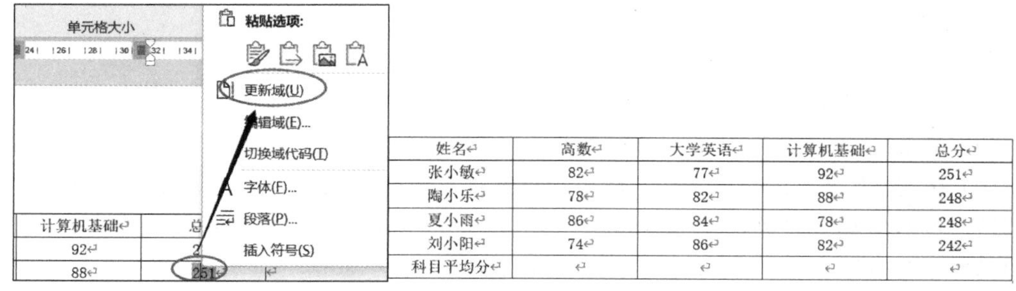

姓名	高数	大学英语	计算机基础	总分
张小敏	82	77	92	251
陶小乐	78	82	88	248
夏小雨	86	84	78	248
刘小阳	74	86	82	242
科目平均分				

图 4-57 “更新域”方式求和

2) 求平均

若要在“科目平均分”行填充每门课程的平均分,则操作步骤如下:

(1) 将光标定位到需要放置平均分计算结果的单元格中。

(2) 单击“表格工具”→“布局”的“数据”工具栏中的“fx 公式”按钮,打开“公式”对话框。

(3) 将“公式”框中的公式删除,在“粘贴函数”下拉列表中选择 AVERAGE,然后在括号中输入 ABOVE,代表对光标上方的单元格中的各项数据进行计算,在“编号格式”下拉列表中选择“0.00”,表示小数点后保留两位数字。单击“确定”按钮即可将计算结果填充到当前单元格中,如图 4-58 所示。

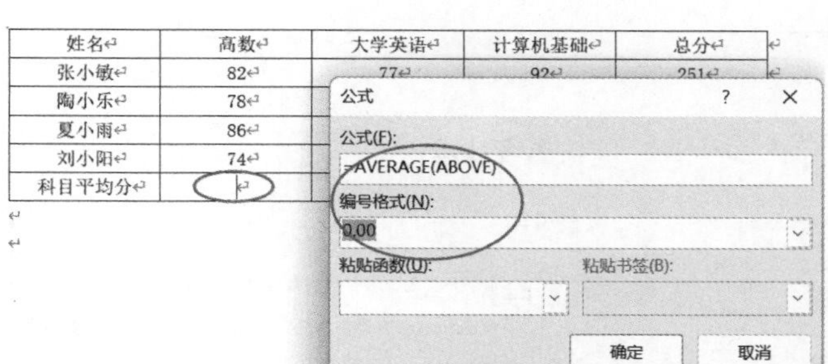

姓名	高数	大学英语
张小敏	82	77
陶小乐	78	82
夏小雨	86	84
刘小阳	74	86
科目平均分	80.00	

图 4-58　求平均值

(4) 后面课程的平均分依然可以根据上面讲述的“求平均”填充方法进行填充。

2. 表格数据排序

在 Word 2021 中,用户可以将单元格中内容按照笔画、数字、拼音及日期进行升序或降序排列。在上面的例子中,对成绩表中的“总分”按照升序排列,操作步骤如下:

(1) 将光标定位在表格中的任意单元格或“总分”列中的某个单元格中。

(2) 单击“表格工具布局”→“数据”工具栏中的“排序”按钮,整个表格被选中,并且打开“排序”对话框。

(3) 单击“主要关键字”下拉列表选择用于排序的数据依据,一般为标题行中的某个单元格的内容,本例选择“总分”;“类型”下拉列表用于指定排序数据依据的值的类型,选“数字”;“升序”和“降序”用于选择数据排序的数据,这里选“升序”。

(4) 单击“确定”按钮,表格中的总分列数据会按照升序进行排列,如图 4-59 所示。

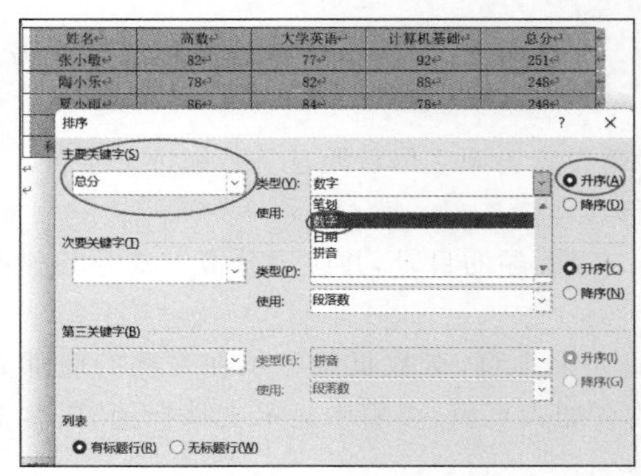

姓名	高数	大学英语	计算机基础	总分
刘小阳	74	86	82	242
陶小乐	78	82	88	248
夏小雨	86	84	78	248
张小敏	82	77	92	251
科目平均分	80.00	82.25	85.00	

图 4-59　“排序”对话框

习题

打开素材文件\第 4 章\“Word 黑客技术.docx”,按照要求完成下列操作并以该文件名“Word 黑客技术.docx”保存文档,参考图如图 4-60～图 4-61 所示。

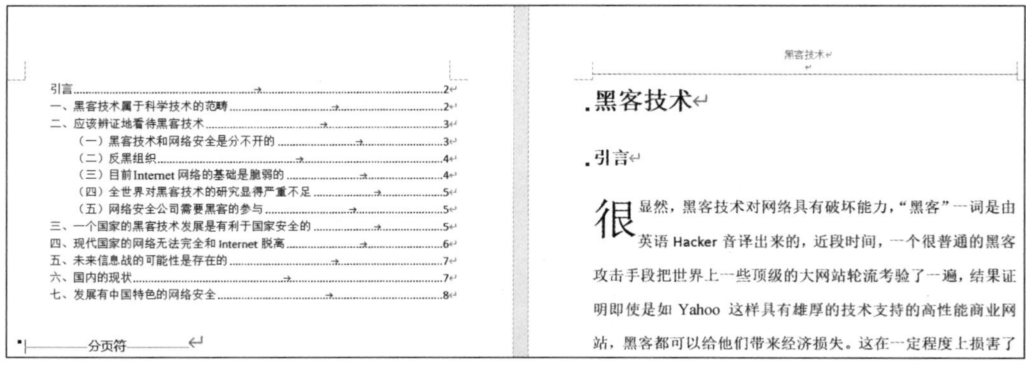

图 4-60　目录、首行下沉效果图

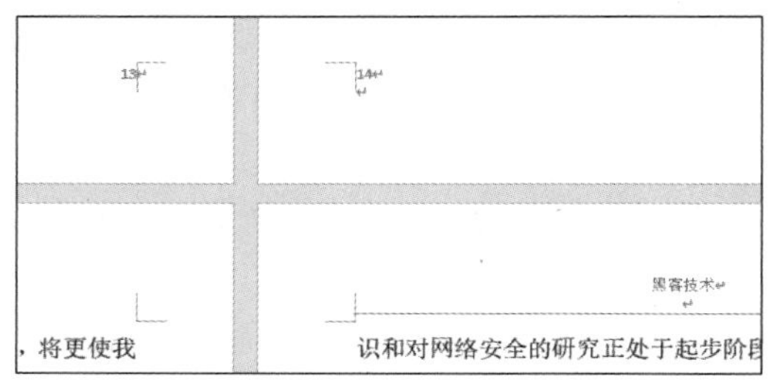

中英文对照

Hacker	黑客
Internet	因特网
Newsweek	新闻周刊
Unix	一种操作系统
Bug	小缺陷

图 4-61　页码、页眉、表格效果图

(1) 将纸张大小调整为 B5，页边距的左边距为 2cm，右边距为 2cm。装订线 1cm，对称页边距。

(2) 将文档中的第 1 行"黑客技术"设置为一级标题，将文档中黑体字的段落设置为 2 级标题，将斜体字段落设置为 3 级标题。

(3) 将正文部分内容设置为五号字，每个段落设置为 1.2 倍行距且首行缩进 2 字符。

(4) 将正文的第 1 段落的首行"很"下沉 2 行。

(5) 在文档的开始位置插入只显示 2 级和 3 级标题的目录，并应用分节方式令其独占一页。

(6) 文档除目录页外均显示页码，正文开始为第 1 页，奇数页码显示在文档的底部靠右，偶数页码显示在文档的底部靠左。文档偶数页加入页眉，页眉中显示文档标题"黑客技术"，奇数页页眉没有内容。

(7) 将文档的最后 5 行转换为 2 行 5 列的表格，倒数第 6 行的内容"中英文对照"作为该表格的标题，将表格及标题居中。

(8) 为文档应用一种合适的主题。

电子表格软件Excel 2021

第5章
CHAPTER 5

8min

5.1 任务导入

7min

5min

7min

某学校学生会技术部准备纳新，要求参加的学生能熟练地运用 Excel 进行表格的相关操作，并向报名的学生邮箱发送了具体的测试题目，要求次日面试时能进行现场操作演示。李明作为一名新入学的新生，并不具备相关经验，但他对技术部非常感兴趣并报名领取了任务，回寝室后打算自行研究，发现测试题目大概要求是能对指定的表格中的数据进行计算、排序、筛选、分类汇总，并且会制作图表等，任务的效果图如图 5-1～图 5-3 所示。

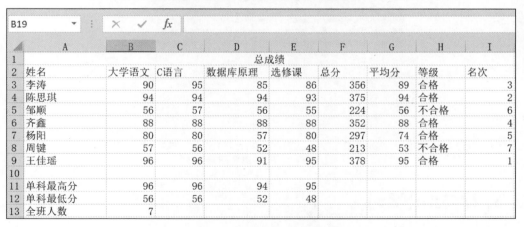

B19 fx

	A	B	C	D	E	F	G	H	I
1					总成绩				
2	姓名	大学语文	C语言	数据库原理	选修课	总分	平均分	等级	名次
3	李涛	90	95	85	86	356	89	合格	3
4	陈思琪	94	94	94	93	375	94	合格	2
5	邹顺	56	57	56	55	224	56	不合格	6
6	齐鑫	88	88	88	88	352	88	合格	4
7	杨阳	80	80	57	80	297	74	合格	5
8	周键	57	56	52	48	213	53	不合格	7
9	王佳瑶	96	96	91	95	378	95	合格	1
10									
11	单科最高分	96	96	94	95				
12	单科最低分	56	56	52	48				
13	全班人数	7							

图 5-1 学生综合成绩表

本任务要求向李明普及 Excel 的相关知识，包括 Excel 表格的制作、公式和函数的应用、数据的排序、分类汇总、图表的制作和编辑等，掌握这些技能后可以逐步完成任务中的各个要求，在面试中流畅地进行演示并成功进入学生会，但目前技术部提出的绝大部分要求李明一时无法完全满足，准备学习相关的知识后再完成具体的任务。

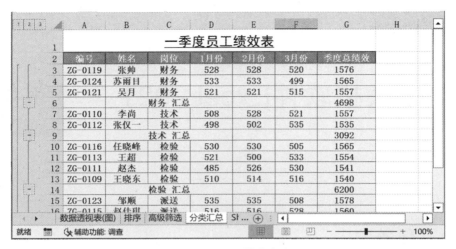

	A	B	C	D	E	F	G
1	一季度员工绩效表						
2	编号	姓名	岗位	1月份	2月份	3月份	季度总绩效
3	ZG-0119	张帅	财务	528	528	520	1576
4	ZG-0124	苏雨目	财务	533	533	499	1565
5	ZG-0121	吴月	财务	521	521	515	1557
6			财务 汇总				4698
7	ZG-0110	李尚	技术	508	528	521	1557
8	ZG-0112	张仪一	技术	498	502	535	1535
9			技术 汇总				3092
10	ZG-0116	任晓峰	检验	530	530	505	1565
11	ZG-0113	王超	检验	521	500	533	1554
12	ZG-0111	赵杰	检验	485	526	530	1541
13	ZG-0109	王晓东	检验	510	514	516	1540
14			检验 汇总				6200
15	ZG-0123	邹顺	派送	535	535	508	1578
16	ZG-0115	赵佳琪	派送	516	516	528	1560

数据透视表(图) 排序 高级筛选 分类汇总 Sl ...

就绪 辅助功能: 调查 100%

图 5-2 员工绩效表

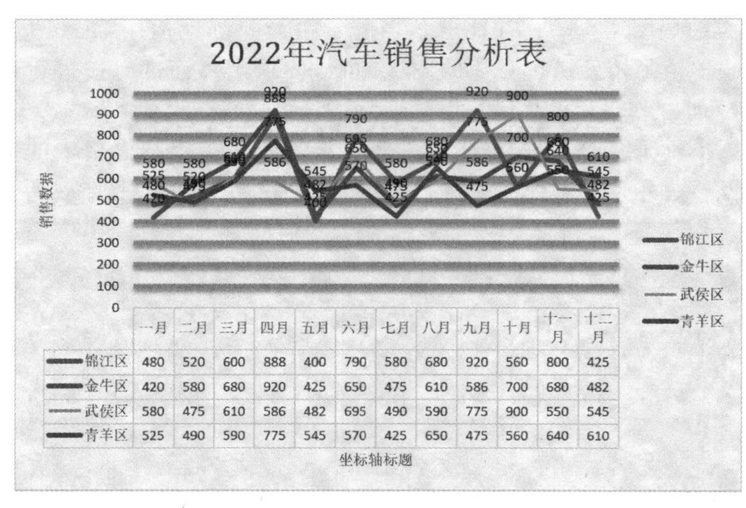

	一月	二月	三月	四月	五月	六月	七月	八月	九月	十月	十一月	十二月
锦江区	480	520	600	888	400	790	580	680	920	560	800	425
金牛区	420	580	680	920	425	650	475	610	586	700	680	482
武侯区	580	475	610	586	482	695	490	590	775	900	550	545
青羊区	525	490	590	775	545	570	425	650	475	560	640	610

图 5-3 汽车销售图表

5.2 知识学习

要完成上面任务首先需要学习相关的知识，包括公式、函数的使用，单元格的使用，数据排序、筛选、分类汇总及图标的制作等。

5.2.1 公式的概念和使用

6min

1. 公式的概念

Excel 中的公式指对工作表中的数据进行计算的等式，以"＝"开始，通过各种运算符号，将值或常量和单元格引用、函数返回值等组合起来，形成公式表达式。公式是计算表格

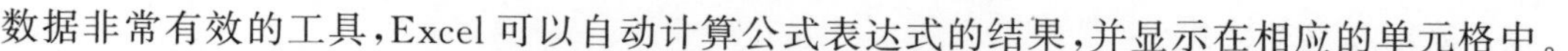

数据非常有效的工具，Excel 可以自动计算公式表达式的结果，并显示在相应的单元格中。

1）常量

Excel 中的常量包括数字和文本等各类数据，主要可分为数值型常量、文本型常量和逻辑型常量。数值型常量可以是整数、小数或百分数。文本常量用英文状态下的引号括起来以供使用，但其中不能包括英文双引号。逻辑型常量只有两个值，即 true 和 false，分别表示“真”和“假”。

2）数据类型

在 Excel 中，常用的数据类型主要包括数值型、文本型和逻辑型 3 种，其中数值型是表示大小的一个值，文本型表示一个名称或提示信息，逻辑型表示“真”或“假”。

3）运算符

运算符是 Excel 公式中的基本元素，它是指对公式中的元素进行特定类型的运算。Excel 中的运算符主要包括算术运算符、比较运算符、逻辑运算符和文本连接符。

4）公式的构成

Excel 中的公式由“＝”加上“运算式”构成，运算式是由运算符构成的计算式，也可以是函数，计算式中参与计算的可以是常量，可以是单元格地址，也可以是函数。

2. 公式的使用

当我们面对大量原始数据时，难免需要对这些数据进行数学运算，这就需要用到公式。Excel 中的公式可以帮助用户快速地完成各种计算，而为了进一步提高计算效率，在实际计算的过程中，用户除了需要输入和编辑公式之外，通常还需要对公式进行填充、复制和移动等操作。

1）输入公式

在 Excel 中输入公式的方法与输入文本的方法类似，只需将公式输入相应的单元格中，便可计算出数据结果。输入公式指的是只包含运算符、常量数值、单元格引用和单元格区域引用的简单公式。

选择要输入公式的单元格，在单元格或编辑栏中输入“＝”，接着输入公式内容，完成后按 Enter 键或单击编辑栏上的“输入”按钮即可。

2）编辑公式

选择含有公式的单元格，将文本插入点定位在编辑栏或单元格中需要修改的位置，按 Backspace 键删除多余或错误的内容，再输入正确的内容，完成后按 Enter 键确认即可完成公式的编辑。编辑完成后，Excel 将自动对新公式进行计算。

3）填充公式

在输入公式完成计算后，如果该行或该列后的其他单元格皆需使用该公式进行计算，则可直接通过填充公式的方式快速地完成其他单元格的数据计算。

选择已添加公式的单元格，将鼠标指针移至该单元格右下角的控制柄上，当其变为“＋”形状时，按住鼠标左键不放并拖曳至所需位置，释放鼠标，即可在选择的单元格区域中填充相同的公式并计算出结果。

4）复制和移动公式

在 Excel 中复制和移动公式也可以快速地完成单元格数据的计算。在复制公式的过程中，Excel 会自动调整引用单元格的地址，避免手动输入公式的麻烦，从而提高工作效率。复制公式的操作方法与复制数据的操作方法一样。

移动公式即将原始单元格的公式移动到目标单元格中，公式在移动的过程中不会根据单元格的位移情况发生改变。移动公式的方法与移动其他数据的方法相同。

5.2.2 单元格的引用

1. 单元格引用

单元格引用是指引用数据的单元格区域所在的位置，在 Excel 中，用户可以根据实际需要引用当前工作表、当前工作簿或其他工作簿中的单元格数据。在引用单元格后，公式的运算值将随着被引用单元格的变化而变化，如在单元格 F3 中输入“＝10＋10＋20＋50”，第 1 个数据“10”位于 B3 单元格，其他数据依次位于 C3、D3 和 E3 单元格中，通过单元格引用，可以将公式修改为“＝B3＋C3＋D3＋E3”，这样便可以获得相同的计算结果，如图 5-4 所示。

F3 =B3+C3+D3+E3

	A	B	C	D	E	F	G
1							
2		科目1	科目2	科目3	科目4	总分	
3		10	10	20	50	90	
4							
5							

图 5-4 单元格引用

2. 单元格引用类型

在计算数据表中的数据时，通常会通过复制或移动公式的方式来实现快速计算，这就涉及单元格引用的知识。根据单元格地址是否改变，可将单元格引用分为相对引用、绝对引用和混合引用。

1）相对引用

相对引用是指输入公式时直接通过单元格地址来引用单元格。相对引用单元格后，如果将公式复制或剪切到其他单元格，则公式中引用的单元格地址会根据复制或剪切的位置而发生相应改变。

2）绝对引用

绝对引用是指无论引用单元格的公式位置如何改变，所引用的单元格均不会发生变化。绝对引用的形式是在单元格的行列号前加上符号“＄”。

3）混合引用

混合引用包含了相对引用和绝对引用。混合引用有两种形式，一种是行绝对、列相对，如“B＄2”，表示行不发生变化，但是列会随着新的位置发生变化；另一种是行相对、列绝对，如“＄B2”，表示列保持不变，但是行会随着新的位置而发生变化。

5.2.3　函数的使用

函数相当于预设好的公式，通过这些函数可以简化公式输入过程，提高计算效率。Excel 中的函数主要包括财务、统计、逻辑、文本、日期和时间、查找和引用、数学和三角函数、工程、多维数据集和信息等 10 种。函数一般包括等号、函数名称和函数参数 3 部分，其中函数名称表示函数的功能，每个函数都具有唯一的函数名称。函数参数指函数运算对象，可以是数字、文本、逻辑值、表达式、引用或其他函数等。

单击菜单栏中的“公式”→“插入函数”即可打开“插入函数”对话框，如图 5-5 所示，在其中的“或选择类别中”选择不同的选项可以查看对应的函数。

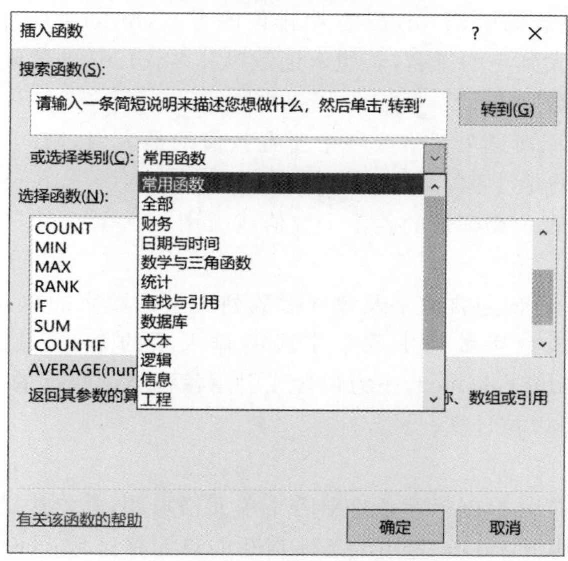

图 5-5　插入函数对话框

1. Excel 中常用的函数

Excel 2021 中提供了多种函数，每个函数的功能、语法结构及其参数的含义各不相同，下面对一些常用的函数进行介绍。

1）SUM 函数

SUM 函数是对选择的单元格或单元格区域进行求和计算的一种函数。语法结构为 SUM(number1，number2，…)，number1，number2，…表示若干个需要求和的参数。填写参数时，可以填写单元格地址（如 E6，E7，E8），或单元格区城（如 F6：E8），甚至混合输入（如 E6，E7：E8）。

2）AVERAGE 函数

AVERAGE 函数用于计算一串数值的平均值，语法结构为 AVERAGE(mumber1，number2，…)，其中 number1，mumber2，…表示需要计算的单元格或单元格区域参数。

3）IF 函数

IF 函数是一种常用的条件函数，它能执行真假值判断，并根据逻辑计算的真假值返回不同结果，语法结构为 IF(logical_test，value_if_true，value_if_false)，其中，logical_test 表示计算结果为 true 或 false 的任意值或表达式；value_if_true 表示 logical_test 为 true 时要返回的值，可以是任意数据；value_if_false 表示 logical_test 为 false 时要返回的值，也可以是任意数据。

4）RANK 函数

RANK 函数最常用的是求某个数值在某一区域内的排名，其语法结构为 RANK(number，ref，order)，其中，函数名后面的参数中 number 为需要找到排位的数字，ref 为数字列表数组或对数字列表的引用，order 指明排位的方式，order 的值为 0 和 1，默认不用输入，得到的结果就是从大到小的排名，若想求倒数第几名，order 的值则应使用 1。

5）MAX/MIN 函数

MAX 函数用于返回所选单元格区域中所有数值的最大值，MIN 函数用来返回所选单元格区域中所有数值的最小值，其语法结构为 MAX/MIN(number1，number2，…)，其中 number1，number2，…表示要筛选的若干个数值或引用。

6）COUNT 函数

COUNT 函数用于返回包含数字及包含参数列表中的数字的单元格的个数，通常利用它来计算单元格区域或数字数组中数字字段的输入项的个数，其语法结构为 COUNT(value1，value2，…)，value1，value2，…为包含或引用各种类型数据的参数(1～30 个)，但只有数字类型的数据才可以被计算。

7）SUMIF 函数

SUMIF 函数的功能是根据指定条件对若干单元格求和，其语法结构为 SUMIF(range，criteria，sum_range)，其中，range 为用于条件判断的单元格区域；criteria 为确定哪些单元格将被作为求和的条件，其形式可以为数字、表达式或文本；sum_range 为需要求和的实际单元格。

2. 插入函数

在 Excel 中可以通过以下 3 种方式来插入函数。

(1) 第 1 种方法：选择要插入函数的单元格后，单击编辑栏中的“插入函数”按钮，在打开的“插入函数”对话框中选择函数类型后，单击“确定”按钮即可插入。

(2) 第 2 种方法：选择要插入函数的单元格后，在“公式”的“函数库”工具栏中单击“插入函数”按钮，在打开的“插入函数”对话框中选择函数类型后，单击“确定”按钮即可插入。

(3) 第 3 种方法：选择要插入函数的单元格后，按快捷键 Shift＋F3，打开“插入函数”对话框。在其中选择所需函数类型后，单击“确定”按钮即可插入。

通过“插入函数”对话框在单元格中插入函数后，将打开“函数参数”对话框，在其中对参数值进行准确设置后，单击“确定”按钮，即可在所选单元格中显示计算结果。

5.2.4 快速计算与自动求和

快速计算和自动求和在 Excel 中经常会用到，下面逐一进行阐述。

1. 快速计算

选择需要计算单元格之和或单元格平均值的区域，在 Excel 操作界面的状态栏中将可以直接查看计算结果，包括平均值、单元格个数、总和等，如图 5-6 所示。

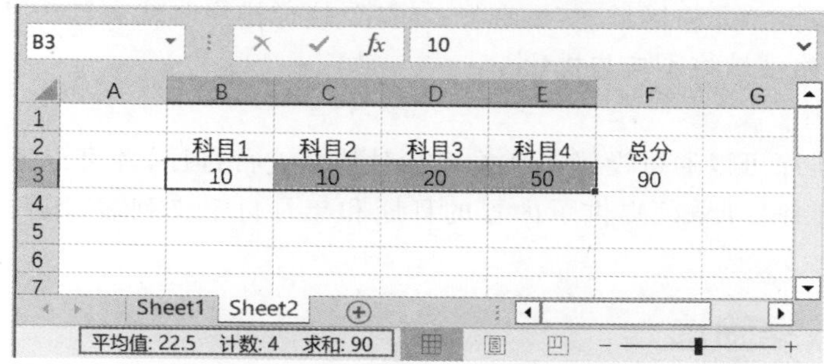

图 5-6 快速计算

2. 自动求和

求和函数主要用于计算某一单元格区域中所有数值之和。用户选择需要求和的单元格，在“公式”的“函数库”工具栏中单击“自动求和”按钮 Σ，如图 5-7 所示，即可在当前单元格中插入求和函数 SUM，同时 Excel 将自动识别函数参数，单击编辑栏中的“输入”按钮或按 Enter 键，完成求和计算。

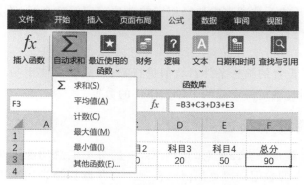

图 5-7 自动求和

单击“自动求和”按钮下方的下拉按钮，在打开的下拉列表中选择“平均值”“计数”“最大值”“最小值”等选项，计算所选区域的平均值、数量、最大值和最小值等。

5.2.5 数据排序

数据排序是统计工作中的一项重要内容，在 Excel 中可将数据按照指定的顺序规律进行排序。一般情况下，数据排序分为以下 3 种情况。

1. 单列数据排序

单列数据排序是指在工作表中以一列单元格中的数据为依据，对工作表中的所有数据进行排序。

2. 多列数据排序

在对多列数据进行排序时，需要按某个数据进行排列，该数据则称为“关键字”。以关键字进行排序，其他列中的单元格数据将随之发生变化。当对多列数据进行排序时，首先要选择多列数据所对应的单元格区域，然后选择关键字，这样排序时就会自动以该关键字进行排序，未选择的单元格区域将不参与排序。

3. 自定义排序

使用自定义排序可以通过设置多个关键字对数据进行排序，并可以通过其他关键字对相同的数据进行排序。Excel 提供了内置的日期和年月自定义列表，用户也可根据实际需求自己设置。

5.2.6 数据筛选

数据筛选功能是对数据进行分析时常用的操作之一，数据筛选分为以下 3 种情况。

1. 自动筛选

自动筛选数据即根据用户设定的筛选条件，自动将表格中符合条件的数据显示出来，而表格中的其他数据将被隐藏。

2. 自定义筛选

自定义筛选是在自动筛选的基础上进行的，即单击自动筛选后需自定义的字段名称右侧的下拉按钮，在打开的下拉列表中选择相应的选项确定筛选条件，然后在打开的“自定义筛选方式”对话框中进行相应设置。

3. 高级筛选

若需要根据自己设置的筛选条件对数据进行筛选，则需要使用高级筛选功能。高级筛选功能可以筛选出同时满足两个或两个以上条件的数据。

5.2.7 分类汇总与合并计算

分类汇总实际上就是分类加汇总，运用 Excel 的分类汇总功能可对表格中同一类数据进行统计，使工作表中的数据变得更加清晰直观。合并计算是指用来汇总一个或多个源区域中的数据的方法。

1. 分类汇总

分类汇总其操作过程首先是通过排序功能对数据进行分类排序，然后按照分类进行汇总。如果没有进行排序，汇总的结果就没有意义，所以在分类汇总之前，必须先对数据进行排序，再进行汇总操作，并且排序的条件最好是需要分类汇总的相关字段，这样汇总的结果才会更加清晰。

首先打开 Excel 表格，找到功能区。所谓功能区是处理或者编辑 Excel 表格所使用功能所在的模块，能帮助我们更好地使用 Excel 表格。一般在打开 Excel 表格时，功能区默认打开的是“开始”这个功能板块。单击功能区中的数据选项，数据选项能帮助我们快速地处理数据，同时拥有强大的计算能力。在数据功能区的右边，单击分类汇总选项，分类汇总能帮助我们先对数据进行分类，然后汇总，适用于处理一些繁杂的数据，将表格数据进行整理。选择需要分类汇总的数据，不然 Excel 中的分类汇总没法运行。单击需要汇总的区域。如果全部需要，则使用快捷键 Ctrl＋A 是很便捷的方式，然后再单击分类汇总选项，进入分类汇总菜单中。根据自己的需要和表格数据的类型选择不同的分类方式，如果需要对门店进行分类，则在分类字段中选择门店，汇总方式根据自己想要的结果（如求和、平均数或者其他）进行选择，然后单击“确定”按钮就可以完成对这些选取的数据进行分类汇总了。

2. 合并计算

在 Excel 的较高版本中，嵌入了一个新功能，也就是合并计算，合并计算这一功能位于数据工具栏下，它的作用是非常强大的，可以对多个工作表中有相同表头的表格数据进行合并计算。Excel 的合并计算不仅可以进行求和汇总，还可以进行求平均值、计数统计和求标准差等运算，可以用它将各单独工作表中的数据合并计算到一个主工作表中。单独 Excel 工作表可以与主工作表在同一个工作簿中，也可位于其他工作簿中。

5.2.8 图表、数据透视表与数据透视图

Excel 提供了多种数据分析工具，其最强大的功能之一就是数据透视图。在 Excel 中使用数据透视图的最大好处是，它可以在修改基础数据透视表时动态地进行更新。在本节中，将讨论什么是图表、数据透视表及数据透视图等。

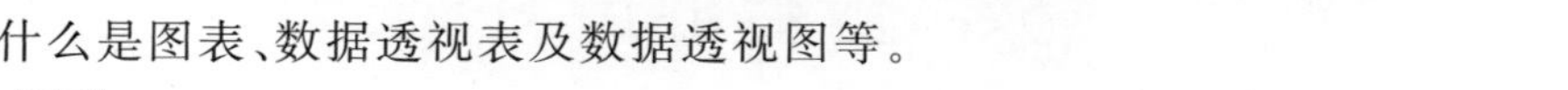

1. 图表

图表是 Excel 重要的数据分析工具，Excel 为用户提供了多种图表类型。打开 Excel 后选择要插入图表的数据，单击菜单栏中的“插入”→“图表”打开插入图表对话框，如图 5-8 所示。

从图 5-8 中可以看出，图表有很多种类型，包括柱形图、条形图、折线图、饼图和面积图等，用户可根据不同的情况选用不同类型的图表。下面介绍 5 种常用的图表及其使用场合。

1）柱形图

柱形图常用于几个项目之间数据的对比。

2）条形图

条形图与柱形图的用法相似，但数据位于 y 轴，值位于 x 轴，位置与柱形图相反。

3）折线图

折线图多用于显示等时间间隔数据的变化趋势，它强调的是数据的时间性和变动率。

4）饼图

饼图用于显示一个数据系列中各项的大小与各项总和的比例。

5）面积图

面积图用于显示每个数值的变化量，不仅强调数据随时间变化的幅度，还能直观地体现

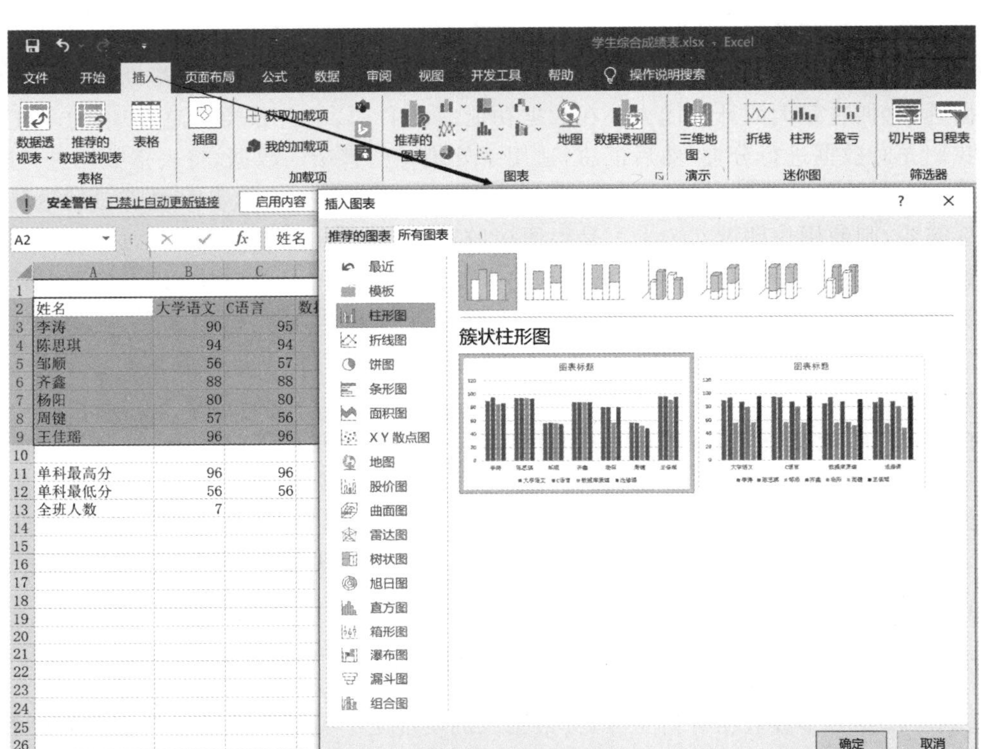

图 5-8　插入图表对话框

整体和部分的关系。

2. 使用图表的注意事项

制作完成后的图表除了要具备必要的图表元素外，还需让人一目了然，在制作图表前应该注意以下 6 点。

（1）在制作图表前如果需先制作表格，则应根据前期收集的数据制作出相应的电子表格，并对表格进行美化。

（2）根据表格中某些数据项或所有数据项创建相应形式的图表，当选择电子表格中的数据时，可根据图表的需要视情况而定。

（3）检查所创建的图表中的数据有无遗漏，以便及时对数据进行添加或删除操作，然后对图表形状样式和布局等内容进行相应设置，完成对图表的创建与修改。

（4）不同的图表类型能够进行的操作可能不同，如二维图表和三维图表就具有不同的格式设置。

（5）当图表中的数据较多时，应该尽量将所有数据都显示出来，所以一些非重点的部分（如图表标题、坐标轴标题和数据表格等）都可以省略。

（6）由于办公文件讲究简单明了，因此最好使用 Excel 自带的格式作为图表的格式和布局等，除非有特定的要求，否则没有必要设置复杂的格式而影响图表的阅读。

3. 数据透视表

数据透视表(Pivot Table)是一种交互式的表,可以进行某些计算,如求和与计数等。所进行的计算和数据与数据透视表中的排列有关。

之所以称为数据透视表,是因为可以动态地改变它们的版面布置,以便按照不同的方式分析数据,也可以重新安排行号、列标和页字段。每次改变版面布置时,数据透视表会立即按照新的布置重新计算数据。另外,如果原始数据发生了更改,则可以更新数据透视表。

4. 数据透视图

数据透视图和数据透视表是相互联系的,如果改变数据透视表中的内容,则数据透视图也将发生相应的变化。另外,数据透视表中的字段可被拖曳到 4 个区域,各区域的作用:筛选器区域,其作用类似于自动筛选,是所在数据透视表的条件区域,在该区域内的所有字段都将作为筛选数据区域内容的条件;行和列两个区域用于将数据横向或纵向显示,与分类汇总选项的分类字段的作用相同;值区域的内容主要是数据。

5. 图表和数据透视图的区别

虽然数据透视图的操作方法几乎与普通图表没有太多差别,但是两者仍然会存在一些本质区别,具体包括以下几点。

1) 数据源的类型

普通图表的数据源是工作表中的单元格区域,而数据透视图除了可以使用工作表中的数据区域作为数据源外,还可以使用外部数据库作为数据源。

2) 可创建的图表类型

普通图表的默认图表类型为簇状柱形图,它按分类比较值。数据透视图的默认图表类型为堆积柱形图,它比较各个值在整个分类总计中所占的比例。数据透视图不能使用 *XY* 散点图、气泡图和股价图等图表类型。

3) 具有的交互性

普通图表不具备任何交互性,它只是个静态图表。如果要查看不同筛选结果的图表,就必须使用新的数据重新创建一张图表,而数据透视图则具有良好的交互功能,可以随时对字段进行重新布局以便获得新的报表,从不同角度筛选和查看数据。

4) 格式设置丢失问题

当对普通图表设置格式后,除非删除这些格式,否则将永久存在,但是对数据透视图设置格式后,当刷新数据时,可能会丢失数据标签、趋势线、误差线,以及对数据系列的一些更改。

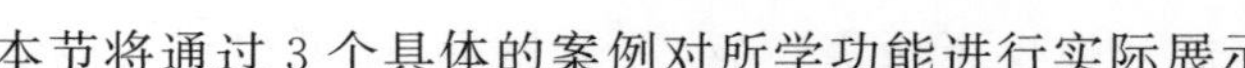

5.3 任务实施

本节将通过 3 个具体的案例对所学功能进行实际展示。

5.3.1 统计学生成绩表

本节将利用“统计学生成绩表”对公式、函数进行具体应用。

1. 利用公式计算“大学语文成绩单”中的最终成绩

要求：计算“大学语文”的最终成绩。

第 1 步：打开“素材文件\第 5 章\学生综合成绩表. xlsx”，选择第 1 个工作表，即《大学语文》。

第 2 步：选择要输入公式的单元格 F3，在单元格或编辑栏中输入“＝”，接着输入公式内容，如“＝B3＋C3＋D3＋E3”，完成后按 Enter 键或单击编辑栏上的“输入”按钮，即可计算“大学语文”成绩单中的最终成绩，如图 5-9 所示。

剪贴板 字体 对齐方式

E3 =B3+C3+D3+E3 输入

	A	B	C	D	E	F
1	《大学语文》成绩单					
2	姓名	出勤	课堂表现	作业	期末分数	最终成绩
3	李涛	10	10	20	=B3+C3+D3+E3	
4	陈思琪	10	8	18	58	
5	邹顺	9	5	16	40	
6	齐鑫	10	9	19	50	
7	杨阳	10	8	17	45	
8	周键	8	10	18	47	
9	王佳瑶	10	10	20	56	

图 5-9 在编辑栏中输入公式

第 3 步：选择已添加公式的单元格 F3，将鼠标指针移至该单元格右下角，当鼠标指针变为“＋”形状时，按住鼠标左键不放并拖曳至所需位置，释放鼠标，即可得到其他学生的最终成绩。

利用同样的方式计算“C 语言”和“数据库原理”的最终成绩。

2. 引用“大学语文”中的最终成绩

引用“大学语文”中的最终成绩，这一需求是在同一工作簿中引用不同工作表中的内容，需要在单元格或单元格区域前标注工作表名称，表示引用该工作表中该单元格或单元格区域的值。

要求：在“学生综合成绩表”工作簿“总成绩”工作表的 B3 单元格中引用“大学语文”工作表中的数据。

第 1 步：打开“学生成绩综合表”工作簿，选择“总成绩”工作表的 B3 单元格，由于该单元格数据为“大学语文”的最终成绩，即需要将“大学语文”中的最终成绩列引用过来。

第 2 步：在 B3 单元格中输入“＝ 大学语文！ F3”，或在 B3 单元格中输入“＝”后，单击“大学语文”工作表中的 F3 后回车即可，如图 5-10 所示。

第 3 步：选择已添加公式的单元格 B3，将鼠标指针移至该单元格右下角，当鼠标指针变为“＋”形状时，按住鼠标左键不放并拖曳至所需位置，释放鼠标，即可得到其他学生的成绩。

利用同样的方式将“C 语言”和“数据库原理”的成绩也引用到“总成绩”表中对应的位置。

B3　=大学语文!F3

	A	B	C	D	E
1				总成绩	
2	姓名	大学语文	C语言	数据库原理	选修课
3	李涛	90			
4	陈思琪	94			
5	邹顺	56			
6	齐鑫	88			
7	杨阳	80			
8	周键	57			
9	王佳瑶	96			
10					
11	单科最高分				
12	单科最低分				
13	全班人数				

图 5-10　引用“大学语文”的最终成绩

3. 引用“选修课”中的最终成绩

在 Excel 中不仅可以引用同一工作簿中的内容，还可以引用不同工作簿中的内容，为了操作方便，可将引用工作簿和被引用工作簿同时打开。

要求：在“学生综合成绩表”工作簿中引用“选修课”工作簿中的数据。

第 1 步：打开“学生综合成绩表”工作簿和“选修课”工作簿，选择“学生综合成绩表”工作簿的“总成绩”工作表的 E3 单元格，输入“＝”，切换到“选修课”工作簿，选择 F3 单元格，如图 5-11 所示。

COUNTIF　=[选修课.xlsx]选修课!$F$3

	A	B	C	D	E	F
1			选修课成绩单			
2	姓名	出勤	课堂表现	作业	期末分数	最终得分
3	李涛	9	9	18	50	86
4	陈思琪	9	8	18	58	93
5	邹顺	10	5	16	40	71
6	齐鑫	10	9	19	50	88
7	杨阳	10	8	17	45	80
8	周键	8	10	18	47	83
9	王佳瑶	10	10	19	56	95
10						

图 5-11　输入“＝”并选择被引用单元格

第 2 步：此时，在编辑框中可查看当前引用公式，按 Enter 键确认引用，返回“学生综合成绩表”工作簿，即可查看 E3 单元格中已成功引用“选课表”工作簿中 F3 单元格的数据，如图 5-12 所示。

第 3 步：按照相同的操作方法，计算其他学生即 E4 至 E9 单元格中的数据。

4. 使用函数计算学生成绩表数据

1）SUM 函数的应用

要求：计算“学生综合成绩表”中每位学生的总分。

第 1 步：打开“素材文件\第 5 章\学生综合成绩表. xlsx”，选中 F3 单元格，选择“公式”选项卡，然后单击“函数库”组中的“插入函数”按钮 fx 。

E3 =[选修课.xlsx]选修课!$F$3

	A	B	C	D	E
1				总成绩	
2	姓名	大学语文	C语言	数据库原理	选修课
3	李涛	90	95	85	86
4	陈思琪	94	94	94	
5	邹顺	70	57	70	
6	齐鑫	88	88	88	
7	杨阳	80	80	57	
8	周键	83	85	83	
9	王佳瑶	96	96	91	
10					

图 5-12 查看引用效果

第 2 步：弹出"插入函数"对话框，在"或选择类别"下拉列表中选择"常用函数"选项，在"选择函数"列表框中选择 SUM 函数，然后单击"确定"按钮。

第 3 步：弹出"函数参数"对话框，然后单击 Number1 右侧的"折叠"按钮，如图 5-13 所示。

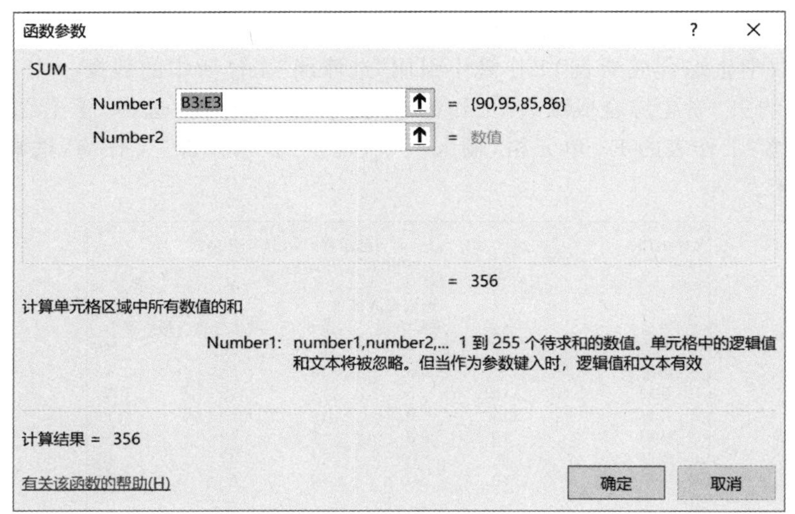

图 5-13 "函数参数"对话框

第 4 步：返回工作表窗口，选择 B3:E3 单元格区域，再次单击"折叠"按钮，如图 5-14 所示。

F3 =SUM(B3:E3)

	A	B	C	D	E	F
1				总成绩		
2	姓名	大学语文	C语言	数据库原理	选修课	总分
3	李涛	90	95	85	86	E3)
4	陈思琪	94	94	94	93	
5	邹顺	70	57	70	71	
6	齐鑫					
7	杨阳					
8	周键					
9	王佳瑶	96	96	91	95	

函数参数

B3:E3

图 5-14 选择单元格区域

第 5 步：返回函数对话框，单击“确定”按钮，即可得出求和结果，选中 F3 右下角的“+”拖曳鼠标即可获得其他学生的总分。

2）AVERAGE 函数的应用

要求：计算“学生综合成绩表”中每位学生的所有成绩的平均分。

第 1 步：打开“素材文件\第 5 章\学生综合成绩表.xlsx”，选中 G3 单元格，选择“公式”选项卡，然后单击“函数库”组中的“插入函数”按钮 *fx* 。

第 2 步：弹出“插入函数”对话框，在“或选择类别”下拉列表中选择“常用函数”选项，在“选择函数”列表框中选择 AVERAGE 函数，然后单击“确定”按钮。

第 3 步：弹出“函数参数”对话框，然后单击 Number1 右侧的“折叠”按钮。

第 4 步：返回工作表窗口，选择 B3:E3 单元格区域，再次单击“折叠”按钮，如图 5-15 所示。

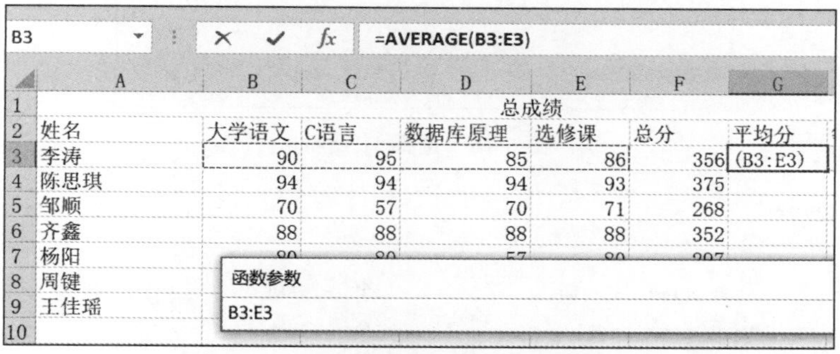

	A	B	C	D	E	F	G
1				总成绩			
2	姓名	大学语文	C语言	数据库原理	选修课	总分	平均分
3	李涛	90	95	85	86	356	(B3:E3)
4	陈思琪	94	94	94	93	375	
5	邹顺	70	57	70	71	268	
6	齐鑫	88	88	88	88	352	
7	杨阳						
8	周键						
9	王佳瑶						
10							

B3　=AVERAGE(B3:E3)

函数参数

B3:E3

图 5-15　选择单元格区域

第 5 步：返回函数对话框，单击“确定”按钮，即可得出第 1 位学生所有科目的平均分，选中 G3 右下角的“+”拖曳鼠标即可获得其他学生所有科目的平均分。

第 6 步：选中“G3:G9”单元格，对平均分保留整数。

3）IF 函数的应用

要求：计算“学生综合成绩表”中每位学生的等级，要求平均分在 60 或以上的为合格，60 分以下为不合格。

第 1 步：打开“素材文件\第 5 章\学生综合成绩表.xlsx”，选中 H3 单元格，选择“公式”选项卡，然后单击“函数库”组中的“插入函数”按钮，打开“插入函数”对话框。

第 2 步：在“或选择类别”下拉列表中选择“常用函数”选项，在“选择函数”列表框中选择 IF 函数(如果常用函数中没有 IF 函数，则选择“逻辑”或“全部”即可找到 IF 函数)，然后单击“确定”按钮，如图 5-16 所示。

第 3 步：打开“函数参数”对话框，分别在 3 个文本框中输入判断条件和返回逻辑值，单击“确定”按钮，如图 5-17 所示。

第 4 步：返回操作界面，即可得出第 1 位学生对应的等级，由于第 1 位学生的平均分大于 60 分，因此 H3 单元格显示“合格”，选中 H3 右下角的“+”拖曳鼠标即可获得其他学生

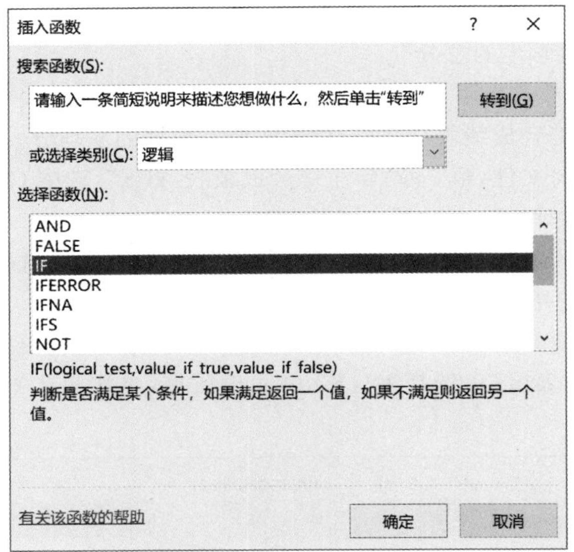

图 5-16　选择 IF 函数

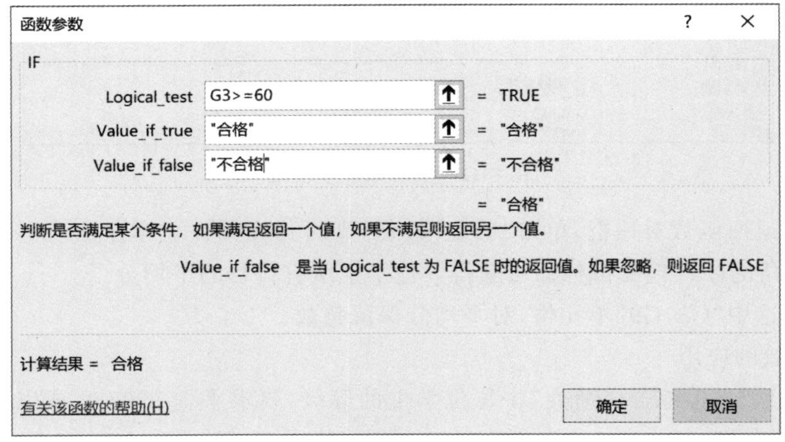

图 5-17　设置判断条件和返回逻辑值

对应的等级。

4）RANK 函数的应用

要求：计算“学生综合成绩表”中每位学生在全班的排名，要求通过总分进行计算。

第 1 步：打开“素材文件\第 5 章\学生综合成绩表.xlsx”，选中 I3 单元格，选择“公式”选项卡，然后单击“函数库”组中的“插入函数”按钮 fx，打开“插入函数”对话框。

第 2 步：在“或选择类别”下拉列表中选择“全部”选项，在“全部”列表框中选择 RANK 函数，然后单击“确定”按钮，如图 5-18 所示。

第 3 步：打开“函数参数”对话框，在 Number 文本框中输入 F3，单击 Ref 文本框右侧的

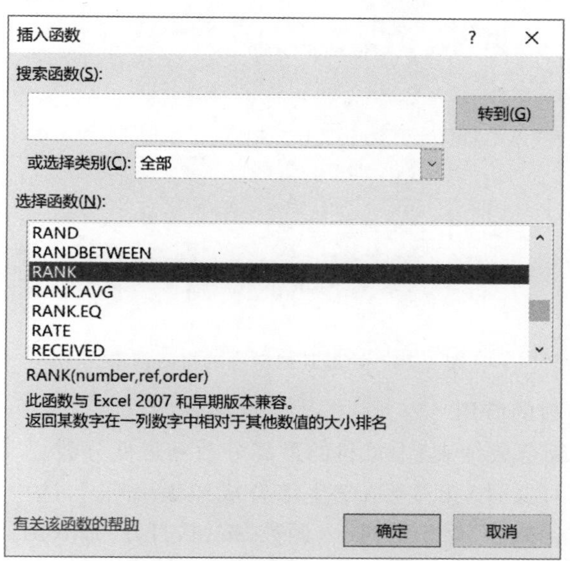

图 5-18 选择 RANK 函数

"收缩"按钮,此时该对话框呈收缩状态,拖曳鼠标并选择要计算的 F3:F9 单元格区域,单击右侧的"展开"按钮。

第 4 步:返回"函数参数"对话框,手动或按 F4 键将 Ref 文本框中的单元格的引用地址转换为绝对地址,单击"确定"按钮,如图 5-19 所示。

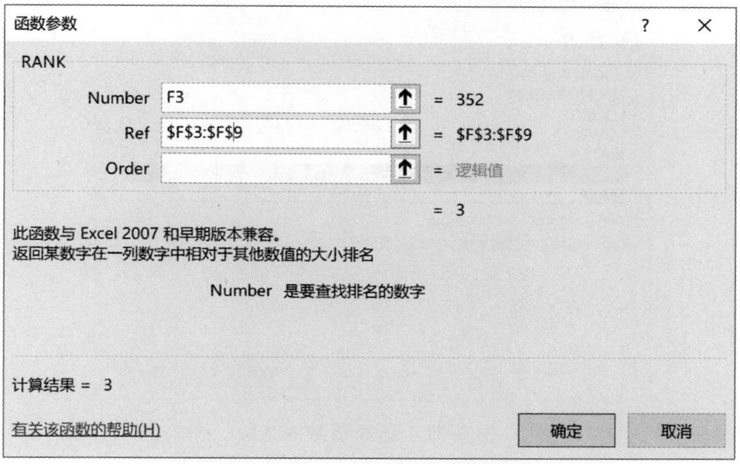

函数参数 ? ×

RANK

Number F3 = 352

Ref $F$3:$F$9 = $F$3:$F$9

Order = 逻辑值

= 3

此函数与 Excel 2007 和早期版本兼容。
返回某数字在一列数字中相对于其他数值的大小排名

Number 是要查找排名的数字

计算结果 = 3

有关该函数的帮助(H) 确定 取消

图 5-19 设置函数参数

第 5 步:返回操作界面,即可查看排名情况,选中 F3 单元格,将鼠标指针移动到 F3 单元格的右下角,当鼠标变为"+"形状时,按住鼠标左键不放并向下拖曳,即可得到其他学生的排名,如图 5-20 所示。

I3　=RANK(F3,$F$3:$F$9)

	A	B	C	D	E	F	G	H	I
1	总成绩								
2	姓名	大学语文	C语言	数据库原理	选修课	总分	平均分	等级	名次
3	李涛	90	95	85	86	356	89	合格	3
4	陈思琪	94	94	94	93	375	94	合格	2
5	邹顺	56	57	56	55	224	56	不合格	6
6	齐鑫	88	88	88	88	352	88	合格	4
7	杨阳	80	80	57	80	297	74	合格	5
8	周键	57	56	52	48	213	53	不合格	7
9	王佳瑶	96	96	91	95	378	95	合格	1
10									

图 5-20　计算其他学生的排名结果

5）MAX/MIN 函数的应用

要求：计算“学生综合成绩表”中每科的最高分数和最低分数。

第 1 步：打开“素材文件\第 5 章\学生综合成绩表.xlsx”，选中 B11 单元格，选择“公式”选项卡，然后单击“函数库”组中的“插入函数”按钮，打开“插入函数”对话框。

第 2 步：在“或选择类别”下拉列表中选择“全部”选项，在“全部”列表框中选择 MAX 函数，然后单击“确定”按钮，如图 5-21 所示。

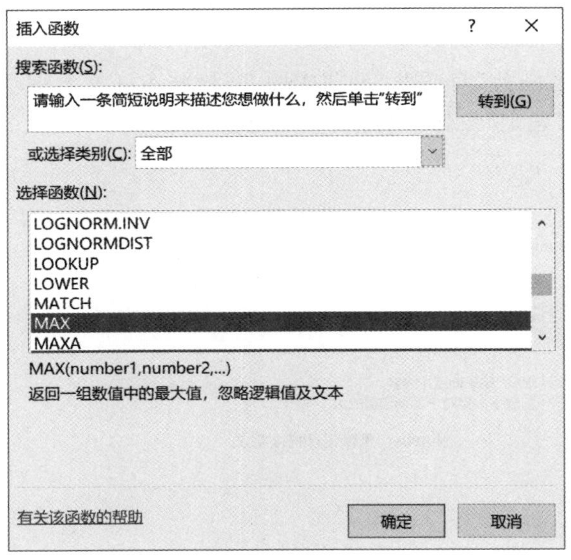

图 5-21　选择函数 MAX

第 3 步：打开“函数参数”对话框，在 Number1 文本框中输入参数范围 B3:B9，然后单击“确定”按钮，如图 5-22 所示。

第 4 步：返回操作界面，即可得到“大学语文”课程的最高分。选中 B11 单元格，将鼠标指针移动到 B11 单元格的右下角，当鼠标变为“+”形状时，按住鼠标左键不放并向右拖曳，即可得到其他课程的最高分。

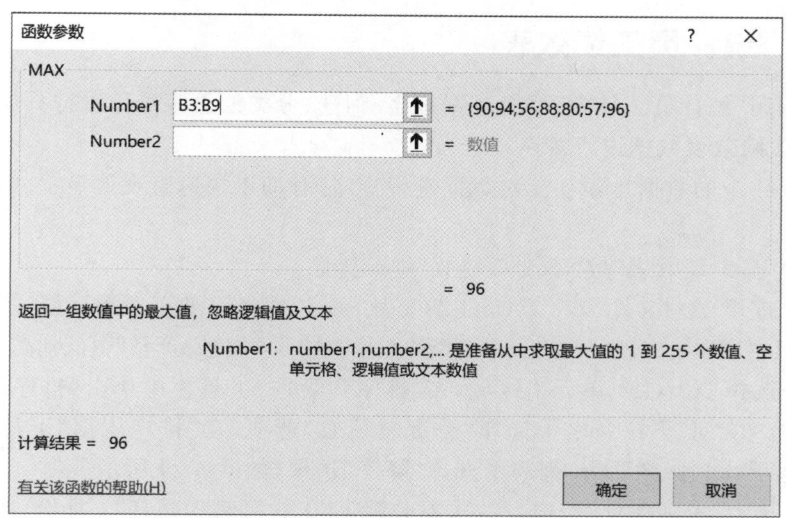

图 5-22 设置函数参数

单科最低分选择函数 MIN 即可，操作步骤同上。

6）COUNT 函数的应用

要求：计算“学生综合成绩表”中的学生人数。

第 1 步：打开“素材文件\第 5 章\学生综合成绩表. xlsx”，选中 B13 单元格，选择“公式”选项卡，然后单击“函数库”组中的“插入函数”按钮 *fx*，打开“插入函数”对话框。

第 2 步：在“或选择类别”下拉列表中选择“全部”选项，在“全部”列表框中选择 COUNT 函数，然后单击“确定”按钮。

第 3 步：打开“函数参数”对话框，在“Value1”文本框中输入参数范围 B3:B9，然后单击“确定”按钮。

第 4 步：返回操作界面，即可得到全班的人数，如图 5-23 所示。

B13 | =COUNT(B3:B9)

	A	B	C	D	E	F	G	H	I
1				总成绩					
2	姓名	大学语文	C语言	数据库原理	选修课	总分	平均分	等级	名次
3	李涛	90	95	85	86	356	89	合格	3
4	陈思琪	94	94	94	93	375	94	合格	2
5	邹顺	56	57	56	55	224	56	不合格	6
6	齐鑫	88	88	88	88	352	88	合格	4
7	杨阳	80	80	57	80	297	74	合格	5
8	周键	57	56	52	48	213	53	不合格	7
9	王佳瑶	96	96	91	95	378	95	合格	1
10									
11	单科最高分	96	96	94	95				
12	单科最低分	56	56	52	48				
13	单科不及格人数	7							

图 5-23 结果展示

5.3.2 统计员工绩效表

本节将利用“统计员工绩效表”对数据排序、筛选、分类汇总等操作进行具体应用。

1. 对员工绩效表数据进行排序

使用 Excel 中的数据排序功能对数据进行排序，有助于快速直观地显示、组织和查找所需的数据。

要求：对“员工绩效表”按“季度总绩效”进行排序。

第 1 步：打开“素材文件\第 5 章\员工绩效表. xlsx”，选择 G 列任意单元格，在“数据”的“排序和筛选”工具栏中单击“升序”按钮。将选择的数据表按照“季度总产量”由低到高进行排序。

第 2 步：选择 A2:G14 单元格区域，在“排序和筛选”工具栏中单击“排序”按钮。打开“排序”对话框，在“列”下拉列表中选择“季度总绩效”选项，在“排序依据”下拉列表中选择“单元格值”选项，在“次序”下拉列表中选择“降序”选项，如图 5-24 所示。

第 3 步：单击“添加条件”按钮，在“次要关键字”下拉列表中选择“1 月份”选项，在“排序依据”下拉列表中选择“单元格值”选项，在“次序”下拉列表中选择“降序”选项，单击“确定”按钮，此时即可对数据表先按照“季度总绩效”序列进行降序排列，对于“季度总产量”列中相同的数据，则按照“1 月份”序列进行降序排列，效果如图 5-25 所示。

图 5-24 设置排序条件

一季度员工绩效表

编号	姓名	岗位	1月份	2月份	3月份	季度总绩效
ZG-0123	邹顺	派送	535	535	508	1578
ZG-0119	张帅	财务	528	528	520	1576
ZG-0124	苏雨目	财务	533	533	499	1565
ZG-0116	任晓峰	检验	530	530	505	1565
ZG-0115	赵佳琪	派送	516	516	528	1560
ZG-0121	吴月	财务	521	521	515	1557
ZG-0110	李尚	技术	508	528	521	1557
ZG-0113	王超	检验	521	500	533	1554
ZG-0118	陈冰	派送	505	520	528	1553
ZG-0111	赵杰	检验	485	526	530	1541
ZG-0109	王晓东	检验	510	514	516	1540
ZG-0112	张仅一	技术	498	502	535	1535

图 5-25 排序结果展示图

第 4 步：选择“文件”→“选项”命令，打开“Excel 选项”对话框，在左侧的列表框中单击“高级”选项卡，在右侧的列表框的“常规”栏中单击“编辑自定义列表”按钮。

第 5 步：打开“自定义序列”对话框，在“输入序列”文本框中输入序列字段“技术，财务，检验，派送”，单击“添加”按钮，将自定义字段添加到左侧的“自定义序列”列表框中。

第 6 步：连续单击“确定”按钮两次，关闭“Excel 选项”对话框，返回数据表，选择任意一个单元格，在“排序和筛选”组中单击“排序”按钮，打开“排序”对话框。

第 7 步：在“主要关键字”下拉列表中选择“岗位”列选项，在“次序”下拉列表中选择“自定义序列”选项，打开“自定义序列”对话框，在“自定义序列”列表框中选择前面创建的序列，单击“确定”按钮。

第 8 步：返回“排序”对话框，在“次序”下拉列表中将显示设置的自定义序列，单击选中“次要关键词”选项，单击“删除”按钮，删除该条件，单击“确定”按钮，如图 5-26 所示。

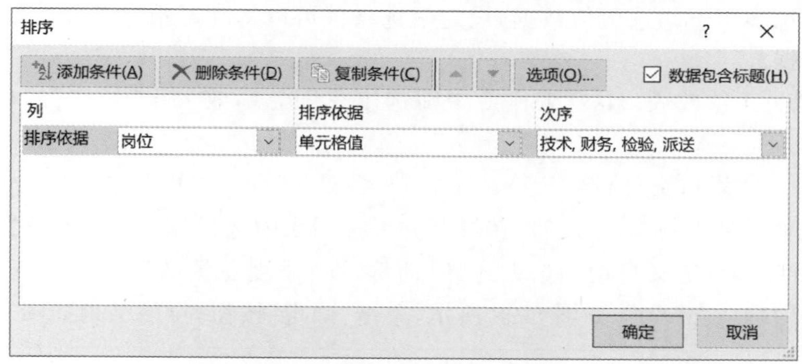

图 5-26　设置自定义序列排序条件

第 9 步：此时即可将数据表按照“岗位”序列中的自定义序列进行排序，效果如图 5-27 所示。

	A	B	C	D	E	F	G
1	一季度员工绩效表						
2	编号	姓名	岗位	1月份	2月份	3月份	季度总绩效
3	ZG-0112	张仪一	技术	498	502	535	1535
4	ZG-0110	李尚	技术	508	528	521	1557
5	ZG-0121	吴月	财务	521	521	515	1557
6	ZG-0124	苏雨目	财务	533	533	499	1565
7	ZG-0119	张帅	财务	528	528	520	1576
8	ZG-0109	王晓东	检验	510	514	516	1540
9	ZG-0111	赵杰	检验	485	526	530	1541
10	ZG-0113	王超	检验	521	500	533	1554
11	ZG-0116	任晓峰	检验	530	530	505	1565
12	ZG-0118	陈冰	派送	505	520	528	1553
13	ZG-0115	赵佳琪	派送	516	516	528	1560
14	ZG-0123	邹顺	派送	535	535	508	1578

图 5-27　排序结果展示图

2. 对员工绩效表数据进行筛选

Excel 筛选数据功能可根据需要显示满足某个或某几个条件的数据，而隐藏其他的数据。

1）自动筛选

自动筛选功能可以在数据表中快速地显示指定字段的记录并隐藏其他记录。

要求：在“员工绩效表”工作簿中筛选出岗位为“技术”的员工绩效数据，具体操作如下。

第 1 步：打开“素材文件\第 5 章\员工绩效表. xlsx”，选择工作表中的任意单元格，在“数据”的“排序和筛选”工具栏中单击“筛选”按钮，进入筛选状态，列标题单元格右侧会显示出“筛选”按钮。

第 2 步：在 C2 单元格中单击“筛选”按钮，在打开的下拉列表中只保留“技术”复选框被选中，单击“确定”按钮。

第 3 步：此时将在数据表中只显示岗位为“技术”的员工数据，而其他员工数据全部被隐藏。

2）自定义筛选

自定义筛选多用于筛选数值数据，设定筛选条件可以将满足指定条件的数据筛选出来，而隐藏其他数据。

要求：在“员工绩效表. xlsx”工作簿中筛选出季度总绩效大于“1560”的相关信息的方法，具体操作如下。

第 1 步：打开“素材文件\第 5 章\员工绩效表. xlsx”，单击“筛选”按钮进入筛选状态，在“季度总绩效”单元格中单击 ▾ 按钮，在打开的下拉列表中选择“数字筛选”→“大于”选项。

第 2 步：打开“自定义自动筛选方式”对话框，在“季度总绩效”栏的“大于”下拉列表右侧的下拉列表中输入“1560”，如图 5-28 所示，单击“确定”按钮，排序结果如图 5-29 所示。

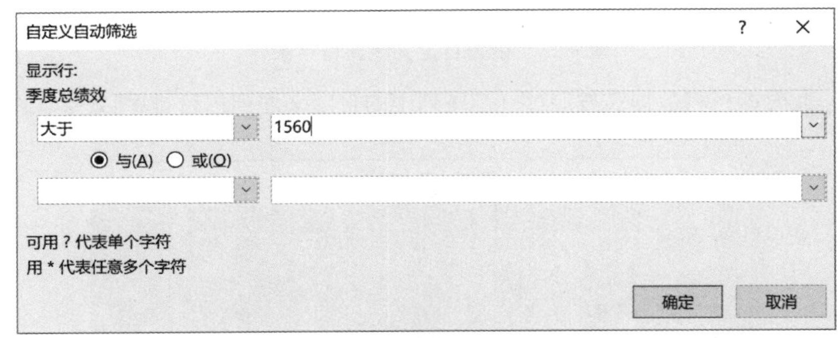

图 5-28 设置自定义排序条件

	A	B	C	D	E	F	G
1	一季度员工绩效表						
2	编号	姓名	岗位	1月份	2月份	3月份	季度总绩效
3	ZG-0123	邹顺	派送	535	535	508	1578
4	ZG-0119	张帅	财务	528	528	520	1576
5	ZG-0124	苏雨目	财务	533	533	499	1565
6	ZG-0116	任晓峰	检验	530	530	505	1565

图 5-29 排序结果展示图

备注：筛选并查看数据后，在“排序和筛选”组中单击“清除”按钮，可清除筛选结果，但仍保持筛选状态；单击“筛选”按钮，可直接退出筛选状态，返回筛选前的数据表。

3）高级筛选

通过高级筛选功能，可以自定义筛选条件，在不影响当前数据表的情况下显示筛选结果，对于较复杂的筛选，可以使用高级筛选功能。

要求：在“员工绩效表.xlsx”工作簿中筛选出1月份绩效大于520，“季度总绩效”大于“1560”的数据的方法，具体操作如下。

第1步：打开“素材文件\第5章\员工绩效表.xlsx”，将原数据即Sheet1采用“移动或复制”的方式建立副本，命名为“高级筛选”工作表，在新工作表的空白单元格区域中输入筛选条件，如在I4单元格中输入筛选序列“1月份”，在I5单元格中输入“＞520”，在J4单元格中输入筛选序列“季度总绩效”，在J5单元格中输入条件“＞1560”，在表格中选择任意的单元格，在“数据”的“排序和筛选”工具栏中单击“高级”按钮。

第2步：打开“高级筛选”对话框，单击选中“将筛选结果复制到其他位置”单选项，将“列表区域”设置为“$A$2:$G$14”，在“条件区域”文本框中选择或输入“$I$4:$J $5”，在“复制到”文本框中选择想要显示的筛选后的数据位置，例如选择“A17”，单击“确定”按钮。

第3步：此时即可在原数据表下方的以“A17”开头的单元格区域中显示出筛选结果，如图5-30所示。

	A	B	C	D	E	F	G	H	I	J
1	一季度员工绩效表									
2	编号	姓名	岗位	1月份	2月份	3月份	季度总绩效			
3	ZG-0123	邹顺	派送	535	535	508	1578			
4	ZG-0119	张帅	财务	528	528	520	1576		1月份	季度总绩效
5	ZG-0124	苏雨目	财务	533	533	499	1565		>520	>1560
6	ZG-0116	任晓峰	检验	530	530	505	1565			
7	ZG-0115	赵佳琪	派送	516	516	528	1560			
8	ZG-0121	吴月	财务	521	521	515	1557			
9	ZG-0110	李尚	技术	508	528	521	1557			
10	ZG-0113	王超	检验	521	500	533	1554			
11	ZG-0118	陈冰	派送	505	520	528	1553			
12	ZG-0111	赵杰	检验	485	526	530	1541			
13	ZG-0109	王晓东	检验	510	514	516	1540			
14	ZG-0112	张仅一	技术	498	502	535	1535			
15										
16	筛选后的结果									
17	编号	姓名	岗位	1月份	2月份	3月份	季度总绩效			
18	ZG-0123	邹顺	派送	535	535	508	1578			
19	ZG-0119	张帅	财务	528	528	520	1576			
20	ZG-0124	苏雨目	财务	533	533	499	1565			
21	ZG-0116	任晓峰	检验	530	530	505	1565			

条件区域

图5-30　高级筛选

3. 对员工绩效表进行分类汇总

运用Excel的分类汇总功能可对表格中同一类数据进行统计，使工作表中的数据变得更加清晰直观。

要求：在“员工绩效表.xlsx”工作簿中对员工的“季度总绩效”按“岗位”进行不同方式的分类汇总，具体操作如下。

第1步：打开“素材文件\第5章\员工绩效表.xlsx”，将原数据即Sheet1采用“移动或复制”的方式建立副本，命名为“分类汇总”工作表，在新工作表中选择C列的任意一个单元格，在“数据”的“排序和筛选”工具栏中单击“升序”按钮，对数据进行排序。

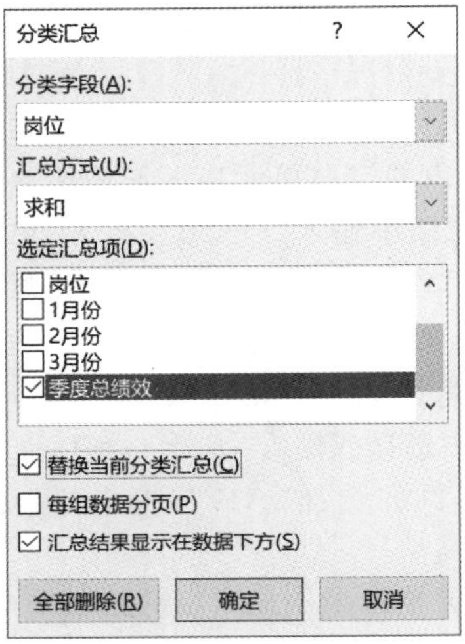

分类汇总　?　×

分类字段(A):

岗位

汇总方式(U):

求和

选定汇总项(D):

☐岗位
☐1月份
☐2月份
☐3月份
☑季度总绩效

☑替换当前分类汇总(C)
☐每组数据分页(P)
☑汇总结果显示在数据下方(S)

全部删除(R)　确定　取消

图 5-31　分类汇总

第2步：在“数据”的“分级显示”工具栏中单击“分类汇总”按钮，打开“分类汇总”对话框，在“分类字段”下拉列表中选择“岗位”选项，在“汇总方式”下拉列表中选择“求和”选项，在“选定汇总项”列表框中选中“季度总绩效”复选框，单击“确定”按钮，如图5-31所示。

第3步：此时即可对数据进行分类汇总，同时直接在表格中显示汇总结果。

第4步：在C列中选择任意单元格，使用相同的方法打开“分类汇总”对话框，在“汇总方式”下拉列表中选择“平均值”选项，在“选定汇总项”列表框中选中“季度总绩效”复选框，取消勾选“替换当前分类汇总”复选框，单击“确定”按钮。

第5步：在汇总数据表的基础上继续添加分类汇总，即可同时查看不同岗位每季度的总绩效与平均绩效，效果图如图5-32所示。

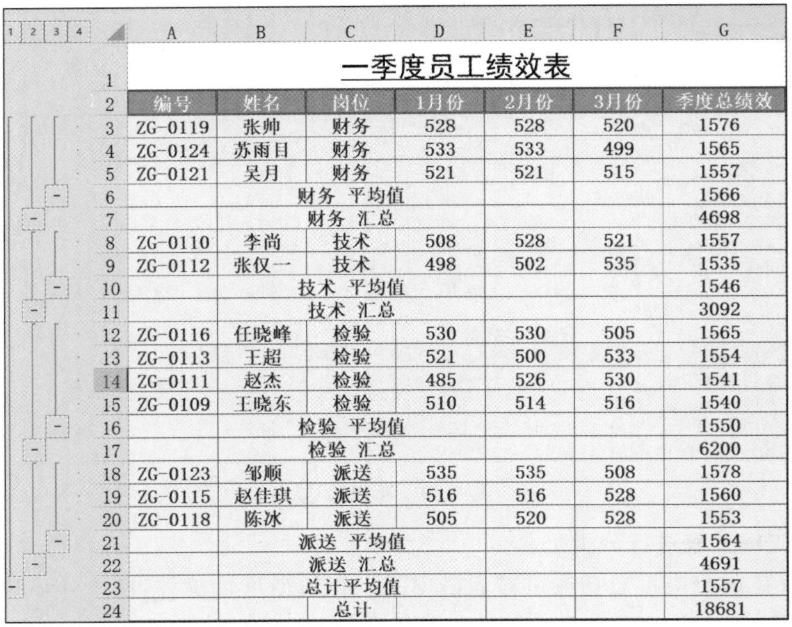

	A	B	C	D	E	F	G
1	一季度员工绩效表						
2	编号	姓名	岗位	1月份	2月份	3月份	季度总绩效
3	ZG-0119	张帅	财务	528	528	520	1576
4	ZG-0124	苏雨目	财务	533	533	499	1565
5	ZG-0121	吴月	财务	521	521	515	1557
6			财务 平均值				1566
7			财务 汇总				4698
8	ZG-0110	李尚	技术	508	528	521	1557
9	ZG-0112	张仪一	技术	498	502	535	1535
10			技术 平均值				1546
11			技术 汇总				3092
12	ZG-0116	任晓峰	检验	530	530	505	1565
13	ZG-0113	王超	检验	521	500	533	1554
14	ZG-0111	赵杰	检验	485	526	530	1541
15	ZG-0109	王晓东	检验	510	514	516	1540
16			检验 平均值				1550
17			检验 汇总				6200
18	ZG-0123	邹顺	派送	535	535	508	1578
19	ZG-0115	赵佳琪	派送	516	516	528	1560
20	ZG-0118	陈冰	派送	505	520	528	1553
21			派送 平均值				1564
22			派送 汇总				4691
23			总计平均值				1557
24			总计				18681

图 5-32　分类汇总结果

4. 对员工绩效表进行合并计算

合并计算的目的是将多个单独的工作表中的数据合并到一个工作表中进行汇总和报告，并且合并的工作表可以与合并后的工作表位于同一个工作簿中。

要求：在“工作量统计表.xlsx”工作簿的“1～3 月统计”工作表中，合并计算 1～3 月员工的计划销售额和实际销售额，具体操作如下。

第 1 步：在“工作量统计表.xlsx”文档中单击“1～3 月统计”工作表标签，选择 C3:D12 单元格区域，在“数据”的“数据工具”工具栏中单击“合并计算”按钮，打开“合并计算”对话框。

第 2 步：在“函数”下拉列表中选择计算的类型，这里选择“求和”选项；在“引用位置”文本框中设置引用的位置，如图 5-33 所示，这里在右侧单击“收缩”按钮，打开“合并计算-引用位置”对话框；选择引用的区域，这里单击“1 月”工作表标签；在其中选择 C3:D12 单元格区域；单击“展开”按钮，返回“合并计算”对话框，单击“添加”按钮，将该引用区域添加到“所有引用位置”列表框中。

C3　合并计算 - 引用位置:　?　×

'1月'!$C$3:$D$12

	工作量统计表			
2	员工编号	员工姓名	计划销售额	实际销售额
3	ZG-0119	张帅	3600	2505
4	ZG-0124	苏雨目	7000	8790
5	ZG-0116	任晓峰	2500	2339
6	ZG-0115	赵佳琪	5000	5290
7	ZG-0121	吴月	3400	3885
8	ZG-0110	李尚	5500	5981
9	ZG-0113	王超	5000	5900
10	ZG-0118	陈冰	4000	3893
11	ZG-0111	赵杰	8000	5600
12	ZG-0109	王晓东	6000	7500

1月　2月　3月　1-3月统计

图 5-33　合并计算

第 3 步：用同样的方式继续在“引用位置”文本框中引用 2 月和 3 月工作表中对应的 C3:D12 单元格区域，如图 5-34 所示，最后单击“确定”按钮即可计算出 1～3 月员工的计划销售额和实际销售额。

5. 创建数据透视表

数据透视表是一种交互式的数据报表，可以快速地汇总大量的数据，同时对汇总结果进行筛选，以查看源数据的不同统计结果。

要求：为“员工绩效表.xlsx”工作簿创建数据透视表，具体操作如下。

第 1 步：打开“员工绩效表.xlsx”工作簿，选择 A2:G14 单元格区域，在“插入”→“表格”工具栏中单击“数据透视表”按钮，打开“来自表格或区域的数据透视表”对话框。

第 2 步：由于已经选中了数据区域，因此只需设置放置数据透视表的位置，这里单击选中“新工作表”单选项，单击“确定”按钮。

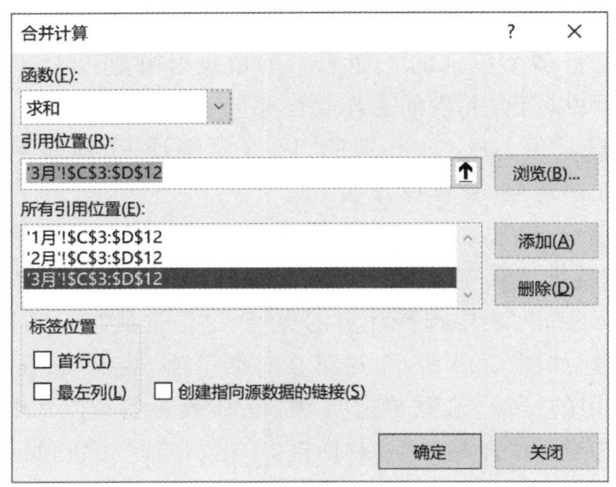

图 5-34　选择其他数据区

第 3 步：此时系统将新建一张工作表，并在其中显示空白数据透视表，右侧显示出“数据透视表字段”窗格。

第 4 步：在“数据透视表字段”窗格中将“岗位”字段拖曳到“筛选器”下拉列表中，数据表中将自动添加筛选字段，然后用同样的方法将“姓名”和“编号”字段拖曳到“筛选器”下拉列表中。

第 5 步：使用同样的方法按顺序将“1 月份”“2 月份”“3 月份”“季度总绩效”字段拖到“值”下拉列表中，如图 5-35 所示。

第 6 步：在创建好的数据透视表中单击“岗位”字段后的下拉按钮，选择“技术”选项，单击“确定”按钮即可在表格中显示该岗位下所有员工的数据的汇总，如图 5-35 所示。

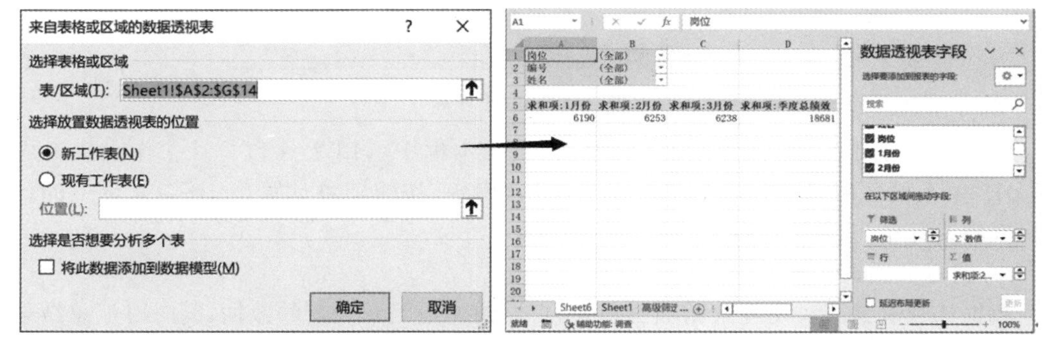

图 5-35　数据透视表的创建

6. 创建数据透视图

通过数据透视表分析数据后，为了能更直观地查看数据情况，还可以根据数据透视表制作数据透视图。

要求：根据“员工绩效表. xlsx”工作簿中的数据透视表创建数据透视图，具体操作如下。

第 1 步：在“员工绩效表.xlsx”工作簿中创建数据透视表后，在“数据透视表工具分析”的“工具”工具栏中单击“数据透视图”按钮，打开“插入图表”对话框。

第 2 步：在左侧的列表框中单击“柱形图”选项卡，在右侧列表框中选择“三维簇状柱形图”选项，单击“确定”按钮，即可在数据透视表的工作表中添加数据透视图。

第 3 步：在创建好的数据透视图中单击“姓名”按钮，在打开的下拉列表中单击勾选“选择多项”复选框，单击“确定”按钮，即可在数据透视图中看到所有“技术”岗位员工的数据求和项，如图 5-36 所示。

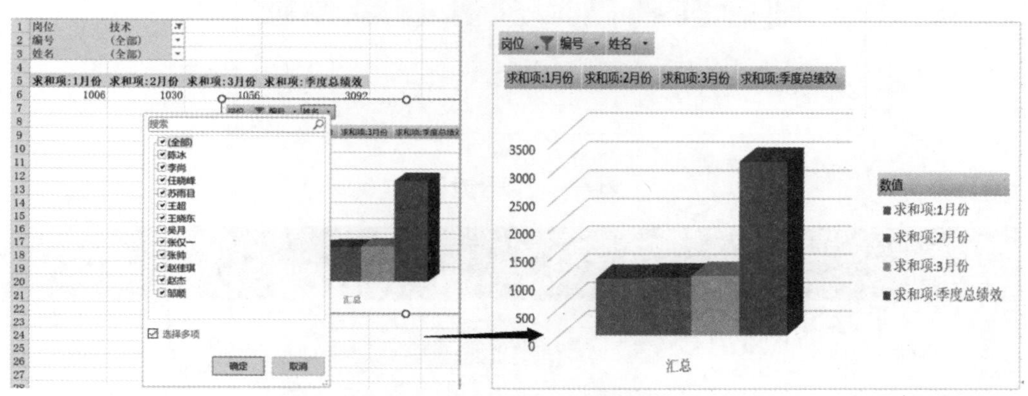

图 5-36　数据透视图的创建

5.3.3　制作汽车销售图表

本节将利用“制作汽车销售图表”对图表、迷你图等操作进行具体应用。

1. 创建汽车销售图表

图表可以将数据表以图例的方式展现出来。创建图表时，首先需要创建或打开数据表，然后根据数据表创建图表。

要求：为“汽车销售分析表.xlsx”工作簿创建图表，其具体操作如下。

第 1 步：打开“汽车销售分析表.xlsx”工作簿，选择 A3:F15 单元格区域，在“插入”的“图表”工具栏中单击“插入柱形图或条形图”按钮，在打开的下拉列表的“二维柱形图”栏中选择“簇状柱形图”选项。

第 2 步：此时即可在当前工作表中创建一个柱形图，图表中显示了各区域每月的销售情况。将鼠标指针移动到图表中的某一系列，可查看该系列对应的分公司在该月的销售数据，如图 5-37 所示。

第 3 步：在“图表设计”的“位置”工具栏中单击“移动图表”按钮，打开“移动图表”对话框，单击选中“新工作表”单选项，在后面的文本框中输入工作表的名称，这里输入“汽车销售分析图表”文本，单击“确定”按钮。

第 4 步：此时图表将被移动到新工作表中，同时图表将自动调整为适合工作表区域的大小，如图 5-38 所示。

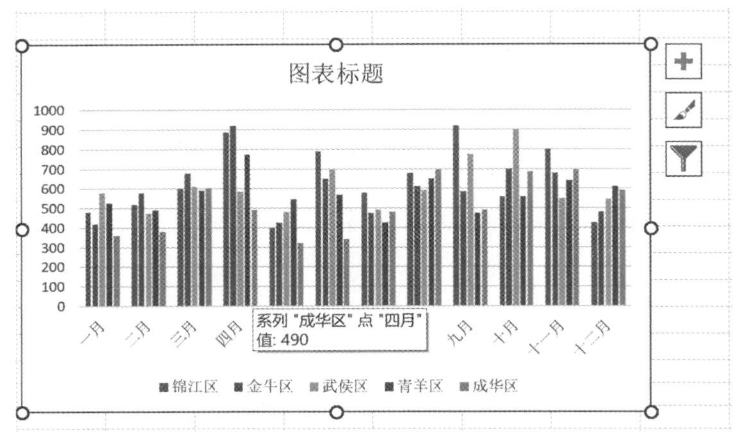

图 5-37 图表的创建

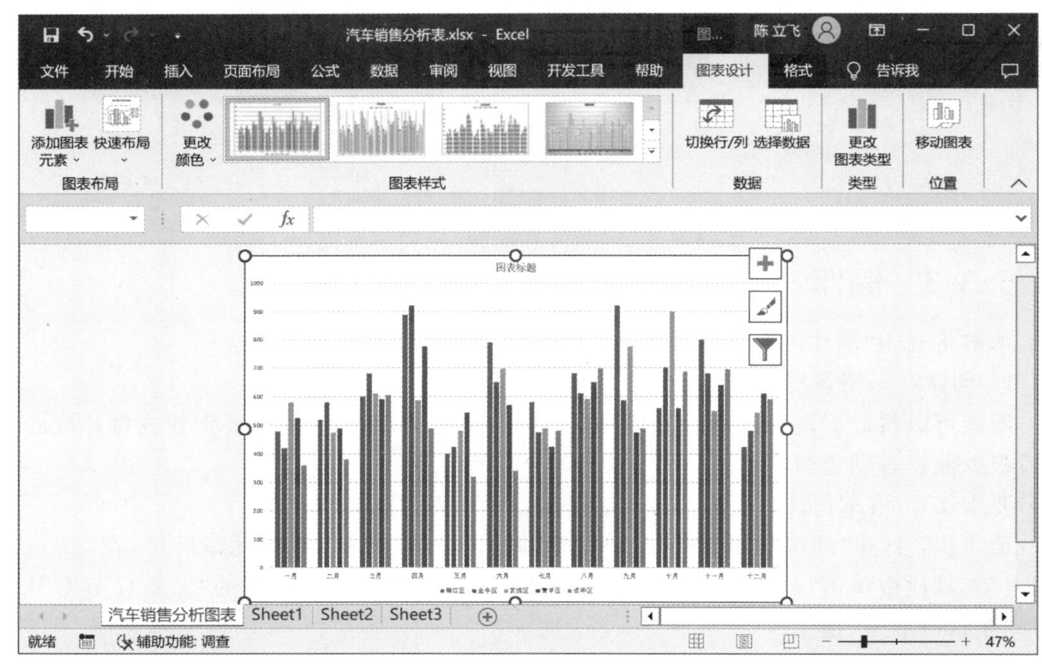

图 5-38 图表系列的查看

2．编辑汽车销售图表

编辑图表包括修改图表数据、修改图表类型、设置图表样式、调整图表布局、设置图表格式、调整图表对象的显示与分布等操作，具体操作如下。

第 1 步：选择创建好的图表，在“图表设计”的“数据”工具栏中单击“选择数据”按钮，打开“选择数据源”对话框，单击“图表数据区域”文本框右侧的“收缩”按钮。

第 2 步：对话框将收缩，在工作表中选择 A3:E15 单元格区域，单击右侧的“展开”按钮展开“选择数据源”对话框，在“图例项(系列)”和“水平(分类)轴标签”列表框中可看到修改的数据区域，如图 5-39 所示。

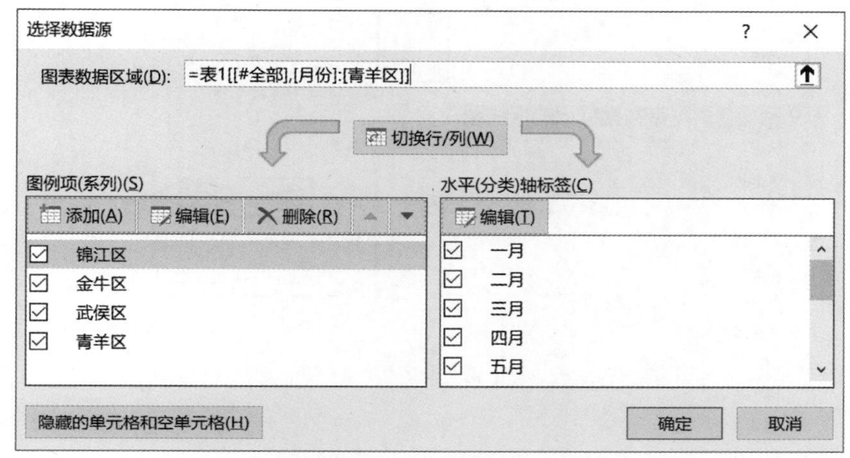

图 5-39 选择数据源

第 3 步：单击“确定”按钮，返回图表，可以看到图表所显示的序列发生了变化，如图 5-40 所示。

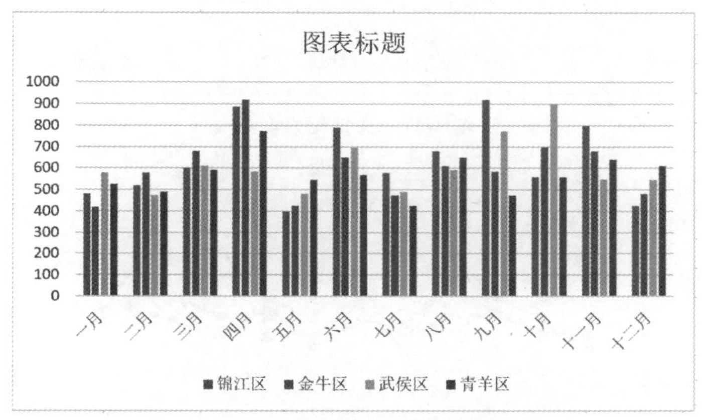

图 5-40 修改图表数据后的效果

第 4 步：在“类型”组中单击“更改图表类型”按钮，打开“更改图表类型”对话框，在左侧的列表框中单击“折线图”选项，在右侧列表框中选择“带数据标记的折线图”选项，如图 5-41 所示，单击“确定”按钮，更改所选图表的类型与样式。

第 5 步：更改类型与样式后，图表中展现的数据并不会发生变化，如图 5-42 所示。

第 6 步：单击图表右侧的“图表样式”按钮，可以更改图表的样式和颜色，打开“样式”的下拉列表并选择任意一种样式，如选择“样式 8”选项，更改所选图表样式。

第 7 步：在“图表布局”工具栏中单击“快速布局”按钮，在打开的列表框中选择“布局 5”

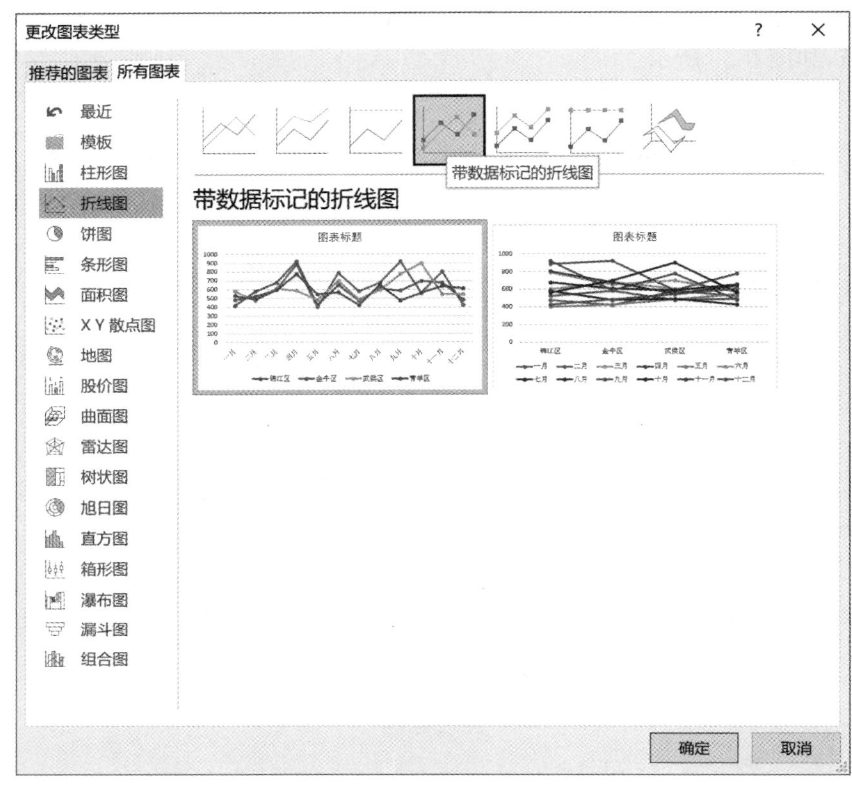

图 5-41　选择图表类型

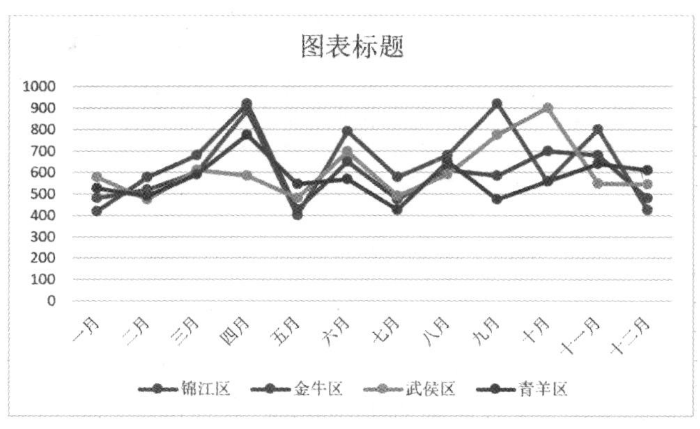

图 5-42　修改图表类型后的效果

选项。此时即可将所选图表的布局更改同时显示数据表与图表，效果如图 5-43 所示。

第 8 步：在图表区中单击任意一条绿色数据条（“武侯区”系列），Excel 会自动选择图表中的所有数据系列，在“格式”的“形状样式”工具栏中单击“其他”按钮，在打开的下拉列表框中选择“细微效果-橙色，强调颜色 6”选项，图表中该序列的样式亦随之变化。

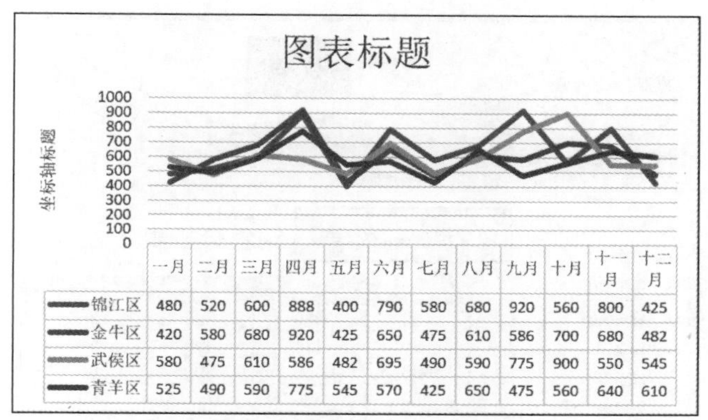

	一月	二月	三月	四月	五月	六月	七月	八月	九月	十月	十一月	十二月
锦江区	480	520	600	888	400	790	580	680	920	560	800	425
金牛区	420	580	680	920	425	650	475	610	586	700	680	482
武侯区	580	475	610	586	482	695	490	590	775	900	550	545
青羊区	525	490	590	775	545	570	425	650	475	560	640	610

图 5-43 更改图表布局

第 9 步：在“当前所选内容”组中的下拉列表中选择“垂直(值)轴 主要网格线”选项，在“形状样式”组的下拉列表中选择一种网格线的样式，这里选择“粗线-强调颜色 3”选项。

第 10 步：在图表空白处单击后选择图表，在“形状样式”组中单击“形状填充”按钮，在打开的下拉列表中选择“纹理”→“羊皮纸”选项，完成图表样式的设置，效果如图 5-44 所示。

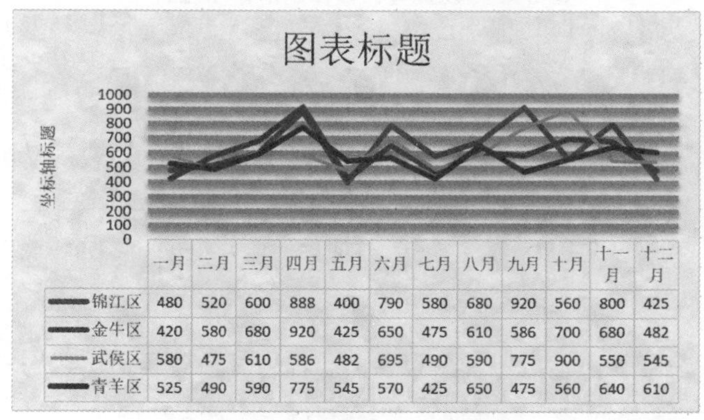

	一月	二月	三月	四月	五月	六月	七月	八月	九月	十月	十一月	十二月
锦江区	480	520	600	888	400	790	580	680	920	560	800	425
金牛区	420	580	680	920	425	650	475	610	586	700	680	482
武侯区	580	475	610	586	482	695	490	590	775	900	550	545
青羊区	525	490	590	775	545	570	425	650	475	560	640	610

图 5-44 设置图表样式

第 11 步：单击图表上方的图表标题，输入图表标题内容，这里输入“2022 年汽车销售分析表”文本。

第 12 步：在“图表设计”的“图表布局”工具栏中单击“添加图表元素”按钮，在打开的下拉列表中选择“坐标轴标题”→“主要纵坐标轴”选项，如图 5-45 所示。

第 13 步：在垂直坐标轴的左侧显示出坐标轴标题框，单击后输入“销售数据”文本，使用相同的方法添加图例元素，继续使用相同的方法在条形图中添加数据标注，完成后的效果如图 5-46 所示。

3. 快速突显数据的迷你图

迷你图不但简洁美观，而且可以清晰地展现数据的变化趋势，并且占用空间也很小，因此为数据分析工作提供了极大的便利。

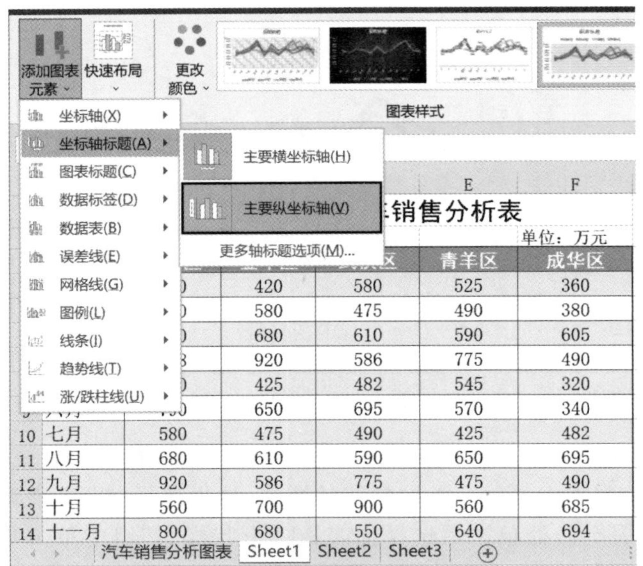

图 5-45　设置坐标轴标题的显示位置

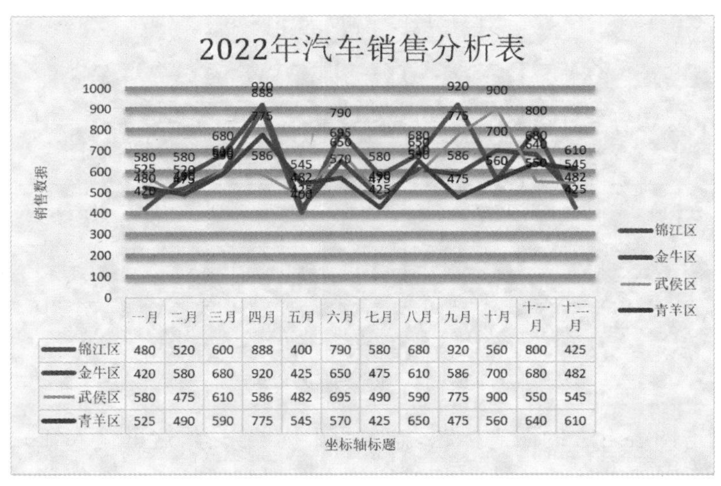

	一月	二月	三月	四月	五月	六月	七月	八月	九月	十月	十一月	十二月
锦江区	480	520	600	888	400	790	580	680	920	560	800	425
金牛区	420	580	680	920	425	650	475	610	586	700	680	482
武侯区	580	475	610	586	482	695	490	590	775	900	550	545
青羊区	525	490	590	775	545	570	425	650	475	560	640	610

图 5-46　设置图例的显示位置

要求：为“汽车销售”插入迷你图，具体操作如下。

第 1 步：选择“Sheet1”工作表，选择 B16 单元格，在“插入”的“迷你图”工具栏中单击“折线”按钮，打开“创建迷你图”对话框，在“选择所需的数据”栏的“数据范围”文本框中输入“锦江区”的数据区域“B4:B15”，单击“确定”按钮即可看到插入的迷你图。

第 2 步：选择 B16 单元格，在“迷你图”的“显示”工具栏中单击勾选“高点”和“低点”复选框，在“样式”组中单击“标记颜色”按钮，在打开的下拉列表中选择“高点”→“红色”这项，如图 5-47 所示。

	A	B	C	D	E	F
4	一月	480	420	580	525	
5	二月	520	580	475	490	
6	三月	600	680	610	590	605
7	四月	888	920	586	775	490
8	五月	400	425	482	545	320
9	六月	790	650	695	570	340
10	七月	580	475	490	425	482
11	八月	680	610	590	650	695
12	九月	920	586	775	475	490
13	十月	560	700	900	560	685
14	十一月	800	680	550	640	694
15	十二月	425	482	545	610	590
16						

图 5-47　设置高点和低点

第 3 步：用同样的方法将低点设置为“绿色”，拖曳单元格控制柄为其他数据序列快速创建迷你图，如图 5-48 所示。

	A	B	C	D	E	F
1	主要区域分公司汽车销售分析表					
2						单位：万元
3	月份	锦江区	金牛区	武侯区	青羊区	成华区
4	一月	480	420	580	525	360
5	二月	520	580	475	490	380
6	三月	600	680	610	590	605
7	四月	888	920	586	775	490
8	五月	400	425	482	545	320
9	六月	790	650	695	570	340
10	七月	580	475	490	425	482
11	八月	680	610	590	650	695
12	九月	920	586	775	475	490
13	十月	560	700	900	560	685
14	十一月	800	680	550	640	694
15	十二月	425	482	545	610	590
16						

图 5-48　快速创建迷你图

5.4　计算机等级二级考试真题讲解：Excel 2021

全国计算机等级二级考试总分 100 分，其中 Excel 操作部分占 30 分，可以看出 Excel 占的比重还是很大的，因此要想顺利通过二级考试，需要熟练操作 Excel。下面从历年真题中

选取一个典型题目进行展示,以便同学们了解二级的考点。

1. 试题名称

公司差旅报销统计

2. 试题要求

财务部助理小王需要向主管汇报2013年度公司差旅报销情况,现在请按照如下需求,在EXCEL.XLSX文档中完成工作。

(1) 在"费用报销管理"工作表"日期"列的所有单元格中,标注每个报销日期属于星期几,例如日期为"2013年1月20日"的单元格应显示为"2013年1月20日星期日",日期为"2013年1月21日"的单元格应显示为"2013年1月21日星期一"。

(2) 如果"日期"列中的日期为星期六或星期日,则在"是否加班"列的单元格中显示"是",否则显示"否"(必须使用公式)。

(3) 使用公式统计每个活动地点所在的省份或直辖市,并将其填写在"地区"列所对应的单元格中,例如"北京市""浙江省"。

(4) 依据"费用类别编号"列内容,使用VLOOKUP函数生成"费用类别"列内容。对照关系参考"费用类别"工作表。

(5) 在"差旅成本分析报告"工作表B3单元格中,统计2013年第二季度发生在北京市的差旅费用总金额。

(6) 在"差旅成本分析报告"工作表B4单元格中,统计2013年员工钱顺卓报销的火车票费用总额。

(7) 在"差旅成本分析报告"工作表B5单元格中,统计2013年差旅费用中,飞机票费用占所有报销费用的比例,并保留两位小数。

(8) 在"差旅成本分析报告"工作表B6单元格中,统计2013年发生在周末(星期六和星期日)的通信补助总金额。

3. 试题分析

试题考点、难点、难度系数如图5-49所示。

试题关键词	试题分析
差旅报销情况	◎基础考点:1.单元格格式(自定义) ◎重难考点:2.函数:IF、WEEKDAY、LEFT、VLOOKUP、SUMIFS、SUMIF、SUM。 试题总体难度:★☆☆☆☆

图5-49 试题分析图解

4. 试题实现

打开"素材/第5章/二级真题/试题一.xlsx",完成素材中的所有操作。

(1) 选中日期列中所有的数据,即A3到A401单元格。由于数据过多,所以可以选中A3后,按快捷键Ctrl+Shift+Down,右击,选择"设置单元格格式"→"自定义",选择yyyy

“年”m“月”d“日”选项，在该选项后输入 aaaa，按 Enter 键即可在日期后显示星期几(备注：在选项后输入 4 个 d，即 dddd，可显示英文星期几)，如图 5-50 所示。

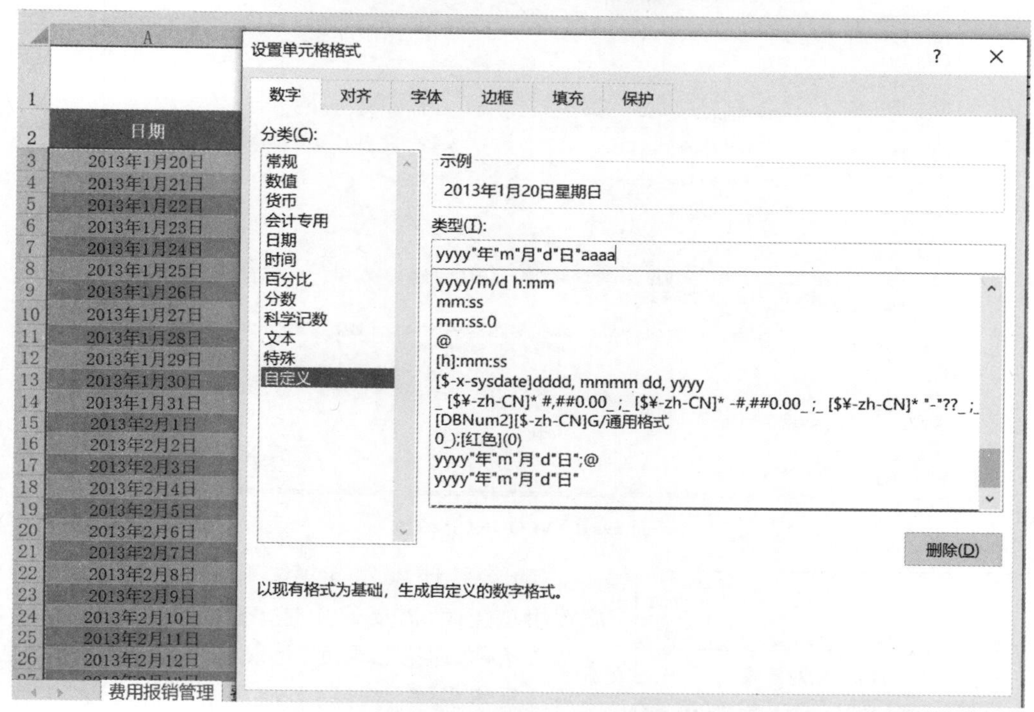

图 5-50　设置日期格式

(2) 该要求需要使用 WEEKDAY 函数与 IF 函数搭配实现，WEEKDAY 函数有两个参数，WEEKDAY (serial_number，return_type)，返回代表一周中的第几天的数值，是一个 1 到 7 之间的整数。在 H3 中输入“=IF(WEEKDAY(A3,2)>5,“是”,“否”)”，然后按 Enter 键即可，选中 H3 单元格并将鼠标移至右下角，当鼠标变成“+”时双击即可完成其他行(备注：WEEKDAY(A3,2)中的数字“2”代表采用的是星期一至星期日，分别用 1～7 表示，这样用 IF 函数判断时就可以方便很多)。

(3) 从素材中可以看到，活动地点列的数据的前 3 个字正好是省份，这样就可以使用 LEFT 函数进行截取，选中地区下面的 D3 单元格，输入“=LEFT(A3,3)”后按 Enter 键即可，选中 D3 单元格并将鼠标移至右下角，当鼠标变成“+”时双击即可完成其他行(备注：LEFT(A3,3)代表将 A3 单元格中的数据提取前 3 个)。

(4) 选中 F3 单元格→公式→插入函数，单击“全部”选择 VLOOKUP 函数，从图 5-51 中可以看出 VLOOKUP 函数有 4 个参数，第 1 个参数是待检测的单元格；第 2 个参数是对区域或区域名称的引用，本题应选择素材中的“费用类别”工作表，选中 A3 到 B12 单元格区域，如图 5-52 所示；第 3 个参数是应返回其中匹配值的 Table_array 的列序号；第 4 个参数 0 代表精确匹配。

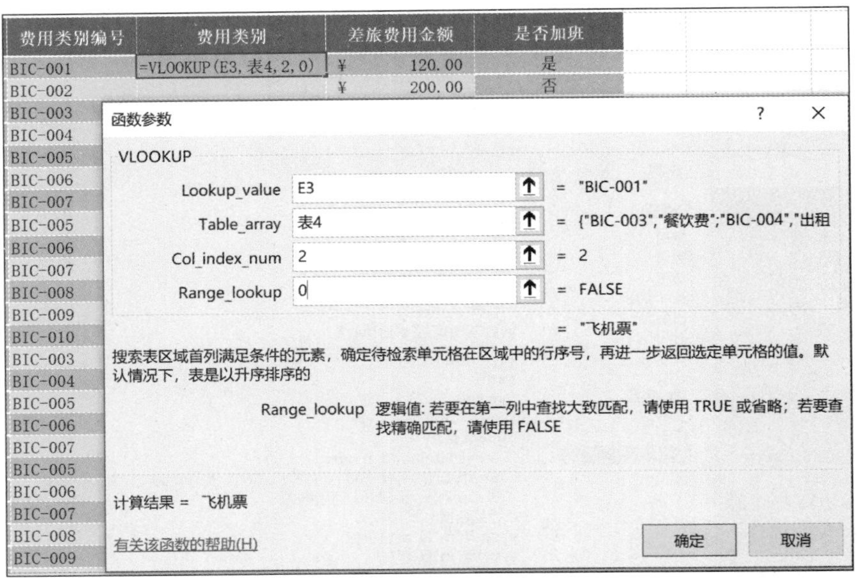

图 5-51 VLOOKUP 函数

表4 | BIC-003

	A	B
1	费用类别对照表	
2	类别编号	费用类别
3	BIC-003	餐饮费
4	BIC-004	出租车费
5	BIC-001	飞机票
6	BIC-006	高速道桥费
7	BIC-005	火车票
8	BIC-002	酒店住宿
9	BIC-010	其他
10	BIC-007	燃油费
11	BIC-008	停车费
12	BIC-009	通讯补助

图 5-52 “费用类别”工作表区域

(5) 要统计 2013 年第二季度发生在北京市的差旅费用总金额，需要使用带条件的 SUM 函数，由于是两个条件，即第二季度、北京市，所以选用 SUNIFS 函数。具体步骤：选择“差旅成本分析报告”工作表 B3 单元格，单击菜单栏中的公式→插入函数→全部→SUMIFS 函数，此时会弹出如图 5-53 所示的对话框。在第 1 个参数区输入求和区域，即选择“差旅报销管理”工作表中的 G3:G401 单元格；在第 2 个参数中输入 2013 年第二季度的区域，即选择“差旅报销管理”工作表中的 A3:A401 单元格，第二季度的范围为 2013 年 4 月 1 日至 2013 年 6 月 30 日，那么在第 3 个参数(条件)中输入即可，剩下的参数以此类推，当参数不够时单击下拉按钮即可，如图 5-54 所示，最后单击“确定”按钮即可计算出想要的结果。

(6) 此题和第 5 题类似。具体步骤不再赘述，参考上题即可。

(7) 此题先求飞机票的费用，因为题目涉及一个条件，即飞机票，所以我们选择 SUMIF 函数即可。具体步骤：选择“差旅成本分析报告”工作表 B3 单元格，单击菜单栏中的公式→插入函数→全部→SUMIFS 函数，此时会弹出如图 5-55 所示的对话框。在第 1 个参数区输入条件区域，即选择“费用报销管理”工作表中的 F3:F401 单元格；在第 2 个参数中输入具体要求和的项目，即选择 F 列中的任意一个“飞机票”单元格；在第 3 个参数中键入要求和的区域，单击“确定”按钮即可求出所有“飞机票”的费用。

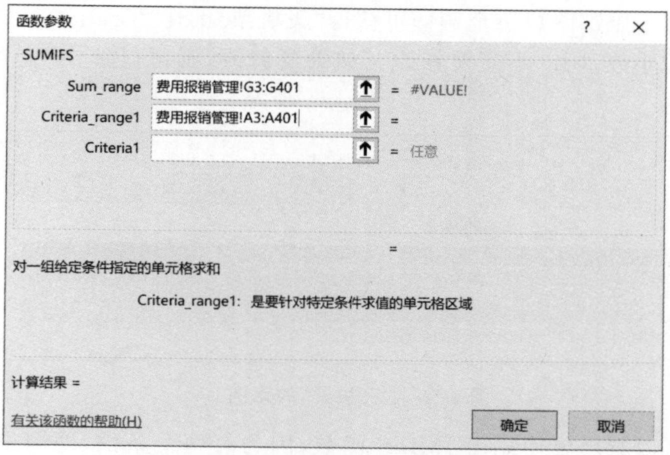

函数参数 ? ×

SUMIFS

Sum_range 费用报销管理!G3:G401 = #VALUE!

Criteria_range1 费用报销管理!A3:A401 =

Criteria1 = 任意

=

对一组给定条件指定的单元格求和

Criteria_range1: 是要针对特定条件求值的单元格区域

计算结果 =

有关该函数的帮助(H) 确定 取消

图 5-53 SUMIFS 函数对话框

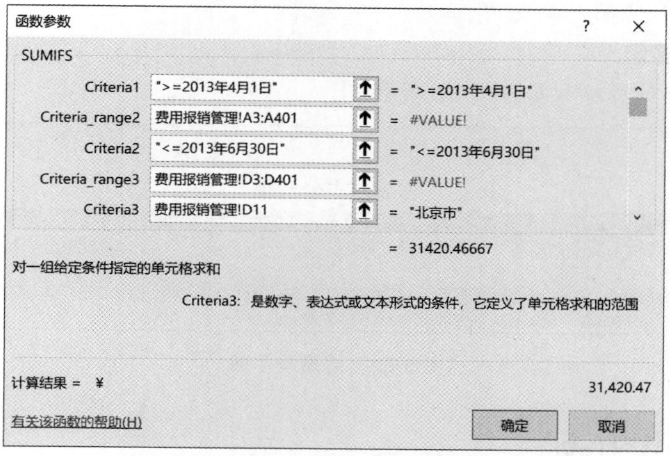

函数参数 ? ×

SUMIFS

Criteria1 ">=2013年4月1日" = ">=2013年4月1日"

Criteria_range2 费用报销管理!A3:A401 = #VALUE!

Criteria2 "<=2013年6月30日" = "<=2013年6月30日"

Criteria_range3 费用报销管理!D3:D401 = #VALUE!

Criteria3 费用报销管理!D11 = "北京市"

= 31420.46667

对一组给定条件指定的单元格求和

Criteria3: 是数字、表达式或文本形式的条件，它定义了单元格求和的范围

计算结果 = ¥ 31,420.47

有关该函数的帮助(H) 确定 取消

图 5-54 参数追加

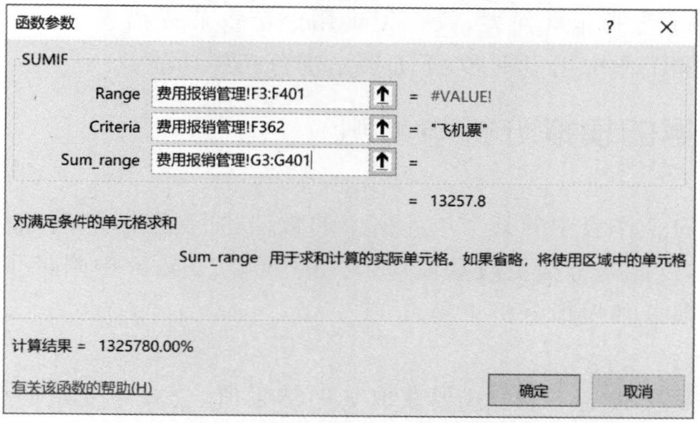

函数参数 ? ×

SUMIF

Range 费用报销管理!F3:F401 = #VALUE!

Criteria 费用报销管理!F362 = "飞机票"

Sum_range 费用报销管理!G3:G401 =

= 13257.8

对满足条件的单元格求和

Sum_range 用于求和计算的实际单元格。如果省略，将使用区域中的单元格

计算结果 = 1325780.00%

有关该函数的帮助(H) 确定 取消

图 5-55 SUMIFS 函数对话框

在公式编辑栏中尾部除以总金额即可获得"飞机票"的比例,如图 5-56 所示。由于本题默认保留的是两位小数,所以不需要修改。如果要修改,则可以选中 B5 单元格,右击单元格格式进行设置。

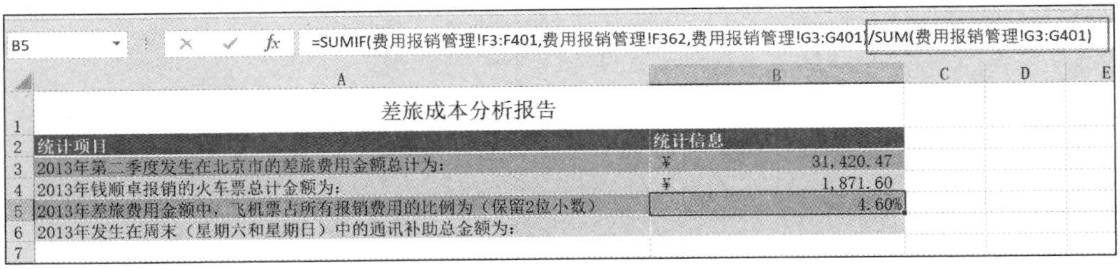

B5 =SUMIF(费用报销管理!F3:F401,费用报销管理!F362,费用报销管理!G3:G401)/SUM(费用报销管理!G3:G401)

	A	B	C	D	E
1	差旅成本分析报告				
2	统计项目	统计信息			
3	2013年第二季度发生在北京市的差旅费用金额总计为:	¥ 31,420.47			
4	2013年钱顺卓报销的火车票总计金额为:	¥ 1,871.60			
5	2013年差旅费用金额中,飞机票占所有报销费用的比例为(保留2位小数)	4.60%			
6	2013年发生在周末(星期六和星期日)中的通讯补助总金额为:				
7					

图 5-56 "飞机票"的比例

(8) 从题目可以看出要使用 SUMIFS 函数,因为有两个条件,即周末、通信补助,周末(星期六和星期日)可以使用"通信报销管理"中的最后一列来判定。此题和第 5 题类似,具体步骤不再赘述,参考第 5 题即可。

5. 试题结果展示

本试题的最终计算结果如图 5-57 所示。

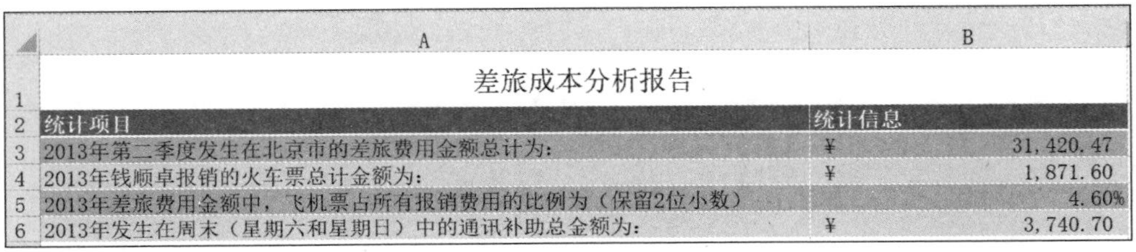

	A	B
1	差旅成本分析报告	
2	统计项目	统计信息
3	2013年第二季度发生在北京市的差旅费用金额总计为:	¥ 31,420.47
4	2013年钱顺卓报销的火车票总计金额为:	¥ 1,871.60
5	2013年差旅费用金额中,飞机票占所有报销费用的比例为(保留2位小数)	4.60%
6	2013年发生在周末(星期六和星期日)中的通讯补助总金额为:	¥ 3,740.70

图 5-57 结果展示图

5.5 知识拓展

众所周知,Excel 功能非常强大,我们很难用一个章节去描述全。有些功能常用,有些功能在实际的生活和工作中用得不多,下面展示部分拓展功能。

5.5.1 数据的模拟分析与预测

1. 模拟分析

模拟分析是指对工作表中的某个单元格中的数值进行更改,然后从引用该单元格的公式中查看变化情况,以此来分析更改数值对公式的影响。Excel 中附带了单变量求解、模拟运算表和方案管理器 3 种模拟分析工具。

1) 单变量求解

单变量求解是解决假定一个公式要获取某一结果值,公式中变量的引用单元格应取值为多少的问题,主要针对希望获取的结果,确定生成该结果的可能的各项值。

要求：在“电子产品销售分析表”工作簿中的“单变量求解”工作表中，产品的单价和成本已经知道了，当销售为多少时，才能保证利润为 10 000 元，具体操作如下。

第 1 步：选择 B6 单元格，输入“=(B3−B4) * B5”，按 Enter 键。

第 2 步：在“数据”→“预测”组中单击“模拟分析”按钮，在弹出的下拉列表中选择“单变量求解”选项。

第 3 步：打开“单变量求解”对话框，将光标定位到“目标单元格”文本框中；选择用于产生特定目标数值的公式所在的单元格，这里单击 B6 单元格；在“目标值”文本框中输入希望得到的结果值，这里输入 10 000；将光标定位到“可变单元格”文本框中；选择能够得到目标值的可变量所在的单元格，这里单击 B5 单元格，单击“确定”按钮；打开“单变量求解状态”对话框，同时在数据区域的可变单元格中显示单变量求解的值，单击“确定”按钮，如图 5-58 和图 5-59 所示。

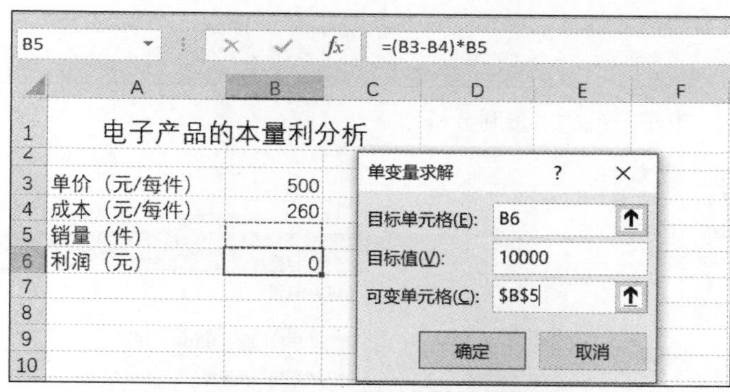

图 5-58　“单变量求解状态”对话框

	A	B
1	电子产品的本量利分析	
2		
3	单价（元/每件）	500
4	成本（元/每件）	260
5	销量（件）	41.66667
6	利润（元）	10000

单变量求解状态

对单元格 B6 进行单变量求解 求得一个解。

目标值：10000

当前解：10000

单步执行(S)　暂停(P)　确定　取消

图 5-59　单变量求解状态

2）模拟运算表

模拟运算表是一个单元格区域，它可显示一个或多个公式中替换不同的值时的结果。模拟运算表分为单变量模拟运算表和双变量模拟运算表两种。在单输入模拟运算表中，用户可以为一个变量键入不同的值，从而查看不同的值对一个或多个公式的影响。在这里重点介绍双变量模拟表。

在双变量模拟运算表中，用户为两个变量输入不同的值，并查看它们对一个公式的影响。

要求：在“电子产品销售分析表”工作簿中的“模拟分析表”工作表中，在成本固定的情况下，根据不同的销量和单价，来计算各种情况对应的利润，其具体操作步骤如下。

第 1 步：在 C6:G6 单元格区域中分别输入“40”到“80”等数据；在 B7:B13 单元格区域中分别输入“400”到“520”等数据。此题要求 B6 单元格(行与列的交叉位置)中有公式。

第 2 步：选中 B6:G13 单元格区域，在“数据”的“预测”工具栏中单击“模拟分析”按钮，在弹出的下拉列表中选择“模拟运算表”选项。

第 3 步：打开“模拟运算表”对话框，如图 5-60 所示，在对话框中的第 1 个参数位置输入 B5 单元格，在第 2 个参数位置输入 B3 单元格，单击“确定”按钮即可计算出不同的利润，如图 5-61 所示。

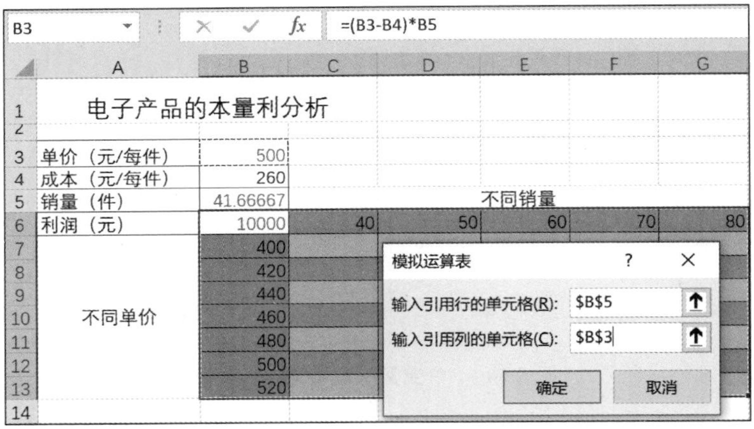

B3 =(B3-B4)*B5

	A	B	C	D	E	F	G
1	电子产品的本量利分析						
2							
3	单价（元/每件）	500					
4	成本（元/每件）	260					
5	销量（件）	41.66667			不同销量		
6	利润（元）	10000	40	50	60	70	80
7	不同单价	400					
8		420					
9		440					
10		460					
11		480					
12		500					
13		520					
14							

模拟运算表 ? ×
输入引用行的单元格(R): $B$5
输入引用列的单元格(C): $B$3
确定 取消

图 5-60 “模拟运算表”对话框

	A	B	C	D	E	F	G
1	电子产品的本量利分析						
2							
3	单价（元/每件）	500					
4	成本（元/每件）	260					
5	销量（件）	41.66667			不同销量		
6	利润（元）	10000	40	50	60	70	80
7	不同单价	400	5600	7000	8400	9800	11200
8		420	6400	8000	9600	11200	12800
9		440	7200	9000	10800	12600	14400
10		460	8000	10000	12000	14000	16000
11		480	8800	11000	13200	15400	17600
12		500	9600	12000	14400	16800	19200
13		520	10400	13000	15600	18200	20800

图 5-61 利润结果展示图

3）方案管理器

由于单变量求解只能处理一个可变输入值，而模拟运算表最多容纳两个变量，因此如果要分析两个以上的变量，则可以使用方案管理器。在 Excel 中使用方案管理器可以在较复杂的多变量情况下分析数据，建立多套方案，从中选择最佳方案。

方案是可以在单元格中自动替换的一组值，创建并添加不同的组值后，用户可根据需要切换到任一方案来查看不同的结果。建立好方案后，“方案管理器”对话框中的相应按钮将由灰色显示为可用状态，在其中单击相应的按钮可对各种方案进行编辑、分析和总结等。

要求：在“电子产品销售分析表”工作簿中的“方案管理器”工作表中，对不同的调价方案进行统计分析，以便选出最佳的调价方案，具体操作如下。

第 1 步：在 C6 单元格中输入公式“=B3 * (1+C3) * B5 * (1+C5)-B4 * (1+C4) * B5 * (1+C5)”，按 Enter 键计算出对应单元格中数据的测试值。

第 2 步：在“数据”的“预测”工具栏中单击“模拟分析”按钮，在弹出的下拉列表中选择“方案管理器”选项。

第 3 步：在打开的“方案管理器”对话框中单击“添加”按钮；打开“添加方案”对话框，在“方案名”文本框中输入文本“方案 1”；在“可变单元格”文本框后单击“收缩”按钮；在工作表中选择 C3:C5 单元格区域；在缩小的对话框中单击“展开”按钮，如图 5-62 所示。

第 4 步：在打开的“方案变量值”对话框的相应文本框中输入“方案 1”对应的数值，完成后单击“添加”按钮。

第 5 步：用相同的方法添加“方案 2”和“方案 3”的方案名和方案变量值，完成后在“方案变量值”对话框中单击“确定”按钮，如图 5-63 所示。选择任意一个方案，单击“显示”按钮即可在表格中显示当前的方案值。

编辑方案
方案名(N):
方案1
可变单元格(C):
$C$3:$C$5
按住 Ctrl 键并单击鼠标可选定非相邻可变单元格。
批注(O):
创建者 陈立飞 日期 2023/2/5
保护
☑ 防止更改(P)
☐ 隐藏(D)
确定　取消

图 5-62　编辑方案

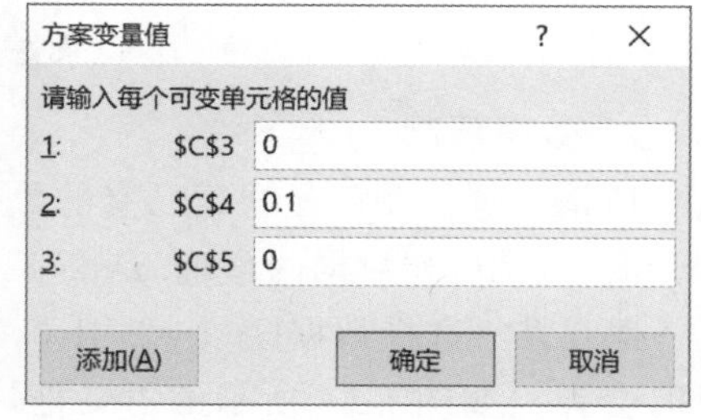

图 5-63　设置方案值

第 6 步：单击图 5-64 中的“摘要”按钮；在打开的“方案摘要”对话框中单击选中“方案摘要”单选项，在“结果单元格”参数框中输入“C6”，单击“确定”按钮，即可同时显示 3 种方案对应的测试情况，如图 5-65 所示。

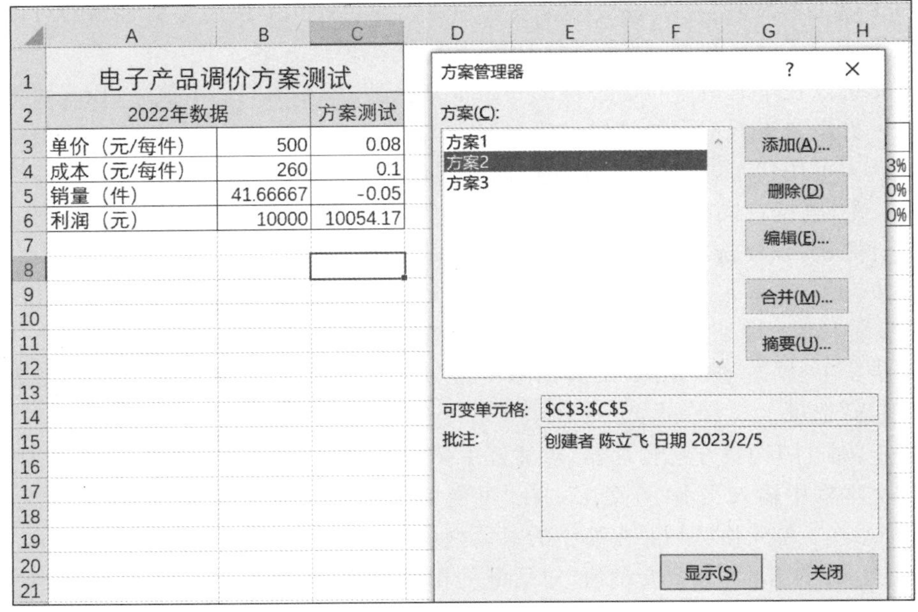

图 5-64　方案管理器

方案摘要	当前值:	方案1	方案2	方案3
可变单元格:				
$C$3	0.08	0	0.08	-0.03
$C$4	0.1	0.1	0.1	0.1
$C$5	-0.05	0	-0.05	0.2
结果单元格:				
$C$6	10054.16667	8916.666667	10054.16667	9950

注释:"当前值"这一列表示的是在
建立方案汇总时，可变单元格的值。
每组方案的可变单元格均以灰色底纹突出显示。

图 5-65　方案测试情况展示

2. 数据预测

所谓数据预测就是根据已有的数据来预测未来的数据情况。

要求：根据“数据的预测.xlsx”工作簿中已有的数据，预测未来三年的销量情况。

第1步：选择数据区域A2:B13，在“数据”的“预测”工具栏中单击“预测工作表”按钮，此时会弹出如图5-66所示的对话框，在此对话框中可以输入要预测结束的年份，即可预测未来的数据走向。

第2步：单击图中的“创建”按钮，生成如图5-67所示的结果，置信度可以通过图中的选项来调整，默认值为95%，它的意思是95%的概率会落在对应的区间内。

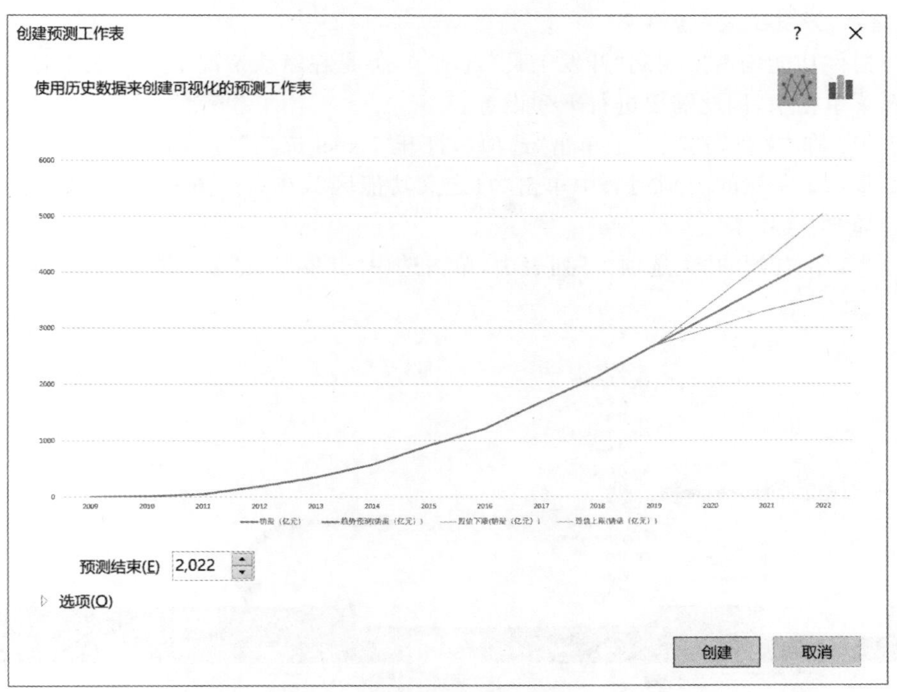

图 5-66　预测工作表

	A	B	C	D	E
1	年份	销量（亿元）	趋势预测(销量（亿元）)	置信下限(销量（亿元）)	置信上限(销量（亿元）)
2	2009	0.5			
3	2010	9.36			
4	2011	52			
5	2012	191			
6	2013	352			
7	2014	571			
8	2015	912			
9	2016	1207			
10	2017	1682			
11	2018	2135			
12	2019	2684	2684	2684.00	2684.00
13	2020		3217.74253	2999.08	3436.40
14	2021		3759.729249	3309.67	4209.79
15	2022		4301.715969	3559.70	5043.74

图 5-67　预测结果展示图

5.5.2　宏的简单应用

在 Excel 中，宏是一种自动化完成任务的工具，它通过 Visual Basic for Applications (VBA)编程语言来记录和执行一系列操作。

1. 宏的定义

宏是可运行任意次数的一个操作或一组操作，可以用来自动执行重复任务。

2. 显示“开发工具”选项卡

宏与控件功能均需要用到“开发工具”选项卡,但是在默认情况下,“开发工具”选项卡没有显示在菜单栏中,因此需要进行下列设置。

第 1 步:在“文件”选项卡上单击“选项”,打开“Excel 选项”对话框。

第 2 步:在左侧的类别列表中单击“自定义功能区”,在右上方的“自定义功能区”下拉列表中选择“主选项卡”。

第 3 步:在右侧的“主选项卡”列表中,单击选中“开发工具”复选框,如图 5-68 所示。

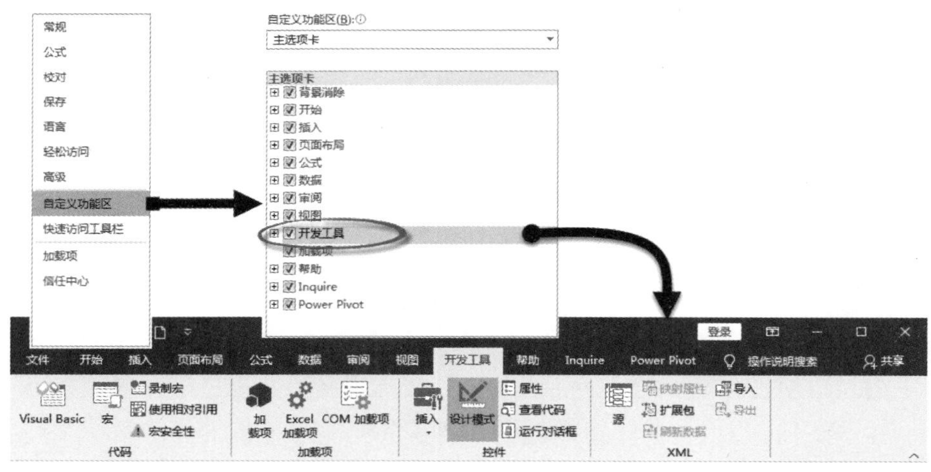

图 5-68 显示“开发工具”选项卡

第 4 步:单击“确定”按钮,“开发工具”选项卡显示在功能区中。可以在 Excel 中创建共享工作簿,并将其放在可供若干人同时编辑的一个网络位置上,以达到跟踪工作簿状态并及时更新信息的目的。

3. 宏的简单应用

通过宏的定义我们知道宏是可运行任意次数的一个操作或一组操作,那么怎么使用宏呢?如果总是需要在 Excel 中重复执行某个操作,则可以录制一个宏来自动执行这些操作。在创建一个宏后,可以通过编辑宏对其工作方式进行更改。需要注意的是,有的宏是使用 VBA 创建的,并由软件开发人员负责编写。本教材暂不涉及通过 VBA 编程语言编制宏的内容。

1) 临时启用所有宏

第 1 步:在“开发工具”选项卡上的“代码”组中,单击“宏安全性”按钮,打开如图 5-69 所示的“信任中心”对话框。

第 2 步:在左侧的类别列表中单击“宏设置”,在右侧的“宏设置”区域下单击选择“启用所有宏(不推荐;可能会运行有潜在危险的代码)”单选按钮。

第 3 步:单击“确定”按钮。

2) 录制宏

第 1 步:打开需要记录宏的工作簿文档,在“开发工具”选项卡上的“代码”组中,单击

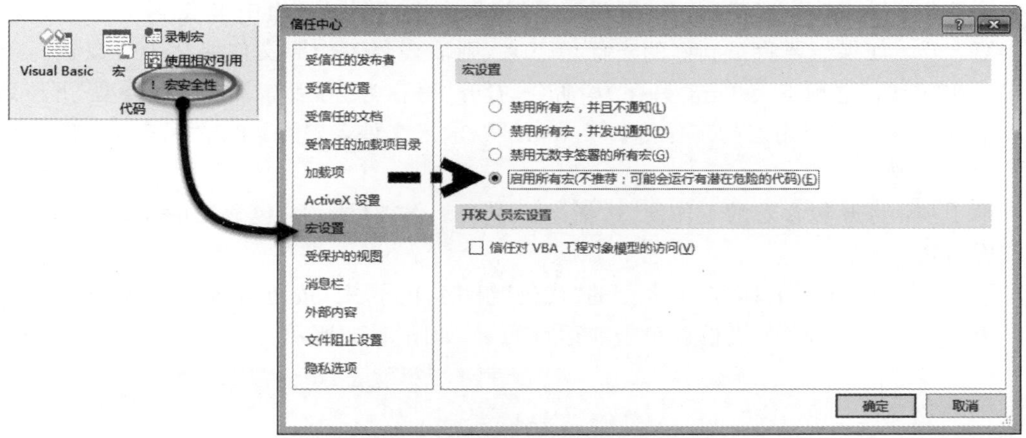

图 5-69　“信任中心”对话框

“录制宏”按钮，打开如图 5-70 所示的“录制宏”对话框。

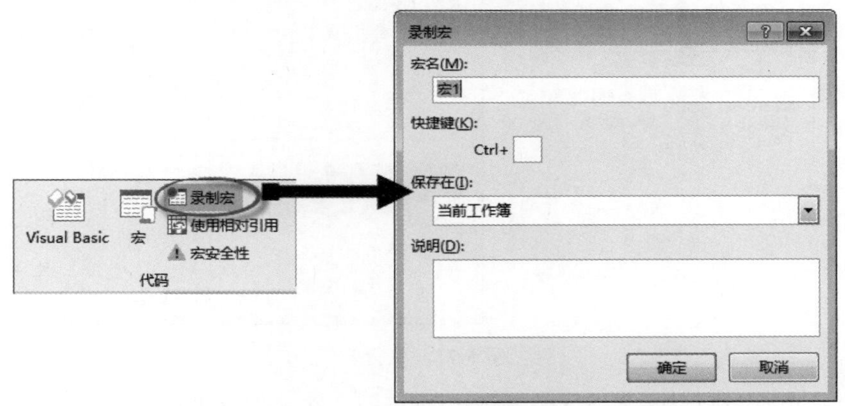

图 5-70　录制宏

第 2 步：在“宏名”下方的文本框中，为将要录制的宏输入一个名称。

第 3 步：在“保存在”下拉列表中指定当前宏的应用范围。

第 4 步：在“说明”文本框中，可以输入对该宏功能的简单描述。

第 5 步：单击“确定”按钮，退出对话框，同时进入宏录制过程。

第 6 步：运用鼠标、键盘对工作表中的数据进行各项操作，如图 5-71 所示，这些操作过程均将被记录到宏中。

F17　　fx

	A	B	C	D
1				
2				
3		宏测试		
4				
5		店名	地区	
6		A店	锦江区	
7		B店	武侯区	
8		C店	金牛区	
9		D店	青羊区	
10		E店	成华区	
11		F店	双流区	
12				

图 5-71　模拟操作数据

第 7 步：操作执行完毕后，从“开发工具”选项卡上的“代码”组中单击“停止录制”按钮。

第 8 步：如果想要将录制好的宏保留下来，则需要将工作簿文件保存为可以运行宏的格式。在“开始”选项卡上单击“另存为”命令，打开“另存为”对话框，在“保存类型”下拉列表中单击选择“Excel 启用宏的工作簿（ *.xlsm）”，输入文件名，然后单击“保存”按钮。

3）运行宏

第 1 步：打开包含宏的工作簿，选择运行宏的工作表（注意：包含宏的文档以 *.xlsm 为扩展名）。

第 2 步：在“开发工具”选项卡上的“代码”组中，单击“宏”按钮，打开“宏”对话框。

第 3 步：在“宏名”列表框中单击要运行的宏，如图 5-72 所示。

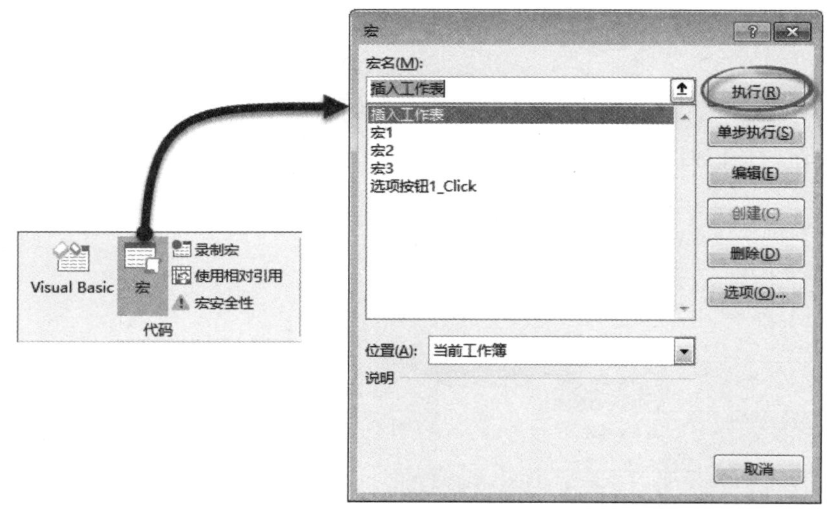

图 5-72　执行宏

第 4 步：单击“执行”按钮，Excel 会自动执行宏并在工作表中显示相应结果。

4）删除宏

选择不需要的宏，单击图 5-72 中的“删除”按钮即可删除指定的宏。

习题

打开素材文件\第 5 章\“员工工资表.xlsx”，按照下列要求对表格进行操作，参考图如图 5-73～图 5-77 所示。

（1）设置表格格式。

（2）使用公式计算“应发工资”。计算方法如下：应发工资＝基本工资＋岗位津贴＋奖金－缺勤扣款－社保扣款。

（3）使用 IF 函数计算“纳税所得额”。计算方法如下：应发工资＞3500，纳税所得额＝应发工资－3500；应发工资≤3500，纳税所得额＝0。

（4）计算“个人所得税”，计算方法如下：纳税所得额＜1500，个人所得税＝纳税所得额×3％；1500≤纳税所得额＜4500，个人所得税＝纳税所得额×10％－105；纳税所得额≥4500，个人所得税＝纳税所得额×20％－555。

（5）计算税后工资。计算方法如下：税后工资＝应发工资－个人所得税。

（6）使用 MAX 函数计算最高税后工资。

（7）使用 MIN 函数计算最低税后工资。

（8）使用 COUNTIF 函数统计奖金高于 1000 的人数。

工号	姓名	性别	部门	基本工资	岗位津贴	奖金	缺勤扣款	社保扣款	应发工资	纳税所得额	个人所得税	税后工资
gh009	张青	男	技术部	2800	1000	488	40	254.88	3993.12	493.12	14.7936	3978.326
gh027	李松	男	咨询部	4000	1200	910	20	365.4	5724.6	2224.6	117.46	5607.14
gh001	陈梅珍	女	销售部	5000	2000	563	80	448.98	7034.02	3534.02	248.402	6785.618
gh013	李鑫灏	男	研发部	5500	2200	770	0	508.2	7961.8	4461.8	341.18	7620.62
gh018	陈宗武	男	财务部	1800	1200	823	20	228.18	3574.82	74.82	2.2446	3572.575
gh023	樊三云	女	财务部	3500	800	482	0	286.92	4495.08	995.08	29.8524	4465.228
gh028	冯君兰	女	咨询部	3000	800	398	0	251.88	3946.12	446.12	13.3836	3932.736
gh019	韩清	男	财务部	2000	900	1032	10	235.32	3686.68	186.68	5.6004	3681.08
gh008	胡鑫	男	技术部	2400	1200	562	90	244.32	3827.68	327.68	9.8304	3817.85
gh022	蔡壮保	男	财务部	4500	1500	562	0	393.72	6168.28	2668.28	161.828	6006.452
gh006	李安云	男	销售部	3000	800	1608	0	324.48	5083.52	1583.52	53.352	5030.168
gh014	潘恩依	女	研发部	2800	1200	654	0	279.24	4374.76	874.76	26.2428	4348.517
gh005	鲁雯	女	销售部	3200	900	1025	60	303.9	4761.1	1261.1	37.833	4723.267
gh003	罗国荣	男	销售部	3000	800	486	0	257.16	4028.84	528.84	15.8652	4012.975
gh030	戚玉莲	男	咨询部	4000	1200	268	0	328.08	5139.92	1639.92	58.992	5080.928
gh011	施春华	女	技术部	3400	1000	780	90	305.4	4784.6	1284.6	38.538	4746.062
gh017	徐雪梅	女	财务部	5200	1500	600	70	433.8	6796.2	3296.2	224.62	6571.58
gh026	杨美华	女	咨询部	2000	800	826	40	215.16	3370.84	0	0	3370.84
gh002	张顺	男	销售部	3000	800	372	0	250.32	3921.68	421.68	12.6504	3909.03
gh004	周荣华	女	销售部	3400	1000	982	0	322.92	5059.08	1559.08	50.908	5008.172
gh012	周细怡	女	技术部	3000	800	860	80	274.8	4305.2	805.2	24.156	4281.044
gh007	朱萍	女	技术部	5500	2200	1000	60	518.4	8121.6	4621.6	357.16	7764.44

工资概况	
最高税后工资	7764.44
最低税后工资	3370.84
奖金高于1000的人数	3

表1　表2　表3　Sheet7　表4

就绪　辅助功能：调查　100%

图 5-73　公式和函数应用

（9）将“表 1”整体复制到“表 2”中，在“表 2”中使用分类汇总显示各部门的“应发工资”总额。结果如图 5-74 所示。

H22　770

工号	姓名	性别	部门	基本工资	岗位津贴	奖金	缺勤扣款	社保扣款	应发工资	纳税所得额	个人所得税	税后工资
gh018	陈宗武	男	财务部	1800	1200	823	20	228.18	3574.82	74.82	2.2446	3572.575
gh023	樊三云	女	财务部	3500	800	482	0	286.92	4495.08	995.08	29.8524	4465.228
gh019	韩清	男	财务部	2000	900	1032	10	235.32	3686.68	186.68	5.6004	3681.08
gh022	蔡壮保	男	财务部	4500	1500	562	0	393.72	6168.28	2668.28	161.828	6006.452
gh017	徐雪梅	女	财务部	5200	1500	600	70	433.8	6796.2	3296.2	224.62	6571.58
			财务部 汇总						24721.06			
gh009	张青	男	技术部	2800	1000	488	40	254.88	3993.12	493.12	14.7936	3978.326
gh008	胡鑫	男	技术部	2400	1200	562	90	244.32	3827.68	327.68	9.8304	3817.85
gh011	施春华	女	技术部	3400	1000	780	90	305.4	4784.6	1284.6	38.538	4746.062
gh012	周细怡	女	技术部	3000	800	860	80	274.8	4305.2	805.2	24.156	4281.044
gh007	朱萍	女	技术部	5500	2200	1000	60	518.4	8121.6	4621.6	357.16	7764.44
			技术部 汇总						25032.2			
gh001	陈梅珍	女	销售部	5000	2000	563	80	448.98	7034.02	3534.02	248.402	6785.618
gh006	李安云	男	销售部	3000	800	1608	0	324.48	5083.52	1583.52	53.352	5030.168
gh005	鲁雯	女	销售部	3200	900	1025	60	303.9	4761.1	1261.1	37.833	4723.267
gh003	罗国荣	男	销售部	3000	800	486	0	257.16	4028.84	528.84	15.8652	4012.975
gh002	张顺	男	销售部	3000	800	372	0	250.32	3921.68	421.68	12.6504	3909.03
gh004	周荣华	女	销售部	3400	1000	982	0	322.92	5059.08	1559.08	50.908	5008.172
			销售部 汇总						29888.24			
gh013	李鑫灏	男	研发部	5500	2200	770	0	508.2	7961.8	4461.8	341.18	7620.62
gh014	潘恩依	女	研发部	2800	1200	654	0	279.24	4374.76	874.76	26.2428	4348.517
			研发部 汇总						12336.56			
gh027	李松	男	咨询部	4000	1200	910	20	365.4	5724.6	2224.6	117.46	5607.14
gh028	冯君兰	女	咨询部	3000	800	398	0	251.88	3946.12	446.12	13.3836	3932.736
gh030	戚玉莲	男	咨询部	4000	1200	268	0	328.08	5139.92	1639.92	58.992	5080.928
gh026	杨美华	女	咨询部	2000	800	826	40	215.16	3370.84	0	0	3370.84
			咨询部 汇总						18181.48			
			总计						110159.5			

工资概况
最高税后工资
最低税后工资
奖金高于1000的人数

表1　表2　表3　Sheet7　表4

就绪　辅助功能：调查　100%

图 5-74　分类汇总

(10) 将“表 1”整体复制到“表 3”中，在“表 3”中显示“税后工资”低于 4000 的男员工的信息和“税后工资”高于 5000 的女员工的信息，筛选后按性别排序。结果如图 5-75 所示。

	B	C	D	E	F	G	H	I	J	K	L	M	N
12	gh022	蔡壮保	男	财务部	4500	1500	562	0	393.72	6168.28	2668.28	161.828	6006.452
13	gh006	李安云	男	销售部	3000	800	1608	0	324.48	5083.52	1583.52	53.352	5030.168
14	gh014	潘恩依	女	研发部	2800	1200	654	0	279.24	4374.76	874.76	26.2428	4348.517
15	gh005	鲁雯	女	销售部	3200	900	1025	60	303.9	4761.1	1261.1	37.833	4723.267
16	gh003	罗国荣	男	销售部	3000	800	486	0	257.16	4028.84	528.84	15.8652	4012.975
17	gh030	戚玉莲	男	咨询部	4000	1200	268	0	328.08	5139.92	1639.92	58.992	5080.928
18	gh011	施春华	女	技术部	3400	1000	780	90	305.4	4784.6	1284.6	38.538	4746.062
19	gh017	徐雪梅	女	财务部	5200	1500	600	70	433.8	6796.2	3296.2	224.62	6571.58
20	gh026	杨美华	女	咨询部	2000	800	826	40	215.16	3370.84	0	0	3370.84
21	gh002	张顺	男	销售部	3000	800	372	0	250.32	3921.68	421.68	12.6504	3909.03
22	gh004	周荣华	女	销售部	3400	1000	982	0	322.92	5059.08	1559.08	50.908	5008.172
23	gh012	周细怡	女	技术部	3000	800	860	80	274.8	4305.2	805.2	24.156	4281.044
24	gh007	朱萍	女	技术部	5500	2200	1000	60	518.4	8121.6	4621.6	357.16	7764.44
25													
26	筛选后结果												
27	工号	姓名	性别	部门	基本工资	岗位津贴	奖金	缺勤扣款	社保扣款	应发工资	纳税所得额	个人所得税	税后工资
28	gh009	张青	男	技术部	2800	1000	488	40	254.88	3993.12	493.12	14.7936	3978.326
29	gh018	陈宗武	男	财务部	1800	1200	823	20	228.18	3574.82	74.82	2.2446	3572.575
30	gh019	韩清	男	财务部	2000	900	1032	10	235.32	3686.68	186.68	5.6004	3681.08
31	gh008	胡鑫	男	技术部	2400	1200	562	90	244.32	3827.68	327.68	9.8304	3817.85
32	gh002	张顺	男	销售部	3000	800	372	0	250.32	3921.68	421.68	12.6504	3909.03
33	gh001	陈梅珍	女	销售部	5000	2000	563	80	448.98	7034.02	3534.02	248.402	6785.618
34	gh017	徐雪梅	女	财务部	5200	1500	600	70	433.8	6796.2	3296.2	224.62	6571.58
35	gh004	周荣华	女	销售部	3400	1000	982	0	322.92	5059.08	1559.08	50.908	5008.172
36	gh007	朱萍	女	技术部	5500	2200	1000	60	518.4	8121.6	4621.6	357.16	7764.44

性别	税后工资
男	<4000
女	>5000

表1 表2 表3 Sheet7 表4

就绪 辅助功能: 调查 100%

图 5-75　高级筛选

(11) 生成如图 5-76 所示的独立图表，并将其工作表名命名为“表 4”。

图 5-76　图表

（12）创建如图 5-77 所示的迷你图。

	A	B	C	D	E	F	G	H	I	J	K	L	M	N
2		工号	姓名	性别	部门	基本工资	岗位津贴	奖金	缺勤扣款	社保扣款	应发工资	纳税所得额	个人所得税	税后工资
3		gh009	张青	男	技术部	2800	1000	488	40	254.88	3993.12	493.12	14.7936	3978.326
4		gh027	李松	男	咨询部	4000	1200	910	20	365.4	5724.6	2224.6	117.46	5607.14
5		gh001	陈梅珍	女	销售部	5000	2000	563	80	448.98	7034.02	3534.02	248.402	6785.618
6		gh013	李鑫灏	男	研发部	5500	2200	770	0	508.2	7961.8	4461.8	341.18	7620.62
7		gh018	陈宗武	男	财务部	1800	1200	823	20	228.18	3574.82	74.82	2.2446	3572.575
8		gh023	樊三云	女	财务部	3500	800	482	0	286.92	4495.08	995.08	29.8524	4465.228
9		gh028	冯君兰	女	咨询部	3000	800	398	0	251.88	3946.12	446.12	13.3836	3932.736
10		gh019	韩清	男	财务部	2000	900	1032	10	235.32	3686.68	186.68	5.6004	3681.08
11		gh008	胡鑫	男	技术部	2400	1200	562	90	244.32	3827.68	327.68	9.8304	3817.85
12		gh022	蔡壮保	男	财务部	4500	1500	562	0	393.72	6168.28	2668.28	161.828	6006.452
13		gh006	李安云	男	销售部	3000	800	1608	0	324.48	5083.52	1583.52	53.352	5030.168
14		gh014	潘恩依	女	研发部	2800	1200	654	0	279.24	4374.76	874.76	26.2428	4348.517
15		gh005	鲁雯	女	销售部	3200	900	1025	60	303.9	4761.1	1261.1	37.833	4723.267
16		gh003	罗国荣	男	销售部	3000	800	486	0	257.16	4028.84	528.84	15.8652	4012.975
17		gh030	戚玉莲	男	咨询部	4000	1200	268	0	328.08	5139.92	1639.92	58.992	5080.928
18		gh011	施春华	女	技术部	3400	1000	780	90	305.4	4784.6	1284.6	38.538	4746.062
19		gh017	徐雪梅	女	财务部	5200	1500	600	70	433.8	6796.2	3296.2	224.62	6571.58
20		gh026	杨美华	女	咨询部	2000	800	826	40	215.16	3370.84	0	0	3370.84
21		gh002	张顺	男	销售部	3000	800	372	0	250.32	3921.68	421.68	12.6504	3909.03
22		gh004	周荣华	女	销售部	3400	1000	982	0	322.92	5059.08	1559.08	50.908	5008.172
23		gh012	周细怡	女	技术部	3000	800	860	80	274.8	4305.2	805.2	24.156	4281.044
24		gh007	朱萍	女	技术部	5500	2200	1000	60	518.4	8121.6	4621.6	357.16	7764.44
25														

图 5-77　迷你图

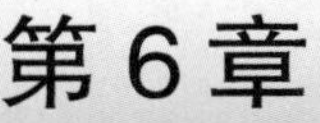

第6章 CHAPTER 6 演示文稿软件PowerPoint 2021

8min

6.1 任务导入

在毕业来临之际，毕业和就业是大学毕业生最为重要的两部分。作为一名准毕业生的赵晓晓同学，她不仅需要准备毕业答辩所需的演示文稿，还需要为其所在的汽车公司做汽车宣传演讲。为了做好毕业设计，为答辩做准备和做好公司汽车宣传工作，赵晓晓同学在网上查找资料以制作演示文稿，她查找到风格迥异的各类相关演示文档，但其针对性不够强，因此赵晓晓需要根据已有的演示文稿模板，制作出自己所需的答辩演示文稿和汽车公司宣传演示文稿。

5min

任务一要求针对赵晓晓同学的毕业设计制作演示文稿进行展示，包括幻灯片版式设置、背景设置、幻灯片的放映设置等，让赵晓晓同学能够简洁清晰地介绍毕业设计项目的整个流程，顺利通过毕业设计答辩。

任务二要求针对赵晓晓同学所在公司的汽车制作演示文稿进行宣传展示，包括图片插入、幻灯片动画设置、切换动画设置等内容，让赵晓晓能够完成汽车宣传工作。

6.2 知识学习

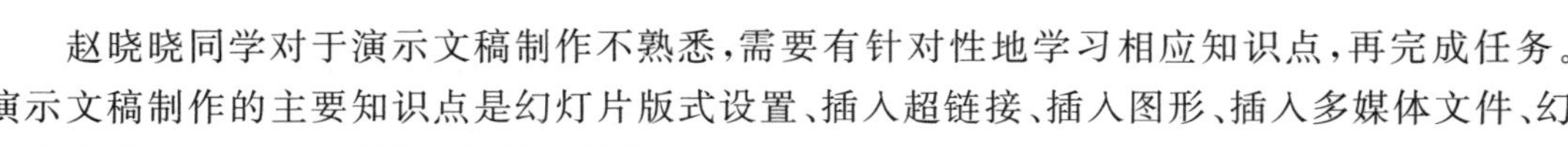

赵晓晓同学对于演示文稿制作不熟悉，需要有针对性地学习相应知识点，再完成任务。演示文稿制作的主要知识点是幻灯片版式设置、插入超链接、插入图形、插入多媒体文件、幻灯片背景、动画及母版设置等基本操作。

6min

6.2.1 设置幻灯片版式

幻灯片版式是PowerPoint软件中包含内容格式、位置和占位符框在内的用于排版布局的常规格式。此外还包含主题颜色、字体背景等，其中占位符是一个虚线容器，是用于“占位置”的符号，主要用于文本、表格、图片、图形图表、音频、视频等内容的占位。

若需要对幻灯片进行快速排版布局，建立演示文稿，则可通过新建幻灯片及选择版式来建立相应版式的幻灯片,但若发现幻灯片版式有问题,则可根据需求更改版式。

1. 新建幻灯片

单击"开始"→"新建幻灯片"即可新建一张已有版式设置的幻灯片,如图 6-1 所示。PowerPoint 2021 目前能够新建标题幻灯片、标题和内容、节标题、两栏内容、比较、仅标题、空白、内容与标题、图片与标题、标题和竖排文字、竖排标题与文本等幻灯片版式。单击选中的任意一个版式即可插入相应的幻灯片,并可为幻灯片添加相应的内容。

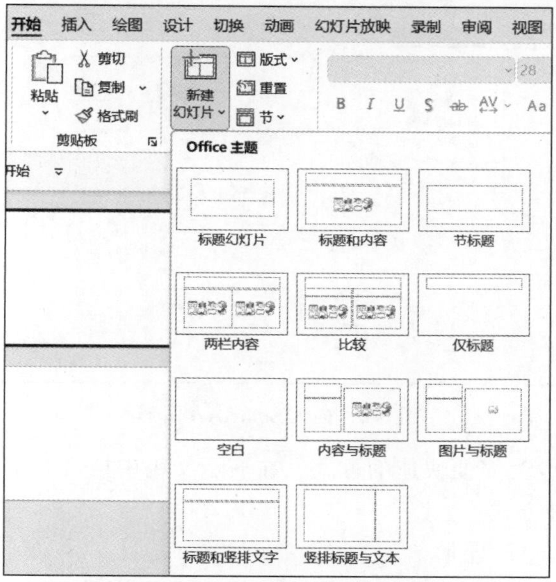

图 6-1 新建幻灯片

2. 更改幻灯片版式

当原有幻灯片版式不符合排版要求时,单击该幻灯片,选择"幻灯片"→"版式"便可对当前幻灯片版式进行更改,如图 6-1 中的虚线框所示。此外,也可右击幻灯片,选择"版式",对幻灯片版式进行更改。

6.2.2 插入 SmartArt 图形

SmartArt 图形是信息和观点的视觉表示形式,是 Microsoft Office 2007 中新加入的特性,在 PowerPoint、Word、Excel 中均可以使用该特性创建图形图表。该图形属于一项集成性形状功能,能够快速地生成各种逻辑性的结构排版,如图 6-2 所示,在"插入"选项卡中选择 SmartArt,在弹出的"选择 SmartArt 图形"对话框中,可见 SmartArt 图形的类型主要有列表、流程、循环、层次结构、关系等,并且每种类型下都包含不同的布局方式。选中后不同布局方式的名称及用处会自动显示在窗口的右边。

1. 插入 SmartArt 图形

为了更好地表达文字间的层次递进的逻辑关系,帮助理解和回忆信息,在幻灯片中插入

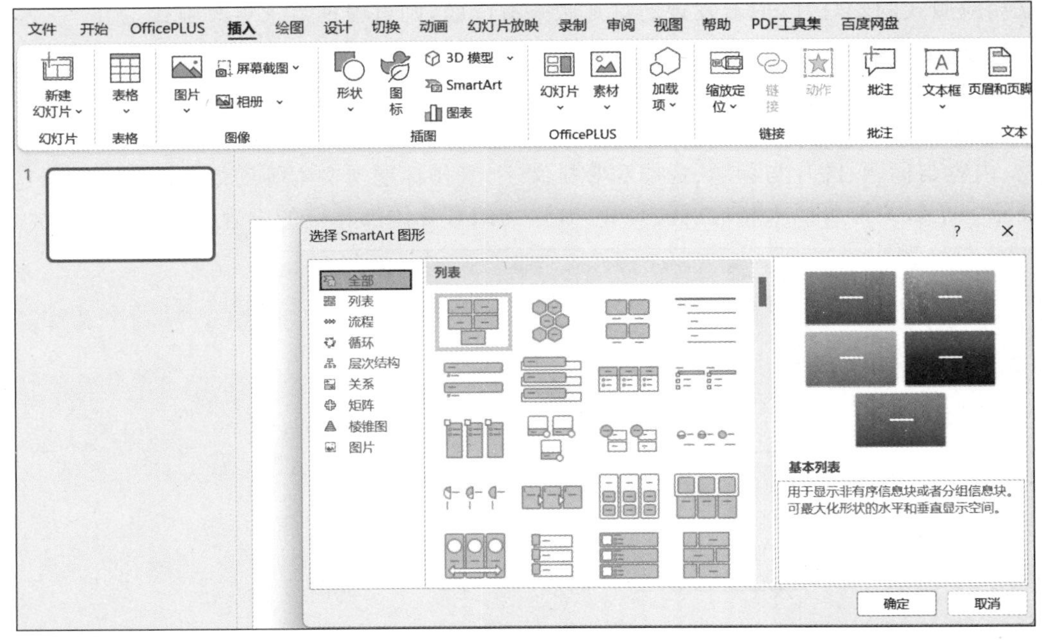

图 6-2 插入 SmartArt 图形

SmartArt 图形是一种较为简便快速的方式。在演示文稿中插入 SmartArt 图形主要有直接插入和文字转图形两种方式。

1）直接插入 SmartArt 图形

如图 6-2 所示，在演示文稿的“插入”功能选项卡下单击 SmartArt，在弹出的“选择 SmartArt 图形”窗口中选择所需图形，单击“确定”按钮，即可插入对应的图形。

2）文字转 SmartArt 图形

如图 6-3 所示，在文本框中输入所需的文字，单击文本框，在“开始”→“段落”工具栏中选择“转换为 SmartArt”，然后在下拉列表中选择对应的图形，即可将文字转换成相应的 SmartArt 图形。此外，也可选中文字后右击并选择“转换为 SmartArt 图形”，将文字转换为对应的图形。

注意：文本框中的文字能够转换成 SmartArt 图形，同样地，SmartArt 图形中的文本也能够转换为文字。

---

2. 美化 SmartArt 图形

插入 SmartArt 图形后，若图形的样式或颜色不符合要求，则可通过“SmartArt 设计”选项卡来美化插入的 SmartArt 图形，如图 6-4 所示。

1）创建图形

当 SmartArt 图形的形状需要增加或减少、调整位置、输入文本等操作时，可通过

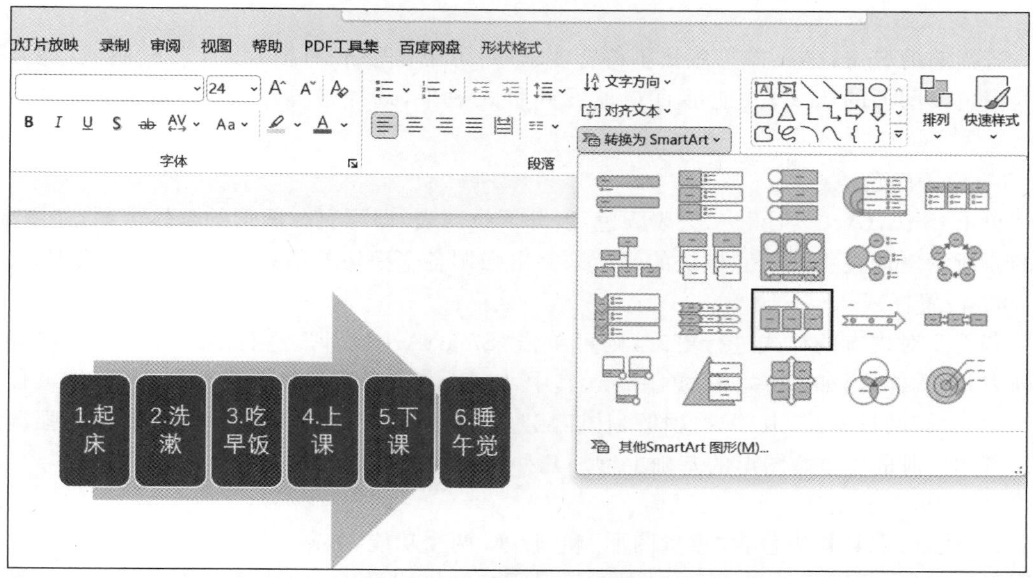

图 6-3　文字转 SmartArt 图形

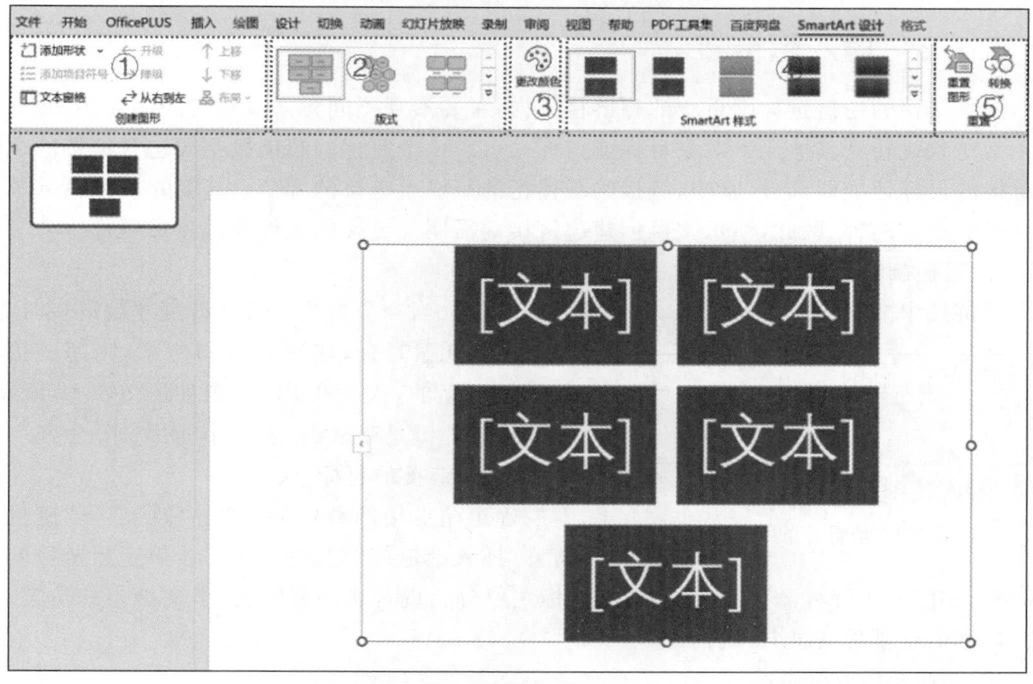

图 6-4　美化 SmartArt 图形

“SmartArt 设计”→“创建图形”工具栏来进行设置，如图 6-4 中的①所示。此外，也可单击图形左边的“ ‹ ”形状，相应地进行设置。

2）更改版式

若当前的SmartArt图形版式不符合要求，则可单击“SmartArt设计”→“版式”展开下拉列表更改图形的版式，并能够直观地看到版式效果，选择最佳的布局，如图6-4中的②所示。

3）设置颜色

单击“SmartArt设计”→“更改颜色”展开下拉列表，即可更改图形的整体主题，如图6-4中的③所示。通过更改不同模块的颜色来突出强调各个模块的信息，以加深记忆或理解。

4）设置样式

若需要对现有的样式进行更改，则可单击“SmartArt设计”→“SmartArt样式”展开下拉列表，更改样式，如图6-4中的④所示，其中，SmartArt图形的样式主要分为“文档最佳匹配”和“三维”两种样式，其中，“文档最佳匹配”主要是在原始图形的基础上增加一些强调元素；“三维”则是在原始图形的基础上增加几种不同的立体显示效果。

5）重置

在“重置”工具栏中包含“重置图形”和“转换”两个功能，如图6-4中的⑤所示，其中，“重置图形”可对形状进行重置，放弃对图形进行所有的格式设置，而“转换”则可将图形转换为文本或形状。

6.2.3 插入超链接

演示文稿的超链接如网页中的超链接一样，主要实现不同元素对象之间的连接，允许当前元素对象跳转到其他元素对象目标或目标站点。一个完整的超链接主要包含链接的载体和链接的目标地址两部分，其中，链接的载体指的是显示链接的部分；链接的目标表示单击链接后显示的内容，因此，演示文稿创建超链接前需明确链接的载体和链接的目标。

1. 超链接的载体

超链接中的载体一般是文本、图像等元素对象。当一个对象元素允许创建超链接时，如果选中该元素目标，如图6-5(a)所示，则超链接功能键是点亮的，表示可用，否则如图6-5(b)所示，超链接功能键是暗灰的，表示不能用。

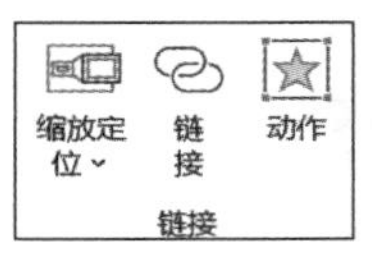

(a) “超链接”可用

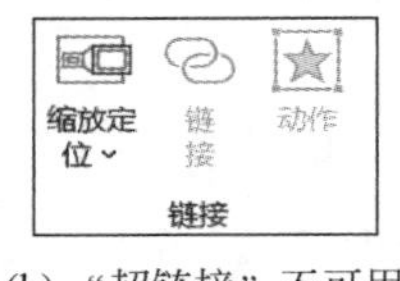

(b) “超链接”不可用

图6-5 幻灯片的链接选项

2. 超链接的目标

确定超链接的载体后，单击“插入”→“链接”，打开“插入超链接”对话框，进一步确定超链接的载体对象，如图6-6所示，幻灯片的超链接目标主要分为现有文件或网页、本文档中的位置、新建文档和电子邮件地址共4种。

1）现有文件或网页

当链接目标为“现有文件或网页”时，主要是将现有的文件或网页作为超链接跳转的目标，在单击链接后将打开目标文件或网页，其中，现有文件或网页的目标主要从本地文件、浏览过的网页及自定义地址来对连接目标进行设置。

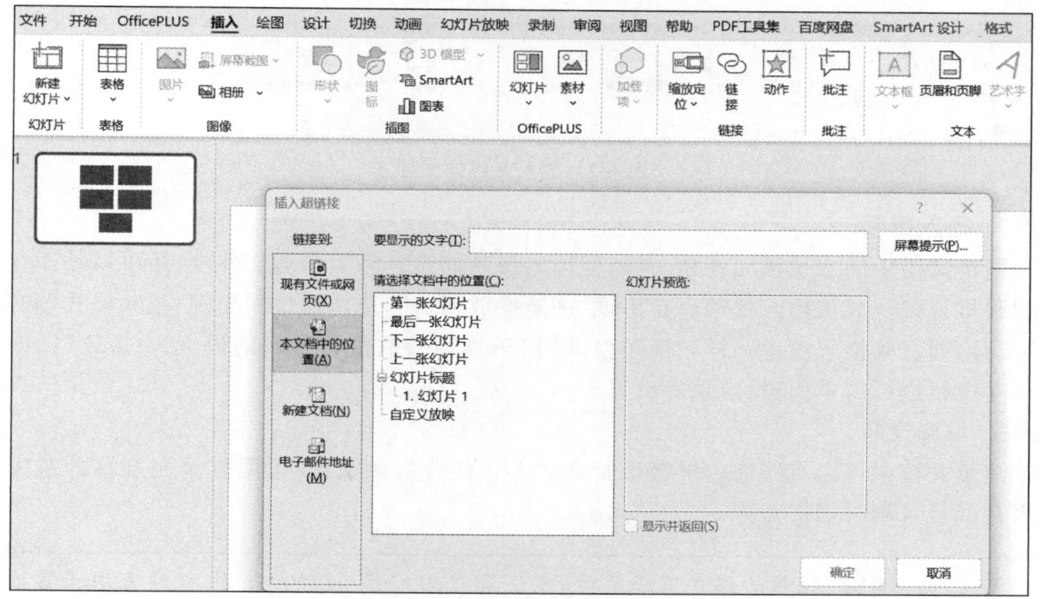

图 6-6　超链接目标

2）本文档中的位置

当链接目标为“本文档中的位置”时，主要针对打开的演示文档对象，选择对象其中的幻灯片作为链接目标，单击链接载体后将会跳转到设置的目标幻灯片。

3）新建文档

当链接目标为“新建文档”时，单击链接载体后将新建一个文档，此文档可被保存到指定的路径，并且能够对文档进行编辑。

4）电子邮件地址

当链接目标为“电子邮件地址”时，单击链接载体后将登录邮件账户并将邮件发送到指定的邮箱地址。

6.2.4　插入音频与视频

音频与视频均属于多媒体文件，音频指的人耳能够听见的声音，主要是 20Hz～20kHz 的声波；视频泛指将一系列静态影像以电信号的方式加以捕捉、记录、处理、存储、传送与重现的各种技术，主要通过视觉暂留原理来实现连续的图像播放，形成动画。

1. 插入音频

向演示文稿中添加音频，单击“插入”→“媒体”展开音频下拉列表，如图 6-7 所示，可选择 PC 上的音频或录制音频，即可插入选择的音频或直接录制音频。插入音频后会出现图标，表示插入成功，选择图标会出现“音频格式”和“播放”工具，“音频格式”可以对音频图标的样式进行设置；“播放”则可以进行简单的音频剪辑、效果、音量及音频播放等设置。

图 6-7　插入多媒体文件

2. 插入视频

演示文稿中插入视频同音频一样，但插入视频的选择除了本地文件外，还可以是库存视频和联机视频。成功插入视频后会出现“视频播放窗口”，选择窗口则出现“视频格式”和“播放”工具，同音频格式设置一样，“视频格式”用于视频播放窗口格式的设置；“播放”则同样可以对视频进行简单剪辑、效果等设置。

3. 屏幕录制

演示文稿中可以直接通过屏幕录制来插入音频或视频文件，可限定录制屏幕的范围及是否在屏幕录制时捕捉音频。

注意：当音/视频的格式不正确时，无法正常插入音/视频；当音/视频无法正常播放时，先看文件是否已损坏，再看文件是否存在。

6.2.5　设置幻灯片背景

为使幻灯片更加美观，除简洁、合理的布局外，还需设置幻灯片背景，增加背景与文字的对比效果，突出文字显示。幻灯片设置背景格式主要有两种方式，一是单击幻灯片空白处或单击幻灯片，右击“设置背景格式”；二是单击“设计”→“设置背景格式”。任意一种方式均能够调出设置背景格式对话框，如图 6-8 所示。

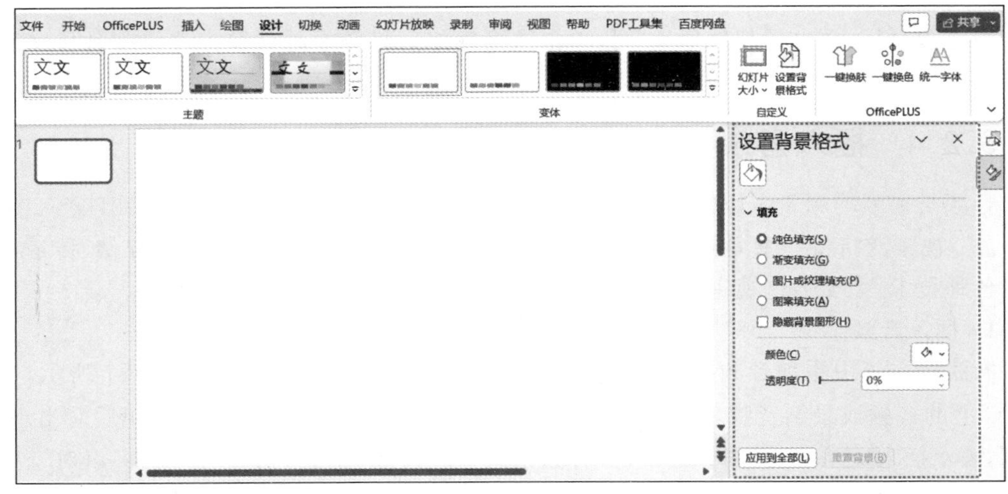

图 6-8　设置背景格式

在设置背景格式对话框中，幻灯片背景可设置为颜色、图片或纹理、图案，如图 6-8 中的虚线框中的内容所示，其中颜色可分为纯色填充和渐变色填充两类颜色背景，可自主选择颜色；图案、图片或纹理背景则需从已有的图案、图片或纹理进行选择，其中图片或纹理背景设置可设置其透明度。选择背景后，如果选择“应用到全部”，则可将此背景设置为所有幻灯片背景，否则只设置该幻灯片的背景。

6.2.6　使用母版

“母版”属于幻灯片术语，用于定义演示文稿中所有幻灯片或页面格式的幻灯片视图或页面。在 6.2.1 节中已经学习了版式设置，而幻灯片母版则存储的是有关幻灯片的字形、占位符的大小或位置、背景设计和配色方案等母版信息。

打开 PowerPoint 软件，在“视图”功能选项卡下可见“母版视图”，在母版视图中包含幻灯片母版、讲义母版、备注母版 3 种不同母版，如图 6-9 所示。

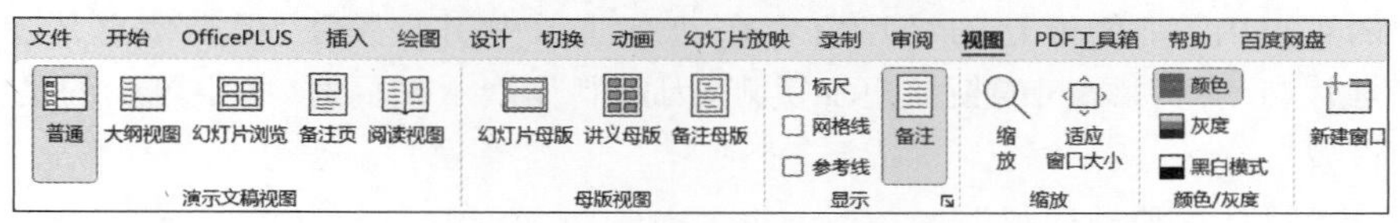

图 6-9　幻灯片母版

(1) 幻灯片母版：用于控制整个演示文稿的外观，设定整个幻灯片的版式和布局。

(2) 讲义母版：自定义演示文稿用作打印讲义时的外观，设置讲义方向、幻灯片大小、每页幻灯片的数量及页面板式布局等设计。

(3) 备注母版：自定义演示文稿用作打印幻灯片备注的视图，设置备注页方向、幻灯片大小及备注页的版式等内容。

单击“幻灯片母版”，在上方功能选项卡中会出现“幻灯片母版”，进入幻灯片母版设置，如图 6-10 所示，幻灯片母版主要分为母版式和子版式。

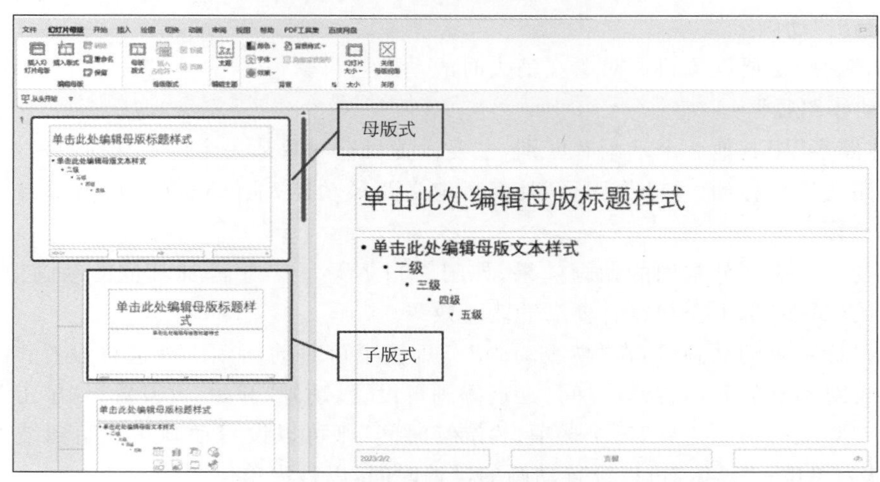

图 6-10　幻灯片母版

1. 母版式

在幻灯片母版下左侧缩略窗口中的第 1 页属于“母版式”，修改母版式的其中一项将会修改整个幻灯片对应部分的内容，主要用于统一插入 logo、水印、背景、主题等。

2. 子版式

在幻灯片母版下左侧缩略窗口第 1 页下面的所有页面属于“子版式”，子版式和母版式不一样，修改子版式内容仅会修改该子版式页面内容，不会影响其他幻灯片。

此外，在幻灯片母版下，可以设置自定义版式的幻灯片，根据用户需求来添加文本占位符和项目占位符，待自定义版式修改设置完成后，退出母版视图。若想添加自定义版式的幻灯片，则在“开始”→“新建幻灯片”中单击“自定义版式幻灯片”即可插入。

6.2.7 幻灯片的动画设置

向演示文稿幻灯片添加动画，能够让幻灯片内容有序、有层次地呈现；能够突出地强调幻灯片中的重点内容；能够让幻灯片内容在动态演示中引起关注，提高信息传递的效果；能够让幻灯片与幻灯片之间的衔接更加美观，因此制作演示文稿时，必不可少的是为幻灯片添加动画设置。

1. 设置“幻灯片动画效果”

设置幻灯片动画是设置幻灯片中文本、图片、图形等不同对象的动画效果。单击选中目标对象，然后单击“功能”选项卡中的“动画”，即可为目标对象设置动画效果。动画效果主要有进入、强调、退出、动作路径共 4 种。

1）“进入”动画

“进入”动画主要设置目标对象在出现时的一个动画效果。

2）“强调”动画

“强调”动画主要在已出现的目标对象上添加一个动画效果，以突出显示该部分内容，引起关注。

3）“退出”动画

“退出”动画主要设置目标对象在消失时的动画效果。

4）“动作路径”

“动作路径”跟其他 3 个动画有区别，主要设置目标对象从一个位置移向另一个位置，根据预设的路线进行移动。“动作路径”具有自定义路径功能，能够根据用户需求自己定义移动的变化路径。

不同动画效果部分常用的动画效果，如图 6-11 所示。若想添加其他的动画效果，则可通过下方的“更多”选项查找符合要求的动画效果。

添加目标对象的动画后，在“高级动画”工具栏中可对动画效果等进行设置；在“计时”工具栏中可对动画的开始、持续时间、延迟等进行设置，动画“开始”可设置为“单击”“与上一动画同时”“与上一动画之后”三个选项；“持续时间”则可以设置动画从开始到结束的演示时间，以秒为单位；“延迟”可以设置动画的延迟时间，以秒为单位。

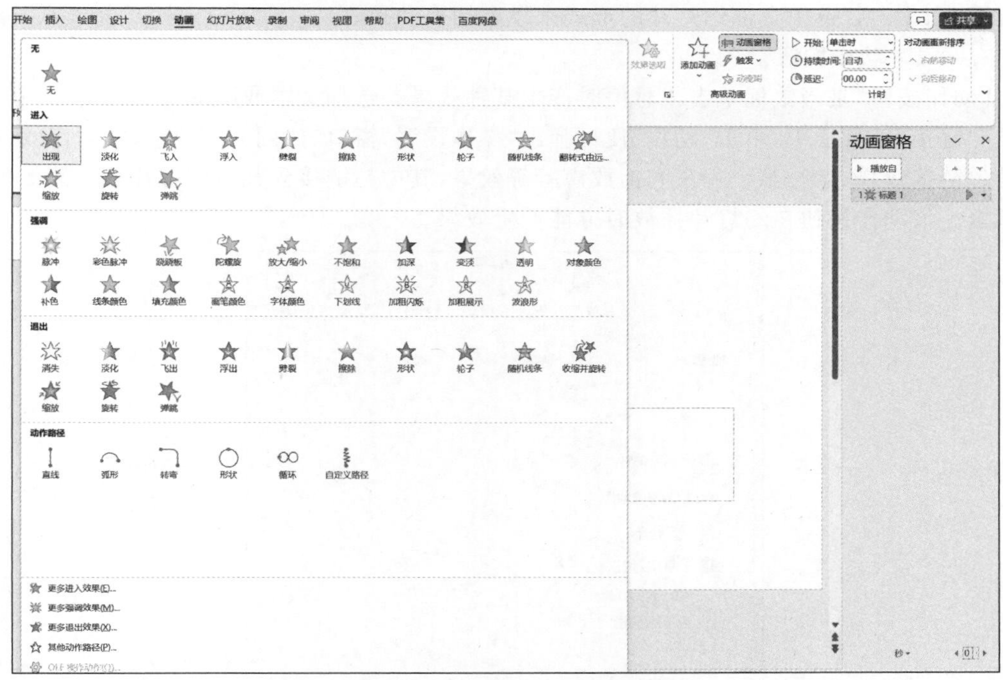

图 6-11　幻灯片“动画”设置

2. 设置“幻灯片切换动画”

为使幻灯片与幻灯片之间的衔接更加流畅，可为不同幻灯片间的切换设置切换动画。打开 PowerPoint 软件，在右侧缩略窗口中选择目标幻灯片，如图 6-12 所示，单击“切换”→“切换效果”展开下拉列表，有“细微”“华丽”“动态内容”三小类的切换动画效果，单击某一切换效果设置即可。

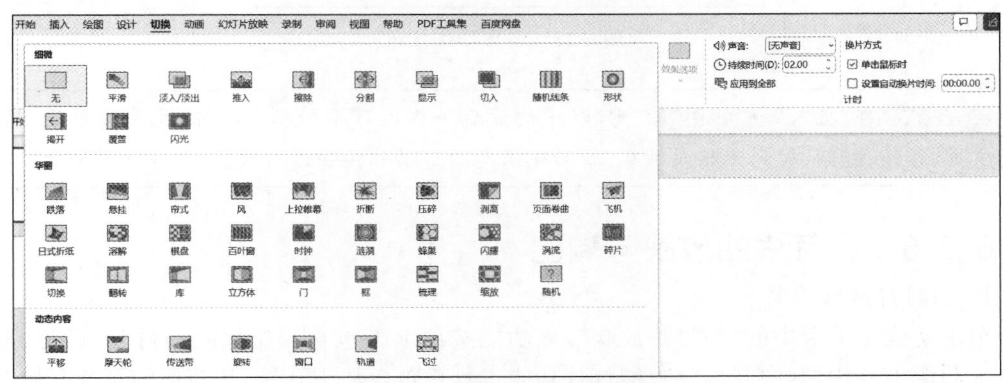

图 6-12　幻灯片切换动画设置

此外，同动画设置一样，可设置切换动画的持续时间、切换动画的声音、换片方式、设置自动换片时间。若所有幻灯片的切换动画效果一样，则可单击“应用到全部”按钮；或通过快捷键“Ctrl+A”选中全部幻灯片的形式来设置切换动画。

3．添加“动作按钮”

“动作按钮”是当鼠标单击或悬停时产生某种效果。选择文本或图形等目标对象，在“插入”→“链接”工具栏中，单击“动作”便可弹出“操作设置”窗口，如图 6-13 所示。动作效果主要是超链接效果、运行某个程序和播放声音等效果，其中超链接到某一幻灯片的功能效果使用频繁。该动作按钮在幻灯片播放时方能产生效果。

图 6-13　设置动作按钮

注意：在“插入”→“插图”的“形状”中的最后一栏也可添加动作按钮，主要对前进、后退、转到主页、音频、视频、转到开始或结尾、帮助等固定图形动作按钮进行设置，具体操作同上。

6.2.8　幻灯片的放映与输出

1．幻灯片放映设置

单击功能选项卡中的“幻灯片放映”，该功能选项卡下包含开始放映幻灯片、设置、监视器 3 个功能工具栏，其中开始放映幻灯片功能工具栏包含从头开始、从当前幻灯片开始及自定义幻灯片放映 3 种不同的幻灯片播放起始页的设置；设置功能工具栏中包含设置幻灯片放映、隐藏幻灯片、排练计时、录制等功能；监视器功能工具栏包含监视器、可选的使用演示者视图功能，其中设置工具栏中的“设置幻灯片放映”是常使用的功能，单击后会弹出“设置放映方式”对话框，如图 6-14 所示，可见幻灯片的放映类型有演讲者放映、观众自行浏览、在展台浏览 3 种方式。

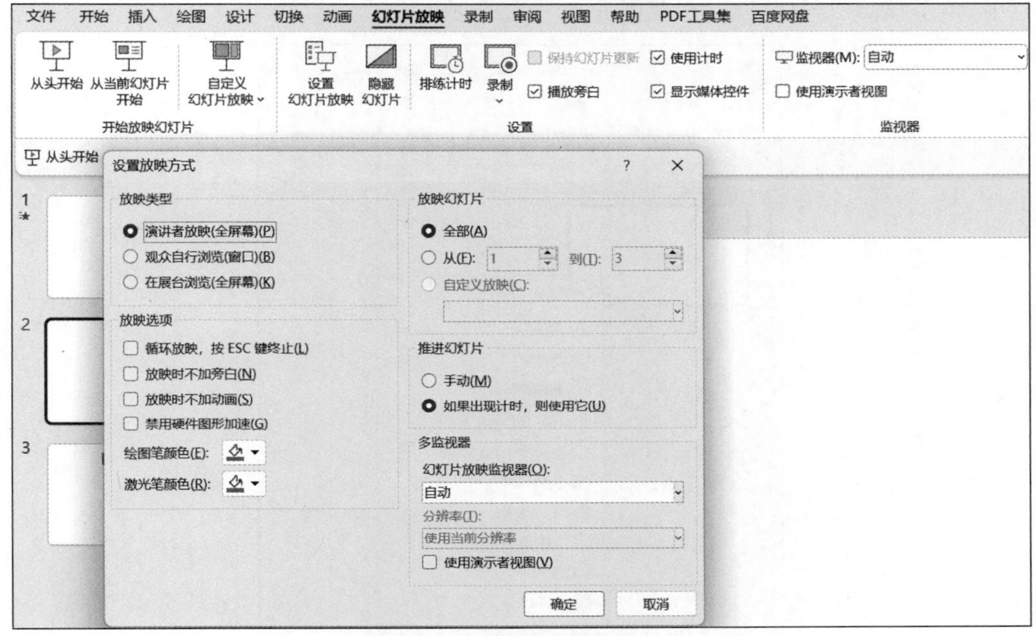

图 6-14　设置幻灯片放映方式

1）演讲者放映

演讲者放映又称“手动放映”，该方式为默认放映类型，放映时幻灯片呈全屏显示状态，在整个放映过程中，演讲者具有全部控制权，能够手动或自动切换幻灯片和动画演示，并且能对幻灯片的内容做标记、录制旁白等，具有很高的灵活性。

2）观众自行浏览

观众自行浏览又称“交互式放映”，是一种让观众自行观看幻灯片的放映类型，幻灯片在标准窗口中放映显示，观众可通过提供的菜单进行翻页、打印、浏览操作，但不能单击鼠标放映，只能自动放映或滚动条放映。

3）在展台浏览

在展台浏览又称“自动放映”，该方式与演讲者放映相同，均以全屏显示幻灯片，但在放映过程中，除鼠标的光标可用于选择屏幕对象进行放映外，其他功能均失效，只能按 Esc 键终止放映。常用于展览会场或会议中无人管理幻灯片放映的场合。

在放映选项中可选择不加旁白、不加动画、循环放映和禁用硬件图形加速等选项，以及设置幻灯片放映范围等。

2．隐藏幻灯片

当演示文稿中的某些幻灯片不在放映时展示，但需要在演示文稿文件中保留这些幻灯片时，可设置“隐藏幻灯片”。被隐藏的幻灯片保留在文件中，但放映时不会显示。设置幻灯片隐藏有两种方式。第 1 种：右击目标幻灯片，在功能列表中选择“隐藏幻灯片”，即可隐藏，如图 6-15 中①所示；第 2 种：选中目标幻灯片，在“幻灯片放映”功能选项卡的“设置”工具栏中，单击“隐藏幻灯片”即可，如图 6-15 中②所示。

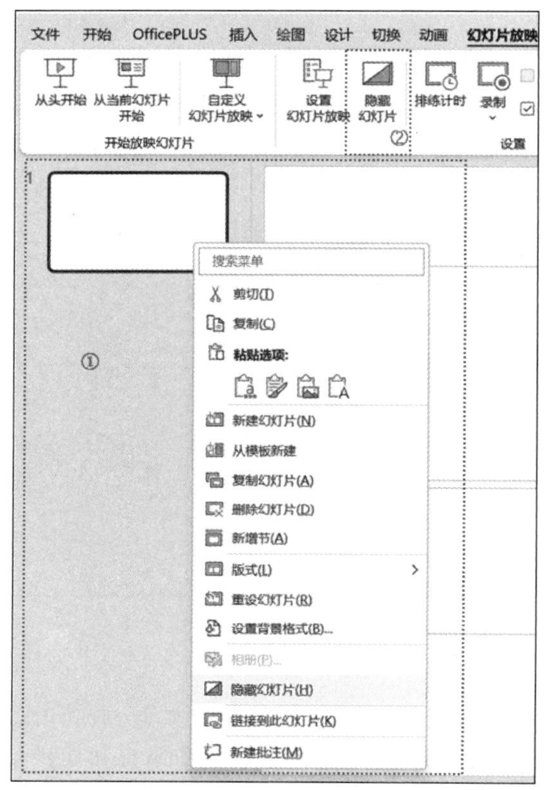

图 6-15　幻灯片“隐藏”设置

演示文稿中被隐藏的幻灯片在其幻灯片编号上会有一个斜线，表示该幻灯片被隐藏，在放映时不展示。

若要展示隐藏的幻灯片，则根据上面两种方式再次单击便会去掉隐藏标志的斜线，在放映幻灯片时可以正常显示。

3. 排练计时

“排练计时”用于记录幻灯片放映时间，可以很好地提醒演讲者整体的节奏、语速的把握，从而达到更好的演讲展示效果。

在“幻灯片放映”功能选项卡的“设置”工具栏中，单击“排练计时”，即可开始放映幻灯片并进行计时，在左上角会出现计时的功能菜单，能够使用暂停计时和重复计时等功能。

4. 演示文稿的打包与发送

1）演示文稿的导出

演示文稿制作完成后，需要将其导出保存。选择“文件”→“导出”，有 6 种导出方式，如

图 6-16 所示。

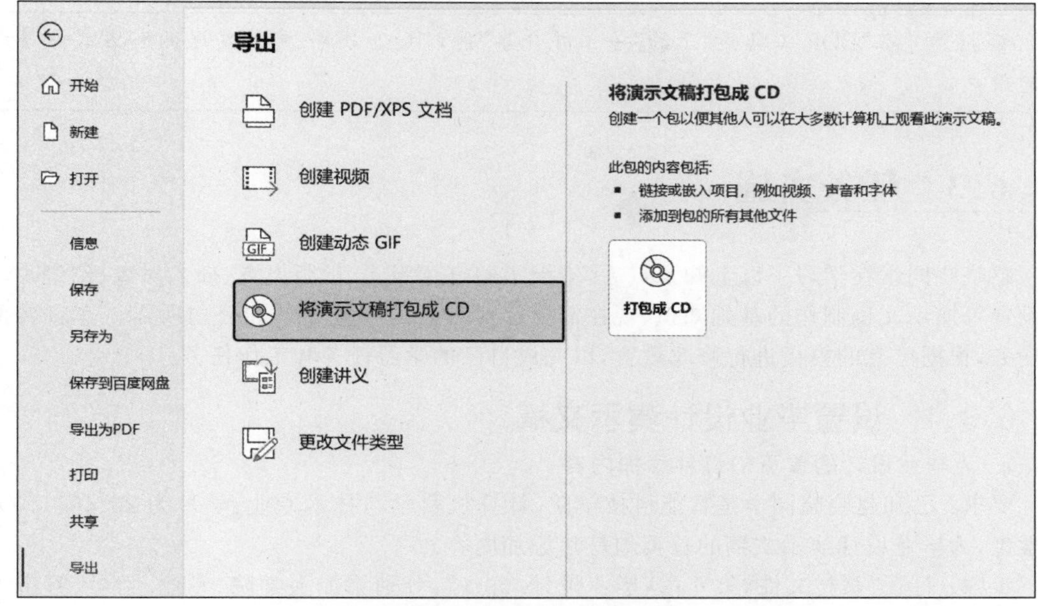

图 6-16　导出幻灯片

(1) 创建 PDF/XPS 文件：将演示文稿导出为 PDF 文件或 XPS 文档，能够保留布局、格式、字体和图像，内容不能轻易改变。此外在“PDF 工具集”功能选项卡中也能将演示文稿转换成 PDF 文件。

(2) 创建视频：将演示文稿导出为可与他人共享的视频，该视频中能包含所有录制的计时、旁白、墨迹笔画、动画、切换和媒体等。视频可分为超高清、全高清、高清和标准四类不同的质量。若加上旁白、计时等，则在导出时需要相应地进行添加录制。

(3) 创建动态 GIF：将演示文稿另存为动态 GIF 会保留动画、切换、媒体和墨迹，但不会保留录制的计时，可设置幻灯片动态播放的时间和转换的幻灯片页数。同样有特大、大、中等、小 4 种不同的质量。

(4) 将演示文稿打包成 CD：将演示文稿打包成 CD，便于其他人在大多数计算机上观看，内容能链接或嵌入视频、声音、字体等。

(5) 创建讲义：创建讲义主要是将幻灯片和备注放在 Word 文档中，能够对内容和格式进行编辑设置。当演示文稿发生变化时会自动更新讲义中的幻灯片。

(6) 更改文件类型：将文稿更改为演示文稿，其格式为 PPTX、PPT、ODP、POTX、PPSX；或将文稿更改为图片演示文稿；或将演示文稿更改为 PNG 或 JPG 图片文件类型；或另存为其他文件类型。

2) 演示文稿的发送

选择“文件”→“共享”，将制作的演示文稿通过添加副本或 PDF 文件以 Outlook 电子邮件的形式发送到指定的用户。

注意：在“PDF 工具集”下的“导出并分享”能以 QQ 分享、邮件发送两种方式分享给指定用户。

6.3 任务实施

赵晓晓同学在学习了以上知识点后，掌握了幻灯片版式、母版设置、插入对象、幻灯片动画设置等演示文稿制作的基础知识，现在需要针对自己的毕业设计和公司所需汽车宣传两个任务，根据已有的模板进行修改设置，以完成自己的学习任务和工作任务。

6min

6.3.1 设置毕业设计演示文稿

1. 为毕业设计的首页幻灯片添加内容

要求：已知赵晓晓同学是智能科技学院、计算机科学与技术专业、学号为 20210111001 的学生，为毕业设计演示文稿的首页幻灯片添加内容。

步骤：打开“素材文件\第 6 章\毕业设计.pptx”，分别添加上学院、专业、学号、答辩人等信息，结果如图 6-17 所示。

图 6-17 毕业设计首页结果图

2. 为毕业设计目录插入超链接

要求：以毕业设计目录中的背景意义、研究方法与思路、关键技术方法、成果展示和总结五部分内容为链接载体，将超链接添加到毕业设计演示文稿中对应标题内容的幻灯片。这里以背景意义的超链接添加为例。

第 1 步：单击编号为 2 的幻灯片，选中“背景意义”文字，单击“插入”→“链接”工具栏中的“链接”。

第 2 步：如图 6-18 所示，在插入超链接窗口中，单击选中“本文档中的位置”，选择编号为 4 的标题作为背景意义的幻灯片，单击“确定”按钮。

根据以上两个步骤，分别为研究方法与思路、关键技术方法、成果展示、总结添加超链

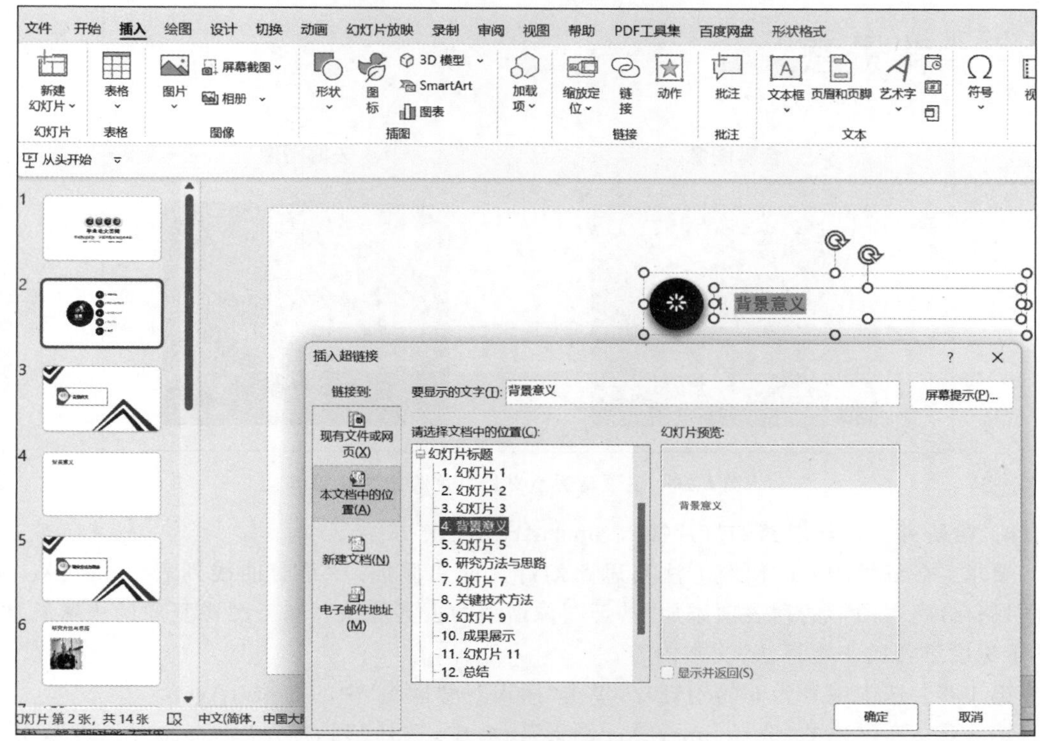

图 6-18 背景意义添加超链接目标

接，效果如图 6-19 所示，每个目录文字都对应地添加了下画线。

3. 更改背景意义幻灯版式

要求：将编号为 4 的背景意义幻灯片的版式更改为“比较版式”，并将左侧和右侧比较栏的标题分别设置为“含雾图像”和“去雾图像”，设置文本居中对齐；在左右两侧的项目占位符中选择图片插入，左右两侧分别插入“含雾. png”和“去雾. png”。

图 6-19 目录设置超链接结果图

第 1 步：选中编号为 4 的背景意义幻灯片，在“开始”→“幻灯片”工具栏中，单击展开“版式”下拉列表，选择“比较”版式即可。

第 2 步：单击左、右两侧栏的文本占位符，将左右两侧的文本分别添加为“含雾图像”和“去雾图像”，在“开始”→“段落”工具栏中，单击“居中对齐”方式。

第 3 步：单击比较版式上下两栏中的下栏，单击项目占位符中的“图像”，分别给左右两侧的下栏添加“含雾. png”和“去雾. png”图像。

经过以上 3 步设置后，背景意义幻灯片版式如图 6-20 所示。

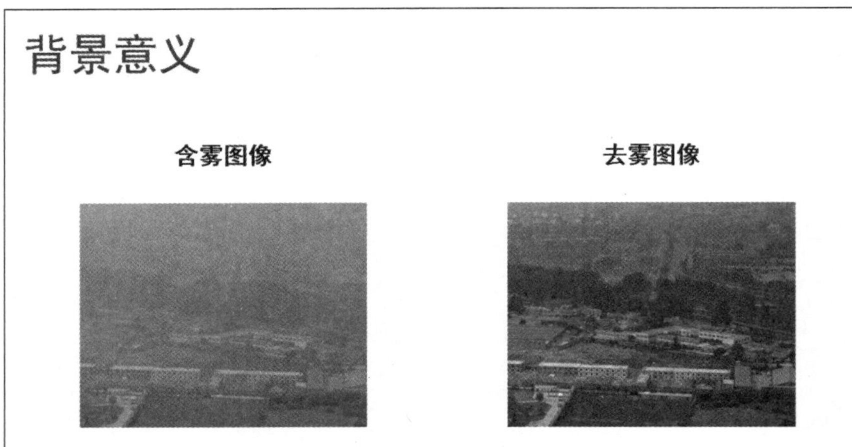

图 6-20 设置背景意义幻灯片版式结果图

4. 给研究方法与思路幻灯片插入 SmartArt 图形

要求：在编号为 6 的研究方法与思路幻灯片的右侧插入“垂直曲线列表”SmartArt 列表图形；给列表图形的列表项添加“基于图像增强的去雾算法”“基于图像复原的去雾算法”“基于深度学习的去雾算法”文本内容。

第 1 步：选中编号为 6 的幻灯片，单击“插入”→“插图”中的 SmartArt。

第 2 步：在弹出的“选择 SmartArt 图形”窗口中，选择“列表”→“垂直曲线列表”，单击“确定”按钮。单击选中图片，调整图像的大小，并比照左侧图片调整图形位置。注：鼠标悬停在图形的上方即可显示图形的名字或选择图形后在窗口右侧有文字解释。

第 3 步：在插入的 SmartArt 图形中依次添加基于图像增强的去雾算法、基于图像复原的去雾算法和基于深度学习的去雾算法。

经过以上 3 个步骤设置后，该幻灯片的布局如图 6-21 所示。

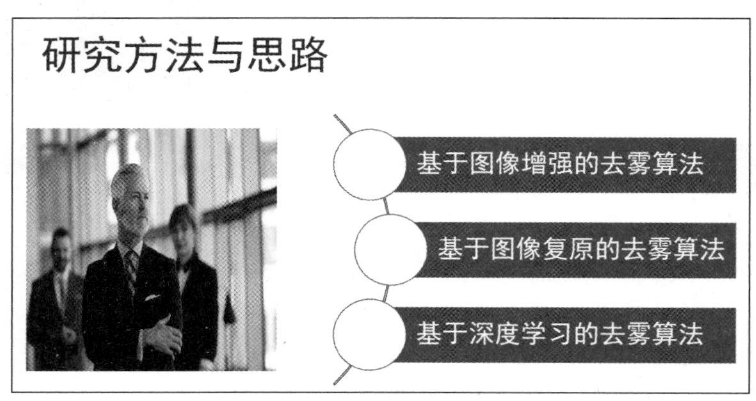

图 6-21 插入 SmartArt 图形结果图

5. 成果展示幻灯片插入视频

要求：在成果展示所在幻灯片插入毕业设计的展示视频。

步骤：单击项目占位符 ，在文件中选择“成果展示.mp4”。此外，在“插入”→“媒体”工具栏中，单击“视频”下拉列表中的“此设备”，插入本地“成果展示.mp4”。最终效果如图 6-22 所示。

图 6-22　向幻灯片插入视频结果图

6. 插入文本框

要求：给编号为 12 的总结幻灯片插入横排文本框，并添加文字，将字体设置为华文楷体、字号为 24 号、行距为 1.5 倍。

第 1 步：选中编号为 12 的幻灯片，在“插入”→“文本”工具栏中，单击“文本框”展开下拉列表，选择“绘制横排文本框”即可插入文本框。

第 2 步：打开“素材文件\第 6 章\总结.txt”，将内容添加到文本框内。选中文字，在“开始”→“字体”工具栏中将字体设置为华文楷体，字号为 24 号。

第 3 步：在“开始”→“段落”工具栏中，单击展开 下拉列表，选择“1.5”，将行间距设置为 1.5 倍。

第 4 步：调整文本框的大小及位置，使其水平居中，整体布局如图 6-23 所示。

7. 隐藏幻灯片

要求：将编号为 13 的参考文献幻灯片隐藏。

步骤：单击“幻灯片放映”中的“隐藏幻灯片”，或右击幻灯片展开功能列表，选择“隐藏幻灯片”，结果如图 6-24 所示，13 号幻灯的编号有斜线。

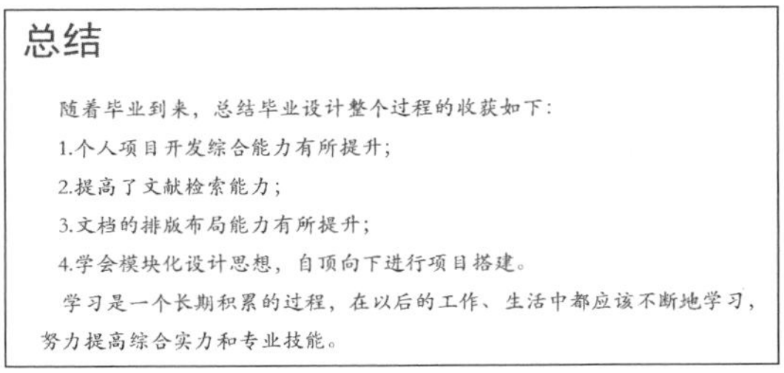

总结

随着毕业到来，总结毕业设计整个过程的收获如下：

1.个人项目开发综合能力有所提升；

2.提高了文献检索能力；

3.文档的排版布局能力有所提升；

4.学会模块化设计思想，自顶向下进行项目搭建。

学习是一个长期积累的过程，在以后的工作、生活中都应该不断地学习，努力提高综合实力和专业技能。

图 6-23　插入总结文本框结果图

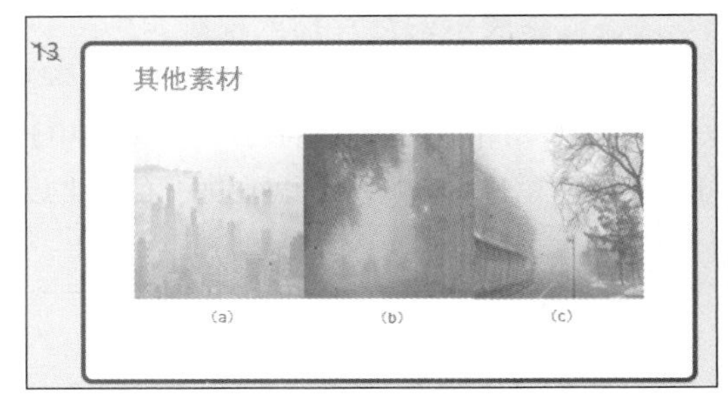

图 6-24　隐藏幻灯片

8. 设置背景

要求：将整个演示文稿的幻灯片的背景纹理设置为“新闻纸”。

第 1 步：单击“设计”→“自定义”的“设置背景格式”，此时会弹出“设置背景格式”窗口。

第 2 步：在设置背景格式窗口中选中“图片或纹理填充”，单击展开下方的“纹理”下拉列表，如图 6-25 所示，通过鼠标悬停查看纹理名称，选中“新闻纸”即可设置当前幻灯片的背景纹理。

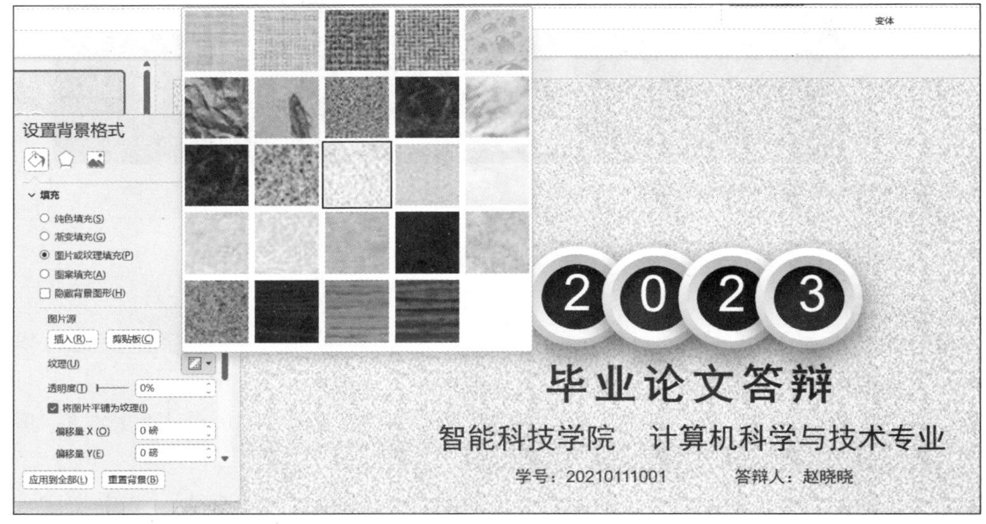

图 6-25　设置背景纹理

第 3 步：单击“应用到全部”按钮，即可将所有幻灯片的背景纹理设置为“新闻纸”。

注意：设置背景纹理，可采用母版设置。直接将幻灯片母版中的母版式的背景纹理设置为“新闻纸”，也可得到相同的效果。

---

9. 使用母版插入校徽

要求：给第 1 页幻灯片插入吉利学院校徽，将宽和高调整为 4.05cm，将图片格式设置为“棱台形椭圆，黑色”，居中显示；给除标题幻灯片之外的所有幻灯片设置编号和时间（自动更新）。

1）插入校徽

第1步：选中幻灯片，在“视图”→“母版视图”工具栏中，单击“幻灯片母版”，进入幻灯片母版视图。

第2步：单击“插入”→“图像”工具栏中的“图片”，从此设备“素材文件\第6章\校徽.png”插入“校徽.png”。

第3步：选中图片，单击“图片格式”工具栏中的“图片样式”，在下拉列表中选择“棱台形椭圆，黑色”；在“大小”工具栏中将图片的宽和高调整为4.05cm。

单击“幻灯片母版”，退出母版设置，效果如图6-26所示。

图6-26　插入校徽结果图

2）设置幻灯片编号和时间

第1步：选中幻灯片，单击“视图”→“母版视图”进入“幻灯片母版”设置。

第2步：在“插入”→“文本”工具栏中，单击“页眉页脚”，在弹出的“页眉页脚”设置窗口中，勾选“日期和时间”，默认选中自动更新，再勾选“幻灯片编号”和“标题幻灯片中不显示”两项，如图6-27所示。

第3步：单击应用时需要进行区分，若是在“母版式”中插入页眉页脚，则既可单击“应用”，也可单击“全部应用”；若在“子版式”中插入页眉页脚，则只能单击“全部应用”，这样才能使所有幻灯片显示日期和时间，以及编号。

10. 幻灯片放映设置

要求：将幻灯片的放映方式设置为观众自行浏览。

步骤：在“幻灯片放映”→“设置”工具栏中，单击“设置幻灯片放映”选项，在弹出的“设置放映方式”窗口中将放映类型选为“观众自行浏览窗口”，单击“确定”按钮，如图6-28所示。

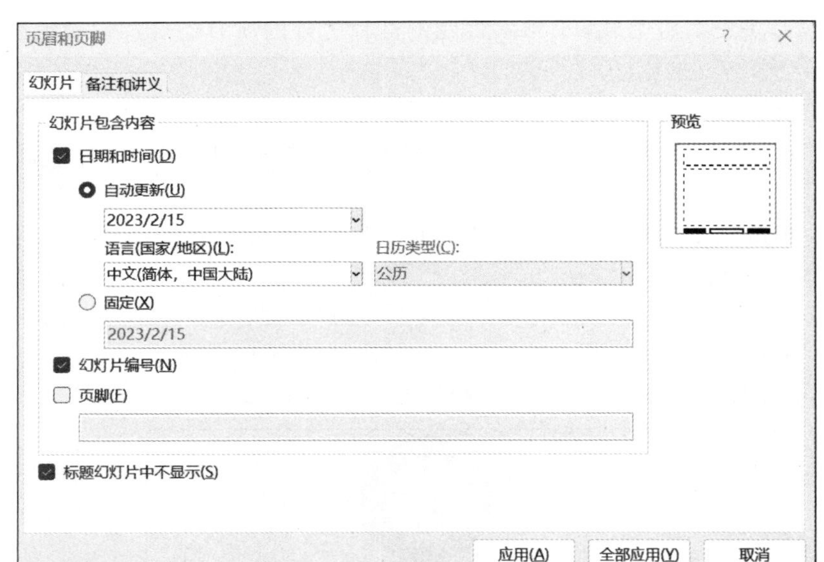

图 6-27 设置页面页脚

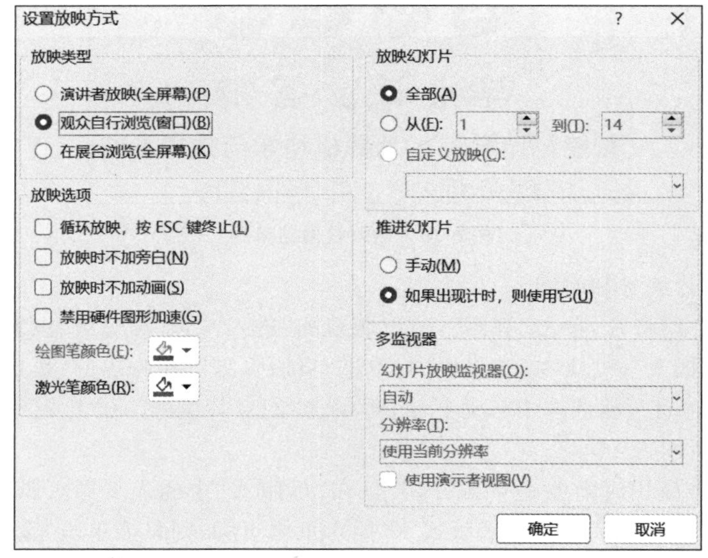

图 6-28 幻灯片放映设置

4min

6.3.2 设置汽车展览演示文稿

1. 插入汽车图片并设置动画效果

要求：通过幻灯片的图片占位符插入各个幻灯片对应展示的车辆类型，并设置图片和文字动画效果。

打开“素材文件\第 6 章\汽车展示. pptx”,操作步骤如下：

(1) 给 2 号幻灯片插入图片“星越 S. png”,将图片动画设置为“淡化”进入。

第 1 步：单击幻灯片中的图片占位符 ,插入“素材文件\第 6 章\星越 S. png”图片。

第 2 步：选中图片,在“动画”功能选项卡下展开“动画样式”列表项,在进入栏中选择“淡化”,设置效果图如 6-29 所示。

图 6-29　设置进入动画“淡化”

(2) 给 3 号幻灯片插入图片“星越 L. png”,为图片设置强调动画“跷跷板”。

第 1 步：单击幻灯片中的图片占位符 ,插入“素材文件\第 6 章\星越 L. png”图片。

第 2 步：选中图片,在“动画”功能选项卡下展开“动画样式”列表项,在强调栏中选择“跷跷板”,如图 6-30 所示。

(3) 给 4 号幻灯片插入图片“博越 X. png”,将图片进入动画设置为“缩放”,“持续时间为 1s,无延迟”；给“博越 X”文字添加动作路径“形状圆”,鼠标选中向下的圆将其调整为向上的圆,将开始设置为“与上一动画同时”,“持续时间 0.75s,延迟 0.25s”。

第 1 步：单击幻灯片中的图片占位符 ,插入“素材文件\第 6 章\博越 X. png”图片。

第 2 步：选中图片,在“动画”功能选项卡下展开“动画样式”列表项,在进入栏中选择“缩放”,如图 6-31 所示,在“计时”工具栏中将动画的持续时间设置为 1s。

第 3 步：选中文本框“博越 X”,在“动画”功能选项卡下展开“动画样式”列表项,在动作路径栏中选择“形状”,效果选项选择“圆”,在“计时”工具栏中将开始设置为“与上一动画同时、持续时间 0.75s、延迟时间 0.25s”,如图 6-31 所示。

第 4 步：选中路径圆的下端顶点至鼠标变成十字,拉动路径到文字的上方,最终效果如图 6-32 所示。

图 6-30　设置强调动画“跷跷板”

图 6-31　设置进入动画“缩放”

图 6-32　设置动作路径"圆形"

(4) 给 5 号幻灯片插入图片"缤瑞 cool. png"，设置图片单击进入，动画为自左侧"擦除"。

第 1 步：单击幻灯片中的图片占位符，插入"素材文件\第 6 章\缤瑞 cool. png"图片。

第 2 步：选中图片，在"动画"功能选项卡下展开"动画样式"列表项，在进入栏中选择"擦除"，在"效果选项"下拉列表中选择"自左侧"即可，如图 6-33 所示。

(5) 给 6 号幻灯片插入图片"缤越 COOL. png"，设置图片单击进入，动画为"形状—菱形"；为文本"缤越 COOL"添加单击动画"弹跳"。

第 1 步：单击幻灯片中的图片占位符，插入"素材文件\第 6 章\缤越 COOL. png"图片。

第 2 步：选中图片，在"动画"功能选项卡下展开"动画样式"列表项，在进入栏中选择"形状"，并在"效果选项"中选择"形状"→"菱形"。

第 3 步：选中文本框"缤越 COOL"，在"动画"功能选项卡下展开"动画样式"列表项，在进入效果中选择"弹跳"。效果图如 6-34 所示。

(6) 给 7 号幻灯片插入图片"博瑞. jpg"，设置图片单击进入，动画为"翻转式由远及近"；为文本"博瑞"添加强调动画"波浪形"，将动画设置为"与上一动画同时"，"持续时间和延迟分别为 0.5s"。

图 6-33　设置进入动画“自左侧擦除”

图 6-34　设置进入动画“形状”和“弹跳”

第 1 步：单击幻灯片中的图片占位符，插入“素材文件\第 6 章\博瑞.jpg”图片。

第 2 步：选中图片，在“动画”功能选项卡下展开“动画样式”列表项，在进入栏中选择“翻转式由远及近”。

第 3 步：选中文本框“博瑞”，在“动画”功能选项卡下展开“动画样式”列表项，单击下方的更多强调效果 更多强调效果(M)...，在弹出的“更多强调效果”窗口中选择“波浪形”，在“计时”工具栏中将开始设置为“与上一动画同时，持续时间和延迟设置为 0.5s”。最终效果图如图 6-35 所示。

图 6-35 设置进入动画"翻转式由远及近"和强调动画"波浪形"

2. 设置动作按钮

要求：给不同的幻灯片插入形状并设置动作按钮。

在 2 号幻灯片的左下角插入形状"星形：五星"，添加文字 L，设置动作按钮"链接到"→"下一张幻灯片"；在 3 号幻灯片的右上角插入形状"星形：五星"，添加文字 S，设置动作按钮"链接到"→"上一张幻灯片"。

第 1 步：在"插入"→"形状"下的"星与旗帜"，单击"星形：五角"，如图 6-36 所示。将其插入幻灯片左下角位置。

星与旗帜

图 6-36 插入五角星形

第 2 步：选中图形，右击并选择"添加文字"，编辑文字内容"L"；在"形状格式"→"形状样式"将形状填充色设置为"绿色，强调色 6"。

第 3 步：选中形状，单击"插入"→"链接"下的"动作"，首先在弹出的窗口中选择"链接到"，然后调整为"下一张幻灯片"。最终效果如图 6-37 中(a)所示。

同理，在 3 号幻灯片插入图形，文字为 S，填充色为"蓝色，强调色 1"并将形状调整至右上角，设置链接到"上一张幻灯片"。最终效果如图 6-37 中(b)所示。

(a)

(b)

图 6-37 设置上一页和下一页动作按钮

3. 设置汽车展览切换动画效果

要求：将所有幻灯片的切换动画设置为“淡入/淡出”。

步骤：按 Ctrl 键选中所有幻灯片，在“切换”功能选项卡下展开“切换效果”列表，选择“淡入/淡出”即可，如图 6-38 所示。

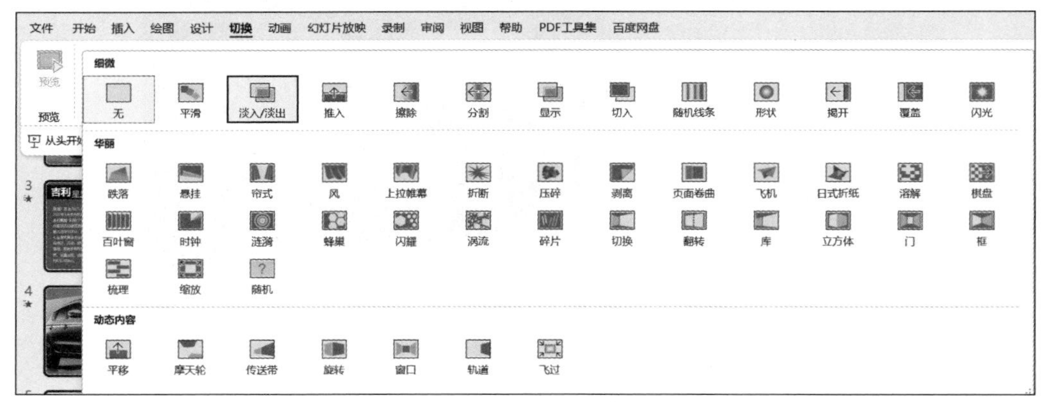

图 6-38 设置切换动画“淡入/淡出”

11min

6.4 计算机等级考试二级综合实训：PowerPoint 2021

全国计算机等级二级考试总分 100 分，其中 PowerPoint 操作部分占 20 分，相对于 Word 和 Excel 分值要少一些，但要想顺利通过二级考试，需要熟练操作 PowerPoint。下面从历年众多真题中选取一道真题进行展示，以便同学们了解二级考试的考点。

1. 试题要求

某学校初中二年级五班的物理老师要求学生两人一组制作一份物理课件。小曾与小张自愿组合，他们制作完成的第 1 章后三节内容见文档“第 3～5 节. pptx”，前两节内容存放在文本文件“第 1～2 节. pptx”中。小张需要按下列要求完成课件的整合制作：

(1) 为演示文稿“第 1～2 节. pptx”指定一个合适的设计主题；为演示文稿“第 3～5 节. pptx”指定另一个设计主题，两个主题应不同。

(2) 将演示文稿“第 3～5 节. pptx”和“第 1～2 节. pptx”中的所有幻灯片合并到“物理课件. pptx”中，要求所有幻灯片保留原来的格式。以后的操作均在文档“物理课件. pptx”中进行。

(3) 在“物理课件. pptx”的第 3 张幻灯片之后插入一张版式为“仅标题”的幻灯片，输入标题文字“物质的状态”，在标题下方制作一张射线列表式关系图，样例参考“关系图素材及样例. docx”，所需图片在素材文件中。为该关系图添加适当的动画效果，要求同一级别的内容同时出现、不同级别的内容先后出现。

(4) 在第 6 张幻灯片后插入一张版式为“标题和内容”的幻灯片，在该张幻灯片中插入与素材“蒸发和沸腾的异同点. docx”文档中所示相同的表格，并为该表格添加适当的动画效果。

（5）将第 4 张、第 7 张幻灯片分别链接到第 3 张、第 6 张幻灯片的相关文字上。

（6）除标题页外，为幻灯片添加编号及页脚，页脚内容为“第 1 章 物态及其变化”。

（7）为幻灯片设置适当的切换方式，以丰富放映效果。

2. 试题分析

试题考点、难点、难度系数如图 6-39 所示。

试题关键词	试题分析
物理课件（原）	◎基础考点：1-设置主题；2-复制幻灯片； 3-SmartArt；4-表格；5-超链接； 6-页脚；7-切换效果。 ◎试题总体难度：★☆☆☆☆

图 6-39　试题难点分析

3. 试题实现

解题步骤如下：

第 1 步：在文件夹下打开演示文稿“第 3～5 节. pptx”，在“设计”选项卡下的“主题”工具栏中选择一种，如“回顾”，单击“保存”按钮，如图 6-40 所示。

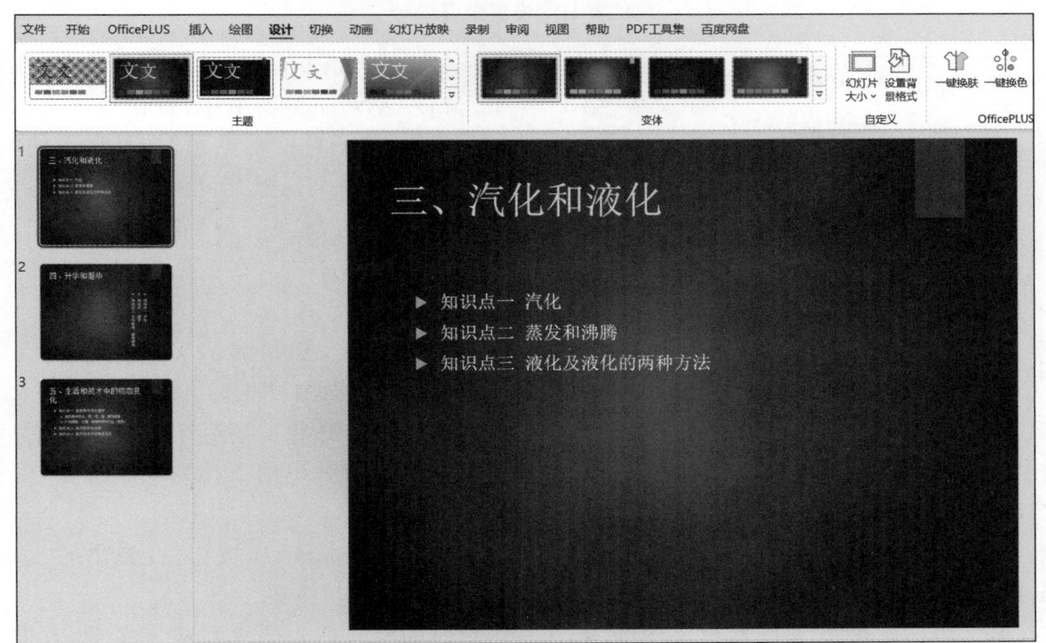

图 6-40　设置主题一

第 2 步：在文件夹下打开演示文稿“第 1～2 节. pptx”，按照同样的方式，在“设计”选项卡下的“主题”工具栏中选择另一种设计主题，如“平面”，单击“保存”按钮，如图 6-41 所示。

图 6-41 设置主题二

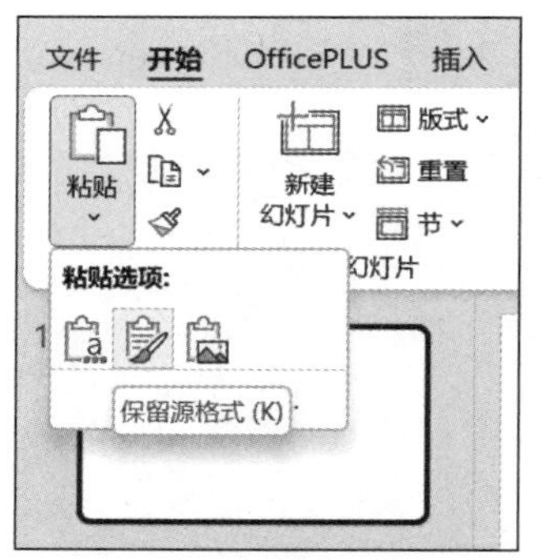

图 6-42 保留源格式粘贴

第 3 步：新建一个演示文稿并命名为“物理课件”。在演示文稿“第 1～2 节. pptx”左侧缩览窗格中，按快捷键 Ctrl＋A，全选所有幻灯片，单击“开始”→“剪贴板”工具栏中的“复制”按钮（或者按快捷键 Ctrl＋C），然后切换到“物理课件”中，单击“剪贴板”工具栏中的“粘贴”→“保存源格式”，如图 6-42 所示（或者按快捷键 Ctrl＋V，在粘贴选项中选择“保留源格式”）。

第 4 步：按照同样的方法，复制演示文稿“第 3～5 节. pptx”中的内容并粘贴到“物理课件”中。

第 5 步：在大纲视图下选中第 3 张幻灯片，在“开始”选项卡下的“幻灯片”工具栏中，单击“新建幻灯片”下拉按钮，从弹出的下拉列表中选择“仅标题”，输入标题文字“物质状态”。

第 6 步：在“插入”选项卡下的“插图”工具栏中，单击 SmartArt 按钮，在弹出的“选择 SmartArt 图形”对话框，选择“关系”→“射线列表”，单击“确定”按钮。

第 7 步：参考“关系图素材及样例. docx”，在对应的位置插入图片和输入文本，效果图如图 6-43 所示。

第 8 步：选中 SmartArt 图形，在“动画”选项卡下的“动画”工具栏中，选择一种动画效果，而后单击“效果选项”按钮，从弹出的下拉列表中选择“一次级别”，使同一级别的内容同时出现，使不同级别的内容先后出现。

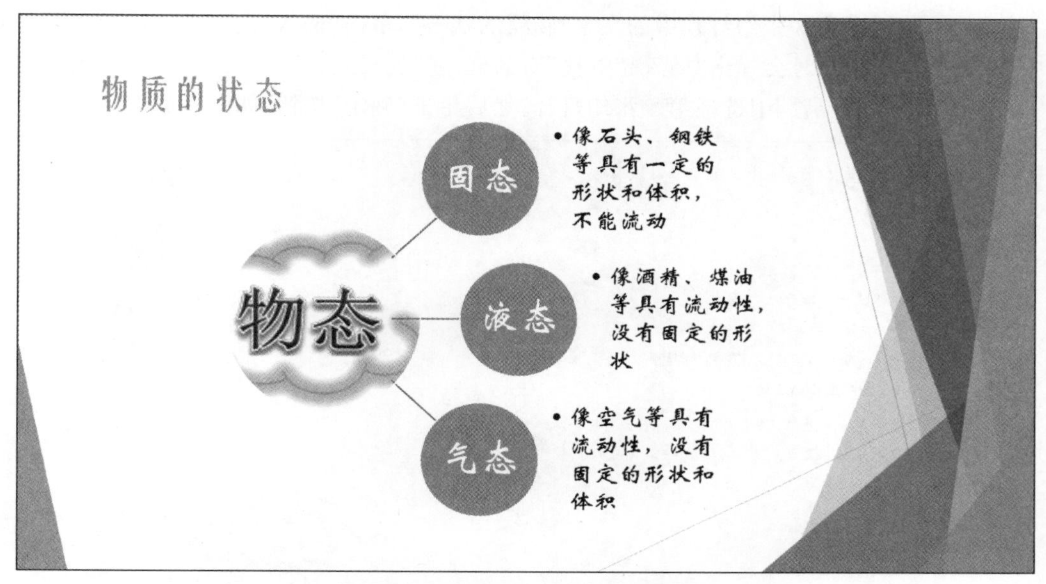

图 6-43　插入 SmartArt 图像效果图

第 9 步：在大纲视图下选中第 6 张幻灯片，在“开始”→“幻灯片”工具栏中，单击“新建幻灯片”下拉按钮，从弹出的下拉列表中选择“标题和内容”。输入标题“蒸发和沸腾的异同点”。

第 10 步：按快捷键 Ctrl+C，复制素材“蒸发和沸腾的异同点. docx”中的表格，在第 7 张幻灯片中，单击“开始”→“剪切板”中的“粘贴”→“保留源格式”。

第 11 步：为该表格添加适当的动画效果。选中表格，在“动画”选项卡下的“动画”工具栏中添加适当的动画效果，效果如图 6-44 所示。

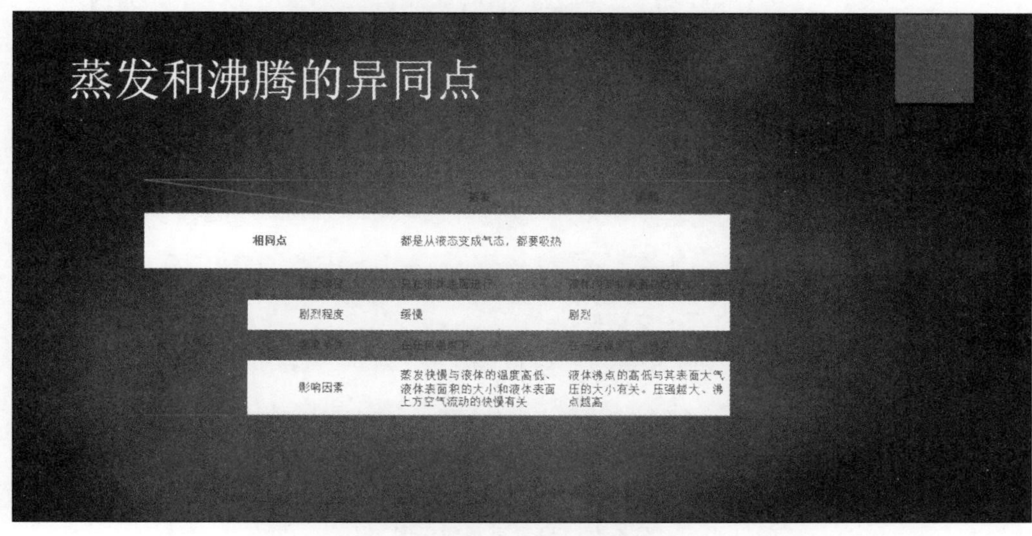

图 6-44　第 7 张幻灯片效果图

第 12 步：选中第 3 张幻灯片中的文字“物质的状态”，单击“插入”选项卡下的“链接”工具栏中的“链接”按钮，此时会弹出“插入超链接”对话框，在“连接到：”下单击“本文档中的位置”，在“请选中文档中的位置”中选择第 4 张幻灯片，然后单击“确定”按钮，如图 6-45 所示。

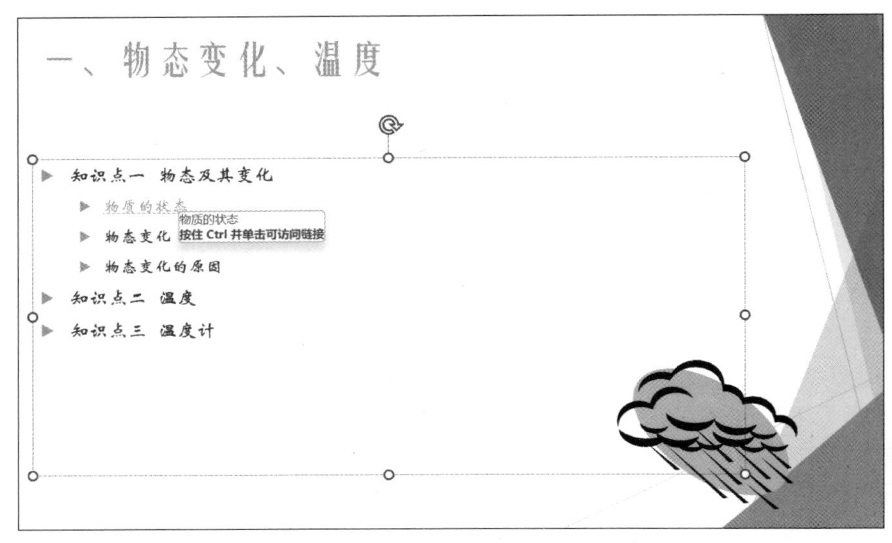

图 6-45 插入超链接效果图

第 13 步：按照同样的方法将第 7 张幻灯片链接到第 6 张幻灯片的相关文字上。

第 14 步：在“插入”选项卡下的“文本”工具栏中，单击“页眉和页脚”按钮，在弹出的“页眉和页脚”对话框中勾选“幻灯片编号”“页脚”和“标题幻灯片中不显示”复选框，在“页脚”内容文本框中输入“第 1 章 物态及其变化”，单击“全部应用”按钮，如图 6-46 所示。

图 6-46 设置页脚效果图

第 15 步：在左侧大纲窗格中选定全部幻灯片，在“切换”选项卡的“切换到此幻灯片”工具栏中选择一种切换方式，单击“计时”工具栏中的“应用到全部”按钮。

第 16 步：按快捷键 Ctrl+S，保存演示文稿。

6.5 知识扩展

6.5.1 新建幻灯片

新建幻灯片除了可以插入已有的版式模板幻灯片外，还有大纲和重用方式来插入幻灯片。

1. 从大纲新建幻灯片

从大纲新建幻灯片需要使用 Word 文档提前设置好大纲，如图 6-47 所示。幻灯片标题为大纲 1 级标题，幻灯片项目符号为大纲 2 级标题。

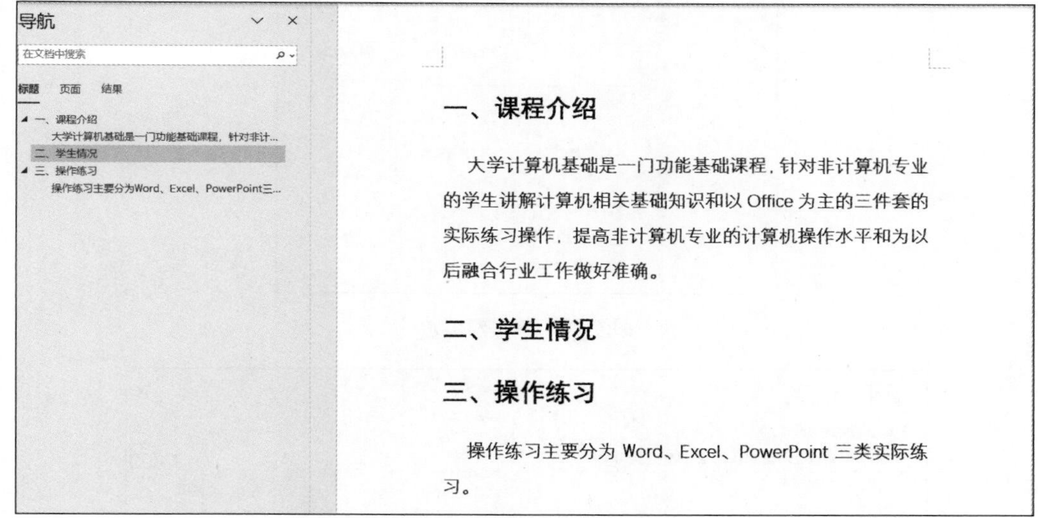

图 6-47 设置 Word 大纲

打开空白演示文档，从“开始”→“幻灯片”下选择“新建幻灯片”→“幻灯片(从大纲)”，如图 6-48 所示，选择提前设置好大纲的 Word 文档，即可成功地将 Word 大纲插入演示文稿。

注意：在演示文稿中新建幻灯片时，需将大纲 Word 文件关闭。若对文本应用“常规”样式，则该文本不会被发送到 PowerPoint。

2. 幻灯片重用

幻灯片重用顾名思义就是将已有的幻灯片版式或内容应用于现有的幻灯片。在“开始”→“幻灯片”下选中“新建幻灯片”→“重用幻灯片”，如图 6-49 所示。在重用幻灯片时可以选择是否保留源格式，通过单击的方式选择需要重用的幻灯片。

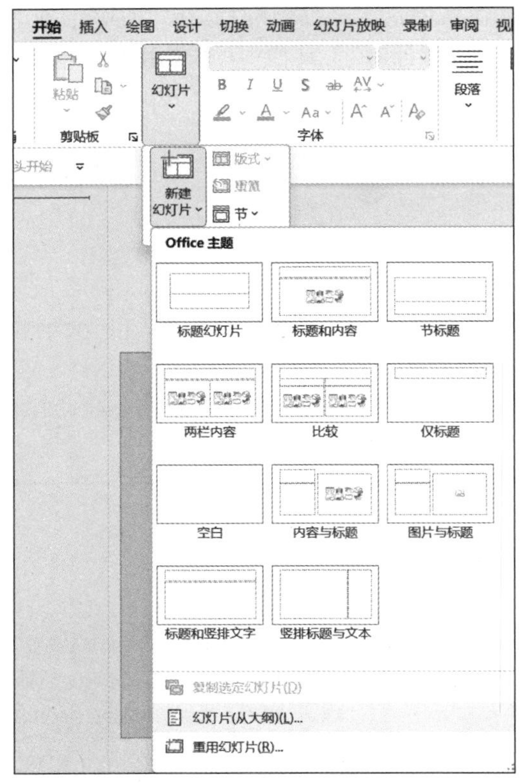

图 6-48　插入幻灯片

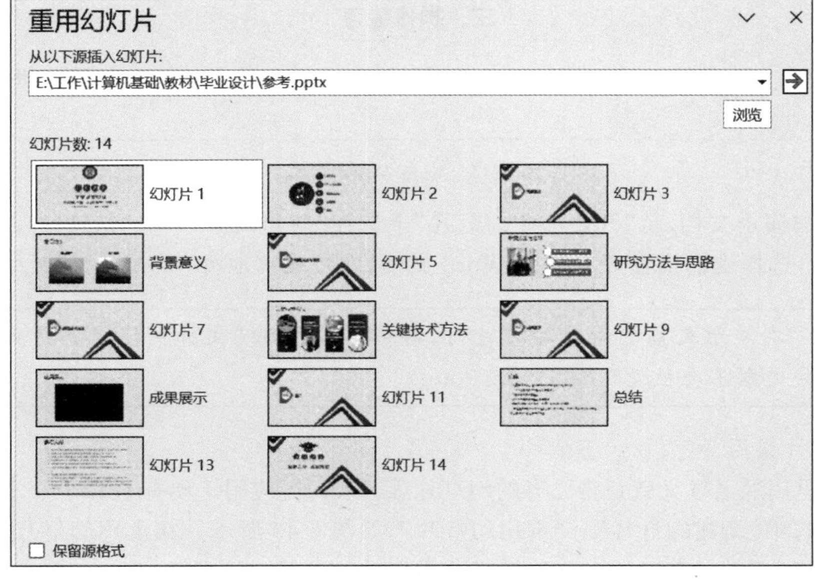

图 6-49　重用幻灯片

3. 节标题设置

当幻灯片的页数较多时，为了便于对幻灯片进行管理将采用设置节标题的形式对幻灯片进行分组。

针对现有的幻灯片，选中设置为一组的幻灯片，右击并选择“新增节”，设置节标题的名称，即可设置节标题。这样左侧大纲栏节标题的名称只在第 1 张幻灯片的上方显示。

针对还未创建，但需设置节标题的幻灯片，可通过“开始”→“幻灯片”下的“节”→“新增节”来新建节标题。

6.5.2 打印设置

在“文件”→“打印”对幻灯片进行打印设置，如图 6-50 所示。一是设置打印的范围；二

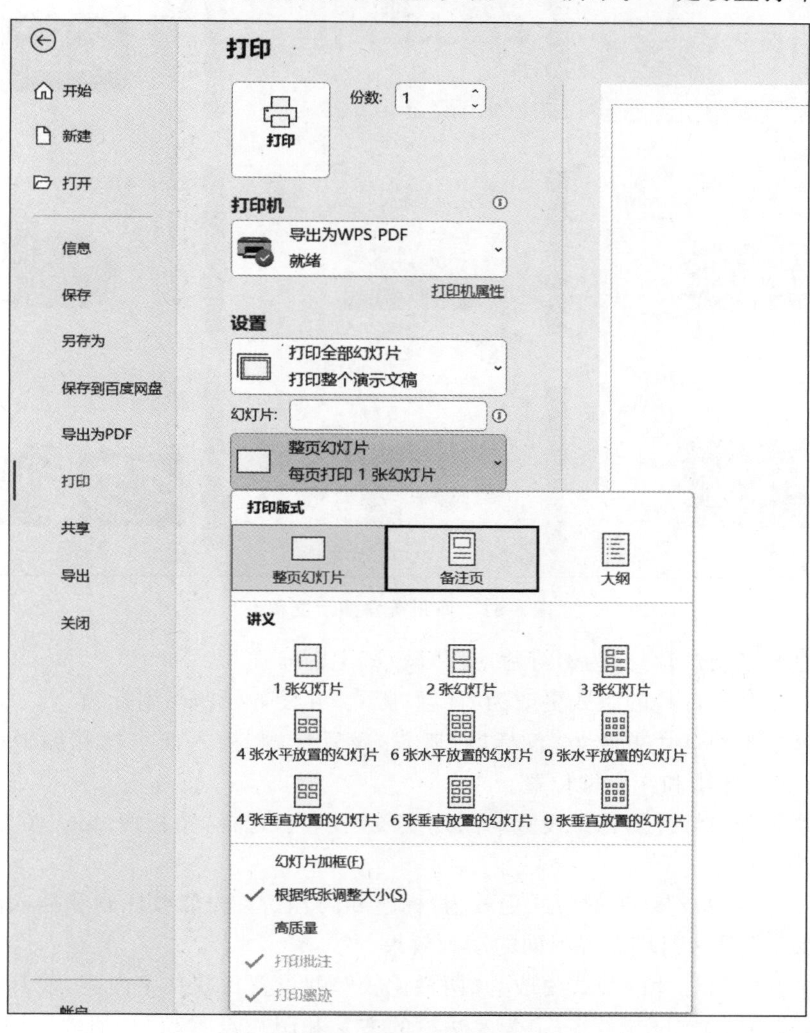

图 6-50　打印幻灯片设置

是设置幻灯片的打印版式可设置为整页幻灯片、备注页、大纲、讲义(讲义可设置几张幻灯片打印一页)及是否给幻灯片加上边框；三是设置打印的颜色和方向；四是设置是否可对页面页脚进行编辑。

习题

新建一个空白的演示文稿，并将其以“四川美食”为名进行保存，按照下列要求进行操作，效果如图 6-51 所示。

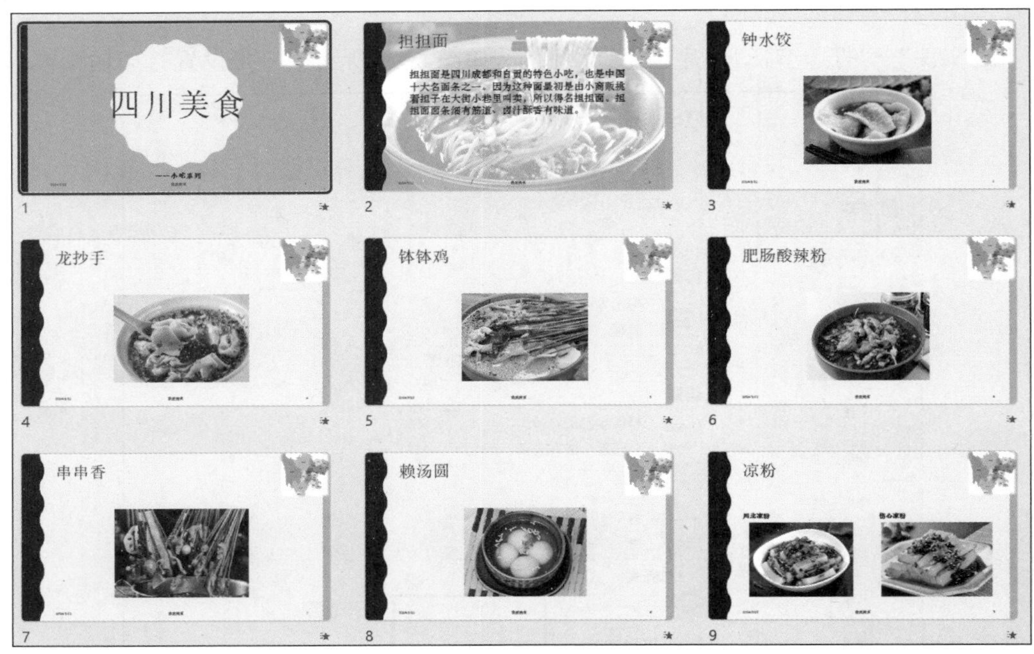

图 6-51 四川美食演示文稿

(1) 新建 8 张幻灯片，并为幻灯片应用“徽章”主题样式。

(2) 将第 1 张幻灯片的版式更改为“标题”版式，并设置标题与副标题。

(3) 将第 2 张幻灯片更改为“仅标题”版式，设置标题，插入文本框并编辑相应文字介绍，适当调整文字大小和文本框位置。

(4) 将第 2 张幻灯片的背景设置为图片或纹理填充，选择“担担面.jpg”作为背景，并将透明度设置为 70%。

(5) 将第 3～8 张幻灯片的版式更改为“标题和内容”，首先修改标题和插入图片的名字并使它们一致，然后为图片设置不同的动画效果。

(6) 将第 9 张幻灯片的版式更改为“两栏比较”，并设置比较文字内容，使其与插入图片一致，给标题设置动画“随机线条”；为左边栏的文字和图片设置动画“缩放”，同时播放；再设置右边栏的文字和图片动画“翻转式由远及近”。动画出现的顺序为先左边栏，后右边栏，最后是标题。

(7) 给每张幻灯片插入时间(自动更新)、编号和页脚，将页脚设置为我爱美食。

(8) 通过幻灯片母版的形式在所有幻灯片的右上角添加“四川地图.jpg”，将高度设置为5.5cm，图片格式为“柔化边缘矩形”。

(9) 为每张幻灯片设置不同的切换动画。

(10) 将幻灯片放映方式设置为“观众自行浏览”。

第7章 程序设计与问题求解

CHAPTER 7

7.1 任务导入

年级主任李老师现有一张 Excel 表，表里面有该年级各班学生的信息和这次考试的成绩，李老师希望用图表的方式看到年级前十名学生的排名和总分、各个等级成绩的比例、每个班优秀等级的人数及每个班各个分数段的人数，如图 7-1 所示，你能利用 Python 程序设计的相关知识帮助李老师完成这个任务吗？

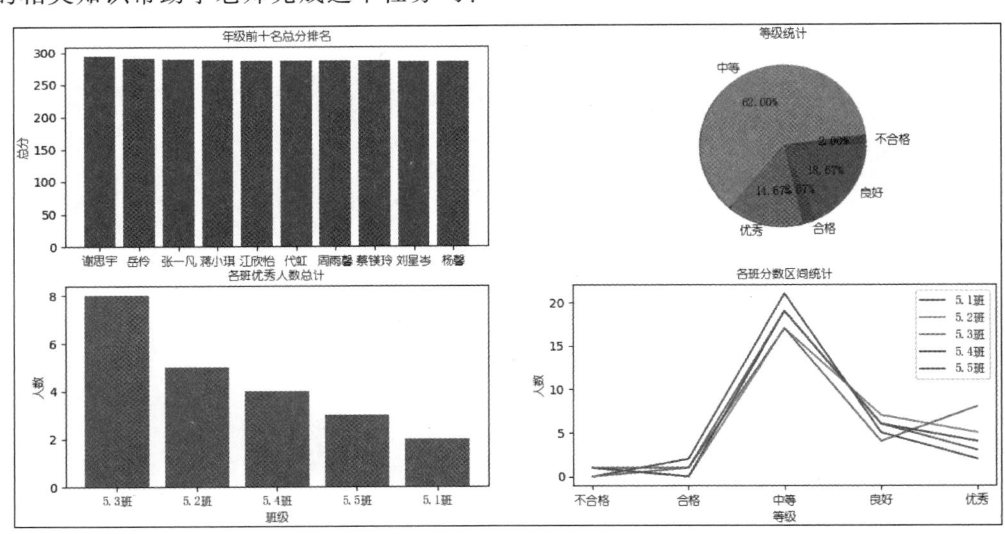

图 7-1 成绩处理与分析

7.2 知识学习

本节将介绍 Python 程序设计的理论知识，包括算法与程序、Python 程序设计基础、程序的控制结构、Python 函数及数据处理与分析等知识，为后面的实践打下基础。

7.2.1　算法与程序

本节简要讲述算法和程序的基本概念、关系、算法的描述方法及程序设计语言。

1. 算法与程序的关系

算法(Algorithm)是为解决某个问题而定义制作的一组确定的、有限的操作步骤,它是计算机问题求解的核心和关键。虽然人们对算法一词非常熟悉,但到目前为止,对于算法尚没有统一而精确的定义。有人说:算法就是一组有穷的规则,它们规定了解决某一特定问题的一系列运算,而 Thomas H. Cormen 等在 *Introduction to Algorithms* 一书中将算法描述为算法是任何定义好了的计算程式,它取某些值或值的集合作为输入,并产生某些值或值的集合作为输出,因此,算法是将输入转换为输出的一系列计算步骤。概括起来算法主要有以下 5 个特性。

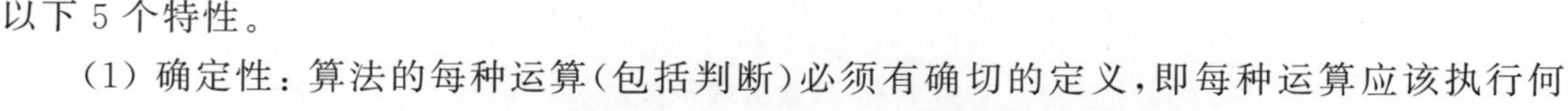

(1) 确定性:算法的每种运算(包括判断)必须有确切的定义,即每种运算应该执行何种动作必须是相当清楚的、无二义性的。组成算法的每条指令是清晰的,无歧义的。

(2) 可实现性:算法中所有待实现的运算都是相当基本的,每种运算至少在原理上能由人用纸和笔在有限的时间内完成。

(3) 具有数据输入:一个算法有 0 个或多个数据输入,它们是在算法开始之前对算法最初赋予的量。

(4) 具有数据输出:一个算法产生一个或多个输出,它们是同输入有某种特定关系的量。

(5) 有穷性:算法中每条指令的执行次数是有限的,执行每条指令的时间也是有限的。一个算法必须在执行了有穷步之后终止。

程序是算法使用某种程序设计语言的具体实现,是一组计算机能识别和执行的指令,运行于电子计算机上,是一种满足人们某种需求的信息化工具。程序可以不满足算法的性质,著名计算机科学家沃斯提出了一个经典的公式:

程序=数据结构+算法

即把程序看成数据结构和算法的有机集合,其中,数据结构指对数据的描述,包括指定数据的类型及数据的组织形式。将算法看成对操作的描述,即操作步骤。

程序包含算法,算法是程序的灵魂,一个需要实现特定功能的程序,实现它的算法有很多种,算法的优劣直接决定着程序的好坏。

2. 算法的描述方法

为了让算法清晰易懂,需要选择一种好的描述方法。算法的描述方法有很多种,主要有自然语言、传统流程图、N-S 结构化流程图、伪代码、程序设计语言等,如图 7-2 所示。

1) 自然语言

自然语言就是用人们日常使用的语言描述解决问题的方法和步骤,这种描述方法通俗易懂,即使是不熟悉计算机语言的人也很容易理解程序。

【例 7-1】　判定 2000—2100 年中的每年是否为闰年,并将结果输出。

解题思路:闰年是指该年份能被 4 整除但不能被 100 整除,或者该年份能被 400 整除。

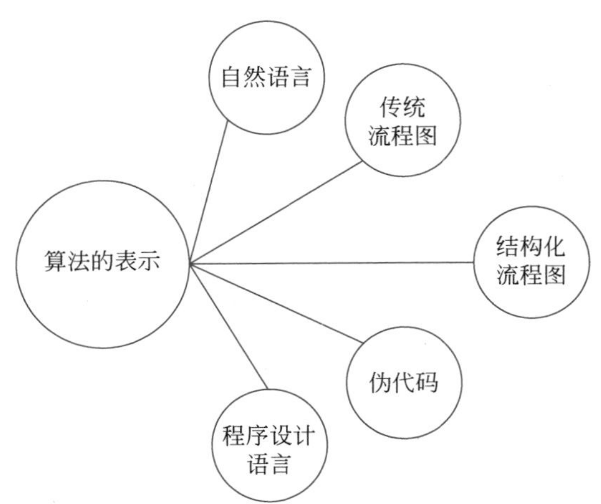

图 7-2 算法的表示方法

用自然语言描述算法步骤如下。

第 1 步：设定 year＝2000。

第 2 步：若 year 不能被 4 整除，则输出 year 的值和“不是闰年”，然后转到第 6 步，检查下一个年份。

第 3 步：若 year 能被 4 整除，不能被 100 整除，则输出 year 的值和“是闰年”，然后转到第 6 步。

第 4 步：若 year 能被 400 整除，输出 year 的值和“是闰年”，然后转到第 6 步。

第 5 步：若 year 不能被 400 整除，输出 year 的值和“不是闰年”，然后转到第 6 步。

第 6 步：year＝ year＋1。

第 7 步：当 year≤2100 时，转到第 2 步继续执行，否则算法停止。

由此可见：自然语言在语法和语义上往往具有多义性，并且比较烦琐，对程序流向等描述不明了、不直观。

2）传统流程图

传统流程图使用不同的几何图形来表示不同性质的操作，使用流程线来表示算法的执行方向，比起自然语言的描述方式，其具有形象直观、逻辑清楚、易于理解等特点，但它占用篇幅较大，由于流程可以随意转向，所以较大的流程图不易读懂。

传统流程图的基本流程图符号及说明见表 7-1。

表 7-1 传统流程图符号和说明

流程图符号	名　　称	说　　明
	起止框	表示算法的开始和结束
	处理框	表示完成某种操作，如初始化或运算赋值等

续表

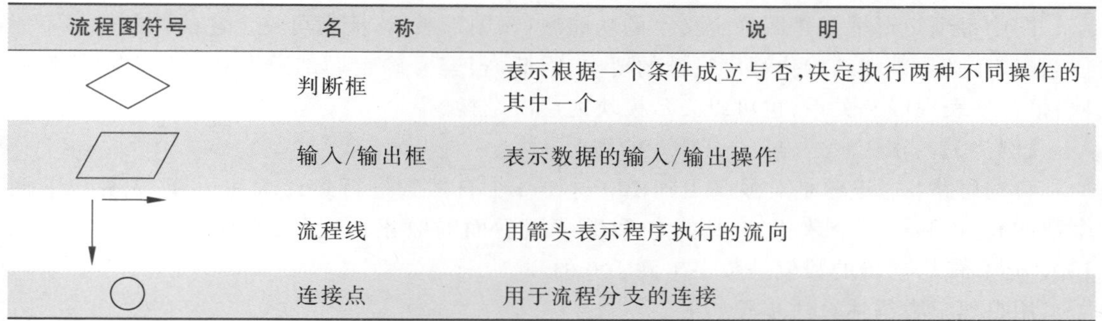

流程图符号	名　称	说　明
	判断框	表示根据一个条件成立与否，决定执行两种不同操作的其中一个
	输入/输出框	表示数据的输入/输出操作
	流程线	用箭头表示程序执行的流向
	连接点	用于流程分支的连接

【例 7-2】 输入一个大于或等于 1 的正整数，判断它是奇数，还是偶数。

解题思路：如果一个正整数能被 2 整除，则这个数是偶数，否则这个数是奇数。

用自然语言描述算法，步骤如下：

第 1 步：输入 n 的值。

第 2 步：n 被 2 除，判断余数是否得 0。

第 3 步：如果余数得 0，则输出 n“是偶数”，否则输出 n 的值及“是奇数”，然后结束。

用传统流程图解决上题的过程如图 7-3 所示。

传统的流程图用流程线标明了各个流程图符号的执行顺序，对流程线的使用没有严格限制，因此，使用者可以不受限制地使流程随意地转来转去，使流程图变得毫无规律，阅读时要花很大精力去追踪流程，使人难以理解算法的逻辑。

3）N-S 结构化流程图

N-S 结构化流程图是 1973 年美国学者 I. Nassi 和 B. Shneiderman 提出的一种符合结构化程序设计原则的描述算法的图形方法，又叫作盒图。根据程序控制流程，N-S 流程图有 4 种表示形式，如图 7-4 所示。

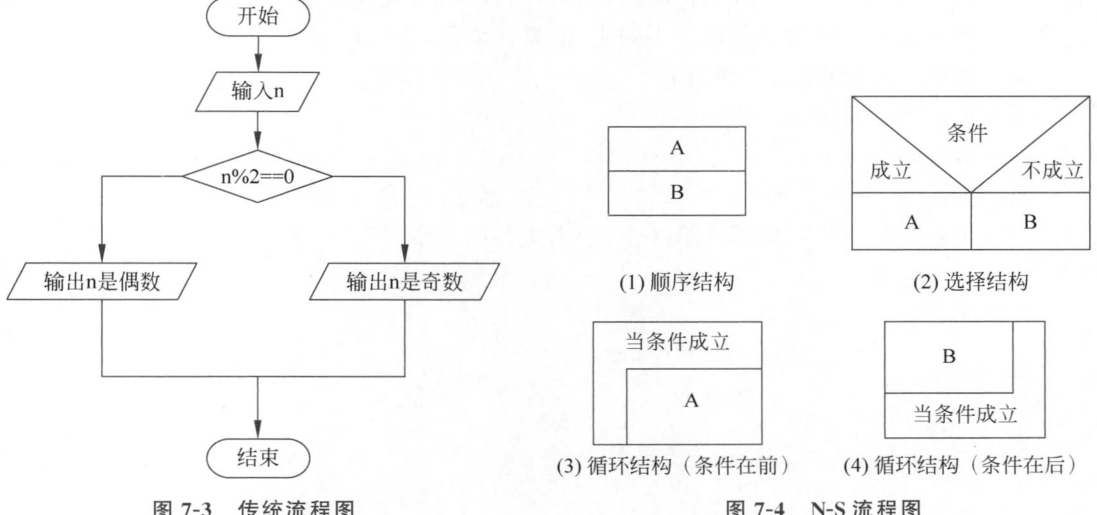

图 7-3　传统流程图　　**图 7-4　N-S 流程图**

N-S结构化流程图主要有以下几个特点：

图中每个矩形框都是明确定义了的功能域，以图形表示，清晰可见。它的控制转移不能任意规定，必须遵守结构化程序设计的要求，因此，很容易确定局部数据和全局数据的作用域、很容易表现嵌套关系，也可以表示模块的层次结构。

【例 7-3】 求 1+2+3+…+100 的和。

解题思路：这道题是对数字 1 到 100 这 100 个自然数进行累计求和运算，先算出前两个数的和，再和第 3 个数相加，所求的和继续跟后面的数累加，直到累加完最后一个加数 100。运算最后求出的数就是数字 1 到 100 的和。

用自然语言描述算法步骤如下。

第 1 步：设定 sum=0，i=1。

第 2 步：判定 i 是否小于或等于 100。

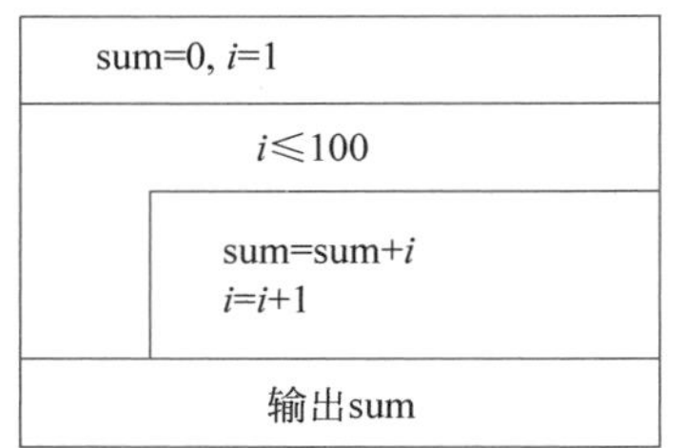

图 7-5 求 1 至 100 的和(N-S 流程图)

第 3 步：如果上述判断结果为真，则 sum=sum+i，并且让 $i=i+1$，回到第 2 步，否则执行第 4 步。

第 4 步：输出 sum。

用 N-S 流程图解决上述问题的过程如图 7-5 所示。

4) 伪代码

伪代码是用介于自然语言和计算机语言之间的文字和符号来描述算法。它如同一篇文章，自上而下地写下来。每行(或几行)表示一个基本操作。它不用图形符号，因此书写方便，格式紧凑，修改方便，容易看懂，也便于向计算机语言算法(程序)过渡。

【例 7-4】 求 10!，用伪代码表示。

解题思路：这道题是对数字 1 到 10 这 10 个自然数做累计求积运算，先算出前两个数的积，再和第 3 个数相乘，所求的积继续跟后面的数累乘，直到和最后一个乘数 10 做完乘法运算。运算最后求出的数就是数字 1 到 10 的累计乘积。

用自然语言描述算法，步骤如下。

第 1 步：设定 $p=1$，$i=2$。

第 2 步：$p=p*i$。

第 3 步：$i=i+1$。

第 4 步：如果 $i\leqslant 10$，则返回第 2 步，否则执行第 5 步。

第 5 步：输出 p。

代码如下：

```
begin
    1 => p
    2 => i
    while i≤10
    {
      p * i => p
```

```
        i + 1 => i
      }
      print p
    end
```

5）计算机语言

计算机语言(Computer Language)指用于人与计算机之间通信的语言。它是人与计算机之间传递信息的媒介。计算机系统的最大特征是将指令通过一种语言传达给机器。为了使电子计算机完成各种工作，就需要有一套用以编写计算机程序的数字、字符和语法规划，由这些字符和语法规则组成计算机的各种指令(或各种语句)。这些就是计算机能接受的语言。计算机语言是一种特殊的语言。具体地讲，一方面，如果人们要使用计算机语言指挥计算机完成某种工作，就必须对这种工作进行特殊描述，所以它能够被人们读懂。另一方面，计算机必须按计算机语言描述来行动，从而完成其描述的特定工作，所以能够被计算机“读懂”。

从计算机诞生起，计算机语言经历了机器语言、汇编语言和高级语言几个阶段。在所有的程序设计语言中，只有使用机器语言编制的源程序能够被计算机直接理解和执行，用其他程序设计语言编写的程序都必须利用语言处理程序“翻译”成计算机所能识别的机器语言程序。

机器语言是用二进制代码表示的、计算机能直接识别和执行的一种机器指令的集合，它是计算机的设计者通过计算机的硬件结构赋予计算机的操作功能。机器语言是第1代计算机语言。

为了克服机器语言难读、难编、难记和易出错的缺点，人们就用与代码指令实际含义相近的英文缩写词、字母和数字等符号来取代指令代码(如用ADD表示运算符号“＋”的机器代码)，于是就产生了汇编语言。

不论是机器语言还是汇编语言都是面向硬件的具体操作的，语言对机器的过分依赖，要求使用者必须对硬件结构及其工作原理都十分熟悉，这对非计算机专业人员是难以做到的，对于计算机的推广应用是不利的。计算机事业的发展，促使人们去寻求一些与人类自然语言相接近且能为计算机所接受的语意确定、规则明确、自然直观和通用易学的计算机语言。这种与自然语言相近并为计算机所接受和执行的计算机语言称高级语言。如今被广泛使用的高级语言有C、Java、Python等。

计算机并不能直接地接受和执行用高级语言编写的源程序，源程序在输入计算机时，通过“翻译程序”翻译成机器语言形式的目标程序，这样计算机才能识别和执行。

【例7-5】 输入两个正整数，把两数的较大者输出，用Python语言实现。

解题思路：要求出两个数中的较大值，需要将这两个数进行比较，如果num1＞num2，则num1就是较大值，否则num2就是较大值。

用自然语言描述算法，步骤如下。

第1步：输入两个正整数num1和num2。

第2步：判定num1≥num2是否成立。

第 3 步：如果上述判断结果为真，则 max=num1，否则 max=num2。

第 4 步：输出 max。

代码如下：

```
#chapter7/7.5.py 求出两个数的较大者
num1 = int(input("请输入第 1 个正整数:"))
num2 = int(input("请输入第 2 个正整数:"))
if num1 > num2:
    max = num1
else:
    max = num2
print("这两个数中的较大数是:",max)
```

代码的执行结果如下：

```
请输入第 1 个正整数:20
请输入第 2 个正整数:30
这两个数中的较大数是:30
```

3. 程序设计语言

程序设计语言是用于书写计算机程序的语言。语言的基础是一组记号和一组规则。根据规则由记号构成的记号串的总体就是语言。在程序设计语言中，这些记号串就是程序。程序设计语言有 3 个方面的因素，即语法、语义和语用。语法表示程序的结构或形式，即表示构成语言的各个记号之间的组合规律，但不涉及这些记号的特定含义，也不涉及使用者。语义表示程序的含义，即表示按照各种方法所表示的各个记号的特定含义，但不涉及使用者。

高级语言有很多种，任何一种语言都有其自身诞生的背景，从而决定了其特点和擅长的应用领域，例如 FORTRAN 语言诞生在计算机发展的早期，主要用于科学计算。C 语言具有代码简洁紧凑、执行效率高、贴近硬件、可移植性好等特点，被广泛地应用于系统软件、嵌入式软件的开发中。

程序设计语言在不断地发展，从最初的汇编语言到后来的 C、Pascal 等语言发展到现在的 C++、Java 等高级编程语言。程序设计的难度在不断地减小，软件的开发和设计已经形成了一套标准，开发工作已经不再是复杂的任务。最初只能使用机器码编写代码，而现在可以使用具有良好调试功能的 IDE 环境编程。Python 语言使用 C 语言开发，但是 Python 语言不再有 C 语言中的指针等复杂的数据类型。Python 语言的简洁性使软件的代码大幅度地减少，开发任务进一步简化。程序员关注的重点不再是语法特性，而是程序所要完成的任务。Python 语言有许多重要的特性，而且有些特性是富有创造性的。

Python 语言之所以能够迅速发展，并且受到程序员的青睐，与它所具有的特点密不可分。Python 语言的特点主要可以归纳为以下几点。

(1) 简单易学：Python 语言的保留字比较少。它没有分号、begin、end 等标记，代码块使用空格或制表键缩进的方式分隔代码。Python 语言的代码简洁、短小，简化了循环结构，结构清晰，易于阅读。

(2) 程序可读性好：Python 语言和其他高级语言相比，其语句块的界限完全是由每行的首字符在这一行的位置来决定的，其他语言(例如 Java 语言)的语句块边界跟字符的位置没有关系，是由花括弧来确定的。通过强制程序缩进，Python 语言确实使程序具有很好的可读性，同时 Python 语言的缩进规则也有利于程序员养成良好的程序设计习惯。

(3) 丰富的数据类型：除了基本的数值类型和字符串类型，Python 语言提供了一些内置的数据结构，包括元组、列表、字典等丰富的复合数据类型，利用这些数据类型，可以更方便地解决许多实际问题，如文本处理、数据分析等。

(4) 开源的语言：Python 语言是开源的编程语言，这意味着可以免费获取 Python 源码并能自由复制、阅读、改动；Python 语言在被使用的同时也被许多优秀人才改进，进而不断完善。

(5) 跨平台性：Python 程序跟 Java 程序一样，会先被编译为与平台相关的二进制代码，然后解释执行，因此，使用 Python 语言编写的应用程序可以在任何安装 Python 解释器的环境中执行，例如 Windows、UNIX、Linux 等平台，只要安装了 Python 解释器，就能把在其他平台编写的 Python 程序经少量修改后在新的平台执行。

(6) 应用广泛：Python 语言被广泛地应用于数据库、网络、图形图像、数学计算、Web 开发、操作系统扩展等领域。Python 语言有许多第三方库支持。例如，PIL 库用于图像处理、NumPy 库用于数学计算、wxPython 库用于 GUI 程序的设计、Django 库用于 Web 应用程序的开发等。Python 语言不仅内置了庞大的标准库，而且定义了丰富的第三方库以帮助开发人员快速、高效地完成各种工作。例如，Python 语言提供了与系统操作相关的 os 库、正则表达式 re 模块、图形用户界面 Tkinter 库等标准库。只要安装了 Python，开发人员就可自由地使用这些库提供的功能。除此之外，Python 语言支持许多高质量的第三方库，如图像处理库 Pillow、游戏开发库 Pygame、数据分析实践与实战的必备高级工具 Pandas 等，这些第三方库可通过 pip 工具安装后使用。

7.2.2 Python 程序设计基础

1. Python 编程环境

Python 语言跟 Java 语言一样，是跨平台的，它可以运行在 Windows、Mac 和各种 Linux/UNIX 系统上。要学习 Python 程序设计，首先需要将 Python 编程环境安装到计算机里。PyCharm 是一款 Python 代码编辑器，本节讲述 PyCharm 的下载、安装与设置方法。

第 1 步：来到 PyCharm 官网，进入 PyCharm 的下载页面，默认显示的是适用于 Windows 操作系统的 PyCharm 安装包，这里选择下载免费的 Community 版，如图 7-6 所示。在新页面下方弹出的下载提示框中单击“保存”按钮，即可开始下载 PyCharm 安装包。

第 2 步：安装包下载完毕后，双击安装包，在打开的安装界面中直接单击 Next 按钮，如图 7-7 所示。

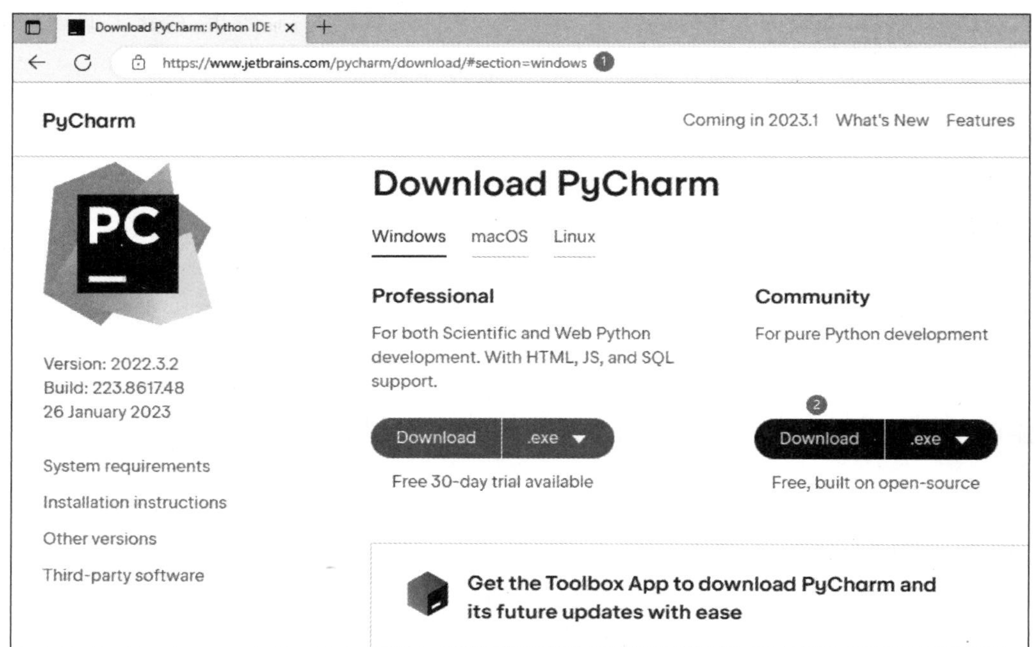

图 7-6 下载 PyCharm 安装包

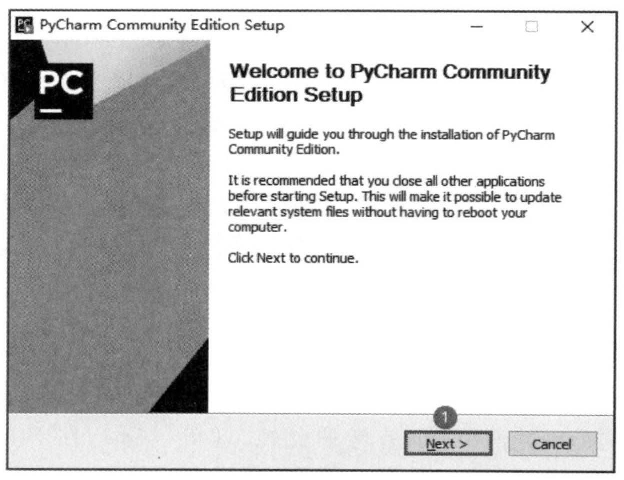

图 7-7 安装首界面

第 3 步：跳转到新的安装界面，单击 Browse 按钮，在打开的对话框中设置自定义的安装路径，也可以直接在文本框中输入自定义的安装路径，然后单击 Next 按钮，如图 7-8 所示。

第 4 步：在新的在安装界面中勾选 Pycharm Community Edition 复选框，然后勾选. py 复选框，单击 Next 按钮，如图 7-9 所示。

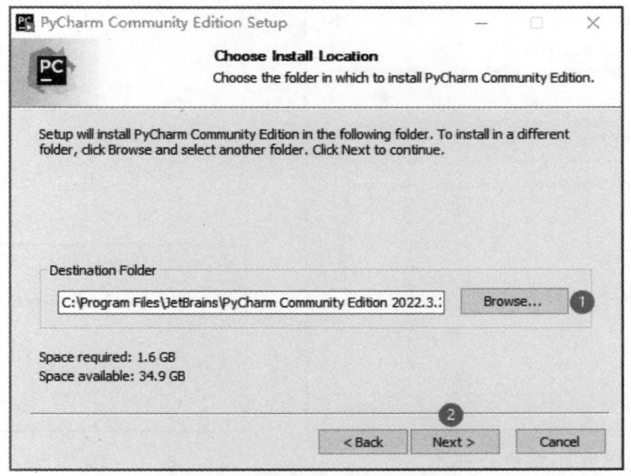

图 7-8　选择安装位置

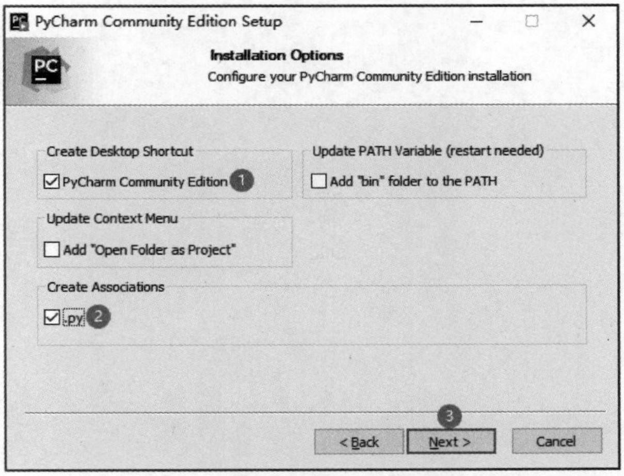

图 7-9　选择安装选项

第 5 步：在新的安装界面中不做任何设置，直接单击 Install 按钮，如图 7-10 所示。随后可看到 PyCharm 的安装进度，安装完成后单击 Finish 按钮结束安装。

第 6 步：初次启用 PyCharm 时需要进行一些设置。运行 PyCharm，在打开的对话框中单击 Do not import settings 按钮，单击 OK 按钮，如图 7-11 所示。在新打开的界面中可不做任何设置，直接单击 Start using PyCharm 按钮。

第 7 步：完成设置后，在界面中单击 New Project 按钮，创建 Python 项目文件，如图 7-12 所示。

第 8 步：在新界面的 Location 后设置项目文件夹的位置和名称，此处设置为 D:\python，下方的折叠按钮默认选中的是 New environment using，并自动关联 Python 解释器，单击 Create 按钮，如图 7-13 所示。随后等待界面跳转，等待 Python 运行环境配置完成即可。

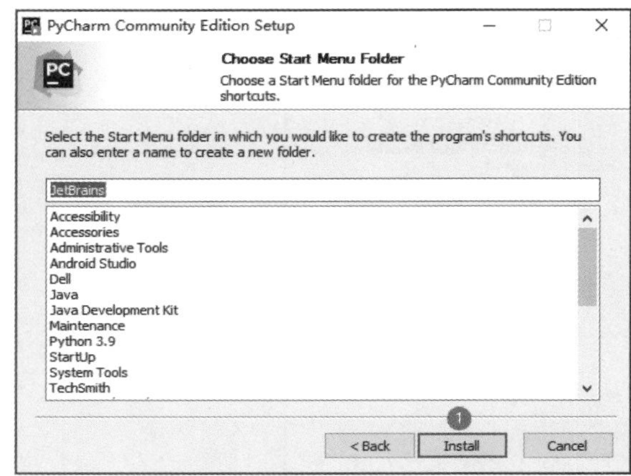

图 7-10　选择开始菜单文件夹

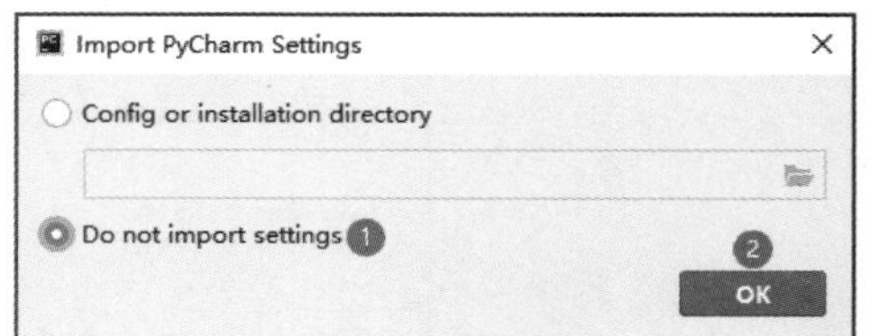

图 7-11　导入设置

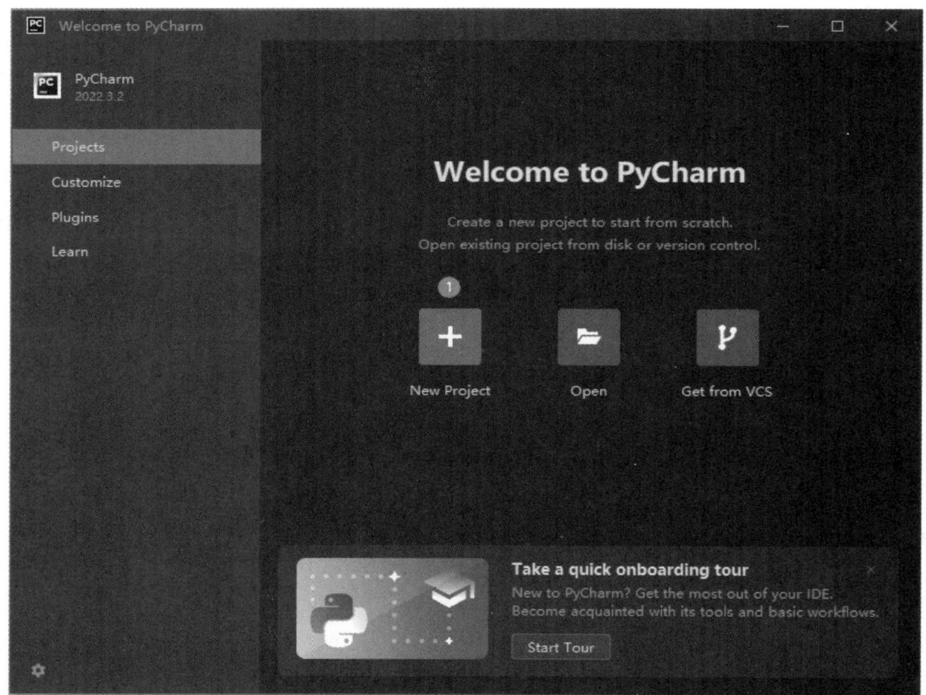

图 7-12　PyCharm 首界面

第 9 步：完成配置后就可以开始编程了。右击第 8 步中创建的项目文件夹，在弹出的快捷菜单中选择 New→Python File，如图 7-14 所示。在弹出的 New Python File 对话框中输入新建的 Python 文件的名称，如 hello python，选择文件类型，此处为 Python file，按 Enter 键确认。

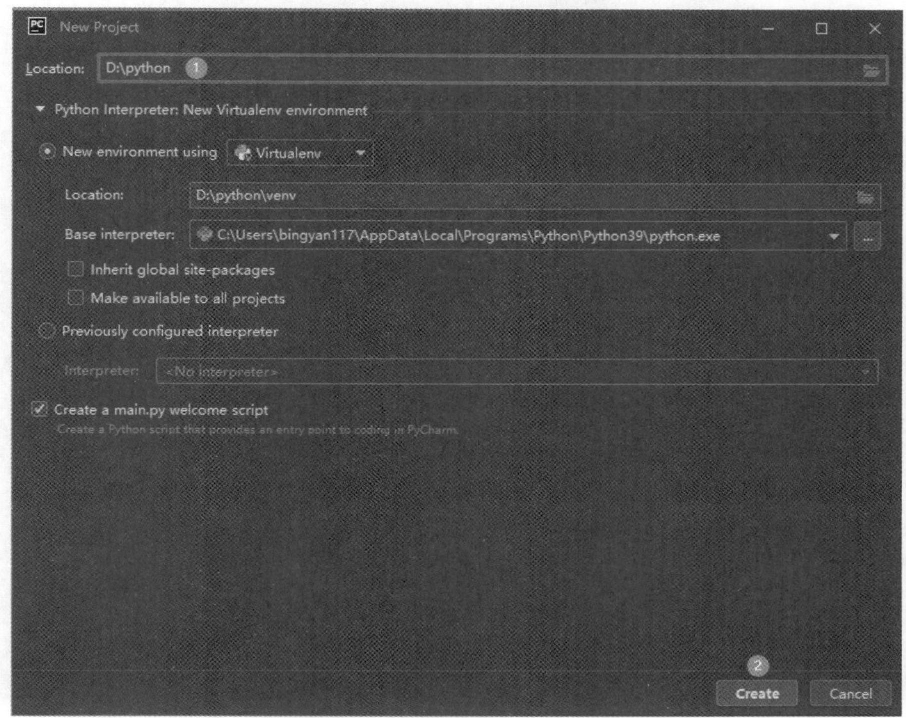

图 7-13　设置新项目属性

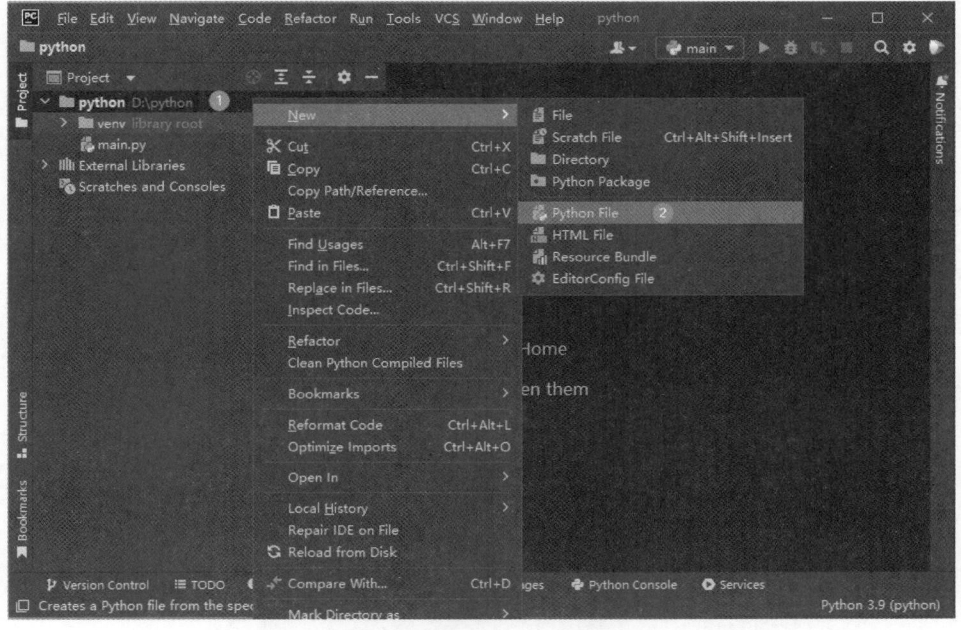

图 7-14　创建.py 文件

第 10 步：文件创建成功后，进入如图 7-15 所示的界面，此时便可以编写程序了。在代码编辑区中输入代码 print('hello python')，然后右击代码编辑区的空白区域或代码文件的标题栏，在弹出的快捷菜单中单击 Run 'hello python'命令。

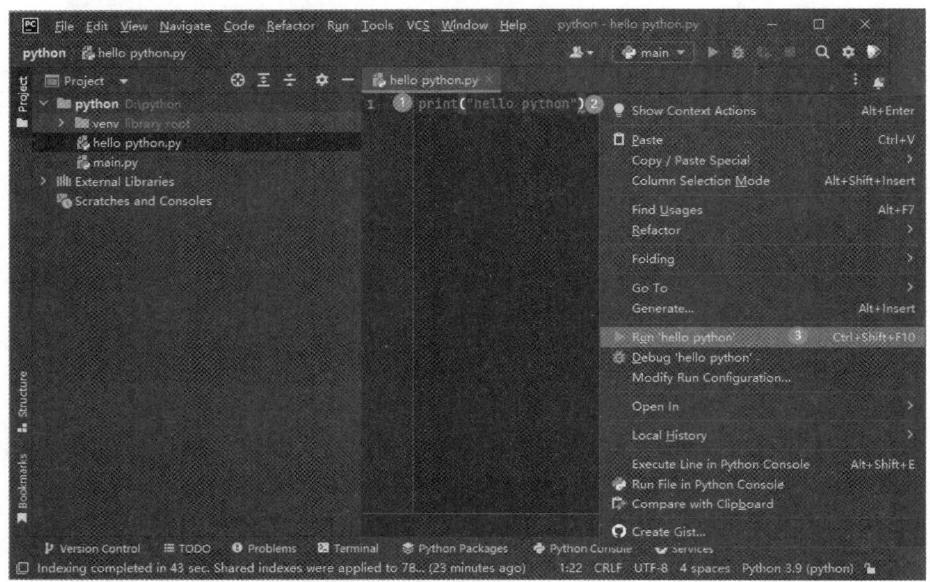

图 7-15 运行程序

第 11 步：在界面的下方可看到程序的运行结果 hello python，如图 7-16 所示。

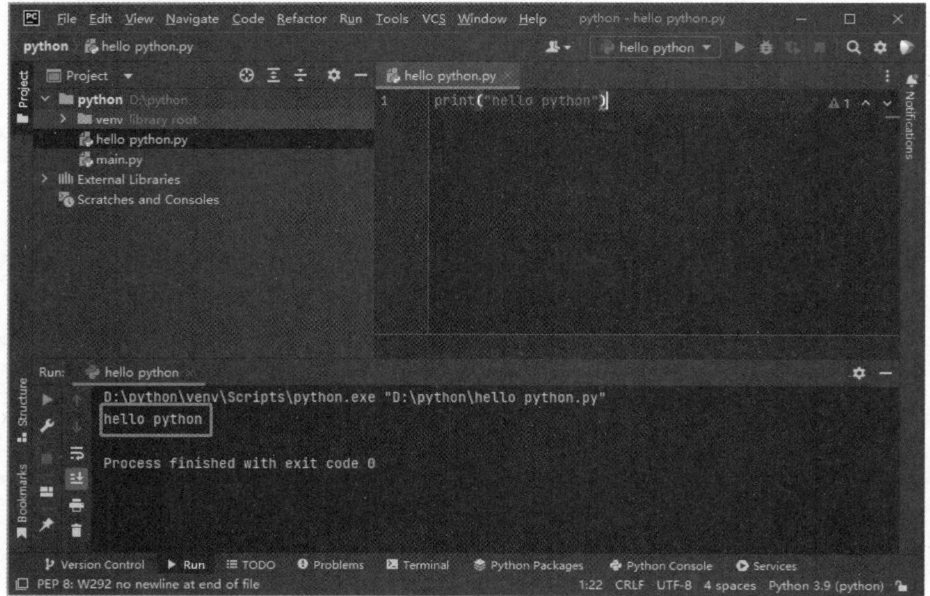

图 7-16 查看程序运行结果

第 12 步：如果想要更改编辑器的背景颜色，则可单击菜单栏中的 File 按钮，在展开的菜单中单击 Settings 命令，如图 7-17 所示。

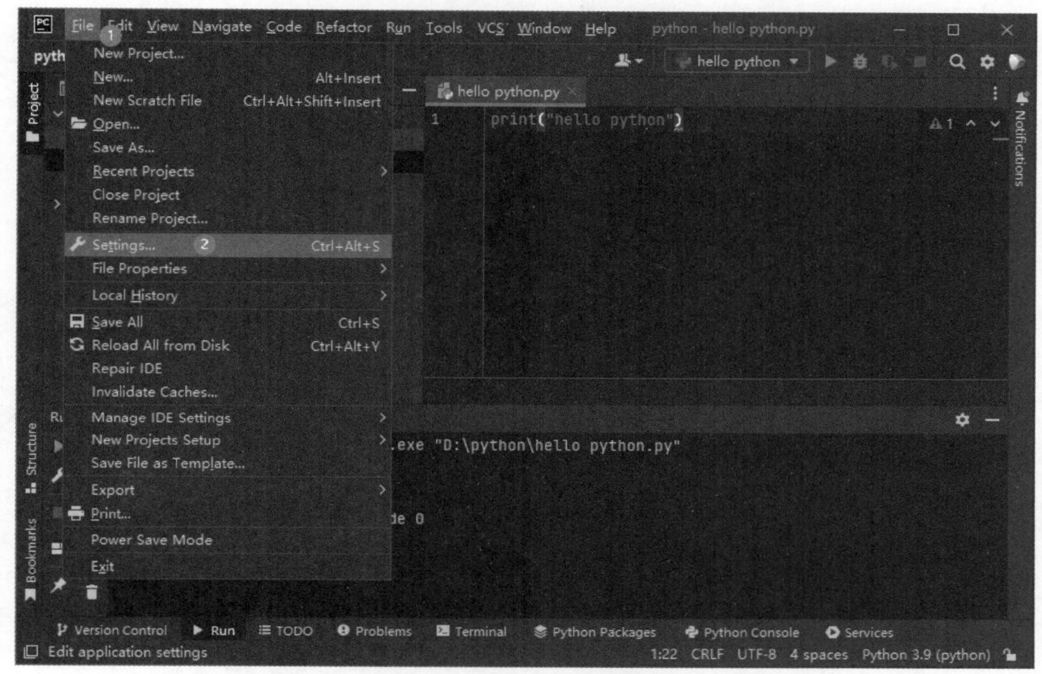

图 7-17　修改编辑器设置

第 13 步：在弹出的对话框中展开 Appearance & Behavior 选项组，在展开的列表中选择 Appearance 选项，在右侧的界面中设置 Theme，如图 7-18 所示。完成设置后单击 OK 按钮。编辑器的背景变为白色。

2. 数据的输入和输出

10min

程序编码离不开数据的输入和输出，Python 语言中使用 input()函数进行数据输入，使用 print()函数进行数据输出，它们都是 Python 语言的内置函数，程序开头无须导入任何模块便可直接使用。

1) 数据输入函数 input()

函数 input([prompt])用于从键盘或其他设备读取一个字符串，该函数还可以带一个表示提示的字符串，语法格式如下：

```
变量 = input("提示信息")
```

其中变量和提示信息为可选项，代码运行后，输入信息，按 Enter 键完成输入，按 Enter 键之前输入的全部信息都将作为字符串赋值给变量。

从键盘输入姓名和年龄，要求屏幕上先显示提示信息，再等待用户输入，输入完成后在屏幕上显示输入的数据，代码如下：

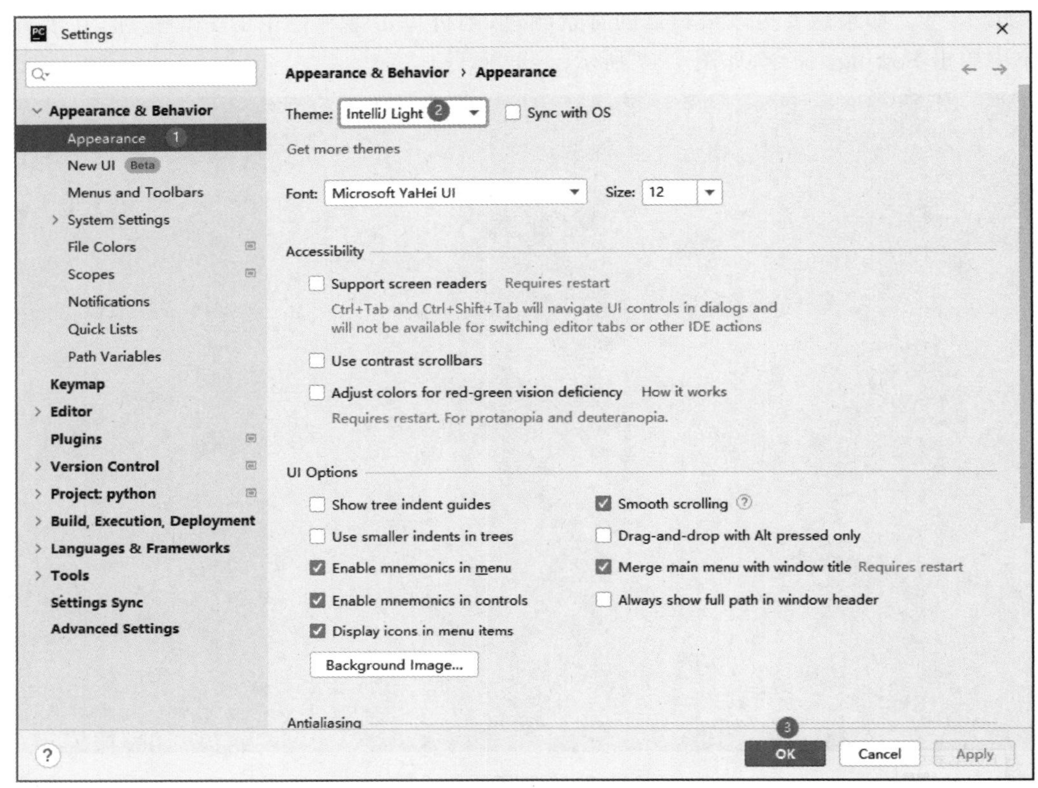

图 7-18　修改主题

```
#从键盘输入
name = input("请输入姓名:")
age = input("请输入年龄:")
print(name)
print(age)
```

代码的执行结果如下：

```
请输入姓名:张三
请输入年龄:20
张三
20
```

由于不管用户输入的是什么类型的数据，该函数都返回一个字符串，因此，有时需要对输入的数据进行强制转换。例如从键盘输入两个正整数，计算这两个数的和。如果直接对得到的两个正整数进行加法运算，实际上就是把两个字符串进行拼接，代码如下：

```
#从键盘输入数字,实际得到的是字符串数据
num1 = input('请输入第 1 个正整数:')
```

```
num2 = input('请输入第 2 个正整数:')
sum = num1 + num2
print(sum)
```

代码的执行结果如下：

```
请输入第 1 个正整数:10
请输入第 2 个正整数:20
1020
```

Python 语言的内置函数 int()可以将一个数字型字符串强制转换为整型数值，因此此处可以先通过 int()函数将得到的字符串转换成 int 类型的数据，再做加法运算，这样就可以对得到的两个数 a 和 b 进行求和运算了，代码如下：

```
#强制转换输入的正整数
num1 = int(input('请输入第 1 个正整数:'))
num2 = int(input('请输入第 2 个正整数:'))
sum = num1 + num2
print(sum)
```

代码的执行结果如下：

```
请输入第 1 个正整数:10
请输入第 2 个正整数:20
30
```

2）数据输出函数 print()

内置函数 print()用于将内容格式化显示在标准输出上。print()可以输出任何类型的数据，其语法格式如下：

```
print( * objects, sep = ' ', end = '\n', file = sys.stdout, flush = False)
```

在该函数参数中，* objects 是可变参数，表示可以接收 1 到多个对象；后面的 4 个参数都有默认值，即在调用该函数时可以省略它们，其中，sep 参数是分隔符号，默认为一个空格，如果有多个对象输出在一行，则对象中间可使用 sep 进行分割；end 参数用来设置输出以什么结尾，默认以换行符\n 结尾；file 参数用于指定 print 将 * objects 输出到哪里，默认为标准输出，也可以输出到文件中；如果 flush 参数值为 True，则不会进行缓存，而是强制刷新，如果值为 False，则是否缓存取决于 file 参数传入的对象。

print()函数可以接受多个输出值，这些值之间以英文逗号“,”隔开，连成一串输出。pint()会依次打印每个输出值，同时，每遇到一个逗号就输出一个空格，代码如下：

```
a = "I am"
b = "a student"
print(a, b)
```

代码的执行结果如下：

```
I am a student
```

这里有多个输出对象，sep 默认为空格，end 默认为'\n'。如果不希望输出的多个对象用空格间隔，则可以利用 sep 参数设定间隔符，代码如下：

```
print("apple","pear","orange",sep = ',')
```

代码的执行结果如下：

```
apple,pear,orange
```

print()函数每次输出结束后会自动换行，即另起一行，如果不希望 print()函数换行，则可以利用 end 参数设定结尾符，代码如下：

```
print("I am Lily",end = ",")
print("I am ten",end = ",")
print("I like singing",end = ".")
```

代码的执行结果如下：

```
I am Lily,I am ten,I like singing.
```

在上述代码中，每条输出语句后面的结尾符不再是换行符，因此 3 条输出语句的输出内容显示在同一行。print()函数既可以输出单个字符，也可以输出多个字符，还能设定 print()按指定格式输出。

Python 语言中 print()函数可以将变量与字符串组合，按照一定的格式输出，print()函数中的内容由引号中的格式字符串、百分号(%)和变量三部分组成，其中格式字符串又由"原样输出内容＋%＋格式符"组成，其语法格式如下：

```
print("格式字符串" % 变量)
```

通过 print()函数将数字变量格式化为浮点数输出，并保留两位小数，代码如下：

```
a = 532.634
print("a 的值为 %.2f" % a)
print("a 的值为 %6.1f" % a)
```

代码的执行结果如下：

```
a 的值为 532.63
a 的值为 532.6
```

在上述代码中，第 1 个 print()函数的格式符为 f，即按浮点数输出，小数点后的 2 表示保留两位小数，第 2 个 print()函数%6.1f 代表包括小数点在内输出总长度为 6，小数点后面保留一位小数，当总长度不够时按实际输出，从输出结果可以看出整数部分占了4位。

使用print函数可以方便地将任何变量的值打印到控制台。不仅如此，Python语言中还提供了format()格式字符串函数，它主要通过字符串中的花括号{}来识别替换字段，从而完成字符串的格式化。format()函数中每个{}都可以设置顺序，分别与format的参数顺序对应，如果没有设置{}下标，则默认从0开始递增。

以下代码通过数字索引传入参数：

```
#通过数字索引传入参数
print("我的名字叫{0},家住{1}".format("喜羊羊","羊村"))
```

代码的执行结果如下：

```
我的名字叫喜羊羊,家住羊村
```

当{}的个数与后面的参数数目不对应时，带数字的字段可以重复使用：

```
#带数字的替换字段可以重复
print("我爱吃{0},她爱吃{1},她不爱吃{0}".format("苹果","香蕉"))
```

代码的执行结果如下：

```
我爱吃苹果,她爱吃香蕉,她不爱吃苹果
```

format()不仅可以通过数字传入位置参数，还可以通过关键字传入，代码如下：

```
print("我今年{age}岁,我在读{college}".format(age = "18",college = "大学"))
print("我今年{age}岁,我在读{college}".format(college = "大学",age = "18"))
```

代码的执行结果如下：

```
我今年 18 岁,我在读大学
我今年 18 岁,我在读大学
```

从上述代码的运行结果可以看出，使用关键字传入参数时，关键字的位置是不分先后的。

3. 变量与常量

任何编程语言都需要处理数据，例如数字、字符串等，在程序运行时，一些临时的数据会被保存到计算机的内存单元中。为了区分这些内存单元，同时也为了方便对这些保存在内存单元中的数据进行访问和修改，Python语言提供了变量，利用不同的变量名来标识不同的内存单元，这样就可以通过变量名来访问和修改对应内存单元中的数据了，内存单元与变量之间的对应关系如图7-19所示。程序运行结束以后，这些内存单元也会被释放。

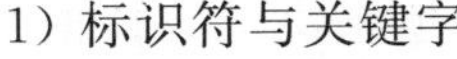

1）标识符与关键字

Python语言中的变量名是用标识符表示的，Python语言允许标识符由字母、数字、下

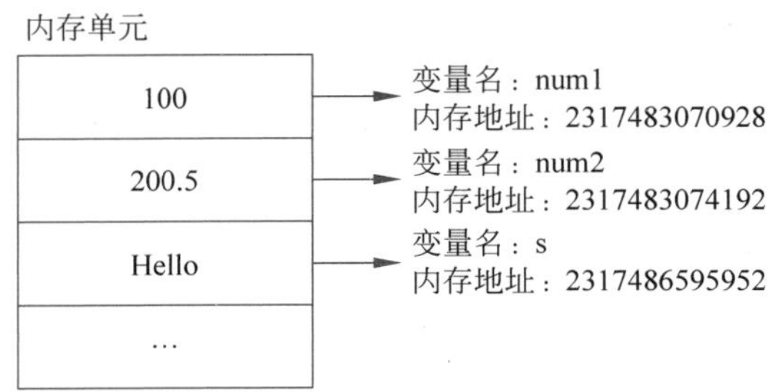

图 7-19 内存单元与变量的关系

画线或者它们的组合构成，但是不能以数字开头。具体来讲，Python 标识符命名规则如下：

(1) 标识符的第 1 个字符必须是字母或下画线。

(2) 标识符的第 1 个字符后面的字符可以由字母、下画线或数字组成。

(3) 标识符的字符对大小写敏感，也就是说同一个字符的大写和小写是不同的，例如 Age 和 age 是不同的。

例如，_name、Num 和 number123 都是合法的变量名，而 123name、my grade、my-grade、#s 都是无效的变量名。123name 以数字开头，my grade 包含空格，my-grade 和 #s 包含了无效字符。

Python 语言中有一些特殊含义的字符构成要避免使用，例如以双下画线开始和结束的名称通常具有特殊的含义，例如以__init__为类的构造函数。

Python 语言的关键字也叫系统保留字，是系统中自带的具备特定含义的标识符，它们是预先定义好的，可以直接使用。常用的 Python 关键字有 import、and、or、if、elif、else、for、while、global、pass、break、continue、class、return 等，见表 7-2。在定义常量和变量时不能使用关键字作为变量名或常量名。在 PyCharm 中输入 Python 的关键字时会显示为蓝色，以示区分。

表 7-2 Python 语言的 35 个关键字

False	True	else	await	import
None	break	except	in	raise
finally	is	return	and	continue
try	as	def	from	nonlocal
assert	del	global	not	with
elif	if	or	yield	pass
class	lambda	while	async	for

2) 变量

Python 语言中的变量不需要声明，可以直接使用赋值运算符对其进行赋值操作，即变量名=值。Python 语言不像 C 或者 Java 语言那样要事先定义好变量的类型，再根据变量的类型对其赋值，Python 语言的变量是没有类型的，它根据所赋的值来决定其数据类型。同时，在程序的执行过程中，可以反复对同一个变量进行赋值，并且可以是不同类型的值。

变量赋值的具体语法格式如下。

对变量赋不同的值，并打印显示，代码如下：

```
#变量赋值
a = "Cherry"
b = a
print("变量 a 的值:",a)
print("变量 b 的值:",b)
a = "Apple"
print("变量 a 的值:",a)
print("变量 b 的值:",b)
```

代码的执行结果如下：

```
变量 a 的值: Cherry
变量 b 的值: Cherry
变量 a 的值: Apple
变量 b 的值: Cherry
```

此代码将变量 a 的值赋予变量 b，但之后对变量 a 的修改并没有影响到变量 b，因为在代码 b = a 中，变量 a 只是将它的值传递给了变量 b。每个变量都对应着一块内存空间，每个变量都有一个内存地址，因此，变量赋值的本质就是将该变量的地址指向赋值给它的常量或变量的地址。

3）常量

常量是内存中用于保存固定值的单元，在程序中常量的值不能发生改变。Python 语言不支持常量，但是为了保持程序员的习惯用法，Python 语言约定，声明在程序运行过程中不会改变的变量为常量，通常使用全部大写字母来标识常量名，而常量所对应的值，可以是数字、字符串、布尔值和空值等。例如，数字 100 和'hello'都是常量。

```
PI = 3.1415926
G = 9.8
```

此处 PI 和 G 默认为常量，但是实际上在执行过程中却是可以改变它们的值的，只是约定一般不要修改常量的值。空值 None 是一个特殊的常量，它跟 0 和空字符串不同，None 表示什么都没有。

4. 数值类型

Python 语言中的变量可以接收任何类型的数据，Python 语言拥有丰富的数据类型。根据数据在内存单元中存储的形式不同，Python 语言中的数据类型有数值类型、字符串型、列表、元组、字典、集合等，其中，Python 语言中的数值类型有 4 种：整数(int)、浮点数(float)、布尔值(bool)、复数(complex)。

1）整数类型

整数是不带小数部分的数字，例如 1、0、−100。和其他大多数编程语言不同，Python

语言的整数没有长度限制，甚至可以书写和计算有几百位数字的大整数。Python 语言中整数的书写支持 4 种数制：十进制、二进制、八进制和十六进制。十进制数直接用默认方式书写，而后 3 种数制需要特殊的前缀，分别是 0b、0o、0x，其中的字母也可以用大写字母。在十六进制数中，使用 A～F 这 6 个字母来代表十进制数 10～ 15，换成小写字母 a～f 也是一样的，代码如下：

```
#整数
print(10)               #十进制
print(0x1A)             #0x 代表十六进制
print(0o10)             #0o 代表八进制
print(0b110)            #0b 代表二进制
```

代码的执行结果如下：

```
10
26
8
6
```

2）浮点数类型

浮点数是带小数的数字，如 1.、.5、－5.154e2，其中 1. 相当于 1.0，.5 相当于 0.5，－5.154e2 是科学记数法，相当于 -5.154×10^2，即－515.4。“浮点”是相对于“定点”而言的，也就是说小数点不是固定不变的，而是可以浮动的。在数据存储长度有限的情况下，采用浮点表示方法，有利于在数值变动范围很大或者数值很接近 0 时，仍能保证一定长度的有效数字。与整数不同，浮点数存在上限和下限。如果计算结果超出上限和下限的范围，则会导致溢出错误，并且浮点数只能用十进制形式表示，代码如下：

```
#浮点数
num1 = 1.23456789e5
print(num1)
num2 = 12345678900000000.1
print(num2)
num3 = 0.0000000001
print(num3)
```

代码的执行结果如下：

```
123456.789
1.23456789e+16
1e-10
```

3）布尔值类型

布尔值就是逻辑值，只有两种：True 和 False，分别代表“真”和“假”。在 Python 3.x 中将 True 和 False 定义成了关键字，但实际上它们的值仍是 1 和 0，并且可以与数字类型的值

进行算术运算,代码如下:

```
#布尔值
print(1 + True)
print(1 * False)
print(1 == 1)
print(1 > 2)
```

代码的执行结果如下:

```
2
0
True
False
```

在上述代码中,1 == 1 是关系运算符组成的表达式,运算符==用于判断左右两边的对象是否相等,如果相等,则表达式的返回值为 True,否则返回值为 False。

4) 复数类型

复数(complex)由实数和虚数两部分构成,可以用 $a+b$j,或者 complex(a,b)表示,复数的实部 a 和虚部 b 都可以是浮点型。复数对象有两个属性 real 和 imag,用于查看实部和虚部,代码如下:

```
#复数类型
a = 2 - 3j
print(a.real)            #输出实部 float 类型
print(a.imag)            #输出虚部 float 类型
```

代码的执行结果如下:

```
2.0
-3.0
```

5) 数值类型转换

Python 语言如果在数学运算表达式中包含不同类型的数据类型,则会自动进行类型转换,即隐式转换。例如整数和浮点数运算会自动将整数转换为浮点数类型,整数或浮点数与复数运算的结果为复数,除法(/)运算的结果是浮点数,当布尔型数据参与运算时会被自动转换为整数,代码如下:

```
#把数字字符强制转换成整型
a = "1"
b = int(a) + 1;
print(b)

#整数和浮点数运算会自动将整数转换为浮点数类型
a = 2
```

```
b = 1.5
c = a * b
print(c)

#/的结果是浮点数
a = 6
b = 3
c = a / b
print(c)

#整数或浮点数与复数运算转换为复数
a = 2
b = 1 + 4j
c = a + b
print(c)

#当布尔型数据参与运算时会被自动转换为整数
a = 1
b = True
c = a + b
print(c)
```

代码的执行结果如下：

```
2
3.0
2.0
(3+4j)
2
```

在上述第 1 段代码中，变量 a 被赋值“1”，此时它是字符串变量，使用 int()函数将变量 a 转换为整数并加上 1 再赋值给变量 b。整数 6 和 3 做除法运算，结果是浮点数。整数与复数运算，整数部分跟复数的实部做运算，最后结果为复数。当布尔型数据参与运算时，True 被看作整数 1，False 被看作整数 0。

除此以外，Python 语言中还提供了进制转换函数对数据类型进行强制转换，例如 bin()、oct()、hex()，代码如下：

```
#进制转换
print(bin(12))              #将十进制整数转换为二进制数
print(oct(0b101))           #将二进制整数转换为八进制数
print(hex(0b1111))          #将二进制整数转换为十六进制数
```

代码的执行结果如下：

```
0b1100
0o5
0xf
```

bin(12)用于将十进制数 12 转换为二进制数，oct(0b101)用于将二进制数 101 转换为八进制数，hex(0b1111)用于将二进制数 0b1111 转换为十六进制数。

5. 字符串类型

1）字符串的创建

Python 语言中字符串由引号和引号中的内容构成，这里的引号可以是一对单引号，也可以是一对双引号，还可以是一对三引号，其中单引号中可以嵌套双引号，双引号中也可以嵌套单引号，嵌套的引号被认为是字符串的一部分，3 个引号中的字符串可以跨行，代码如下：

```
#创建字符串
var1 = 'I love C!'
var2 = "I love Java!"
var3 = '''I love Python!'''
```

2）字符串的运算

在程序代码中，有时需要对字符串进行拼接，使用加号(+)号就可以直接把字符串相加，代码如下：

```
a = 'I'
b = ' love'
c = ' Python'
print(a + b + c)
```

代码的执行结果如下：

```
I love Python
```

Python 语言中的字符串不仅可以相加，也可以乘以一个数字。字符串乘以一个数字，意思就是将字符串复制这个数字的份数，代码如下：

```
a = 'Hello'
print(a * 3)
```

代码的执行结果如下：

```
HelloHelloHello
```

3）序列的索引

Python 语言中有序的集合称为序列，如字符串、列表、元组等都是有序的集合。凡是序列，就可以通过元素所在的位置索引 index 获取该位置上的元素，序列的索引分为正向索引和逆向索引。以字符串为例，字符串是一个有序的集合，通过位置索引可以获取字符串中每个位置上的元素，例如字符串'''I love Python'''，正向索引从左到右，从 0 递增到 12；逆向索引从右到左－1 递减到－13，如图 7-20 所示。

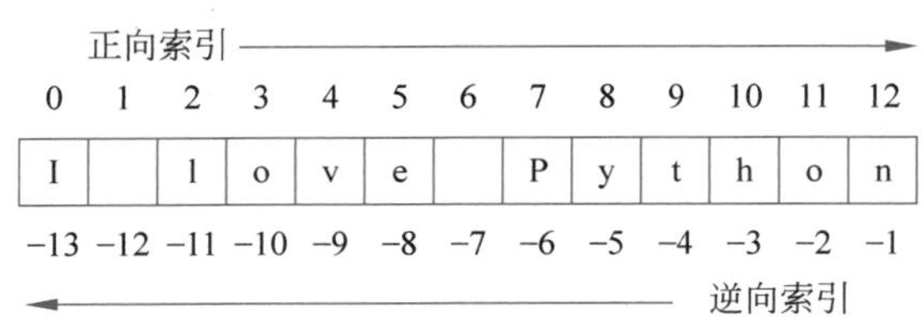

图 7-20 字符串索引

通过位置索引获取对应元素的语法格式为 s[index]，例如 s[4]可以取到正向第 5 个字符 v，s[－3]可以取到逆向的第 3 个字符 h。需要注意的是，字符串中的空格也是占位的，s[1]和 s[－7]取到的都是空格。

4）序列的切片

如果想要获取有序集合中任何部分的 1 个或者多个元素，则可以通过序列的切片操作来完成，切片后将获得一个新的序列。切片是 Python 语言非常重要的一个操作，序列切片的格式为序列名[a:b:c]。

其中 a 是切片的起始位置 index，可以省略，省略时默认为 0；b 是切片的结束位置，也可以省略，省略时表示取全部元素，这是一个开区间，b 不能被取到；c 是切片的步长，省略时默认为 1。

切片的步长既可以为正，也可以为负，当它的值为正时，表示从左往右切片，若为负数，则相反，从右往左切片。如 s[2:12:2]表示从序列 s 的 index 为 2 位置的元素开始，从左往右，每两个位置取一个元素，直到第 12 个元素之前。以字符串'''I love Python'''的切片为例进行说明，如图 7-21 所示，最终获得了一个新的字符串'''lv yh'''。

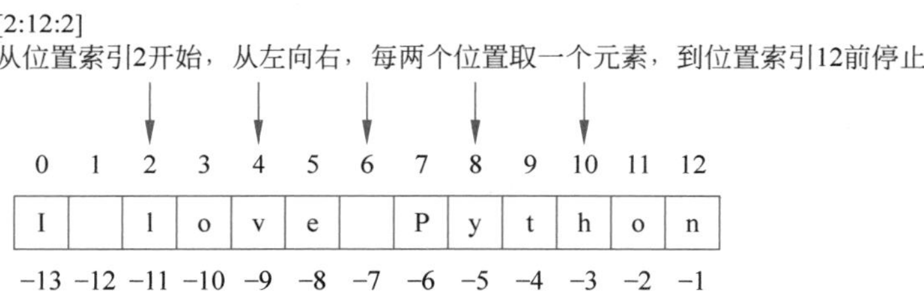

图 7-21 字符串正向切片

当切片的步长参数为负值时，切片从序列的末尾方向开始切片，这种方式对于事先未知序列的长度的场景非常有效。如 s[－2:－12:－2]表示从序列 s 的 index 为－2 位置的元素开始，从右往左，每两个位置取一个元素，直到第－12 个元素之前，仍然以字符串'''I love Python'''的切片为例进行说明，如图 7-22 所示。最终获得了一个新的字符串''otPeo'''。

5）字符串的常用操作方法

Python 语言中除了可以通过运算符对字符串进行操作外，还可以通过 Python 语言提供的内置函数对字符串进行处理，常用的内置函数见表 7-3。

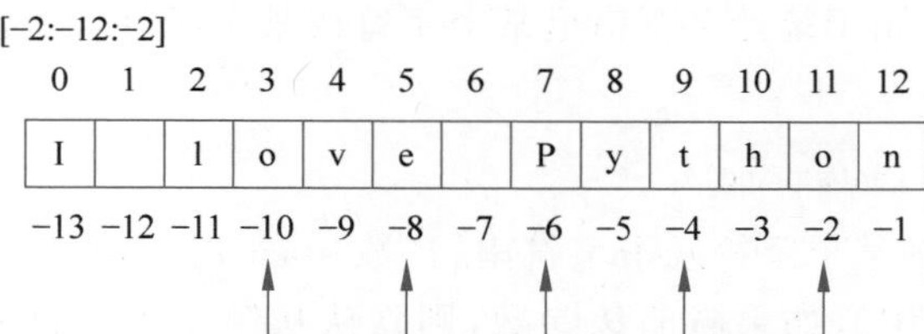

图 7-22 字符串逆向切片

表 7-3 字符串常用内置函数

函 数	描 述
len(string)	返回字符串的长度
S. join(S1)	连接字符串
S. upper()	将字符串中的全部字母大写
S. split()	分割字符串，默认用空格分隔，如果要用其他分隔符，则可使用 sep=设置
S. strip()	去除字符串首尾的空格、\n、\r、\t，如指定，则去除首尾指定的字符
S. capitalize()	将字符串中的第 1 个字母大写
S. find(sub[start[,end]])	返回某一子字符串的起始位置，如果无，则返回－1
S. isalpha()	检测字符串中是否只包含 a～z、A～Z
S. islow()	检测字符串是否均为小写字母
S. title()	将字符串中所有单词的首字母大写
S. count(x)	返回字符串中 x 字符的个数

【例 7-6】 从键盘输入一个字符串，统计该字符串中字符的个数，并将该字符串全部转换成大写字母，代码如下：

```
#chapter7/7.6.py 字符串常用操作方法
s = input("请输入字符串 s = ")
print("字符串的长数:",int(len(s)))          #字符串长度
print(s.upper())                            #全部大写字母
print(s.title())                            #每个单词首字母大写
print(s.capitalize())                       #第 1 个字母大写
print(s.isalpha())                          #字符串中是否全部为大小写字母
```

代码的执行结果如下：

```
请输入字符串 s = i love python
字符串的长数: 13
I LOVE PYTHON
I Love Python
I love python
False
```

在上述例题中，用 len()函数可以直接得到指定字符串的长度，Python 语言中还提供了

一个内置函数 count(),该方法用于统计字符串里某个字符或某个子字符串出现的次数,其语法结构为

```
str.count(sub,star = 0,end = len(string))
```

其中,参数 sub 用于指定搜索的某个字符或子字符串,参数 start 用于指定字符串开始搜索的位置,第 1 个字符的索引值为 0,如果省略该参数,则默认从第 1 个字符开始搜索,参数 end 是字符串中结束搜索的位置,如果省略该参数,则默认为字符串的最后一个位置,代码如下:

```
#count()函数
s = 'I love Python'
print(s.count('o'))                    #从头到尾统计
print(s.count('o',7))                  #从索引为 7 的位置开始统计
```

代码的执行结果如下:

```
2
1
```

在上述代码中,s.count('o')用于统计字符'o'在字符串 s 中出现的次数,此处省略了第 2 个参数和第 3 个参数,即从字符串开头搜索到字符串的结尾,该写法等同于 s.count('o',0,12)。s.count('o',7)是从索引为 7 的位置开始搜索,直到字符串的结尾,该写法等同于 s.count('o',7,12)。

6. 列表类型

在 Python 语言的组合数据类型中可以包含由多种基本数据类型组合而成的数据,按照不同的结构可以分为列表、元组、字典等类型。

列表是一种有序的元素的集合。例如,饭店点餐的菜单就是一种列表。可以通过 type()方法查看列表的类型,其值为 list。与数组不同的是同一个列表中的元素可以是不同类型的数据,列表的本质是一个有序的可变序列类型,可以随时添加、更新和删除列表中的元素。列表中的元素可以重复出现。

1) 列表的创建

列表中所有元素放在一对中括号[ ]内,用英文逗号进行分隔。列表中的每个元素都可以是不同的数据类型。创建列表的语法格式如下:

```
列表变量名 = [元素 1,元素 2,元素 3,…,元素 n]
```

创建一个列表,只需用逗号把不同的数据项分隔开,用方括号括起来,代码如下:

```
list = ['zhangsan','f',20]
```

2) 列表的访问

与字符串的索引一样,列表的索引也是从 0 开始的。列表可以进行截取、组合等,代码

如下：

```
list = ['zhangsan','f',20]
print(list[0],list[1],list[2],sep = ',')
print(list[ - 1],list[ - 2],list[ - 3],sep = ',')
print(list[1:3])
```

代码的执行结果如下：

```
zhangsan,f,20
20,f,zhangsan
['f',20]
```

在上述代码中，列表变量有3个元素，利用正向索引和反向索引都能访问每个元素。正向索引的取值范围是0～2，反向索引的取值范围是－1～－3。如果访问超出列表的索引范围，就会报语法错误，例如list[3]就不能访问任何元素，并且列表跟字符串一样都属于序列，能够进行切片操作，list[1:3]切片的起始位置是1，终止位置是3，步长省略了，默认值为1，因此切片是从位置索引1开始，从左至右，连续取相应位置的元素，到位置索引3之前终止，如图7-23所示。

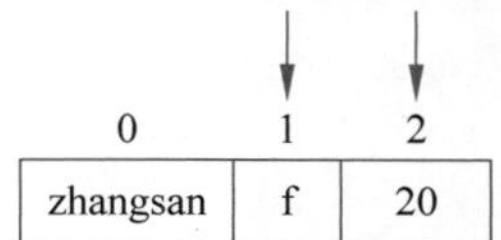

图7-23　列表正向切片

3）列表元素的添加

列表中的元素可以通过多种方法添加，例如list.append(x)表示在list列表的尾部添加x元素。如果希望在列表的指定位置插入元素，则可以通过insert()函数实现，例如list.insert(1,x)表示在列表list中索引号为1的位置插入元素x，同时之前索引位置1及后面的元素向后移一个索引位置。还可以通过extend()函数将一个列表中的所有元素追加到另一个列表的尾部，例如list1.extend(list2)表示将list2中的所有列表元素从头开始依次追加到list1的尾部，代码如下：

```
#列表元素的增加
list = [1,3,7,9]
print("list 原来的值:",list)

list.append(11)
print("在 list 末尾添加元素:",list)

list.insert(2,5)
```

```
print("在索引为 2 的位置添加元素:",list)

list.extend(['h','e','l','l','o'])
print("在 list 末尾添加一列表:",list)
```

代码的执行结果如下：

```
list 原来的值: [1,3,7,9]
在 list 末尾添加元素: [1,3,7,9,11]
在索引为 2 的位置添加元素: [1,3,5,7,9,11]
在 list 末尾添加一列表: [1,3,5,7,9,11,'h','e','l','l','o']
```

4）列表元素的修改

Python 语言中可以直接修改列表中索引号对应位置的元素，例如 list[1]=a 表示将列表 list 索引位置 1 的元素修改为 a。也可以通过赋值的方式修改整个列表，代码如下：

```
list1 = [2,4,6,8,10]
list2 = ['a','b','c','d','e']
print("list1 原来的值:",list1)
print("list2 原来的值:",list2)
list1 = list2                          #将 list1 指向 list2 的内存地址
print("赋值之后 list1 的值:",list1)
print("赋值之后 list2 的值:",list2)
list1[0] = 'H'                         #list1 和 list2 的元素都被修改了
print("更新元素之后 list1 的值:",list1)
print("更新元素之后 list2 的值:",list2)
```

代码的执行结果如下：

```
list1 原来的值: [2,4,6,8,10]
list2 原来的值: ['a','b','c','d','e']
赋值之后 list1 的值: ['a','b','c','d','e']
赋值之后 list2 的值: ['a','b','c','d','e']
更新元素之后 list1 的值: ['H','b','c','d','e']
更新元素之后 list2 的值: ['H','b','c','d','e']
```

5）列表元素的删除

Python 语言中可以通过 del 语句删除列表中指定位置的元素，也可以删除整个列表。例如 del list[1]表示删除列表索引号为 1 的元素，del list1 表示删除整个 list1 列表。

通过 remove()函数可以删除列表中的某个匹配元素，如果列表中有多个匹配的元素，则只删除第 1 个匹配到的元素，例如 list2.remove(e)表示删除 list2 列表中等于 e 的元素，如果存在多个相同的元素，则删除找到的第 1 个元素。当列表中找不到匹配的元素时会报错。

通过 pop()函数可以删除并返回指定位置的元素，例如 list3.pop(1)表示删除索引号为 1 的对应元素，如果省略了索引号，则默认删除列表的最后一个元素。

通过 clear()函数清空列表，即删除列表中所有的元素，代码如下：

```
list = ['C','Java','Python']
del list[0]                                   # 删除索引号为 0 的'C'元素
print("删除 list[0]之后的 list:",list)

list = ['beijing','tianjin','shanghai','chongqing']
list.remove('beijing')                        # 删除 list2 中的第 1 个'beijing'
print("移除元素之后的 list:",list)

list = [1,2,3,4,5]
list.pop()                                    # 默认删除最后一个元素，即 12
print("弹出末尾元素之后的 list:",list)

list.clear()                                  # 删除列表中所有的元素，空列表不会删除
print("清除元素之后的 list:",list)
```

代码的执行结果如下：

```
删除 list[0]之后的 list: ['Java','Python']
移除元素之后的 list: ['tianjin','shanghai','chongqing']
弹出末尾元素之后的 list: [1,2,3,4]
清除元素之后的 list: []
```

6）列表的常用函数

Python 语言中除了前面用到的一些常用函数方法外，还有 sort()、sorted()、reverse()、index()、count()等函数可以对列表进行操作，列表的常用函数见表 7-4。

表 7-4　列表的常用函数

函　　数	描　　述
list(x)	使用 x 作为列表元素创建列表，或者将其他类型的集合 x 转换为列表
list. append(x)	在列表 list 的尾部添加 1 个元素 x
list. insert(index, x)	在列表的索引 index 位置插入元素 x，之前的元素依次向后移动一个位置
list. extend(x)	将列表 x 中的元素全部插入列表 list 的尾部
del list/list[index]	删除列表 list 或者删除列表 list 中 index 位置的元素
list. remove(x)	删除列表中的元素 x
list. pop(index)	删除列表中 index 位置的元素，当 index 省略时默认删除最后的 1 个元素
list. clear()	删除列表 list 中的所有元素，留下空列表
list. sort(key, reverse)	对列表中的元素进行排序，原地排序，key 和 reverse 都可以省略
sorted(list)	按升序排列列表元素，返回新列表，原 list 不变
list. reverse()	逆置列表，原地翻转
list. index(x)	返回列表中 x 元素的下标位置，即 index 值
list. Count()	返回元素 x 在列表 list 中出现的次数

Python 语言提供了 3 个排序函数，分别是 sort()、sorted()和 reverse()函数。

其中，sort()函数用于按特定的规则对列表中的元素进行排序，语法格式如下：

```
list.sort(key,reverse)
```

参数 key 和 reverse 都可以省略，key 用于指定排序的规则，reverse 用于控制列表元素的排序方式是升序还是降序，True 表示按降序排序，False 表示按升序排序，省略的情况为默认值 False，代码如下：

```
list = [1,2,3,4,5]
list.sort()
print(list)

list = ['a','b','c','d','e']
list.sort(reverse = True)
print(list)
```

代码的执行结果如下：

```
[1,2,3,4,5]
['e','d','c','b','a']
```

sorted()函数也可以对列表进行排序，排序后会返回一个新的列表，而不会改变原有列表，语法格式如下：

```
sorted(iterable,key = None,reverse = False)
```

参数 iterable：指定的序列，可迭代对象。

参数 key：可以自定义排序规则，指定可迭代对象中的一个元素来进行排序。

参数 reverse：指定以升序(False，默认)还是降序(True)进行排序。

key 参数和 reverse 参数是可选参数，既可以使用，也可以忽略，代码如下：

```
#对列表进行排序
a = [5,4,3,2,1]
print("排序前列表 a:",a)
print("排序后新列表:",sorted(a))
print("列表 a:",a)
```

代码的执行结果如下：

```
排序前列表 a: [5,4,3,2,1]
排序后新列表: [1,2,3,4,5]
列表 a: [5,4,3,2,1]
```

从运行结果来看，使用 sorted()函数生成了一个新的列表，并没有改变原有列表。如果参数 reverse 省略，则序列按照升序排序。如果希望序列按照反序排序，则需要设置参数 reverse＝True。

Python 语言中 reverse()是列表中的一个内置方法，其作用主要用于反向列表中的元素，即将原列表的元素从右到左倒序，倒序后的列表数据替换原列表数据，语法格式如下：

```
list.reverse()
```

参数：NA。

返回值：该方法没有返回值，但是会对列表的元素进行反向排序，代码如下：

```
aList = ['1','2','3','4','5']
aList.reverse()
print("反序后的列表:",aList)
```

代码的执行结果如下：

```
反序后的列表: ['5','4','3','2','1']
```

跟 sorted()函数不一样，执行 reverse()函数不会产生新的列表，它会直接改变原有列表中元素的顺序。

【例 7-7】 简阳一小 5.2 班的部分同学今天测量了体重，体重数据均已存入一个列表。请统计今天测量体重的同学人数、最大体重、最小体重和平均体重，并把体重列表按从小到大的顺序进行排序，代码如下：

```
#chapter7/7.7.py 求出两个数的较大者
list = [60,65,70,52,78,54,78,80,75,85]
print('称重同学的人数:',len(list))
print('最大体重:',max(list))
print('最小体重:',min(list))
print('平均体重:',sum(list)/len(list))
list.sort()
print('排序后的体重:',list)
```

代码的执行结果如下：

```
称重同学的人数: 10
最大体重: 85
最小体重: 52
平均体重: 69.7
排序后的体重: [52,54,60,65,70,75,78,78,80,85]
```

7. 元组类型

Python 语言中的元组是一种有序不可变的元素的集合，所有元素放在一对括号“( )”内，用英文逗号进行分隔。与列表一样元组中的元素可以是不同类型的数据，元组中的元素也可以重复，与列表不同的是，它是不可变的序列，不可以对元组中的元素进行添加、更新和删除等操作。

1）元组的创建

元组的创建同样可以使用赋值运算符进行创建，当元组元素为空时此元组为空元组，但是因为元组不能对元素进行增加、修改等操作，所以空元组在实际应用中没有意义。元组创建格式如下：

元组变量名 = (元素 1,元素 2,元素 3, … ,元素 n)

创建一个元组，只需用逗号把不同的数据项分隔开，用小括号括起来，代码如下：

```
Tup = (lisi,'m',21)
```

当元组中只包含一个元素时，需要在元素后面添加逗号，否则括号会被当作运算符使用。

2）元组的访问

元组也是有序集合，同样可以使用索引值对应的位置去获取元素，也可以使用切片操作获得任何部分的元素，代码如下：

```
tup = ('I','love','python',[1,2,3],'',2023)
print(tup[ - 1],tup[3],sep = ';')
```

代码的执行结果如下：

```
2023;[1,2,3]
```

通过切片获取元组的任意部分，返回一个新的元组，代码如下：

```
tup = ('I','love','python',[1,2,3],'',2023)
print(tup[0:3:1])
```

代码的执行结果如下：

```
('I','love','python')
```

3）元组的常用操作方法

元组的操作方法较少，只有 index()和 count()，使用方法和列表基本类似。index()函数用于返回列元组中指定元素的位置索引 index 值，如果元组中存在多个元素与指定元素相同，则返回的是从左边开始与指定元素相同的第 1 个元素的位置。count()函数用于返回指定元素在元组中出现的次数，当元组中没有找到指定元素时，返回 0，代码如下：

```
tup = (1,2,3,4,5,6,7,8,9,3,5)
print(tup.index(5))          #返回第 1 个 5 所在的 index
print(tup.count(3))          #3 在元组中出现的次数
```

代码的执行结果如下：

```
4
2
```

【例 7-8】 定义一个元组，内容是：('张多多',11,['music' ,'badminton'])，记录的是一名学生的信息(姓名，年龄，爱好)。请通过元组的方法，查找该学生的姓名和年龄所在的位置索引，追加一个爱好'drawing '，并重新打印该元组，代码如下：

```
#chapter7/7.8.py 元组常用操作方法
tup = ('张多多',11,['music','badminton'])
print('该同学的姓名:',tup[0])
print('该同学年龄所在的索引位置:',tup.index(11))
tup[2].append('drawing')
print('现在的元组:',tup)
```

代码的执行结果如下：

```
该同学的姓名: 张多多
该同学年龄所在的索引位置: 1
现在的元组: ('张多多',11,['music','badminton','drawing'])
```

8. 字典类型

Python 语言中用字典存储具有一一对应的映射关系的数据结构，它以键-值对的方式存放数据，通过“键”查找对应的“值”。例如学号和姓名的映射关系，就可以通过字典来存放，以学号为“键”，以姓名为“值”。字典中“键”是唯一的，是不可重复的，但“值”可以重复，可以通过唯一的“键”找到跟它对应的“值”。

1）字典的创建

字典的每个键-值对(key：value)用英文冒号分隔，每个键-值对之间用英文逗号分隔，字典的所有键-值对用花括号括起来，字典中的“键”为不可变的，“值”可以是任意类型的数据，字典的定义格式如下：

```
d = {k1:v1,k2:v2, … ,kn:vn}
```

字典的创建同样可以使用赋值运算符进行创建，字典是无序的，字典每次输出的顺序都是随机的，并且都可能发生改变，代码如下：

```
dic = {2022101:'张三',2022102:'李二',2022103:'王小'}
```

2）字典的常用操作方法

由于字典是可变的，所以字典也可以对元素进行添加、修改和删除操作。字典常用的操作函数见表 7-5。

表 7-5　字典的常用函数

函　数	描　述
d.keys()	返回字典中所有的“键”
d.values()	返回字典中所有的“值”
d.items()	返回字典中所有的键-值对元素
d.setdefault(k,default)	返回字典中 k 对应的值，如果不存在，则在字典中创建一个“键”为 k，“值”为 default 的元素

续表

函　　数	描　　述
d. copy()	字典的复制,返回新字典
d. get(k,default])	获取字典中键 k 对应的值,如果不存在,则返回给定的默认值
d. fromkeys(k,v)	以 k 为"键",以 v 为"值"创建字典
d. update(d2)	将字典 d2 中的元素更新到字典 d 中
d. pop(k)	返回字典中指定的"键"为 k 对应的"值",同时删除该对键-值对
d. popitem()	随机删除字典中的一个键-值对,返回被删除的元素

由于字典是无序的,所以不能通过索引位置去访问元素,但字典可以通过唯一的"键"进行访问。通过 keys()函数访问字典返回的是字典中所有的键信息,values()函数返回的是字典中所有的值信息,items()函数返回的是字典的键-值对元素信息,返回信息都存放在一个列表中,代码如下:

```
#字典的访问
dic = {2022101:'张三',2022102:'李二',2022103:'王小'}
print(dic.keys())                       #返回所有的键信息,列表
print(dic.values())                     #返回所有的值信息
print(dic.items())                      #返回所有的键-值对元素
```

代码的执行结果如下:

```
dict_keys([2022101,2022102,2022103])
dict_values(['张三','李二','王小'])
dict_items([(2022101,'张三'),(2022102,'李二'),(2022103,'王小')])
```

字典中较常用的是更新操作,可以通过 update()函数将一个字典中的元素更新到当前字典中,如果与原字典中的"键"重复,则更新,如果原字典中不存在该"键",则添加到原字典中,代码如下:

```
#字典的更新
dic1 = {2022101:'张三',2022102:'李二',2022103:'王小'}
dic2 = {2022103:'王五'}
dic1.update(dic2)
print(dic1)
dic3 = {2022104:'赵六'}
dic1.update(dic3)
print(dic1)
```

代码的执行结果如下:

```
{2022101: '张三',2022102: '李二',2022103: '王五'}
{2022101: '张三',2022102: '李二',2022103: '王五',2022104: '赵六'}
```

通过 pop(k)和 popitem()函数都可以删除字典中的元素,pop(k)返回字典中指定的

"键"k 所对应的"值",同时删除该键-值对,代码如下:

```
#字典的删除 pop
dic = {2022101:'张三',2022102:'李二',2022103:'王小'}
dic.pop(2022103)
print(dic)
```

代码的执行结果如下:

```
{2022101: '张三',2022102: '李二'}
```

popitem()函数则用于返回字典中随机一组键-值对,存放在元组中,同时在原字典中删除该键-值对,代码如下:

```
#字典的删除 popitem
dic = {2022101:'张三',2022102:'李二',2022103:'王小'}
dic.popitem()
print(dic)
```

代码的执行结果如下:

```
{2022101: '张三',2022102: '李二'}
```

通过 clear()函数可以清除字典中的所有元素,最后返回一个空字典,代码如下:

```
#字典的删除 clear
dic = {2022101:'张三',2022102:'李二',2022103:'王小'}
dic.clear()
print(dic)
```

代码的执行结果如下:

```
{}
```

也可以直接使用 del 命令删除,通过 del 命令删除后,将不能再访问该字典,代码如下:

```
#字典的删除 del
dic = {2022101:'张三',2022102:'李二',2022103:'王小'}
del dic
```

此时如果再访问字典,则将运行出错。

【例 7-9】 已知存在一个字典,"键"是国家名称,"值"是对应国家的首都。根据用户输入的国家,输出该国的首都名,如果字典中不存在该国,则输出"暂不存在"。最后罗列出所有国家的首都,代码如下:

```
#chapter7/7.9.py 字典常用操作方法
d = {"中国":"北京","美国":"华盛顿","法国":"巴黎","意大利":"罗马"}
```

```
s = input('请输入国家:')
print("该国的首都是:",d.get(s,'暂不存在'))
list = list(d.values())
print("所有的首都",list)
```

代码的执行结果如下：

```
请输入国家:美国
该国的首都是: 华盛顿
所有的首都 ['北京','华盛顿','巴黎','罗马']
```

9. Python 运算符与表达式

在 Python 语言中，有时需要对一个或多个数字（或字符串）进行运算操作，运算符可以指定运算操作类型。Python 语言支持算术运算符、赋值运算符、位运算符、比较运算符、逻辑运算符、字符串运算符、成员运算符和身份运算符等基本运算符。

1）算术运算符

算术运算符用来对数字进行数学运算，Python 语言中算术运算符有+、-、*、/、%、**、//。各个算术运算符的含义见表 7-6。

表 7-6　算术运算符

运算符	说明	例子
+	加，两个对象做加法运算，求和	21 + 10 的结果是 31
-	减，两个对象做减法运算，求差	21 - 10 的结果是 11
*	乘，两个对象做乘法运算，求积	21 * 10 的结果是 210
/	除，两个对象做除法运算，求商	21 / 10 的结果是 2.1
//	整除，返回商的整数部分（向下取整）	21//10 的结果是 2
%	求余，返回除法运算的余数	21 % 10 的结果是 1
**	求次方（乘方），返回 x 的 y 次幂	21 ** 10 的结果是 16 679 880 978 201

2）比较运算符

比较运算符，也称为关系运算符，用于对两个对象的大小进行比较，这两个对象可以是变量，也可以是常量或表达式的结果。当比较成立时，比较的结果为 True（真），反之为 False（假）。Python 语言中的比较运算符为"==、!=、<>、>、<、>=、<="。各个比较运算符的含义见表 7-7。

表 7-7　比较运算符

运算符	说明	例子 x=10,y=20
==	等于，比较两个对象是否相等	x == y 的结果是 False
!=	不等于，比较两个对象是否不相等	x != y 的结果是 True
>	大于，返回 x 是否大于 y	x > y 的结果是 False
<	小于，返回 x 是否小于 y。对于所有比较运算符，如果返回 1，则表示真，如果返回 0，则表示假。这分别与特殊的变量 True 和 False 等价	x<y 的结果是 True

续表

运算符	说　明	例子 x=10,y=20
>=	大于或等于,返回 x 是否大于或等于 y	x >= y 的结果是 False
<=	小于或等于,返回 x 是否小于或等于 y	x<=y 的结果是 True

3）赋值运算符

赋值运算符是把右边的对象传递给左边的变量或常量,右边的对象可以是一个具体的值,也可以是进行某些运算后的结果或者函数调用的返回值。Python 语言中的赋值运算符为“=、+=、-=、*=、/=、%=、**=、//=”,各个赋值运算符的含义见表 7-8。

表 7-8　赋值运算符

运　算　符	说　明	实　例
=	简单的赋值运算符	c=a+b 将 a+b 的运算结果赋值给 c
+=	加法赋值运算符	c+=a 等效于 c=c+a
-=	减法赋值运算符	c-=a 等效于 c=c-a
*=	乘法赋值运算符	c*=a 等效于 c=c*a
/=	除法赋值运算符	c/=a 等效于 c=c/a
%=	取模赋值运算符	c%=a 等效于 c=c%a
**=	次方赋值运算符	c**=a 等效于 c=c**a
//=	整除赋值运算符	c//=a 等效于 c=c//a

4）位运算符

位运算符是用来进行二进制计算的,因此位运算只能操作整数。Python 语言中位运算符为 &、|、^、~、<<、>>。各个位运算符的含义见表 7-9。

表 7-9　位运算符

运算符	说　明	实例
&	按位与运算符：参与运算的两个二进制位,如果都为 1,则该位的结果为 1,否则为 0	a & b
|	按位或运算符：参与运算的两个二进制位,如果有一个为 1,结果位就为 1	a| b
^	按位异或运算符：参与运算的两个二进制位,当相同时,结果为 0,当相异时,结果为 1	a ^ b
~	按位取反运算符：对运算数的每个二进制位取反,即把 1 变为 0,把 0 变为 1。~x 类似于 -x-1	~a
<<	按位左移运算符：运算数的各个二进制位全部左移若干位,由<<右边的数字指定移动的位数,高位丢弃,低位补 0	a<<b
>>	按位右移运算符：运算数的各个二进制位全部右移若干位,由>>右边的数字指定移动的位数	a>>b

5）逻辑运算符

Python 语言中的逻辑运算符是用来进行逻辑判断的运算符,它可以操作任何类型的表达式,不管表达式是不是布尔类型；同时,逻辑运算的结果也不一定是布尔类型,它也可以是任意类型。逻辑运算符为 and、or、not。各个逻辑运算符的含义见表 7-10。

表 7-10 逻辑运算符

运 算 符	说 明
and	逻辑与运算符。例如 a and b,当 a 和 b 都为 True 时等于 True,否则等于 False
or	逻辑或运算符。例如 a or b,当 a 和 b 至少有一个为 True 时等于 True,否则等于 False
not	逻辑非运算符。例如 not a,当 a 等于 True 时,表达式等于 False,否则等于 True

6）成员运算符

除了以上的一些运算符之外,Python 还支持成员运算符。成员运算符为 in、not in。各个成员运算符的描述见表 7-11。

表 7-11 成员运算符

运 算 符	说 明	实 例
in	如果在指定的序列中找到值,则返回 True,否则返回 False	x in y
not in	如果在指定的序列中没有找到值,则返回 True,否则返回 False	x not in y

7）身份运算符

身份运算符用于比较两个对象的存储单元并判断它们是否相同的一种运算符号。Python 语言中,身份运算符只有 is 和 is not 两种,返回的结果是布尔类型,其描述见表 7-12。

表 7-12 身份运算符

运 算 符	说 明	实 例
is	is 用于判断两个标识符是不是引用自一个对象,如果是同一个对象,则返回值为 True,否则返回值为 False	x is y
is not	is not 用于判断两个标识符是不是引用自不同对象,如果不是同一个对象,则返回值为 True,否则返回值为 False	x is not y

8）表达式

表达式由常量、变量和运算符等组成。在前面介绍运算符时,已经涉及了一些表达式,代码如下:

```
a = b + c
a = b - c
a = b * c
a = b/c
a = b % c
a += 1
a = b ** 2
c = a and b
```

【例 7-10】 运算符的综合练习,代码如下:

```
#hapter7/7.10.py 运算符综合示例
num1 = int(input("请输入第 1 个数 num1 = "))    #从键盘输入
num2 = int(input("请输入第 2 个数 num2 = "))
```

```
result = num1 / num2
print("这两个数的商:",result)

result = num1 % num2
print("这两个数取模为",result)

result = num1 ** num2
print("这两个数求幂次:",result)

result = num1 //num2
print("这两个数整除:",result)

print("num1 大于或等于 num2",num1 >= num2)

num1 = int(input("请重新输入第 1 个数:num1 = "))
num2 = int(input("请重新输入第 2 个数:num2 = "))

result = num1 + num2
print("result = num1 + num2 ,则 result = ",result)

result += num1
print("result += num1 ,则 result = ",result)

result -= num1
print("result -= num1 ,则 result = ",result)

result * = num1
print("result * = num1 ,则 result = ",result)
```

代码的执行结果如下：

```
请输入第 1 个数 num1 = 10
请输入第 2 个数 num2 = 4
这两个数的商: 2.5
这两个数取模为 2
这两个数求幂次: 10000
这两个数整除: 2
num1 大于或等于 num2 True
请重新输入第 1 个数:num1 = 15
请重新输入第 2 个数:num2 = 2
result = num1 + num2 ,则 result =  17
result += num1 ,则 result =  32
result -= num1 ,则 result =  17
result * = num1 ,则 result =  255
```

7.2.3 程序的控制结构

13min

结构化程序设计主要强调某个功能实现的算法，而算法的实现过程是由一系列操作组成的，这些操作之间的执行次序就是程序的控制结构。任何简单或复杂的算法都可以由顺序结构、选择结构、循环结构这 3 种基本结构组合而成,所以这 3 种结构就是程序设计的基本结构,也是结构化程序设计必须采用的结构。

1. 顺序结构

顺序结构是让程序按照语句顺序,从头到尾依次执行每条 Python 代码,不重复执行任何代码,也不跳过任何代码。它是流程控制中最简单的一种结构,也是最基本的一种结构。模块导入语句、赋值语句、输入/输出语句等都是顺序结构语句。顺序结构表示程序中的各操作是按照它们在源码中的排列按顺序依次执行的,其流程如图 7-24 所示。

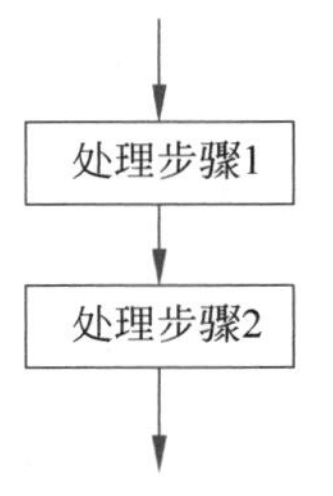

图 7-24 顺序结构

图 7-24 中的处理步骤可以是一个非转移操作或者多个非转移操作,甚至可以是空操作,也可以是 3 种基本结构中的任一结构。整个顺序结构只有一个入口点和一个出口点。这种结构的特点是:程序从入口点开始执行,按顺序执行所有操作,直到出口点,所以称为顺序结构。

【例 7-11】 输入一个任意的三位自然数 n,编程计算其各个数位上的数字,并求出它们的和,代码如下:

```
#chapter7/7.11.py 顺序结构
n = int(input("请输入一个三位数:"))    #从键盘输入
a = n //100
b = n //10 % 10
c = n % 10
sum = a + b + c
print('百位为{0},十位为{1},个位为{2},3 个数字之和是{3}'.format(a,b,c,sum))
```

代码的执行结果如下:

```
请输入一个三位数:352
百位为 3,十位为 5,个位为 2,3 个数字之和是 10
```

input()函数从键盘上获取的数据类型为字符串型类型,由于字符串类型数据无法直接进行算术运算,因此需要将字符串类型的数据转换为整型。求三位任意数的最高位数字,使用整除法,整除 100 即可;求三位任意数的中间位上的数字,整数再对 10 取余即可;求三位任意数的最低位数字,直接对 10 取余即可。

2. 选择结构

选择结构也叫分支结构,是指在程序运行过程中通过对条件的判断,根据条件是否成立而选择不同流向的算法结构,它通常是通过一条或多条语句的执行结果(True 或者 False)来决定执行的代码块。选择结构有单选择、双选择和多选择 3 种形式。

1) 单分支选择

单分支选择结构用于处理单个条件、单个分支的情况,可以用 if 语句来实现,其语法格式如下。

```
if 条件:
```

```
    处理步骤……
```

if 后面的条件结果为布尔类型，在该条件后面必须加上冒号。这里的处理步骤可以是单条语句，也可以是多条语句。语句块必须向右缩进，如果包含多条语句，则这些语句必须具有相同的缩进量。如果语句块中只有一条语句，则语句块可以和 if 语句写在同一行上，即在冒号后面直接写出条件成立时要执行的语句。单分支选择结构的流程图如图 7-25 所示。

2）双分支选择

双分支是典型的选择结构，用于处理单个条件、两个分支的情况，可以用 if-else 语句来实现，其语法格式如下。

```
if 条件:
    处理步骤 1……
else:
    处理步骤 2……
```

if 后面的条件结果为布尔类型，在该条件后面必须加上冒号。处理步骤 1 和处理步骤 2 都可以是单条语句或多条语句，这些语句块必须向右缩进，而且语句块中包含的各条语句必须具有相同的缩进量。双分支选择结构的流程图如图 7-26 所示。

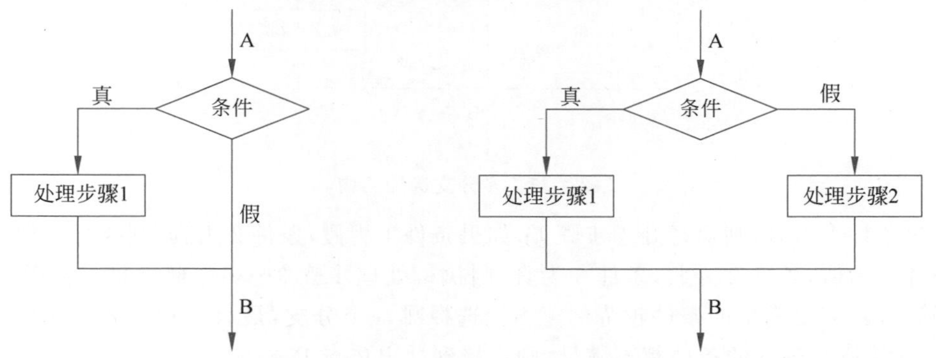

图 7-25　单分支选择结构　　图 7-26　双分支选择结构

在结构入口的 A 处有一个判断条件，表示程序的流程出现可供选择的分支，如果判定条件为真，则执行处理步骤 1，否则执行处理步骤 2。这两个分支中只能选择一个并且必须选择一个执行，但不论选择哪个，最后流程都一定到达结构的出口点 B。

3）多分支选择

多分支选择结构用于处理多个条件、多个分支的情况，可以用 if-elif-else 语句来实现，其语法格式如下。

```
if 条件 1:
    处理步骤 1
elif 条件 2:
    处理步骤 2
elif 条件 3:
    处理步骤 3
```

```
……
else:
    处理步骤 n
```

条件 1、条件 2、……、条件 n 的值为布尔类型，在这些条件后面要加上冒号；处理步骤 1、处理步骤 2、……、处理步骤 n 可以是单条语句或多条语句，这些语句必须向右缩进，而且语句块中包含的多条语句必须具有相同的缩进量。多分支选择结构的流程图如图 7-27 所示，程序的执行方向根据判断条件来确定。

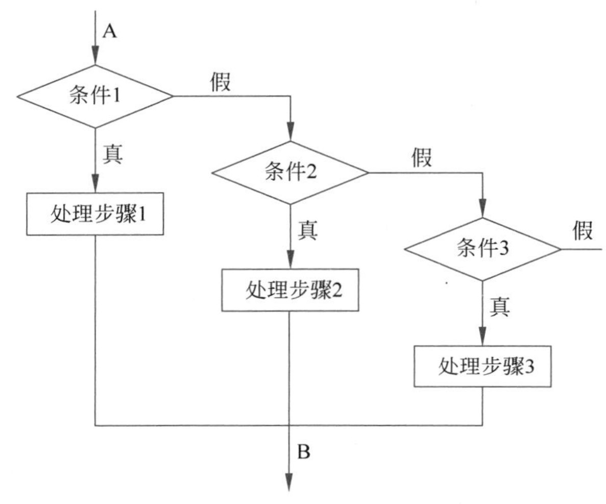

图 7-27　多分支选择结构

如果条件 1 为真，则执行处理步骤 1；如果条件 1 为假，条件 2 为真，则执行处理步骤 2；如果条件 1 为假，条件 2 为假，条件 3 为真，则执行处理步骤 3……以此类推。从图 7-27 中可知，越往后，需要满足的条件越苛刻。不论选择哪一个分支，最后流程都要到达同一个出口点 B，如果所有分支的条件都不满足，则直接到达出口点 B。

【例 7-12】 输入一个分数并判断此分数属于哪个级别，代码如下：

```
#chapter7/7.12.py 选择结构
score = float(input('请输入分数:'))
if score = 0 and score = 100:
    if score < 60:
        grade = 'E'
    elif score < 70:
        grade = 'D'
    elif score < 80:
        grade = 'C'
    elif score < 90:
        grade = 'B'
    else:
        grade = 'A'
    print('该成绩属于级别{}'.format(grade))
```

```
else:
    print('分数超出边界!')
```

代码的执行结果如下：

```
请输入分数:78
该成绩属于级别 C
```

3. 循环结构

循环结构是控制一个语句块重复执行的程序结构，它由循环体和循环条件两部分组成，其中循环体是重复执行的语句块，循环条件则是用于控制是否继续执行该语句块的表达式。循环结构的特点是在一定条件下重复执行某些语句，直至重复到一定次数或该条件不再成立为止。

在 Python 语言中，可以通过 while 语句和 for 语句来实现循环结构，也可以通过 break 语句、continue 语句及 pass 语句对循环结构的执行过程进行控制，此外还可以在一个循环结构中使用另一个循环结构，从而形成循环结构的嵌套。

1）while 循环

在 Python 编程中 while 语句用于循环执行程序，即在某条件下，循环执行某段程序，以处理需要重复处理的相同任务，其语法格式如下。

```
while 条件:
    处理步骤……
```

执行语句块可以是单条语句或一个语句块。表达式可以是任何表达式，任何非零或非空(null)的值均为 True。当表达式的值为 False 时，循环结束。

表达式表示循环条件，它通常是关系表达式或逻辑表达式，也可以是结果能够转换为布尔值的任何表达式，表达式后面必须添加冒号。语句块是重复执行的单条或多条语句，称为循环体。当循环体只包含单条语句时，也可以将该语句与 while 语句写在同一行；当循环体包含多条语句时，这些语句必须向右缩进，而且具有相同的缩进量。

while 语句的循环执行流程图如图 7-28 所示。

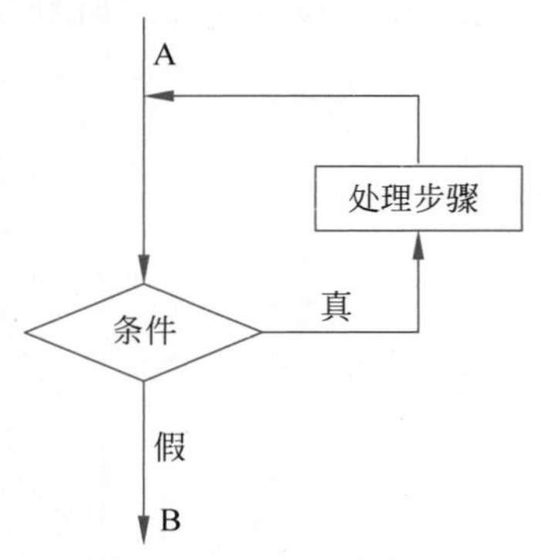

图 7-28　while 循环流程图

由图 7-28 可以看出，while 语句的执行流程如下：先判断条件，当条件为真时执行循环体，并且在循环体结束时自动返回循环入口处，再次判断循环条件；如果条件为假，则退出循环体到达流程出口处，接着执行 while 语句的后续语句。

【例 7-13】　本金 10 万元，存款每年的年利率是 3.5%，若每年取出 3 万元，求第几年将所有的钱全部取出，代码如下：

```
#chapter7/7.13.py while 循环
money = 100000
```

```
year = 0
while money = 0:
    money = round(money * (1 + 0.035),2) - 30000
    year += 1
print(year,"年后资金被全部取出")
```

代码的执行结果如下：

```
4 年后资金被全部取出
```

本金 100 000 元，设年份 year 的初始值为 0，循环条件为 money>=0，循环体的第一句是在计算存储一年后的本息和减去取出的钱，然后让理财年数加 1。进入下一次循环，直到 money<0。待循环正常结束后，用 print()函数输出 year 的值即可。

2）for 循环

for 循环是 Python 语言中的另外一种循环语句，提供了 Python 语言中最强大的循环结构，它可以循环遍历多种序列项目，如一个列表或者一个字符串，其语法格式如下。

```
for 循环变量 in 序列对象:
    语句块
```

其中，循环变量不需要事先进行初始化。序列对象指定要遍历的字符串、列表、元组或字典。语句块表示循环体，可以包含单条或多条语句。当循环体只包含单条语句时，也可以将这条语句与 for 语句写在同一行；当循环体包含多条语句时，这些语句必须向右缩进，而且必须具有相同的缩进量。

for 循环执行流程图如图 7-29 所示。

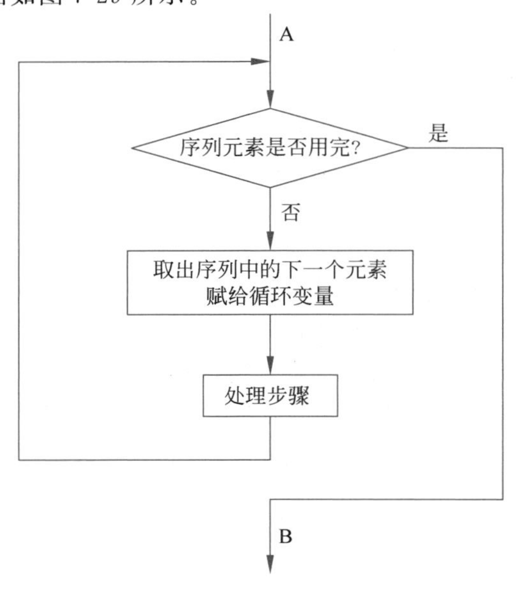

图 7-29　for 循环流程图

for 语句的执行流程如下：将序列对象中的元素依次赋给循环变量，并针对当前元素执行一次循环体语句块，直至序列中的每个元素都已用过，遍历结束为止。

【例 7-14】 从键盘输入一个字符串，统计该字符串中字符的个数，并把运算的结果显示在屏幕上，代码如下：

```
#chapter7/7.14.py for 循环
s = input("请输入字符串 s=")
print("字符串的长数:",int(len(s)))
for i in range(len(s)):
    print(s[i],end='')
```

代码的执行结果如下：

```
请输入字符串 s=hello
字符串的长数: 5
h e l l o
```

在上述例题中，用 len()函数可以直接得到指定字符串的长度，当输入的字符串为"hello"时，字符串长度为 5，在 for 循环中，变量 i 的取值依次为 0，1，2，3，4，每次循环，用 s[i]访问字符串中位置索引为 i 的元素，打印出字符串中的每个元素。

7.2.4 Python 函数

Python 函数是 Python 编程中很重要的一个组成部分，也是一种抽象性的代码构建结构。它可以处理重复的任务，尽量减少错误，从而提高编程的效率。从构成上来讲，函数就是拥有名称的一组语句集合，用来完成特定的任务，函数可以被多次调用，而且每次调用返回的结果可能不一样，因为函数内部可能有参数的变化。函数分为系统函数和用户自定义函数，系统函数包括 Python 内置函数、标准模块中的函数及各种对象的成员方法等，用户自定义函数则是用户根据需要自己编写的函数。在编程开发实践中，可以将经常用的程序代码定义成函数，放在不同的模块文件中，在需要时可以导入模块调用其中的各个函数，以提高代码的重复利用率。

1. 定义函数

在前面的章节中，介绍了许多内置函数，这些内置函数都不需要自己编写，可直接调用。除此之外，如果用户想要实现某个特定功能而自己创建和定义函数，则这类函数称为用户自定义函数。函数必须遵循先定义后调用的原则。用户自定义函数的语法如下。

```
def 函数名(参数列表):
    函数体
```

或

```
def 函数名(参数列表):
    函数体
    return[表达式]
```

Python 函数的定义需满足以下规则：

在定义函数时以 def 关键词开头，后面跟函数名、小括号和冒号；函数名称应该符合标识符的命名规则，可由字母、下画线和数字组成，不能以数字开头，不能与关键字重名，还应能够表达函数封装代码的功能，方便后续的调用。小括号内可以放形参，形参是可选的，形参可以没有，如果有多个形参，则不同形参之间用逗号分隔。

函数体向右缩进，在函数体中可以使用 return 表达式来结束函数，使系统向调用方返回一个值，如果未使用 return 语句，或者使用了不带表达式的 return 语句，则系统会返回 None。

也可以在函数体中使用一个 pass 语句，这样将定义一个空函数。执行空函数就是什么事情也不做，但在程序开发中经常会使用空函数，其作用是在函数定义处表明要定义某个函数但尚未编写，在函数调用处则表示在此要调用该函数，代码如下：

```
#函数定义，无参数
def PrintName():
    print("欢迎张三同学!")
```

调用上述函数，将显示“欢迎张三同学！”字符串。此函数定义时没有参数列表，也就是说，每次调用 PrintName ()函数的结果都是一样的。可以通过参数将要打印的字符串传入自定义函数，从而可以由调用者决定函数工作的情况，代码如下：

```
#函数定义，有参数
def PrintName(str):
    print(str)
```

可以为函数指定一个返回值，返回值可以是任何数据类型，使用 return 语句可以返回函数值并退出函数，代码如下：

```
#函数定义，有返回值
def product(num1,num2):
    return num1 * num2
```

2. 调用函数

可以直接使用函数名来调用函数，无论是系统函数还是自定义函数，调用函数的方法都是一致的。如果函数存在参数，则在调用函数时需要使用参数。例如调用内置函数 abs()，传入参数后，返回绝对量或绝对值，该参数可以是整数、浮点数或复数。

调用 abs()函数，返回一个负数的绝对值，代码如下：

```
print(abs(-100))
```

代码的执行结果如下：

```
100
```

如果函数中定义了多个参数，则在调用函数时需要使用多个参数，参数之间使用逗号分隔。如果函数有参数，则在调用函数时需要按照规定的顺序和格式传递参数。

【例 7-15】 从键盘输入长方形的长和宽，计算并输出长方形的面积，代码如下：

```
#chapter7/7.15.py 定义函数
def area(length,width): #形参 length 和 width 表示长方形的长度和宽度，该函数返回长方形的
                        #面积
    s = length * width
    return s

x = float(input("请输入长方形的长度:"))
y = float(input("请输入长方形的宽度:"))
print("长方形的面积为:",area(x,y))  #调用函数 area()，传入实参 x 和 y
```

代码的执行结果如下：

```
请输入长方形的长度:2.5
请输入长方形的宽度:5
长方形的面积为: 12.5
```

在上述例题中，自定义函数 area()用来计算长方形的面积，接收两个参数，一个代表长方形的长度，另一个代表长方形的宽度，返回的值是长方形的面积。当用户输入数据后，首先将数据转换成浮点数，当调用自定义函数 area()时，依次传入长度和宽度值，函数最终返回长方形的面积。需要注意的是：当函数定义和函数调用放在同一个程序文件中时，函数定义必须位于函数调用之前。

3. 函数参数

Python 语言中定义函数非常简单，由于函数参数的存在，所以使函数变得非常灵活，应用广泛；不但使函数能够处理复杂多变的参数，还能简化函数的调用。Python 语言中的函数参数有以下几种：位置参数、默认参数、可变参数、关键字参数和命名关键字参数。

1）位置参数

在调用函数时，通常是按照位置匹配的方式传递参数的，即按照从左向右的顺序将各个实参依次传递给相应的形参，此时要求实参的数目与形参的数目相等。如果实参的数目与形参的数目不相等，则会出现 TypeError 错误，代码如下：

```
def add(x,y):
    return x + y
```

若调用函数 add(1,2)，则实参 1 将被传递给形参 x，实参 2 将被传递给形参 y，函数的返回值为 3，但是当调用函数 add(1,2,3)时，由于此时实参数目多于形参，所以会出现 TypeError 错误。

2）默认值参数

在定义函数时可以为形参指定默认值，如果在调用函数时没有传入参数，函数就会使用

默认值,并且不会像位置参数那样报错,其语法格式如下:

```
形参名称 = 默认值
```

默认值参数必须位于形参列表的最右端。当调用带有默认值参数的函数时,如果未提供参数值,则形参会取默认值,代码如下:

```
def default_value(name,age = 20):
    print("我的名字是:",name)
    print("我的年龄是:",age)

default_value("小强")
```

代码的执行结果如下:

```
我的名字是: 小强
我的年龄是: 20
```

需要注意的是:非默认参数不能跟在默认参数后面,默认参数必须定义在最后,而且在默认参数之后定义必需的参数会报错。默认参数非常有用,它可以减少代码量,例如当一个函数的部分参数的值相同时,在定义此函数时,默认参数就非常有用。

3)可变参数

在定义函数时,如果参数数目不固定,则可以定义变长参数,其方法是在形参名称前面加星号“*”,这样的形参可以用来接收任意多个实参并将其封装成一个元组,代码如下:

```
def PrintHobby(name, * hobbies) :
    print("姓名:",name)
    print("爱好:",end = '')
    for hobby in hobbies :
        print(hobby,end = '')

PrintHobby('小强','游泳','跳舞')
print('\n')
PrintHobby('小强','游泳','跳舞','爬山')
```

代码的执行结果如下:

```
姓名: 小强
爱好: 游泳 跳舞

姓名: 小强
爱好: 游泳 跳舞 爬山
```

从上面的运行结果可以看出,在调用 PrintHobby()函数时,hobbies 参数可以传入多个字符串作为参数值。从 PrintHobby()的函数体代码来看,此时的可变参数本质上是一个元组:Python 会将传递给 hobbies 参数的多个值组成一个元组。

【例 7-16】 利用海伦公式求解三角形面积。已知 a、b、c 为三角形的 3 条边长，p 为三角形的半周长，即 $p=(a+b+c)/2$，计算此三角形面积 S 的海伦公式为 $\sqrt{p\times(p-a)\times(p-b)\times(p-c)}$。

分析：这道题要求根据三角形的 3 条边求三角形的面积。在定义函数时，将形参设置为三角形的 3 条边，在函数体中需要判断这 3 条边是否能构成三角形，如果不能，则函数返回−1，如果能，则该函数返回三角形的面积，调用方根据函数返回的值，打印输出对应的内容，代码如下：

```
#chapter7/7.16.py 定义函数
import math
def hl(a ,b ,c):
  p = (a + b + c) / 2
  x = p * (p - a) * (p - b) * (p - c)
  if x = 0:
    return - 1
  else:
    return math. sqrt(x)

a = float( input('请输入三角形的第 1 条边: '))
b = float( input('请输入三角形的第 2 条边: '))
c = float( input('请输入三角形的第 3 条边: '))
area = hl(a,b,c)
if area == - 1:
  print('这 3 条边无法构成三角形')
else:
print('三角形的面积为 %.2f' % area)
```

代码的执行结果如下：

```
请输入三角形的第 1 条边: 4
请输入三角形的第 2 条边: 5
请输入三角形的第 3 条边: 6
三角形的面积为 9.92
```

4. 递归函数

在函数内部可以调用其他函数，如果一个函数在其内部直接或间接地调用该函数本身，则这个函数就是递归函数。

递归函数具有以下特性：必须有一个明确的递归结束条件；每当进入更深一层递归时，问题规模相比上次递归都应有所减少，相邻两次重复之间有紧密的联系，前一次要为后一次做准备，通常前一次的输出会作为后一次的输入。

【例 7-17】 一个人赶着鸭子去村庄卖，每经过一个村子卖去所赶鸭子的一半少一只。这样他经过了 5 个村子后还剩 3 只鸭子，问他出发时共赶了多少只鸭子？经过每个村子卖出多少只鸭子？

分析递归出口：设经过的村子为 $n(n=0,1,2,\cdots,5)$，根据题目分析可知递归结束的出口：当 $n=5$ 时，剩余鸭子数 duck = 3。

分析递归体：从后向前推，当 $n=5$ 时，duck = 3，由于每经过一个村子，卖去所赶鸭子的一半少一只，因此 5 个村子后剩余的鸭子数 duck[5]=duck[4]−(duck[4]/2−1)，反推 duck[4] = (duck[5] − 1) * 2，最终递归体为(duck[n+1] − 1) * 2。

代码如下：

```
#chapter7/7.17.py 递归函数
def duck(n):
    if n == 5:
        return 3
    else:
        return (duck(n + 1) - 1) * 2

print("鸭子的总数为:{}".format(duck(0)))
sum = duck(0)
for i in range(1,6):
    print("第{}个村庄卖出{}只鸭子,剩余{}只".format(i,sum - duck(i),duck(i)))
    sum = duck(i)
```

代码的执行结果如下：

```
鸭子的总数为:34
第 1 个村庄卖出 16 只鸭子,剩余 18 只
第 2 个村庄卖出 8 只鸭子,剩余 10 只
第 3 个村庄卖出 4 只鸭子,剩余 6 只
第 4 个村庄卖出 2 只鸭子,剩余 4 只
第 5 个村庄卖出 1 只鸭子,剩余 3 只
```

在上述代码中，一开始传进参数 0，duck(0)代表出发时鸭子的总数，因为 0 不等于 5，所以调用 duck(1)求经过第 1 个村子后鸭子的总数，依次调用，直到经过第 5 个村子，调用 duck(5)，递归调用达到结束条件，此时函数 duck(5)返回 3，接着，duck(4)返回 4，往回依次回推，直到回到 duck(0)。调度过程和回推过程如图 7-30 所示。

7.2.5 数据处理与分析

随着计算机技术的全面发展，企业生产、收集、存储和处理数据的能力大大提高，数据量与日俱增，而在现实生活中，需要将这些繁多、复杂的数据通过统计分析进行提炼，以此研究出数据的发展规律，进而帮助企业管理层做出决策。这就离不开数据的处理与分析。

数据处理是一项复杂且烦琐的工作，同时也是整个数据分析过程中最重要的环节。数据处理一方面能提高数据的质量，另一方面能让数据更好地适应特定的数据分析工具。数据处理的主要内容包括数据清洗、数据抽取、数据交换和数据计算等。数据分析是指用适当的分析方法对收集来的大量数据进行分析，提取有用信息和形成结论，对数据加以详细研究

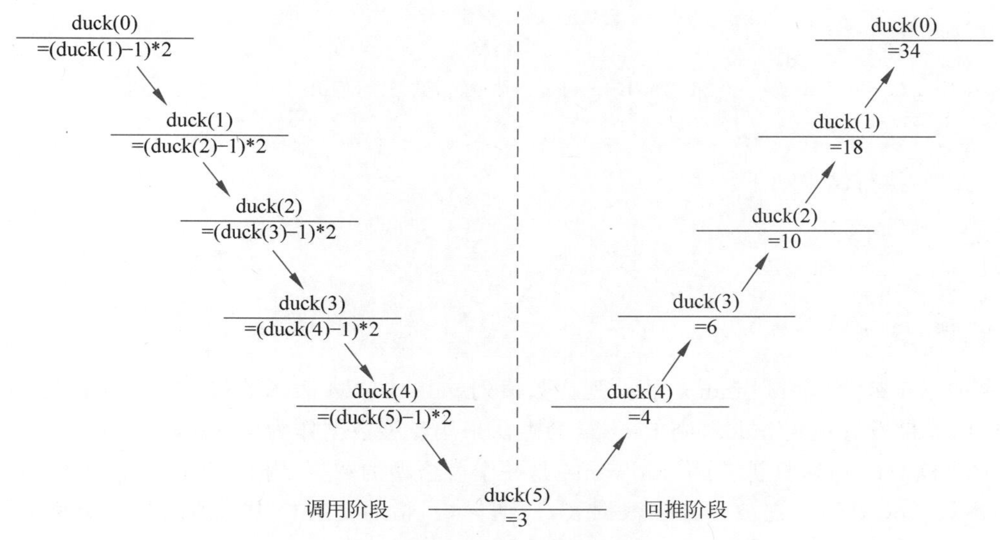

图 7-30　递归函数求鸭子总数

和概括总结的过程。

1. Pandas 模块

Pandas 是 Python 语言的一个数据分析包。最初由 AQR Capital Management 于 2008 年 4 月开发，并于 2009 年年底开源面市。目前由专注于 Python 数据包开发的 PyData 开发团队继续开发和维护，属于 PyData 项目的一部分。Pandas 最初是被作为金融数据分析工具而开发出来的，因此，Pandas 为时间序列分析提供了很好的支持。Pandas 已经成为 Python 数据分析的必备高级工具，它的目标是成为强大、灵活、可以支持任何编程语言的数据分析工具。

1）Pandas 中的数据结构

数据结构是指相互之间存在的一种或多种特定关系的数据类型的集合。Pandas 中常用的有 Series（系列）和 DataFrame（数据框）两种数据结构。Series 是一维数组系列，也称序列，与 NumPy 中的一维 array 数组类似，跟 Python 语言中的基本的数据结构 list 列表相近。DataFrame 是二维的表格型数据结构。可以将 DataFrame 理解为 Series 的容器。DataFrame 的用途较为广泛。

使用 Pandas 前需要安装，可以通过 Python 自带的包管理工具 pip 来安装，命令如下：

```
pip install pandas
```

（1）Series 的创建：Series 结构由一组数据值（value）和一组标签组成，其中标签与数据值之间是一一对应的关系。Series 可以保存任何数据类型，例如整数、字符串、浮点数、Python 对象等，它的标签默认为整数，从 0 开始依次递增，代码如下：

```
#创建 Series
import pandas as pd
s = pd.Series(data=[90,90,100],index=['语文','数学','英语'])
print(s)
```

代码的执行结果如下：

```
语文      80
数学      90
英语     100
dtype: int64
```

s 的第 1 列为索引列 index，第 2 列为数值列 value，int64 表示数据类型。在创建 Series 对象时，如果没有指定 index，则 Pandas 会默认采用整型数据作为该 Series 的 index。

（2）DataFrame 的创建：DataFrame 是一个表格型的数据结构，既有行标签（index），又有列标签（columns），它被称异构数据表，所谓异构，指的是表格中每列的数据类型可以不同，例如可以是字符串、整型或者浮点型等，代码如下：

```
#创建 DataFrame
import pandas as pd
pd.set_option('display.unicode.east_asian_width',True)  #输出对齐方面的设置
scores = [['男',95,98,97],['女',93,87,90],
          ['女',85,60,90],['男',82,80,90]]
names = ['赵一','王二','张三','李四']
courses = ['性别','语文','数学','英语']
df = pd.DataFrame(data = scores,index = names,columns = courses)
print(df)
```

在上述代码中，定义了 3 个列表，其中 index 是列索引，columns 是行标签，data 是数值。代码的执行结果如下：

```
     性别   语文   数学   英语
赵一  男    95     98     97
王二  女    93     87     90
张三  女    85     60     90
李四  男    82     80     90
```

2）DataFrame 的常用操作

Pandas 是 Python 语言中的一个数据分析包，该工具是为了完成数据分析任务而创建的。Pandas 纳入了大量的库和一些标准的数据模型，提供了高效操作大型数据集所需的工具，它能够查看对象信息，实现对数据快速统计汇总、转置、排序、选择和布尔索引操作等。

【例 7-18】 将下表成绩数据输入 Pandas 的 DataFrame 数据结构中，并按要求完成任务，成绩数据见表 7-13。

表 7-13　学生成绩表

xuehao	xingming	xingbie	yuwen	shuxue	yingyu
20220001001	zhaoyi	Female	88	95	92
20220001002	wanger	Man	85	78	86
20220001003	zhangsan	Man	90	75	74
20220001004	lisi	Female	65	88	89
20220001005	liuwu	Female	89	94	96
20220001006	xiaohong	Man	93	90	82
20220001007	liulan	Female	68	65	93
20220001008	wangqiang	Female	75	89	85
20220001009	luoyi	Man	90	93	88
20220001010	Liumei	Man	88	90	76

任务 1：用给定的原始数据创建一个 DataFrame 类型的对象 df，代码如下：

```
#chapter7/7.18.py DataFrame 的常用操作
import pandas as pd
d = {
       "xuehao":['20180101001','20180191002','20180101003','20180101004',
                 '20180101005','20180101006','20180101007','20180101008',
                 '20180101009','20180101010'],
       "xingming":['liuyang','chenxi','zhangli','liming','wangcheng',
                   'wuyue','sunqian','zhaoqi','wuging','xiyue'],
       "xingbie":['F','M','M','F','F','M','M','F','F','M'],
       "yuwen":[88,85,92,76,90,46,82,96,36,68],
       "shuxue":[90,85,79,98,76,82,86,63,80,53],
       "yingyu": [78,90,82,88,93,72,85,99,95,69]
       }
df = pd.DataFrame(d)
print(df)
```

在上述代码中，首先把表格数据定义成一个字典，再利用字典创建 DataFrame 数据结构，代码的执行结果如下：

```
      xuehao        xingming xingbie  yuwen  shuxue  yingyu
0    20180101001    liuyang   F        88     90      78
1    20180191002    chenxi    M        85     85      90
2    20180101003    zhangli   M        92     79      82
3    20180101004    liming    F        76     98      88
4    20180101005    wangcheng F        90     76      93
5    20180101006    wuyue     M        46     82      72
6    20180101007    sunqian   M        82     86      85
7    20180101008    zhaoqi    F        96     63      99
8    20180101009    wuging    F        36     80      95
9    20180101010    xiyue     M        68     53      69
```

任务 2：查看 df 前 5 行数据信息，代码如下：

```
print(df.head())
```

df.head()默认查看列索引为 0～5 的数据，代码的执行结果如下：

```
     xuehao          xingming    xingbie    yuwen    shuxe    yingyu
0    20180101001     liuyang     F          88       90       78
1    20180191002     chenxi      M          85       85       90
2    20180101003     zhangli     M          92       79       82
3    20180101004     liming      F          76       98       88
4    20180101005     wangcheng   F          90       76       93
```

任务 3：查看 df 最后 5 行数据信息，代码如下：

```
print(df.tail())
```

df. tail()默认查看最后 5 行的数据，代码的执行结果如下：

```
     xuehao          xingming    xingbie    yuwen    shuxue    yingyu
5    20180101006       wuyue     M          46       82        72
6    20180101007       sunqian   M          82       86        85
7    20180101008       zhaoqi    F          96       63        99
8    20180101009       wuging    F          36       80        95
9    20180101010       xiyue     M          68       53        69
```

任务 4：分别查看 df 的 xingming、yuwen、shuxue 和 yingyu 列的值，代码如下：

```
print(df['xingming'])
print(df['yuwen'])
print(df[['shuxue']])
print(df[['yingyu']])
```

对于 DataFrame 结构，既可以分开查看每列的数据，也可以多列一起查看。查看 yingyu 列的代码的执行结果如下：

```
     yingyu
0    78
1    90
2    82
3    88
4    93
5    72
6    85
7    99
8    95
9    69
```

多列一起查看的代码如下：

```
print(df[['xingming','yuwen','shuxue','yingyu']])
```

代码的执行结果如下：

```
    xingming    yuwen    shuxue    yingyu
0   liuyang     88       90        78
1   chenxi      85       85        90
2   zhangli     92       79        82
3   liming      76       98        88
4   wangcheng   90       76        93
5   wuyue       46       82        72
6   sunqian     82       86        85
7   zhaoqi      96       63        99
8   wuging      36       80        95
9   xiyue       68       53        69
```

任务 5：对 df 切片，取 2～6 行、1～5 列的所有数据，代码如下：

```
print(df.iloc[2:7,1:6])
```

切片操作使用 iloc，它允许接收两个参数，分别是行和列，参数之间使用逗号隔开，但该函数只能接收整数索引，代码的执行结果如下：

```
    xingming    xingbie    yuwen    shuxue    yingyu
2   zhangli     M          92       79        82
3   liming      F          76       98        88
4   wangcheng   F          90       76        93
5   wuyue       M          46       82        72
6   sunqian     M          82       86        85
```

任务 6：筛选出 df 的第 2～8 行的第 1、第 3、第 4、第 5 列的所有数据，代码如下：

```
print(df.iloc[2:9,[1,3,4,5]])
```

切片时，若行索引或者列索引不连续，则不能使用冒号，可使用列表形式把索引编号包含起来，代码的执行结果如下：

```
    xingming    yuwen    shuxue    yingyu
2   zhangli     92       79        82
3   liming      76       98        88
4   wangcheng   90       76        93
5   wuyue       46       82        72
6   sunqian     82       86        85
7   zhaoqi      96       63        99
8   wuging      36       80        95
```

任务 7：分别筛选出 df 的 xingbie 列值为 Female 和非 Female 的所有数据，代码如下：

```
print(df.loc[df['xingbie'] == 'F'])
print(df.loc[df['xingbie'] == 'M'])
```

使用比较运算符==对每行 xingbie 列的值进行判断,如果该值等于'F'或者'M',则该行数据满足条件。筛选值为 Female 的所有数据,代码的执行结果如下:

```
      xuehao        xingming     xingbie    yuwen    shuxue    yingyu
0    20180101001    liuyang      F          88       90        78
3    20180101004    liming       F          76       98        88
4    20180101005    wangcheng    F          90       76        93
7    20180101008    zhaoqi       F          96       63        99
8    20180101009    wuging       F          36       80        95
```

任务 8:按 xingbie 分组,分别求 yuwen、shuxue、yingyu 的平均分,代码如下:

```
print(df.groupby('xingbie').yuwen.mean())
print(df.groupby('xingbie').shuxe.mean())
print(df.groupby('xingbie').yingyu.mean())
```

利用 groupby()方法对 xingbie 列进行分组,分组后 xingbie 为'F'值和'M'值的各为一组,然后统计每组里的 yuwen 列、shuxue 列、yingyu 列的数值的平均值。统计 yuwen 列平均值的代码的执行结果如下:

```
xingbie
F        77.2
M        74.6
Name: yuwen,dtype: float64
```

任务 9:将 gender_n 添加到 df 的最后一列,男性填 1,女性填 0,代码如下:

```
df['gender_n'] = 1
df.loc[df['xingbie'] == 'F',['gender_n']] = 0
print(df)
```

df['gender_n']=1,给 DataFrame 增加了一列 gender_n,并且此列的值都为 1,然后利用切片 loc 筛选出 xingbie 这一列值为'F'的数据,把它们的'gender_n'列的值变为 0,代码的执行结果如下:

```
     xuehao        xingming     xingbie    yuwen    shuxue    yingyu    gender_n
0    20180101001   liuyang      F          88       90        78        0
1    20180191002   chenxi       M          85       85        90        1
2    20180101003   zhangli      M          92       79        82        1
3    20180101004   liming       F          76       98        88        0
4    20180101005   wangcheng    F          90       76        93        0
5    20180101006   wuyue        M          46       82        72        1
```

```
6    20180101007    sunqian    M    82    86    85    1
7    20180101008    zhaoqi     F    96    63    99    0
8    20180101009    wuging     F    36    80    95    0
9    20180101010    xiyue      M    68    53    69    1
```

任务 10：获取男性和女性的 yuwen、shuxue、yingyu 的最高分和最低分，代码如下：

```
print(df.groupby('xingbie').yuwen.max())
print(df.groupby('xingbie').yuwen.min())
print(df.groupby('xingbie').shuxe.max())
print(df.groupby('xingbie').shuxue.min())
print(df.groupby('xingbie').yingyu.max())
print(df.groupby('xingbie').yingyu.min())
```

统计 yuwen 列最大值的代码的执行结果如下：

```
xingbie
F        96
M        92
Name: yuwen,dtype: int64
```

任务 11：删除最后一列 gender_n，代码如下：

```
df.pop('gender_n')
print(df)
```

可以使用 pop(列名)方法从 DataFrame 中删除某一列数据。如果索引标签存在重复，则它们将被一起删除，代码的执行结果如下：

```
     xuehao         xingming     xingbie    yuwen    shuxue    yingyu
0    20180101001    liuyang      F          88       90        78
1    20180191002    chenxi       M          85       85        90
2    20180101003    zhangli      M          92       79        82
3    20180101004    liming       F          76       98        88
4    20180101005    wangcheng    F          90       76        93
5    20180101006    wuyue        M          46       82        72
6    20180101007    sunqian      M          82       86        85
7    20180101008    zhaoqi       F          96       63        99
8    20180101009    wuging       F          36       80        95
9    20180101010    xiyue        M          68       53        69
```

任务 12：将 xingming 列中的所有数据的首字母大写，代码如下：

```
df['xingming'] = df['xingming'].str.capitalize()
print(df)
```

取出 DataFrame 结构中的 xingming 列，然后利用字符串的常用操作方法 capitalize ()，把该列的字符串首字母变成大写字母，代码的执行结果如下：

```
   xuehao       xingming    xingbie  yuwen  shuxue  yingyu
0  20180101001  Liuyang     F        88     90      78
1  20180191002  Chenxi      M        85     85      90
2  20180101003  Zhangli     M        92     79      82
3  20180101004  Liming      F        76     98      88
4  20180101005  Wangcheng   F        90     76      93
5  20180101006  Wuyue       M        46     82      72
6  20180101007  Sunqian     M        82     86      85
7  20180101008  Zhaoqi      F        96     63      99
8  20180101009  Wuging      F        36     80      95
9  20180101010  Xiyue       M        68     53      69
```

任务 13：在 df 的最后添加一列 score sun，计算每位学生各科的总分，并按总分从大到小的顺序进行排序，代码如下：

```
df['score'] = df['yuwen'] + df['shuxue'] + df['yingyu']
df = df.sort_values(by = 'score',ascending = False)
print(df)
```

首先添加一列'score'，这一列的值为每行'yuwen'、'shuxue'和'yingyu'的数据之和，然后利用 sort_values() 方法，按'score'列数值的降序进行排列。当 ascending 的值为 True 时代表升序排列，False 代表降序排列，代码的执行结果如下：

```
   xuehao       xingming    xingbie  yuwen  shuxue  yingyu  score
3  20180101004  liming      F        76     98      88      262
1  20180191002  chenxi      M        85     85      90      260
4  20180101005  wangcheng   F        90     76      93      259
7  20180101008  zhaoqi      F        96     63      99      258
0  20180101001  liuyang     F        88     90      78      256
2  20180101003  zhangli     M        92     79      82      253
6  20180101007  sunqian     M        82     86      85      253
8  20180101009  wuging      F        36     80      95      211
5  20180101006  wuyue       M        46     82      72      200
9  20180101010  xiyue       M        68     53      69      190
```

2. Matplotlib 可视化

Matplotlib 是 Python 语言中的一个全面的二维绘图库，可以生成具有出版品质的或能进行缩放、平移、更新的交互式图形，能自定义视觉样式和布局，可以以多种文件格式导出，并能嵌入 JupyterLab 和图形用户界面。Matplotlib 是 Python 语言中最常用的可视化工具之一，它的功能非常强大，可以调用函数轻松地绘制出数据分析中的各种图形，例如折线图、条形图、柱状图、散点图、饼图等。

在使用 Matplotlib 时，经常需要用到 pyplot 模块，代码如下：

```
import matplotlib.pyplot as plt
```

1）折线图

plt. plot 函数用于绘制折线图。函数原型：

```
plot(x,y)
```

参数 x 和 y 分别表示点的横纵坐标，一般是一组点坐标。

表 7-14 中的数据是某位同学 5 次体育考试成绩，将表格数据绘制成折线图。

表 7-14　学生体育成绩表

次数	1	2	3	4	5
成绩	85	78	92	80	86

代码如下：

```
import matplotlib.pyplot as plt

x = [1,2,3,4,5]
y = [89,78,92,79,86]
plt.plot(x,y)
plt.show()
```

画出的折线图如图 7-31 所示。

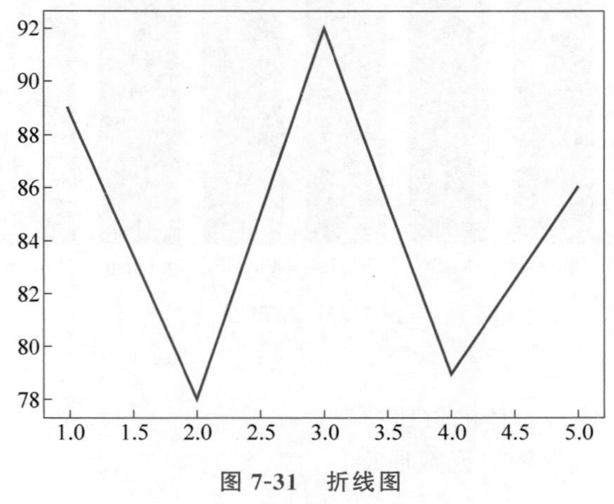

图 7-31　折线图

2）条形图

plt. bar 函数用于绘制条形图。函数原型：

```
plt.bar(x,y,width = 0.8)
```

参数 x 和 y 均是数组，x 是横坐标，表示数据类别；y 是纵坐标，表示每个类别的频度。参数 width 表示长条的宽度。

表 7-15 中的数据是某位同学期末考试的各科成绩，将表格数据绘制成条形图。

表 7-15　学生期末成绩表

科目	Chinese	Math	English	Physics	Chemistry	Biology
成绩	92	98	97	86	85	88

代码如下：

```
import matplotlib.pyplot as plt

subjects = ['Chinese','Math','English','Physics','Chemistry','biology']
scores = [92,98,97,86,85,88]
plt.bar(subjects,scores)
plt.show()
```

画出的条形图如图 7-32 所示。

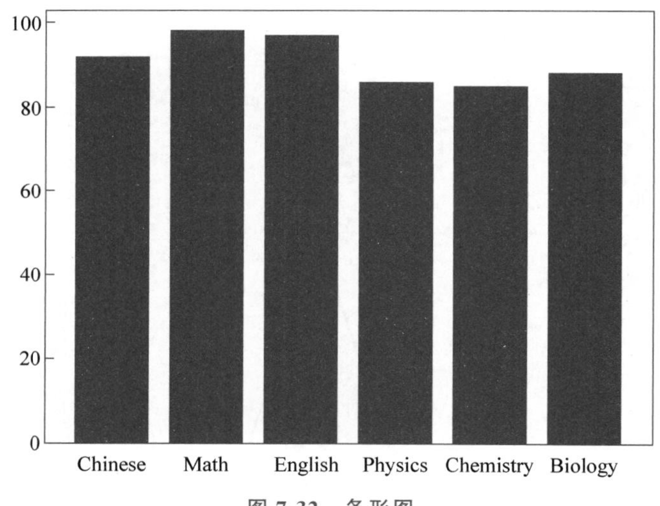

图 7-32　条形图

3）饼图

饼图常用于表示个体占总体的占比情况。

plt.pie 函数用于绘制饼图。函数原型：

```
plt.pie(x,labels = None)
```

参数 x 是一个数组,表示一组数据；labels 用于描述每个数据的含义。

表 7-16 中的数据是某个书店某年每个季度的销售额,将表格数据绘制成饼图。

表 7-16　书店季度销售额

季度	一季度	二季度	三季度	四季度
销售额	70 万元	40 万元	65 万元	50 万元

将上面表格数据绘制成饼图,代码如下：

```
import matplotlib.pyplot as plt

quarters = ['1','2','3','4'] #分别代表一、二、三、四季度
incomes = [56,89,75,91]
plt.pie(incomes,labels = quarters,autopct = '%1.2f%%')
plt.show()
```

autopct='%1.2f%%'是一个默认值参数，其作用是输出格式化占比。画出的饼图如图 7-33 所示。

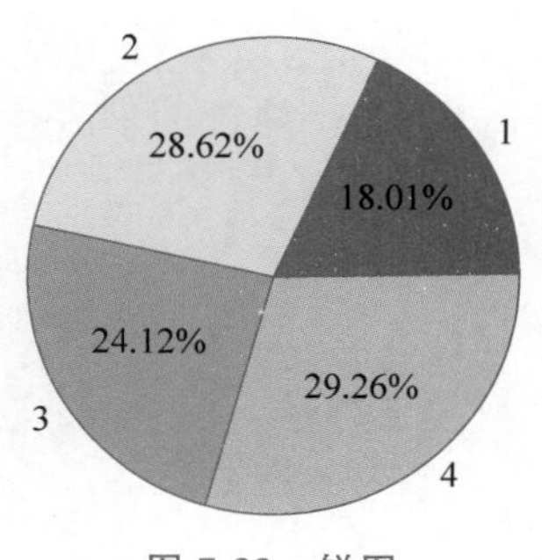

图 7-33　饼图

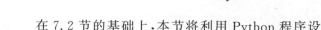

7.3　任务实施

在 7.2 节的基础上，本节将利用 Python 程序设计知识来解决在实际生活中遇到的问题，例如鸡兔同笼问题、求等差数列、分析学生成绩等。

7.3.1　利用 Python 流程控制解决鸡兔同笼问题

【任务目标】

通过分析业务，提炼关键信息，判断并选择对应的流程控制结构，全面掌握 Python 程序设计中选择结构和循环结构的逻辑条件，从而使学生具备理论联系实际并运用所学的编程知识解决生活中的实际问题的基本能力。

【任务内容】

(1) 输入数据并强制转换。

(2) 循环控制。

(3) 选择判断。

(4) 选择输出。

【实施步骤】

(1) 分析题目，提取关键信息，落实求解目标。

(2) 项目实施步骤：用户首先输入数据，强制转换成整数 int 类型；其次确定业务逻辑，构建等式关系，然后求解问题；最后输出结果。

(3) 编写程序，代码如下：

```
#定义变量 head,用 input 函数使用户输入头数,int 函数将其转换为整型
head = int(input("请输入头数:"))
#同理,定义变量 foot,用 input 函数使用户输入脚数,int 函数将其转换为整型
foot = int(input("请输入脚数:"))
x = 0  #鸡的数量
y = 0  #兔子的数量
answer = False  #定义变量 answer,初始赋值为 False

#用 for 循环遍历 0 至 head + 1 的整数,并为 x 赋值
```

```
for x in range(head + 1):
    # 在 for 循环的基础上嵌套一个 for 循环,同样遍历 0 至 head + 1 的整数,并为 y 赋值
    for y in range(head + 1):
    # 如果动物的数量和等于 head,脚之和等于 foot,answer 为 True,则退出第一重循环
        if x + y == head and 2 * x + 4 * y == foot:
            answer = True
            break
    # 继续用 if 语句判断变量 x 的循环,如果答案为真,则退出循环
    if answer:
        break

# 如果答案为真,则用 print 函数打印鸡和兔的数量,否则打印此题无解
if answer:
    print("鸡有{0}只,兔有{1}只".format(x,y))
else:
    print("此题无解,请重新输入")
```

(4) 调试程序：此处使用 PyCharm 进行调试。调试程序时要注意,需要提供多种情况的输入,例如头和腿的数量相差得多和相差得少的情况都应该考虑,这样能保证每个分支都被执行到,代码的执行结果如下：

```
请输入头数:40
请输入脚数:100
鸡有 30 只,兔有 10 只
或者如下:
请输入头数:40
请输入脚数:78
此题无解,请重新输入
```

7.3.2 利用 Python 递归函数求等差数列

【任务目标】

通过情景引入帮助学生对递归算法建立丰富的感性经验,激发学生的学习兴趣,进而引导学生学习递归的概念和应用条件,帮助学生掌握递归函数的设计方法,让学生体会到递归算法解决问题的独特和高效,促进学生对递归函数的理解和应用。

【任务内容】

有 6 个人坐在一起,问第 6 个人多少岁,他说比第 5 个人大 2 岁。问第 5 个人的岁数,他说比第 4 个人大 2 岁。问第 4 个人,他说比第 3 个人大 2 岁。问第 3 个人,他说比第 2 个人大 2 岁。问第 2 个人,他说比第 1 个人大 2 岁。最后问第 1 个人,他说自己今年 10 岁。请问第 6 个人多大?

【实施步骤】

(1) 分析题目,提取关键信息,落实求解目标。

(2) 项目实施步骤：首先定义函数,确定形参,然后分析题目,确定函数的出口条件和

递归体；最后调用函数，输出结果。

（3）编写程序，代码如下：

```
#递归函数
def age(n):
    if n == 1:
        return 10
    else:
        return 2 + age(n - 1)

print("第 6 个人的年龄是:",age(6))
```

（4）调试程序：本题是一道固定输入求解的题目。此处使用 PyCharm 进行调试，可以改变实际参数，观察数据的变化，代码的执行结果如下：

```
第 6 个人的年龄是: 20
```

7.3.3　利用 Python 数据处理与分析学生成绩

【任务目标】

通过对成绩文件(grade.csv)中的班级、姓名、总分、等级等的统计综合运用文件读取、Pandas 数据处理和 Matplotlib 绘图功能，全面掌握 Python 程序设计与数据处理方法，从而使学生具备大数据处理的基本能力。

【任务内容】

（1）CSV 文件信息读取。

（2）数据清洗。

（3）数据统计。

（4）可视化输出。

【实施步骤】

（1）项目分析成绩文件(grade.csv)中包含学期、班级、学号、姓名、性别、语文、数学、英语、总分、等级信息。首先读取文件中的全部信息，然后去重，接着提取需要的信息列构成 DataFrame 并去空，然后对提取的信息进行统计分析，最后生成相应的图。

（2）项目实施步骤：首先读取文件信息并去重，保存成 DataFrame 格式；其次提取信息并进行去空、规范化处理，然后分别对班级、姓名、总分、等级进行统计；最后根据统计信息生成相应图形，并对统计信息进行初步分析。

（3）编写程序，代码如下：

```
import Pandas as pd
import matplotlib.pyplot as plt
import matplotlib as mpl

#设置中文标签
```

```
zhfont1 = mpl.font_manager.FontProperties(fname = 'SIMYOU.TTF')

#数据清洗并获取有效数据
def get_data(path):
    #读取数据
    grade_data = pd.read_csv(path,delimiter = ',',encoding = 'gbk',
                    names = ['学期','班级','学号','姓名','性别','语文',
                        '数学','英语','总分','等级'])
    #去重
    grade_data = grade_data.drop_duplicates().reset_index().drop('index',axis = 1)
    grade_data = grade_data[['班级','姓名','总分','等级']].dropna()

    #切片,从索引为 1 的行开始取数据
    grade_data = grade_data[1::1]
    return grade_data

#取得清洗后的数据
data = get_data('grade.csv')

#取出姓名和总分这两列
sumgrade = data[['姓名','总分']].sort_values(by = '总分',ascending = False)
#取总分前 10 名
grade_10 = sumgrade.head(10)
#输出统计结果
print(grade_10)

#对成绩等级进行计数
grade_type = data.groupby(data['等级'])['姓名'].count().reset_index()
grade_type.rename(columns = {'姓名': '小计'},inplace = True)
print(grade_type)

#对班级等级为优秀的学生进行统计
goodrate = data.loc[data['等级'] == '优秀']
goodrate = goodrate.groupby(['班级'])['等级'].count().reset_index().sort_values(by = '等级',
ascending = False)
print(goodrate)

#对每个班级的所有等级进行统计
class_1 = data.loc[data['班级'] == '5.1 班']
classgrade_1 = class_1.groupby(['等级'])['总分'].count().reset_index()
classgrade_1.rename(columns = {'总分': '小计'},inplace = True)
print(classgrade_1)

class_2 = data.loc[data['班级'] == '5.2 班']
classgrade_2 = class_2.groupby(['等级'])['总分'].count().reset_index()
classgrade_2.rename(columns = {'总分': '小计'},inplace = True)
print(classgrade_2)

class_3 = data.loc[data['班级'] == '5.3 班']
```

```
classgrade_3 = class_3.groupby(['等级'])['总分'].count().reset_index()
classgrade_3.rename(columns = {'总分': '小计'},inplace = True)
print(classgrade_3)

class_4 = data.loc[data['班级'] == '5.4 班']
classgrade_4 = class_4.groupby(['等级'])['总分'].count().reset_index()
classgrade_4.rename(columns = {'总分': '小计'},inplace = True)
print(classgrade_4)

class_5 = data.loc[data['班级'] == '5.5 班']
classgrade_5 = class_5.groupby(['等级'])['总分'].count().reset_index()
classgrade_5.rename(columns = {'总分': '小计'},inplace = True)
print(classgrade_5)

#画图
fig = plt.figure(figsize = (15,15)) #创建画布
ax_1 = fig.add_subplot(2,2,1) #添加子图
ax_2 = fig.add_subplot(2,2,2)
ax_3 = fig.add_subplot(2,2,3)
ax_4 = fig.add_subplot(2,2,4)

#总分前十名的学生
g = grade_10.copy()
ax_1.set_title("年级前十名总分排名",fontproperties = zhfont1)
ax_1.set_ylabel('总分',fontproperties = zhfont1)
ax_1.set_xticklabels(grade_10['姓名'],fontproperties = zhfont1,rotation = 0)  #文字不旋转
for i in range(len(g)):
    g.iloc[i,1] = int(g.iloc[i,1])
liX = list(g['姓名'])
liY = list(g['总分'])
ax_1.bar(liX,liY)

#统计每个等级的人数
ax_2.set_title("等级统计",fontproperties = zhfont1)
ax_2.pie(grade_type['小计'],labels = grade_type['等级'],
        textprops = {'fontsize': 14,'color': 'black','fontproperties': zhfont1},autopct = '%
1.2f%%',shadow = True)

#统计各班优秀人数
ax_3.set_title("各班优秀人数总计",fontproperties = zhfont1)
ax_3.set_xlabel('班级',fontproperties = zhfont1)
ax_3.set_ylabel('人数',fontproperties = zhfont1)
ax_3.set_xticklabels(goodrate['班级'],fontproperties = zhfont1)
ax_3.bar(goodrate['班级'],goodrate['等级'],color = 'r')

#统计各班各等级人数 折线图
xList = ['不合格','合格','中等','良好','优秀']
li1 = [0 for i in xList]
li2 = [0 for i in xList]
```

```
li3 = [0 for i in xList]
li4 = [0 for i in xList]
li5 = [0 for i in xList]

k = 0
for x in xList:
    for i in range(len(classgrade_1)):
        if classgrade_1.iloc[i,0] == x:
            li1[k] = classgrade_1.iloc[i,1]
            break
    for i in range(len(classgrade_2)):
        if classgrade_2.iloc[i,0] == x:
            li2[k] = classgrade_2.iloc[i,1]
            break
    for i in range(len(classgrade_3)):
        if classgrade_3.iloc[i,0] == x:
            li3[k] = classgrade_3.iloc[i,1]
            break
    for i in range(len(classgrade_4)):
        if classgrade_4.iloc[i,0] == x:
            li4[k] = classgrade_4.iloc[i,1]
            break
    for i in range(len(classgrade_5)):
        if classgrade_5.iloc[i,0] == x:
            li5[k] = classgrade_5.iloc[i,1]
            break
    k += 1
ax_4.set_title("各班分数区间统计",fontproperties = zhfont1)
ax_4.set_xlabel('等级',fontproperties = zhfont1)
ax_4.set_ylabel('人数',fontproperties = zhfont1)
ax_4.set_xticklabels(xList,fontproperties = zhfont1)
ax_4.plot(xList,li1)
ax_4.plot(xList,li2)
ax_4.plot(xList,li3)
ax_4.plot(xList,li4)
ax_4.plot(xList,li5)
ax_4.legend(['5.1 班','5.2 班','5.3 班','5.4 班','5.5 班'],loc = 1,prop = zhfont1)

plt.show() # 显示图形
```

(4) 调试程序：由于需要统计的内容较多，程序代码较长，所以在调试时可以采用分段调试的方法从上往下进行调试。在进行分段调试的地方，添加 print()，运行时会得到结果，查看处理结果是否是预期值。图形的输出同样采用分图形进行调试，每添加一个子图，就进行调试运行，当得到期望的图形后再添加另一个子图，直到所有的图形都被输出。

本项目最后的输出结果如图 7-1 所示。从年级排名来看，前三名同学分别是谢思宇、岳伶、张一凡；从等级类型看，中等成绩的同学最多，良好其次，优秀次之。成绩优秀人数最多的班级，5.3 班最多，5.2 班其次，5.4 班次之；在子图 4 中，可以清晰地看到每个班各个分数段的人数。

人物介绍

吉多·范罗苏姆

吉多·范罗苏姆(Guido van Rossum)是一位荷兰的计算机程序员,也是Python编程语言的创始人,被誉为"Python之父"。他出生于1956年,曾在荷兰阿姆斯特丹大学学习数学和计算机科学,并于1982年获得硕士学位。毕业后,他加入了荷兰的CWI国家数学与计算机科学研究所,从事高级编程语言ABC的设计与开发。

尽管ABC语言并未获得广泛流行,但吉多并没有放弃对编程语言的探索。1989年圣诞节期间,他为了打发时间,开始编写一个名为Python的脚本解释器。Python的设计哲学强调代码的可读性和简洁性,同时提供了丰富的内置函数和库,使开发者能够轻松地编写出高效、易维护的代码。同时,Python可以被用于多个领域,包括网络应用、计算机图形应用、科学计算、数据分析、自然语言处理等领域。Python的流行推动了计算机科学领域的发展并带动了人工智能和机器学习的壮大。

Python成为很多软件和网站的核心组成部分,如YouTube、Instagram等。这些成功故事让谷歌、Facebook等公司使用Python,使其成为十分重要的编程语言之一。Python不仅适用于专业程序员,也逐渐受到许多初学者的欢迎,主要因为其语法简单易懂,学习门槛低,易于上手。由于这些优点,Python逐渐受到了广泛的关注和认可,成为世界上最受欢迎的编程语言之一。

Python的诞生离不开吉多的聪明才智和非凡的奉献。吉多在设计Python的过程中,着重考虑了各种因素,包括这种语言应该是简单易懂的、应该有大量的内置类型和操作及应该易于扩展。Python具有结构明确的语法、高效的解释器和良好的API文档,使它成为快速开发原型和大型应用的首选语言。

吉多一直致力于开发和改进Python,其每个版本都引入了新功能并解决了前一版本中的一些问题。现如今,Python已经发展成为一门完整的编程语言,并且被广泛地应用于科学、工程、商业和互联网等领域。Python社区也随之发展,成为国际上最活跃的开源社区之一。

除了在Python领域的贡献外,吉多还曾在谷歌工作,并致力于推动Python在各个领域的应用和发展。吉多·范罗苏姆的成就不仅体现在Python编程语言的创建和发展上,更体现在他对计算机科学领域的深刻思考和贡献。他的工作精神和创新精神,以及对编程语言的热爱和追求都为后来的计算机科学家和程序员树立了榜样。

习题

1. 选择题

(1) 以下(　　)是Python中合法的变量名。

A. 123abc　B. my_variable　C. variable-name　D. class

(2) 在 Python 语言中,x = 5 是一个什么类型的语句?(　　)

A. 赋值语句　B. 条件语句　C. 循环语句　D. 函数定义

(3) 在 Python 语言中,如何定义一个空字典?(　　)

A. dict = {}　B. dict = []　C. dict = ()　D. dict = None

(4) 以下(　　)函数可以用来检查一个值是否在列表中。

A. len()　B. in　C. append()　D. remove()

(5) 在 Python 语言中,(　　)表示字符串?

A. 使用单引号或双引号　B. 使用反斜杠

C. 使用方括号　D. 使用圆括号

(6) 下列(　　)不是 Python 语言中的基本数据类型。

A. 整数(int)　B. 浮点数(float)　C. 字符(char)　D. 布尔值(bool)

(7) 下列(　　)不是 Python 语言中的循环语句。

A. for　B. while　C. do-while　D. break

(8) 在 Python 语言中,如何访问列表的第 3 个元素(索引从 0 开始)?(　　)

A. list[2]　B. list[3]　C. list[−1]　D. list[−3]

(9) 在 Python 语言中,以下(　　)操作符用于字符串连接。

A. +　B. *　C. %　D. //

(10) 在 Python 语言中,以下(　　)语句用于从用户那里获取输入。

A. input()　B. read()　C. scanf()　D. get()

2. 填空题

(1) 在 Python 语言中,我们使用________来定义一个函数。

(2) 在 Python 语言中,print()函数用于在屏幕上输出内容,如 print("Hello,World!")会输出________。

(3) 在 Python 语言中的注释是以________开始的。

(4) 在 Python 语言中用于声明整数类型的变量不需要特定的关键字,但如果要声明一个浮点数,则可以使用________类型。

(5) 在 Python 语言中,len()函数用于获取一个对象(如字符串、列表、元组等)的________。

(6) 在 Python 语言中的循环结构包括 for 循环和________循环。

(7) 在 Python 语言中,可以使用 range()函数来生成一个数字序列,如 for i in range(5):将会循环 5 次,i 的值从 0 开始到________。

(8) 在 Python 语言中,使用关键字________来导入一个模块。

(9) 在 Python 语言中的 break 语句用于在循环中的任何时候停止或________当前的循环。

(10) 在 Python 语言中,________是一个用于表示逻辑“或”的运算符。

3. 简答题

(1) 请解释 Python 语言中的变量是什么,并给出一个变量赋值的例子。

(2) 解释 Python 语言中的函数是什么,并给出一个简单的函数定义和调用的例子。

第8章 CHAPTER 8 多媒体技术及应用

8.1 任务导入

小强满怀信心，激情满满地怀揣着自己的理想和抱负进入自己心仪的大学，除了认真学习课堂知识，小强还积极参加兴趣社团和公益活动，并在社团担任了宣传部副部长的职务。宣传部的前辈们都需要学习和熟练掌握多媒体技术，经常制作社团宣传广告、宣传视频等。那么什么是多媒体技术，小强又该从哪些方面开始学习呢？

本任务旨在向小强普及多媒体技术的相关知识和多媒体常见的应用和操作技巧，包括多媒体信息的类型、多媒体关键技术和发展趋势、多媒体技术的应用，以及多媒体系统的软硬件组成等，并按要求完成实际的图形图像、音频、视频文件等多媒体作品的制作和处理任务。

8.2 知识学习

为了让小强能逐步胜任宣传部的工作，完成宣传广告、宣传视频的制作和其他事宜工作，小强需要对多媒体常用的软件 Adobe Photoshop、Adobe Audition、Adobe Premiere 的基础操作进行学习，并了解数字多媒体展厅及沉浸式体验相关的新时代多媒体技术，为后续的学习和工作打下坚实的基础。

8.2.1 多媒体技术概述

11min

多媒体技术(Multimedia)，又称为计算机多媒体技术，在 20 世纪 90 年代出现，是通过计算机融合文本、图形、图像、音频、视频、动画等两种或两种以上信息进行综合处理、建立逻辑关系和人机交互功能的一种新的信息技术。

多媒体涉及的领域甚广，随着信息技术网络时代的发展，多媒体技术被广泛地应用于服务行业、教育教学、医疗、影视、游戏、自动化办公等各行业。

媒体是指感官媒体、表示媒体、表现媒体、存储媒体和传输媒体等承载和传输某种信息或物质的载体。在计算机领域中,媒体主要是传输和存储信息的载体,文字、图像、音频、视频等是传输的信息;存储的载体有硬盘、磁盘、光盘等存储设备。

多媒体是利用计算机对两种及以上的媒体功能进行综合科学地整合,为用户提供更加直观生动的多种信息展现形式。通俗地讲,多媒体技术就是针对多媒体的文本、图像、动画、声音及视频等要素进行网页设计与制作、图形图像处理、动画设计、音频处理、视频剪辑等综合操作。

8.2.2 多媒体关键技术

传统的多媒体技术主要依赖数据压缩和编码技术、图形图像处理技术、音频视频处理技术等传统的多媒体技术手段,主要应用于多媒体教学、广告宣传、音频视频转换、视频剪辑等方面。随着科技日新月异地不断发展,以及数字化、智能化进程的加速,多媒体技术也得到快速发展和广泛应用。在如今的多媒体技术中融入了通信技术、流媒体技术及虚拟现实技术等诸多新技术,在这些新技术的发展和支持下,多媒体技术在数字图像处理、媒体同步、多媒体实时互动等方面有了突飞猛进的发展。

1. 数据压缩和编码技术

在处理音频和视频信号时,为了方便传输,一般会先对数据进行压缩,再进行编码,减小音频和视频的容量,这就是数据压缩和编码技术。

1)数据压缩和编码标准

数据压缩和编码主要是JPEG(Joint Photographic Experts Group)标准、H.261标准和MPEG(Moving Picture Experts Group)标准3个国际标准。

(1) JPEG标准:是国际标准化组织(International Organization for Standardization,ISO)所制订的一种适用于彩色和单色多灰度或连续色调静止数字图像的压缩标准,包括基于差分脉冲编码调制(Differential Pulse Code Modulation,DPCM)和有损的离散余弦变换(Discrete Cosine Transform,DCT)的无损压缩算法,以及基于哈夫曼编码的有损压缩算法。无损压缩算法不会产生失真问题,但压缩比较小;有损压缩算法压缩信息有损失,但压缩比可以很大。

JPEG图像压缩算法不仅能提供良好的压缩性能,还具有较好的重建质量,被广泛地应用于图像、视频处理领域。经过JPEG图像压缩算法处理后的数据在媒体上的保存形式常见的是.jpeg、.jfif、.jpg或者.jpe,它们是图像文件格式,与JPEG压缩标准不能混为一谈。

(2) H.261标准:是20世纪90年代国际电信联盟远程通信标准化组织(ITU-T for ITU Telecommunication Standardization Sector)制定的第1个视频编解码国际标准。H.261算法复杂度较低,主要用于低码率视频图像传输,主要应用在可视电话、双工视频会议中。H.261标准后续又出现了H.262、H.263、H.263+等标准。

(3) MPEG标准:是ISO/IEC联合图片专家组制定的视频压缩标准,与H.261标准类似,是为了适应网络视频的发展而制定的。MPEG主要应用于数字媒体上的动态图像与音频的存储和检索,适用于传输速率更高并采用CIF(Common Intermediate Format)分辨率的 VCD(Video Compact Disc)。编码器需要更高的性能,以便支持速率和实效性更高的电影视频内容。随着技术的发展,视频编解码标准不断更新,像 MPEG 系列标准后续还有 MPEG-2、MPEG-4、MPEG-7、MPEG-21 标准,谷歌的 VP8/VP9,Intel 的 DVI,Microsoft 的 VC-1,以及我国自主知识产权的 AVS/AVS+/AVS2 等。视频编解码标准演进如图 8-1 所示。

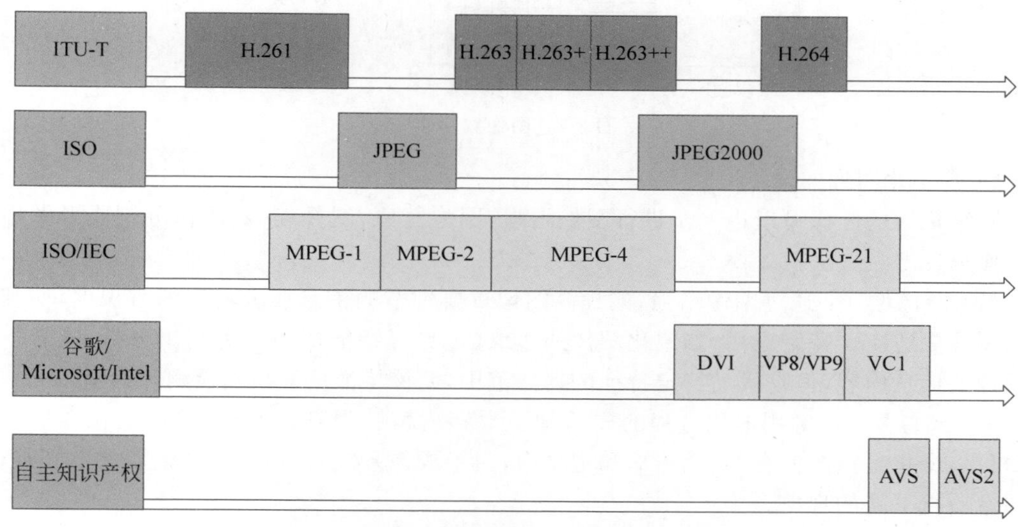

图 8-1 视频编解码标准演进

2) 数据压缩编码

数据压缩和编码的本质是减少数据的冗余,对数据按一定的规则进行变换和组合,用尽可能少的符号来表示尽可能多的信息。数据的冗余包含空间冗余、时间冗余、信息熵冗余、结构冗余和知识冗余等。

数据最终以文件的方式存放,文件的封装格式由文件的类型决定,并通过文件扩展名体现。压缩编码和文件的保存格式没有直接的关系,数据采用何种压缩编码方式仅仅是文件构成的一部分,编码后的内容则是文件要封装的内容,而文件的格式是编码后文件的存储方式。

2. 图形图像处理技术

图像处理在多媒体中主要是数字图像处理,包括图像数字化、图像增强和复原、图像数据编码、图像分割和图像识别等。

1) 图像数字化

图像数字化是指图形、图像数字化,也就是将图形、图像用 0 和 1 二进制编码的形式表示出来,转化成计算机能够处理的形式。

图像数字化主要包括扫描、采样和量化 3 个步骤。扫描就是把图像划分为矩形网格,扫描的最小单元为像素;采样就是在图像的每个像素位置上测量灰度值;将采样点灰度级值的离散化过程称为量化。数字图像实际上是近似真实图像而不是原图像,是计算机处理图像的前提，图像数字化后就可以对图像进一步地进行处理了。图像数字化过程如图 8-2 所示。

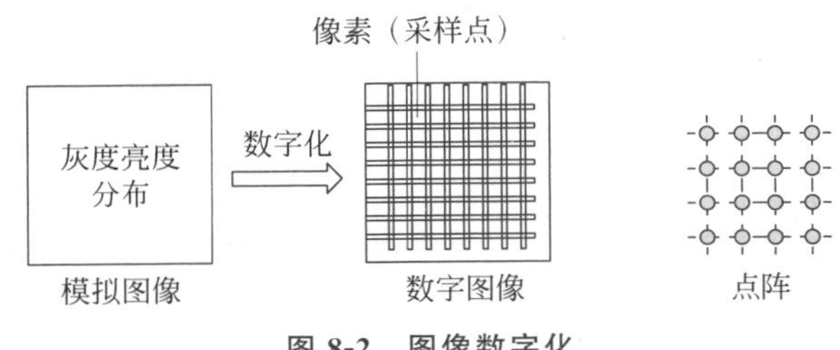

图 8-2 图像数字化

2）数字化图像的操作

数字化后的图像可以进一步进行图像增强、图像复原、图像编码、图像分割或者图像识别等操作。

（1）图像增强：通过图像增强，能提高图像重要细节的信息或者目标的辨识度，使其比原始图像更适应于特定应用，如锐化图像的边缘、边界等特征使图像更利于分析，或者不增加图像的信息内容，但是增加特定特征的动态范围，使该特征更容易被检测和识别。

（2）图像复原：利用退化过程的先验知识，恢复模糊、失真、有噪声等已退化图像的原始面目。退化是指图像在形成、传输和记录中，由于成像系统、传输介质和设备的不完善，导致图像质量下降的现象。

（3）图像编码：是指在满足一定质量的条件下，以较少比特数表示图像或图像中所包含信息的技术，图像主要采用 JPEG 标准进行压缩编码。

（4）图像分割：是指根据灰度、彩色、空间纹理、几何形状等特征把图像划分成若干个互不相交的区域，使这些特征在同一区域内表现出一致性或相似性，而在不同区域间表现出明显的不同。图像分割是图像分析的第 1 步，是计算机视觉的基础，是图像理解的重要组成部分，也是图像处理中最困难的问题之一。

（5）图像识别：是指利用计算机对图像进行处理、分析和理解，以识别各种不同模式的目标和对象的技术，并对质量不佳的图像进行一系列增强与重建，从而有效地改善图像质量。通过分类和提取重要特征，进而排除多余的信息，以此来识别图像，图像识别是智能化发展的结果。

3）数字图像的类型和文件格式

根据数字图像的特性，静态图像可以分为向量图和位图，究竟什么是向量图和位图呢？

（1）向量图：就是使用直线和曲线来描述的图形，构成这些图形的元素是一些点、线、矩形、多边形、圆和弧线等，它们都是通过数学公式经计算获得的。

向量图只能靠软件生成，并且无论进行放大、缩小或旋转等图像都不会失真，但向量图难以表现色彩层次丰富的逼真图像效果，因此，向量图适用于图形设计、文字设计和一些标志设计、版式设计等。

向量图的文件占用内存空间一般较小，常见向量图文件格式主要有. bw、. ai、. cdr、

.col、.cgm、.dwg、.dxf、.wmf 及.eps 等格式，可以使用 CorelDraw、Illustrator、Freehand、XARA、CAD 等软件制作。

(2) 位图：又叫点阵图或栅格图，由若干单个像素点组成，像素越多，图像越大。位图可以非常细腻而真实地表现自然界的景象，但位图缩放时会失真，在频繁的缩放旋转中，也很容易失真和变得模糊，从而影响画质。像素组成的位图方便软件后期进行修改，Photoshop 就是众所周知的常用位图处理软件。

位图图像中有很多不同色彩的像素块，保存后的文件较大。常见位图文件的格式有.bmp、.pcx、.gif、.jpg、.tif 及.psd 等。位图可以使用 Photoshop、Painter 及 Windows 系统自带的画图工具来制作。

3. 音频处理技术

音频为模拟信号，必须进行数字化处理后才能在计算机中存储和使用。音频数字化是对音频进行采样、压缩编码，然后将数字化音频通过音频处理技术进一步处理，而音频处理技术是指采用计算机对声音进行处理的技术。常见的音频处理技术有数字信号处理(Digital Signal Processing，DSP)、声学处理、语音识别、语音合成和自动噪声消除等。

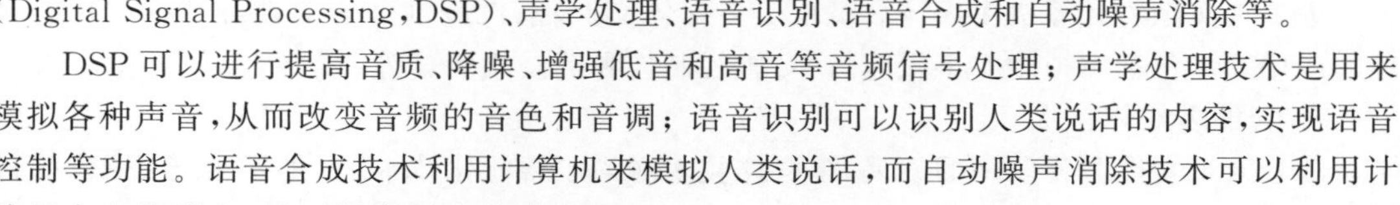

DSP 可以进行提高音质、降噪、增强低音和高音等音频信号处理；声学处理技术是用来模拟各种声音，从而改变音频的音色和音调；语音识别可以识别人类说话的内容，实现语音控制等功能。语音合成技术利用计算机来模拟人类说话，而自动噪声消除技术可以利用计算机来去除噪声，从而提高语音的清晰度。

常用音频处理工具有开源的 Audacity，支持包括中文在内的 60 种界面语言。它使用方便，能满足录音、录制有声小说等基本录音需求，功能丰富，可以进行各种后处理，非常方便。

Adobe Audition 是进行先进音频混合、编辑、控制和效果处理的专业音频编辑和混合软件。它相当于一个多声道录音室，为用户提供更好的音频处理功能，具有多种音频特效和多种音频格式，包括录制音乐和配音视频，但该软件需要付费使用。

国产的风云音频处理大师操作非常简单，新手也可以很容易地快速完成音频的编辑，可以巧妙地完成多种音频格式的转换。

4. 视频处理技术

视频与音频类似，视频数字化后，再通过视频处理技术进一步处理。目前主流的视频处理技术包括智能分析处理、视频透雾增透技术、宽动态处理、超分辨率处理等。视频处理的方式主要包括视频转换和视频剪辑等手段。

主流的视频制作和处理工具非常多，其中 AE(After Effects)是影视后期专业人士必备的软件之一，功能非常丰富强大，能满足用户的多场景需求。

PR(Premiere)可以为用户提供采集、调色、剪辑等多种功能，提升用户的创作能力和空间，是电影剪辑专业人士必备的剪辑工具。

The Foundry 公司开发的 Nuke 是一款数码节点式合成软件，能够实现非常惊艳的视觉效果，被应用于很多电影和商业片的制作中。

另外对于非专业用户，也有非常多的视频处理工具可以使用，例如国产的剪映、快剪辑、爱剪辑等都是简单好用的视频转换和编辑工具。

5. 流媒体技术

流媒体技术主要通过流式传输的方式,将影像、动画、声音持续不断地发送到指定的服务器上,以满足用户的应用需求。客户端可以一边播放,一边接收网络数据,无须完全下载即可立即播放。

流媒体技术融合了众多新技术,涉及流媒体数据的采集、压缩、存储、传输及网络通信等技术。流媒体技术目前应用比较广泛,在人们的生活和工作中可以随时随地传输声音、影像、画面等,例如实时视频监控、远程教育、网络视频会议等。

6. 虚拟现实技术

虚拟现实技术是一种涉及人机交互、计算机图形学、人工智能、传感技术、网络设计等多学科的集成技术,在实践应用的过程中能够在计算机环境中构建三维动画,并对其进行操作,给人以真实的体验感。虚拟现实技术已融入计算机多媒体,可以增强多媒体的功能性和互动性,利用数据信息来构建三维动画,有助于有效地分析和解决工作中的问题。

虚拟现实融入计算机多媒体后赋予了多媒体交互性、沉浸性和想象性等特征。目前典型的应用领域包括虚拟现实多媒体教学、影视制作和沉浸式展览等。

7. 智能多媒体技术

随着人工智能和物联网的发展,多媒体技术融入了智能化技术,如文字、语音、图像的自动识别和理解,智能分析处理技术让多媒体技术具备了学习、分析和处理问题的能力。智能化让人机交互变得越来越方便,越来越真实,多媒体技术的智能感知和互动成为可能。目前很流行的多媒体智能数字展厅就是多媒体技术与智能化发展,以及融合虚拟现实技术的实际应用。

8.2.3 多媒体系统的组成

多媒体系统一般由多媒体硬件系统和多媒体软件系统组成,在多媒体硬件和软件的配合下才能正常地提供多媒体功能服务。

1. 多媒体硬件系统

多媒体硬件系统主要包括高性能多媒体计算机、各类型的多媒体外部设备及与外部设备的控制接口卡等,常见的多媒体硬件设备如图 8-3 所示。

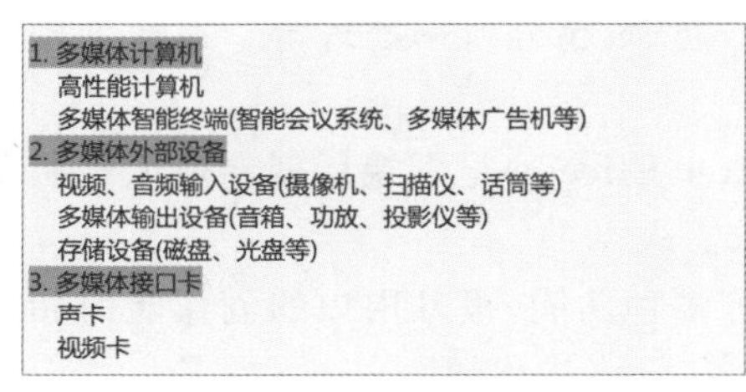

图 8-3 多媒体硬件设备

2. 多媒体软件系统

多媒体软件系统是多媒体的灵魂,可以让用户方便有效地运用多媒体。多媒体软件系统包括多媒体操作系统、多媒体编辑软件、多媒体工具软件和多媒体应用软件等。

(1) 多媒体操作系统:个人计算机的基本操作系统,如 Windows 系列操作系统。

(2) 多媒体编辑软件:用于采集、整理和编辑各种媒体素材和数据的软件,如文字处理软件、图形图像处理软件等。

(3) 多媒体工具软件：用于集成编辑多媒体素材、设置交互控制的程序等，包括图形图像处理工具、视频剪辑工具等。

(4) 多媒体应用软件：应用上述软件编辑出来的多媒体产品，如用于教学的多媒体教材或多媒体课件等。

8.2.4 多媒体技术的发展趋势

随着科技的快速发展，多媒体技术逐渐朝着网络化、智能化、多元化、虚拟化和数字化方向发展。

1. 网络化

随着网络传输速率的提升，多媒体技术网络化的发展趋势也越来越明显，例如多媒体终端、流媒体、实时视频监控等。多媒体技术通过网络运用云计算为用户提供存储和相关运算服务，极大地推动了多媒体终端的发展。流媒体技术也是多媒体网络化的典型，用户可以在毫无察觉的情况下通过网络边快速下载边播放视频和音频。实时视频监控可以实现监控并将监控视频传输到用户终端。

2. 智能化

随着硬件设备性能的提升和人工智能的发展，很多智能化多媒体设备被广泛地用于医疗、教育等系统中，为人们的生活提供了极大的便利。借助智能化技术，多媒体装置在终端的使用及对数据信息处理等方面变得更加智能。例如，在网页中可以智能控制视频的传输速度，通过网络电视和手机终端实现音频、视频的智能控制。随着多媒体设备性能的不断提升，未来的多媒体会变得更加智能。

3. 多元化

多媒体技术的多元化发展，一方面指多媒体技术种类繁多，新兴的技术基本逐渐与多媒体技术融合；另一方面指多媒体技术的展现形式越来越多样，除了传统的网页、音频、视频等，体感游戏、沉浸、全息投影等也逐渐出现在多媒体的应用中。

4. 虚拟化和数字化

多媒体技术与数字化、虚拟现实技术是当今计算机发展的必然趋势，多媒体与虚拟现实的融合，为多媒体打造了虚拟现实空间，带给用户沉浸感、交互性和刺激性，多媒体数字展厅、互动沉浸式游戏、沉浸式艺术等都是多媒体虚拟化和数字化的体现。

8.3 任务实施

通过学习，小强对多媒体系统的组成、关键技术及应用和发展趋势都有了清楚的认识和理解。这天吉他兴趣社团要准备开始招生，小强和其他人员需要开始设计和制作招生宣传海报。

8.3.1 下载并安装 Photoshop

宣传广告的制作有很多图形图像工具可以选择，但应用最广泛的还是 Adobe Photoshop，这是一款是由 Adobe Systems 开发和发行的图像处理软件。它被广泛地用于平面设计和图像处理，包括处理以像素所构成的数字图像。Photoshop 的主要功能包括使用其众多的编修与绘图工具对图片进行编辑和创造工作，涉及图像、图形、文字、视频、出版等方面。

Photoshop 支持 Windows、Android 与 macOS，Linux 操作系统用户可以通过 Wine 来运行 Photoshop。Photoshop 是一款专业的图形图像处理工具，功能非常强大，常用于各专业网站的网页 UI 设计、宣传海报的设计制作等。

Photoshop 通常建议在 Adobe 官网进行下载，也可以直接通过 360 软件管家搜索下载或者从其他安全的网站获取安装包。

1. 下载并安装 Adobe Creative Cloud

1）在 Adobe 官网下载 Adobe Creative Cloud

首先，要安装 Adobe Creative Cloud 应用。Adobe Creative Cloud 是 Adobe 的官方在线应用商店，可用于安装、卸载和更新 Adobe 的 Photoshop、Illustrator、AE 等软件。下载 Adobe Creative Cloud，如图 8-4 所示。

图 8-4 下载 Adobe Creative Cloud

2）安装 Adobe Creative Cloud

下载后，双击 exe 程序包进行安装，安装过程需要使用 Adobe 账户和密码，如果没有账户，则需要注册一个，然后按提示完成安装。安装完成后，在“程序”中就有 Adobe Creative Cloud 应用，可以双击桌面上的 Adobe Creative Cloud 图标启动该应用程序，打开 Creative Cloud Desktop 的界面，如图 8-5 所示。

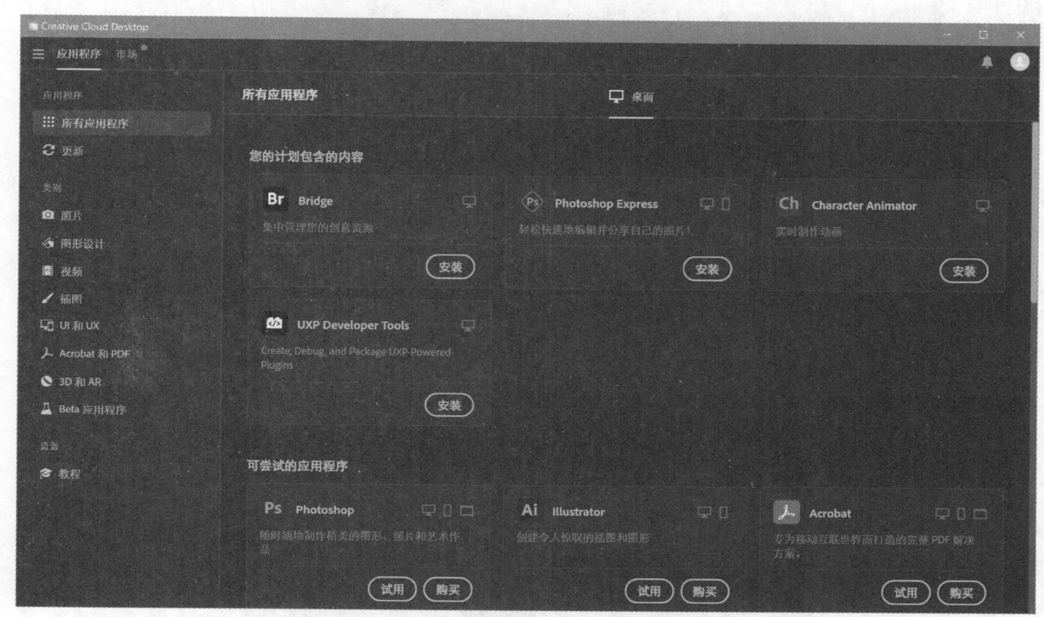

图 8-5　Adobe Creative Cloud 界面

2. 安装 Photoshop

在 Creative Cloud Desktop 中，选择 Photoshop，单击“试用”或者“购买”按钮进行安装。单击“购买”按钮，先进入购买付费界面，购买后可安装；如果单击“试用”按钮，则可以直接安装，Photoshop 提供 7 天免费试用，到期后需要购买才能继续使用。Photoshop 安装需要一点时间，如图 8-6 所示。

安装完成后，在应用程序中找到 Photoshop 程序，双击打开就可以使用了。

8.3.2　吉他兴趣社团招生宣传海报制作

1. Photoshop 操作界面

Photoshop 安装完成后，在程序面板中找到 Photoshop 程序并打开，进入 Photoshop 操作界面，Photoshop 的操作界面主要由工具栏、工具栏属性、菜单栏、工作区、浮动面板、状态栏等部分组成，如图 8-7 所示。

1）菜单栏

菜单栏中共有 10 多项菜单，每个菜单下面有若干个子命令。例如常用的文件菜单下有新建文件、打开、存储等操作；编辑下有复制、粘贴、工具栏等。此外，菜单栏还有其他功能

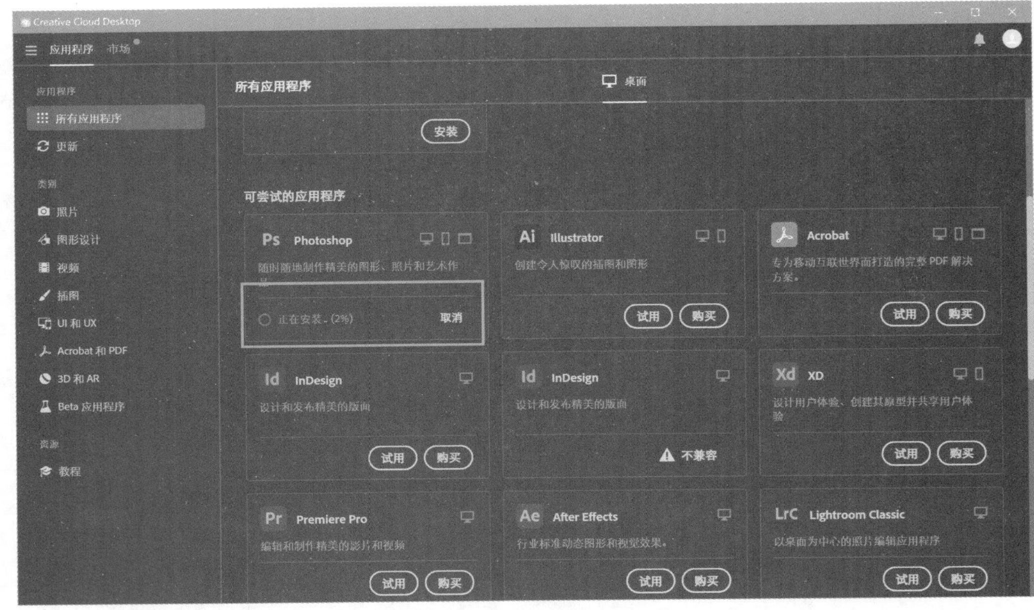

图 8-6 Photoshop 的安装

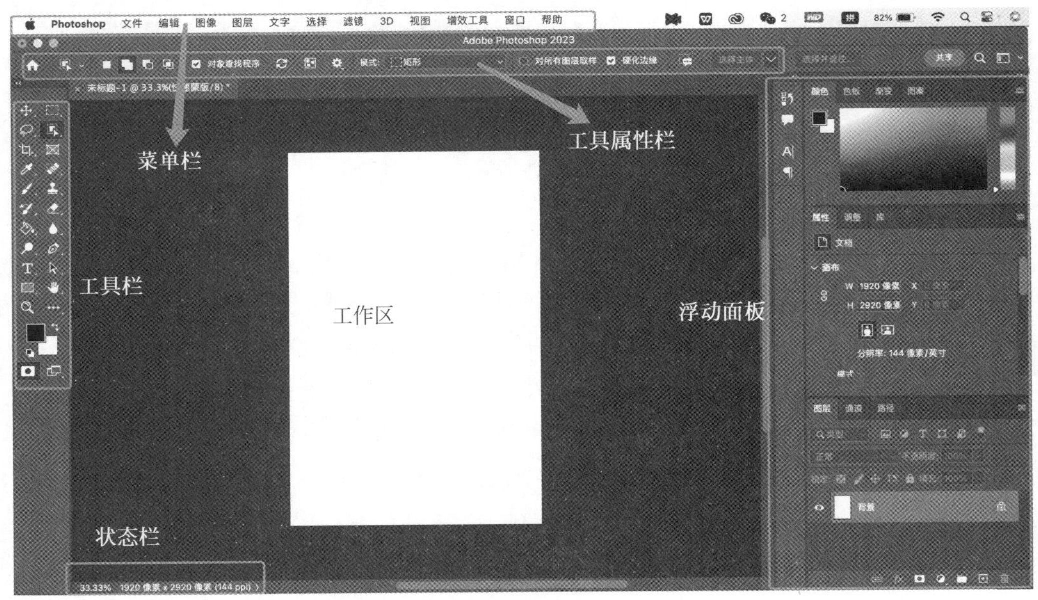

图 8-7 Photoshop 操作界面

选项，如图 8-8 所示。

2）工具栏

工具栏包含对图像进行修饰、裁剪、选择及绘图编辑等工具，每种工具有相应的快捷键。

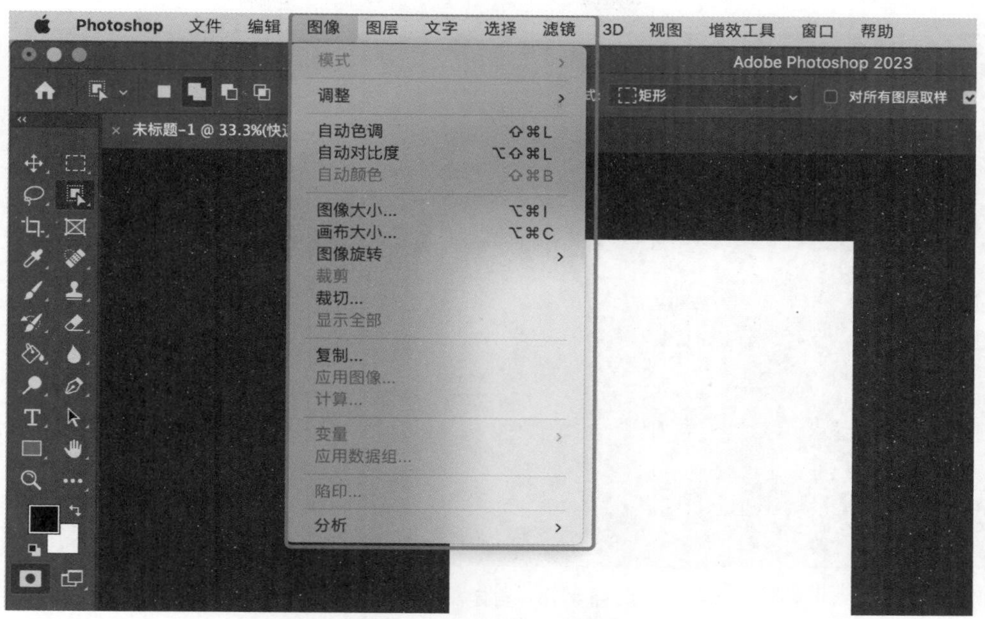

图 8-8　Photoshop 菜单栏

在工具栏中默认有常用的图像处理工具，部分工具没有在这里展示，实际上，每个图标中还有几个隐藏的工具，右击后便可查看并选择，如图 8-9 所示。

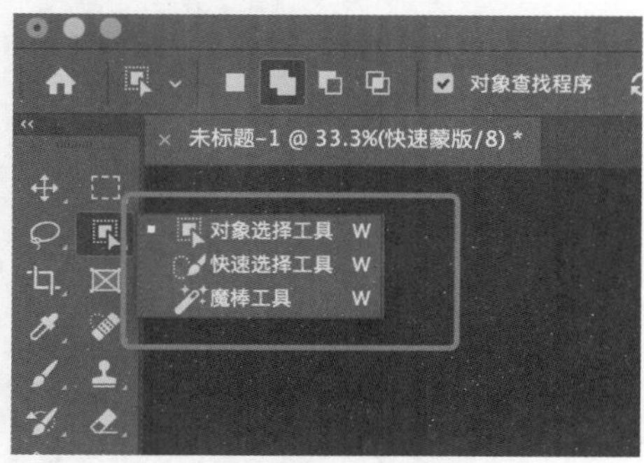

图 8-9　隐藏工具

如果需要调整工具的分组或者快捷调出方式，则可通过菜单栏中的“编辑”→“工具栏”，调出自定义工具栏。在自定义工具栏弹窗的“工具栏”列表中，首先选择需要使用的工具，然后拖曳到“附加工具”中，单击“完成”按钮，即可在工具栏最后的“...”中显示，自定义工具栏如图 8-10 所示。

3）工具属性栏

左侧工具栏中的每个工具选项都对应各自的工具属性，当选择不同的工具时出现的选项也不同，可以有针对性地对工具的属性进行设置和选择。

4）浮动面板

浮动面板是 Photoshop 中非常重要的辅助工具，为图形图像处理提供了各种辅助功能，包括图片的取色器、属性和图层信息等，可以进行色彩选择、属性设置、图层选中和编辑等。浮动面板可以被拖曳到工具的任意位置。浮动面板如图 8-11 所示。

5）状态栏

状态栏中主要展示图像显示比例、画布大小等信息。

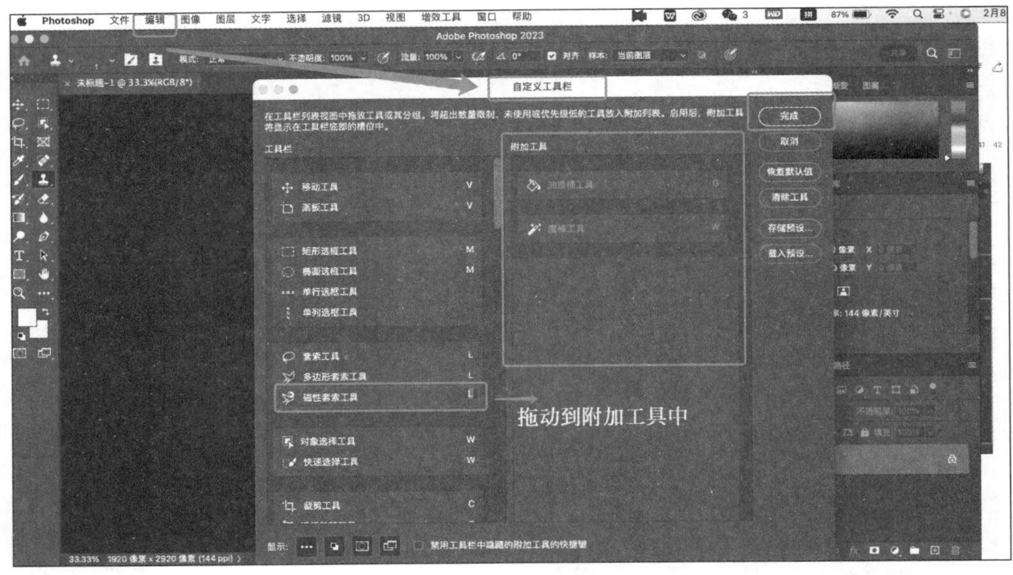

图 8-10 自定义工具栏

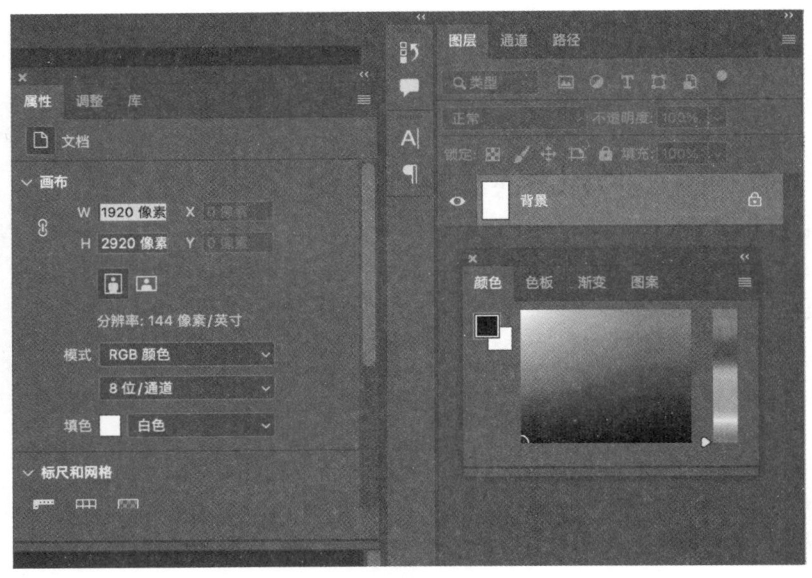

图 8-11 拖曳浮动面板

2. Photoshop 常用工具

Photoshop 是专业的图形图像处理工具，它的工具有几十个，其中最常用的工具有以下一些。

1）移动工具

移动工具中的图标（ ），一般用来移动选区中的图形或者图层。选中移动工具，按住鼠标左键，可以拖曳到希望移动到的目标位置，还可以在打开的多个 Photoshop 文件之间移动，默认的快捷键为 M。

2）选择工具

选择工具是用来选择需要的区域的，默认的快捷键为 V，选择工具根据选择的范围和样式主要有“矩形选框工具”“椭圆选框工具”“单行选框工具”及“单列选框工具”等，在工具栏中默认为矩形选框工具（ ），如果需要使用其他的选择工具，则首先需要右击矩形选框工具，然后在弹出列表中选择，如图 8-12 所示。

3）裁切工具

裁切工具用于裁剪掉多余的图像部分，修改画布大小，裁剪工具（ ）的快捷键为 C，一般有“裁剪工具”“透视裁剪工具”“切片工具”和“切片选择工具”等，如图 8-13 所示。

选择裁剪工具后，画面中会显示裁切框，可以拖曳裁切框以确定需要保留的部分，或按住鼠标左键，在画面中拖曳出一个新的裁切区域，然后双击或者按 Enter 键完成裁切。

按住 Shift 键拖曳裁切框的对角线，裁切区域将按等比例向拖曳方向进行缩放，如果同时按住 Shift 键和 Alt 键，则裁切区域将在原画布中央向四周进行等比例缩放。

4）套索工具

套索工具（ ）实际上也是一个选择工具，可以针对图层中的图片对自由区域进行套索选择，圈画出不同形状的选区，也可以使用快捷键 L，包括“套索工具”“多边形套索工具”和“磁性套索工具”。套索工具的操作非常灵活，绘制好了一个选区，如果不需要了，则可以按快捷键 Ctrl＋D 将选区取消，也可先右击选区，然后单击“取消选择”。套索工具如图 8-14 所示。

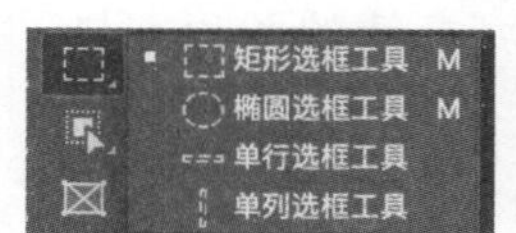

图 8-12　选择工具

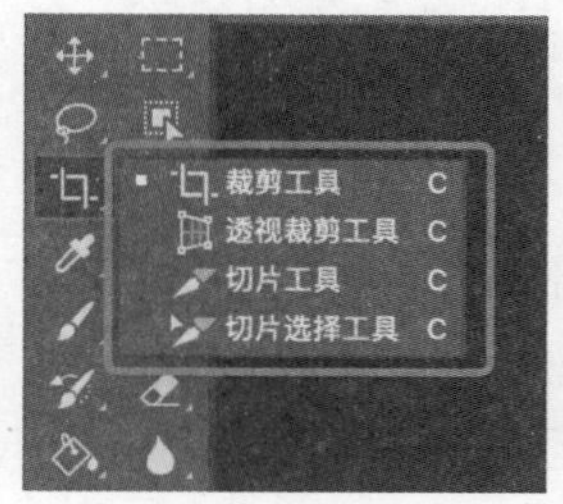

图 8-13　裁剪工具

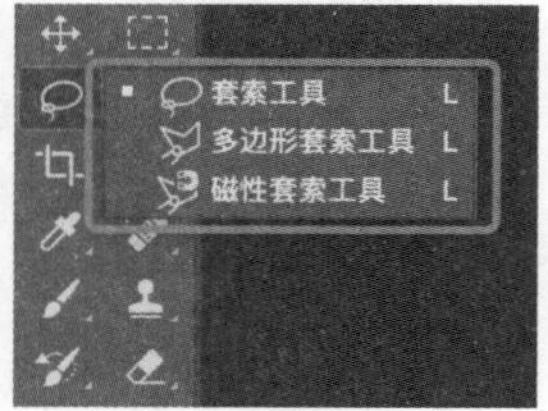

图 8-14　套索工具

5）魔棒工具

魔棒工具（ ）是选择工具中的一种，使用非常广泛，所以对此单独进行介绍，通过魔棒工具，可以将分界线比较明显的图像很快速地抠出来，是非常好用的抠图工具。

魔棒工具主要有取样大小、容差、连续等几个属性，取样大小为单击所选中的像素范围。容差值是与鼠标单击图像取样颜色的匹配度，容差值越大，匹配度越模糊；容差值越小，匹配度越精准。魔棒工具的默认属性如图 8-15 所示。

6）印章工具

印章工具（ ）用于复制指定的图形，利用图像中已有的图形，在画布的其他位置绘出

图 8-15　魔棒工具属性

相同的图。主要有“仿制图章工具”和“图案图章工具”,印章工具如图 8-16 所示。

当使用印章工具时,首先需要按住 Alt 键,然后单击已有的参考图形,可以拖曳范围,即可印制目标图形。放开 Alt 键,在画布空白区域单击或者拖曳,就可以印制目标图像。

7) 模糊工具

模糊工具又叫柔化工具( ),模糊工具主要用于对图像进行柔化,为了使图像边缘变得模糊,凸现主体或者更好地融入总体。主要有“模糊工具”“锐化工具”和“涂抹工具”,模糊工具如图 8-17 所示。

8) 修复工具

修复工具( )用于移除图像中不必要的元素,修复工具具有内容识别功能,可以把附近的内容重新合成,使修复后的图像与周围环境无缝融合。图像修复工具主要有“污点修复画笔工具”“修复画笔工具”“修补工具”“内容感知移动工具”和“红眼工具”等,修复工具如图 8-18 所示。

图 8-16　印章工具

图 8-17　模糊工具

图 8-18　修复工具

3. Photoshop 制作宣传海报

经过认真学习和思考,小强设计了宣传海报的草图,下载了几张高清的图片素材,接下来就可以开始制作宣传海报了,操作步骤如下。

第 1 步: 在 Photoshop 软件中打开 background. png、staff. png 和 guitar. jpg 素材文件。

第 2 步: 单击“开始”→“新建”,打开新建文档窗口,在窗口的右侧设置图像的宽度和高度,这里将画布的“宽度”设置为 1920 像素,将“高度”设置为 2920 像素,将“背景内容”设置为白色,单击“创建”按钮,保存为“文件海报. psd”文件。创建图像文档的过程如图 8-19 所示。

第 3 步: 单击 background. png 图片文件头,切换到这张背景图片,按快捷键 Ctrl+A 全选整张图片,也就是虚线框选中的区域。单击菜单栏的“编辑”→“复制”,复制选中区域,然后切换到海报的画布中,同样单击菜单栏的“编辑”→“粘贴”,将背景图片粘贴到画布中,粘贴过来的图像会自动生成一个“图层 1”,复制背景如图 8-20 所示。

第 4 步: 用鼠标选中图层 1,选择 ,拖曳背景图,调整到满意的位置为止。调整后的效果如图 8-21 所示。

图 8-19　创建图像文档

图 8-20　复制背景到海报

第 5 步：staff. png 是一张没有背景的音符对象图，选中 ，按住鼠标左键，直接拖曳到海报中会自动生成一个新的“图层 2”来存放音符对象。选中“图层 2”，按快捷键 Ctrl＋T，框选图层 2 的对象会出现 8 个控制点，拖曳控制点，调整音符对象在图像中的大小，并移动到海报图中合适的位置。调整完成后，可单击左侧移动工具，取消调整的控制点，调整音符对象效果图如图 8-22 所示。

第 6 步：要把 guitar. jpg 图片中的吉他抠出来，有很多种方法，这里采用魔棒工具中的

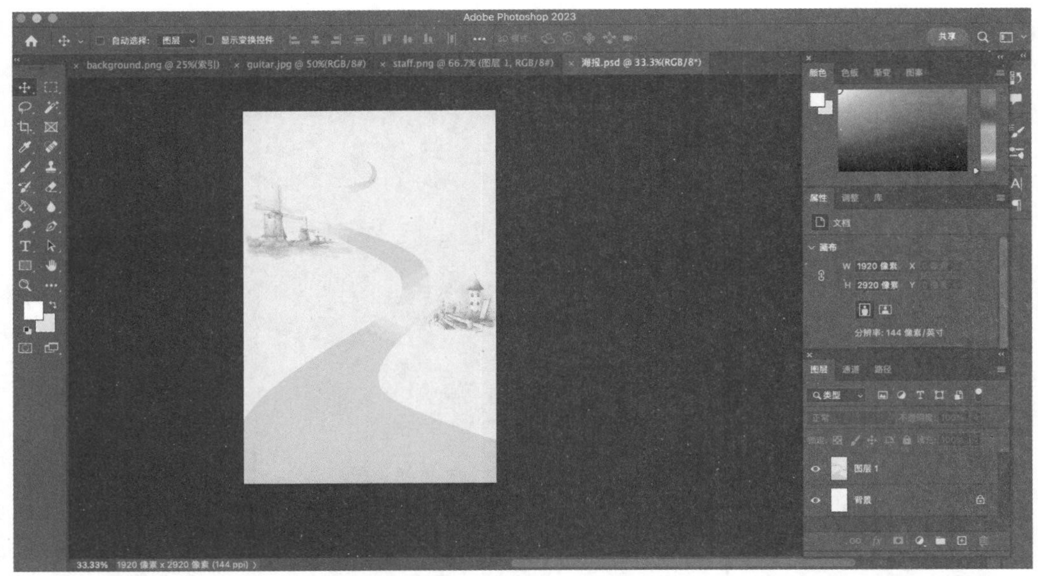

图 8-21 调整背景图效果

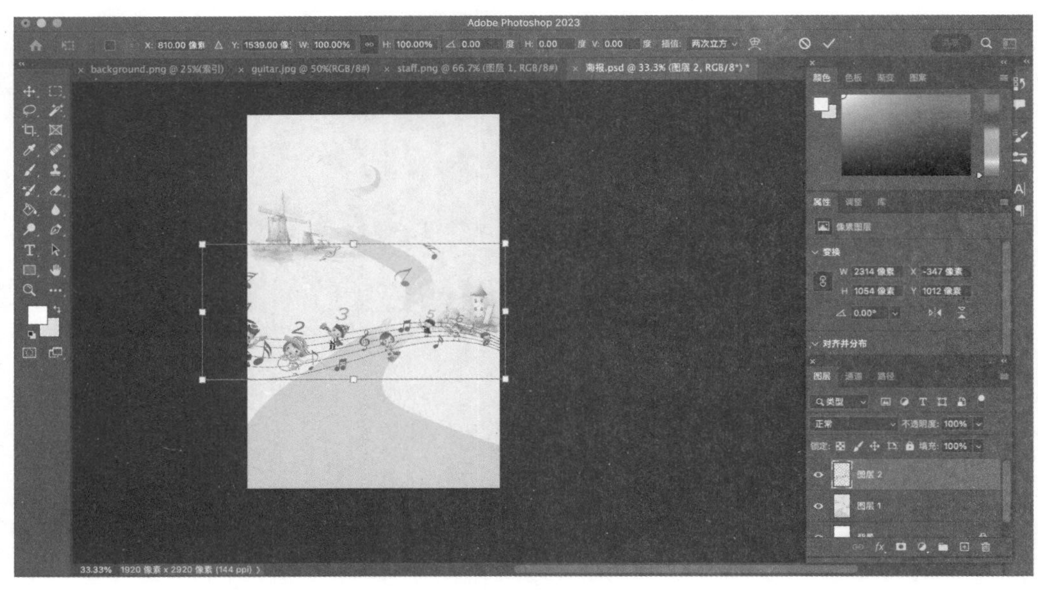

图 8-22 调整音符对象效果图

快速选择工具( )。首先选中 ,单击吉他,此时会出现部分选中区域,这时要注意在工具属性中,选择“添加到选区”,再单击吉他的其他部位,选中区域增大,直到整个吉他被完全选中。如果出现有非吉他部分被选中,则需要再选择工具属性中的“从选区减去”属性,将不需要的部分从选区去掉,如果去掉的范围很小,则去掉之前需要在“画笔选项”中将“大小值”调整为较小一点的值。吉他选中效果图如图 8-23 所示。

图 8-23　吉他选中效果图

第 7 步：选中工具栏中的“移动工具”，拖曳选中区域的吉他，放到海报文件中会自动生成“图层 3”。选中“图层 3”，按快捷键 Ctrl+T，调整吉他的大小与背景图比例，当鼠标放到吉他角上时，会出现可以旋转的标记，用鼠标按住旋转标记将吉他旋转到合适的位置。此时放入吉他的海报效果图如图 8-24 所示。

图 8-24　放入吉他的海报效果图

第 8 步：选中竖排文字工具(IT)，在海报中输入“吉他社团”，在图层中可以看到已经新增了一个文字的图层，选中文字图层，按快捷键 Ctrl＋T，调整文字大小，在右侧文字图层的属性中，设置文字的字体等样式。文字图层属性设置如图 8-25 所示。

图 8-25　文字图层属性设置

第 9 步：选中上一步生成的文字图层，右击并选择“混合选项”，在图层样式弹窗中，勾选“描边”，选中描边选项，在右侧结构中将所描“边宽”设置为 13 像素，将“位置”设置为外部，将“颜色”设置为红色，其他属性保持默认即可。文字描边如图 8-26 所示。

图 8-26　文字描边

第 10 步：重复第 8 和第 9 步的步骤，完成海报其他文字部分的编辑。最终完成的海报效果如图 8-27 所示。

图 8-27　海报效果图

8.3.3　吉他兴趣社团招生背景音乐制作

音频的制作有多种工具可供选择，Adobe Audition 是常用的音频编辑工具之一。

Audition 是一款完善的工具集，用于编辑、混合、录制和复原音频。下面开始讲解 Audition 的下载并安装。

1. 下载并安装 Adobe Audition

Adobe Audition 的下载方式与 Photoshop 安装方式相似。在 Adobe Creative Cloud 应用中找到 Audition，单击试用进行安装，如图 8-28 所示表示成功地安装了 Audition，显示试用期仅 7 天。

2. Audition 工具介绍

1）Audition 操作界面

Audition 安装完成后，在程序面板中找到 Adobe Audition 程序并打开，进入 Audition 操作界面，Audition 的操作界面主要分为素材框、工作区和显示区，如图 8-29 所示，其他面板工具组可通过“菜单栏”→“窗口”选择性地显示部分窗口。

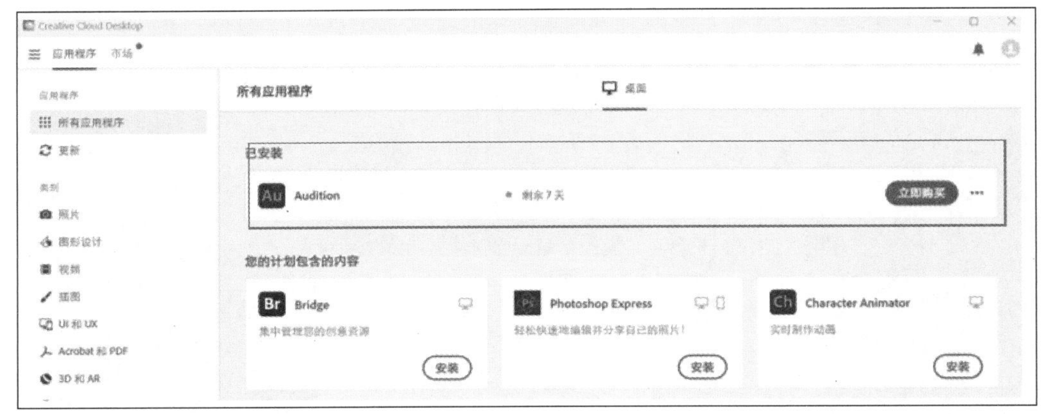

图 8-28　安装 Adobe Audition

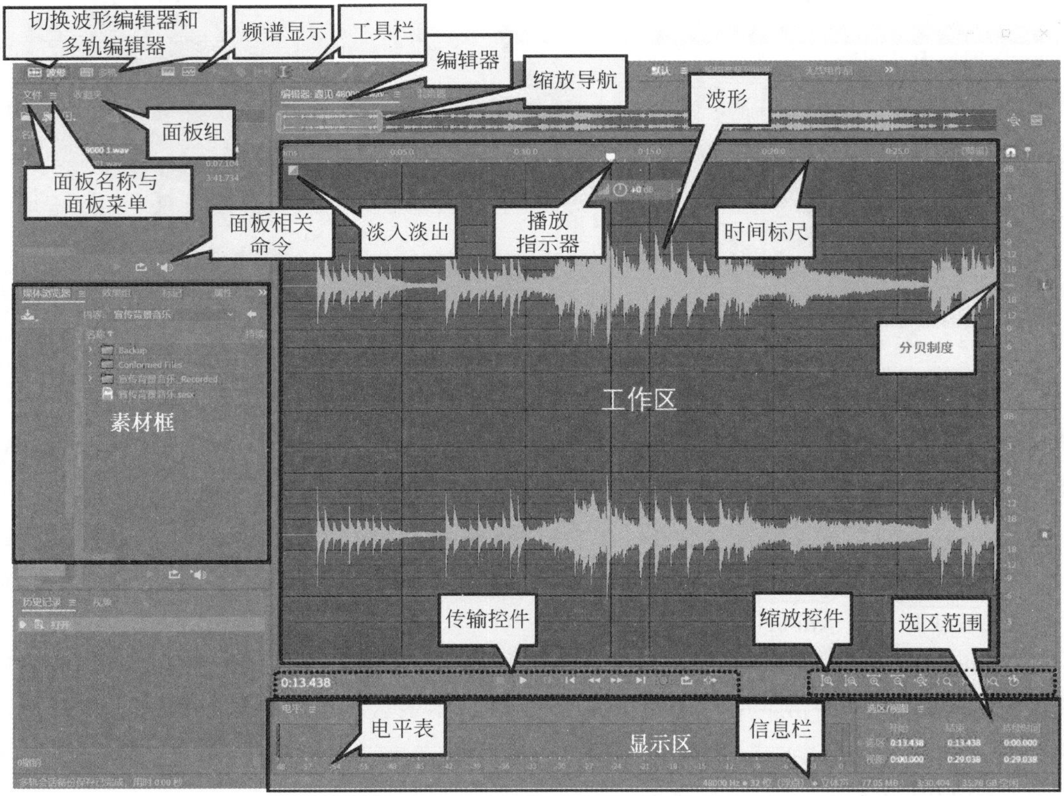

图 8-29　Audition 操作界面

2）菜单栏

如大多数软件一样，Audition 的顶端是菜单栏，主要包含文件、编辑、多轨、剪辑、效果、收藏夹、视图、窗口、帮助功能选项卡。每个功能选项卡下都有相应的细节功能，如图 8-30

所示，效果选项卡下有显示效果组、反向、反相、降噪/恢复、混响、特殊效果等功能。

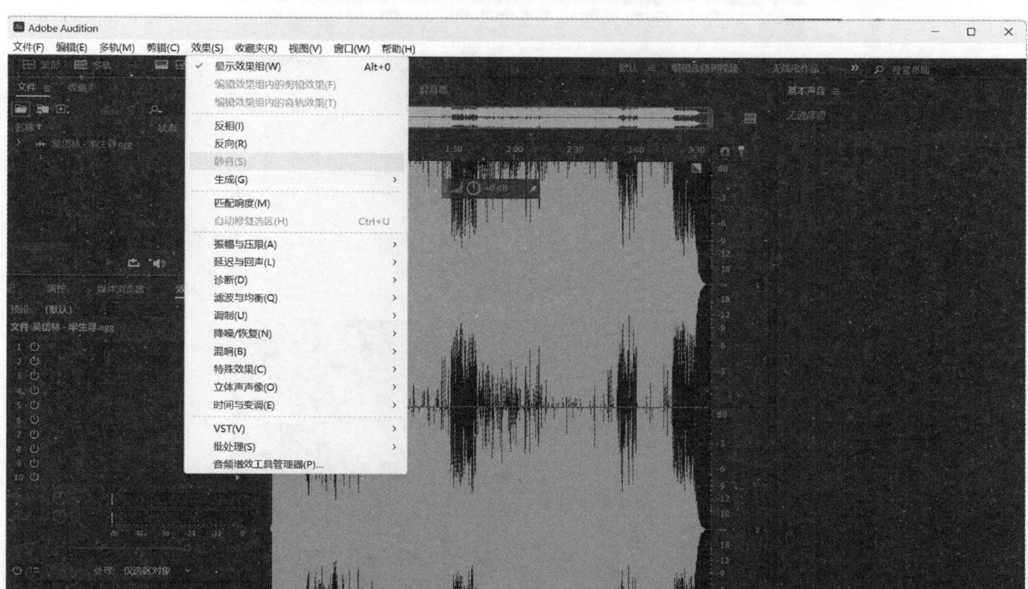

图 8-30　Audition 菜单栏

3）波形和多轨编辑器

波形编辑器附带频谱率显示器和频谱音调显示器，便于对音频的细节进行处理；多轨编辑器用于构建多轨道混音的音频创作等工作。

4）工具栏

Audition 的工具栏有频谱频率显示、移动工具、选择素材剃刀工具、滑动工具、时间选区工具、框选工具、套索选择工具、笔刷选择工具、污点修复工具，见表 8-1。

表 8-1　工具栏工具作用

Audition 工具	作　用
移动工具	选择或移动音频块、复制音频块、改变入点或出点、实时伸缩、添加或删除关键帧、调整包络线等
剃刀工具	切断所有剪辑工具也称剃刀工具，用于剪开音频剪辑
滑动工具	用于在保持音频持续时间不变的情况下改变音频块的入点和出点
框选工具和套索工具	两个工具的作用均是选择局部频谱，从而能进行处理
污点修复画笔工具	用于选择局部频谱并参考周边音频自动修复

工具栏中的工具并不是都可用，如图 8-31 所示，有些工具在波形文件下可使用，有些工具在多轨混音项目下可使用，但时间选区工具波形和多轨下皆可用。

图 8-31 Audition 工具栏

5）面板组

Audition 的各个面板组可通过“菜单栏”→“窗口”选择隐藏或显示。

6）工作区

Audition 提供了一个统一且可自定义的工作区，如图 8-32 所示，这是 Audition 不同的工作区选项，此外可根据需求自定义工作区。

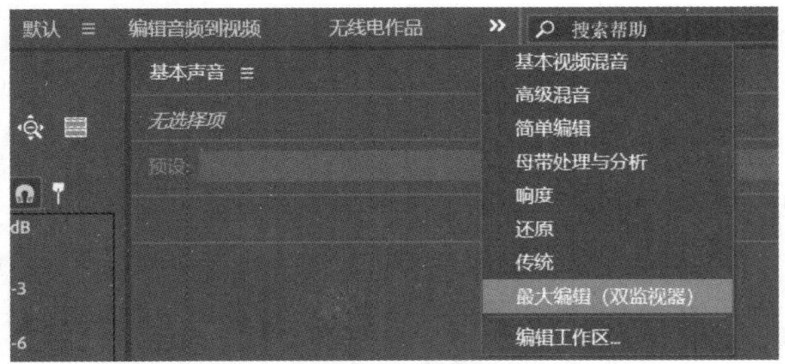

图 8-32 Audition 工作区

工作区会显示音频波形、频谱、时间线、音频控制(播放、停止、快进/快退等)、波形控制(缩放、查看等)等。

7）显示区

显示区主要显示以零为标准的电平表、文件信息及所选中音频区域的范围(起始时间、结束时间)。

3. Audition 背景音乐制作

在经过相应的思考后，小强想为社团招生宣传制作宣传背景音乐并加入相应的自制人声“吉他社团招新啦，欢迎大家报名”，以此来吸引大家的注意。

1）创建项目文件

在“文件”→“新建”选择“多轨会话”。在弹出的新建多轨会话的窗口中，设置文件的名称、位置、采样率、位深度等，单击“确定”创建“宣传背景音乐”文件，如图 8-33 所示，其中①号框表示文件信息，②号框表示多轨文件中的多条音轨，可插入不同的音频文件。

2）导入素材

导入素材有多种形式，可通过选中音轨后右击“插入”→“文件”或在文件框里找到对应音频文件打开；同时也可找到音频文件直接拖曳至音轨中。如图 8-34 所示，插入音频文件后会显示波形。

注意：在图 8-34 的红色框中有 M、S、R 共 3 个按钮。M 表示“静音”，S 表示“独奏”，R 表示“录制准备”。

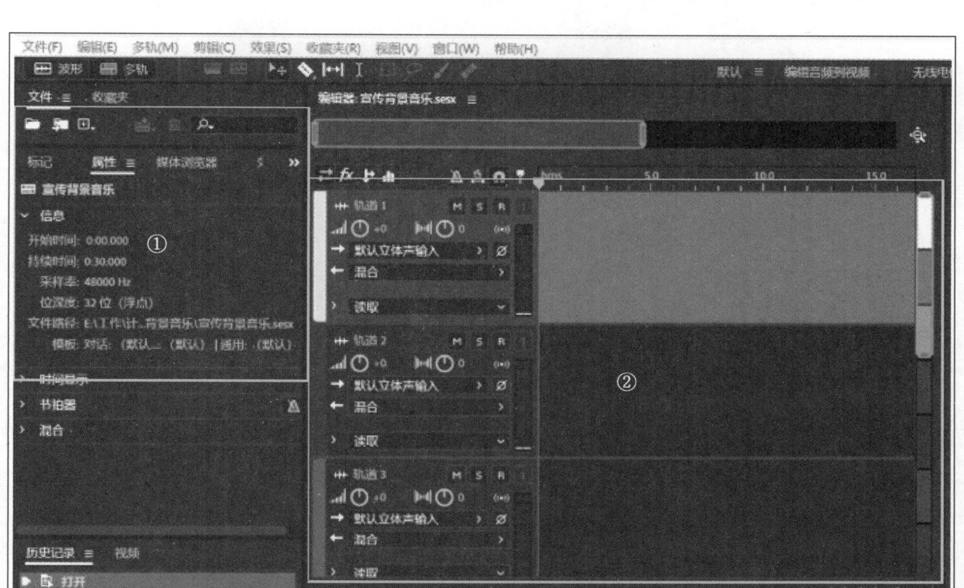

图 8-33　Audition 新建项目

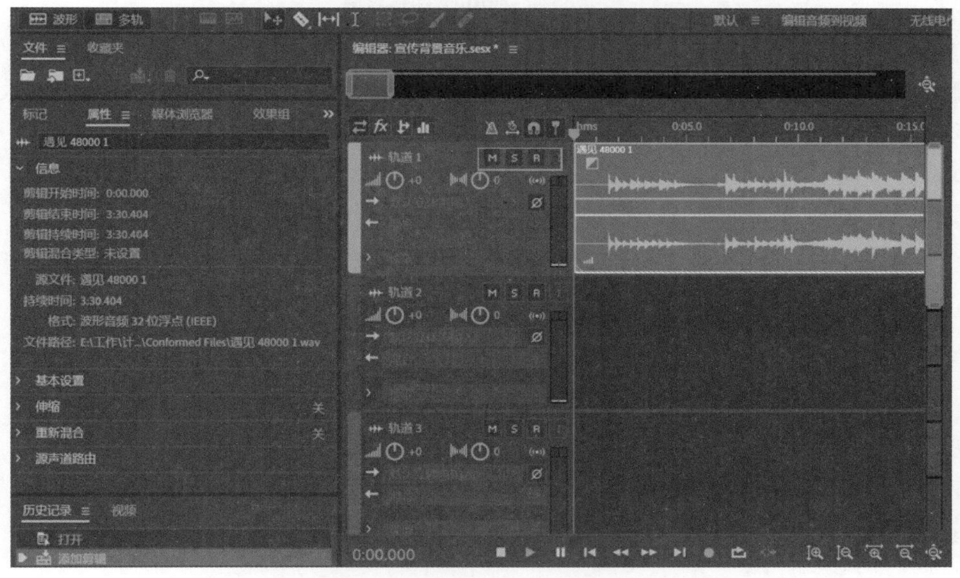

图 8-34　Audition 插入音频文件

3）录制音频

选中任意一个空轨道，单击 R 按钮录制准备后，在图 8-35 所示的红色框中在旁边的音量调有浮动，单击红色按钮进行音频录制，录制“吉他社团招新啦，欢迎大家报名”。在轨道 2 中会显示实时录制的音频波形。

图 8-35　Audition 音频录制

4）调节音量

播放录制的音频和背景音乐，发现背景音乐音量过大，若调小背景音乐，则没有人声的时候又听不清楚，因此选择给背景音乐设置关键帧，如图 8-36 所示，黄色的线表示音量，蓝色的线表示声像，黄色线上的蓝色小圆点则是关键帧；这里设置 4 个关键帧，分别用于调低音量和调高音量的设置，如图 8-36 方框内容所示。

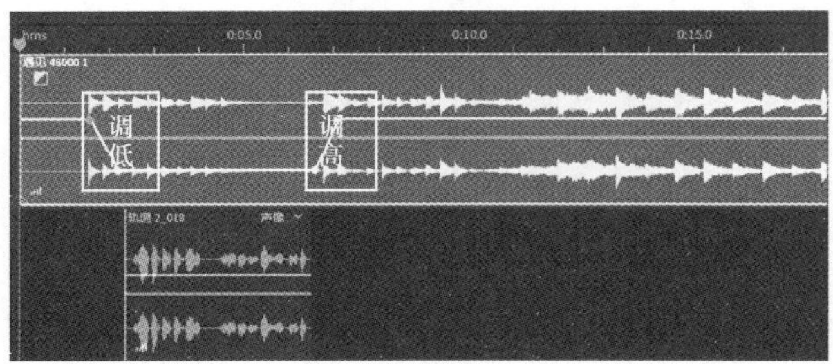

图 8-36　Audition 设置关键帧

进行音量调整后，在有人声阶段时，背景音乐的声音就小了。

注意：关键帧设置，至少需要两个关键帧才能调节音量。

5）裁切剪辑音频

当背景音乐过长时，可将鼠标移动至音频末尾，当鼠标变成时，可左右裁切音频，往左将音频裁切到对应的位置，往右恢复原来的音频。注意在裁切过程中不会删除原音频。

6）淡入/淡出效果

在音频开始时的左上方和结束时的右上方，有一个半阴影的小正方形◪，这是用来设置淡入/淡出效果的，如图 8-37 所示，在音频开头设置淡入效果，在音频结束时设置淡出效果。淡入/淡出效果类似利用关键帧调节音量，最上方是原音量，最下方是静音，以曲线形式表示音量的变化。

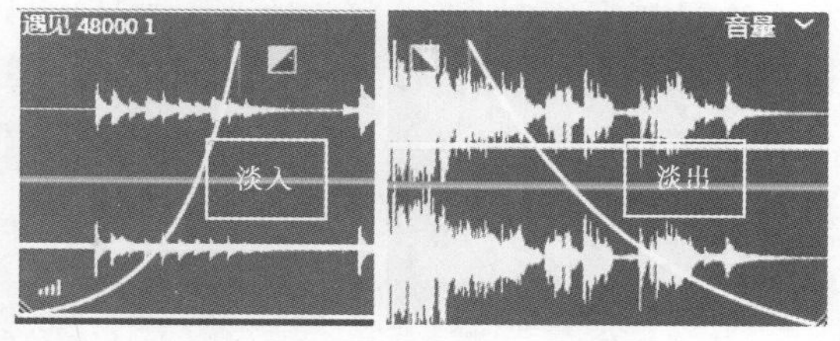

图 8-37　Audition 设置淡入/淡出效果

7）删除部分音频

当遇到录制有错误时，不需重新录制，只需在错误后面录制正确的音频，待录制结束后，删除错误的音频。双击放大音频，如图 8-38 所示，选中需要删除的音频段后右击“删除”，即可删除选中部分的音频。

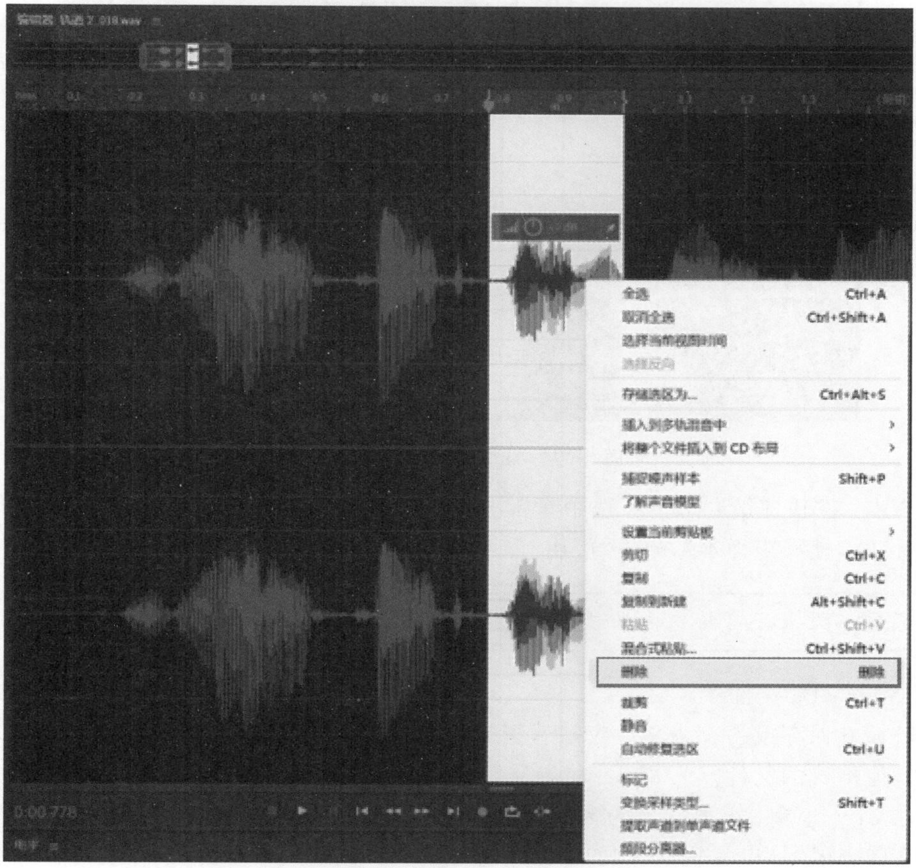

图 8-38　Audition 删除部分音频

8）降噪

在录制音频时，不可避免地会因为环境、硬件设备等问题产生噪声，需要对某些音频区域进行降噪处理，操作步骤如下。

第 1 步：选中无人声的噪声，在“效果”→“降噪/恢复”下，单击“捕捉噪声样本”，如图 8-39 所示。

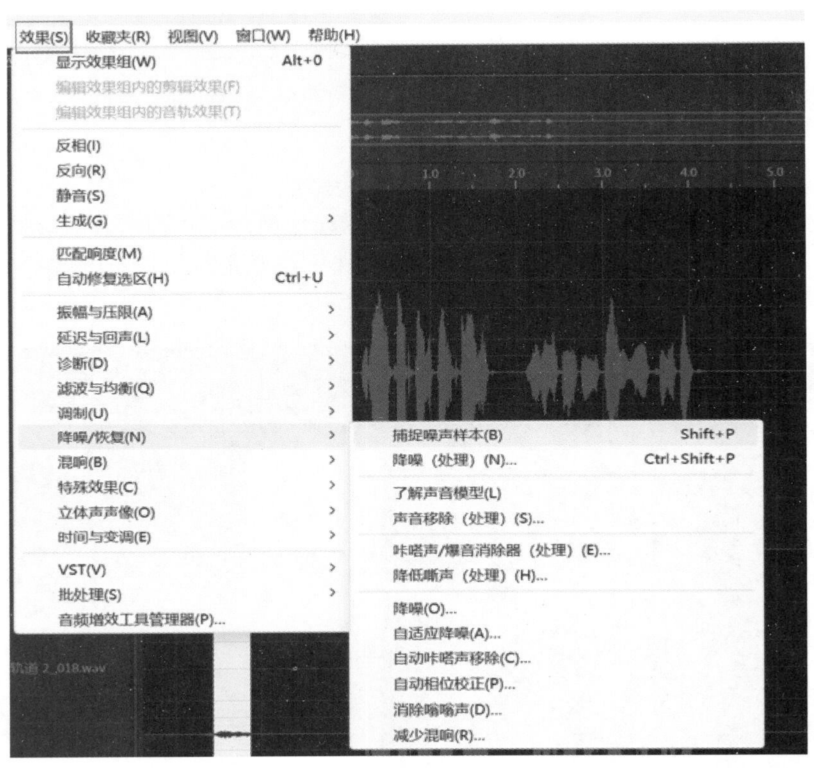

图 8-39 Audition 捕捉噪声样本

第 2 步：按快捷键 Ctrl＋A 选中全部音频，在“效果”→“降噪/恢复”下，单击“降噪(处理)”，单击“捕捉噪声样本”，单击“应用”即可去除全音频的样本噪声，如图 8-40 所示。

注意：效果还有特殊效果或可通过 VST 添加插件。

9）导出 MP3 文件

Audition 保存或另存为文件仅限后缀名为. sesx 的文件，其音频编辑操作的格式，不能修改为其他格式的文件。

按住 Ctrl 键单击需要导出的多个音频轨道，右击选中“导出混缩”下的所选剪辑或全部会话。在弹出的“导出多轨混音”的窗口中将导出文件的格式设置为 MP3 及位置等参数，如图 8-41 所示。

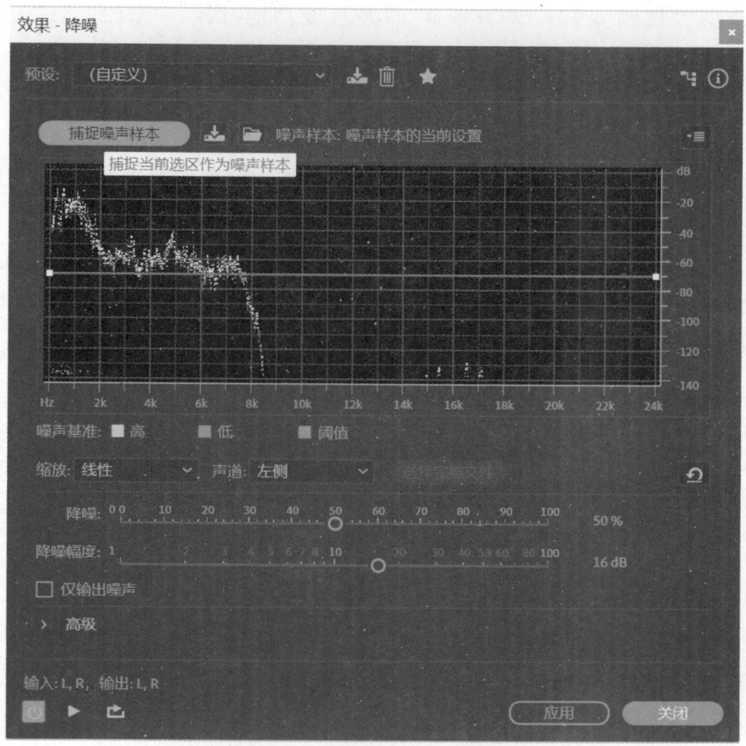

图 8-40　Audition 音频降噪

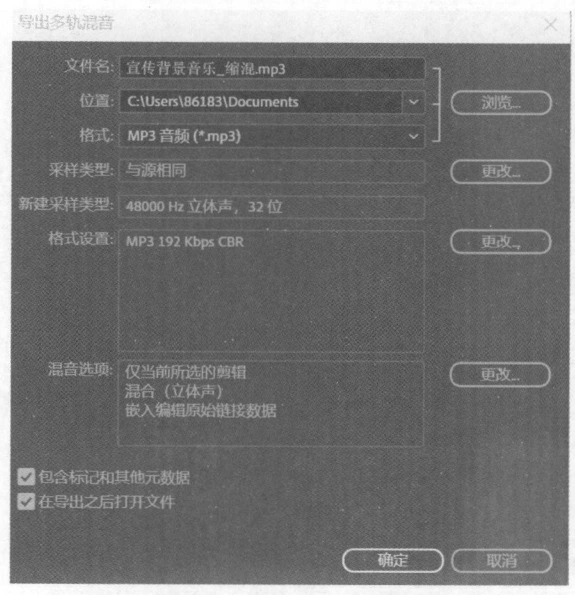

图 8-41　Audition 导出 MP3 文件

在导出文件位置找到 宣传背景音乐_缩混.mp3 即表示成功地导出了 MP3 文件。

8.3.4 吉他兴趣社团招生宣传电子相册制作

15min

小强想到一个好主意用来吸引大家报名参加吉他社团，将之前吉他兴趣社团所有的素材照片通过视频编辑软件 Premiere 制作成一个电子相册，让大家感受吉他社团的良好氛围。

1. 下载并安装 Adobe Premiere

Adobe Premiere 的下载方式与 Audition 安装方式相似。在 Adobe Creative Cloud 应用中找到 Premiere Pro，单击“开始试用”按钮进行安装，如图 8-42 所示，成功地安装了 Premiere Pro 后显示试用期仅 7 天。

图 8-42　安装 Adobe Premiere

2. Premiere 介绍

Premiere Pro 工作区主要由菜单栏、工作区栏、源面板、项目面板和时间线面板等不同的面板组成，如图 8-43 所示。

图 8-43　Premiere Pro 工作区

（1）菜单栏：Premiere Pro 的菜单栏与其他软件工具的菜单栏相似，包含文件、编辑、剪辑、序列、标记、图形和标题、视图、窗口、帮助。在标记下有其他的功能选项，如图 8-44 所示。

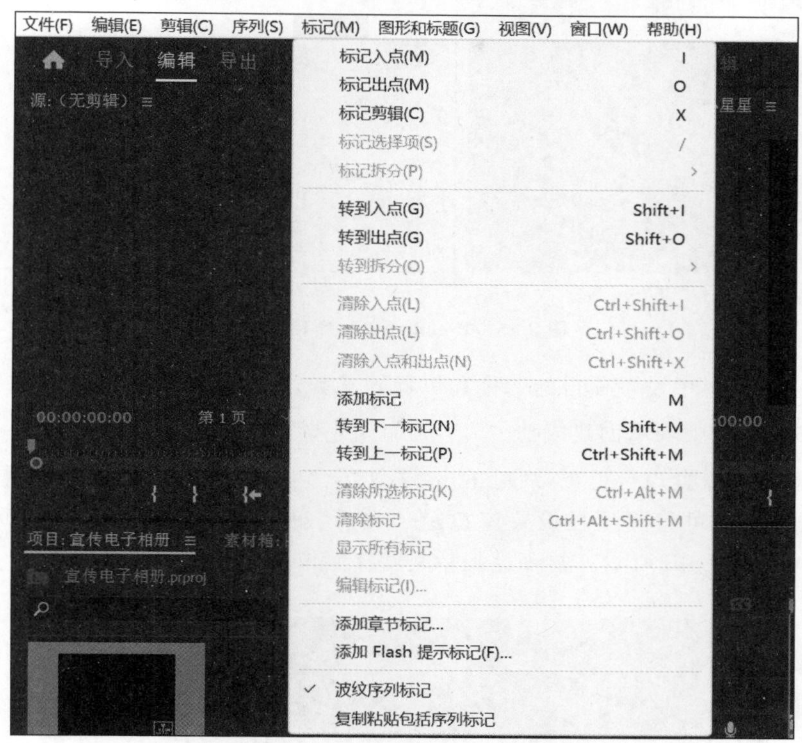

图 8-44　Premiere Pro 菜单栏

（2）工作区栏：在菜单栏下方是工作区栏，不同的工作区是为了更加方便地进行视频剪辑工作。

（3）源面板：源面板又称为源监视器面板，用于查看或预览素材或对素材进行粗剪辑，在项目面板双击素材即可在源监视器面板显示。

（4）节目面板：用于预览序列。

（5）项目面板：用于放置管理项目所需素材文件。

（6）浏览器面板：可以通过该软件浏览计算机中的文件。

（7）工具面板：包含外/内滑工具、剃刀工具、钢笔工具、手型、矩形等常用工具。

（8）时间线面板：用于放置创建的序列。

（9）音频仪表面板：对音频的电平进行监测。

3. Premiere 制作宣传电子相册

1）新建项目

新建项目有两种方式：一是采用如图 8-45 中的(a)图所示的方式，直接在主页新建项目；二是采用如图 8-45 中的(b)图所示的方式，选中在“文件”→“新建”下的“项目”，新建项目。

(a)

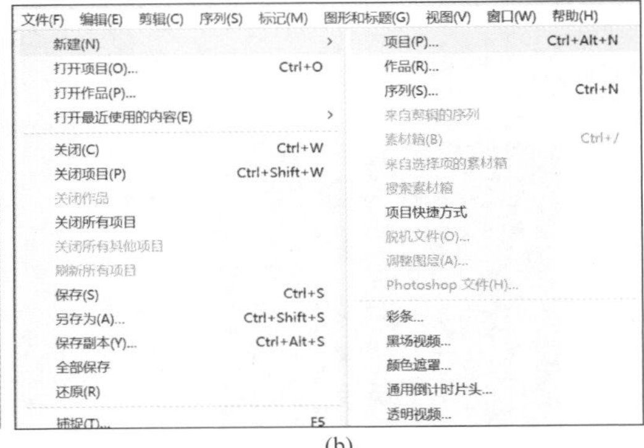

(b)

图 8-45 Premiere Pro 新建项目

在新建项目窗口中设置项目的名称和位置等参数,单击"确定"按钮。如果在所在文件夹中出现此文件 ,则表示创建成功。

若需要对项目设置进行更正,则可单击"文件"→"项目设置"下的"常规""暂存盘""收录设置"其中的一个都可打开项目设置窗口,在"常规"里将捕捉方式修改为 HDV(高清,注 DV 为 DVD),如图 8-46 所示。暂存盘是指文件存储位置。

图 8-46 Premiere Pro 项目设置

2）导入素材

一般双击项目面板空白处找到素材后导入或找到素材后再通过拖曳到项目面板的方式进行素材导入。

注意：将素材根据其种类进行相应整理，同类素材包含在同一文件夹下。在项目文件夹中也可新建文件，并对素材进行管理。

3）创建序列

新建序列一是可通过"文件"→"新建"来新建"序列"；二是在项目面板的空白处右击，依次选择"新建"→"序列"；三是在项目面板右下角有个"新建项"→"序列"。以上 3 种方式任选其一便可建立序列，如图 8-47 所示，单击建立序列后需对序列进行设置。

图 8-47　Premiere Pro 序列预设

（1）序列预设：是软件给使用者设定好的一些模板，根据视频文件的应用场景及常用设备，直接套用即可。序列也可根据需求自定义。

(2) 设置：可以对其中的视频、音频、预览格式等相应的参数进行设置，既可更改为自定义，也可保留预设，如图 8-48 所示。

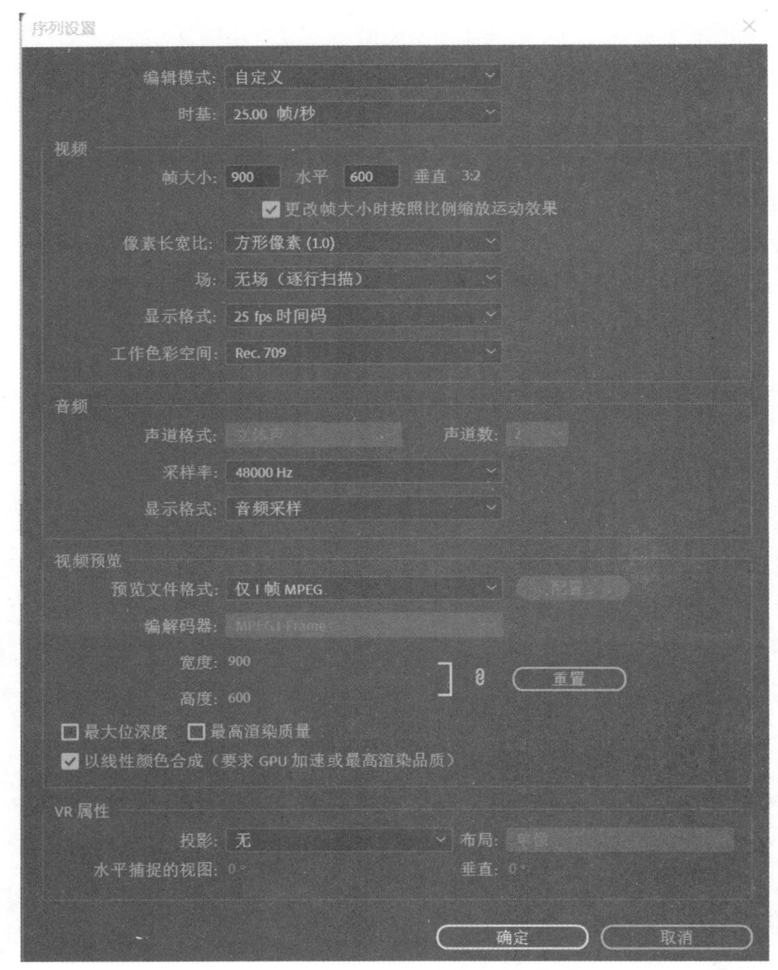

图 8-48 Premiere Pro 序列设置

(3) 轨道：可以设置音频轨道的个数及其音频的参数。

设置好以上参数后，单击“确定”按钮，如图 8-49 所示。若需要调整序列设置，则可选中序列后右击并选择“序列设置”。

4) 将素材导入序列

将项目面板中的图片和音频素材拖曳至序列位置。如果这时导入的图片和音乐时长不匹配，则需要设置图片的速度/持续时间。选中所有图片，右击并选择“速度/持续时间”，根据 8 张图片和音频时长 56s，这里设置“持续时间为 7s”，并选中“波形编辑，移动尾部剪辑”，如图 8-50 所示。

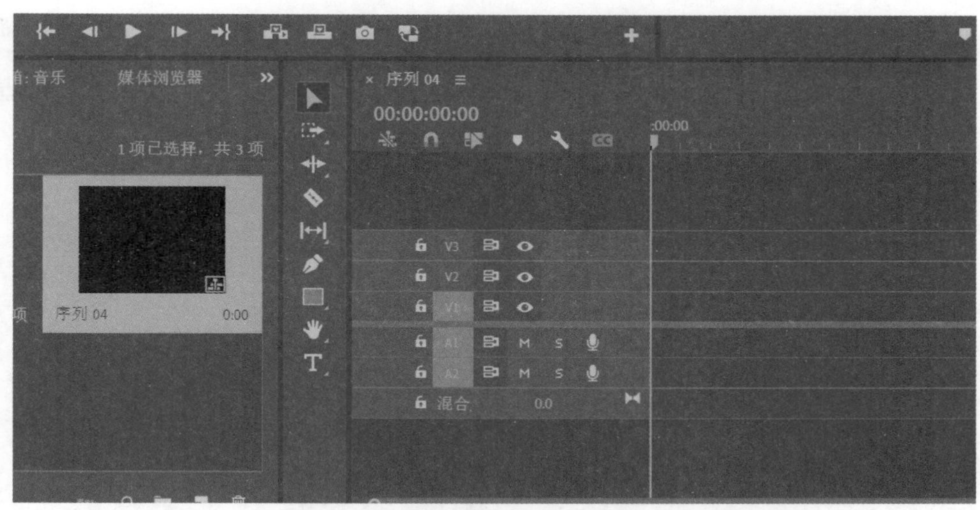

图 8-49 Premiere Pro 序列建立

图 8-50 Premiere Pro 设置图片速度/持续时间

5）复制图片

全选调整好速度/持续时间的图片，按住 Alt 键拖曳至上方的轨道，保证上下轨道速度/持续时间一致。

6）设置图片缩放

这里选中轨道 V2 中的第 1 张图片，在源编辑器里面的效果控件里将等比缩放设置为 70%，如图 8-51 的红色框所示，此外在节目面板中可以看到下层图片（V1 轨道）和下层图片（V2 轨道，已缩放）。

图 8-51 Premiere Pro 设置图片缩放

7）设置图片效果

（1）设置径向阴影。

在项目面板组中找到效果，在搜索框里搜索“径向”，选择“径向阴影”，然后将其拖曳至V2 轨道的第 1 张图片，在源资源器面板组中的效果控件会多出径向阴影，“勾选调整图层大小”、设置“阴影颜色为白色”“不透明度 100%”、在“光源”调整阴影位置，使其居中，如图 8-52 所示。

图 8-52 Premiere Pro 设置图片阴影效果

（2）设置投影。

在设置径向阴影的基础上设置投影。同样在项目面板组中找到效果，在搜索框里搜索“投影”，选择“投影”，然后将其拖曳至 V2 轨道的第 1 张图片，在源资源器面板中的效果控件会多出投影，适当调整“距离”，让其有立体效果。

（3）将属性复制给所有图片。

选中第 1 张图片，右击并选择“复制”或按快捷键 Ctrl＋C，选中 V2 轨道中的其余 7 张图片，右击并选择“粘贴属性”或按快捷键 Ctrl＋Alt＋V。

（4）给底层图片设置效果。

选中 V1 轨道的第 1 张图，在项目面板组中找到效果，在搜索框里搜索“模糊”，选择“高斯模糊”，然后将其拖曳至 V1 轨道的第 1 张图片，在源资源器面板组的效果控件中会多出模糊，调整“模糊度为 50”，效果如图 8-53 所示。

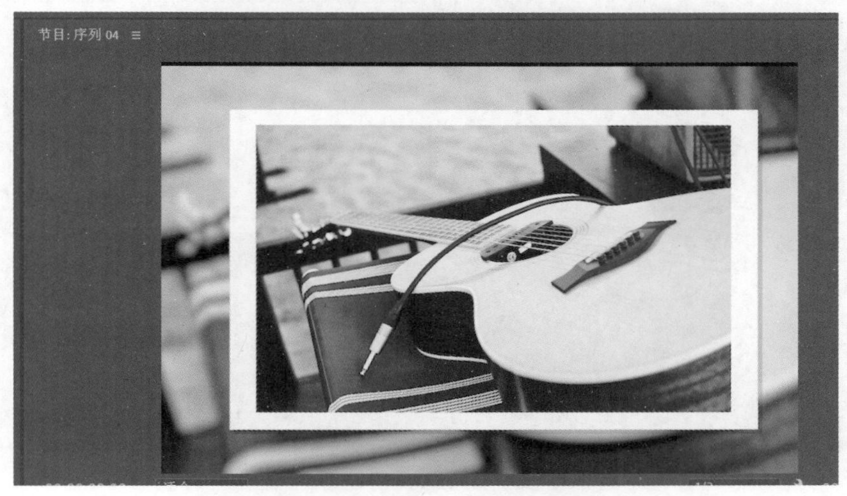

图 8-53　Premiere Pro 设置图片模糊效果

同第 3 步，为底层图片全部设置模糊效果。

8）添加转场

设置不同图片切换的效果。同样在项目面板组中找到效果，在搜索框里搜索“立方”或在效果中找视频过渡效果，任选其一效果，然后将其拖曳至 V2 轨道的第 1 张图片与第 2 张图片的衔接处。

选中效果，右击并选择“将所选过渡设置为默认过渡”，选中剩余图片，按快捷键 Ctrl＋D，在所有图片之间的衔接处设置同样的过渡效果，效果如图 8-54 所示。

9）导出 MP4 文件

在工作区面板中有导出功能选项卡，若没有，则可通过“文件”→“导出”下的“媒体”来将 MP4 文件导出。在导出窗口中设置“导出文件名称”“预设”“存储位置及格式”，如图 8-55 所示，单击“导出”按钮。

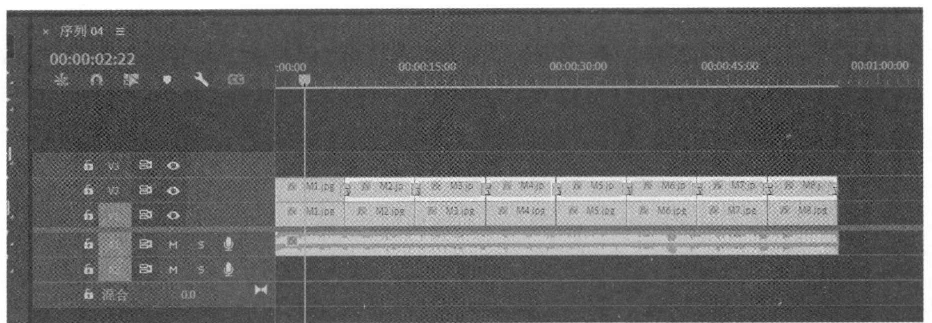

图 8-54　Premiere Pro 设置图片转场效果

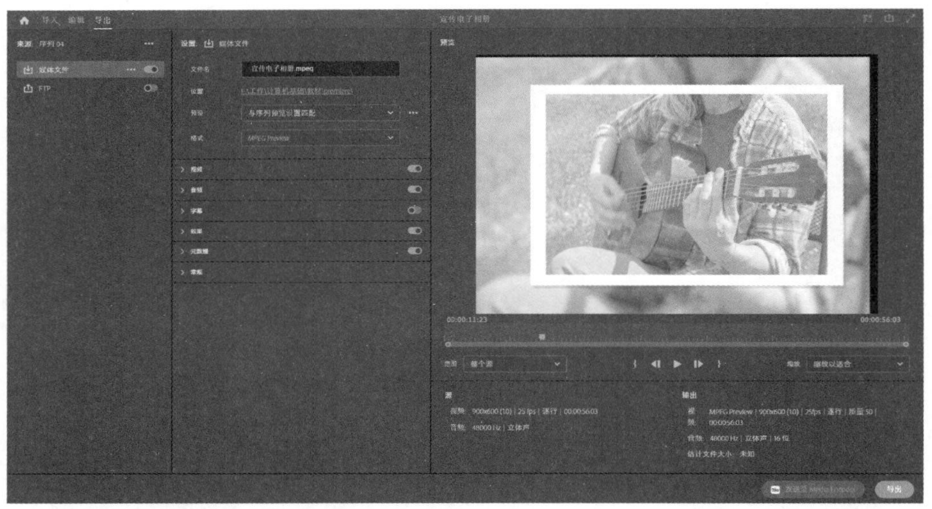

图 8-55　Premiere Pro 导出 MP4 文件

在文件位置找到，表示导出文件成功。

注意：在导出文件时若设置有问题，则无法播放视频。

8.4　多媒体新时代

现阶段多媒体的发展在与新技术的融合下，更加多元化和多样化，例如数字化和多媒体技术、智能化、人机交互及多媒体视觉互动装置的结合，新时代的多媒体技术出现了数字多媒体展厅和沉浸式多媒体等新的事物。

8.4.1　数字多媒体展厅

数字多媒体展厅又叫作数字化展厅、多媒体数字化展厅等，是以多媒体和数字化技术作为展示技术，使用最新的影视动画技术，结合独到的图形数字和多媒体技术，以各类新颖的技术吸引参观者，实现人机交互方式的展厅形式。

数字多媒体展厅是集各种多媒体展览展示系统为一体的综合展示平台，包括数字沙盘、环幕/弧幕/球幕影厅、迎宾地幕系统、互动吧台、互动镜面及触摸屏等。同时，由于融入了各种高新科技技术，展厅极具内涵和吸引力，通过对视频、声音、动画等媒体加以组合应用，深度挖掘展览陈列对象所蕴含的背景、意义，带给观众高科技的视觉震撼感，大大地提升了品牌的价值。

数字多媒体展厅目前的应用有纪念馆类、科博馆类、企业馆类及规划馆类等。下面是一个博物馆数字化多媒体展厅的小视频截图，如图 8-56 所示。

图 8-56　博物馆数字多媒体展厅

8.4.2　沉浸式多媒体

穹顶投影技术也叫球幕投影，可以给用户带来 360°大视角的视觉震撼和身临其境的体验，它打破了以往投影图像只能是平面规则图形的局限，可展示宇宙空间或星空海洋等浩瀚的场景与画面。

沉浸式多媒体就是将穹顶投影技术通过多媒体软件与多通道信息融合，在球幕上进行三维立体化图像的拼接，解决了图像在曲面上的变形问题，使用特殊材质，并伴有立体声效果，使用户产生强烈的沉浸感。下面是一个沉浸式多媒体应用的小视频截图，如图 8-57 所示。

图 8-57　沉浸式多媒体应用的小视频截图

人物介绍

张宏江-多媒体杰出贡献人物

张宏江，1960 年出生于湖北武汉，多媒体研究领域专家，国际计算机协会（ACM）和电气电子工程协会（IEEE）双院士，曾荣获 2010 年 IEEE 计算机学会技术成就奖和 2012 年 ACM 多媒体杰出技术成就奖，并获评 2008 年度美国杰出亚裔工程师奖；入选 Guide2Research 发布的“2020 年全球计算机科学和电子领域 H-index 排名前 1000 科学家”，并在中国大陆学者中排名第一。

张宏江于 1982 年从郑州大学毕业，之后进入石家庄电子工业部第 54 研究所工作，工作期间被推荐到丹麦技术大学进修；1991 年获得丹麦技术大学电子工程博士学位；1995 年加入美国硅谷的惠普实验室，担任主任研究员；1999 年回到了中国，参加微软中国研究院的创建；2000 年担任微软亚洲研究院副院长；2003 年创立了微软亚洲工程院；2006 年担任微软中国研发集团首席技术官；2011 年出任金山软件首席执行官，在金山期间还出任猎豹移动、迅雷有限公司及世纪互联数据中心有限公司的董事；2012 年创建北京金山云网络技术有限公司，并兼任首席执行官，同年参与创建北京智谷睿拓技术服务有限公司；2017 年加盟源码资本，担任投资合伙人；2018 年出任北京智源人工智能研究院首届理事长；2022 年因在多媒体计算领域的杰出技术贡献与领导力当选为美国国家工程院外籍院士。

张宏江是国际上最早提出视频结构的自动分析、内容表征和摘要、压缩域视频分析的框架和算法的学者之一，所做的开创性研究工作对国际多媒体计算领域的发展产生了持续而深远的影响。在微软亚洲研究院工作期间，负责多媒体计算、视频和图像的分析和检索，模式识别，网络搜索和发掘，自然语言和分布式计算机系统等方向的研究工作。

1993 年 6 月，张宏江在《多媒体系统杂志》的创刊号上发表了他在这个领域的第一篇论文，建立了现代视频检索和内容查询的一个基本框架。截至 2021 年 12 月，张宏江先后出版 4 本学术专著，发表 400 多篇学术论文。

习题

1. 选择题

（1）多媒体中的媒体是指（　　）。

A. 文本　　B. 图像和动画　　C. 音频和视频　　D. 以上都是

（2）以下不属于多媒体数据压缩和编码标准的是（　　）。

A. ISO　　B. JPEG　　C. H.261　　D. MPEG

(3) 数据压缩和编码的本质是减少数据的冗余,以下哪些是数据的冗余?( )

A. 空间冗余 B. 信息熵冗余 C. 时间冗余 D. 以上都是

(4) 图像数字化的步骤有( )。

A. 扫描 B. 采样 C. 量化 D. 图像识别

(5) 以下属于向量图的格式的是( )。

A. .pcx B. .gif C. .cdr D. .tif

(6) 以下属于多媒体应用的关键技术有( )。

A. 数据压缩和编码技术 B. 图形图像处理技术

C. 虚拟现实技术 D. 以上都是

(7) 多媒体的硬件组成主要有( )。

A. 广播 B. 本机地址 C. 网络号 D. 主机号

(8) 当自动处理噪声时,好的音频是否会有变化?( )。

A. 有变化 B. 没有变化 C. 不确定 D. 不知道

(9) 制作音频时,文件开始处大概要留多少空白?( )。

A. 不需要留 B. 2s C. 0.1s D. 10s

(10) 降低噪声时最好使用哪种工作区?( )。

A. 任意工作区 B. "最大编辑(双监视器)"工作区

C. 传统工作区 D. "母带处理与分析"工作区

(11) 音频文件中只包含噪声的部分称作( )。

A. 噪声片段 B. 噪声选区 C. 噪声基准 D. 噪声参考

(12) 显示频谱的快捷键是什么?( )。

A. Shift+B B. Shift+D C. Shift+F D. Shift+N

(13) 全选整段音频的快捷键是什么?( )。

A. Ctrl+A B. Shift+A C. Alt+A D. Ctrl+D

(14) 如果想要快速创建一个"多轨"会话,则可以通过单击哪个按钮直接创建?( )

A. 创建 B. 多轨 C. 波形 D. 新建

(15) 如果想要将轨道上的所有音频都缩小以看到全部音轨,则可以通过操作( )完成。

A. 视图→全部缩小(所有坐标) B. 视图→缩小(时间)

C. 视图→缩小重设(时间) D. 以上都错误

(16) 如果想要让一段音频移动时可以和另一段音频交叉时自动有过度条出现,则需要启动( )按钮。

A. 淡入 B. 淡出

C. 启动自动交叉淡化 D. 启用播放剪辑的重叠部分

(17) 如果想要在特定的时间点分隔两段音频,则可以单击( )按钮进行快速分隔。

A. 框选工具 B. 滑动工具

C. 时间选择工具　　D. 切断所选剪辑工具

(18) PAL 制式影片的关键帧速率是(　　)。

A. 24 帧/秒　　B. 25 帧/秒　　C. 29.97 帧/秒　　D. 30 帧/秒

(19) Premiere CS3 编辑的最小单位是(　　)。

A. 帧　　B. 秒　　C. 毫秒　　D. 分钟

(20) 我国普遍采用的制式为(　　)。

A. PAL　　B. NTSC　　C. SECAM　　D. 其他制式

(21) 构成动画的最小单位为(　　)。

A. 秒　　B. 画面　　C. 时基　　D. 帧

(22) 效果控制窗口不用于控制素材的(　　)。

A. 运动　　B. 透明　　C. 切换　　D. 剪辑

(23) 使用"缩放工具"时按(　　)键,可缩小显示。

A. Ctrl　　B. Shift　　C. Alt　　D. Tab

(24) 滑行转场类型采用像(　　)转场常用的方式那样进行过渡。

A. 幻灯片　　B. 十字形　　C. 矩形　　D. X 形

(25) 添加关键帧的作用是(　　)。

A. 效果控制窗口　　B. 节目窗口　　C. 效果窗口　　D. 项目窗口

(26) 透明度的参数越高,透明度(　　)。

A. 越透明　　B. 越不透明　　C. 与参数无关　　D. 低

(27) 影片合成时参数设置不属于"常规"的参数是(　　)。

A. "范围"下拉列表　　B. "完成的响铃提醒"复选框

C. 颜色要深　　D. "嵌入选项"下拉列表

2. 填空题

(1) ________就是将文本、图形、图像、音频、视频、动画等两种或者两种以上信息进行综合处理、建立逻辑关系和人机交互功能的一种新的信息技术。

(2) JPEG 压缩标准,包括基于 DPCM 和 DCT 的________,以及基于 Huffman 编码的________。

(3) 数据压缩和编码的本质是减少数据的冗余,数据的冗余包括________、________、信息熵冗余、结构冗余和________等。

(4) 图像数字化主要包括扫描、________和________三个步骤。

(5) ________是指根据灰度、彩色、空间纹理、几何形状等特征把图像划分成若干个互不相交的区域,使这些特征在同一区域内表现出一致性或相似性。

(6) 数字图像的特性,静态图像可以分为________和________。

(7) 由若干单个像素点组成,图像放大会失真指的是________。

(8) ________主要通过流式传输的方式,将影像、动画、声音持续不断地发送到指定的服务器上,用户可以一边下载一边播放。

(9) 随着科技的突飞猛进,多媒体技术逐渐朝着________、智能化、________、虚拟化和数字化方向发展。

(10) 多媒体硬件系统主要由高性能多媒体计算机、________及与外部设备的控制接口卡组成。

3. 操作题

(1) 通过套索工具或者魔棒工具,将 dog.png 中的“小狗”完整抠出来,并移动到一张新建的纯色背景的图中。

(2) 选择合适的 Photoshop 工具设计并完成一张电梯安全宣传海报。

(3) 选择合适的音频编辑软件为一段音乐简短配音。

(4) 选择合适的视频编辑软件为自己喜欢的明星/球星制作宣传电子相册。

第9章 CHAPTER 9 计算机发展前沿技术

9.1 任务导入

小强寒假回家跟高中同学聚会，同学们谈论很多新技术，如科幻电影《头号玩家》中人们通过佩戴虚拟现实(Virtual Reality，VR)设备就可以进入虚拟的世界，游戏中的人很多时候感受不到虚拟世界和现实世界的区别，而元宇宙正在将科幻带入现实。同学 A 新买了云服务器，更方便部署自己开发的应用。同学 B 家里新升级物联网智能家居，更智能化、更方便。同学 C 说抖音大数据真厉害，给他推荐的都是他喜欢的视频。同学 D 家新装了人脸识别智能门锁，出门再也不用带钥匙了。对于这些新名词，小强都只知道概念，于是开始多方查阅资料，学习新技术，“未来已来”，以前的科学幻想，正随着科技的成熟逐渐成为现实。

14min

9.2 知识学习

9.2.1 虚拟现实和增强现实技术

2016 年浙江省高考作文“虚拟与现实”体现了很强的科技内涵，我们的世界已经离不开科技，很多人说 2016 年是 VR 元年，VR 到底是什么？伴随着 VR 强势崛起的增强现实技术(Augmented Reality，AR)又是什么？VR 和 AR 技术都是新兴技术，让每个人都能体验到非常接近真实的虚拟场景。本节的目标是让读者认识和了解 VR、AR 技术及其应用领域。

1. 什么是虚拟现实

虚拟现实是利用计算机模拟产生一个三维空间的虚拟世界，向用户提供关于视觉、听觉等感官的模拟，同时用户可即时、无限制地观察三维空间内的事物，感觉仿佛身临其境。用户借助于头戴式设备、触觉手套等外部设备，可以与虚拟现实环境进行交互，动态改变虚拟现实场景，实时接收虚拟现实环境提供的多种类型反馈，从而产生沉浸感。虚拟现实技术是仿真技术的一个重要分支，综合了多种技术，包括计算机图形学、传感器技术、人机接口、人工智能、光学等。

1）VR 特点

由 VR 的定义可知，VR 创造一个三维（Three Dimensions，3D）虚拟世界，实现对真实世界的模拟。VR 技术有 3 个突出的特点：沉浸感（Immersion）、交互性（Interaction）、构想性（Imagination），简称为 3I 特征，如图 9-1 所示。

（1）沉浸感：VR 技术通过创造一种高度沉浸的虚拟环境，使用户能够体验与现实世界极为相似的虚拟世界。这种沉浸感是 VR 技术的核心特征之一，它为用户提供了前所未有的体验，让用户感觉自己仿佛真正置身于一个全新的、虚拟的世界中。VR 技术的沉浸感主要来源于视觉沉浸、听觉沉浸和触觉反馈。视觉沉浸是指 VR 头显通过两块高分辨率的显示屏，分别向用户的左右眼展示略微不同的图像，模拟人眼的立体视觉。同时，头显内置的追踪系统能够实时地追踪用户的头部运动，从而调整显示的图像，实现视角的实时变化。这种视觉上的沉浸感让用户感觉自己真正在虚拟世界中移动和观察。听觉沉浸是指 VR 系统通常配备立体声耳机，能够模拟虚拟环境中的声音来源和方向，为用户带来更加真实的听觉体验。当用户转动头部时，耳机中的声音也会相应地发生变化，仿佛声音真的来自虚拟世界中的某个方向。触觉反馈是指虽然目前的 VR 技术尚未实现全面的触觉反馈，但一些高端 VR 系统已经开始尝试通过振动、气流等方式为用户提供触觉上的反馈。这种反馈能够增强用户在虚拟世界中的存在感，使体验更加真实。

（2）交互性：指人能以自然的方式与虚拟环境进行交互操作，并且得到操作反馈，专用交互设备包括数据手套、操作手柄等。数据手套是一种尼龙手套，上面附有光传感器和电磁传感器，可在虚拟场景中对物体完成抓取、移动、旋转等动作，如图 9-2 所示。

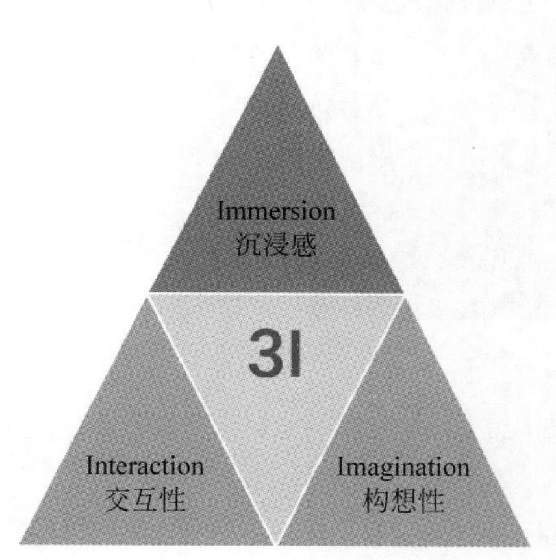

图 9-1　添加系统变量

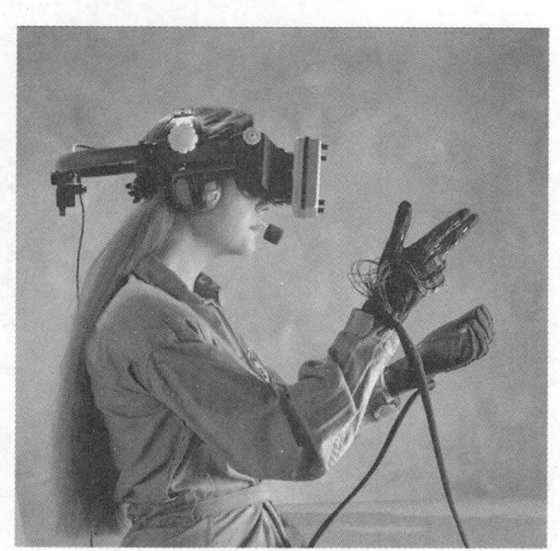

图 9-2　数据手套

（3）构想性：又称想象力、创造性，指虚拟的环境是用户想象出来的，用户在虚拟空间中可以与周围物体进行互动，创造客观世界不存在的场景或者不可能存在的环境。

2）VR 关键技术

（1）动态建模技术：VR 核心技术，其目的是获取真实环境的三维数据，并根据应用的需要建立相应的虚拟环境模型。

(2) 实时三维显示技术：实时生成三维图形，用于显示虚拟环境，可以让画面变得立体逼真，让用户拥有身临其境的感觉。

(3) 传感器技术：用于捕捉用户头部和手部动作，一般在 VR 中进行交互。现有的虚拟现实还远远不能满足系统的需要，例如，数据手套有延迟大、分辨率低、作用范围小、使用不便等缺点；虚拟现实设备的跟踪精度和跟踪范围也有待提高。

(4) 三维音频技术：也称虚拟声、空间声等。能够根据人耳对声音信号的感知特点，使用信号处理方法对声源到两耳之间的传递函数进行模拟以重建三维虚拟空间声场，以得到更逼真的空间声音效果。

(5) 软件开发工具：用于开发 VR 应用程序，如 Unity 3D、Unreal Engine 等。

2. 什么是增强现实

2013 年中央电视台春节晚会歌曲《风吹麦浪》采用了增强现实技术呈现田野中的树木和飞舞的蝴蝶，把现场实体舞台无法传达的意象环境呈现在电视屏幕上，实现用户和环境直接进行自然交互。究竟什么是 AR 技术呢?

增强现实技术：一种将计算机生成的图形、视频或动画叠加到现实世界上的技术。目前应用的硬件产品如谷歌眼镜、游戏代表作 Pokemon Go，如图 9-3 所示。

图 9-3　Pokemon Go 游戏

AR 系统通过真实场景、人机交互获得用户数据，继而通过图像渲染和展示来完成对现实环境的增强效果。

简单的 AR 效果是在现实场景中叠加虚拟信息，例如谷歌眼镜能够显示天气、时间等内容。

复杂的 AR 效果需要对现实世界进行识别、模型构建，并在此基础上叠加预先设定的效果或者智能化增强，所以需要收集真实场景数据进行图像匹配、地图构建。

AR 系统的运行主要有以下几个步骤，以 AR 眼镜为例，AR 系统的运行步骤如图 9-4 所示。

1) AR 特征

AR 具有虚拟现实融合、实时交互、三维注册三大特征。

读取环境数据	用户交互	更新数据	三维注册	显示
设备通过摄像头和传感器对真实场景进行数据采集，传入处理器进行分析和重构	通过摄像头、陀螺仪、传感器等设备获得使用者的位置数据，根据使用者的当前视角重新建立空间坐标系	实时更新使用者在现实环境中的空间位置变化数据，获得虚拟坐标与现实坐标之间的映射关系	将虚拟信息融入真实场景中，需要考虑虚拟景物在真实环境中的合理性，例如光照环境、相互遮挡关系、作用力与反作用力等，以此保证虚拟和现实的和谐融合	通过合适的光学结构，将合成影像呈现在镜片上

图 9-4　AR 系统步骤

(1) 虚拟现实融合：不同于 VR，AR 技术是将虚拟物品现实在现实世界里，更加关注虚拟和现实的融合，期望通过部分虚拟三维物体与现实融合，对真实世界进行数字化景象增强。目前工厂中已利用 AR 眼镜对新员工进行培训。

(2) 实时交互：AR 的交互方式是实时多点感知交互。目前 AR 的交互手段主要包括眼动交互、手势交互和语音交互。眼动交互是通过传感器捕捉视线，从而用眼睛控制屏幕内容；手势交互则是大部分关于未来的宣传片中出现的那样，出现一个全息投影的屏幕，人们通过几个简单的手势就能够完成指令的下达，属于键盘及鼠标的上位替代品；语音交互是这 3 种新交互模式中最成熟的一种，通过语音弥补前两种交互的缺点，从而实现实时的人机互动。

(3) 三维注册：也称跟踪注册，是 AR 中最核心的技术，是对现实场景中的图像或物体进行跟踪与定位。简单来讲，三维注册就是要让虚拟场景或物体准确地定位到真实环境中，并根据用户移动和现实场景的变化做出相对应的改变。

2) VR、AR 的联系与区别

VR 与 AR 联系十分紧密，存在诸多相似之处。

(1) 构建虚拟信息：VR、AR 都需要由计算机生成虚拟信息。VR 场景全部由计算机绘制的虚拟环境构成，AR 大部分是真实环境，叠加少量虚拟环境。

(2) 都需要显示设备：VR、AR 都需要显示设备用于虚拟信息显示。

(3) 实时交互：VR、AR 作为两种虚实交互手段都需要与用户实时交互。

虽然 VR 与 AR 有着不可分割的联系，但是两者之间的区别也很明显。

(1) 概念区别：VR 的重点是创造一个完全虚拟的环境，AR 技术则更加关注虚拟和现实的融合，如图 9-5 所示。

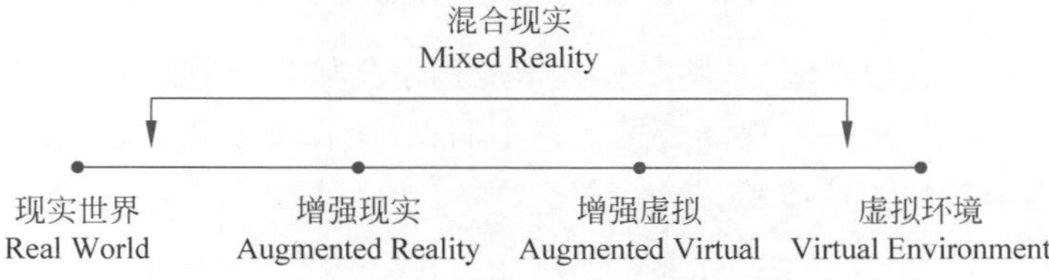

图 9-5　VR、AR 的区别

（2）对算力和资源需求不同：VR 的软件建模量、数据传输量相比于 AR 要多出许多，对算力和资源要求更高。因为 VR 场景设计的复杂性与高带宽的需求限制了 VR 设备的发展，导致 VR 设备难产。

（3）沉浸感不同：VR 完全沉浸在虚拟环境，AR 则更加关注虚拟和现实的融合，强调用户在现实世界中的存在。

3. VR/AR 技术在生活中的应用

1）航空航天

由于航空航天是一项耗资巨大，非常烦琐的工程，因此，人们利用虚拟现实技术，在虚拟空间中重现了现实中的航天飞机与飞行环境，使飞行员在虚拟空间中进行飞行训练和实验操作，极大地降低了实验经费和实验的危险系数。飞行员只需戴上头盔式显示器或数据手套，坐在计算机屏幕前便可进入虚拟空间，完成飞行训练。

2）文旅娱乐

VR/AR 在影视娱乐领域影响力非常大，数字展馆、VR 看房、VR 直播、VR 旅游，可以让用户体会到置身于真实场景之中，让用户沉浸在虚拟环境之中。在游戏领域，三维游戏利用计算机产生的三维虚拟空间，使游戏在保持实时性和交互性的同时，也大幅提升了游戏的真实感。图 9-6 为故宫博物院大型文化展示数字平台“V 故宫”，使用 VR 技术搭建紫禁城虚拟世界，通过全新视角，为公众提供鉴赏故宫文化遗产的独特方式。

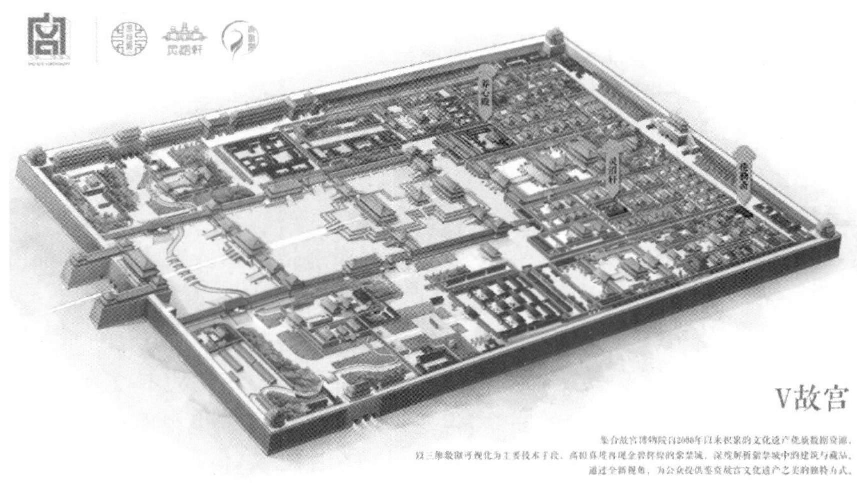

图 9-6 虚拟现实技术搭建的紫禁城

云旅游，华为联合敦煌莫高窟，将 AR 技术应用于文旅推出“敦煌超感影像”。敦煌莫高窟结合虚拟与现实技术，用户不仅能游览上百个洞窟，而且可以和敦煌壁画中出来的虚拟形象进行互动，获得全新的游览体验。

3）汽车行业

VR 汽车驾驶培训系统，基于虚拟现实技术模拟汽车驾驶训练装置代替实车进行驾驶训练。汽车虚拟展厅、自动驾驶模拟场景训练等也有广泛应用。图 9-7 为国内企业研发的室内 VR 学车系统。

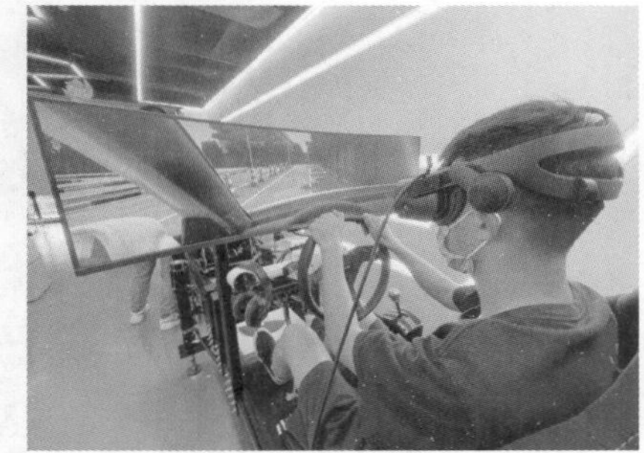
图 9-7 室内 VR 学车

车载 AR,车内增强现实的抬头显示(Augmented Reality- Head Up Display,AR-HUD)日益普及,宝马和现代等许多制造商正在自家车辆中集成抬头显示(Head Up Display,HUD),华为等企业也发布了 AR-HUD 技术解决方案。

4) 工业生产

AR 技术在工业互联网的智能化发展和数字工厂的建设中发挥着重要作用。AR/混合现实(Mixed Reality,MR)协助打造数字孪生方案,提升人机协同效率。

产品设计,如虚拟设计、虚拟样机;运营管理,如数字工厂;制作过程,如工业仿真、质量检测。AR 工业生产应用举例见表 9-1。

表 9-1 AR 工业生产应用举例

细分场景	应用举例
任务提醒	AR 可作为智能助手,通过打通后台数据,在前端可以根据不同场景现实相关信息,例如仓储中显示原材料相关数据:使用方法、库存数量、所需数量
装配指导	在组装这一场景中,零件数量和种类的繁多都会提高错误率并降低组装时间,因此 AR 任务可视化可以帮助操作员仅关注与当前任务有关的信息,并且对相关任务进行提示; AR 系统可检测操作员的操作步骤是否正确,通过获取员工工作流程步骤,并与后台标准工作步骤进行对比,当发现员工异常操作动作时发出警报,降低错误率; 例如汽车制造中进行内衬的组装,操作员需要确切地知道在哪里放置衬垫、胶水、布线及组件
远程协助	在设备组装、维修等技术难题中,通过 AR 远程协助能够将第一视角的现场画面和远程专家、数据库无缝衔接起来,结合 AR 空间标注、文件传输等功能,同步维修进度,协作解决问题
巡点检	在巡检、点检场景中需要员工逐个对设备进行检查,借助 AR 技术,系统将模板化参数库导入点检设备,巡检员工使用 AR 眼镜、手机和平板等终端,整体设备的运行状态与参数能够立体显示,获取设备状态数据,提升巡检效率和准确度
员工培训	工厂能够创建工艺培训教学课件,仿真培训流程严格按照实际工艺,给员工打造沉浸式学习体验

其中 AR 技术用于虚拟设计,如图 9-8 所示。

AR 用于工业故障识别,如图 9-9 所示。

5) 元宇宙(Metaverse)

2021 年 Facebook 将公司名改为 META,表示将品牌重新定义为一个功能更加多元的互联网社交媒体形式,并提出打造元宇宙的概念,而 VR、AR、MR 等技术就是元宇宙世界的入口。

图 9-8　AR 技术用于虚拟设计

图 9-9　工业故障识别

元宇宙是利用数字技术形成的高度沉浸式虚拟化的数字世界，在其中人们可以借助高度的仿真体验模拟并从事真实世界的大部分社会活动。元宇宙主要探讨一个持久化和去中心化的线上三维虚拟环境。此虚拟环境将可以通过 VR 眼镜、AR 眼镜、手机、个人计算机和电子游戏机进入。

元宇宙核心技术包括 VR/AR 技术、人工智能技术、三维建模技术、边缘计算、5G 技术。

6）数字孪生(Digital Twin)

虚拟现实是构建一个完全虚拟的世界，数字孪生则是构建一个虚拟的真实世界。数字孪生技术用于解决数字模型与物理实体的交互问题，连接虚拟世界和真实世界，是实现数字化转型理念和目标的关键技术。

数字孪生，利用数字技术对物理实体的特征、行为、状态和性能等进行描述和建模的过程和方法，建立与现实世界物理实体完全对应和一致的虚拟模型，可实时模拟在现实环境中的行为和性能，如图 9-10 所示。

简单来讲，数字孪生就是创造一个数字版的"克隆体"，这种克隆体是虚拟的。数字孪生是会"动"的。它可以根据本体上的传感器数据，以及本体的历史运行数据，实现对本体的"动态仿真"。数字孪生技术的原理如图 9-11 所示。

数字孪生利用地理信息、建筑信息、物理模型、传感器、系统运营等数据，对物理实体(城

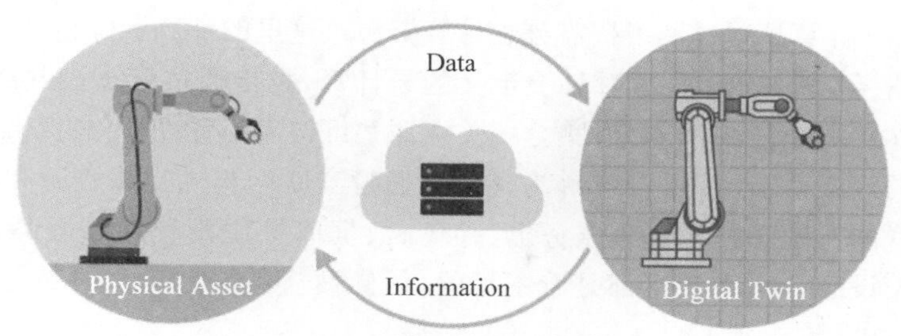

图 9-10 字孪生示意图

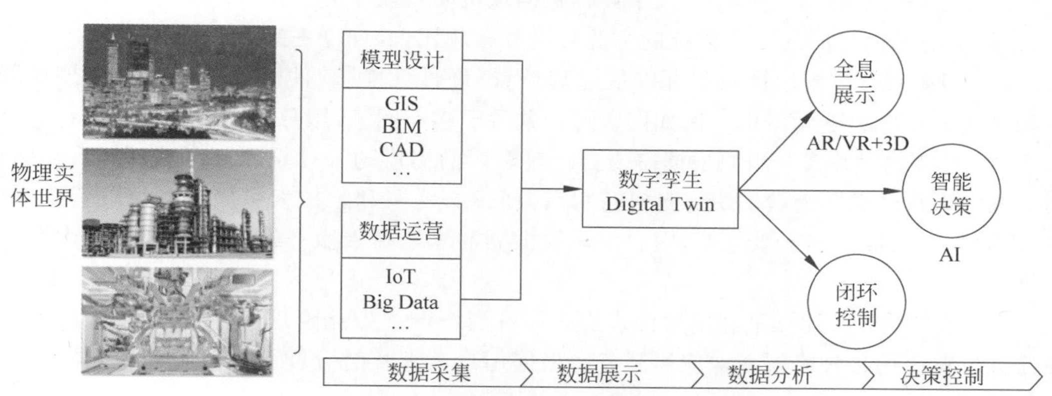

图 9-11 数字孪生原理

市、建筑、工厂、设备等)的特征、行为、状态和性能等进行描述和建模,建立与现实世界物理实体完全对应和一致的虚拟模型,并利用物联网、大数据、人工智能、AR/VR、CAD、工艺仿真、GIS 等技术,在数字空间中实现物理世界的全程、全域、闭环的展示和分析,从而实现相对应的实体城市、工厂等的全生命周期过程的管理和控制。

英特尔基于自家的 VSS 数字孪生场馆模拟仿真服务,通过虚拟现实、计算机图形学等相关前沿技术,对北京冬奥会的 12 个竞赛场馆、3 个奥运村、主媒体中心进行数字化、动态化、三维化,实现了数字孪生技术在冬奥会的首次落地应用。这套系统提供了场馆内、外及活动元素的精准仿真,用孪生的虚拟三维世界辅助现实世界的运行,大大地降低了工作人员实地踏勘与复核的工作量,也简化了场馆的建设和管理过程,为保证冬奥如期成功地举办提供了有力支持。

9.2.2 云计算

日常生活中人们常用云盘对文件进行存储,例如 Office 365 在线办公、云音乐在线听歌。云计算究竟是什么?

1. 什么是云计算

云计算(Cloud Computing)是一个广泛的概念,不同的公司给出的定义不同。亚马逊公司认为云计算是基于"按需付费定价(pay as you go price)"模式的 IT 资源交付服务;阿里巴巴公司认为云计算是通过网络按需分配计算资源。这里的计算资源包括服务器、存储、数据库、应用运行平台、软件等；百度百科上定义的云计算，是指通过计算机网络(多指因特网)形成的计算能力极强的系统，可存储、集合相关资源并可按需配置，向用户提供个性化服务。

通过上面的定义，云计算可以理解为是一种通过互联网提供计算资源和服务的模型，允许用户通过互联网访问和使用远程服务器、存储、数据库等应用程序和服务，无须自己管理硬件和软件基础设施。网络元素都是看不见的，仿佛被云掩盖。

2. 云计算的特点

云计算将计算任务分布在由大量计算机构成的资源池上，使用户能够按需获取计算能力、存储空间和信息服务。与传统的资源提供方式相比，云计算主要具有以下特点。

(1) 可扩展性：云计算服务可以从地理位置、硬件性能、软件配置等多个方面被扩展，以满足大量客户的不同需求。例如网盘可以购买更多空间、云服务器扩容和缩容等。

(2) 按需自助服务：用户根据需要自行获取厂商提供的云计算服务(如服务器、存储)，用户只需为自己实际消费的资源量进行付费，而不必购买和维护大量固定的硬件资源。例如，租用阿里云提供的云服务器，用户仅需要根据需求选择云服务器的规格(CPU、内存、带宽等)。

(3) 虚拟化：云计算是利用软件来实现硬件资源的虚拟化管理、调度及应用，支持用户在任意位置使用各种终端获取应用服务。根据用户需求实时分配和回收资源，提高了资源的利用率。

(4) 高可靠性和安全性：在云计算中，用户数据存储在服务器端，应用程序在服务器端运行。相比于本地计算机，云计算采用了数据多副本容错等措施，系统可靠性更高。同时，云计算提供商采取各种安全措施来保护用户数据的隐私性和机密性。

(5) 网络化的资源接入：用户可以使用任何设备从任何有互联网连接的地方访问云计算资源。

3. 云计算的类型

1) 服务模型

云计算是通过出售服务盈利的，具有一套完整的业务支付系统，即云计算服务模型。云计算按照服务模型可分为3种：软件即服务(SaaS)、平台即服务(PaaS)、基础设施即服务(IaaS)，如图9-12所示。

(1) 软件即服务(Software as a Service，SaaS)，是指用户获取软件服务的一种新形式。软件仅需通过网络，无须经过传统的安装步骤即可使用，软件及其相关的数据集中托管于云端。用户通常使用精简客户端，一般经由网页浏览器来访问，如Microsoft 365、腾讯在线文档。主要用户是企业和需要软件应用的用户，如图9-13所示。

(2) 平台即服务(Platform as a Service，PaaS)，提供一个完整的平台，供用户开发、部署、管理和运行应用程序。在云计算的典型层级中，PaaS层介于SaaS与IaaS之间。用户不需要管理与控制云端基础设施(包含网络、服务器、操作系统或存储)，但需要控制上层的应用程序部署与应用托管的环境。PaaS让用户可以更快地开发和部署应用程序。如

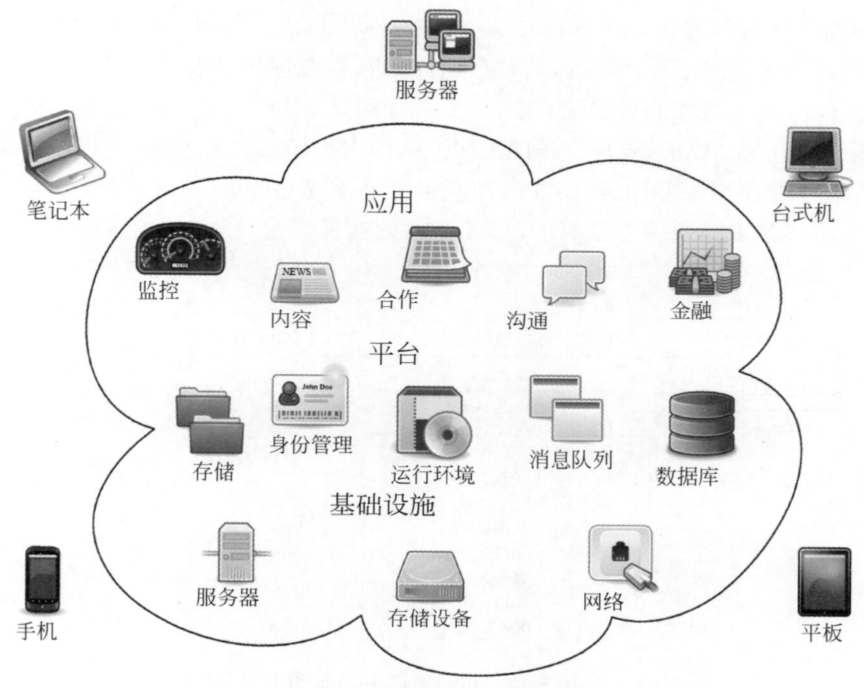

图 9-12　云计算服务模型

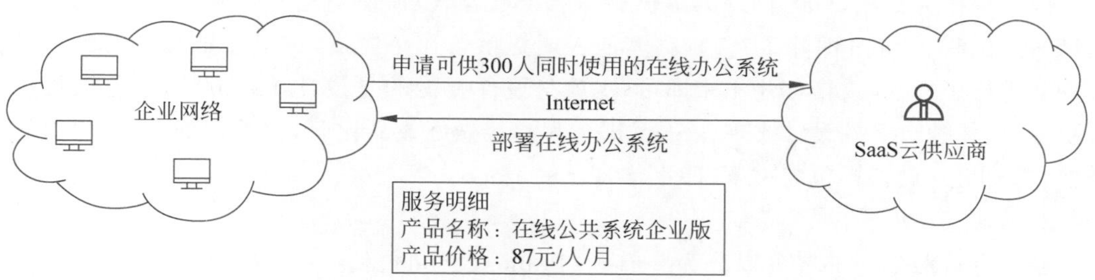

图 9-13　用户使用 SaaS 服务

Google App Engine，该平台提供谷歌的基础设置，以便让大家部署应用。PaaS 的主要用户是程序开发人员，如图 9-14 所示。

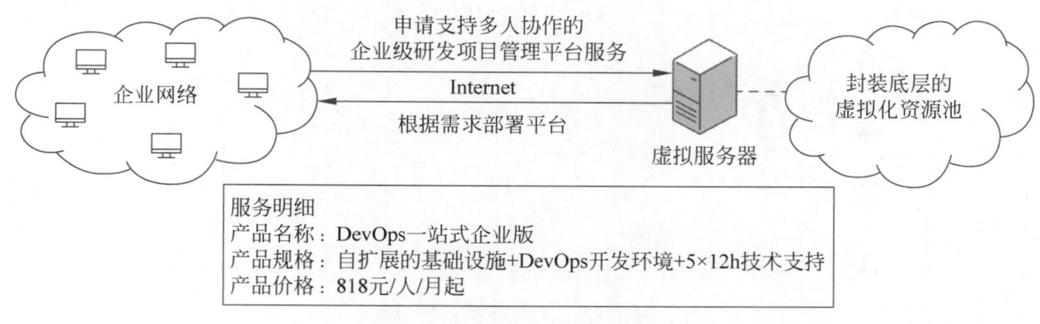

图 9-14　用户使用 PaaS 服务

(3) 基础设施即服务(Infrastructure as a Service,IaaS),向用户提供基础设施,包括硬件(如服务器、存储和网络等)和基础软件(操作系统、数据库和虚拟化软件等),并通过网络租给用户。IaaS 是云服务的最底层,与 PaaS 的区别是,用户需要自己控制底层,实现基础设施的使用逻辑。如 Amazon EC2、阿里云 ECS(国内市场最大的 IaaS 提供商)。在 IaaS 环境中,用户相当于使用裸机和磁盘,既可以让它运行 Windows,也可以让它运行 Linux。IaaS 的主要用户是需要硬件资源的用户。IaaS 的使用如图 9-15 所示。

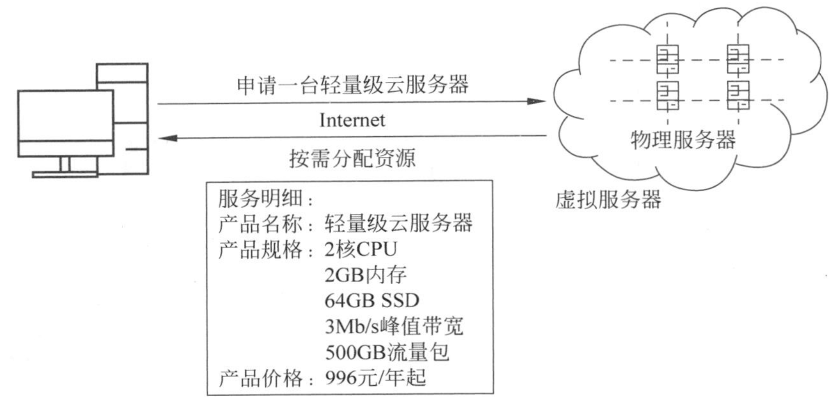

图 9-15 用户使用 IaaS 服务

以比萨作为比喻,IaaS 即他人提供厨房、炉子、煤气,你使用这些基础设施,以此来制作和烤你的比萨。PaaS 即除了基础设施,他人还提供了比萨饼皮,你只需把自己的配料洒在饼皮上就行了,让他人帮你烤出来即可,也就是说你要做的是设计比萨的味道,他人提供平台服务,让你把自己的设计实现。SaaS 即他人直接做好成品比萨,无须你的介入,你要做的是把它卖出去,最多再包装一下,印上你自己的 Logo。

2) 部署模型

云计算按照如何部署可以分为公有云(Public Cloud)、私有云(Private Cloud)、社区云(Community Cloud)、混合云(Hybrid Cloud)。

(1) 公有云(Public Cloud)是云服务提供商对外提供的公共云服务部署模型,如阿里云、腾讯云。用户可以通过互联网访问云服务,但并不拥有云服务。公有云易于使用、成本较低,但是由于公有云是共享的,因此安全性可能成为潜在风险。公有云部署模型如图 9-16 所示。

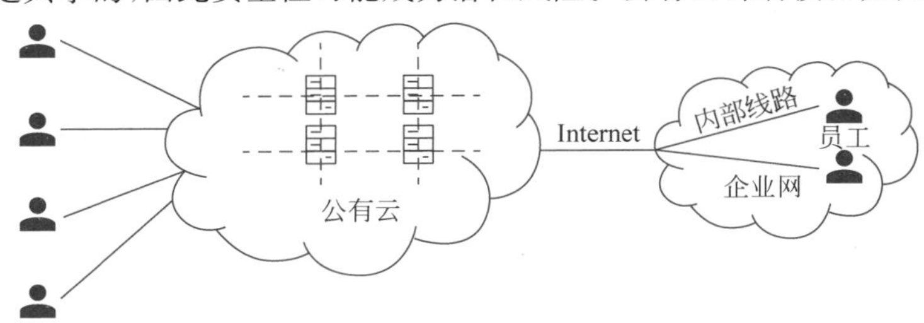

图 9-16 公有云部署模型

(2) 私有云(Private Cloud)是指企业或组织专属的云服务部署模型,未授权的用户无法使用,相对于公有云更安全。私有云部署模型如图 9-17 所示。

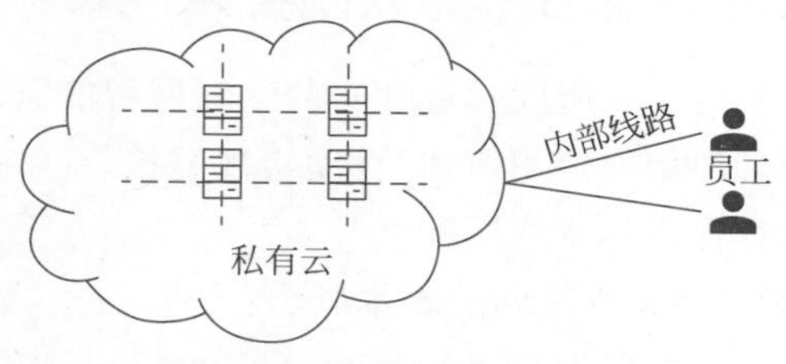

图 9-17 私有云部署模型

(3) 社区云(Community Cloud)是面向某社区中的所有成员。社区是指由一组云消费者组成的集体,仅社区成员可以使用云资料及应用程序。"深圳大学城云计算公共服务平台"就是典型的社区云,主要服务于深圳大学城园区内的各高校单位及教师职工。

(4) 混合云(Hybrid Cloud)是指包含多个或多个不同的云计算部署模型,例如公有云和私有云的结合使用,将非企业关键信息放在公有云上处理,将企业关键服务和资料放在私有云上处理。既保证私有云的数据本地化,又可以利用公有云来保证弹性资源扩展。

4. 云计算的关键技术与挑战

1) 云计算关键技术

(1) 虚拟化技术:虚拟化(Virtualization)是一种资源管理技术,通过虚拟化技术将一台计算机虚拟为多台逻辑计算机,在一台计算机上同时运行多个逻辑计算机,每个逻辑计算机可以运行不同的操作系统,并且应用程序都可以在相互独立的空间运行而互不影响,从而显著地提升计算机的工作效率。

虚拟化的本质是将原来运行在真实环境上的技术系统或组件运行在虚拟出来的环境中,大家日常生活中使用的虚拟专用网络(Virtual Private Network,VPN)也是一种虚拟化技术,是在一个物理网络上模拟出多个逻辑网络,允许远程用户访问内部网络,就像物理上连接到该网络一样。

(2) 云存储技术:传统方式用户将文件存储在本地设备(如硬盘、U 盘中),云存储则不将文件存储在本地设备上,而是存储在"云"中。云存储属于云计算的底层支撑,通过多种云存储技术的融合,将大量服务器构成的存储集群虚拟化为易扩展、有弹性、透明且具有伸缩性的存储资源池。

网盘就是云存储技术的一种实际应用,云盘服务提供商将其服务器的硬件资源分配给注册用户并提供文件存储、访问、共享等文档管理功能。例如国内的百度网盘、腾讯微云、华为云空间,以及国外的微软 One Drive、苹果公司 iCloud。

2) "云计算"下的安全问题

云计算安全问题主要涉及数据安全、网络安全、应用安全和访问控制安全等方面。数据安全方面要求云服务提供商采取有效的技术措施,保护用户数据免受未经授权的访问、篡改和泄露。网络安全方面要求云服务提供商防止网络攻击和恶意活动,保护网络安全。应用安全方面要求云服务提供商防止应用程序漏洞和恶意代码的利用,保护应用安全。访问控制方面要求云服务提供商实施访问控制,确保只有授权的用户才能访问数据和资源。

6min

9.2.3 物联网技术

小强听同学说他家的物联网智能家居可以通过手机远程操控空调调节温度，甚至可以学习用户使用习惯，自动实现温控。冰箱可以监控食物，例如牛奶短缺了可以通知你。那究竟什么是物联网呢?

1. 物联网的基本概念

物联网(Internet of Things，IoT)，即实现物物相连的网络，是互联网的延伸和扩展。首先物联网的核心和基础仍是互联网，其次将用户端延伸和扩展到了物品与物品之间，使物品与物品之间进行信息交换和通信。

物联网通过信息传感设备(射频识别装置、红外感应器、全球定位系统、激光扫描器等)，按照约定的协议，把任何物品与互联网连接起来，进行信息交换和通信，以实现智能化识别、定位、跟踪、监控和管理。

2. 物联网的体系结构

从物联网的定义可以发现其中主要包含 3 个方面的内容：感知识别、网络连接和管理应用。实际上对应物联网体系结构的 3 个层面，即感知层、网络层和应用层，如图 9-18 所示。

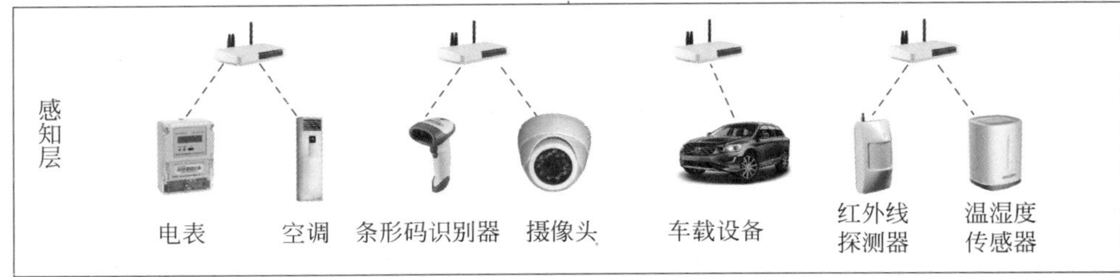

图 9-18 物联网体系结构

1）感知层

用于数据采集与感知。感知层可以通过条形码、RFID 等技术来标志物体；通过传感器、摄像头、GPS 等技术来感知外部世界；通过平板电脑、智能手机等设备发出指令控制机器人、家用电器等智能设备。感知层被认为是物联网的核心层。

2）网络层

用于实现更加广泛的互连功能，能够对感知到的信息进行传递。既包括 ZigBee、蓝牙、红外等用于传感器网络或智能设备的近距离通信技术，也包括宽带接入、移动通信、互联网等远距离通信技术。

3）应用层

应用层又可以分为管理和应用两部分。管理服务层有数据中心、搜索引擎、数据挖掘、数据安全、云计算等。在应用层物联网已经在许多领域得到应用，如绿色农业、城市管理、智能家居、远程医疗等。

3. 物联网关键技术

物联网关键技术包括射频识别技术、传感器技术、定位系统、云计算等，这里主要介绍前面两种技术。

1）射频识别技术（Radio Frequency Identification，RFID）

射频识别技术：自动识别技术的一种，通过射频信号采用非接触的方式自动识别目标对象并获取相关数据。RFID 技术被公认为物联网构建的基础和核心。

RFID 系统由 5 个组件构成，包括传送器、接收器、微处理器、天线和标签。传送器、接收器和微处理器通常被封装在一起，又统称为阅读器，工业界经常将 RFID 系统分为阅读器、天线和标签三大组件。RFID 源于雷达技术，其工作原理和雷达极其相似。首先阅读器通过天线发出电子信号，标签接收到信号后发射内部存储的标识信息，阅读器再通过天线接收并识别标签发回的信息，最后阅读器再将识别结果发送给主机。RFID 体系架构如图 9-19 所示。

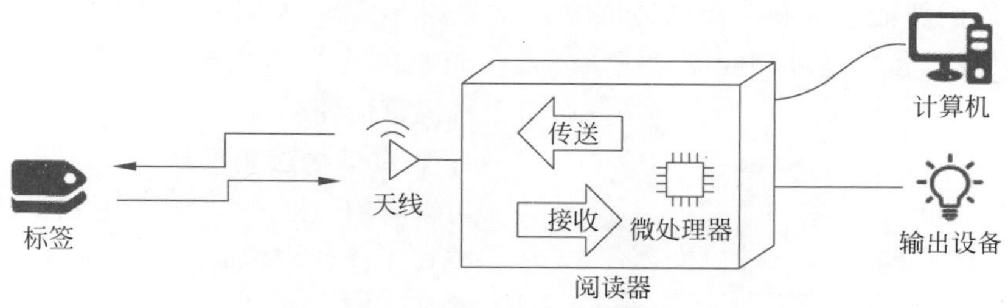

图 9-19 RFID 体系架构

RFID 应用广泛，例如超市物流及购物、智能交通（Electronic Toll Collection，ETC）、公交卡、第 2 代身份证、门禁卡、智能物流、智能家庭等。

2）传感器技术

传感器技术是利用敏感元器件和转换元器件将人类无法直接获取或识别的物理信息

(如温度、湿度、超声波、红外线)转换为可识别的电子信号(如电压、电感等)的技术。传感器类似于“感应器官”，通过网络传递感应的信息，再通过嵌入式系统对接收的信息进行分类处理。传感器作为信息获取的重要手段，与通信技术、计算机技术构成了信息技术的三大支柱。

如图 9-20 所示，汽车就是一个传感器的大本营，汽车上安装了很多典型的传感器，如节气门位置传感器是用于检测发动机状态的设备。速度传感器是把速度转换成电信号的器件。

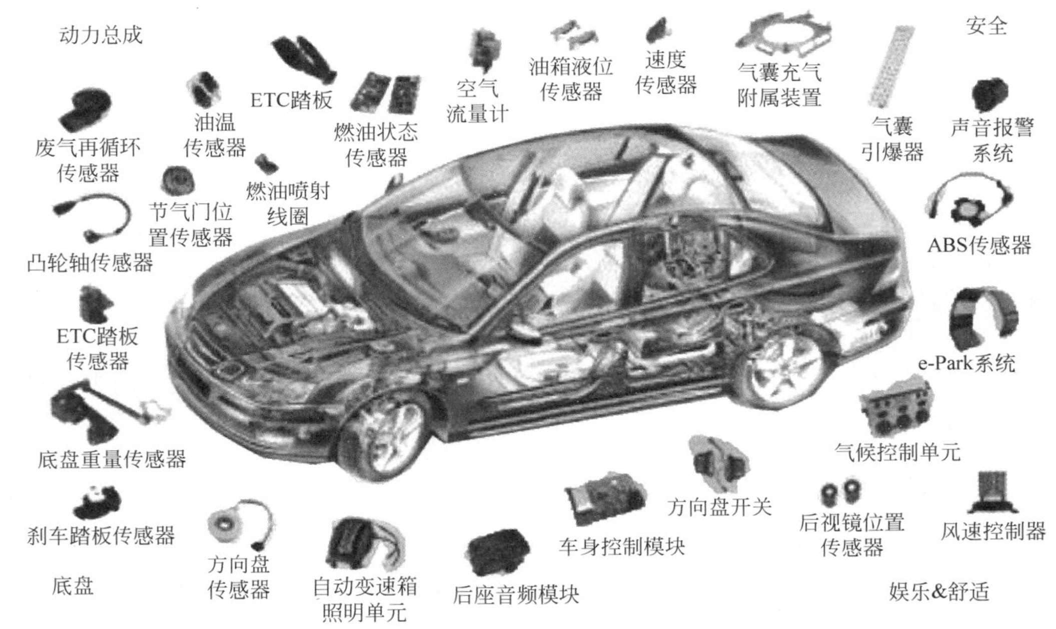

图 9-20　汽车传感器

我们常用的智能手机和平板电脑也内置了很多传感器，如用于检测画面倾斜度的陀螺仪传感器，以及具备指南针功能的磁场传感器。光线传感器可以根据周围光亮明暗程度调节手机屏幕的明暗。

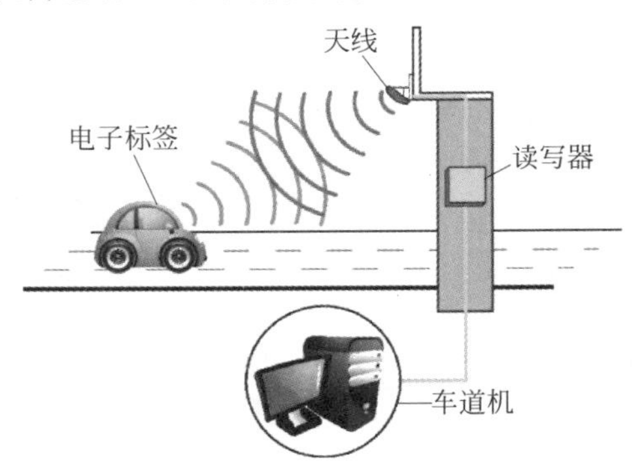

图 9-21　ETC 工作原理

4. 物联网的应用领域

初级应用：校园一卡通、ETC、智慧物流体系；ETC 工作原理，如图 9-21 所示。

高级应用：智能穿戴设备、扫地机器人、智能音箱(物联网＋AI)、安全监控、共享单车；物联网应用与共享单车，如图 9-22 所示。

发展趋势：智能家居、智慧城市、智能电网、车联网、智慧交通。

共享单车是典型的物联网应用，用户通过手

机扫码开锁，用完后，将车锁锁上，不用在手机上操作，系统也能判断已经还车。这些功能就是通过物联网技术实现的。

智能交通中非常重要的一个点就是对交通情况进行实时监测，提供及时、全面、准确的交通信息，如拥堵情况、交通事故、道路维修等。这些信息可以帮助驾驶人员选择最优的路线。

车流监控系统是通过车载双向通信GPS、铺设在道路上的传感器或者监控摄像头等设备实时监控交通车流情况。如百度地图等应用能方便地在计算机和移动终端为用户实时显示道路拥堵情况，以及推荐最佳线路。

电子警察系统主要通过车载和路旁监控设备来发现违章的行驶车辆，如利用摄像头、雷达、路面磁力感应装置等发现超速车辆，并利用图形识别技术来识别车牌。车牌识别技术，如图9-23所示。

图9-22 物联网应用共享单车

图9-23 车牌识别

9.2.4 大数据技术

11min

2010年前后，云计算、大数据、物联网快速发展，拉开了第3次信息化浪潮的大幕，如今大数据时代早已来临，带来了信息技术发展的巨大变革，并深刻影响着社会生产和人民生活的方方面面。那大数据究竟是什么呢？

1. 大数据的概念

1）大数据的概念

大数据(Big Data)是一个不断发展的概念，可以指无法在一定时间内用常规软件工具进行捕获、管理和处理的海量数据，可以是结构化、半结构化或者非结构化的数据，包括文本、图像、音频和视频等。随着云计算、移动互联网、物联网的发展，数据快速增长，同时也成为一种新的资源。

大数据的数据来源众多，数据量十分巨大，已经从TB级别升级到PB级别。各类存储单位之间的换算关系见表9-2。

表 9-2　数据存储单位之间的换算关系

单　　位	换 算 关 系	注　　释
Byte(字节)	1Byte=8Bit(位)	1个英文字母
KB(Kilobyte,千字节)	1KB=1024Byte	一本英文书的容量
MB(Megabyte,兆字节)	1MB=1024KB	
GB(Gigabyte,吉字节)	1GB=1024MB	
TB(Trillionbyte,太字节)	1TB=1024GB	20万张照片
PB(Petabyte,拍字节)	1PB=1024TB	
EB(Exabyte,艾字节)	1EB=1024PB	
ZB(Zettabyte,泽字节)	1ZB1024EB	全球每人拍了32 168张照片(每张照片按5MB计算)
YB(Yottabyte,尧字节)	1YB=1024ZB	
BB	1BB=1024YB	
NB	1NB=1024BB	

2) 大数据处理流程

大数据处理流程主要分为数据采集、数据存储、数据处理和分析、数据应用和可视化,如图 9-24 所示。

图 9-24　大数据处理流程

(1) 数据采集又称数据获取,是指利用多个数据来源获取数据,常用的数据采集途径包括数据库系统、网络爬虫、网络连接的传感器节点、实时数据采集、互联网等。

(2) 数据存储用于存储采集的数据,传统存储技术无法满足大数据存储的需求,大数据采用分布式文件技术。分布式文件系统将文件分配到不同节点,每个节点可以分布在不同的地点。常用的分布式文件系统如 HDFS。

(3) 大数据处理和分析技术是从海量数据信息中提取有效数据的方法。处理包括数据清洗、转换等,分析包括数据统计、预测。

(4) 数据应用和可视化,数据可视化是借助图像化手段对数据进行展示。

3) 大数据与物联网、云计算的关系

物联网、云计算和大数据三者互为基础,物联网产生大数据,大数据需要云计算。它们三者的关系如图 9-25 所示。

4) 大数据发展历程

大数据发展大致经历以下 4 个阶段。

(1) 20 世纪末:大数据的萌芽期。1980 年,著名未来学家阿尔文·托夫勒在《第 3 次浪潮》一书中,将大数据赞颂为“第 3 次浪潮的华彩乐章”。

(2) 2000—2006 年:大数据发展的突破期,大数据已经被明确定义,社交网络建立,产生大量非结构化数据。2005 年 9 月,蒂姆·奥莱利发表了《什么是 Web 2.0》一文,并在文

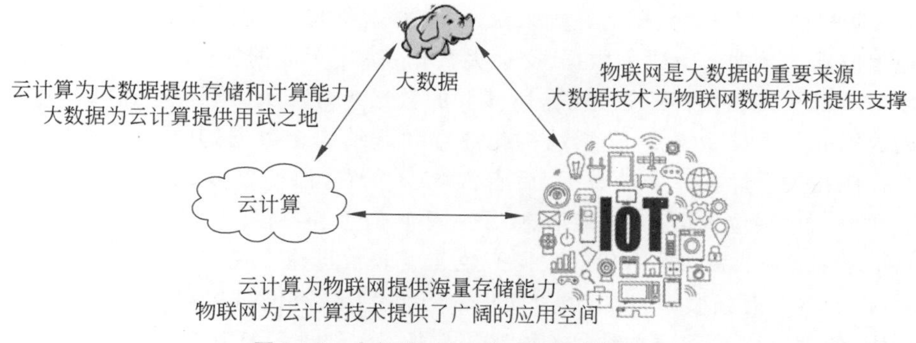

图 9-25 大数据、云计算、物联网的关系

中指出“数据将是下一项技术核心”。

(3) 2006—2009 年：大数据发展的成熟期，随着云计算、物联网等相关技术的成熟，以及 Hadoop(开源分布式系统基础架构)和相关大数据工具的诞生，大数据进入新的发展阶段。

(4) 2010 年至今：完善发展阶段，2013 年 12 月，中国计算机学会发布《中国大数据技术与产业发展白皮书》，系统地总结了大数据的核心科学与技术问题，推动了中国大数据学科的建设与发展。

2. 大数据的特征

大数据的特征可以通过 4V 概括，即数据量大(Volume)、数据类型繁多(Variety)、处理速度快(Velocity)、价值密度低(Value)，如图 9-26 所示。

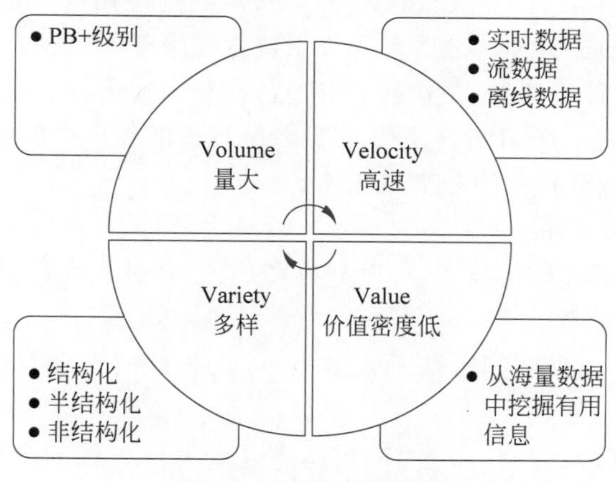

图 9-26 大数据 4V 特征

(1) 数据量大：我们生活在一个“数据爆炸”的时代，2022 年淘宝用户接近 10 亿，全球活跃消费者约 12.8 亿。每天上网、购物、出行无时无刻不在产生各种数据。大数据数据量大，包括采集、存储和计算的量都很大，其计量单位至少是 PB(太字节)。随着物联网的推广和普及，各种传感器和摄像头已遍布我们工作和生活的各个角落，这些设备每时每刻都在自动产生大量数据。

(2) 数据类型繁多：大数据的数据来源众多，科学研究、企业应用和 Web 应用等都在源源不断地生成新的数据。生物大数据、交通大数据、医疗大数据、电信大数据、电力大数据、金融大数据等都呈现出“井喷式”增长，所涉及的数量十分巨大，已经从 TB 级别跃升到 PB 级别。大数据的数据类型丰富，包括结构化数据和非结构化数据，其中，前者占 10%左右，主要是指存储在关系数据库中的数据，后者占 90%左右，种类繁多，主要包括电子邮件、音频、视频、微信、微博、位置信息、链接信息、手机呼叫信息、网络日志等。

(3) 处理速度快：大数据时代的数据产生速度非常迅速。在 Web 2.0 应用领域，1min 内，新浪可以产生 2 万条微博，淘宝可以卖出 6 万件商品，百度可以产生 90 万次搜索查询。数据增长快，处理速度就需要加快，时效性要求高。例如推荐算法尽可能要求实时完成推荐。这是大数据区别于传统数据挖掘的显著特征。

(4) 价值密度低：价值密度的高低跟数据总量成反比，在大数据时代，有价值的信息都分散在海量数据中。以高速监控视频为例，如果没有违规驾驶行为，则连续不断产生的数据就没有价值，当有车辆违规驾驶时，只有监控拍下违规驾驶车辆的信息有用，但是为了记录下违规驾驶车辆信息，不得不使用摄像头连续不断地监控所有车辆行驶数据。

3. 大数据的关键技术

大数据技术是许多技术的一个集合体，这些技术也并非全部是新生事物，诸如关系数据库、数据仓库、数据挖掘、数据可视化等是已经发展多年的技术。近些年，新发展起来的大数据核心技术包括分布式处理技术、分布式文件系统、分布式数据库、NoSQL 数据库、云数据库、流计算和图计算等。本节主要介绍分布式处理技术和分布式文件系统。

(1) 分布式处理技术：如 MapReduce 技术，被广泛地应用与数据挖掘、数据分析、机器学习等领域。核心思想是“分而治之”，它允许用普通的服务器构成一个包含数十、数百至数千个节点的分布和并行计算集群，在集群节点上自动分配和执行任务及收集计算结果。

(2) 分布式文件系统：如 HDFS，是指文件系统管理的物理存储资源不一定直接连接在本地节点上，而是通过计算机网络与节点相连。

4. 大数据的发展与应用

(1) 互联网：借助于大数据技术，可以分析客户行为，进行商品推荐和有针对性地进行广告投放。

(2) 汽车领域应用：自动驾驶，基于大数据、人工智能的自动驾驶技术，是汽车智能化的主要方向。

以目前常见的 L3 阶段为例，随着 4K 超高清摄像头、128 线激光雷达等传感器的引入，每天 8h 数据采集系统记录的数据量高达 30TB，车辆学习数据收集系统在几小时内就能够充满 TB 级的固态存储硬盘。这些数据的采集、处理都是传统技术无法解决的。

(3) 医疗领域：大数据可以帮助我们实现流行病预测、智慧医疗、健康管理，同时还可以帮助我们解读 DNA，了解更多的生命奥秘。

(4) 公共卫生：疫情发生后，通过各种大数据技术，有效地处理和分析数据，将有价值的信息从不断增长的海量数据中提取出来，传递给公众，如图 9-27 所示。

图 9-27 疫情每日数据

9.2.5 人工智能

10min

小强最近发现微信有新功能"图片文字复制",直接在图片上面复制文字。很早以前微信就能使用基于人工智能的语音识别技术将语音转换为文字,"图片文字提取"同样是基于人工智能的 OCR(光学字符识别)技术。人工智能技术在生活中被广泛使用,人工智能技术究竟是什么呢?

1. 人工智能的概念

人工智能(Artificial Intelligence,AI)是计算机科学的一个分支,指通过普通计算机程序来呈现人类智能的技术,让计算机能够像人类一样进行思考。1950 年,艾伦·图灵提出图灵测试,将其作为机器智能的度量。1956 年夏天约翰·麦卡锡(John McCarthy,1971 年图灵奖得主)在达特茅斯开会研讨"如何用机器模拟人的智能"会上提出"人工智能"这一概念,标志着人工智能学科的诞生。经过六十多年的发展,人工智能可以与任何智能任务产生联系,是真正普遍存在的领域。

人工智能首先是一门技术,其研究目的是促使智能机器会听(语音识别,机器翻译等)、会看(图像识别、文字识别、车牌识别等)、会说(语音合成,人机对话等)、会思考(人机对弈、定理证明、医疗诊断等)、会学习(机器学习,知识表示等)、会行动(机器人,自动驾驶汽车、无人机等)。

2. 人工智能的形成和发展

依据所用核心技术人工智能大致可分为逻辑推理、知识工程和机器学习 3 个基本阶段。研究历史有着一条从以"推理"为重点,到以"知识"为重点,再到以"学习"为重点的自然、清晰的脉络。人工智能发展历程,如图 9-28 所示。

(1) 逻辑推理阶段:20 世纪 50—70 年代,认为实现人工智能的关键技术在于自动逻辑推理,机器被赋予逻辑推理能力就能实现人工智能。

(2) 知识工程阶段:20 世纪 70—90 年代,认为如果没有一定数量专业领域知识支撑,则很难实现对复杂问题的逻辑推理。

1980 年卡内基梅隆大学设计出了第 1 套专家系统 XCON。专家系统一般采用人工智

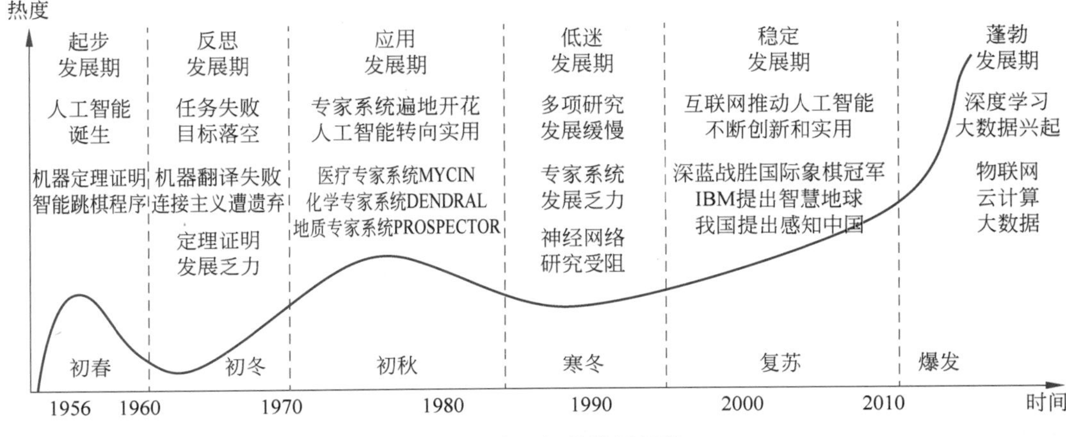

图 9-28 人工智能发展历程

能中的知识表示和知识推理技术来模拟通常由领域专家才能解决的复杂问题。专家系统=知识库+推理机,因此专家系统是以知识为基础,以推理为核心的系统。专家系统最大的问题是由人来把知识总结出来再教给计算机是相对困难的。要让机器自己学习知识才是终极目标。专家系统原理,如图 9-29 所示。

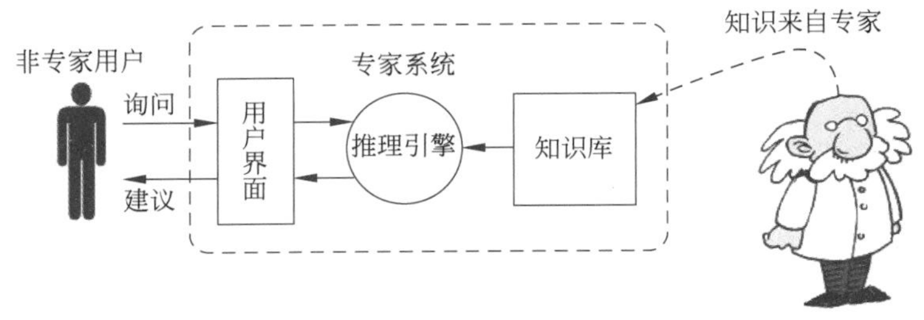

图 9-29 专家系统

(3) 机器学习阶段:20 世纪 90 年代中期,机器学习迅速发展并逐步取代专家系统成为人工智能的主流核心技术。机器能够像人类一样具有学习能力。

3. 知识表示与推理

知识表示是人工智能的基本问题之一,它是指将人类知识和经验转换为计算机可以理解和处理的形式。知识表示的目的是使计算机能够使用先前获取的知识来推理、决策和解决问题。它通过将现实世界中的实体和概念表示为计算机可以理解的符号形式,使计算机可以使用逻辑、推理和统计方法来推导新的结论。

在人工智能中,知识表示是实现高级推理、决策和自主行为的关键。例如,在专家系统中,知识表示用于将专家知识转换为计算机可用的形式,以便计算机可以像专家一样做出推断和决策。在自然语言处理中,知识表示用于将自然语言文本转换为计算机可以处理的语义表示,以便计算机可以进行理解和生成自然语言。

知识推理涉及使用知识表示的知识进行逻辑推理,以得出新的结论。知识推理可以利用知识图谱、本体论、推理引擎等技术来实现。

知识表示和知识推理都是人工智能中的重要方向，为实现计算机模拟人类思维、理解和表示世界知识扮演了关键角色。它们是人工智能研究和实际应用的基础，在语音识别、自然语言处理、智能客服、专家系统等领域中广泛应用，如图 9-30 所示。

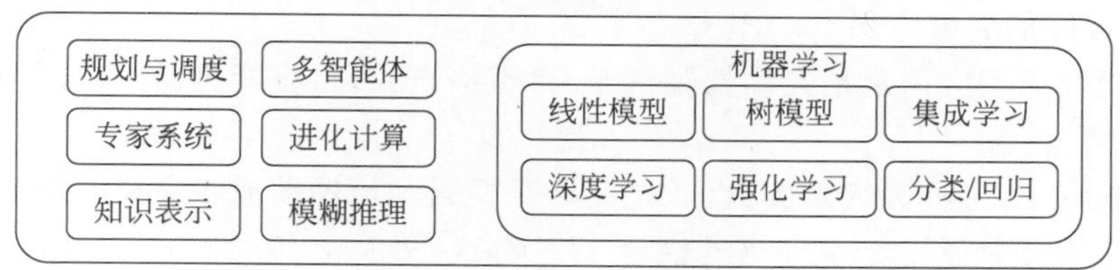

图 9-30 人工智能各分支领域关系示意图

4. 机器学习与知识发现

(1) 机器学习：机器学习(Machine Learning)是人工智能的一个分支和核心研究领域之一，专门研究计算机怎样模拟或实现人类的学习行为，以获取新的知识或技能，重新组织已有的知识结构，使之不断改善自身的性能。机器学习已被广泛地应用于数据挖掘、计算机视觉、自然语言处理、生物特征识别、搜索引擎、医学诊断、检测信用卡欺诈、证券市场分析、DNA 序列测序、语音和手写识别、游戏和机器人等领域。

机器学习常用的 3 种学习模型：监督学习、非监督学习、强化学习，这 3 种学习模型之间的关系如图 9-31 所示。

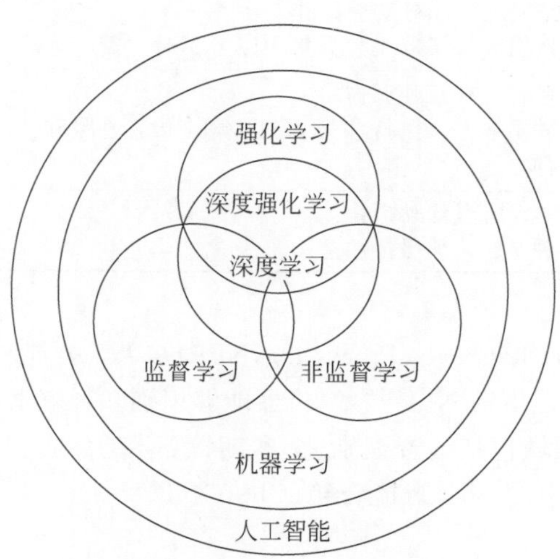

图 9-31 机器学习分类

(2) 知识发现：机器对于客观规律的发现称为知识发现(Knowledge Discovery，KD)，知识发现的目标是从数据中提取未发现的知识，帮助人们更好地理解数据，从而进行决策和预测。数据挖掘(Data Mining)是知识发现的一个重要研究和应用领域。

① 知识发现的过程：知识准备、数据挖掘、解释和评价、知识表示；

② 知识发现的对象：数据库、数据仓库、Web 信息、图形和视频数据等；

③ 知识发现的任务：数据总结、概念描述、分类、聚类、相关性分析、偏差分析、建模；

④ 知识发现的方法：统计方法、机器学习、粗糙集及模糊集、智能计算方法、可视化方法。

5. 人工智能的典型应用

人工智能的典型应用包括自动驾驶汽车、自然语言处理、智能机器人、计算机视觉等。

1）自动驾驶汽车

自动驾驶汽车，又称无人驾驶汽车，是一种需要驾驶员辅助或者完全不需操控的车辆。

美国汽车工程师学会定义了 6 个无人驾驶等级，即从 0 级（完全手动）到 5 级（完全自动），见表 9-3。

表 9-3　自动驾驶等级

<table>
<tr><th>自动驾驶分级</th><th>名称</th><th>定　义</th><th>驾驶操作</th><th>周边监控</th><th>接管</th><th>应用场景</th></tr>
<tr><td>L0</td><td>人工驾驶</td><td>由人类驾驶员全权驾驶车辆</td><td>人类</td><td rowspan="2">人类</td><td rowspan="4">人类</td><td>无</td></tr>
<tr><td>L1</td><td>辅助驾驶</td><td>车辆：对方向盘和加减速中的一项操作提供驾驶
人类驾驶员：负责其余的驾驶动作</td><td>人类
车辆</td><td rowspan="4">限定场景</td></tr>
<tr><td>L2</td><td>部分自动驾驶</td><td>车辆：对方向盘和加减速中的多项操作提供驾驶
人类驾驶员：负责其余的驾驶动作</td><td rowspan="4">车辆</td><td rowspan="4">车辆</td></tr>
<tr><td>L3</td><td>条件自动驾驶</td><td>车辆：完成绝大部分驾驶操作
人类驾驶员：需保持注意力集中以备不时之需</td></tr>
<tr><td>L4</td><td>高度自动驾驶</td><td>车辆：完成所有驾驶操作
人类驾驶员：无须保持注意力集中，但限定道路和环境条件</td><td rowspan="2">车辆</td></tr>
<tr><td>L5</td><td>完全自动驾驶</td><td>车辆：完成所有驾驶操作
人类驾驶员：无须保持注意力集中</td><td>所有场景</td></tr>
</table>

2）自然语言处理

自然语言处理（Natural Language Processing，NLP）是人工智能和语言学的分支学科，探讨如何处理及运用自然语言。借助 NLP 技术，机器能够识别和理解书面语言和语音命令。

自然语言处理应用领域包括语音识别、文本朗读、语音合成、聊天机器人、语音助手、机器翻译等，例如日常生活中的 Siri、智能音箱、ChatGPT。

3）智能机器人

机器人技术算不上新鲜事物，在制造行业等领域已经使用多年，但是如果不使用 AI，就只能通过人工编程和校准来实现自动化操作。

2016 年 AlphaGo 与围棋世界冠军李世石进行围棋人机大战，以 4∶1 的总比分获胜，如图 9-32 所示。

2018 年 Boston Dynamics（波士顿动力公司）发布人形和狗形机器人，如图 9-33 所示。

图 9-32　谷歌超级人工智能系统 AlphaGo

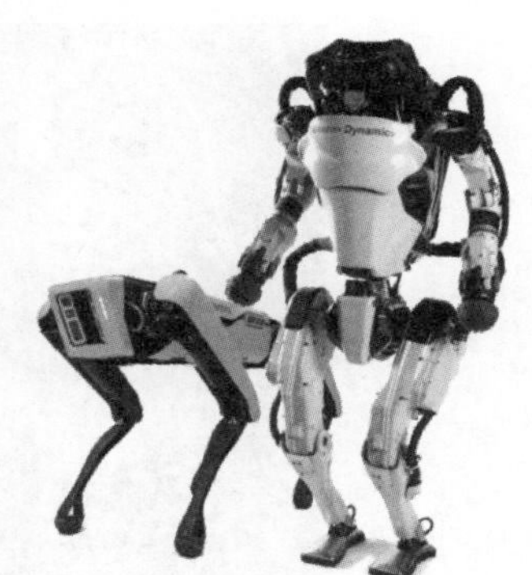

图 9-33　Boston Dynamics 超人形和狗形机器人

4）计算机视觉

计算机视觉（Computer Vision）是一门研究如何使机器“看”的科学，能帮助计算机查看和理解数字图像和视频，而不仅是对它们进行识别或分类。

计算机视觉应用领域包括人脸识别、视网膜识别、虹膜识别、车牌识别、虚拟现实、OCR。

OCR（Optical Character Recognition，光学字符识别）是指对图像进行分析识别处理，获取文字和版面信息的过程，是典型的计算机视觉任务，通常由文本检测和文本识别两个子任务构成。微信中可以直接从图片上复制文字便使用了该技术。

6. 人工智能未来发展趋势

经过 60 多年的发展，人工智能在算法、计算能力和算料（数据）等“三算”方面取得了重要突破，正处于从“不能用”到“可以用”的技术拐点，但是距离“很好用”还有诸多瓶颈。那么在可以预见的未来，人工智能发展将会出现怎样的趋势与特征呢？

1）人机混合智能

借鉴脑科学的研究成果是人工智能的一个重要研究方向。人机混合智能旨在将人的作用引入人工智能系统中，提升人工智能系统的性能，使人工智能成为人类智能的自然延伸和拓展，通过人机协同更加高效地解决复杂问题。在我国新一代人工智能规划中，人机混合智能是重要的研发方向。

人机混合智能应用如人机协作、人机决策、脑机接口。埃隆・马斯克创立的 Neuralink 公司，研究对象为脑机接口技术。脑机接口不仅揭示了神经系统方面的许多奥秘，还有望恢复残疾人的功能。脑机接口的一项重要发现是，答案能够自我调整，使自己与外部设备进行交互，就像对待另一个感觉器官或肢体一样，如图 9-34 所示。

2）学科交叉

人工智能本身是一门综合性的前沿学科和高度交叉的复合型学科，研究范畴广泛而又异常复杂，其发展需要与计算机科学、数学、认知科学、神经科学和社会科学等学科深度融合。

人工智能与脑科学融合，它指的是将大脑的工作原理应用到 AI 系统的设计中。人工智能将进入生物启发的智能阶段。学科交叉将成为人工智能创新的源泉。前面提到深度学

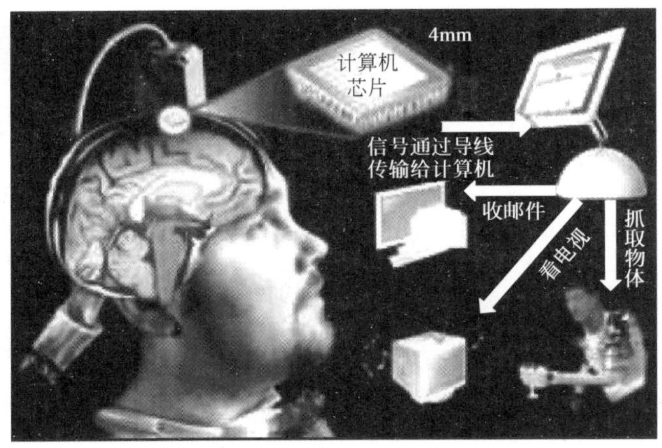

图 9-34　脑机接口

习现在很流行，它只是借鉴了大脑的原理：信息分层，层次化处理，所以跟脑科学交叉融合非常重要。

3）通用人工智能

AlphaGo 在 2016 年击败了世界围棋冠军李世石，被誉为人工智能研究的一项标志性进展，因为它在专门领域（围棋、游戏、绘画、蛋白质结构预测等）展现了远超人类的智能，然而这些人工智能仍属于非通用人工智能，即弱人工智能。

通用人工智能或强人工智能（Artificial General Intelligence，AGI）是可以学习并完成人类或动物可以完成的任何智力任务的人造智能体，一般认为需要具备推理、不确定性决策、常识认知、计划、学习、自然语言交流等能力，并在必要时整合这些技能完成任意给定任务。

ChatGPT 与 AlphaGo 的最大不同是，它在通用性任务上展现了远超人类的能力，已经具备了类通用人工智能技术的特征。ChatGPT 目前是接近通用人工智能（AGI）水平的应用程序。

人物介绍

艾伦·麦席森·图灵

艾伦·麦席森·图灵（Alan Mathison Turing），又译艾伦·图灵，1912—1954），是英国计算机科学家、数学家、逻辑学家、密码分析学家和理论生物学家，他被誉为计算机科学与人工智能之父。

第二次世界大战期间，“Hut 8”小组负责德国海军密码分析。期间他设计了一些加速破译德国密码的技术，包括改进波兰战前研制的机器 Bombe，一种可以找到恩尼格玛密码机设置的机电机器。图灵在破译截获的编码信息方面发挥了关键作用，使盟军能够在包括大西洋战役在内的许多重要交战中击败轴心国海军，并因此帮助赢得了战争。

图灵对于人工智能的发展有诸多贡献,例如图灵曾写过一篇名为《计算机器和智能》的论文,提问“机器会思考吗?”(Can Machines Think?),作为一种用于判定机器是否具有智能的测试方法,即图灵测试。如果人类提问者在提出一些书面问题后无法分辨回答是来自人还是计算机,计算机就能通过测试。至今,每年都有试验的比赛。此外,图灵提出的著名的图灵机模型为现代计算机的逻辑工作方式奠定了基础。

图灵还是一位世界级的长跑运动员。他的马拉松最好成绩是2h46min03s(手动计时),比1948年奥林匹克运动会金牌成绩慢11min。在1948年的一次越野赛跑中,他跑赢了同年奥运会银牌得主汤姆·理查兹。

习题

1. 选择题

(1) AR技术是指(   )。

A. 虚拟现实技术　B. 增强现实技术
C. 混合现实技术　D. 影像现实技术

(2) VR具有“3I”特性是:(   )、交互性、想象力。

A. 沉浸感　B. 虚拟性　C. 动态性　D. 假设性

(3) VR研究技术主要内容不包括(   )。

A. 实时三维显示技术　B. 传感器交互技术
C. 三维音频技术　D. 通信技术

(4) 以下哪项技术与VR/AR无关?(   )

A. 数字孪生　B. 全息投影　C. 元宇宙　D. 阿里云

(5) 以下哪个是VR/AR常见交互设备?(   )

A. 数据手套　B. 方向盘　C. 游戏手柄　D. 手机

(6) 下列不属于云计算特点的是(   )。

A. 高可扩展性　B. 按需服务　C. 高可靠性　D. 非网络化

(7) 云计算的基础层是(   )。

A. IaaS层　B. PaaS层　C. SaaS层　D. BaaS层

(8) 云计算平台层(PaaS)指的是什么?(   )

A. 提供一个完整的平台,供用户开发、部署、管理和运行应用程序
B. 将基础设施(计算资源和存储)作为服务出租
C. 从一个集中的系统部署软件,使之在一台本地计算机上(或从云中远程地)运行的一个模型
D. 提供硬件、软件、网络等基础设施及提供咨询、规划和系统集成服务

(9) 云计算部署模型包括(   )。

A. 公有云、私有云和应用云　　B. 基础设施云、平台云和混合云
C. 公有云、私有云和混合云　　D. 基础设施云、平台云和应用云

(10) 下列哪个不是云计算的特点?(　　)
A. 虚拟化　　B. 结构复杂　　C. 高可靠性　　D. 按需服务

(11) 2019 年 11 月 22 日,中国工程院公布 2019 院士增选结果,阿里巴巴技术委员会主席王坚当选院士。作为阿里云创始人,中国自研云计算操作系统飞天的提出者、设计者和建设者,王坚推动中国 IT 产业从 IOE(IBM 小型机、Oracle 数据库和 EMC 存储)向云计算转变。2017 年,飞天获得中国电子学会 15 年来首个科技进步特等奖,是云计算核心关键技术自主创新的成功实践。阿里云主要提供了(　　)的服务。
A. IaaS　　B. PaaS　　C. SOS　　D. SaaS

(12) 网盘存储空间 1T 是指(　　)。
A. 1000MB　　B. 1000GB　　C. 1024MB　　D. 1024GB

(13) 下列不属于典型大数据常用单位的是(　　)。
A. MB　　B. ZB　　C. PB　　D. EB

(14) 大数据的 4V 特征中的 Volume 是指(　　)。
A. 价值密度低　　B. 处理速度快
C. 数据类型繁多　　D. 数据体量巨大

(15) 大数据的两个核心技术是(　　)。
A. 分布式存储、分布式处理　　B. 集中式存储、集中式处理
C. 分布式应用、集中处理　　D. 集中存储、分布式应用

(16) 以下哪个不是大数据中的半结构数据?(　　)
A. 邮件　　B. 视频
C. 监控信息　　D. 关系数据库数据

(17) 下列哪一个不属于 IT 领域最新的技术发展趋势?(　　)
A. 互联网　　B. 云计算　　C. 大数据　　D. 物联网

(18) 物联网体系结构有 3 层,分别是感知层、网络层、(　　)。
A. 传输层　　B. 应用层　　C. 物理层　　D. 链路层

(19) 下列哪个不属于物联网的应用?(　　)
A. 智能家居　　B. ETC　　C. 共享单车　　D. 数据采集

(20)"人工智能"是在(　　)年被首次提出。
A. 1946　　B. 1957　　C. 1956　　D. 1948

(21) AI 的英文缩写是(　　)。
A. Automatic Intelligence　　B. Artifical Intelligence
C. Automatic Information　　D. Artifical Information

(22) 第 3 次信息化浪潮的标志是什么?(　　)
A. 互联网　　B. 个人 PC 机

C. 5G 技术　　D. 物联网、云计算、大数据

(23) 机器翻译属于下列哪个领域的应用？(　　)

A. 自然语言系统　　B. 机器学习

C. 专家系统　　D. 人类感官模拟

(24) 人工智能的含义最早由(　　)提出，同时也提出一个机器智能的测试模型。

A. 明斯基　　B. 图灵　　C. 扎德　　D. 冯·诺依曼

(25) 下面哪个不是人工智能的研究领域？(　　)

A. 编译原理　　B. 机器学习

C. 自动驾驶　　D. 自然语言处理

2. 填空题

(1) 专家系统是以________为基础，以推理为核心的系统。

(2) 被誉为国际"人工智能之父"的是________。

(3) 大数据最明显的特点是________。

(4) IaaS 是的________简称。

(5) 从技术架构上来看，物联网主要包括感知层、网络层、________。

(6) AR 中文是指________技术。

(7) 物联网中的"物"主要指的是________，是能够感知和收集环境设备数据的设备。

(8) 物联网的核心技术是________。

(9) "人工智能"术语的提出是在________会议。

(10) AI 诞生在________年。

3. 简答题

(1) 人工智能当前的主要应用有哪些？

(2) 什么是大数据？它有哪些特征？

(3) 简述大数据处理的基本流程包括哪些环节。

(4) 列举至少 3 个你身边用到物联网技术的地方。

图书推荐

书　名	作　者
仓颉语言实战(微课视频版)	张磊
仓颉语言核心编程——入门、进阶与实战	徐礼文
仓颉语言程序设计	董昱
仓颉程序设计语言	刘安战
仓颉语言元编程	张磊
仓颉语言极速入门——UI 全场景实战	张云波
HarmonyOS 移动应用开发(ArkTS 版)	刘安战、余雨萍、陈争艳 等
公有云安全实践(AWS 版·微课视频版)	陈涛、陈庭暄
虚拟化 KVM 极速入门	陈涛
虚拟化 KVM 进阶实践	陈涛
移动 GIS 开发与应用——基于 ArcGIS Maps SDK for Kotlin	董昱
Vue+Spring Boot 前后端分离开发实战(第 2 版·微课视频版)	贾志杰
前端工程化——体系架构与基础建设(微课视频版)	李恒谦
TypeScript 框架开发实践(微课视频版)	曾振中
精讲 MySQL 复杂查询	张方兴
Kubernetes API Server 源码分析与扩展开发(微课视频版)	张海龙
编译器之旅——打造自己的编程语言(微课视频版)	于东亮
全栈接口自动化测试实践	胡胜强、单镜石、李睿
Spring Boot+Vue.js+uni-app 全栈开发	夏运虎、姚晓峰
Selenium 3 自动化测试——从 Python 基础到框架封装实战(微课视频版)	栗任龙
Unity 编辑器开发与拓展	张寿昆
跟我一起学 uni-app——从零基础到项目上线(微课视频版)	陈斯佳
Python Streamlit 从入门到实战——快速构建机器学习和数据科学 Web 应用(微课视频版)	王鑫
Java 项目实战——深入理解大型互联网企业通用技术(基础篇)	廖志伟
Java 项目实战——深入理解大型互联网企业通用技术(进阶篇)	廖志伟
深度探索 Vue.js——原理剖析与实战应用	张云鹏
前端三剑客——HTML5+CSS3+JavaScript 从入门到实战	贾志杰
剑指大前端全栈工程师	贾志杰、史广、赵东彦
JavaScript 修炼之路	张云鹏、戚爱斌
Flink 原理深入与编程实战——Scala+Java(微课视频版)	辛立伟
Spark 原理深入与编程实战(微课视频版)	辛立伟、张帆、张会娟
PySpark 原理深入与编程实战(微课视频版)	辛立伟、辛雨桐
HarmonyOS 原子化服务卡片原理与实战	李洋
鸿蒙应用程序开发	董昱
HarmonyOS App 开发从 0 到 1	张诏添、李凯杰
Android Runtime 源码解析	史宁宁
恶意代码逆向分析基础详解	刘晓阳
网络攻防中的匿名链路设计与实现	杨昌家
深度探索 Go 语言——对象模型与 runtime 的原理、特性及应用	封幼林
深入理解 Go 语言	刘丹冰
Spring Boot 3.0 开发实战	李西明、陈立为

续表

书　名	作　者
全解深度学习——九大核心算法	于浩文
HuggingFace 自然语言处理详解——基于 BERT 中文模型的任务实战	李福林
动手学推荐系统——基于 PyTorch 的算法实现(微课视频版)	於方仁
深度学习——从零基础快速入门到项目实践	文青山
LangChain 与新时代生产力——AI 应用开发之路	陆梦阳、朱剑、孙罗庚、韩中俊
图像识别——深度学习模型理论与实战	于浩文
编程改变生活——用 PySide6/PyQt6 创建 GUI 程序(基础篇·微课视频版)	邢世通
编程改变生活——用 PySide6/PyQt6 创建 GUI 程序(进阶篇·微课视频版)	邢世通
编程改变生活——用 Python 提升你的能力(基础篇·微课视频版)	邢世通
编程改变生活——用 Python 提升你的能力(进阶篇·微课视频版)	邢世通
Python 量化交易实战——使用 vn.py 构建交易系统	欧阳鹏程
Python 从入门到全栈开发	钱超
Python 全栈开发——基础入门	夏正东
Python 全栈开发——高阶编程	夏正东
Python 全栈开发——数据分析	夏正东
Python 编程与科学计算(微课视频版)	李志远、黄化人、姚明菊 等
Python 数据分析实战——从 Excel 轻松入门 Pandas	曾贤志
Python 概率统计	李爽
Python 数据分析从 0 到 1	邓立文、俞心宇、牛瑶
Python 游戏编程项目开发实战	李志远
Java 多线程并发体系实战(微课视频版)	刘宁萌
从数据科学看懂数字化转型——数据如何改变世界	刘通
Dart 语言实战——基于 Flutter 框架的程序开发(第 2 版)	亢少军
Dart 语言实战——基于 Angular 框架的 Web 开发	刘仕文
FFmpeg 入门详解——音视频原理及应用	梅会东
FFmpeg 入门详解——SDK 二次开发与直播美颜原理及应用	梅会东
FFmpeg 入门详解——流媒体直播原理及应用	梅会东
FFmpeg 入门详解——命令行与音视频特效原理及应用	梅会东
FFmpeg 入门详解——音视频流媒体播放器原理及应用	梅会东
FFmpeg 入门详解——视频监控与 ONVIF+GB28181 原理及应用	梅会东
Python 玩转数学问题——轻松学习 NumPy、SciPy 和 Matplotlib	张骞
Pandas 通关实战	黄福星
深入浅出 Power Query M 语言	黄福星
深入浅出 DAX——Excel Power Pivot 和 Power BI 高效数据分析	黄福星
从 Excel 到 Python 数据分析:Pandas、xlwings、openpyxl、Matplotlib 的交互与应用	黄福星
云原生开发实践	高尚衡
云计算管理配置与实战	杨昌家
HarmonyOS 从入门到精通 40 例	戈帅
OpenHarmony 轻量系统从入门到精通 50 例	戈帅
AR Foundation 增强现实开发实战(ARKit 版)	汪祥春
AR Foundation 增强现实开发实战(ARCore 版)	汪祥春